Holzfrei

Nr. 15 1953

S. 2225—2384 15. April

Chemisches Zentralblatt

Vollständiges Repertorium für alle Zweige der reinen und angewandten Chemie

Im Auftrage der Deutschen Akademie der Wissenschaften zu Berlin, der Akademie der Wissenschaften zu Göttingen und der Gesellschaft Deutscher Chemiker

herausgegeben von

Prof. Dr. Maximilian Pflücke

Chefredakteure: Dr. Eugen Klever und Prof. Dr. Maximilian Pflücke

124. Jahrgang

1953

Akademie-Verlag GmbH., Berlin — Verlag Chemie, GmbH., Weinheim/Bergstr.

Inhalt

Namenregister

Chemisches Zentralblatt

1953 Nr. 15 15. April

Geschichte. Unterricht.

J. D'Ans, *Erinnerungen an J. H. van't Hoff. 1904—1905.* (Chem. Weekbl. **48.** 640—43. 30/8. 1952. Berlin-Steglitz.) GEHLEN-KELLER. 1

H. von Euler, *In van't Hoffs Laboratorium in Berlin 1899 und 1900.* (Chem. Weekbl. **48.** 644—45. 30/8. 1952. Stockholm, Vitamin-Inst.) GEHLEN-KELLER. 1

J. E. Verschaffelt, *Erinnerungen an van't Hoff.* (Chem. Weekbl. **48.** 646—47. 30/8. 1952. 's-Gravenhage.) GEHLEN-KELLER. 1

Maria Rooseboom und W. P. Jorissen, *Katalog der van 't Hoff-Jahrhundertausstellung.* Aus dem Rijksmuseum in Leiden. (Chem. Weekbl. **48.** 659—63. 30/8. 1952.) GEHLEN-KELLER. 1

Byron T. Wright, *Ein Solenoid-Spektrometer für das Fortgeschrittenen-Laboratorium.* Aufbau, Theorie u. Resultate eines einfachen Solenoid-Spektrometers, dessen absol. Genauigkeit bei einer Auflösung von 1,9% u. einem nutzbaren Raumwinkel von 0,8% besser als 0,4% ist. Beispiele für ^{137}Cs u. ^{22}Na werden angeführt. (Amer. J. Physics **20.** 230—35. April 1952. Los Angeles, Calif., Univ., Dep. of Phys.) EICHHOFF. 6

W. I. Krotkow, *Apparat zur Demonstration der wichtigsten Versuche mit Acetylen.* Beschreibung einer App. zur Demonstration einer rußenden u. nichtrußenden Flamme des Acetylens, seiner Oxydation, der Br-Anlagerung u. des Prinzips der DAVIS-Lampe. (Химия в Школе [Chem. Schule] **1952.** Nr. 5. 75. Sept./Okt.) LEBTAG. 6

G. Je. Schmarakow, *Demonstrationsversuche zur Gewinnung von Schwefelsäure.* Beschreibung einer Demonstrationsapp. zur Erläuterung des Kammerprozesses. (Химия в Школе [Chem. Schule] **1952.** Nr. 5. 73—75. Sept./Okt.) LEBTAG. 6

A. Allgemeine und physikalische Chemie.

E. L. Harrington, General college physics. London: Macmillan. 1952. (VI + 788 S. m. Abb.) 50 s.

M. K. Strugatzki und N. M. Smirnow, Laboratoriumsarbeiten der allgemeinen Chemie. Moskau. „Sowjetische Wissenschaft". 1952. (160 S. m. Abb.) 2 Rbl. 45 Kop. [russ.]

A_1. Kernphysik und Kernchemie.

Gilbert W. King, *Gerichtete statistische Bewegungen in der klassischen, statistischen und Quantenmechanik.* (Sitzungsbericht.) Theoret. Betrachtungen über die Verteilung der statist. Bewegungen eines Teilchens für den Fall, daß eine bestimmte Vorzugsrichtung vorgegeben ist. Anwendung auf Diffusionsvorgänge, das Wachstum von polymeren Ketten u. auf ster. Behinderungen. (Physic. Rev. [2] **85.** 708. 15/2. 1952; Bull. Amer. physic. Soc. **26.** Nr. 6. 12. 24/10. 1951. Massachusetts Inst. of Technol., Res. Labor. of Electron.) FUCHS. 80

Satosi Watanabe, *Eine Bemerkung über die fundamentale Reversibilität und die phänomenologische Irreversibilität.* (Sitzungsbericht.) Vf. prüft theoret. die Möglichkeiten zur Einführung der phänomenolog. Irreversibilität in die reversible quantentheoret. Ableitung des H-Theorems von BORN (Ann. Inst. Henri Poincaré **11.** [1949.] 1). (Physic. Rev. [2] **85.** 721. 15/2. 1952; Bull. Amer. physic. Soc. **26.** Nr. 6. 25. 24/10. 1951. Wayne Univ.) SPEER. 80

Ss. A. Asimow, N. G. Birger, W. N. Polynow und Ss. A. Slawatinski, *Über die Natur der durchdringenden Teilchen von Elektronen-Kernschauern.* In 3860 m u. auf Seehöhe wurden die Elektronen-Kernschauer mittels einer zählrohrgesteuerten Nebelkammer von 20 cm Durchmesser u. 1,5 cm Tiefe in einem Magnetfeld von 13000 Gauß untersucht. Unter der Kammer befanden sich 9 Pb-Platten von je 2 cm Dicke, zwischen ihnen waren zu einem Hodoskop vereinigte Zählrohre angebracht. Über der Kammer befand sich ein Pb-Block von 10 cm Dicke. Die Empfindlichkeit der Anordnung betrug 98%. Es wurden Teilchen mit einer Reichweite zwischen 47 u. 220 g/cm² Pb registriert. Innerhalb 264 Std. wurden 699 Elektronen-Kernschauer in dem Pb-Block ausgelöst, die Zahl der Schauer mit zwei Teilchen betrug 177, mit 10 Teilchen 23, die mittlere Teilchenzahl je Schauer ca. 5. Die Energie der schauererzeugenden Teilchen dürfte also ziemlich einheitlich sein.

Unter 50 Teilchen mit Impulsen zwischen 1 u. $30 \cdot 10^8$ eV/c waren nur 9 negative, hieraus wird auf einen Anteil der Protonen an den durchdringenden Teilchen von 50—70% u. einen Anteil der Mesonen von 30—50% geschlossen. Bei 20 Teilchen wurde die M. bestimmt, in 16 Fällen entsprach sie der eines Protons. (Доклады Академии Наук СССР [Ber. Akad. Wiss. UdSSR] [N. S.] **85.** 287—90. 11/7. 1952.) Wiedemann. 85

G. A. Marikjan, *Über die Existenz von Deuteronen hoher Energie in Höhenstrahlen.* Die Ggw. schwerer Teilchen in der Höhenstrahlung wurde in 3200 m u. auf Seehöhe mit einem magnet. Spektrometer untersucht. Über dem Spektrometer befand sich ein Pb-Block von 9 cm Dicke. Es wurden der Impuls, die Restreichweite u. durch Proportionalzähler die Ionisationsfähigkeit von Teilchen, die in Filtern von 3—6 cm Pb-Äquivalent steckenbleiben, bestimmt. Aus dem Vgl. der experimentellen Kurve für die Abhängigkeit des Ionisationsvermögens vom Impuls u. der theoret. Kurve für Protonen ergibt sich die Ggw. von Deuteronen mit Impulsen von $7{,}9—13{,}0 \cdot 10^8$ eV/c. Der Anteil der Deuteronen mit Energien von 200—310 MeV beträgt 9 ± 2% der Protonen mit 150—230 MeV. Es scheinen ferner noch schwerere Teilchen mit Impulsen über $13 \cdot 10^8$ eV/c anwesend zu sein. (Доклады Академии Наук СССР [Ber. Akad. Wiss. UdSSR] [N. S.] **85.** 305—07. 11/7. 1952. Physikal. Inst. der Akad. der Wiss. der ArmSSR.) Wiedemann. 85

George Thomson und **P. E. Hodgson,** *Die Kaskadenerzeugung von Höhenstrahlsternen und die relative Anzahl der geladenen und ungeladenen Teilchen.* Es wird angenommen, daß ein Primärteilchen mehr als einen Stern erzeugen kann u. daß einige der Sekundärteilchen ihrerseits Sterne produzieren können. Die Sternkaskade wird berechnet. Die räumliche Ausdehnung wird als konstant vorausgesetzt. Bei geeigneter Wahl der Parameter läßt sich befriedigende Übereinstimmung zwischen Theorie u. Experiment erreichen. Das Verhältnis der geladenen zu den ungeladenen Teilchen nimmt mit der atmosphär. Tiefe ab. Die Sternerzeugung folgt einem Absorptionsgesetz mit einer Absorptionslänge von 116—124 g/cm². Ein beträchtlicher Anteil der Sterne wird durch Teilchen mit mehr als 1800 MeV erzeugt, die untere Grenze der Energie liegt bei 450 MeV. Die mittlere Zahl der geladenen Teilchen je Stern wird zu $^2/_3$, die der ungeladenen zu 1 angenommen. Der Exponent im Energiespektr. wird zu ca. 2,5 gesetzt, der Energieanteil, der von dem Primärteilchen auf das Sekundärteilchen übertragen wird, zu $^1/_4$. (Philos. Mag. [7] **42.** 978—89. Sept. 1951. London, Imperial Coll. of Sci. and Technol.) Wiedemann. 85

A. Bonetti und **G. Tomasini,** *Absorption langsamer μ-Mesonen in Kernemulsionen.* 380 cm² einer Ilford G5-Emulsion von 600 μ Dicke u. 200 cm² derselben Emulsion von 400 μ Dicke wurden nach Bahnen untersucht u. 1004 Mesonen, die in der Emulsion endeten, festgestellt. Die Platten wurden in senkrechter Aufstellung 6 Tage lang auf 2900 m Höhe fern von schweren Substanzen exponiert. Durch einen plötzlichen Temperaturanstieg von 5 auf 32° wurde eine explosionsartige Entw. erreicht. Der Anteil der Mesonen, mit denen ein schnelles Elektron verbunden ist (β-Zerfall), beträgt 70 ± 3%. Es werden 50 ± 6% der μ^--Mesonen durch die leichten Elemente der Emulsion absorbiert. Etwa 6% der Mesonen sind von langsamen Elektronen begleitet. Daraus wird ermittelt, daß ca. 20% der von Ag u. Br absorbierten μ^--Mesonen von langsamen Elektronen mit mehr als 20 keV begleitet sind. Die Energieverteilung der langsamen Elektronen wird aus der Reichweite erschlossen. (Nuovo Cimento [9] **8.** 693—704. 1/9. 1951. Genova, Univ., Ist. di Fis.) Wiedemann. 85

D. Iwanenko und **A. Brodski,** *Mehrfachprozesse und Nichtlinearität in der Theorie der Elementarteilchen.* Überlegungen, nach denen die Entstehung mehrerer Mesonen in einem einzigen Akt beim Stoß zweier Nucleonen als Prozeß einer nichtlinearen Energiewechselwrkg. zwischen Nucleonen u. Mesonen betrachtet werden muß. (Доклады Академии Наук СССР [Ber. Akad. Wiss. UdSSR] [N. S.] **84.** 683—86. 1/6. 1952. Moskau, Lomonossow-Univ.) Amberger. 90

Robert R. Wilson, *Photozertrümmerung durch Reabsorption von Mesonen.* Die Photoerzeugung energiereicher Protonen ist durch verhältnismäßig große Wirkungsquerschnitte u. eine anisotrope Winkelverteilung charakterisiert. Die Theorien von Levinger (C. **1952.** 3440) u. von Kikuchi (C. **1952.** 797) können nur je eines dieser Charakteristika erklären. Vf. zeigt, wie mit der Annahme, daß das zunächst emittierte Meson von einem aus zwei Nucleonen bestehenden Syst. wieder absorbiert wird, beide Beobachtungen gleichzeitig gedeutet werden können. (Physic. Rev. [2] **86.** 125—26. 1/4. 1952. Ithaca, N. Y., Cornell Univ.) Kirschstein. 90

Israel Reff, *Energiereicher Kernphotoeffekt.* (Sitzungsbericht.) Der Gesamtwirkungsquerschnitt für die Absorption von 200 MeV-Quanten durch Kerne wird nach einem Störungsverf. zweiter Ordnung berechnet, wobei die Wechselwirkungen phänomenolog. behandelt werden. Es wird angenommen, daß der Prozeß aus zwei Stufen besteht: 1. Absorption des Quants durch den Kern mit Erzeugung eines Mesons durch Wechselwrkg.

des Quants mit einem einzelnen Nucleon u. 2. darauffolgende Reabsorption des Mesons durch den gleichen Kern. Bei dem letzten Prozeß tritt das Meson mit zwei Nucleonen in Wechselwrkg., was zur Anregung des Kerns führt. (Physic. Rev. [2] **87**. 207. 1/7. 1952. Indiana Univ.) GERHARD SCHMIDT. 90

R. H. Huddlestone und **J. V. Lepore**, *Mesonenaustauschbeiträge zum Deuteron-Photoeffekt hoher Energie.* (Sitzungsbericht.) Vff. versuchen, die Meson-Austauscheffekte auf der Grundlage der pseudoskalaren Mesonentheorie mit gradienter Kopplung zu schätzen. Hierbei muß berücksichtigt werden, daß nicht alle Austauscheffekte, als von Austauschströmen herrührend, dargestellt werden können. Die Energie- u. Winkelabhängigkeiten entsprechen nicht allein dem elektr. Dipolzerfall, so daß es nicht möglich ist, diese Prozesse nach dem SIEGERTschen Theorem zu behandeln. (Physic. Rev. [2] **87**. 207. 1/7. 1952. Berkeley, Calif., Univ. of California.) GERHARD SCHMIDT. 90

Richard Madey, Kenneth C. Bandtel, Wilson J. Frank und **Burton J. Moyer**, *Identifizierung der Reaktion* $p + d \rightarrow \pi^+ + t$. (Sitzungsbericht.) Die Meth. beruht auf Messung der Winkel- u. Energiekorrelationen von $\pi^+ - t$-Koinzidenzen. In einem Syst. von zwei Scintillationszählern mit CD_2- u. C-Targets verschwindet bei jeweils einem Paar entsprechender Winkel die Differenz der Impulse beider Zähler durch Versetzung des Winkels um einen Betrag, der der Winkelauflösung des π^+-Detektors gleich ist. (Physic. Rev. [2] **87**. 204—05. 1/7. 1952. Berkeley, Calif., Univ. of California.) GERHARD SCHMIDT. 90

P. Budini, *Der Kerneinfang des μ-Mesons.* Der Kerneinfang der μ-Mesonen (μ) wird unter der Annahme, daß der Vorgang indirekt ist, untersucht, wobei das π-Feld als Mittler dient, u. daß letzteres seinen Symmetriecharakter bzgl. der Ladung mindestens qualitativ auch für das μ-Meson behält. Es werden die experimentellen Folgerungen aus der Annahme eines Prozesses $\mu^- + p \rightarrow p' + e^-$ u. $\mu^- + n \rightarrow n' + e^-$ erörtert. Für die mittlere Lebensdauer dieses Vorganges u. das Spektr. der von zerfallenden μ^- ausgesandten Elektronen werden Gleichungen abgeleitet u. der Elektronenanteil (mit hoher Energie) berechnet, der aus den in einem bestimmten Material (z. B. in Emulsionen) gebundenen μ zu erwarten ist, wenn die μ zur Hälfte negativ sind. (Nuovo Cimento [9] **9**. 445—48. 1/5. 1952. Triest, Univ., Ist. di Fis.) R. K. MÜLLER. 90

N. Austern, *Die „Nucleonisobare" als ein Zwischenzustand.* (Sitzungsbericht.) Bei der Ausdehnung des Isobaren-Modells der Wechselwrkg. eines π-Mesons mit einem Nucleon auf energiereiche Prozesse mit zwei Nucleonen muß angenommen werden, daß diese Prozesse in zwei Stufen verlaufen, wobei die erste Stufe in jedem Falle in der Anregung eines Nucleons auf seinen isobaren Zustand besteht. Zusammenstöße zweiter Art werden betrachtet, bei denen das angeregte Nucleon mit seinem Nachbarteilchen in der Weise zusammenstößt, daß die Anregungsenergie die Energie der relativen Bewegung der Nucleonen wird. Der Wirkungsquerschnitt für die Photozertrümmerung des Deuterons wird nach diesem Modell berechnet, wobei die Wirkungsquerschnitte des $\pi^+ + {}^2H$-Einfanges, der $\pi + p$-Streuung u. der Rk. $\gamma + p \rightarrow \pi^0$ Verwendung finden. (Physic. Rev. [2] **87**. 208. 1/7. 1952. Cornell Univ.) GERHARD SCHMIDT. 90

A. de-Shalit, *Cosinus-Wechselwirkung zwischen Nucleonen.* Vf. untersucht einige Eigg. einer Kernwechselwrkg. proportional $(j_1 \cdot j_2)$. Während diese Wechselwrkg. qualitativ brauchbare Ergebnisse für gerade–gerade-Kerne liefert, versagt sie bei Anwendung auf ungerade Kerne. (Physic. Rev. [2] **87**. 843. 1/9. 1952. Princeton, N. J., Univ., Palmer Physic. Labor.) GERHARD SCHMIDT. 95

R. J. Blin-Stoyle, *Eine Bemerkung über Zeitumkehr bei polarisierten Kernprozessen.* Vf. zeigt, daß die von DALITZ (C. **1952**. 6483) für elast. Nucleon–Nucleon-Streuung unter der Voraussetzung der Invarianz der HAMILTON-Funktion bzgl. der Rotation u. Reflexion des Koordinatensyst. u. der Zeitumkehr abgeleitete Beziehung $f(\Theta) = g(\Theta)$ nur der Spezialfall eines allg. Theorems ist. (Proc. physic. Soc., Sect. A **65**. 452—53. 1/6. 1952. Oxford, Clarendon Labor.) CONRAD. 103

Walter H. Barkas und **J. Kent Bowker**, *Produkte der Kohlenstoffzertrümmerung durch 330 MeV-Protonen.* (Sitzungsbericht.) Die Fragmente aus einem Polystyrol-Target wurden in den 180°-Brennpunkt im Magnetfeld des 184 in.-Cyclotrons gebracht. Die Auswertung der ILFORD D1-Kernemulsion ergab, daß die Auflösung der ${}^1H$-, ${}^2H$-, ${}^3H$-, ${}^3He$- u. ${}^4He$-Splitter völlig eindeutig ist. Eine Gruppe enthält wahrscheinlich ${}^6Li$ u. ${}^7Be$, eine weitere ${}^6He$ u. ${}^7Li$. ${}^8Li$, ${}^8B$, H >3 u. He <3 konnten nicht gefunden werden. Die Häufigkeiten der Fragmente sind: ${}^1H$ 25,0%, ${}^2H$ 7,4%, ${}^3H$ 4,6%; ${}^3He$ 7,0%, ${}^4He$ 41,5%; (${}^6Li$-, ${}^7Be$-Gruppe) 3,3%; (${}^6He$, ${}^7Li$-Gruppe) 4,9% u. andere Gruppen plus Untergrund 6,2%. (Physic. Rev. [2] **87**. 207. 1/7. 1952. Berkeley, Calif., Univ. of California.)
GERHARD SCHMIDT. 103

Clayton F. Black, *Winkelverteilungen von (d, p)-Reaktionen.* (Sitzungsbericht.) An *C* u. *Be* wurden Messungen mit 14,5 MeV-Cyclotron-Deuteronen ausgeführt. Für die Rk.

$^{9}Be(d,p)^{10}Be$ war der beobachtete Bahndrehimpuls im Grundzustand $l_n = 0$, für das 3,37 MeV-Niveau war $l_n = 1$. Für $^{12}C(d,p)^{13}C$ ergab sich im Grundzustand $l_n = 1$, bei 3,1 MeV war $l_n = 0$ u. bei 3,9 MeV $l_n = 2$. (Physic. Rev. [2] **87.** 205—06. 1/7. 1952. M. I. T.) Gerhard Schmidt. 103

D. S. Craig, D. J. Donahue und **K. W. Jones,** *^{10}B- und ^{16}O-Reaktionsenergien.* (Sitzungsbericht.) Es werden die Q-Werte der Rkk. für ^{10}B bei Protonenbeschuß u. für ^{16}O bei Deuteronenbeschuß elektrostat. gemessen. Der aus den Kernmassen u. Reaktionsdaten berechnete Q-Wert von 3,113 MeV für $^{16}O(d,\alpha)^{14}N$ stimmt mit dem von anderen Autoren gefundenen Wert überein. (Physic. Rev. [2] **87.** 206. 1/7. 1952. Univ. of Wisconsin.) Gerhard Schmidt. 103

C. E. Mandeville, C. P. Swann und **S. D. Chatterjee,** *Die Neutronen aus der Zertrümmerung der getrennten Silicium-Isotope durch Deuteronen.* (Sitzungsbericht.) Die Neutronenspektren der 3 getrennten Si-Isotope beim Beschuß mit 1,4 MeV-Deuteronen werden durch Aufnahme der Rückstoßprotonen in photograph. Platten bestimmt. Die erhaltenen Q-Werte ($\pm$0,04 MeV) für die (d,n)-Rkk. der Isotope werden angegeben (vgl. C. **1952.** 7604). (Physic. Rev. [2] **85.** 725—26. 15/2. 1952; Bull. Amer. physic. Soc. **26.** Nr. 6. 29—30. 24/10. 1951. Bartol Res. Found. of the Franklin Inst.) Werner Schulz. 103

David E. Alburger, *Paarmessung von γ-Strahlen mit einem Linsenspektrometer.* (Sitzungsbericht.) Ein übliches Linsenspektrometer wurde für die Messung von energiereichen γ-Strahlen durch Koinzidenzmessung von Positron–Elektron-Paaren verwendet. Quelle u. Umwandler befinden sich auf der opt. Achse, das Blendensyst. läßt Paare nahezu gleicher Energie passieren. Der Brennfleck wird in zwei Hälften geteilt u. Koinzidenz zwischen Teilchen beobachtet, die auf diese beiden Hälften auftreffen. Die Energie der γ-Strahlung der Po–Be-Rk. wurde zu 4,47 $\pm$ 0,04 MeV bestimmt. γ-Strahlen von 6,19 $\pm$ 0,08 MeV u. 7,13 $\pm$ 0,12 MeV aus der $^{19}F(p,\alpha)^{16}O$-Rk. wurden beobachtet. (Physic. Rev. [2] **87.** 194. 1/7. 1952. Brookhaven Nat. Labor.) Lenz. 103

L. G. Stang jr. und **Paul D. Hance III,** *Nomogramm zur Berechnung von Spaltprodukt-Aktivitäten.* Zur schnellen Berechnung der in einem Reaktor erzeugten Spaltprodukt-Aktivität unter vorgegebenen Bedingungen des Neutronenstroms, der Beschußzeit u. U-Menge wird ein Nomogramm konstruiert. Das gleiche Nomogramm dient zur Berechnung der Aktivitäten sek. u. tert. Spaltprodd., falls die Lebensdauer der Muttersubstanz sehr kurz ist im Vgl. zu derjenigen der Tochtersubstanzen. (Nucleonics **10.** Nr. 1. 48—49. Jan. 1952. Upton, N. Y., Brookhaven Nat. Labor., Hot Labor.) Gerhard Schmidt. 112

A. Hollis und **F. A. Paneth,** *Radiochemische Untersuchungen an freien Radikalen.* Unters. der Einw. von freien organ. Radikalen auf akt. Metallspiegel. Durch Abtastung des Spiegels mit einem Geiger-Zähler läßt sich die Veränderung der Aktivität verfolgen. Die günstigsten Ergebnisse wurden mit einem mit RaE indizierten Bi-Spiegel bei Verss. mit $Bi(C_2H_5)_3$ erhalten. Mit dieser Meth., welche eine einfache Messung der Menge von freien Radikalen u. von deren Halbwertszeiten gestattet, wurden die 1931 von Paneth u. Herzfeld erhaltenen Resultate bestätigt. (Nature [London] **169.** 618. 12/4. 1952. Durham, Univ., Londonderry Labor. for Radiochem.) Eichhoff. 112

Brian D. Corbett und **A. J. Honour,** *Konstruktion von Richtungszählern für klinischen Gebrauch.* Vff. beschreiben die Konstruktion eines kleinen gerichteten Geiger-Müller-Zählers für klin. Zwecke mit ^{131}J. Einige für diese Anordnung benutzte Prinzipien lassen sich auf den Fall eines Scintillationszählers anwenden, wobei auf die Möglichkeit des gerichteten Nachw. harter γ-Strahler, wie ^{24}Na, hingewiesen wird. Die Vorteile des gerichteten Geiger-Müller-Zählers bestehen u. a. in seiner hohen Empfindlichkeit, in der Konstanz seines festen Winkels innerhalb der Feldtiefe u. in seinen geringen Dimensionen. (Nucleonics **9.** Nr. 5. 43—53. Nov. 1951. London, Univ. Coll., Hosp. Med. School, Dep. of Clin. Res.) Gerhard Schmidt. 112

F. H. Schmidt, *Ein Kernspektrometer mit gleichförmigem solenoidförmigem Magnetfeld.* Vf. beschreibt ein Spektrometer, dessen Blendensyst. zur Justierung aus der Vakuumkammer herausgenommen werden kann. Die Impulsauflösung betrug bei 2% Durchlaß 0,4%. In dem inneren Konversionsspektr., das dem β-Zerfall von ^{134}Cs folgt, wurde ein Dublett mit einer Impulsdifferenz von 0,6% beobachtet. (Rev. sci. Instruments **23.** 361 bis 366. Juli 1952. Seattle, Wash., Univ.) H. Hauswald. 112

W. Selove, *Ein Flugzeitspektrometer mit rotierender Blende für den Resonanzbereich langsamer Neutronen.* Für Messungen an Meilerneutronen im Resonanzgebiet wurde ein Spektrometer mit einer sehr schnell rotierenden Blende (30000 Umdrehungen pro Min.), einem 0,03 cm weiten Schlitz in dem Mantel eines 16 in. langen Stahlzylinders, angefertigt. Der Detektor besteht aus einer Anordnung von drei BF_3-Impulsionisationskammern bei 2 at Druck. (Rev. sci. Instruments 23. 350—56. Juli 1952. Chicago, Ill., Argonne Nat. Labor.) H. HAUSWALD. 112

J. F. Perkins und **A. W. Solbrig jr.**, *Graphische Bestimmung der Durchlässigkeitskurven für gewisse β-Strahlspektrometer mit magnetischen Linsen.* Es wird eine graph. Meth. entwickelt, um die Durchlässigkeitskurve einer dicken magnet. Linse eines β-Strahlspektrometers mit Ringfokus für eine Punktquelle auf der Achse der Linse zu bestimmen. Die Meth. ist anwendbar auf Spektrometer, bei denen das Magnetfeld zwischen Ringfokus u. Detektor schwach ist gegenüber dem Feldmaximum im Instrument. (Rev. sci. Instruments 22. 173—75. März 1951. Nasheville, Tenn., Vanderbilt Univ.) v. HARLEM. 112

J. G. Gorman, E. A. Jones und **J. A. Hipple**, *Analyse fester Substanzen mit dem Massenspektrometer.* (Sitzungsbericht.) Kurze Mitt. zu der C. **1952.** 5847 referierten Arbeit. (Physic. Rev. [2] 82. 768—69. 1/6.; Bull. Amer. physic. Soc. 26. Nr. 2. 12—13. 8/3. 1951. Nat. Bur. of Standards.) CONRAD. 112

Henry Copin, *Untersuchung über ein Dosimeter mit schnell aufeinanderfolgenden Entladungen.* Beschreibung der Arbeitsweise des von DENIER (J. Radiol. Électrol. 29. [1948.] 593) entwickelten Dosimeters hoher Empfindlichkeit u. Stabilität für Röntgenstrahlen. (Electronique **1952.** Nr. 70. 6—10. Sept. Establ. Centr. du Material des Transmissions.) GERHARD SCHMIDT. 112

William C. Orr, *Dosierungsberechner.* Die Berechnungen gründen sich auf Aktivitätsunterss. radioakt. Verunreinigungen im Gefolge einer Atomexplosion. Der vom Vf. entwickelte Berechner löst diese Probleme bzgl. der Dosierungsgröße u. der Dosis bei starken Intensitätsänderungen, bes. während der ersten Std. nach der Explosion. (Nucleonics 9. Nr. 5. C10—C11. Nov. 1951. Storrs, Conn., Univ., Dep. of Chem.) GERHARD SCHMIDT. 112

I. Broser, H. Oeser und **R. Warminsky**, *Zur Frage der Röntgendosimetrie mit Festkörpern.* Unters. der Eignung von anorgan. u. organ. Phosphoren, von photochem. Effekten u. elektr. Leitfähigkeitsänderungen an CdS-Einkristallen für die Röntgendosimetrie. Die Gesamtstrahlungsmessung wird durch Luminescenz von Bleiglas durchgeführt. Die Luminescenz organ. Phosphore erwies sich bes. geeignet, da Ionisierungsvorgänge im Gewebe besser reproduziert werden können als mit der Luftionisationskammer. Diese ist jedoch den Festkörpern an Konstanz überlegen. Die Ausnutzung von Widerstandsänderungen ist apparativ sehr einfach. (Z. Naturforsch. 7a. 351—60. Mai 1952. Berlin, KWI für physik. Chem. u. Elektrochem.; Freie Univ., Strahleninst.) FROST. 112

C. L. Smith, *Ein einfacher Umbau eines Dosimeters für Röntgenstrahlen in ein integrierendes Dosimeter.* Ein Ionisationskammergerät zur Messung der momentanen Bestrahlungsintensität kann auch zur Messung der einem Patienten verabreichten totalen Strahlungsmenge benutzt werden, indem der Strom des Milliampèremeters durch eine elektrolyt. Zelle geleitet u. die durch Wasserzers. entwickelte Gasmenge volumetr. bestimmt wird. (J. sci. Instruments 29. 269—70. Aug. 1952. Cambridge, Univ., Dep. of Radiotherap.) H. HAUSWALD. 112

J. Allewaert, Experimenteel onderzoek betreffende de veelvoudige electronenstrooiing in stikstof, zuurstof en koolzuur met behulp der Wilsonkamer. Brussel: Paleis der Academiën. 1952. (20 S. m. Diagr.) 4°. fr. 40,—.

A_2. Optisches Verhalten der Materie.

D. R. Bates, *Strahlungsabsorption durch eine Atmosphäre von H, H^+ und H_2^+. Halbklassische Behandlung.* Der Beitrag der Photoabsorption H_2^+ (1s σ) + hν → (H + H^+) · (2p σ) u. (H + H^+)(1s σ) + hν → (H + H^+) (2p σ) an der opt. Undurchlässigkeit von Sternatmosphären wird untersucht. Für die Berechnung der Absorptionskoeffizienten im Wellenzahlenbereich 500—26000 cm^{-1} bei Tempp. von 2500—12000° K werden quantentheoret. berechnete Dipolmomente zugrunde gelegt, während die Kerne als klass. Teilchen behandelt werden. Die Werte für die Gesamtabsorption u. den Anteil der gebunden-frei-Übergänge an der Gesamtabsorption werden angegeben. (Monthly Notices Roy. astronom. Soc. 112. 40—44. 1952. Belfast, Queen's Univ., Dep. of Appl. Math.) F. W. KRÜGER. 113

Lewis M. Branscomb, *Emission der atmosphärischen Banden bei Entladungen und Nachleuchten in reinem O_2.* (Sitzungsbericht.) Die atmosphär. Banden von O_2 werden von einem magnet. Dipolübergang $^1\Sigma_g$ — $^3\Sigma_g^-$ verursacht. Bedingungen zur Anregung von Emissionsbanden des O_2 sowohl während der Entladung als auch beim Nachleuchten werden beschrieben. Das Spektr. des Nachleuchtens bei 1 cm Druck enthält nur die (0,0)- u. (0,1)-Banden u. ein schwaches Kontinuum. Banden bis zu (4,4) erscheinen bei direkter Entladung. während die SCHUMANN-RUNGE- u. HERZBERG-Banden nicht erscheinen, da sie zum O_2^+ gehören. Messungen der Rotations- u. Schwingungstempp.

zeigen, daß das therm. Gleichgewicht erreicht wird, bevor Ausstrahlung erfolgt. (Physic. Rev. [2] **86**. 587. 15/5.; Bull. Amer. physic. Soc. **27**. Nr. 1. 12. 31/1. 1952. Harvard Univ.) D. Brück. 118

Edward L. King und **Mary L. Pandow**, *Die Spektren von Cer(IV) in Perchlorsäure. Beweis für polymere Arten.* Es werden die Spektren von $Ce(ClO_4)_4$ in $HClO_4$–$NaClO_4$-Lsgg. untersucht. Es wird gefunden, daß das Beersche Gesetz im Wellenlängenbereich von 440 bis 530 mμ über eine Ce(IV)-Konz. von $4 \cdot 10^{-4}$—10^{-1} mol. bei einer 0,85 u. 2,57 mol. H^+-Konz. nicht befolgt wird. Auf Grund der spektrophotometr. Daten zeigen Vff., daß in den untersuchten Lsgg. polymere Arten von Ce^{4+} vorliegen. Eine völlige Aufklärung über die Gleichgewichte der verschied. Polymeren kann mit der hier beschriebenen Untersuchungsmeth. nicht gegeben werden. Die Extinktionskoeffizienten von Ce(IV) in relativ konz. ClO_4^--Lsgg. ($>$6 mol.) sind größer als in verd. Lösungen. Diese Unterss. wurden sowohl in $HClO_4$ als auch in $HClO_4$–$NaClO_4$-Lsgg. durchgeführt. „Wechselwirkungsabsorption", hervorgerufen durch Systeme, in denen ein Element in 2 verschied. Oxydationsstufen vorliegt, konnte für das Syst. Ce(III)–Ce(IV) bei den hier untersuchten Konzentrationsbedingungen nicht gefunden werden. (J. Amer. chem. Soc. **74**. 1966—68. 20/4. 1952. Madison, Wis., Univ. of Wisconsin, Dep. of Chem.) Sparmann. 118

J. B. Willis, *Der Einfluß der Spaltbreite auf Form und Intensität infraroter Absorptionsbanden.* Unter der Voraussetzung einer bestimmten Form für infrarote Absorptionsbanden werden Gleichungen abgeleitet, welche die Abhängigkeit von Absorptionsmaximum u. Halbwertsbreite einer Bande von der Spaltbreite wiedergeben. Unter der Annahme einer Dreiecks- u. einer Gaussschen Spaltfunktion ergeben sich Ausdrücke, welche gleichwertige Ergebnisse liefern. Die Gleichungen für die Gausssche Spaltfunktion lauten: $A'_{max} = (A_{max} \cdot a)/(a^2 + c^2/\pi)^{1/2}$ u. $a = (a'^2 - c^2/\pi)^{1/2}$, wobei A_{max} bzw. A'_{max} die wahre bzw. beobachtete Absorption, a bzw. a' die wahre bzw. beobachtete Halbwertsbreite u. c die spektrale Spaltbreite in cm^{-1} bedeuten. Die experimentelle Prüfung der Gleichungen mit einem Perkin-Elmer Modell 12C ergab z. B. für die 1017 cm^{-1}-Bande des *1-Oxyanthrachinon* bei veränderten Spaltbreiten von 1,00—0,07 mm auf ± 3% konstante a-Werte. (Austral. J. sci. Res., Ser. A **4**. 172—80. Juni 1951. Melbourne, C. S. I. R. O., Div. of Ind. Chem.) Eichhoff. 120

G. Lovera, *Über die Schwingungsfrequenzen der mit Atomen der 4., 5., 6. und 7. Gruppe gebildeten zweiatomigen Moleküle.* (Vgl. C. **1953**. 1289.) Die Wellenzahlen für die Schwingung 2atomiger Moll. mit Atomen der 4., 5., 6. u. 7. Gruppe des Period. Syst. werden nach der in der früheren Mitt. abgeleiteten Formel berechnet u. mit den experimentellen Werten verglichen. Abweichungen über 10% werden nur festgestellt für C_2, O_2, *SeO* u. F_2. Noch bessere Übereinstimmung ließ sich durch Wahl eines entsprechenden Wertes für v bei jeder Mol.-Gruppe erreichen. (Nuovo Cimento [9] **9**. 541—43. 1/6. 1952. Modena, Univ., Ist. di Fis.) R. K. Müller. 120

H. Lyons, M. Kessler, L. J. Rueger und **R. G. Nuckolls**, *Mikrowellenspektren von Deuteroammoniaken.* (Sitzungsbericht.) Die Mikrowellenspektren von Deuteroammoniaken wurden mit einem verbesserten Spektrographen neu aufgenommen. Zwischen 3100 u. 17000 MHz wurden ca. 100 Linien von NH_3, NDH_2 u. ND_2H aufgefunden. Eine dem ND_3 zugeordnete Liniengruppe erschien in Übereinstimmung mit theoret. Angaben bei 5000 MHz, weitere Linien, wenn höhere Konzz. an NDH_2 u. ND_2H benutzt wurden. Eine Liste der intensivsten Linien ist angegeben. (Vgl. auch C. **1952**. 11.) (Physic. Rev. [2] **81**. 297. 15/1. 1951; Bull. Amer. physic. Soc. **25**. Nr. 5. 9. 24/11. 1950. Nat. Bur. of Standards.) Stahl. 121

S. J. Tetenbaum, *Mikrowellenspektrum von BrCN bei sechs Millimetern.* Es wurde das reine Rotationsspektr. von BrCN bei 6 mm gemessen. Für $J = 5 \to 6$ wurden 60 Linien gefunden, die den nachfolgenden Moll. in ihren n. isotop. Häufigkeiten angehören: $^{79}Br^{12}C^{14}N$, $^{81}Br^{12}C^{14}N$, $^{79}Br^{13}C^{14}N$, $^{81}Br^{13}C^{14}N$, $^{79}Br^{12}C^{15}N$ u. $^{81}Br^{12}C^{15}N$. Übergänge wurden in den Schwingungszuständen (000); (01^10); (100); (02^00); (02^20) u. (11^10) gefunden. Die experimentell bestimmten u. berechneten Frequenzen sind tabellar. zusammengestellt. Die beobachteten Fermi-Resonanzeffekte wurden analysiert u. ferner wurde eine Abhängigkeit der *l*-Dublett-Konstante von dem Br-Quadrupolfeld gefunden. Für die ersten angeregten Schwingungszustände in $^{79}Br^{12}C^{14}N$ u. $^{81}Br^{12}C^{14}N$ wurden die Quadrupolkopplungskonstanten bestimmt. Die Molekularparameter für alle 6 Verbb. sind in Tabellen zusammengefaßt. (Physic. Rev. [2] **86**. 440—46. 15/5. 1952. New Haven, Conn., Yale Univ., Sloane Phys. Labor.) Gottfried. 121

G. W. Gordon-Smith, *Die spektrale Reflexionscharakteristik einer aufgedampften Magnesiumoxydoberfläche.* Die reflektierenden Flächen bestanden aus einem 1 mm dicken MgO-Niederschlag, durch vorsichtigen Abbrand von Mg-Band auf einer Platte bzw. im

Innern einer Hohlkugel aus Ag-plattiertem Cu erzeugt. Die spektrale Energieverteilung von 0,4—0,72 μ des senkrecht einfallenden u. unter 45° reflektierten Lichtes nach Dispersion durch einen einfachen Monochromator wurde photoelektr. verglichen. Unter der Annahme des „Luminenzfaktors" für MgO zu 1,005 ergaben die gemessenen Werte (direkt einfallendes Licht/unter 45° reflektiertes Licht × konstanter Faktor) in der Mitte des Bereiches voraussetzungsgemäß 1,005 u. steigen zu den Rändern auf 1,01 an. Die Selektivität der Hohlkugel wurde relativ zur ebenen Fläche gemessen. Es wurde 0,975 in der Mitte des Spektr. gemessen, auf 0,962 bei 0,4 μ u. auf 0,972 bei 0,72 μ abfallend. (Proc. physic. Soc., Sect. B **65.** 275—80. 1/4. 1952. Teddington, Nat. Phys. Labor.) LINDBERG. 122

Earle K. Plyler und Francis P. Phelps, *Wachstum und Infrarotdurchlässigkeit von Cäsiumjodidkristallen.* Aus CsBr wurde elektrolyt. Cs-Amalgam hergestellt, hieraus mit H_2O CsOH, dann durch Zusatz von HJ CsJ. Das gereinigte, krist. CsJ wird in einem Quarzschmelztiegel von etwas oberhalb des F. (621°) über einige Tage gleichmäßig auf den E. abgekühlt unter Aufrechterhaltung des Temperaturgradienten von 30°. So wurden Kristalle guter Qualität von 25 × 12 × 6 mm³ hergestellt. Unterhalb 0,22 μ ist CsJ undurchlässig, die Durchlässigkeit d steigt auf 85% bei 1 μ an. Maximales d liegt mit 89% bei 15 μ. Im Bereich von 25—50 μ scheint CsJ ein wertvolles Prismenmaterial zu sein. (J. opt. Soc. America **42.** 432—33. Juni 1952. Washington, D. C., Nat. Bureau of Standards.) LINDBERG. 122

Werner Martienssen, *Photochemische Vorgänge in Alkalihalogenidkristallen.* Die an photochem. verfärbten KJ- u. KBr-Kristallen von PRINGSHEIM gefundenen β-Banden im Eigenabsorptionausläufer (neben den F-Banden im langwelligen Sichtbaren) finden sich auch beim *RbBr* wieder u. scheinen für Alkalihalogenide charakterist. zu sein. Um den Zusammenhang zwischen β- u. F-Banden zu untersuchen, wurden die Absorptionskonstanten ε der β- u. F-Banden bei verschied. F-Zentrenkonzz. c gemessen. Es ist ε_β stets proportional ε_F, gleichgültig, ob c durch Erwärmen, H-Einw. oder photochem. verändert wird. Durch Erhitzen von Farbzentren enthaltendem *KBr* in einer H_2-Atmosphäre (KH-Bldg.) verschwinden die F- u. β-Banden u. es entstehen die U-Banden um 210—220mμ, die durch Lichteinstrahlung bei Tempp. $< -80°$ hauptsächlich in die kurzwelligeren U'- u. U''-Banden, bei Tempp. $> -80°$ in die F- u. β-Bande zurückverwandelt werden. Im hydridhaltigen *KCl* erfolgt der U-Bandenabbau durch Licht bei tiefsten Tempp. gut, beim *RbCl* nur schwach, ohne daß U'-Banden im Meßbereich auftreten. Sie liegen vermutlich unterhalb 186 mμ. Bei Bestrahlung von KBr mit Röntgenlicht bei tiefen Tempp. tritt ebenfalls neben wenigen F-Zentren eine mit der U-Bande ident. Bande (α nach PRINGSHEIM) auf. Mit zunehmender Bestrahlungstemp. nimmt diese zugunsten der F- u. β-Bande ab. Es wird die Deutung der U-, (U')-, β- u. F-Banden im Sinne der bekannten bzw. der von PRINGSHEIM (für α- u. β-Bande) gegebenen Erklärung mitgeteilt. Die photochem. Vorgänge in den hydridhaltigen Kristallen sowie bei Röntgenbestrahlung lassen sich (bis auf eine Ausnahme) erklären. (Z. Physik **131.** 488—504. 1952. Göttingen, Univ., I. Physikal. Inst.) RUDOLPH. 125

A₃. Elektrizität. Magnetismus. Elektrochemie.

M. Ploke, *Elementare Theorie der Elektronenstrahlerzeugung mit Triodensystemen. 1. Mitt. Eigenschaften des statischen Feldes der gebräuchlichen Strahlsysteme.* Für die n., aus Kathode, WEHNELT-Zylinder u. Anode bestehende Elektronenoptik einer BRAUNschen Hochvakuumröhre wird mit einigen Vereinfachungen der Verlauf des Achsenpotentials im Betrieb berechnet u. seine Änderung mit der Geometrie untersucht. Die Rechnungen erstrecken sich vor allem auf das für die Vorkonz. u. den Wirkungsgrad wichtige Feld in unmittelbarer Kathodennähe. (Z. angew. Physik **3.** 441—49. Dez. 1951. Stuttgart, Zeiß Ikon A.-G., Vakuumtechn. Labor.) PIEPLOW. 131

B. N. Kljarfeld, *Bildung von Schichten in der Gasentladung.* Es wurden Gasentladungen in *Na-*, *Cs-*, *Cd-* u. *Hg*-Dampf untersucht u. Schichten in einem weiten Bereich der Stromdichte (bis 300 A/cm²), des Druckes u. des Durchmessers der Entladungsröhre beobachtet. Alle Verss. zeigen gleichen Charakter, bes. werden die beweglichen Schichten abgebremst u. die unbeweglichen in Bewegung gebracht. Beide Vorgänge werden oft gleichzeitig beobachtet. Bewegte Schichten werden nicht nur in Edelgasen, sondern auch in anderen Gasen u. Metalldämpfen festgestellt. Es wird ein Mechanismus abgeleitet, mit dessen Hilfe die aufeinanderfolgenden Schichten hergeleitet werden. (Журнал Экспериментальной и Теоретической Физики [J. exp. theoret. Physik] **22.** 66—77. Jan. 1952. Allunions Elektrotechn. Inst.) A. KUNZE. 131

N. L. Allen, *Der für die Aufrechterhaltung eines im Magnetfeld stabilen Lichtbogens notwendige Schwellenwert des Gasdruckes.* Die Ergebnisse der Messungen des für die Bldg. eines stabilen, pulsierenden Hochstromlichtbogens in H_2 u. *Luft* unter der Einw. eines starken Magnetfeldes notwendigen Minimums des Druckes werden mit früheren Unterss. an He verglichen. Die Meßwerte sind in angenäherter Übereinstimmung mit den aus früheren Unterss. abgeleiteten theoret. Werten. Einige während der Entladung auftretende Vorgänge werden diskutiert. Als Schwellenwert des Druckes ergeben sich für H_2 $3 \cdot 10^{-3}$ mm Hg, für Luft $15 \cdot 10^{-3}$ mm Hg. (Proc. physic. Soc., Sect. B **65.** 697—701. 1/9. 1952. Birmingham, Univ., Electron. Phys. Dep.) v. Harlem. 131

Sanborn C. Brown und **David J. Rose,** *Methoden zur Messung der Eigenschaften ionisierter Gase bei hohen Frequenzen.* 1. Mitt. *Messungen von Q.* Es werden einige Wege angegeben u. theoret. begründet, um in Hohlraumresonatoren für Mikrowellenfrequenzen bei elektr. Gasentladungen den Gütefaktor Q des Resonators experimentell zu bestimmen, dessen Kenntnis zur Messung des elektr. Feldes im Hohlraum unerläßlich ist. Im einzelnen werden besprochen: die Resonanzkurvenmeth., die anwendbar ist, sobald die Resonanzkurve genügend scharf ausfällt, um eine gewisse Resonanzbreite zu messen; die Phasenkurvenmeth., bei der der Abfall der Phasenkurve u. das Spannungsverhältnis (maximale zu minimaler Spannung) der stehenden Welle in Resonanz gemessen wird, u. schließlich die Hochfrequenzbrückenmeth., bei der die wahre absorbierte Leistung u. indirekt der Absolutwert des Reflexionskoeff. u. des Standwellenverhältnisses der Gasbeladung bestimmt werden. (J. appl. Physics **23.** 711—18. Juli 1952. Cambridge, Mass., M. I. T., Res. Labor. of Electronics.) Conrad. 131

David J. Rose und **Sanborn C. Brown,** *Methoden zur Messung der Eigenschaften ionisierter Gase bei hohen Frequenzen.* 2. Mitt. *Messung des elektrischen Feldes.* (1. vgl. vorst. Ref.) Es werden 3 allg. Verff. zur Messung des elektr. Feldes in Hohlraumresonatoren im Mikrowellenbereich bei der Unters. der Eigg. ionisierter Gase angegeben u. mathemat. berechnet. Die beiden ersten Verff. sind auf Hohlräume mit hohem Gütefaktor Q anwendbar, wobei zwischen Resonatoren, bei denen die Feldkonfiguration leicht zu berechnen, u. solchen, bei denen sie nicht genau bekannt ist, unterschieden wird. Die dritte Meth. beschäftigt sich mit Hohlräumen von niedrigem Q-Wert. (J. appl. Physics **23.** 719—22. Juli 1952.) Conrad. 131

James W. Davisson und **Elias Burstein,** *Bahnen des elektrischen Durchschlages in asymmetrischen Kristallen.* In $NaClO_3$, $NaBrO_3$, *ADP* (*Ammoniumdihydrogenphosphat*) u. *KDP* (*Kaliumdihydrogenphosphat*) liegen die Durchschlagsbahnen in einer bestimmten Richtung, was durch das Fehlen eines Symmetriezentrums verständlich ist. Bei ADP u. KDP liegt außerdem ein Polaritätseffekt vor. (Physic. Rev. [2] **82.** 314. 15/4.; Bull. Amer. physic. Soc. **26.** Nr. 1. 27. 1/2. 1951. Naval Res. Labor.) Fuchs. 132

I. M. Dykman und **Ss. I. Pekar,** *Excitonen in Ionenkristallen.* Vff. untersuchen theoret. das Verh. von „Excitonen" (vgl. Frenkel, Physic. Rev. [2] **37.** [1931.] 17) unter Zugrundelegung einer starken Wechselwrkg. mit Ionenschwingungen u. unter der Voraussetzung, daß der Bahnradius des Elektrons (Defektelektrons) so groß sein soll, daß ihre gegenseitige Wechselwrkg. als die zweier entgegengesetzt geladener Punktladungen aufgefaßt u. die Anwendbarkeit der Meth. der effektiven M. als gegeben angesehen werden darf. (Доклады Академии Наук СССР [Ber. Akad. Wiss. UdSSR] [N. S.] **83.** 825—28. 21/4. 1952.) Amberger. 135

N. P. Kalabuchow, *Sekundärströme in gefärbten Kristallen.* Im wesentlichen ident. mit der C. **1951.** I. 1977 referierten Arbeit. Die dort genannten Aktivierungsenergien für *KCl* werden berichtigt; sie betragen 0,31 bzw. 0,23 eV (statt 0,48 u. 0,35 eV). (Известия Академии Наук СССР, Серия Физическая [Nachr. Akad. Wiss. UdSSR, physik. Ser.] **16.** 130—32. Jan./Febr. 1952. Inst. für Physik der Akad. der Wiss. der GrusSSR.) Kirschstein. 135

K. B. Tolpygo, *Kinetik der Entstehung einer Photo-EMK. in einem isolierten Halbleiter.* In Erweiterung einer Arbeit von Laschkarew (Доклады Академии Наук СССР [Ber. Akad. Wiss. UdSSR] [N. S.] **70.** [1950.] 813), der den nur quasistationären Fall behandelt hatte, wird die Differentialgleichung für das Potential in einem isolierten Halbleiter in allgemeinster Form aufgestellt u. gelöst. Als Spezialfälle werden behandelt: rechtwinklige Lichtimpulse; dicke, schwach absorbierende Kristalle; dünne, stark absorbierende Kristalle. (Известия Академии Наук СССР, Серия Физическая [Nachr. Akad. Wiss. UdSSR, physik. Ser.] **16.** 46—58. Jan./Febr. 1952. Inst. für Physik der Akad. der Wiss. der UkrSSR.) Kirschstein. 135

W. Je. Laschkarew, *Austrittsarbeit und Leitfähigkeit von Halbleitern bei Gegenwart von Oberflächenladungen.* Nach der experimentellen Bestätigung früherer qualitativer Überlegungen (vgl. Доклады Академии Наук СССР [Ber. Akad. Wiss. UdSSR] [N. S.] **70.** [1950.] 813) werden die Konz. der Stromträger u. die Austrittsarbeit bei Vorhandensein von Oberflächenladungen für die Spezialfälle dünner u. dicker Schichten berechnet. Für die experimentelle Prüfung besser geeignet sind die für dicke Schichten abgeleiteten Formeln. (Известия Академии Наук СССР, Серия Физическая [Nachr. Akad. Wiss. UdSSR, physik. Ser.] **16.** 203—10. März/April 1952. Kiew, Univ., u. Inst. für Physik der Akad. der Wiss. der UkrSSR.) KIRSCHSTEIN. 135

—, *Titandioxyd-Gleichrichter*. Es wird kurz eine neue Form eines Trockengleichrichters (NATIONAL BUREAU OF STANDARDS) beschrieben, die aus metall. Ti, einer Schicht aus halbleitendem TiO_2 u. einer Gegenelektrode aus beliebigem Metall besteht. Die Oxydschicht wird durch Erwärmung von Ti in O_2 u. anschließend in H_2 gebildet oder durch Wärmebehandlung des Ti in Wasserdampf bei 600°. Die Sperrspannung je Platte beträgt 20 V. Im Gegensatz zur Cu_2O-Schicht sind im Falle des TiO_2 freie Elektronen im Gitter Träger der Leitung. (Electronics **25.** Nr. 9. 164—66. Sept. 1952.) REUSSE. 135

Robert W. Keyes, *Die elektrische Leitfähigkeit von flüssigem Germanium.* Vf. bestimmte die elektr. Leitfähigkeit von Ge (mit über 99,9% Reinheit) in der Nähe des Schmelzpunkts. Das Ge wurde dabei unter Ar auf induktivem Wege unter Benutzung von 30 kHz bzw. 2 MHz geschmolzen. Die Leitfähigkeit des fl. Ge in der Nähe des F. wurde zu $60 \cdot 10^{-6}$ Ohm·cm bestimmt, der Temperaturkoeff. der Leitfähigkeit war positiv u. betrug 1 oder $2 \cdot 10^{-4}$/Grad. Im festen Zustand nahe dem F. war die Leitfähigkeit nach den Messungen des Vf. 15mal größer, während BUSCH u. Mitarbeiter (C. **1952.** 7610) einen 16mal höheren Wert fanden. (Physic. Rev. [2] **84.** 367—68. 15/10. 1951. Chicago, Ill., Univ. of Chicago, Dep. of Phys.) v. HARLEM. 135

M. R. Schafroth, *Coulombsche Wechselwirkung und der Meißner-Ochsenfeld-Effekt.* Es wird gezeigt, daß die COULOMBsche Wechselwrkg. in einem Gas mit geladenen Teilchen keinen MEISSNER-OCHSENFELD-Effekt bewirken kann, solange die Störungsreihe bzgl. der COULOMBschen Wechselwrkg. konvergent ist. (Nuovo Cimento [9] **9.** 291—303. 1/3. 1952. Zürich, ETH.) R. K. MÜLLER. 136

H. Bittner, *Über eine Verbesserung an der Pendelwaage von Weiß-Foëx.* Mit einer Verbesserung der Pendelwaage nach WEISS-FOËX (Ann. Physique **16.** [1921.] 196) durch ein Syst. von Dynamometerspulen im Feld eines Permanentmagneten werden hohe Empfindlichkeit u. aperiod. Einstellung erreicht. (Mh. Chem. **82.** 978—81. 15/12.; S.-B. österr. Akad. Wiss., math.-naturw. Kl., Abt. IIb **160.** 978—81. 1951. Wien, Univ., I. Chem. Labor.) KÖHN. 137

Joseph D. Eisler, George R. Newton und **Willis A. Adcock,** *Automatisch aufzeichnende magnetische Waage.* Es wird eine automat. aufzeichnende magnet. Waage beschrieben, bei der durch eine elektromagnet. Rückkoppelung die Kraft, die eine Probe in einem inhomogenen Magnetfeld ausübt, durch Wägung bestimmt wird. Dieser App. wird für die quantitative Best. der ferromagnet. Phasen, die in *Fe-Katalysatoren* für KW-stoffsynthesen anwesend sind, gebraucht. Außerdem sind damit Gas-Rkk. mit Fe-Verbb., wie H_2 u. *Fe_3O_4*, H_2 u. HÄGG-*Eisencarbid*, CO u. *α-Fe*, untersucht worden. (Rev. sci. Instruments **23.** 17—21. Jan. 1952. Tulsa, Okla., Stanolind Oil and Gas Co., Res. Labor.) PISTOR. 137

Adolphe Pacault, Jean Hoarau und **Jacques Joussot-Dubien,** *Über die Form der Polschuhe für die Messung magnetischer Susceptibilitäten.* Vff. berichten über die von ihnen entwickelte Form der Polschuhe für magnet. Messungen mit der Waagenmeth. nach FARADAY. (C. R. hebd. Séances Acad. Sci. **232.** 1932—34. 21/5. 1951.) v. HARLEM. 137

J. J. Donoghue, *Ein neues Gerät zur Bestimmung der magnetischen Susceptibilität sehr kleiner Proben.* (Sitzungsbericht.) Das Gerät gestattet die Feststellung von Änderungen der Susceptibilität der Größenordnung $1 \cdot 10^{-10}$ g-cgs-Einheiten. (Physic. Rev. [2] **81.** 663. 15/2. 1951; Bull. Amer. physic. Soc. **25.** Nr. 6. 20. 28/12. 1950. North American Aviation, Inc., Atomic Energy Res. Dep.) KÖHN. 137

R. Rosenberg und **M. Lax,** *Hochtemperatursusceptibilität von permanenten dipolaren Gittern.* (Sitzungsbericht.) Die sphär. Approximation liefert für die Susceptibilität von permanenten dipolaren Materialien ein Ergebnis, das für hohe u. tiefe Tempp. Gültigkeit besitzt. Für Fll. stimmt dieses Ergebnis bei hohen Tempp. vollkommen bis auf Glieder der Größenordnung T^{-3} mit der ONSAGERschen Approximation u. der VAN VLECKschen Behandlung überein. Um den Erfolg der sphär. Approximation zu beurteilen, wurde die genaue VAN VLECKsche Behandlung für hohe Tempp. bis zu dem Glied der Größenordnung T^{-4} durchgeführt. Es wurde gefunden, daß die sphär. Approximation genauer ist als die ONSAGERsche Meth. u. die Susceptibilität unterschätzt, während ONSAGER sie überschätzt. Bei der genauen Lösung für die Polarisation ist der Koeff. T^{-n} eine Kombination von Summen über gewisse Typen von Dipolgruppen, die höchstens n Dipole enthalten. Die Gruppen von n Dipolen sind einfache offene Ketten, die alle im wesentlichen die Formabhängigkeit erzeugen u. daher die Susceptibilität aufheben. Im Gegensatz zu der exakten Polarisation, die alle Typen von Gruppen enthält, enthält die sphär. Approximation nur die einfachen Ketten u. Gruppen mit einer Schleife. (Physic. Rev. [2] **86.** 624. 15/5.; Bull. Amer. physic. Soc. **27.** Nr. 1. 49. 31/1. 1952. Syracuse Univ.) GOTTFRIED. 137

C. J. Kriessman jr., *Die magnetische Susceptibilität von Nb, Ta, V, Mo und W bei hohen Temperaturen.* (Sitzungsbericht.) Die spezif. magnet. Susceptibilität χ des Ta nimmt von $0{,}849 \cdot 10^{-6}$ bei 25° auf $0{,}685 \cdot 10^{-6}$ bei 1870°, die des Nb von $2{,}27 \cdot 10^{-6}$ bei 25° auf $1{,}71 \cdot 10^{-6}$ bei 1850° ab, ebenso wird eine Abnahme der Susceptibilität des V mit steigender Temp. (im Gegensatz zu alten Messungen von HONDA 1910) beobachtet (gemessen bis 1400°), während für Mo u. W, ebenfalls nur bis 1400° gemessen, eine Zunahme von χ mit steigender Temp. festgestellt wurde. (Physic. Rev. [2] **87.** 209. 1/7. 1952. U. S. Naval Ordnance Labor. and Catholic Univ.) v. HARLEM. 137

N. Bloembergen und Shyh Wang, *Der Einfluß der Anisotropie auf die ferromagnetische Relaxation.* Im Anschluß an frühere Unterss. (C. **1953.** 177) über die Relaxationseffekte bei der ferromagnet. Resonanz sind jetzt andere Proben u. andere Ferrite untersucht worden. Bei einer kugelförmigen polykrist. Probe aus $MnO \cdot ZnO \cdot Fe_2O_3$, bei einer Pulverprobe aus $NiO \cdot Fe_2O_3$, gleichfalls in Kugelform, u. bei einer Einkristallprobe des gleichen Ferrits mit unregelmäßiger Gestalt stimmen die Abhängigkeiten der Magnetisierung u. des Imaginärteils der Permeabilität von der Stärke des magnet. Mikrowellenfeldes nahezu überein, während bei den kugelförmigen Einkristallproben aus $NiO \cdot Fe_2O_3$ früher in den beiden Größen starke Verschiebungen beobachtet worden waren. Das frühere Ergebnis wird durch den Einfl. der Kristallanisotropie auf die ferromagnet. Nachwrkg. zu erklären versucht. Nur für den Fall weitestgehender Isotropie, wie er auch am CURIE-Punkt gegeben wäre, sollten der Verlauf von Magnetisierung u. Imaginärteil der Permeabilität mit der Hochfrequenzfeldstärke übereinstimmen. (Physic. Rev. [2] **87.** 392—93. 15/7. 1952. Cambridge, Mass., Harvard Univ., Cruft Labor.) FAHLENBRACH. 137

R. P. Oserow, *Neutronographische Untersuchung der magnetischen Struktur von Antiferromagnetika.* Darlegung der Theorie u. Übersicht über neuere experimentelle Ergebnisse. — 27 Literaturangaben. (Успехи Физических Наук [Fortschr. physik. Wiss.] **47.** 445—69. Juli 1952.) KIRSCHSTEIN. 137

T. G. Owe Berg, *Über die Dissoziation der Salpetersäure.* 3. Mitt. *Die Lösungsgeschwindigkeit des Kupfers in Salpetersäure bei niedrigen Konzentrationen.* (2. vgl. C. **1952.** 4412.) Vf. mißt die Lösungsgeschwindigkeit von Cu in HNO_3 von Konzz. bis 5 n bei 20°, wobei im Gegensatz zu früheren Verss. nicht gerührt wurde, wodurch jede Störung der Probe vermieden werden sollte. Aus der Lösungsgeschwindigkeit wurde $1-\alpha$ (α = Dissoziationsgrad) berechnet. $1-\alpha$ ist als Funktion der Säurekonz. dargestellt u. wird mit Werten verglichen, die aus der Struktur der HNO_3 berechnet sind. Sie stimmen nur bei hohen Säurekonzz. überein. Verunreinigungen erhöhen die Lösungsgeschwindigkeiten, wodurch der daraus berechnete Wert von $1-\alpha$ zu hoch ausfällt. Für $c < 2{,}75$ n wurde $\alpha > 99\%$ gefunden. Vf. hält es für fraglich, ob sich Cu bei diesen niedrigen Säurekonzz. nach dem gleichen Lösungsmechanismus löst wie bei höheren Konzentrationen. (Z. anorg. allg. Chem. **269.** 210—12. Sept. 1952. Avesta, Schweden, Avesta Jernwerks A.-G.)
R. MATTNER. 139

T. G. Owe Berg, *Über die Dissoziation der Salpetersäure.* 4. Mitt. *Die Lösungsgeschwindigkeit von Aluminium in Salpetersäure.* (3. vgl. vorst. Ref.) Vf. bestimmte die Lösungsgeschwindigkeit von 99,3%ig. u. von 99,99%ig. Al in HNO_3 bei 25°. Die Lösungsgeschwindigkeit ist der Konz. der dissoziierten HNO_3-Moll. proportional. Es gilt die Gleichung $v = 15{,}4\, c\, \alpha\, \mu g/cm^2h$. Die Lösungsgeschwindigkeit des reinen Al weicht bei Konzz. über 7,2 n von dieser Gleichung ab, u. zwar liegen die Werte von v zu niedrig. Für das unreine Al sind also die undissoziierten HNO_3-Moll. ohne Einfl. auf die Lösungsgeschwindigkeit, spielen demnach in dem geschwindigkeitsbestimmenden Prozeß offenbar keine Rolle. Das ist deshalb bemerkenswert, weil die Passivität des Al allg. auf eine Oxydhaut zurückgeführt wird, deren Bldg. ja aber von den O-abgebenden HNO_3-Moll. bewirkt werden sollte. Die Lösungsgeschwindigkeit v ist graph. als Funktion der Konz. c aufgetragen. Meßwerte von BOHNER u. BUSCHLINGER (Haus-Z. V. A. W. u. Erftwerk A.-G. Aluminium **3.** [1931.] 329) u. von BALASH u. VERINK (Chem. Engng. Mining Rev. **55.** [1948.] 236) stimmen mit den Ergebnissen des Vf. gut überein. Der Unterschied zwischen den Proben verschied. Reinheit ist viel kleiner als bei Auflsg. in HCl, wo sich die Proben bzgl. ihrer Auflösungsgeschwindigkeit um 2 Zehnerpotenzen unterscheiden. Das vorliegende Material gestattet keine Schlüsse auf Einzelheiten des Lösungsmechanismus. (Z. anorg. allg. Chem. **269.** 213—17. Sept. 1952.) R. MATTNER. 139

T. G. Owe Berg, *Über die Dissoziation der Salpetersäure.* 5. Mitt. *Potentialmessungen an Kupfer in Salpetersäure.* (4. vgl. vorst. Ref.) Vf. mißt das Potential einer Cu-Elektrode in HNO_3-Lsgg. verschied. Konzz. bei 0, 21 u. 35° mit u. ohne Rührung. Die Ergebnisse bestätigen im allg. die aus der Lösungsgeschwindigkeit zu erwartende Konzentrationsabhängigkeit des Potentials. Der Dissoziationsgrad hängt nicht unmittelbar, sondern nur durch die Struktur von der Temp. ab. Wenn die Dissoziation mit dem Protonenübergang

$HNO_3 + H_2O = NO_3^- + H_3O^+$ verbunden wäre, dann wäre sie auch durch die Aktivierungsenergie dieses Übergangs von der Temp. abhängig. Man müßte dann auf die Aktivierungsenergie 0 schließen. Vf. scheint es besser, obiges Schema aufzugeben u. die Dissoziation nach $NO_3H + H_2O = NO_3H \cdot OH_2$ anzunehmen, wonach also ein Säuremol. dann dissoziiert ist, wenn eine H-Brücke zwischen dem Säuremol. u. dem Wassermol. vorliegt, wobei das H-Atom der Brücke vom Säuremol. geliefert wird. (Z. anorg. allg. Chem. **269**. 218—26. Sept. 1952.) R. MATTNER. 139

Hellmuth Hartmann und **Werner Mässing**, *Elektrolyse in Phosphatschmelzen. 4. Mitt. Über die Elektrolyse von Vanadin-, Niob- und Tantaloxyd in Phosphatschmelzen.* (3. vgl. C. **1937**. II. 3866.) Das bei der Elektrolyse von V_2O_5 in Na-Phosphatschmelzen auftretende Kathodenprod. ist stark abhängig von der H^+-Konz. bzw. dem Verhältnis $Na_2O : P_2O_5$ in der Schmelze. In sauren Schmelzen findet Red. zum V^{3+} statt, außerdem tritt bei 900° u. mehr als 0,2 A/cm² PH_3-Entw. auf, die zusammen mit dem noch anwesenden V_2O_5 eine stark depolarisierende Wrkg. ausübt u. die Erreichung des Entladungspotentials u. damit die Abscheidung von metall. *V* bzw. *VP* verhindert. Auch bei schwach alkal. Schmelzen ($5\,NaPO_3 + 2\,Na_4P_2O_7 + 0{,}7\,V_2O_5$) tritt noch H_2- u. bei höheren Stromdichten PH_3-Entw. auf, was auf die Ggw. von Wasserresten zurückgeführt wird. Daneben bildet sich bereits VP. Aus alkal. Schmelzen, denen durch Zusatz von NaCl das W. restlos entzogen wurde, wird reines V_2O_3, unter Umständen verunreinigt mit C, der unter dem Einfl. der C-Elektrode während der Elektrolyse aufgenommen wurde, abgeschieden, ohne daß PH_3-Entw. auftritt. In stark alkal. Schmelzen, die nur noch $K_4P_2O_7$ u. kein KPO_3 mehr enthalten, bildet sich *VO*, das grauschwarze Kristalle vom Steinsalztyp mit einer Gitterkonstante von a = 4,12 Å bildet. Bei der Elektrolyse von Nb_2O_5- u. Ta_2O_5-Schmelzen wird infolge der schwereren Reduzierbarkeit dieser Oxyde immer PH_3 u. als Kathodenprod. *NbP* u. *TaP* erhalten, während sich die Schmelze durch Nb^{3+}- bzw. Ta^{3+}-Ionen blau färbt. Auch starke Zusätze von Alkali- bzw. Erdalkalifluoriden führen nicht zur Abscheidung von reinem Metall. (Z. anorg. allg. Chem. **266**. 98—104. Okt. 1951. Braunschweig, TH, Anorgan.-chem. Inst.) R. LEVI. 141

A. Ríus Miró, J. Ocón García und **C. Servert Gil**, *Anodische Oxydation von Chloraten in Gegenwart von Phosphorsäure.* In Ggw. von H_3PO_4 hört die elektrolyt. Oxydation von Chloraten im Anolyten auf, bevor diese restlos oxydiert sind. Vff. nehmen die Kurve der Änderung der nichtoxydablen ClO_3^--Konz. in Abhängigkeit von der H_3PO_4-Konz. auf u. stellen zwischen beiden eine lineare Beziehung fest, jedoch mit starker Streuung der Werte. Es wird vermutet, daß die PO_4^{3-}-Ionen um die Anode eine blockierende Schicht bilden; dadurch u. durch die hohe Viscosität der H_3PO_4 wird der Zutritt von ClO_3^- gehemmt. Beim Rühren mit einem Luftstrom bleibt jedoch die Erscheinung bestehen, so daß nur noch die Annahme verbleibt, daß die blockierende Schicht derart an der Elektrode haftet, daß die mechan. Rührung nicht genügt, sie aufzulösen. (An. Real Soc. españ. Física Quím., Ser. B **47**. 17—20. Jan. 1951. Madrid, Inst. de Quím. fís. „A. de Gregorio Rocasolano".) R. K. MÜLLER. 141

—, *Nickel-Rhenium-Legierungsniederschläge.* Nach kurzen Erörterungen über die Eigg. u. Verwendung von Re u. Re-Legierungen werden Verss. von NETHERTON u. HOLT (C. **1951**. II. 2422) mitgeteilt, nach welchen glänzende Ni–Re-Überzüge aus Elektrolyten niedergeschlagen werden, die 56 g $NiSO_4$, 66 g Citronensäure u. 10 g $KReO_4$ im Liter bei p_H 2,3—4,6 enthalten. Es wird bei 70° u. einer Stromdichte von 5 A/dm² gearbeitet (vgl. auch C. **1950**. I. 2074). (Metalloberfläche **5**. Nr. 12. Ausg. B **3**. 187. Dez. 1951.) MARKHOFF. 141

A. A. Krjukowa und **M. A. Loschkarew**, *Einfluß von Tribenzylamin auf den Elektrokristallisationsprozeß von Zinn.* Aus experimentellen Polarisationskurven wird eine Formel für die Abhängigkeit der Prozesse von der Stromdichte u. von den Beimengungen an Tribenzylamin, *β-Naphthol, Thymol, Diphenylamin* gewonnen. Es wurde gefunden, daß bei größerer Beständigkeit der Ionen absorbierenden Schichten gegenüber Temperatureinww. im Vgl. zu den mol. Zusätzen die Temperaturerhöhung im ersten Falle zu einer geringeren Erniedrigung der Polarisation führt als im zweiten. (Доклады Академии Наук СССР [Ber. Akad. Wiss. UdSSR] [N. S.] **81**. 1097—1100. 21/12. 1951.) A. KUNZE. 142

Paolo Silvestroni und **Paola Palmieri**, *Das polarographische Verhalten des Sauerstoffs an der Oberfläche einer Salzlösung. 2. Mitt. Der Einfluß oberflächenaktiver Substanzen auf die Halbwellenpotentiale der Reduktionswellen dieses Elements an der Oberfläche.* (1. vgl. C. **1952**. 2131.) Das Halbwellenpotential der ersten Reduktionswelle des O_2, die der Red. des O_2 zu H_2O_2 entspricht, wird an der Oberfläche von wss. Lsgg., die oberflächenakt. Substanzen (Methylrot, α-Naphthol, Campher, Octylalkohol) enthalten, noch weiter nach negativen Werten verschoben als bei Lsgg. ohne diese Zusätze. Die zweite Welle, die der Red. von H_2O_2 zu W. entspricht, wird durch die Zusätze wenig beeinflußt. Mit steigender

Konz. der Zusätze nimmt die Verschiebung zu bis zu einem Grenzwert, der anscheinend dann erreicht wird, wenn die Oberfläche der Lsg. keine weiteren Mengen mehr zu adsorbieren vermag. Es wird angenommen, daß diese Befunde darauf beruhen, daß die O_2-Moll. im Innern der Lsg. durch die Wassermoll. eine Verzerrung erleiden, die mit der Annäherung an die Oberfläche zurückgeht u. noch weiter zurückgeht, wenn in der Oberfläche Stoffe vorhanden sind, die die Wechselwrkg. zwischen Wasser- u. O_2-Moll. hindern. (Ricerca sci. **22.** 1608—13. Aug. 1952. Roma, Centro di Studio per la Chim. gen.) R. K. MÜLLER. 142

A_4. Thermodynamik. Thermochemie.

F. H. Crawford, *Über die Verwendung von Kurvendifferentialen in der Thermodynamik.* (Amer. J. Physics **19.** 284—89. Mai 1951. Williamstown, Mass., Williams Coll.) ROEDER. 146

Giorgio Careri, *Die Gaußsche Näherung für die Wahrscheinlichkeitsdichte eines Moleküls in einer Zelle.* Vf. benutzt die KIRKWOODsche Integralgleichung für die Theorie des freien Vol. von Fll., um die GAUSSsche Näherung für die Wahrscheinlichkeitsdichte F(r) eines Mol. in einer Zelle zu prüfen. Die Näherung erweist sich als brauchbar, sogar bis hinauf zum krit. Punkt. (J. chem. Physics **20.** 1114—16. Juli 1952. Rom, Univ., Ist. di Fis., Centro di Studio per la Fis. Nucl. del C. N. R.) NIEMITZ. 147

E. F. Smiley, E. H. Winkler und **Z. I. Slawsky,** *Messung des Schwingungsrelaxationseffektes in CO_2 mit Hilfe von Stoßröhreninterferogrammen.* Mit CO_2 u. Luft unter gleichen Bedingungen wurden in der Stoßröhre Interferogramme hergestellt. In diesen Diagrammen ist die Streifenverschiebung ein direktes Maß für die Dichteverschiebung. Die maximalen Tempp. in den CO_2- u. Luftstößen betrugen ca. 900° K. Bei dieser Temp. leisten die niedrigsten Schwingungsarten von CO_2 einen großen Beitrag zu der Enthalpie, während in Luft bei der gleichen Temp. die Schwingungsarten nur wenig angeregt werden. Die für CO_2 abgeschätzte Relaxationszeit betrug ca. 2 Mikrosekunden. (J. chem. Physics **20.** 923—24. Mai 1952. White Oak, Silver Spring, Md., U. S. Naval Ordnance Labor.) GOTTFRIED. 148

C. B. Alcock und **F. D. Richardson,** *Thermodynamik von Eisen(II)-sulfid.* Die Zus. einer Mischung von H_2 u. H_2S über Fe u. FeS_2 wurde zwischen 720 u. 1258° K bestimmt u. daraus für den Umsatz $Fe + S_2 (g) = FeS_2 (\beta)$ die Freie Enthalpie zu $\Delta G = -71820 + 25{,}12 \cdot T$ cal abgeleitet. Es besteht gute Übereinstimmung mit Rechnungen KELLEYs (U. S. Dep. Interior, Bur. Mines, Bull. **406.** [1936.]); Abweichungen gegenüber den Ergebnissen früherer Autoren werden durch therm. Entmischung erklärt, die in vorliegender Arbeit vermieden wurde. (Nature [London] **168.** 661—62. 13/10. 1951. London, Royal School of Mines, Nuffield Res. Group in Extract. Metallurgy.) WITTIG. 155

H. Flood, T. Førland und **A. Nesland,** *Kryoskopische Messungen in geschmolzenen Salzen bei höheren Temperaturen.* (Vorl. Mitt.) Mit Hilfe einer Spezialapp., welche die Abtrennung von festem Salz u. Schmelze bei höheren Tempp. gestattet, bestimmen Vff. den genauen Verlauf der Liquidus-Kurve in den Systemen Na_2SO_4–$NaCl$ u. Na_2SO_4–$NaBr$. Aus den Messungen wird die Schmelzwärme des Na_2SO_4 zu 6100 cal errechnet. Die beiden Systeme bilden im fl. Zustand ideale Mischungen. (Acta chem. scand. **5.** 1193—97. 1951. Trondheim, Techn. Univ. of Norway, Royal Norwegian Council for Sci. and Ind. Res., Inst. of Silicate Sci.) LINK. 155

A_5. Grenzschichtforschung. Kolloidchemie.

I. Prigogine und **L. Saraga,** *Über die Oberflächenspannung und das Zellenmodell des flüssigen Zustandes.* Das Zellenmodell des fl. Zustandes, wie es kürzlich von PRIGOGINE u. MATHOT (C. **1953.** 338) in Anlehnung an die Arbeiten von LENNARD-JONES u. DEVONSHIRE (Proc. Roy. Soc., Ser. A **165.** [1938.] 1) entwickelt wurde, wird zur Berechnung der Oberflächenspannung, der Oberflächenentropie u. Oberflächenenergie von Fll. benutzt. Danach wird jedes Mol. durch eine Potentialfunktion dargestellt, welche seine Lage innerhalb der Zelle beschreibt, mit dem Minimum in der Gleichgewichtslage. Zur Berechnung der Funktion dienen die zwischenmol. Kräfte, z. B. der 2. Virialkoeffizient. Die Oberflächenenergie entsteht aus der Differenz der Zahl der erstnächsten Nachbarn zwischen den Moll. in der monomol., capillaren Oberflächenschicht u. den Moll. im Inneren der Flüssigkeit. Die Oberflächenentropie entsteht durch Vermehrung des Zellvol. u. durch die „Lochstruktur" der monomol. Schicht. Tatsächlich errechnet sich das Minimum der freien Energie für einen Zustand, bei dem nur $\sim 70\%$ der Zellen der Schicht belegt sind. Die errechneten Ergebnisse stehen mit experimentellen Messungen in Übereinstimmung. (J. Chim. physique Physico-Chim. biol. **49.** 399—407. Juni 1952. Paris, Univ., Labor. Chim.-Phys., u. Bruxelles, Univ.) W. KAUFMANN. 166

H. B. Whitfield und **Thomas Baron,** *Die Anwendung der Eyringschen Geschwindigkeitsgleichung auf viscosimetrische Werte bei Paraplex.* Trägt man den Wert für den log der Viscosität/Scherspannung in Abhängigkeit zur reziproken Temp. graph. auf, so muß man nach der Theorie von EYRING Geraden erhalten. Mit Ausnahme für die höheren Tempp. entsprechen die Viscositätsmessungen an reinem Paraplex (RÖHM & HAAS Co.) hinreichend genau dieser Forderung. Während sich die „Aktivierungswärme" für das Fließen in Übereinstimmung mit der Theorie zu 11500 cal/Mol ergibt, findet man aber die Fließeinheit um mehrere Größenordnungen zu klein. (J. Colloid Sci. 7. 268—71. Juni 1952. Urbana, Ill., Univ.) HENTSCHEL. 172

Ruth N. Weltmann und **Perry W. Kuhns,** *Der Einfluß der Schertemperatur auf die Viscosität bei der Messung mit einem Rotationsviscosimeter.* Es wird ein Berechnungsverf. beschrieben, das die Best. der ungefähren Temperaturverteilung über den ringförmigen Querschnitt einer NEWTONschen Fl. erlaubt, die einer Scherbeanspruchung in einem koaxialen Zylinderviscosimeter unterworfen ist. Indem man die Änderung der Viscosität mit dem Temperaturanstieg in Beziehung setzt u. den wirklichen Viscositätswert, wie er sich mit dem Rotationsviscosimeter ergibt, bestimmt, läßt sich auch der Einfl. der Thixotropie untersuchen. Es werden ferner Berechnungen der Temp. für den Fall eines *Oronite-(Polybutylen)* u. eines *Siliconöls* u. für verschied. Arbeitsweise eines Zylinderviscosimeters angestellt. In einigen Fällen, bei denen schon zuvor das Vorliegen einer Thixotropie vermutet wurde, scheint der Temperaturanstieg für den Viscositätssturz verantwortlich zu sein, während in anderen Fällen zur Erklärung der Versuchsergebnisse noch Auftreten von Thixotropie angenommen werden muß. (J. Colloid Sci. 7. 218—26. Juni 1952. Cleveland, O., N. A. C. A. Lewis Flight Propulson Labor.) HENTSCHEL. 172

S. P. Jones und **J. K. Tyson,** *Die Rheologie eines Schmieröls bei Temperaturen unterhalb des Stockpunktes.* Das thixotrope Verh., das ein neutrales Mineralöl (Pennsylvania 150) unterhalb seines Stockpunktes in einem koaxialen Zylinderviscosimeter zeigt, läßt sich in zwei gleichzeitig auftretende Vorgänge zerlegen: 1. Entartung der starren Struktur, die man überwiegend bei niedrigen Schergeschwindigkeiten beobachtet u. die bei hohen Schergeschwindigkeiten sehr rasch verläuft. 2. Reversible scheinbare Thixotropie, die bes. bei hohen Schergeschwindigkeiten auftritt. Eine Berechnung der Art u. Größe der Temperatureinflüsse infolge von Erwärmung durch Reibung kann einen großen Teil derselben, aber nicht vollständig, erklären. Eine Suspension eines reinen n. Paraffins (*n-Octakosan*), das in dem Mineralöl ausgefallen ist, ergibt ein Syst. mit hohem Stockpunkt, das unter Ausschluß der Erwärmung untersucht wurde u. dann eine stetige Zunahme der Fluidität in Abhängigkeit von der Arbeit bei der Scherung u. einen Übergang vom plast. zum NEWTONschen Fließen zeigt. Zur Erklärung wird angenommen, daß die in den gesamten Lsgg. vorhandenen Wachskristalle an ihren Berührungsstellen zusammengewachsen sind u. daß durch Scherbeanspruchung dieses Gerüst mechan. gelockert wird. (J. Colloid Sci. 7. 272—83. Juni 1952. Chicago, Ill., Illinois Inst. of Technol.) HENTSCHEL. 173

B. W. Hotten und **D. H. Birdsall,** *Feinstruktur und rheologische Eigenschaften von Lithiumseifen-Öl-Dispersionen.* Auf Grund elektronenmkr. Unters. von Li-Seifen, die in verschied. Ölen dispergiert sind, sowie von Messungen der Konsistenz solcher Schmieren kommt man zu folgenden Ergebnissen: Li-Seifen der gesätt. Fettsäuren mit 14—18 C-Atomen bilden feine stäbchenförmige Micellen mit Abmessungen von ca. 0,1·1 μ, wenn sie in Mineralöl dispergiert werden; dabei bilden die 12%ig. Li-Seifendispersionen richtige Schmieren. *Li-Laurat* bildet größere Micellen u. eine grobe schwammige Dispersion. Die Li-Seifen der ungesätt. Fettsäuren bilden gedrungene rundliche Micellen mit niedrigerem Geliervermögen als die Micellen der Seifen gesätt. Fettsäuren. *Li-12-Oxystearat* bildet deutlich verdrillte Fibrillen mit hohem Geliervermögen, während das *9.10-Dioxystearat* hexagonale Plättchen bei geringem Geliervermögen bildet. In einem naphthenreichen Öl bildet *Li-Stearat* sehr fein disperse Micellen, in paraffin. Öl sind die Micellen größer, u. noch größer sind sie in einem esterreichen Öl. Die Micellgröße nimmt ferner mit steigender Abkühlungsdauer der heißen Seifenlsgg. zu. Mit steigendem Wert des Quotienten Oberfläche/Vol. pro Mol. nimmt die Konsistenz der Seifenpasten ab. Beim Fließen der Pasten durch ein Rohr werden die stäbchenförmigen Micellen, etwa des *Li-Palmitats,* an der Rohrwand parallel zur Fließrichtung orientiert, während sie in der Mitte des Rohres unorientiert bleiben. (J. Colloid Sci. 7. 284—94. Juni 1952. Richmond, Calif., California Res. Corp.) HENTSCHEL. 173

M. Mooney und **S. A. Black,** *Ein verallgemeinertes Potenzgesetz der Fluidität und die Gesetze für das Auspressen.* Man nimmt an, daß Rohkautschuk das Potenzgesetz für die Fluidität, $\varphi = f \cdot r^{n-1}$, befolgt, wobei φ die Fluidität, r die Scherspannung u. n eine Konstante >1 ist. Für dreidimensionales Fließen wird die Gültigkeit des verallgemeinerten

Gesetzes $\varphi = g \cdot W^{n-1/n+1}$ angenommen, wobei W die Geschwindigkeit der Energiezerstreuung bedeutet. Es wird gezeigt, daß dieses Gesetz dem dreidimensionalen Gesetz für das stationäre Kriechen bei Metallen von NADAI gleichwertig ist, wenn man es mit den Werten für die oktaedr. Scherspannung u. die oktaedr. Schergeschwindigkeit ausdrückt. Auf Grund des Potenzgesetzes der Fluidität werden die Gesetzmäßigkeiten beim Auspressen aus Röhren u. Düsen mit kreisförmigem u. schlitzförmigem Querschnitt abgeleitet u. dabei auch der Oberflächenschlupf berücksichtigt. Mit Hilfe der Dimensionsbetrachtungen wird ein allg. Theorem aufgestellt, das die Einflüsse der Spannung oder des Druckes u. der Abmessungen der App. auf die Deformation u. Fließgeschwindigkeit behandelt. Die experimentellen Werte, die mit kreisrunden Röhren bei verschied. Länge u. Durchmesser u. bei 100facher Änderung in der Auspreßgeschwindigkeit ausgeführt wurden, stimmen zwar in roher Annäherung mit der Potenzformel für die abgeleiteten Gesetze des Auspressens überein, liefern aber in einigen Fällen nicht die erwarteten Werte für den Exponenten n. Der Oberflächenschlupf war bei den Verss. zu gering, um meßbar zu sein. (J. Colloid Sci. **7.** 204—17. Juni 1952. Passaic, N. J., U. S. Rubber Co.)
HENTSCHEL. 173

P. Ss. Prochorow und **L. F. Leonow**, *Einfluß des Feuchtigkeitsdefizits auf die Prozesse des Zusammenstoßes und des Zusammenfließens von Tropfen.* Die Vorgänge in den Wolken werden durch einen im senkrechten Rohr aufsteigenden kontinuierlichen Aerosolstrom modelliert, wobei die gebildeten Wasserdämpfe von einem Luftstrom mitgerissen werden, der zuvor mittels SCHOTT-Glasfilter u. Wattefilter von Kondensationskeimen befreit wurde. Die minimale Größe der fallenden Tropfen beträgt bei der Luftstromgeschwindigkeit 21,2 bzw. 39,3 cm/Sek. $3 \cdot 10^{-3}$ bzw. $4 \cdot 10^{-3}$ cm. Aus Zahl u. Größe der fallenden Wassertropfen u. der daraus aufgenommenen Verteilungskurve der Tropfen bei verschied. Sättigungsgrad der Luft geht hervor, daß die Effektivität der Zusammenstöße zwischen den Tropfen mit sinkender Feuchtigkeit der Luft abnimmt u. 100% nur dann erreicht, wenn kein Feuchtigkeitsdefizit vorliegt. (Коллоидный Журнал [Kolloid-J.] **14.** 66—72. Jan./Febr. 1952. Inst. für physikal. Chem. der Akad. der Wiss. der UdSSR, Labor für Oberflächenkräfte.)
LEBTAG. 180

Sylvan Rubin, *Flüssige Teilchen in atmosphärischem Nebel.* Es wurde die Luft, hauptsächlich aus der Gegend von Pasadena, untersucht. Zur Sammlung der in der Luft schwebenden Teilchen wurden zwei Methoden benutzt, die ausführlich beschrieben werden. Die mkr. Unters. ergab, daß der Nd. hauptsächlich aus stabilen fl. Aerosolteilchen bestand. Es wird angenommen, daß diese Tröpfchen in ihrer Zus. ähnlich den kleineren Kondensationskernen sind, die hauptsächlich in industrieller Stadtatmosphäre gefunden werden. (J. atmospheric terrestr. Physics **2.** 130—40. 1952. Stanford, Calif., Res. Inst.)
GOTTFRIED. 180

A₆. Strukturforschung.

Hermann Poeverlein, *Nachtrag zu „Über Wellen in anisotropen Ausbreitungsverhältnissen“.* (Vgl. C. **1952.** 2970.) Hinweis auf die frühere Beschreibung von COTTE (Ann. Physique [11] **10.** [1938.] 333) der Wellen-, Index- u. Normalflächen von Materiewellen. (Z. Naturforsch. **6a.** 55. Jan. 1951.)
GERHARD SCHMIDT. 181

David A. Kleinman, *Die diffuse Streuung von Neutronen und Röntgenstrahlen.* (Sitzungsbericht.) Zur direkten Messung der Frequenz u. der Polarisation der therm. Schwingungen (Phononen) in einem festen Körper eignet sich am besten die durch die Temp. bedingte diffuse Streuung von Neutronen u. Röntgenstrahlen. Die Haupteig. der durch die Temp. bedingten diffusen Streuung ist, daß Messungen der gestreuten Strahlung den Wellenvektor, die Frequenz u. die Polarisation der Phononen festlegen. Während man bei der BRAGG-Streuung von Neutronen u. Röntgenstrahlen die therm. Schwingungen als Verschmierung der Streuzentren behandeln kann, sollte man die diffuse Streuung quantenmechan. behandeln durch Betrachtung der Bldg. u. Vernichtung der Phononen. Unter günstigen experimentellen Bedingungen kann die diffuse Streuung durch Prozesse bedingt sein, die nur ein einzelnes Phonon einschließen. Da Energie u. Impuls bei diesen Streuprozessen erhalten bleiben u. da weiter die Neutronen sehr kleine Energien besitzen im Vgl. zu Röntgenstrahlen mit demselben Impuls, besteht ein beträchtlicher Unterschied zwischen der diffusen Streuung von Neutronen u. Röntgenstrahlen. Der Wellenvektor des Phonons wird durch die Richtung u. die Frequenz des Phonons durch die Intensität des gestreuten Röntgenstrahls bestimmt. Andererseits müssen sowohl Richtung als auch Energie des gestreuten Neutrons gemessen werden, um den Wellenvektor des Phonons zu bestimmen; die Frequenz ist dann aus der Erhaltung der Energie ohne eine Messung der gestreuten Intensität bekannt. (Physic. Rev. [2] **86.** 622. 15/5.; Bull. Amer. physic. Soc. **27.** Nr. 1. 47. 31/1. 1952. Brookhaven.)
GOTTFRIED. 181

R. J. Weiss, *Extinktionseffekte bei der Neutronendurchstrahlung von polykristallinen Medien.* (Sitzungsbericht.) Im Hinblick auf die Neutronendurchstrahlung im Beugungsenergiegebiet wurden die Effekte der prim. u. sek. Extinktion untersucht. Bei Unterss. über den Einfl. der Mosaikblockgröße auf die Extinktion konnte gezeigt werden, daß die Korngröße die Extinktion am stärksten beeinflußt u. daß die winkelmäßige Streuung der Mosaikblöcke von sek. Bedeutung ist. Es wurden Verss. durchgeführt, um die Theorie zu bestätigen, u. Kriterien zur Vermeidung der Extinktionseffekte aufgestellt. Es wird ferner gezeigt, wie man die Mosaikblöcke in grobkörnigen Substanzen bestimmen kann. (Physic. Rev. [2] **86.** 622. 15/5.; Bull. Amer. physic. Soc. **27.** Nr. 1. 47. 31/1. 1952. Watertown Arsenal.) GOTTFRIED. 181

M. v. Laue, *Die Energieströmung bei Röntgenstrahlinterferenzen in Kristallen.* Es wird gezeigt, wie die dynam. Theorie der Röntgenbeugung den experimentell beobachteten Weg der Röntgenstrahlenergie durch dicke Kristalle, die in reflektierenden Stellungen stehen, erklärt. Dieser Weg wird nur durch die Natur des Kristalls u. die Wellenlänge der Röntgenstrahlen bestimmt u. ist der anomalen Absorption der unter dem BRAGG-Winkel einfallenden Röntgenstrahlen zuzuschreiben. (Acta crystallogr. [Copenhagen] **5.** 619—25. 10/9. 1952. Berlin-Dahlem, KWI für physikal. Chem. u. Elektrochemie.) GOTTFRIED. 181

R. Hosemann und S. N. Bagchi, *Die Interferenztheorie von idealen Parakristallen.* Die von den Vff. entwickelte Theorie von idealen Parakristallen hat den Vorteil, daß für die Deutung der Röntgendiagramme spezielle Gittermodelle nicht notwendig sind. Wenn ferner das Gitter nicht zu sehr gestört ist, dann erlaubt die quantitative Unters. der Röntgendiagramme eindeutig, die Statistik der Zellkanten u. ferner in speziellen Fällen die mittlere Elektronendichteverteilung u. ihre Schwankungen in den Zellen zu berechnen. (Acta crystallogr. [Copenhagen] **5.** 612—14. 10/9. 1952. Berlin, AEG-Röntgenlabor. u. KWI für physikal. Chemie, u. Calcutta, Univ. Coll. of Sci.) GOTTFRIED. 181

W. Cochran, *Die Symmetrie von reellen periodischen, zweidimensionalen Funktionen.* Untersucht wurde die Symmetrie reeller period. Funktionen, wobei die umgekehrten Symmetrieelemente in Betracht gezogen wurden, wo sich ein Punkt auf einen anderen bezieht u. wo die Funktion dieselbe Größe, aber entgegengesetztes Vorzeichen besitzt. In zwei Dimensionen gibt es 46 umgekehrte Raumgruppen, in einer Dimension 3, die eines oder mehrere solcher Symmetrieelemente enthält. Die Anzahl umgekehrter Raumgruppen in drei Dimensionen ist noch nicht bekannt. (Acta crystallogr. [Copenhagen] **5.** 630—33. 10/9. 1952. Cambridge, Cavendish Labor., Crystallographic Labor. and Pennsylvania State Coll.) GOTTFRIED. 181

Charles F. Curtiss und F. T. Adler, *Die Streuung von Atomen an zweiatomigen Molekülen.* Die Ergebnisse einer früheren Arbeit (C. **1952.** 797) werden zur Unters. der Dynamik des Zusammenstoßes zwischen einem Atom u. einem zweiatomigen Mol. vom quantenmechan. Standpunkt aus benutzt. Im Bereich, in dem Atom u. Mol. noch nicht aufeinander einwirken, ist die Wellenfunktion des Syst. das Prod. einer Wellenfunktion des freien Atoms u. der des freien Moleküls. Die asymptot. Form der wahren Wellengleichung läßt sich in Ausdrücken der Streukoeffizienten schreiben, die die Winkelabhängigkeit der Übergangswahrscheinlichkeiten darstellen. Diese Streukoeffizienten werden durch Analyse der Lsgg. der inneren Wellengleichungen erhalten, die nur drei Koordinaten der relativen Konfiguration umfassen. Der hierbei erhaltene Satz von gekoppelten Differentialgleichungen wird in einen Satz von gekoppelten gewöhnlichen Differentialgleichungen transformiert, wobei die Koppelung das Ergebnis der Übergänge im Molekülzustand ist. Die Gleichungen werden nach einer für Stöße niedriger Energie gültigen Störungsmeth. gelöst. Die Übergangswahrscheinlichkeiten werden explicit in Ausdrücken von Integralen des Wechselwirkungspotentials u. eines Satzes von Phasenverschiebungen erhalten. (J. chem. Physics **20.** 249—56. Febr. 1952. Univ. of Wisconsin, Dep. of Phys.; Naval Res. Labor, Dep. of Chem.) CONRAD. 182

Odilon Chalvet und Monique Roux, *Über die Wahl der Konstanten zur Definition der freien Valenz, ausgehend von den Valenzindices von Penney.* Nach DAUDEL, CHALVET u. ROUX erhält man nach der Molekülbahntheorie eine Beziehung 1. zwischen der freien Valenz u. dem Koeff. k (Beitrag ΔE_π der π-Elektronen an der Aktivierungsenergie) u. 2. zwischen der freien Valenz u. der Eigenpolarisierbarkeit, wenn die Konstanten für die freie Valanz die Werte 1,73, 1,53, 1,28 haben, je nachdem, ob das betreffende C-Atom vom Typus 3, 2 oder 1 ist. Vff. zeigen, daß sich, ausgehend von den Indices von PENNEY, ebenfalls Beziehungen 1. zwischen der freien Valenz u. der Eigenpolarisierbarkeit, sowie 2. zwischen dieser u. der freien Valenz F der Molekülbahntheorie aufstellen lassen, wenn die Konstanten 1,66, 1,48 u. 1,30 für die entsprechenden Typen der C-Atome benutzt werden. Die so erhaltenen Werte stimmen mit den vorst. gut überein. (C. R. hebd. Séances Acad. Sci. **232.** 2320—21. 18/6. 1951.) ZIMMER. 182

Kiyoteru Otozai, *Untersuchung über die Aktivierungsenergie.* 1. Mitt. *Eine neue empirische Regel für die Berechnung der Aktivierungsenergie.* Vf. setzt voraus, daß der Bindungsabstand zweier Atome eines aktivierten Komplexes gleich ist dem Bindungsabstand am Wendepunkt der Potentialkurve eines Atompaares. Von allen möglichen Strukturen entspricht die Struktur mit einem Bindungsenergieminimum dem aktivierten Komplex, wobei diese Summe der Bindungsenergien der Aktivierungsenergie gleichzusetzen ist, falls es sich um eine exotherme Rk. handelt. Mit Hilfe der von RYDBERG (Z. Physik **73.** [1932.] 381) angegebenen Gleichung wurden Bindungsenergien u. Aktivierungsenergien für einige dreiatomige Rkk. u. einige doppelte Umsetzungen ausgerechnet u. mit experimentellen Werten sowie mit den Werten aus anderen empir. Gleichungen verglichen. Zum Teil wurde eine gute Übereinstimmung mit den nach der halbempir. Gleichung von EYRING (J. Amer. chem. Soc. **54.** [1932.] 2661) berechneten u. mit experimentell bestimmten Werten erhalten. Abweichungen sollen nach Ansicht des Vf. ihren Grund darin haben, daß die RYDBERGsche Gleichung für große Atomabstände zu ungenau ist. Die Bindungslängen, die nach dieser Meth. berechnet wurden, stimmten gut mit den Werten nach EYRING überein. Auch bei Berechnung der Länge der Wasserstoffbindung wurde Übereinstimmung mit den von PAULING berechneten Werten erzielt. Als Beispiel einer heterogenen Rk. wurde die Aktivierungsenergie der dissoziierten Adsorption von H_2 an Aktivkohle berechnet. Eine Übereinstimmung mit experimentellen Werten konnte nur unter der Voraussetzung erhalten werden, daß H_2 zuerst an den Stellen mit kleinerer, dann an den Stellen mit größerer Aktiverungsenergie adsorbiert wird. (Sci. Pap. Osaka Univ. **1951.** Nr. 20. 1—8. Febr.) KLAFFKE. 182

M. Feldman, W. Goeddel und **G. J. Dienes**, *Untersuchungen über die Selbstdiffusion in Graphit unter Verwendung von ^{14}C-Tracern.* (Sitzungsbericht.) An Graphitstäben, die an ihrem einen Ende mit ^{14}C markiert waren, wurde die Selbstdiffusion in dem Temperaturbereich von 1835—2370° durch Beobachtung des Vordringens des ^{14}C gemessen. Die Versuchsergebnisse standen in Übereinstimmung mit einem Diffusionsmechanismus, der aus Volum- u. Korngrenzenprozessen besteht. Die Aktivierungsenergien für beide Prozesse (E_V u. E_B) konnten nicht eindeutig aus den Versuchsergebnissen erhalten werden; sie müssen unabhängig voneinander bestimmt werden. Unter der Annahme von $E_V = 160$ kcal/Mol aus früheren Unterss. erhält man durch Rechnung aus den vorliegenden Unterss., daß E_B 110 kcal/Mol beträgt. (Physic. Rev. [2] **86.** 623. 15/5.; Bull. Amer. physic. Soc. **27.** Nr. 1. 48. 31/1. 1952.) GOTTFRIED. 190

W. C. Dunlap jr. und **D. E. Brown**, *Die p—n-Verbindungsmethode zur Messung der Diffusion in Germanium.* Prüfung der Gültigkeit der p–n-Verbindungsmeth. zur Best. des Diffusionskoeff. von Ge mittels radioakt. ^{121}Sb. Der p-leitende Ge-Einkristall wird in Ar-Atmosphäre mit Sb erhitzt u. wandelt sich teilweise zur n-Leitung um (p–n-Verb.). Mittels thermoelektr. oder Gleichrichtermessungen einerseits oder Zählrohrmessungen andrerseits wird auf zwei unabhängigen Wegen die Diffusion des Sb in das Ge gemessen. Die Übereinstimmung ist befriedigend. Die mittels der p–n-Verbindungsmeth. gemessenen Werte liegen ca. 10% unter den anderen. Die Aktivierungsenergie ergibt sich zu 2,5 eV; der Wert von D_0 für $1/T = 0$ beträgt ca. 10 cm²/sec. (Physic. Rev. [2] **86.** 417—18. 1/5. 1952. Schenectady, N. Y., General Electric Res. Labor.) SPEER. 190

B. J. Mason und **P. G. Owston**, *Eiskristalle mit spiralförmigem Wachstum aus der Dampfphase.* Es werden Eiskristalle beschrieben, die sich innerhalb eines Zeitraums von 3½ Jahren auf den Kühlröhren eines Kühlhauses bei einer konstanten Lufttemp. von $-10 \pm 0{,}1°$ gebildet hatten. Die Kristalle bilden skelettförmige Massen, die aus vielen unvollständigen hexagonalen Prismen mit trichterförmiger Entw. beider Prismenflächen u. hexagonalen Basisflächen aufgebaut sind. Die Basisflächen waren jedoch alle unvollkommen u. zeigten spiralartige Bildung. Die Richtungen der Kristallachsen waren in verschied. Kristallen unterschiedlich; eine Beziehung zu den Wärmegradienten oder den Luftströmungen konnte nicht festgestellt werden. Röntgenograph. wurden die auftretenden Flächen als $(1\,0\,\bar{1}\,0)$ u. $(0\,0\,0\,1)$ identifiziert. Piezoelektr. u. pyroelektr. Unterss. verliefen negativ. Obwohl die Kristalle spiralartige Form besitzen u. zuweilen Paare von Spiralen mit entgegengesetztem Drehungssinn erkennen lassen, handelt es sich doch nicht um eine Wachstumserscheinung durch spiralförmige Versetzungen, denn die Kristalle sind aus aufeinanderfolgenden zweidimensionalen spiralartigen Schichten aufgebaut u. nicht aus einer kontinuierlichen dreidimensionalen Spirale. Als Grund dieser Bildungen wird angenommen, daß in einem früheren Wachstumsstadium durch irgendeine Störung die vollkommene Ausbildung einer hexagonalen Ecke verhindert u. dadurch das spiralförmige Wachstum angeregt wurde. (Philos. Mag. [7] **43.** 911—12. Aug. 1952. London, Imp. Coll., Dep. of Meteorology, u. Univ. Coll., Dep. of Chem.) GOTTFRIED. 190

G. C. Krueger und **C. W. Miller**, *Eine Untersuchung der Dynamik des Kristallwachstums aus einer übersättigten Lösung.* (Sitzungsbericht.) Es wurden Kristallwachstumsunterss. durchgeführt an $Na_2S_2O_3 \cdot 5H_2O$ bei 23° u. Konzz. zwischen 40 u. 55%. Trägt man die Größen der Wachstumsflächen graph. gegen die Zeit auf, so erhält man in allen Fällen eine gleichbleibende Wachstumsgeschwindigkeit mit gelegentlichen abrupten Änderungen. Diese Diskontinuitäten konnten im allg. mit Änderungen in der Vollkommenheit der Wachstumsfläche in Verbindung gebracht werden, wobei das Verschwinden eines Gebietes geringen Wachstums mit einer Abnahme der Geschwindigkeit zusammenhing, während das Auftreten einer Unvollkommenheit zu einer höheren Geschwindigkeit führte. Der Diffusionskoeff. für $Na_2S_2O_3$ wurde zu $1{,}26 \cdot 10^{-5}$ cm²/Sek. berechnet. Es besteht keine strenge Beziehung zwischen maximaler, minimaler oder mittlerer Konz. an einer Kristallfläche u. ihrer Wachstumsgeschwindigkeit. (Physic. Rev. [2] **86**. 623. 15/5.; Bull. Amer. physic. Soc. **27**. Nr. 1. 48. 31/1. 1952. Univ. of Maine and Brown Univ.) GOTTFRIED. 190

B. T. Matthias, *Phasenübergang von $ND_4D_2PO_4$.* $NH_4H_2PO_4$ wird nicht ferroelektr., sondern erleidet bei 148° K eine Umwandlung, durch die der Kristall in viele kleine Bruchstücke zersprengt wird. Man muß annehmen, daß dieser Übergang durch Wechselwirkungen zwischen den NH_4^+-Ionen infolge ihrer nichtsphär. Symmetrie verursacht wird. Die Anomalie der spezif. Wärme ist bei diesem Übergang jedoch größer als bei anderen Ammoniakübergängen beobachtet werden konnte. Zur weiteren Unters. dieses Problems wurden alle H-Atome im $NH_4H_2PO_4$ durch D-Atome ersetzt. Der Kristallhabitus blieb dabei unverändert, die Umwandlungstemp. jedoch verschob sich auf 242° K, also um 94° nach oben. Da sich bei Ersatz des H durch D im NH_4Cl die Temp. des Ammoniakübergänges nur um wenige Grade verschiebt, der ferroelektr. CURIE-Punkt des KD_2PO_4 dagegen um 90° höher liegt als beim KH_2PO_4, muß man annehmen, daß es sich auch beim $NX_4X_2PO_4$ (X = H oder D) um einen Übergang der X_2PO_4-Gruppen vom geordneten in den ungeordneten Zustand handelt. Die nichtsphär. Symmetrie der NH_4-Ionen verhindert das Auftreten der Ferroelektrizität. (Physic. Rev. [2] **85**. 141. 1/1. 1952. Murray Hill., N. J., Bell Telephone Labors.) H. W. LEVI. 195

Raymond B. Roof jr., *Die Kristallographie von Nickel-Kieselgur.* Es wurde röntgenograph. ein Kieselgurkatalysator für organ. Hydrierungs-Rkk. untersucht, auf den Ni auf chem. Wege niedergeschlagen war. Auf den erhaltenen Diagrammen wurden die Interferenzen von Ni u. NiO beobachtet, wobei nennenswerte Änderungen in den Gitterparametern beider Substanzen nicht festgestellt werden konnten. Diese Beobachtung steht im Gegensatz zu der von DE LANGE u. VISSER (Ingenieur [Utrecht] **58**. [1946.] Nr. 26. 24), die auf einem gleichen Katalysator die Interferenzen von Ni nicht festgestellt hatten. Die Teilchengröße von Ni u. NiO ist von koll. Dimensionen. Die lineare Dimension (Kubikwurzel des Vol.) ist für Ni von der Größenordnung 330 Å u. für NiO von 160 Å. (J. chem. Physics **20**. 1181—82. Juli 1952. Ann Arbor, Mich., Univ., Mineral. Labor.) GOTTFRIED. 196

K. K. Schalnew, *Kavitation von Oberflächenunebenheiten.* Mittels hydrodynam. Modelle wurde die Kavitation an inhomogenen Oberflächen, die zur Erosion bzw. Korrosion führen kann, untersucht. Durch Filmaufnahmen mit hoher Frequenz wurde eine Periodizität in den ersten Stadien der Entw. der Kavitation festgestellt u. ihre Gesetzmäßigkeit abgeleitet. Die Kavitation wird mit der Wirbelbldg. an den Inhomogenitäten in Beziehung gebracht. Die Bedingungen, die auf Grund dieser Hypothese für die verschied. Profile abgeleitet wurden, konnten experimentell bestätigt werden. Der Einfl. der Grenzschicht wird berücksichtigt. (Журнал Технической Физики [J. techn. Physik] **21**. 206—20. Febr. 1951.) WIEDEMANN. 196

W. A. Weyl, *Oberflächenstruktur des Wassers und einige ihrer physikalischen und chemischen Auswirkungen.* Vf. zeigt, daß W. den extremen Vertreter der Gruppe derartiger Verbb. darstellt, die Kationen von niedriger Polarisierbarkeit enthalten u. bei denen sich daher die Struktur der Oberfläche gegenüber der im Innern des Kristalls oder auch der Fl. in der Weise ändert, daß die leicht polarisierbaren Anionen sich dort anreichern, um das hohe Potentialfeld der Kationen abzuschirmen. Diese Störung der Struktur an der Oberfläche mit der Bldg. einer elektr. Doppelschicht gibt im Falle des W. Anlaß zu einer Reihe von interessanten Eigg., die im einzelnen eingehend diskutiert werden, wie: Gegenseitige Abstoßung kleiner Wassertropfen trotz ihrer Neutralität, worauf die Stabilität der Wolken u. Nebel beruht, Auftreten der Balloelektrizität beim mechan. Zerkleinern von Wassertropfen unterhalb einer gewissen Größe mit der Folge, daß die Tröpfchen einen Überschuß an O^{2-}-Ionen enthalten gegenüber der stöchiometr. Zus., Auftreten bestimmter Eigg. des Eises, wie seine Schlüpfrigkeit, die Erscheinung der Regelation u. das Durchwandern von Gegenständen unter Druck durch das Eis. Alle diese Eigg. des Eises hängen damit zusammen, daß bei ihm eine einige 100 Moleküldicken umfassende Übergangsschicht existiert, in der sich die Oberflächenstruktur mit dem großen Anionüberschuß allmählich in die n. Eisstruktur umwandelt. Die seinerzeit von den Thermodynamikern, wie LORD KELVIN, stark angegriffene Theorie von FARADAY u. TYNDALL kann also heute durchaus in Einklang mit den Gesetzen der Thermodynamik gebracht werden u. muß in ihren Grundzügen als richtig angesehen werden. Alle diese abnormen Eigg. des W. u. des Eises rühren also von dem Bestreben her, die Teilnahme von Protonen an der Oberflächenschicht möglichst klein zu halten, da sonst die Oberflächenenergie zu sehr hohen Werten ansteigen würde. Das hohe Potentialfeld der Protonen wird offenbar durch die Heftigkeit, mit der chem. Rkk. auftreten, wenn W. „zerbrochen" wird, wie z. B. bei der Kavitation im Ultraschallfeld. In diesem Fall versucht das W. mit allen Mitteln, das Potentialfeld der plötzlich an den neugebildeten Oberflächen vorhandenen exponierten Protonen abzuschwächen, u. nimmt zu diesem Zweck in W. gelöste O_2- u. N_2-Moll. unter Bldg. entsprechender Anionen in Anspruch, wodurch die Eigg. der „Beschallungschemie", wie Oxydations-Rkk. u. Luminescenz, erklärt werden. (J. Colloid Sci. **6.** 389—405. Okt. 1951, State College, Pa., Pennsylvania State Coll., Dep. of Mineral. Technol.) NIEMITZ. 196

Hideo Tazaki und **Shigeya Kuwabara,** *Eine Untersuchung der auf Kupfer–Magnesium-Legierungen gebildeten Oxydfilme durch Elektronenbeugung.* Cu–Mg-Legierungen mit 1, 3, 5 u. 10% Mg wurden in Quarzröhrchen bei Luftdrucken zwischen 760 mm Hg u. 10^{-3} mm Hg u. Tempp. zwischen 150 u. 700° 5, 20 u. 60 Min. oxydiert u. nach dem Erhitzen in kaltem W. abgeschreckt. Die gebildeten Oxydfilme wurden mittels Elektronenbeugung untersucht. Bei den Legierungen mit 10% Mg entsteht beim Erhitzen auf der Oberfläche *Cu_2O,* u. zwar erstreckt sich das Gebiet von Cu_2O bei zunehmender Erhitzungszeit nach dem Gebiet tieferer Temp. u. niedrigerem Druck zu. *CuO* bildete sich auf den Proben bei höherer Temp. u. höherem Druck. *MgO* dagegen bildet sich bei höherer Temp. u. niedrigerem Luftdruck. Bei Legierungen mit 1 u.3% Mg bildete sich MgO nach einer Erhitzungszeit von 5 Min. bei einer höheren Temp. als bei Proben mit 5 u. 10% Mg. Bei längerer Erhitzungszeit bildete sich MgO bei den Legierungen mit 1 u. 3% bei einer niedrigeren Temp. als bei den Legierungen mit 5 u. 10%. Die Erklärung für diese Beobachtung ist die folgende: Die Proben mit 1 u. 3% Mg bestehen nur aus der festen Lsg. α, die mit 5 u. 10% Mg aus einer Mischung von α u. Cu_2Mg. Bei der niedrigeren Temp. scheinen sich die Mg-Ionen leichter in die α-Phase hinein zu bewegen als in Cu_2Mg. Trat MgO auf der Oberfläche auf, dann konnte nach kurzem Polieren der Oberfläche nur noch Cu_2O festgestellt werden. Wurden die Legierungen in Luft bei höherer Temp. oxydiert, dann bildete sich zunächst Cu_2O, dann CuO; MgO wurde in der Oberfläche nicht festgestellt. Wurde die Oberfläche leicht poliert, so zeigte sich, daß unter der CuO-Schicht eine MgO-Schicht vorhanden war u. unter dieser erst Cu_2O. (J. Sci. Hiroshima Univ., Ser. A **15.** 67—70. März 1951. Hiroshima, Univ., Phys. Labor. [Orig.: engl.]) GOTTFRIED. 196

W. H. Hall und **G. K. Williamson,** *Das Beugungsdiagramm von kalt bearbeiteten Metallen.* 1. Mitt. *Die Natur der Extinktion.* Mit einem GEIGER-Zählerspektrometer wurden Aufnahmen an auf chem. Wege erhaltenem *Cu*-Pulver (Teilchengröße 2 μ) u. an angelassenem *Al*-Pulver (Teilchengröße 50 μ) hergestellt. Die Intensitäten waren nicht mit dem Auftreten von prim. Extinktion vereinbar; sie ließen sich jedoch vollkommen durch das Auftreten sek. Extinktion deuten. Die auf dieser Grundlage korr. Werte des atomaren Streufaktors stimmten innerhalb $\pm 2\%$ mit den angenommenen Werten überein. Die Ergebnisse erlauben, gewisse Schlußfolgerungen auf den Zustand des angelassenen Al zu ziehen. Da die beobachtete Linienverbreiterung sehr gering ist, ist der Abstand, über dem kohärente Reflexion auftritt, im Al-Gitter 10^{-4} cm oder größer. Wenn das Gitter über diesen Abstand hinweg vollkommen wäre, dann müßte beträchtliche prim. Extinktion auftreten, was experimentell nicht bestätigt werden konnte. Man muß daher annehmen, daß das Gitter des angelassenen Al Spannungen enthält. Gemäß der Versetzungstheorie enthalten angelassene Kristalle ca. 10^8 Versetzungslinien pro cm^2. Jede Versetzung, als Fehler im Gitter, ist von Spannungsfeldern umgeben u. diese würden prim. Extinktion verhindern. Eine Versetzungsdichte von 10^8 Linien pro cm^2 ist äquivalent einem mittleren Abstand von 10^{-4} cm, wenn die Versetzungen regellos verteilt sind. (Proc. physic. Soc., Sect. B **64.** 937—46. 1/11. 1951. Birmingham, Univ., Dep. of Metallurgy.) GOTTFRIED. 197

W. H. Hall und **G. K. Williamson,** *Das Beugungsdiagramm von kalt bearbeiteten Metallen.* 2. Mitt. *Änderungen der integralen Intensität.* (1. vgl. vorst. Ref.) Mit einem GEIGER-Zählerspektrometer wurden die durch Kaltbearbeitung erzeugten Änderungen der integralen Intensitäten im DEBYE-SCHERRER-Diagramm des *Al* gemessen. Es wurde festgestellt, daß die Kaltbearbeitung die integrale Intensität alle Reflexionen red., daß diese Abnahme jedoch durch ein Ansteigen der diffusen Untergrundstreuung ausgeglichen wird, so daß die gesamte reflektierte Intensität unverändert bleibt. Obwohl die Linienbreiten von kalt bearbeitetem reinem Al etwas größer waren als die von angelassenem Al, ist die Zunahme des Untergrundanteils ebenso groß wie für handelsübliche Al-Proben. Die Ähnlichkeit der Untergrunde der zwei kalt bearbeiteten Proben zeigt an, daß die Beträge sehr hoher Spannung in beiden Proben ähnlich sind. Die diffuse Streuung ist daher den Störungen nahe den Versetzungslinien zuzuschreiben; die Untergrundmessungen zeigten, daß die gesamte Zahl von Versetzungen in den beiden kaltbearbeiteten Proben angenähert gleich ist. Zu beachten ist noch die sehr schnelle Zunahme in den Linienbreiten bei Linien mit hohen ϑ-Werten bei den angelassenen Proben. Diese Zunahme wird durch das Vorhandensein von inneren Spannungen in den angelassenen Proben bedingt, was schon durch die Ergebnisse der Extinktionsmessung gefunden worden war. (Proc. physic. Soc., Sect. B **64.** 946—53. 1/11. 1951.) GOTTFRIED. 197

Je. I. Gladyschewski, P. I. Kripjakewitsch und M. Ju. Tessljuk, *Kristallstruktur der ternären Phase Cu_4MgSn.* Die Liquidusfläche im Syst. Cu–Mg–Sn hat bei Cu_4MgSn ein Maximum; die Legierung ist einphasig. Die Elementarzelle ist kub. mit a = 7,030 ± 0,002 kX. Die Struktur ist von Cu_2Mg(C 15)-Typ, in dem die flächenzentrierenden Lagen mit Mg besetzt sind u. die „Diamantlagen" mit Sn. Die Cu-Atome liegen wie in der bin. Struktur. (Доклады Академии Наук СССР [Ber. Akad. Wiss. UdSSR] [N. S.] **85.** 81—84. 1/7. 1952. Lwow, Franko-Univ.) SCHUBERT. 197

Paul Laurent, *Untersuchung der kristallinen Störungen, die in Metallen durch Wechselbeanspruchungen hervorgerufen werden.* Übersicht über Unterss. des Vf. über die Bldg. u. das Fortschreiten von Gleitverschiebungen u. Brüchen in metall. Kristallen unter dem Einfl. von Wechselbeanspruchungen, die mittels metallograph. Mikroskopie durchgeführt wurden. Untersucht wurden *Al* in verschied. Behandlungszuständen, *Armcoeisen* bei verschied. Tempp. u. eine *Al-Cu-Legierung* mit 4% Cu, ebenfalls in verschied. Behandlungszuständen. Es konnte mit großer Genauigkeit bei diesen Metallen der Ermüdungsmechanismus beobachtet werden. (J. Physique Radium **13.** 21 S—22 S. April 1952. École Nat. Supérieure de Mécanique et d'Aerotechn.) v. HARLEM. 200

H. E. Stauss, F. E. Martin und D. S. Billington, *Eine piezoelektrische Methode zur Bestimmung des Youngschen Moduls und seiner Temperaturabhängigkeit.* Eine Resonanzmeth. zur Best. des YOUNGschen Moduls in Metallen wird beschrieben. Ferner wird die Temperaturabhängigkeit des YOUNGschen Moduls von *Co–Fe–Cr, Ag* u. *Sn* gemessen. (J. acoust. Soc. America **23.** 695—96. Nov. 1951. Washington, D. C., Naval Res. Labor.) FALKENHAGEN. 200

R. D. Laughlin, *Ein elektronisches Instrument zur Messung der Kristallunelastizität.* (Sitzungsbericht.) Es wurde ein Instrument entwickelt, mit dem es möglich ist, das „Q" eines schwingenden piezoelektr. Kristalls während seines freien Abklingens zu messen. Das Prinzip der Messung besteht darin, das Zeitintervall zwischen je zwei ausgewählten Spannungspunkten auf der exponentiellen Abklingungswellenform zu bestimmen. Nach dieser Meth. wurden die Q-Werte in Abhängigkeit von der Temp. für einen Quarzstab in Torsionsschwingung bei 36 kHz gemessen. (Physic. Rev. [2] **86.** 623—24. 15/5.; Bull. Amer. physic. Soc. **27.** Nr. 1. 48—49. 31/1. 1952. Nat. Bur. of Standards.) GOTTFRIED. 200

Lewis S. Combes, Stanley S. Ballard und Kathryn A. McCarthy, *Vergleichende elastische Untersuchungen von Einkristallen vom NaCl-Typ.* (Sitzungsbericht.) Es wurden der YOUNGsche Modul, die scheinbare Elastizitätsgrenze u. der Bruchmodul an Einkristallstäben von *NaCl, AgCl, LiF, KCl* u. *KBr* bestimmt. Außerdem wurden Messungen an einem NaCl-Kristall durchgeführt, der Ag als Verunreinigung enthielt. Die scheinbare Elastizitätsgrenze dieses Na(Ag)Cl-Kristalls wurde zu $3{,}9 \cdot 10^7$ Dyn·cm^{-2} gefunden im Vgl. zu einem Wert von $2{,}4 \cdot 10^7$ für reines NaCl. Der Bruchmodul für Na(Ag)Cl betrug $9{,}8 \cdot 10^7$ Dyn·cm^{-2}, der für reines NaCl $3{,}9 \cdot 10^7$. (Physic. Rev. [2] **86.** 623. 15/5.; Bull. Amer. physic. Soc. **27.** Nr. 1. 48. 31/1. 1952. Tufts Coll.) GOTTFRIED. 200

Fausto G. Fumi, *Elastizitätskoeffizienten dritter Ordnung in trigonalen und hexagonalen Kristallen.* In Erweiterung seiner früheren Unterss. (vgl. C. **1952.** 4898), in denen der Vf. die Elastizitätskoeffizienten dritter Ordnung für 25 der 32 Kristallklassen berechnet hatte, werden in der vorliegenden Arbeit die gleichen Koeffizienten für die trigonalen u. hexagonalen Kristallklassen mitgeteilt. Die numer. Ergebnisse sind tabellar. zusammengestellt. (Physic. Rev. [2] **86.** 561. 15/5. 1952. Mailand, Univ., Inst. of Theoret. Phys.) GOTTFRIED. 200

F. G. Fumi, *Photoelastizität in Kristallen.* Es werden tabellar. die photoelast. Konstanten für die Symmetrieklassen C_3, S_6, C_{3h}, C_6, C_{6h}, C_4, S_4, C_{4h}, T u. T_h gebracht. (Nuovo Cimento [9] **9.** 184—85. 1/2. 1952. Mailand, Univ., Ist. di Fisica.) GOTTFRIED. 200

S. Bhagavantam, *Photoelastische Eigenschaften von Kristallen: Einige neue Ergebnisse.* Tabellar. sind die nichtverschwindenden photoelast. Konstanten der Kristallklassen C_3, S_6, C_{3h}, C_6, C_{6h}, C_4, S_4 u. C_{4h} zusammengestellt. Es wird auf die Unterschiede der von dem Vf. mitgeteilten Ergebnisse u. den von POCKELS erhaltenen hingewiesen. (Acta crystallogr. [Copenhagen] **5.** 591—93. 10/9. 1952. Hyderabad, India, Osmania Univ., Phys. Labor.) GOTTFRIED. 200

H. Tertsch, *Einige Mikrohärtebeobachtungen an gepreßtem Material.* Es wurden Mikrohärtemessungen an *Cu, Al, Sn, Zn* u. *Kalkspat* durchgeführt, u. zwar an unbehandelten Proben, an solchen, die verschieden stark gepreßt waren, u. schließlich an den wieder erholten Proben. Übereinstimmend wurde bei allen Substanzen eine Härtung durch die angewendete Pressung beobachtet. Nach längerer Pause zeigten sich alle geprüften Stoffe wieder erholt u. lieferten Mikrohärtezahlen wie im unbehandelten Zustand. Um sich ein klares Bild von dem Vorgang der Härtung durch Druck zu machen, reichten die bisherigen Beobachtungen u. Messungen noch nicht aus. Auch eine Deutung der „Erholung" kann bis jetzt noch nicht gegeben werden. (Neues Jb. Mineralog., Mh. **1952.** 136—44. Mai. Wien.) GOTTFRIED. 200

H. L. Smith, J. A. Kies und **G. R. Irwin,** *Instabilitätskriterien für den Bruch von festen Körpern.* (Sitzungsbericht.) Es wurde die Entw. der Instabilität für schnellen Bruch auf Kosten aufgespeicherter elast. Energie an Platten von durchsichtigen plast. Stoffen untersucht; für diese u. geometr. ähnliche Proben wurde festgestellt, daß sie einen Größeneffekt enthält. Beim Bruch eines Materials kann man die Geschwindigkeit der Arbeitsleistung durch die Größe dW/dA ausdrücken, wo dW das Arbeitsinkrement u. dA die Zunahme in der Größe der Bruchfläche bedeuten. In einem Zugbeanspruchungsfeld besteht eine Geschwindigkeit der Spannungsenergiefreigabe, die den Bruch begleitet u. durch dE/dA ausgedrückt werden kann. Der krit. Punkt oder der Instabilitätspunkt tritt bei schnellem Bruch auf, wenn $dE/dA \geq dW/dA$ ist. (Physic. Rev. [2] **86.** 623. 15/5.; Bull. Amer. physic. Soc. **27.** Nr. 1. 48. 31/1. 1952. Naval Res. Labor.) GOTTFRIED. 200

Mark Bowman jr. und **H. L. Smith,** *Die Arbeit zur Erzeugung von Bruchoberflächen in Methylmethacrylat.* (Sitzungsbericht.) (Vgl. vorst. Ref.) Es wird gezeigt, daß die Geschwindigkeit dW/dA, d. h. die pro Flächeneinheit der Bruchoberfläche absorbierte Energie von prim. Wichtigkeit für die Best. der Spannung beim Bruch eines spröden Materials ist. Diese Größe kann man sich als eine Kombination der Oberflächenenergie u. der bei der plast. Deformation des Materials sehr nahe der Bruchoberfläche aufgewandten Arbeit vorstellen. Abschätzung von dW/dA aus dem Instabilitätskriterium von SMITH, KIES u. IRWIN (vgl. l. c.) ergaben für Methylmethacrylat einen Wert, der fast unabhängig von der Bruchlänge ist. Dies ist typ. für einen spröden Bruch u. steht im Gegensatz zu den Ergebnissen an solchen Materialien, wie Al-Folien. Es wurden deutliche Unterschiede für dW/dA bei den Tempp. 25, —10 u. —40° gefunden. (Physic. Rev. [2] **86.** 623. 15/5.; Bull. Amer. physic. Soc. **27.** Nr. 1. 48. 31/1. 1952. Naval Res. Labor.) GOTTFRIED. 200

José Luis Amorós, Cristaloquímica. Madrid: C. S. I. C., Instituto Lucas Mallada (Imp. Nuevas Gráficas.) 1951. (160 S. m. Abb.) ptas. 35,—.

Vicente Muedra y Bermudo Meléndez, Autodidaxis cristalográfica. Iniciación en los estudios de Cristalografía geométrica, fisica y química y de la estructura de los cristales. Madrid: Imp. Paraninfo. 1951. (324 S. m. Abb.)

A₇. Gleichgewichte. Kinetik.

Barbara Grüttner und **Gerhart Jander,** *Die Erscheinung der Amphoterie in verschiedenen Lösungsmitteln als komplexbildender Vorgang.* Vff. diskutieren die Erscheinung der Amphoterie in anderen dissoziierenden Lösungsmitteln als W. u. erhärten auf Grund ihrer Befunde die von PFEIFFER (Ber. dtsch. chem. Ges. **40.** [1908.] 4036) u. SCHOLDER (ausführliche Literaturzusammenstellung vgl. Original) veröffentlichte Theorie, daß die Rk. von amphoteren Hydroxyden mit stärkeren Basen in W. zur Bldg. von Komplexverbb., den Hydroxoverbb., führt u. nicht eine Neutralisation in der klass. Bedeutung des Begriffes ist. In diesem Zusammenhang werden die Eigendissoziation einiger wasserähnlicher, aber wasserfreier Solventien aufgeführt: $2HF \rightleftharpoons (H\cdot HF)^+ + F^- \rightleftharpoons (H_2F)^+ + F^-$; $2HCN \rightleftharpoons (H\cdot HCN)^+ + CN^- \rightleftharpoons (H_2CN)^+ + CN^-$; $2HNO_3 \rightleftharpoons (H\cdot HNO_3)^+ + NO_3^- \rightleftharpoons (H_2NO_3)^+ + NO_3^-$; $2SO_2 \rightleftharpoons SO^{2+} + (O\cdot SO_2)^{2-} \rightleftharpoons SO^{2+} + SO_3^{2-}$; $2HgBr_2 \rightleftharpoons HgBr^+ + (Br\cdot HgBr_2)^- \rightleftharpoons HgBr^+ + (HgBr_3)^-$ u. die Begriffe Säuren- bzw. Basenanaloge diskutiert. Als Beispiele für Amphoterieerscheinungen in diesen Lösungsmitteln, wobei aber nur der Umsatz der amphoteren Basenanalogen mit stärkeren Basenanalogen formuliert wird, sind angegeben: in HCN: $AgCN + [(C_2H_5)_3NH]CN \rightleftharpoons [(C_2H_5)_3NH][Ag(CN)_2]$; in HNO_3: $UO_2(NO_3)_2 + KNO_3 \rightleftharpoons K[UO_2(NO_3)_3]$; in SO_2: $Al_2(SO_3)_3 + 3[(CH_3)_4N]_2SO_3 \rightleftharpoons 2[(CH_3)_4N]_3\cdot\{Al(SO_3)_3\}$; in $HgBr_2$: $Pb(Br)_2 + 2KBr \rightleftharpoons K[PbBr_3] + KBr \rightleftharpoons K_2[PbBr_4]$. Die jeweils entstehenden Komplexverbb. sind bzgl. ihres Verh. in Lsg. u. ihrer Existenz u. Zus. durch elektrometr. Titrationen indiziert worden; das komplexe Nitrat u. Cyanid konnten isoliert werden. Die genet. zusammengehörenden Komplexverbb., die aus amphoteren Hydroxyden entstanden sind, werden auch als „peranamphoter" bezeichnet. Beispiele für nichtwss., aber wasserähnliche Lösungsmittel, bei denen wie beim W. eine sek. Dissoziation möglich ist, wobei nochmals die lösungsmitteleigene, positive Gruppe abgespalten wird, sind fl. NH_3 u. kondensierter H_2S: $2NH_3 \rightleftharpoons (H \cdot NH_3)^+ + NH_2^- \rightleftharpoons (NH_4)^+ + NH_2^-$; $NH_3 + NH_2^- \rightleftharpoons (H \cdot NH_3)^+ + NH^{2-} \rightleftharpoons (NH_4)^+ + NH^{2-}$; $2H_2S \rightleftharpoons (H \cdot H_2S)^+ + SH^- \rightleftharpoons (H_3S)^+ + SH^-$, $H_2S + SH^- \rightleftharpoons (H \cdot H_2S)^+ + S^{2-} \rightleftharpoons (H_3S)^+ + S^{2-}$. Das Verh. von *Zinkamid* in fl. NH_3 (vgl. FITZGERALD u. FRANKLIN, J. Amer. chem. Soc. **29.** [1907.] 656 bzw. 274) gemäß $Zn(NH_2)_2 + 2KNH_2 = K_2[Zn(NH_2)_4] = K_2[Zn(NH)_2] + 2NH_3$ u. die Rk. von As_2S_3 in fl. H_2S mit *Triäthylammoniumhydrogensulfid*: $As_2S_3 + 6[(C_2H_5)_3NH]SH = 2[(C_2H_5)_3NH]_3AsS_3 + 3H_2S$ (JANDER u. SCHMIDT, Wiener Chem. Ztg. **46.** [1943.] 49) werden im Sinne der Theorie von SCHOLDER diskutiert. Auch bei denjenigen Umsetzungen, bei denen die peranamphoteren komplexen Reaktionsprodd. unter Lösungsmittelabspaltung weiterreagieren, kann doch angenommen werden, daß stets der Primärvorgang die komplexchem. Anlagerung der dem Solvens eigentümlichen Anionen an das amphotere Basenanaloge ist. Die PFEIFFERsche Theorie hat somit ganz allg. Gültigkeit für alle Lösungsmittel, in denen Amphoterieerscheinungen aufgefunden werden. (Z. anorg. allg. Chem. **268.** 229—35. Juni 1952. Greifswald, Univ., Chem. Inst., u. Berlin-Charlottenburg, Techn. Univ., Anorgan. chem. Inst.) SPARMANN. 223

M. I. Schachparonow, *Zur Theorie der thermodynamischen Eigenschaften von Lösungen.* 3. Mitt. *Die Regel von Ssementschenko.* (2. vgl. C. **1953.** 501.) Es wird gezeigt, daß die von Vf. abgeleitete Löslichkeitsformel (l. c.) für die Beziehungen zwischen Löslichkeit u. Eigg. der Komponenten der Lsg. auf die experimentell bestätigte Regel von SSEMENTSCHENKO (C. **1948.** E. 195) zurückgeführt werden kann, die eine Beziehung zwischen Löslichkeit u. DK. herstellt. Zwischen Löslichkeit u. Aktivitätskoeff. der Komponenten besteht eine Beziehung. Ist DK. für die reinen Komponenten der Lsg. bekannt, können die thermodynam. Eigg. der Lsgg. ohne Heranziehung der Löslichkeitsdaten beurteilt werden. Beim Übergang von unpolaren zu polaren Stoffen wächst das Gebiet der negativen Abweichungen von der Idealität, bedingt durch die zunehmende effektive Anziehung der Teilchen des Lösungsm. u. des gelösten Stoffes. Die Gültigkeit der theoret. Ableitungen wird an den Lsgg. von *Aceton, Ae., Chlf.* u. *Bzl.* in *m-Nitrobenzoesäure* u. von Aceton, Ae., CCl_4, Bzl. u. *W.* in *Brenzcatechin* gezeigt. (Журнал Физической Химии [J. physik. Chem.] **25.** 1374—83. Nov. 1951. Moskau, Lomonossow-Univ.) LEBTAG. 224

W. Mund, *Übersicht über neuere Untersuchungen über die Austauschreaktion zwischen Wasserstoff und Deuterium unter der Wirkung von α-Strahlen.* Zusammenfassende Übersicht über Arbeiten vor allem des Vf. u. seiner Schule. Theoret. Ableitung eines kinet. Gesetzes, das experimentell bestätigt wird. Bes. behandelt wird der hemmende Einfl. von Fremdgasen (O_2, N_2, NH_3 u. a.) in Konzz. von 0,01—0,1%. (Ind. chim. belge **16.** 379—82. 1951. Löwen, Univ., Labor. de Chim. Phys.) v. DECHEND. 225

B. Anorganische Chemie.

M. Th. Mackowsky, *Gibt es Graphit in Kohle und Koks?* Graphit tritt weder in Kohlen noch Koksen auf, da sowohl bei der n. Inkohlung als auch bei der Hochtemperaturverkokung bzw. Retortengraphitabscheidung nicht die für die Graphitbldg. erforderlichen Energiemengen auftreten. Grundsätzlich kann er jedoch bei genügender Energiezufuhr bei diesen Prozessen entstehen, wie auch die in der Natur vorkommenden Graphitlagerstätten durch die restlose Metamorphose von Kohlen entstanden sein können. (Fortschr. Mineralog. **29/30.** 10—17. 1951. Essen.) HILLER. 260

Morton J. Klein und **Peter M. Bernays,** *Die Chemie des Scandiums.* 3. Mitt. (Vgl. POKRAS u. Mitarbeiter, C. **1951.** II. 2294.) Der bei 60° aus verd. $ScCl_3$-Lsg. mittels Oxalsäure gefällte Nd. wurde in Übereinstimmung mit STERBA-BÖHM (vgl. Collect. czechoslov. chem. Commun. **1.** [1929.] 1) als $Sc_2(C_2O_4)_3 \cdot 6H_2O$ analysiert. (J. Amer. chem. Soc. **73.** 1364. März 1951. Chicago, Ill., Inst. of Technol., Dep. of Chem.) BAUMBACH. 299

E. Larsen, *Fortschritte auf dem Gebiete der Chemie von Zirkonium und Hafnium.* (Успехи Химии [Fortschr. Chem.] **21.** 824—35. Juli 1952. — C. **1952.** 6185.) KLEVER. 323

Leopold Wolf und **Wolfgang Forberg,** *Zur Kenntnis der Chrom(III)-Triäthanolamin-Komplexe.* Es werden Darst., chem. Verh. u. Bildungsweise des *Cr(III)-Triäthanolaminchloridkomplexes*, $Cr_2(N_3C_{18}H_{40}O_9)Cl$ (I), beschrieben. Um durch vorgebildete Koordinationsstellen am Koordinationszentrum die Rk. in einer vorgegebenen Richtung zu führen u. einen Hinweis auf den Reaktionsmechanismus zu erlangen, wurden folgende Cr(III)-Komplexe in alkoh. bzw. *Aceton*-Lsg. bzw. in einem *A.-Chlf.*-Gemisch mit Triäthanolamin (II) zusammengebracht oder die Komplexsalze direkt mit wasserfreiem II umgesetzt: $CrCl_3 \cdot 3$ *Pyridin* (III), $CrCl_3 \cdot 3\,C_2H_5OH$ (IV), $[Cr(OH_2)_4Cl_2]Cl$ (V), $[Cr(NH_3)_5Cl]Cl_2$ (VI) u. $[Cr(NH_3)_6]Cl_3$ (VII). Von diesen setzten sich in alkoh. Lsg. nur III u. IV zu einer isolierbaren

Substanz um. Der hierbei erhaltene dunkelgrüne **I**-Komplex konnte jedoch als Salz nicht rein erhalten werden, sondern wurde mit anderen komplexen Anionen oder Alkaloidfällungsmitteln als schwerlösl. Verb. abgeschieden. Verbb., die mit **I** schwer lösl., flockige Ndd. geben, $ZnCl_2$, $CdBr_2$, CdJ_2, $[CdJ_4]^{2-}$, $HgCl_2$, $HgBr_2$, $[HgJ_4]^{2-}$ (alle Ndd. dunkelgrün), $K[BiJ_4]$ (gelbbraun), $H_2[PtCl_6]$ (graugrün), $PdCl_2$ (hellbraun), $NH_4[Cr(CNS)_4(NH_3)_2]$ (grauviolett), $NH_4[Co(NO_2)_4(NH_3)_2]$ (grün), $Na_3[Co(NO_2)_6]$ (grünbraun), *Pikrinsäure* (gelbgrün), *Pikrolon-* u. *Flaviansäure* (2.4 - Dinitro - α-naphthol - 7-sulfonsäure) (gelbgrün), *Hexanitrodiphenylamin-Mg* (rotbraun). Keine Fällung ergeben: Phosphate, Perchlorate, $AgNO_3$, $H[AuCl_4]$, komplexe Cyanide, $Na_3[Fe(CN)_5CO]$, Nitrophenole. **I** ist bei n. Temp. in wss. Lsg. tagelang haltbar, beim Kochen erfolgt langsame Hydrolyse u. Ausflockung eines graublauen Nd., mit verd. $NaOH$ u. NH_3 sowie mit verd. Mineralsäuren erfolgt bei gewöhnlicher Temp. keine Rk., beim Erhitzen mit starken Laugen tritt Hydrolyse u. Ausflockung von $Cr(OH)_3$ ein, verd. Mineralsäuren führen **I** in das grüne $[Cr(OH_2)_4R_2]^+$-Salz über (Farbwechsel von dunkelgrün nach hellgrün), mit verd. NH_3 oder wss. Pyridin im Überschuß verfärbt sich die **I**-Lsg. tiefblau, um nach einigen Tagen eine violettrote Farbe anzunehmen. **I** ist in polaren Lösungsmitteln, W., niederen Alkoholen, Aceton gut lösl., in Chlf., Bzl., Ae. u. KW-stoffen unlöslich. In **I** wird die koordinative 4-Wertigkeit von **II** bestätigt, sowie die Innerkomplexsalzbldg. zwischen Cr(III) u. **II** in einer alkoholyt. Rk. bewiesen. Der Mechanismus der Komplexbldg. u. die Stabilisierung von **II** im Komplex werden erklärt. Stereochem. betrachtet ist **I** zwar aus 2 Oktaedern aufgebaut, stellt aber im strengen Sinne keine „zweikernige“ Verb. dar, da die beiden Oktaeder kein geometr. Element gemeinsam haben. Vff. diskutieren die Beständigkeit von **I**. Ein Nachw. bes. bevorzugter Hydroxylgruppen gelingt nicht: Rk. mit *Benzoylchlorid* in wss. Lsg. führt zur Totalhydrolyse von **I**. Die Verb. wird auch als quaternäres (komplexsubstituiertes) NH_4-Salz aufgefaßt, welches seine Stabilität der in Cr-Komplexen sehr festen (Cr—O—)-Bindung verdankt. Bei Anlagerung von $HgCl_2$ findet eine Aufspaltung des Komplexes in 2 Kerne (pro Mol.) statt, deren O-Atome zu dem Hg-Ion mit Nebenvalenzen bindig werden. Die Konst. des $HgCl_2$-Doppelsalzes wird erörtert. Wrkg. von **II**, NH_3, Pyridin u. W. auf die unter **III—VII** genannten Komplexe wird qualitativ wiedergegeben. Darst. von **I**: 4 g **III** werden in 25 cm³ Chlf. suspendiert u. auf dem Wasserbad zum Sieden erhitzt, in diese warme Lsg. 6 g **II**, in 100 cm³ absol. A., langsam eingetropft. Nach wenigen Min. beginnt die Ausscheidung von **II**-Hydrochlorid u. Farbvertiefung nach blaugrün, es wird noch 8 Std. auf dem Wasserbad erhitzt. Nach 12std. Abkühlung u. Tiefkühlung mit Eis–NaCl-Mischung wird die Lsg. vom unlösl. Rückstand abgesaugt u. dieser mit absol. A. gewaschen. Die vereinigten Filtrate werden auf dem Wasserbad weitgehend vom A. befreit u. dieser Rückstand mit wenigen cm³ warmem Chlf. behandelt. Trotz mehrfacher Reinigungsverff. mit Chlf., Bzl. u. A. konnte **I** bisher nur als dunkelgrüne, amorphe M. erhalten werden, die auch nach Monaten im Vakuum über konz. H_2SO_4 nicht kristallisierte. Der direkte Umsatz von **II** u. **III** führt bei 30—40° langsam zu einer blauen Lsg., beim Erwärmen auf ca. 120° kommt es unter plötzlichem Aufsieden zu einer heftigen Rk., wobei ein großer Teil des Pyridins verdampft. Beim Abkühlen erstarrt die M., liefert aber auch kein krist. Produkt. Es werden außerdem folgende Verbb. dargestellt: **II**-*Pikrat*, $(C_6H_{15}\cdot O_3N)[HO\cdot C_6H_2(NO_2)_3]$, aus A., Ae. oder *Dioxan*, lange Nadeln, F. 125°, in W. gut lösl., stellt auf Grund der Farbvertiefung bei der Bldg. aus den Komponenten ein n-Ammoniumpikrat dar (Formulierung, auch in der Nitronsäureform, s. Original). Beim Zusammengeben von **II** u. Pikrinsäure in gesätt. Chloroformlsg. tritt ebenfalls Farbvertiefung nach gelb auf, auch Bldg. eines gelben Nd., der aus A. jedoch in Form großer glänzender Schuppen anfällt, F. 108,5°, auf Grund der Analyse eine organ. Mol.-Verb. zwischen Pikrinsäure u. dem vorst. n. Pikrat, $(C_6H_{15}O_3N)[HO\cdot C_6H_2(NO_2)_3]_2$. **II**-*Reineckat*, $(C_6H_{15}O_3NH)[Cr\cdot(CNS)_4(NH_3)_2]$, aus **II**-Hydrochlorid mit Reinecke-Salz, aus schwach salzsaurer Lsg. rosarotes Prod., in W., A. u. Aceton mäßig löslich. Weitere Fällungs-Rkk. von **II**: mit $K[BiJ_4]$ rotbraune Flocken, mit Pikrolon- u. Flaviansäure gelbe Salze, die in W. mäßig lösl. sind; als Hydrochlorid mit Hexanitrodiphenylamin-Mg ein dunkelrotes Salz in Form öliger Tropfen in neutraler Lsg.; keine Fällungen ergeben: $K_4[Fe(CN)_6]$, $Na_3[Co(NO_2)_6]$, $NH_4[Co(NO_2)_4(NH_3)_2]$, $K_2[HgJ_4]$ (in verd. Lsg.), $K_2(Ni(CN)_4]$, $K_3[Co(CN)_6]$, $K_2[Hg(CN)_4]$, $K_3[Cu(CN)_4]$, $K[Ag(CN)_2]$, $HClO_4$, Nitrophenole. *Chloropentamminchrompikrat*, $[Cr(NH_3)_5\cdot Cl][O\cdot C_6H_2(NO_2)_3]_2$, orangerote Nädelchen, in heißem W. löslich. Für **II** sind zur Reindarst. folgende Kpp. angegeben: bei 150 mm Hg 277—279°, 10 mm 194—195°, 3 mm 168—170° u. $<$1 mm 132—145°. Die Löslichkeit von **II**-Hydrochlorid in 10 cm³ absol. A. beträgt 0,0060 g, in 10 cm³ Chlf. 0,0003 g. Die analyt. Verff. vgl. ausführlich im Original. (Z. anorg. allg. Chem. **268**. 327—50. Juni 1952. Leipzig, Univ., Inst. für anorgan. Chem.)

Sparmann. 335

Martin Linhard und **Gerhard Stirn**, *Über Komplexverbindungen*. 12. Mitt. *Diacidodiäthylendiaminkobalt(III)-perchlorate mit Fettsäuren. Darstellung und allgemeine Eigen-*

schaften. (11. vgl. C. **1953.** 1456.) Es werden Darst., Eigg. u. Löslichkeiten einer Reihe von Diäthylendiamin- (abgekürzt: Dien) Kobaltkomplexen des Typs $[Co\ en_2ac_2]ClO_4$ mit folgenden Fettsäuren (abgekürzt: Hac) beschrieben: *Ameisen-, Essig-, Propion-, n-Butter-, Isobutter-, n-* u. *Isovalerian-, n-Capron-, n-Capryl-, Stearin-, Chloressig-* u. *Trichloressigsäure.* Die geeignetste Darstellungsmeth. der cis-Salze (I) ist die Rk. von Diaquo-dien-perchlorat mit den K-Salzen der entsprechenden Hac in wss. Lsg. unter 50° nach: $[Co\ en_2\cdot(H_2O)_2](ClO_4)_3 + Kac = [Co\ en_2H_2Oac](ClO_4)_2 + KClO_4$; $[Co\ en_2H_2Oac](ClO_4)_2 + Kac = [Co\ en_2ac_2]ClO_4 + KClO_4$ (ac = Fettsäurerest). Unabhängig von der ster. Konfiguration der Ausgangsstoffe entstehen bei gewöhnlicher Temp. die roten I, in der Wärme die ähnlich roten trans-Salze (II) (Ausnahme: Stearinatosalz). Als 2. Verf. zur Darst. von I wird die Rk. von Carbonato-dien-perchlorat mit wss. freien Hac diskutiert: $[Co\ en_2CO_3]ClO_4 + 2\ Hac = [Co\ en_2ac_2]ClO_4 + CO_2 + H_2O$, das aber nur mit stärkeren Säuren als Ameisensäure u. Halogen-Hac gute Resultate liefert. Verff. zur Darst. der **II**: 1. Aus den entsprechenden I bei höherer Temp.; 2. aus Carbonato-dien-perchlorat u. freien Hac. Die Rk. verläuft über die Zwischenstufe des Diaquokomplexes: $[Co\ en_2CO_3]^+ + 2\ H^+ + H_2O = [Co\ en_2(H_2O)]^{3+} + CO_2$, in den dann die ac eintraten; 3. aus trans-Dichlorodienperchlorat u. fettsauren Salzen bei höherer Temp.: $[Co\ en_2Cl_2]ClO_4 + 2\ Na\ ac = [Co\ en_2ac_2]ClO_4 + 2\ NaCl$, wobei auch diese Rk. intermediär über den Diaquokomplex verläuft. Die **II** sind in Lsg. wesentlich beständiger als die entsprechenden I u. die *trans-Diacido-tetramminsalze* mit der Fettsäure. 20%ig. $HClO_4$ bewirkt bei **II** zum Unterschied von den darin schnell aquotisierenden I keine Farbänderung, sondern fällt nur die sauren Salze. In alkal. Lsg. gehen beide Salze in die Dihydroxosalze über, scheiden aber auch beim Kochen in 1n *NaOH* keine Kobaltoxyde aus. Beim trockenen Erhitzen verpuffen die Salze nach schon vorher beginnender Zersetzung. Die Verpuffung verläuft um so lebhafter, je kürzer die Kohlenstoffkette ist, das Stearinatosalz verpufft nicht mehr. Beide Salze sind dichroit., die I gelbrot-violettrot, die **II** braunrot-violettrot. Die Löslichkeit der **II** ist in den üblichen Lösungsmitteln geringer als die der analogen I, mit Ausnahme des Formiatosalzes. Die Salze beider Reihen, bes. aber die I, neigen bei mittellangen Kohlenstoffketten zur Bldg. von sauren Salzen (bei den I in Lsg. schnell aquotisierend), Doppelsalzen u. Solvaten (mit $HClO_4$, $NaClO_4$, H_2O, C_2H_5OH, CH_3COCH_3). Ab Propionatosalz kristallisieren nur diese Verbb. höherer Ordnung gut. Vff. diskutieren das Zustandekommen der Doppelsalze u. Solvate, für das Gitterkräfte, Dipolkräfte der Solvatmoll. u. räumliche Verhältnisse maßgebend sind. Die Solvatbldg. spiegelt sich wider in der (absorptionsspektroskop. bestimmten) Löslichkeit. Diese erreicht in W. u. A. (96% A. + 1% Petroleumbenzin), sowohl bei den I als auch bei den im allg. schwerer lösl. **II** (Ausnahme: Formiatosalz) bei mittlerer C-Kettenlänge der Hac ein größenordnungsmäßig höheres Maximum. In dem wasserunähnlichen Bzl. steigt die Löslichkeit monoton mit der Kettenlänge. In Ae. sind sämtliche Salze (mit Ausnahme des unreinen Oleatosalzes) unlöslich. Darst. der Ausgangsstoffe für die Herst. der weiter unten aufgeführten Salze: *trans*-$[Co\ en_2Cl_2]ClO_4$, durch die vereinigten Lsgg. von 220 g *Äthylendiaminmonohydrat* u. 320 g $CoCl_2\cdot 6\ H_2O$ in je 1 Liter W. saugt man 6 Std. kräftig Luft oder oxydiert mit 3%ig. H_2O_2. Zu der blutroten Lsg. gibt man 600 cm³ konz. *HCl* u. 100 g $NaClO_4$, wobei ein braunroter Schlamm ausfällt. Man erhitzt auf dem Wasserbad bis zu dessen Verschwinden, kühlt ab, saugt die grünen Kristalle ab, wäscht u. trocknet bei 105°; Ausbeute 43%. In kaltem W. sehr wenig lösl., unlösl. in $HClO_4$-haltigem W., A. u. Äther. *Cis*-$[Co\ en_2CO_3]ClO_4$, aus dem Dichlorosalz u. Na_2CO_3, violettrotes Pulver unlösl. in A., wenig lösl. in Wasser. Durch Eintragen von überschüssigem Carbonatosalz in heiße 20%ig. $HClO_4$ erhält man das Diaquosalz, $[Co\ en_2\cdot(H_2O)_2](ClO_4)_3$, braunrotes, hygroskop. Pulver, Laugen bewirken augenblicklich Farbverschiebung nach Violett durch Bldg. von Hydroxo-aquo-salz, $[Co\ en_2(H_2O)OH](ClO_4)_2$. Na_2HPO_4 fällt auch aus sehr verd. Lsgg. einen charakterist. roten, krist. Niederschlag. Darst. der folgenden Komplexe vgl. ausführlich im Original: *cis-[Co en₂(ameisensäure)₂]·ClO₄*, dunkelrote Prismen; *cis-[Co en₂(essigsäure)₂]ClO₄*, karmoisinrotes Pulver; *cis-[Co en₂·(essigsäure)₂]ClO₄·NaClO₄*, rotes Pulver ohne Dichroismus, leicht lösl. in W., sehr wenig in A. u. Aceton; *cis-[Co en₂(propionsäure)₂]ClO₄*; *cis-[Co en₂(propionsäure)₂]ClO₄·CH₃·CO·CH₃*; dunkelrote Prismen, in W. u. A. leicht lösl.; *cis-[Co en₂(n-buttersäure)₂]ClO₄*; *cis-[Co en₂·(n-buttersäure)₂]ClO₄·CH₃·CO·CH₃*; *cis-[Co en₂(n-buttersäure)₂]ClO₄·H₂O*; *[Co en₂(isobuttersäure)₂]ClO₄*, enthält auffallenderweise kein Aceton; *cis-[Co en₂(isovaleriansäure)₂]ClO₄*; *cis-[Co en₂(isovaleriansäure)₂]ClO₄·H₂O*, metall. glänzende, rotviolette Prismen; *cis-[Co en₂(n-capronsäure)₂]ClO₄*, violettrosa Pulver, nimmt weder W. noch Aceton auf; *cis-[Co en₂(n-caprylsäure)₂]ClO₄*; *cis-[Co en₂(stearinsäure)₂]ClO₄*, rosa Pulver, unlösl. in W. u. Ae., wenig lösl. in kaltem, gut in heißem Bzl. oder A.; *cis-[Co en₂(ölsäure)₂]ClO₄*, dunkelrotes, in A. u. Ae. lösl. Öl, das nicht zur Kristallisation gebracht werden konnte; *trans-[Co en₂(ameisensäure)₂]ClO₄*; *trans-[Co en₂(ameisensäure)₂]ClO₄·NaClO₄*; hellviolettrote Kristallschuppen; *trans-[Co en₂(essigsäure)₂]ClO₄*, rote Kristalle mit starkem Dichroismus,

$HClO_4$ fällt aus der Lsg. quantitativ das saure Salz; *trans-[Co en$_2$(essigsäure)$_2$]ClO$_4$ · HClO$_4$*, unlösl. in verd. $HClO_4$, A. u. Ae.; *trans-[Co en$_2$(essigsäure)$_2$]ClO$_4$ · NaClO$_4$*, erdbeerrotes Pulver; *trans-[Co en$_2$(propionsäure)$_2$]ClO$_4$*, rote Nadeln; *trans-[Co en$_2$(propionsäure)$_2$]ClO$_4$*, karmoisinrotes Pulver; *trans-[Co en$_2$(n-buttersäure)$_2$]ClO$_4$*; *trans-[Co en$_2$(n-buttersäure)$_2$] · ClO$_4$ · CH$_3$ · CO · CH$_3$*, dunkelrotes Pulver, in W. u. A. gut lösl., verwittert an Luft; *trans-[Co en$_2$(n-buttersäure)$_2$]ClO$_4$ · C$_2$H$_5$OH*, die feinen Nadeln zerfallen rasch an Luft; *trans-[Co en$_2$(n-buttersäure)$_2$]ClO$_4$ · HClO$_4$*, hellrotviolette verfilzte Nadeln; *trans-[Co en$_2$(isobuttersäure)$_2$]ClO$_4$*; *trans-[Co en$_2$(isobuttersäure)$_2$]ClO$_4$ · HClO$_4$*; *trans-[Co en$_2$(n-valeriansäure)$_2$] ClO$_4$*; *trans-[Co en$_2$(isovaleriansäure)$_2$]ClO$_4$ · HClO$_4$*; *trans-[Co en$_2$(isovaleriansäure)$_2$]ClO$_4$ · H$_2$O*; *trans-[Co en$_2$(n-capronsäure)$_2$]ClO$_4$*; *trans-[Co en$_2$(n-capronsäure)$_2$]ClO$_4$ · HClO$_4$*; *trans-[Co en$_2$(n-caprylsäure)$_2$]ClO$_4$*, violettrote Blättchen, die beim Trocknen zu einem hellrosa Pulver zerfallen; *trans-[Co en$_2$(n-caprylsäure)$_2$]ClO$_4$ · HClO$_4$*; *trans-[Co en$_2$(Cl-essigsäure)$_2$] · ClO$_4$*, braunviolettrote Prismen, in W. schwer-, unlösl. in A.; *trans-[Co en$_2$(Cl$_3$-essigsäure)$_2$] · ClO$_4$*, hellrosa Pulver, $HClO_4$ fällt, zum Unterschied vom Acetatosalz, aus der wss. Lsg. das neutrale, nicht das saure Salz. Die Schwerlöslichkeit u. Stabilität von *trans-[Co en$_2$Cl$_2$] · ClO$_4$* wird zu einer quantitativen Bestimmungsmeth. von ClO_4^- verwendet. (Z. anorg. allg. Chem. **268.** 105—27. April 1952. Clausthal-Zellerfeld, Bergakad., Chem. Inst.)

Sparmann. 355

René Weil und **Raymond Hocart,** *Gleichzeitige Synthese von kubischem und hexagonalem Domeykit in flüssiger Umgebung und bei gewöhnlichem Druck.* Von den drei Gemischen 3 Cu, 6 Cu u. 9 Cu pro 1 As wurde das erste Gemisch 84 Std., die beiden anderen 134 Std. in Glycerin auf 236° erhitzt. In einem zweiten Vers. wurden alle drei Gemische 282 Std. auf 154°, wieder in Glycerin, erhitzt. Während sich in der ersten Versuchsreihe nur hexagonaler Domeykit, Cu_3As, gebildet hatte, trat in der zweiten Versuchsreihe neben dem hexagonalen Domeykit auch das Mineral in seiner kub. Form auf, u. zwar war die kub. Phase bei dem Gemisch 3 Cu : 1 As vorherrschend. In befriedigender Übereinstimmung mit den Literaturwerten wurde die Kantenlänge des kub. Domeykits zu a = 9,67 Å bestimmt. — Drei Gemische der Zus. 12 Cu, 15 Cu u. 21 Cu pro 1 As_2S_3 wurden hierauf untersucht. Die ersten beiden Gemische wurden 264 Std., das dritte 185 Std. auf 154° erhitzt. Schließlich wurden alle drei Gemische 90 Std. auf 236° erhitzt. In allen Fällen bildete sich allein die hexagonale Form des Domeykits. (C. R. hebd. Séances Acad. Sci. **233.** 880—82. 15/10. 1951.)

Gottfried. 358

P. P. Gyani, *Perjodsäure und Perjodate.* 2. Mitt. *Das System Silberoxyd–Perjodsäure–Wasser bei 35°.* (1. vgl. J. Indian chem. Soc. **27.** [1950.] 5.) Die Rk. von Ag_2O mit HJO_4 wird in wss. Lsg. bei 35° bei vollständiger Abwesenheit von HNO_3 u. Alkalisalzen untersucht. 3 definierte Silbersalze wurden gefunden, u. zwar *5 Ag$_2$O · J$_2$O$_7$, 2 Ag$_2$O · J$_2$O$_7$ · H$_2$O* u. *Ag$_2$O · J$_2$O$_7$*. Welches Salz erhalten wird, hängt vom Verhältnis Ag_2O zu HJO_4 in der Lsg. ab. Einige Eigg. dieser Salze u. die Bedingungen für ihre Stabilität in Lsg. unter Berücksichtigung der Säurekonz. sind angegeben. Die ersten beiden oben genannten Salze wurden bzgl. ihres Verh. im Vakuum untersucht. (J. physic. Colloid Chem. **55.** 1111—19. Okt. 1951. Patna, Indien, Sci. Coll.)

R. Mattner. 359

Ss. Je. Bressler, Radioaktive Elemente. 2. Aufl. Moskau-Leningrad: Gosstechisdat. 1952. (436 S. m. Abb). 14 Rbl. 05 Kop. [russ.]

—, Radiochemie. Sammlung von Arbeiten. Lomonossow-Univ. Moskau: Verlag der Moskauer Staatl. Univ. 1952. (360 S. m. Abb.) 22 Rbl. 90 Kop. [russ.]

C. Mineralogische und geologische Chemie.

G. Pehrman, *Calcit mit Translation nach der Basis.* Vf. beschreibt Calcitindividuen von der Insel Niksor im südwestlichen Finnland, die tafelförmig nach der Basis ausgebildet sind u. sehr gute Absonderung nach (0 0 0 1) auf Grund von Translation nach dieser Fläche zeigen. (Neues Jb. Mineralog., Mh. **1952.** 155—58. Mai. Åbo, Finnland.)

Gottfried. 372

S. C. Mossop, *Eine Mehr-Thermometer-Methode für Temperaturmessungen in Bohrlöchern.* Es wird eine Modifikation der Meth. von Krige beschrieben, um die Temperaturmessung in Bohrlöchern schneller als bisher durchführen zu können. Mit der beschriebenen Meth. wurden die Tempp. von Bohrlöchern der Orange Free State Goldfelder bis zu einer Tiefe von 4800 ft. mit einer Genauigkeit von ±0,01° gemessen. Meßfehler, die durch eventuelle Unterschiede der Temp. von Bohrlochwasser zu dem umgebenden Gestein verursacht werden, wurden berücksichtigt. Außerdem wurde gefunden, daß der in großen Tiefen herrschende Druck zu beträchtlichen Fehlern (in 4000 ft. Tiefe z. B. ±10°) führen kann. (Mining J. [London] **236.** 105—06. 2/2. 1951. Pretoria, South African Nat. Physic. Labor.)

Schöttler. 378

John Rodgers, *Das absolute Alter radioaktiver Minerale im Bereich der Appalachen.* Vf. berechnete alle zugänglichen Altersbestimmungen an radioakt. Mineralen der Appalachen neu u. findet vier Orogenesen. Zwei vor 800 u. 600 Millionen Jahren im Präkambrium sind nur im Westteil des Appalachenkristallins zu beobachten. Vor 350 Millionen Jahren war die 3. im Westteil der Appalachen u. wahrscheinlich in Ostmassachusetts. Die 4. war vor 260 Millionen Jahren beobachtbar in Ostneuengland. Die Eruptiva aus dem späten Trias scheinen 170 Millionen Jahre alt zu sein. (Amer. J. Sci. **250.** 411—27. Juni 1952. New Haven, Conn., Yale Univ.) Hiller. 378

A. W. Trofimow, *Isotopenzusammensetzung von Kohlenstoff in magmatischen Gesteinen.* Mit Hilfe des Massenspektrographen wurde das Verhältnis $^{12}C : ^{13}C$ für *Kalksteine, Dolomite, Calcite, Meteoriten, Magmagesteine, Asphalt, Asphaltide, Erdöl* u. vulkan. CO_2 bestimmt. Bei *Basalten* u. *Graniten* unterscheiden sich die Werte um höchstens 1%. Nur bei den *Porphyriten* ist der ^{13}C-Geh. höher. Bei den Eruptivgesteinen werden Werte erreicht, die für Bitumen charakterist. sind. Dadurch wird die Anwendung des Isotopenkriteriums zur Beurteilung des organ. Ursprungs von C in Sedimenten erschwert. Danach wäre der C von Basalten u. Graniten ebenfalls als organogen anzusehen. Durchschnittlicher Wert für $^{13}C : ^{12}C$: Kalkstein u. Dolomit 90,0; Calcit 90,1; vulkan. CO_2 90,8; Meteorit 91,85; magmat. Gestein 92,1; Asphaltid u. Asphalt 92,2; Erdöl 93,2. Unter der Annahme, daß die Zus. des C in Basalt u. ähnlichem Gestein der des prim. C der Erde sehr ähnlich ist, kann in der gleichen Zus. von C der Meteoriten u. dem prim. C der Eruptivgesteine eine Bestätigung für die genet. Einheit von Erde u. Meteoriten gesehen werden. Das Verhältnis Carbonat-C/organ. C errechnet sich zu ungefähr 1,2. (Доклады Академии Наук СССР [Ber. Akad. Wiss. UdSSR] [N. S.] **85.** 169—72. 1/7. 1952. Vernadsky-Inst. für Geochem. u. analyt. Chem. der Akad. der Wiss. der UdSSR.) Lebtag. 378

E. Ss. Salmanson und **Je. Ss. Schischowa,** *Eisen, Mangan, Phosphor und Spurenelemente in den unterfranischen Ablagerungen des Zweiten Baku.* Analysenangaben für 90 Proben, petrograph. geordnet nach den Typen *Sandstein, Aleurite, Argillite, Mergel,* toniger *Kalkstein* u. toniger *Dolomit,* endlich Kalkstein u. Dolomit. Bestimmt wurden *Fe, Mn, P,* ferner die geringen Mengen von *V, Cr, Cu, Ni, Co,* endlich organ. *C.* Der Geh. an allen analyt. bestimmten Elementen steigt mit dem Absinken der Korngröße u. fällt in den feinkörnigen Gesteinen (Ausnahme: Mn) mit dem Ansteigen der Carbonate. Der Geh. an Fe, P, Cu (spektral auch an *Sr*) u. bes. ausgeprägt an Mn steigt von den Argilliten bis zum Kalkstein (bei Berechnung auf den CO_2-freien Teil) deutlich an. (Доклады Академии Наук СССР [Ber. Akad. Wiss. UdSSR] [N. S.] **85.** 835—37. 1/8. 1952.) v. Wilpert. 378

E. W. Nuffield, *Untersuchungen über Sulfosalzminerale.* 16. Mitt. *Cuprobismutit.* (12. vgl. C. **1948.** I. 309.) Cuprobismutit, der als Genese von *Emplektit* u. *Wismutglanz* diskreditiert wurde, wird vom Originalfundort, Missouri Mine, Parkcounty, Colorado, röntgenograph. neu untersucht. Er erweist sich als reell. Wahrscheinlich ist er die Hochtemperaturmodifikation von Emplektit. Er ist monoklin, Raumgruppe C 2/m, a = 17,65, b = 3,93, c = 15,24 Å, β = 100,5°. Zellinhalt 12 ($CuBiS_2$), D_{gem} 6,47. (Amer. Mineralogist **37.** 447—52. Mai/Juni 1952. Toronto, Can., Univ.) Hiller. 380

D. Ss. Beljankin, *Über das Problem der chemisch-mineralogischen Hochtemperaturgleichgewichte als Grundlage der Kenntnis des natürlichen und technischen Steines.* Zusammenfassende Übersicht über die therm. Analyse der Mineralien u. Gesteine, sowie über Unterss. der Silicat- u. Sulfidsysteme mit flüchtigen Anteilen bei erhöhtem Druck u. erhöhter Temp. zur Klärung der Vorgänge bei der natürlichen Mineral- u. Gesteinsbildung. Ferner wird über Unterss. der physikal.-chem. Hochtemperatursysteme der modernen Technik u. über die mineralog.-strukturellen Besonderheiten der techn. verwandten Gesteine berichtet. (Вестник Академии Наук СССР [Nachr. Akad. Wiss. UdSSR] **22.** Nr. 6. 62—65. Juni 1952. Inst. für geol. Wiss. der Akad. der Wiss. der UdSSR.) Lebtag. 382

A. Nelson, *Eisenhaltiges Gestein des britischen Jura-Gebirges.* Geolog. Geschichte, Lage u. Ausdehnung der Lagerstätten u. Gewinnungsmethoden in den Gebieten von Cleveland u. Northamtonshire. (Iron Coal Trades Rev. **163.** 547—50. 7/9. 1951.) Pahl. 384

G. I. Jenzow, N. A. Ignatjew und **N. P. Starkow,** *Zur geologisch-petrographischen Charakteristik der wolchonskoitischen Lagerstätten des Kama-Gebietes.* Der im oberen Perm vorkommende *Wolchonskoit* (I) ist in Sandstein eingeschlossen, der Konglomeratbeimengungen enthält. Die leichte Fraktion des klast. Teils der Sandsteine besteht aus 5—10% *Orthoklas,* 20—40% saure *Plagioklase,* 5—15% *Quarz,* 35—45% SiO_2-Bruchstücke. Die schwere Fraktion enthält 30—52% *Magnetit,* 46% *Epidot,* einzelne Körner von *Granat, Disthen, Amphibol, Sphen, Spinell.* Die Zementmasse besteht aus *Pelit* u. *Fe-Hydroxyden,* mitunter *Calcit.* Die I-haltigen Gesteine gehören zu den Flußgebilden. Die Sandsteine u. Konglomerate sind alluviale Ablagerungen. Die unter dem Sandstein liegenden Argillite bildeten die Flußsohle. Die I-haltigen Gesteine sind sek. Pseudomorphosen nach den Stämmen der oberperm. Bäume. (Записки Всесоюзного Минералогического Общества [Schr. Allunions mineralog. Ges.] [2] **81.** 179—84. 1952.) LEBTAG. 385

O. Ss. Wjalow, N. R. Ladyshinski und **L. G. Tkatschuk,** *Tuff-Horizont in einer Menilitserie der Ost-Karpaten.* In verschied. Menilitablagerungen der Ost-Karpaten finden sich vielfach Tuffsteinkomplexe. Diese sauren Liparittuffe enthalten, unregelmäßig verteilt, Anteile von *Glas, Quarz* u. *Eisen,* dazwischen feine Plättchen von *Biotit* u. *Glimmer* sowie stellenweise *Calcit*-Kristalle. Zusammengesetzt ist der Tuff aus: 70,02 (%) SiO_2, 0,20 TiO_2, 10,74 Al_2O_3, 2,92 Fe_2O_3, 0,02 MnO, 1,38 MgO, 1,80 CaO, 3,60 Na_2O, 1,68 K_2O, 2,60 H_2O, bei 5,48 Glühverlust. (Доклады Академии Наук СССР [Ber. Akad. Wiss. UdSSR] [N. S.] **79.** 137—39. 1/7. 1951. Lwow, Geol. Inst. für Bodenschätze der Akad. der Wiss. der UkrSSR., u. Polytechn. Inst.) v. MICKWITZ. 385

J. Westerveld, E. ten Haaf und **C. J. Mulder,** *Bemerkung über ein Ganggestein vom Typus der Aiounite aus der Gegend von Taourirt und über den Ursprung der neogenen und quaternären basischen Alkalilaven von Französisch-Marokko.* 1. u. 2. Mitt. Petrograph. u. geolog. Unters. des obigen Gesteinstyps. Mkr. ist zu erkennen, daß die holokristalline Grundmasse hauptsächlich aus *Augit* u. *Magnetit* besteht u. außerdem aus *Biotit,* verändertem *Olivin, Apatit, Talk,* sek. *Carbonaten, Serpentin* u. einem *Zeolith.* Eine chem. Analyse des Gesteins lieferte die folgenden Werte: SiO_2 38,30 (%); TiO_2 4,91; Al_2O_3 12,11; Fe_2O_3 4,81; FeO 5,52; MnO 0,09; MgO 10,49; CaO 14,67; K_2O 1,85; Na_2O 0,92; P_2O_5 0,62; H_2O^+ 2,72; H_2O^- 0,59; CO_2 2,82; S 0,17; Σ 100,59. Die Bldg. der Gesteine wird besprochen. (Proc., Kon. nederl. Akad. Wetensch., Ser. B **54.** 475—90. Nov./Dez. 1951. Amsterdam, Univ., Inst. Géol.) GOTTFRIED. 385

D. Matveieff und **J. Sagatzky,** *Einige Eigentümlichkeiten des Granitmassivs von Mayo-Darlé (Kamerun).* Es wurde petrograph. das Granitmassiv der Mayo-Darlé-Monts Guingués untersucht, an dessen Nordrand sich das *Kassiterit*-Vork. von Mayo-Darlé befindet. Der Granit enthält neben K-Feldspat, Albit u. Quarz als einzige farbige Komponente Biotit u. ähnelt in bezug auf seine mineralog. Zus. den ebenfalls zinnführenden Graniten des engl. Nigeria. Begleitet wird der Granit von Gängen von Porphyren, Lamprophyren, Apliten, Pegmatiten u. Greisen, der hauptsächlich den Kassiterit enthält. Zum Unterschied von dem niger. Granit, der keinen Turmalin enthält, enthält sowohl der Granit als auch der Greisen von Mayo-Darlé Turmalin. (C. R. somm. Séances Soc. géol. France **1951.** 232—35.) GOTTFRIED. 385

K. Kumm, *Über die Entstehung von elektrischen Ladungen bei Vorgängen in der kristallinen Eisphase.* Quantitative Unterss. über den Vorgang der Reifbldg., des Absplitterns von Eiskriställchen u. der Splitterladung zeigen, daß 7,6mal mehr positive als negative Kriställchen absplittern. Die Häufigkeitsverteilung der Ladungen ist für beide Vorzeichen die gleiche, u. zwar wächst die Häufigkeit mit abnehmender Ladung stark an; für Ladungen unterhalb $3{,}3 \cdot 10^{-16}$ Coulomb bleibt die Häufigkeit konstant. Der Mittelwert einer Splitterladung liegt bei $7 \cdot 10^{-16}$ Coulomb. Eine befriedigende Erklärung der Gewitterelektrizität läßt sich mit diesen Ergebnissen nicht gewinnen. Es wird vorgeschlagen, hierzu die Dipolstruktur des Eises mit heranzuziehen. (Arch. Meteorol., Geophysik, Bioklimatol., Ser. A **3.** 382—401. 1951. Karlsruhe, TH, Inst. für theoret. Phys.) PIEPLOW. 396

D. Organische Chemie.

D_1. Allgemeine und theoretische organische Chemie.

Vernon H. Dibeler, Robert M. Reese und **Fred L. Mohler,** *Das Ionisationspotential des CF_3-Radikals und die Bindungsenergien einiger Fluorkohlenstoffverbindungen aus Elektronenstoßmessungen.* Mit einem Massenspektrometer wurden die Bildungspotentiale der Ionen CH_3^+ u. CF_3^+ aus *Methylfluoroform* $CH_3—CF_3$ zu 15,2 bzw. 14,0 eV u. des CF_3^+-Ions aus *Hexafluoräthan* $CF_3—CF_3$ zu 14,2 eV bestimmt. Hieraus ergibt sich für das Ionisationspotential des CF_3-Radikals der Wert 8,9 eV, für die Energie der C—C-Bindung in $CH_3—CF_3$ 5,1 eV u. in $CF_3—CF_3$ 5,4 eV. (J. chem. Physics **20.** 761. April 1952. Washington, D. C., Nat. Bur. of Standards.) FORCHE. D 100

Helen S. French, *Absorptionsspektren von bestimmten α.β-ungesättigten Ketonen.* 3. Mitt. *Gekreuzte Konjugation von einer exo- und einer endo-Doppelbindung mit der Carbonylgruppe.* (2. vgl. C. **1949.** E. 209.) Um den Anwendungsbereich der Absorptionsspektren zur Aufklärung der Konst. natürlich vorkommender organ. Verbb. zu vergrößern, wurden die Spektren einer Reihe von cycl. Ketonen untersucht, deren CO-Gruppe auf der einen Seite über eine endocycl. u. auf der anderen Seite über eine exocycl. Doppelbindung mit einem Phenylrest in Konjugation steht. Die Spektren dieser Verbb. wurden mit den

Spektren der entsprechenden cycl. Ketone, die nur über eine endo- oder exocycl. Doppelbindung mit dem Phenylrest in Konjugation stehen (α.β-ungesätt. Cyclopentanonen u. Cyclohexanonen) verglichen. Der Einfl. auf die Spektren bei Einführung weiterer Phenylgruppen an anderen Stellen des Cyclopenten- oder Cyclohexenringes sowie bei Einführung von OH-Gruppen in die endständigen Phenylreste wurde untersucht. Für die Maxima der α.β-ungesätt. Cyclopentanone u. Cyclohexanone wurde folgende Regel aufgestellt: [Cyclohexanone λ_{max} (Cyclopentanone λ_{max})] für Endodoppelbindung, aliphat. monosubstituiert 2250 ± 50 (2170 ± 50), disubstituiert 2350 ± 50 (2270 ± 50), aliphat. trisubstituiert 2470 ± 50 (2360 ± 50); für Exodoppelbindung aromat. disubstituiert 2850 ± 50 (2860 ± 50), aliphat. trisubstituiert 2520 ± 50 (2550 ± 50). Untersucht wurden: *5-Benzyliden-*, *5-Benzyliden-2-hexyl-* (F. 80°), *5-Benzyliden-2-propyl-3-methyl-* (F. 159 bis 160°), *5-Benzyliden-3-phenyl-*, *5-Benzyliden-3.4-diphenyl-4-oxy-*, *5-Benzyliden-2.3.4-triphenyl-4-oxy-* u. *5-Benzyliden-2-methyl-3.4-diphenyl-4-oxycyclopenten-(2)-on*, *6-Benzyliden-3.4-dimethyl-* u. *6-Benzyliden-3.4.4-trimethylcyclohexen-(2)-on*, *5-Isopropyliden-3.4-diphenyl-4-oxy-*, *5-[o-Oxybenzyliden]-3-phenyl-* u. *4-[o-Oxybenzyliden]-3-phenylcyclopenten-(2)-on* sowie *2.3.5.6-Tetraphenylindenon* (I), außerdem außer bei I auch die entsprechenden Muttersubstanzen ohne Benzyliden- bzw. Isopropylidengruppe u. *5-Methyl-3.4-diphenyl-4-oxycyclopenten-(2)-on*. (J. Amer. chem. Soc. **74**. 514—18. 20/1. 1952. Wellesley, Mass., Coll., Chem. Labor.) D. BRÜCK. D 118

Raymond P. Mariella und **Richard R. Raube**, *Ultraviolettabsorptionsspektren von alicyclischen Verbindungen.* 2. Mitt. *Methylcycloalkylketone.* (1. vgl. C. **1949**. I. 684.) Die UV-Absorptionsspektren einer Reihe von Ketonen, die von Aceton abgeleitet an Stelle einer Methylgruppe gesätt. Ringe enthalten, wurden in A. u. Isooctan gemessen. Die gemessenen Maxima in Isooctan liegen durchweg längerwellig als in Alkohol. Eine gesetzmäßige Verschiebung des Maximums mit der Änderung der Ringgröße läßt sich nicht feststellen. In A. wurde gefunden λ_{max} mμ (log ε) für *Alkylmethylketone*: Alkyl = *Methyl* (I) 270 (1,20); *Äthyl* (II) 273 (1,26); *Isobutyl* (III) 279 (1,35); *Vinyl* (IV) 318 (1,48); *Cyclopropyl* (V) 271 (1,37); *Cyclobutyl* (VI) 281 (1,52); *Cyclopentyl* (VII) 279 (1,37) u. *Cyclohexyl* (VIII) 281 (1,45). — Daten: **I**, $Kp._{742}$ 54,8°, n_D^{25} 1,3560, $D.^{25}_4$ 0,7850. — **II**, $Kp._{746}$ 76,9 bis 77,1°, n_D^{20} 1,3762, $D.^{25}_4$ 0,8014. — **III**, $Kp._{737}$ 112,4—112,6°, n_D^{25} 1,3933, $D.^{25}_4$ 0,7964. — **IV**, $Kp._{145}$ 36,5—36,8°, n_D^{25} 1,4083, $D.^{25}_4$ 0,8429. — **V**, $Kp._{747}$ 110,1—110,3°, n_D^{25} 1,4224, $D.^{25}_4$ 0,8938; *2.4-Dinitrophenylhydrazon* (*DNP*), $C_{11}H_{12}O_4N_4$, F. 151,5—152,5°; *p-Nitrophenylhydrazon* (*NP*), $C_{11}H_{13}O_2N_3$, F. 144,8—145,2°. — **VI**, $Kp._{750}$ 134,8—135,2°, n_D^{25} 1,4300, $D.^{25}_4$ 0,9002; *DNP*, $C_{12}H_{14}O_4N_4$, F. 119,9—121,3°; *NP*, $C_{12}H_{15}O_2N_3$, F. 128,2 bis 129,0°. — **VII**, $Kp._{99}$ 94,8—95,0°, aus Cyclopentancarbonsäure u. Essigsäure in Aceton durch Dest. bei 380° in Ggw. von $MnCO_3$, n_D^{25} 1,4411, $D.^{25}_4$ 0,9125; *DNP*, $C_{13}H_{16}O_4N_4$, F. 126,9—127,3°; *NP*, $C_{13}H_{17}O_2N_3$, F. 129,5—130,0°. — **VIII**, $Kp._{25}$ 76,2—77,0°, analog **VII** aus Cyclohexancarbonsäure, n_D^{25} 1,4491, $D.^{25}_4$ 0,9159; *DNP*, $C_{14}H_{18}O_4N_4$, F. 136,0 bis 136,6°; *NP*, $C_{14}H_{19}O_2N_3$, F. 149,8—150,0°. (J. Amer. chem. Soc. **74**. 518—21. 20/1. 1952. Evanston, Ill., Northwestern Univ.) D. BRÜCK. D 118

Raymond P. Mariella und **Richard R. Raube**, *Ultraviolettabsorptionsspektren von alicyclischen Verbindungen.* 3. Mitt. *Phenylcycloalkyl- und Styrylcycloalkylketone.* (2. vgl. vorst. Ref.) Die UV-Absorptionsspektren von Alkylphenylketonen, deren Alkylreste durch aliphat. Ringe ersetzt sind, wurden in A. u. Isooctan gemessen u. mit den Spektren von Benzaldehyd u. Acetophenon verglichen. Es wurde festgestellt, daß die Spektren nahezu ident. sind. [In A. λ_{max} mμ (log ε) 244 (4,15), 272 (3,03).] Nur das Propenylphenylketon zeigt ein anderes Spektr. in A. — 256 (4,24). — Ebenso wurden die Spektren von Alkylstyrylketonen, deren Alkylreste durch die gleichen aliphat. Ringe ersetzt wurden, in A. u. Isooctan gemessen u. mit den Spektren von *Styryl-n-propylketon*, *Styrylisobutylketon*, *Styrylisopropylketon* u. *Zimtaldehyd* verglichen. Auch hier zeigt sich Übereinstimmung der Spektren bis auf dasjenige von Vinylstyrylketon, welches in der Intensität wesentlich niedriger liegt. Bemerkenswert ist, daß die intensiven Maxima der Spektren beider Serien, gemessen in Isooctan als Lösungsm., kürzerwellig liegen als in Äthylalkohol.

V e r s u c h e: Phenylketone aus den entsprechenden Säurechloriden mit $AlCl_3$; Styrylketone aus Benzaldehyd u. den entsprechenden Methylketonen durch Schütteln mit verd. wss. NaOH ca. 7 Tage. *Styrylvinylketon*, $Kp._{1,4}$ 79—81°, aus Benzaldehyd u. Methylvinylketon in wss. NaOH unter Eiskühlung. — Daten der untersuchten Verbb.: *Benzaldehyd*, $Kp._{16}$ 72,2°, n_D^{25} 1,5433, $D.^{25}_4$ 1,0402. — *Acetophenon*, $Kp._{3,0-3,4}$ 65,0—65,5°, n_D^{25} 1,5318, $D.^{25}_4$ 1,0235. — *Phenylpropenylketon*, $Kp._{3,9-4,0}$ 98,6—98,9°, n_D^{25} 1,5586°, $D.^{25}_4$ 1,0201. — *Phenylcyclopropylketon*, $Kp._7$ 102,0—102,1°, n_D^{25} 1,5514, $D.^{25}_4$ 1,0523; *2.4-Dinitrophenylhydrazon* (*DNP*), F. 211—213°., *p-Nitrophenylhydrazon* (*NP*), F. 130 bis 131°. — *Phenylcyclobutylketon*, $Kp._7$ 114,4—114,5°, n_D^{25} 1,5452, $D.^{25}_4$ 1,0437; *DNP*, F. 172—173°; *NP*, F. 148—149°. — *Phenylcyclopentylketon*, $Kp._5$ 118,6—118,8°, n_D^{22}

1,5425, $D.^{25}_4$ 1,0403; *DNP*, F. 143—144°; *NP*, F. 121—123°. —*Phenylcyclohexylketon*, F. 53,8—55,0°; *DNP*, F. 201—202°; *NP*, F. 149°. — *Styrylvinylketon*, $Kp._{0,5}$ 83,0—84,8° (5% Ausbeute), $D.^{20}_4$ 1,0172, n_D^{20} 1,4673. — *Styrylcyclopropylketon*, F. 51,3—51,7°, $Kp._{3,7}$ 139,4° (67%), $D.^{20}_4$ 1,0509 (fl.), n_D^{20} 1,6073 (fl.); *Dibromid*, F. 110°; *Tetrabromderiv.*, $C_{12}H_{12}OBr_4$, F. 118°; *DNP*, F. 213°; *NP*, $C_{18}H_{17}O_2N_3$, F. 119°; *Phenylhydrazon*, F. 104°. — *Styrylcyclobutylketon*, F. 60—62°, $Kp._{10}$ 171,4—171,9° (59%), $D.^{20}_4$ 1,0391 (fl.), n_D^{20} 1,5752 (fl.); *Dibromid*, F. 134°; *DNP*, F. 171°. — *Styrylcyclopentylketon*, $Kp._8$ 166,5 bis 166,9° (37%), $D.^{25}_4$ 1,0331, n_D^{25} 1,5836; *Dibromid*, F. 134°; *DNP*, F. 148°. — *Styryl-cyclohexylketon*, F. 56,0—56,5° (35%); *Dibromid*, F. 139°; *DNP*, F. 210°. — *Styryl-n-propylketon*, $Kp._1$ 112,1—112,2° (68%), $D.^{20}_4$ 0,9943, n_D^{20} 1,5693; *Dibromid*, F. 88°; *DNP*, F. 181°. — *Styrylisopropylketon*, $Kp._{0,7}$ 108,8—109,0° (91%), $D.^{20}_4$ 0,9864, n_D^{20} 1,5683; *Dibromid*, F. 102°; *DNP*, F. 153°; *NP*, F. 131°. — *Styrylisobutylketon*, $Kp._1$ 113,0 bis 114,0° (53%), $D.^{20}_4$ 0,9714, n_D^{20} 1,5580; *Dibromid*, F. 100°; *DNP*, F. 172°. — *Zimtaldehyd*, $Kp._{1,1}$ 85,8°, $D.^{20}_4$ 1,0510, n_D^{20} 1,6207. (J. Amer. chem. Soc. **74**. 521—24. 20/1. 1952.) D. BRÜCK. D 118

I. Šimon und **H. O. McMahon**, *Infrarotspektren einiger Alkylsilane und Siloxane in gasförmigen, flüssigen und festen Phasen.* In dem Wellenlängenbereich von 690 bis 1400 cm^{-1} wurden die Infrarotspektren von *Tetramethylsilan* (I), *Hexamethyldisiloxan* (II), *Hexaäthyldisiloxan* (III), „*Triäthylsiloxan*" (*Triäthyläthoxysilan*), *Triäthoxyäthylsilan* u. *Äthylorthosilicat*, davon die methylierten Verbb. in gasförmiger, fl. u. fester Phase, untersucht. Die stärkste Bande von I in gasförmigem Zustand liegt bei ca. 870 cm^{-1}; in festem Zustand ist sie in zwei Banden (852 u. 880 cm^{-1}) aufgespalten. Die zweitstärkste Bande liegt im gasförmigen, fl. u. festen Zustand bei 693 cm^{-1} u. entspricht wahrscheinlich der Skelettart von C—Si. Die dritte Bande schließlich bei ca. 1255 cm^{-1} kann wahrscheinlich als eine symm. Deformationsart der CH_3-Gruppe angesehen werden. Bei dem Übergang zu dem entsprechenden Siloxan II wurde im Dampfzustand eine weitere Bande bei 1076 cm^{-1} beobachtet, die auch bei III auftritt. Vff. hatten versucht zu zeigen, daß diese Bande von einer Schwingung vom Si—O—Si-Typ herrührt u. daß die entsprechende Frequenz dieselbe für alle kristallinen u. amorphen Formen von SiO_2 sein sollte. Diese Vermutung findet in den vorliegenden Unterss. keine Stütze. (J. chem. Physics **20**. 905—07. Mai 1952. Cambridge, Mass., Arthur D. Little, Inc.) GOTTFRIED. D 120

David R. Lide jr., *Mikrowellenspektrum und Struktur von Methylenfluorid.* Das im Bereich von 17000—31000 MHz untersuchte Mikrowellenspektr. von CH_2F_2 enthält ca. 30 Linien, meist mit ziemlich hohen I-Werten. Die stärksten Linien sind enge Dubletts, die von der Asymmetrieaufspaltung von Niveaus herrühren. Aus drei Linien, denen I-Werte zugeordnet werden konnten, wurden die Rotationskonstanten a = 49138,4, b = 10603,89 u. c = 9249,20 ermittelt. Die aus diesen Werten berechneten Frequenzen werden tabellar. mit den beobachteten Frequenzen verglichen. Mit Hilfe der Übergänge $2_{1,2} \rightarrow 3_{0,3}$ u. $5_{1,5} \rightarrow 4_{2,2}$ von $^{13}CH_2F_2$ wurden folgende Moleküldimensionen berechnet: $r_{CF} = 1,358 \pm 0,001$ Å; $r_{CH} = 1,092 \pm 0,003$ Å; Winkel FCF = 108° 17 ± 6′; Winkel HCH = 111° 52 ± 25′. Diese Werte zeigen mit den von BROCKWAY (J. physic. Chem. **41**. [1937.] 185) aus Elektronenbeugungsmessungen u. von STEWART u. NIELSEN (Physic. Rev. [2] **75**. [1949.] 640) aus dem Ultrarotspektr. ermittelten Werten befriedigende Übereinstimmung mit Ausnahme des ultraroten C—F-Abstands. Der Vgl. der für CH_2F_2 gefundenen Parameter mit denjenigen von CH_3F, CHF_3, CH_3Cl, CH_2Cl_2 u. $CHCl_3$ zeigt eine annähernd lineare Verkürzung des C-Halogenabstands mit Einführung weiterer Halogenatome in das Methanmol. sowohl in der Reihe $CH_3F—CH_2F_2—CHF_3$ als auch in der Reihe $CH_3Cl—CH_2Cl_2—CHCl_3$. Ferner ist eine Verkürzung des C—H-Abstands u. eine Zunahme des HCH-Winkels beim Übergang von der Mono- zur Dihalogenverb. festzustellen. — Aus Messungen des STARK-Effekts des Übergangs $2_{1,2} \rightarrow 3_{0,3}$ ergibt sich für das Dipolmoment von CH_2F_2 der Wert 1,96 ± 0,02 DEBYE-Einheiten. Dieser Wert ist — in Übereinstimmung mit der Voraussage von SMITH, REE, MAGEE u. EYRING (C. **1952**. 4278) — größer als derjenige von CH_3F, während die Dipolmomente in der Reihe $CH_3Cl—CH_2Cl_2—CHCl_3$ mit steigendem Cl-Geh. kleiner werden. (J. Amer. chem. Soc. **74**. 3548—52. 20/7. 1952. Cambridge, Mass., Harvard Univ., Mallinckrodt Chem. Labor.) FORCHE. D 121

G. A. Barclay und **R. J. W. Le Fèvre**, *Vergleich der wahren und der scheinbaren Dipolmomente gelöster Äther.* Vgl. des wahren u. des scheinbaren Dipolmomentes der folgenden in Bzl. gelösten Äther: *Dimethyl-*, *Diäthyl-*, *Di-n-* u. *Diisopropyl-* u. *Di-n-butyläther*. Zusammenstellung der bisher gemessenen Momente der Äther als Gas, Fl. u. in Lsg., ferner neue eigene Messungen. Regeln für den Einfl. des Lösens auf die Momente lassen sich nicht aufstellen, da wegen der Verbiegbarkeit der Moll. ihre wahre Gestalt nicht bekannt ist. (J. chem. Soc. [London] **1952**. 1643—48. Mai. Sydney, Univ.)
K. L. WOLF. D 132

J. C. D. Brand, W. C. Horning und **M. B. Thornley,** *Die spektrophotometrische Bestimmung der Ionisationskonstanten aromatischer Nitroverbindungen.* Die UV-Absorptionsspektren folgender aromat. Nitroverbb.: *2.4-Dinitrochlorbenzol, m-Nitranilin, 2.4-Dinitrotoluol, m-* u. *p-Chlor-* u. *-Fluornitrobenzol, Nitrobenzol, p-Nitrotoluol, symm.-Trinitrobenzol* u. *2.4.6-Trinitrotoluol* werden nach Unterss. der Vff. durch starke Säuren (H_2SO_4 bzw. SO_3–H_2SO_4) als Lösungsmittel in charakterist. Weise infolge eines Protonenüberganges zur Nitrogruppe unter Bldg. von Ionen der Formel Ar—NO—OH^+ mit Änderung der Bindungsenergien (jedoch nicht der Zahl) der π-Elektronen verändert. Aus den Spektren wurden die Ionisationskonstanten im H_2SO_4-Medium abgeleitet. Einfache Mononitroverbb. sind in wasserfreier H_2SO_4 schwache Basen, in konz. Oleum jedoch quantitativ ionisiert. Di- u. Trinitroverbb. sind wesentlich schwächer bas. u. in konz. Oleum unvollständig ionisiert. In p_H-Einheiten ausgedrückt, unterscheiden sich die Aciditäten in Oleum u. wasserfreier H_2SO_4 um ca. 3. Der Einfl. der Substitution (außer den bisher erwähnten Verbb. wurden noch untersucht: *p-tert.-Butyl-, m-Methylnitrobenzol, m-Dinitrobenzol*) auf die Ionisationskonstante ist im allg. in halbquantitativer Übereinstimmung mit der elektrostat. Theorie, jedoch zeigt die Ionisationsentropie einen nicht unbedeutenden Einfl. der Umgebungsfaktoren an. Schließlich wird aufmerksam gemacht auf die Diskrepanz zwischen den angeführten Ionisationskonstanten u. den nach der kryoskop. Meth. von GILLESPIE (J. chem. Soc. [London] **1950.** 2542) erhaltenen Werten u. die vermutlichen Gründe hierfür diskutiert. (J. chem. Soc. [London] **1952.** 1374—83. April. Glasgow, Univ.) NIEMITZ. D 139

R. A. Day jr., S. R. Milliken und **W. D. Shults,** *Einige Untersuchungen über die Polarographie aromatischer Ketone.* Vff. untersuchten die polarograph. Red. des *Fluorenons* **(I)**, *Benzophenons* **(II)**, *α-Benzoylnaphthalins* **(III)** u. *Benzanthrons* **(IV)** in Lsgg. verschied. A.-Konz. u. bei verschied. p_H-Werten. In saurer Lsg. läßt ein Steigen der A.-Konz. die beiden beobachteten Wellen bei allen Verbb. so ziemlich beim gleichen scheinbaren p_H zu einer verschmelzen, dagegen ändert in alkal. Lsg. ein Steigen der A.-Konz. lediglich das Halbwellenpotential u. nicht die Zahl der Wellen. Die Natur des Puffermaterials beeinflußt in zwei Lsgg. desselben p_H das Halbwellenpotential ein wenig, dagegen wird die Zahl der beobachteten Wellen durch die Natur des Puffers nur in dem p_H-Bereich geändert, in dem ohnehin ein Wechsel in der Zahl der Wellen stattfindet. In bas. Lsgg. der gleichen Zus. zeigt **I** die stärkste Neigung zur Bldg. von Doppelwellen, gefolgt von **IV, II** u. **III.** Diese Differenz im Verh. in bas. Lsgg. wird zurückgeführt auf das verschieden große Ausmaß, mit dem die Dimerisation eines intermediären Metallketyls durch die angelagerten organ. Radikale beeinflußt wird. (J. Amer. chem. Soc. **74.** 2741—44. 5/6. 1952. Emory, Ga., Univ., Chem. Dep.) NIEMITZ. D 142

George Antonoff, *Über die thermische Ausdehnung des Propylalkohols.* Alle Fll. zeigen bei ihrer Ausdehnung gleiches Verh., Unregelmäßigkeiten treten auch bei der D., dem Dampfdruck u. ähnlichen Eigg. auf. In Entgegnung auf Polemik von KRETSCHMER (J. physic. Colloid Chem. **55.** [1951.] 1351) weist Vf. darauf hin, daß auch beim *Propylalkohol* ein Kurvenknick analog dem bei Bzl. bei 45—60° reproduzierbar beobachtet werden kann. (Physic. Rev. [2] **86.** 640. 15/5. 1952.) MIETHING. D 148

T. Charnley, H. A. Skinner und **N. B. Smith,** *Thermochemie von Organoborverbindungen.* 1. Mitt. *Borsäureester.* Aus Messungen der Hydrolysewärmen wurden für einige Borsäureester die Bildungswärmen Δ Hf° bei 25° errechnet; sie ergaben sich für *Methylborat* (**I,** $Kp._{742}$ 67,8°) zu $-224{,}0 \pm 0{,}8$; *Äthylborat* (**II,** $Kp._{45}$ 44,5°) $-251{,}3 \pm 1{,}0$; *n-Propylborat* (**III,** $Kp._9$ 64,0°) $-272 \pm 1{,}4$ u. *n-Butylborat* (**IV,** $Kp._9$ 105,2°) $-291{,}9 \pm 1{,}5$ kcal/Mol für den fl. Zustand. Aus diesen Δ H-Werten ließen sich die mittleren Bindungsdissoziationsenergien $\overline{D}$ der B—O-Bindungen in Borsäureestern ableiten. Es wurde gefunden, daß $\overline{D}$ (B—O) in R_3BO_3 = D (RO—H) + x kcal/Mol ist, wobei x bei **I** 4,1, bei **II** 4,3, bei **III** 5,0 u. bei **IV** 5,5 kcal/Mol beträgt. Als wahrscheinlichster Wert für $\overline{D}$ (B—O) in Alkylboraten wird ein solcher von ca. 110 ± 5 kcal/Mol angenommen. Vff. weisen bes. darauf hin, daß die B—O-Bindung nach der B—F-Bindung (140,5 kcal/Mol) die stärkste vom Bor ausgebildete Bindung ist. (J. chem. Soc. [London] **1952.** 2288—91. Juni. Manchester, Univ.) ZIMMER. D 152

R. M. Currie, C. O. Bennett und **Dysart E. Holcomb,** *Verbrennungswärmen einiger Nitroalkohole.* Die Verbrennungswärmen bei 25° von *2-Nitro-2-methylpropanol-(1)* (585,80 ± 0,40 [kcal/Mol]), *2-Nitro-2-äthylpropandiol-(1.3)* (701,06 ± 0,32), *2-Nitro-2-propylpropandiol-(1.3)* (858,97 ± 0,69), *2-Nitro-2-isopropylpropandiol-(1.3)* (859,42 ± 1,00), *2-Nitro-2-methyl-1-phenylpropanol-(1)* (**1308,79 ± 1,41**), *(2-Nitro-2-methyl-3-phenylpropanol-(1)* (1301,57 ± 1,05), *Tris-oxymethylnitomethan* (510,22 ± 0,73), *3-Nitrobutanol-(2)* (fl.) (590,57 ± 1,15) u. *2-Nitro-2-methylpropandiol-(1.3)* (545,56 ± 0,66) werden auf 0,2% genau gemessen. Sie erweisen sich als lineare Funktion der „Sauerstoffbilanz", des 100fachen Gewichtes an verbrauchtem O_2 bei vollständiger Verbrennung einer Einheitsmenge zu CO_2, H_2O u. N_2. Die Bildungswärmen werden berechnet. (Ind. Engng. Chem. **44**. 329—31. Febr. 1952. Lafayette, Ind., Purdue Univ.) W. KAUFMANN. D 155

A. C. Chatterji und **R. D. Srivastava**, *Benetzungswärme von Tierkohle mit verschiedenen Lösungsmitteln.* An vor Gebrauch bei 110° getrockneter, chem. reiner u. von Phosphaten u. Chloriden freier Tierkohle wurden zunächst die Benetzungswärmen der Lösungsmittel *Methanol, A., n-Propyl-, n-Butylalkohol, Aceton, Essigsäure, Bzl., Toluol, Chlorbenzol, n-Hexan, CCl_4* u. *Chlf.* in Abhängigkeit von der Adsorption von *Benzoe-, o-Nitrobenzoe-, Phthalsäure, Naphthalin* (I) u. *Acenaphthen* (II) aus diesen Lösungsmitteln in 0,2mol. Konz. bestimmt. Eine weitere Untersuchungsreihe zeigt die Abhängigkeit der Benetzungswärme vom Geh. der Lösungsmittel an **I** (1, 2, 3, 4 u. 5%). Aus den Verss. ist zu ersehen, daß die Adsorption von **I** u. **II** mit abnehmender Benetzungswärme des Lösungsm. ebenfalls abnimmt. Umgekehrt ist das Verh. bei den Säuren, was den polaren Gruppen zugeschrieben wird. (J. Indian chem. Soc. **28**. 547—50. Okt. 1951. Lucknow, Univ., Chem. Labor.) BOYE. D 166

H. Thies und **S. Zauner**, *Über die Gesetzmäßigkeiten der Adsorption von Alkaloidsalzen an Aluminiumoxyd.* 1. Mitt. *Über die Adsorptionsisothermen von Chinin- und Morphinhydrochlorid.* Zur Feststellung der Zusammenhänge zwischen Adsorbierbarkeit von Salzen organ. Basen u. ihren physikal. u. chem. Eigg. wurden die Adsorptionsisothermen der Basen- u. Säurekomponente von *Morphinhydrochlorid* (I), *Chininhydrochlorid* (II), *Ephedrinhydrochlorid* (III), *Dionin* (IV), *Codeinhydrochlorid* (V) u. *Codeinphosphat* (VI) an Al_2O_3[hergestellt durch Glühen von $Al(OH)_3$, techn. MERCK] aufgenommen. Der Säure- u. Basenanteil von **III**, der Säureanteil von **V** u. der Basenanteil von **IV** werden von Al_2O_3 nicht aufgenommen. Die Säureanteile von **I**, **II** u. **IV** sowie die Basenanteile von **V** u. **VI** zeigen schwache Adsorption mit steil ansteigenden u. stark gekrümmten Kurven. Die Basenanteile von **II** u. **I** sowie der Säureanteil von **VI** werden in stärkerem Maße von Al_2O_3 adsorbiert. Die Adsorption von **I** u. **II** wurde eingehender untersucht u. diskutiert. Zusammenfassend ergab sich, daß in Alkaloidsalzlsgg. im allg. keine direkte Adsorption der Basenanteile durch Al_2O_3 stattfindet. Die Einw. des Al_2O_3 erfolgt auf indirektem Weg durch Austausch von H^+ u. OH'-Ionen an den im Al_2O_3 vorhandenen austauschfähigen =AlOH-Gruppen, wobei der Basenanteil der Alkaloidsalze in Freiheit gesetzt u. gegebenenfalls bei Überschreitung der Löslichkeitsgrenze als Nd. ausgeschieden wird, wie es das Verh. des Morphins zeigte. (Arch. Pharmaz. Ber. dtsch. pharmaz. Ges. **285/57**. 191—201. 1952. München, Univ., Inst. für Pharmazie u. Lebensmittelchemie.) K. F. MÜLLER. D 176

O. Chalvet und **R. Daudel**, *Berechnung der Bindungsabstände in konjugierten Molekülen.* Zur Ermittlung von Bindungsabständen benachbarter Atome geben Vff. eine einfache Meth., die es gestattet, für unsubstituierte Aromaten, wie *Naphthalin, Anthracen, Pyren, Coronen, Ovalen* usw., die C–C-Abstände ohne mathemat. Ansätze durch Kombination einer Meth. von HARTMANN (Z. Naturforsch. **2a**. [1947.] 259) u. VROELANT u. DAUDEL (C. **1950**. **I**. **154**) zu ermitteln. Für kompliziertere Verbb. wird die gewöhnliche Molekülbahnmeth. durch prim. Einführung bestimmter Werte für α u. β (α = relative Elektronegativität benachbarter Atome, $\beta = 1$), Berechnung der Säkulargleichung u. schrittweise Näherung mit den so erhaltenen neuen α u. β so vereinfacht, daß die Berechnung von Atomabständen ebenfalls erleichtert wird. Das Verf. wird am Beispiel des N_2O_4 durchgerechnet u. nachst. Abstände erhalten; in () sind die experimentell von BROADLEY u. ROBERTSON (Nature [London] **164**. [1949.] 915) bestimmten Werte angegeben: N—O 1,205 $\pm$ 0,020 Å (1,17 $\pm$ 0,03); N—N 1,58 $\pm$ 0,04 Å (1,64 $\pm$ 0,03). Die Werte für die Elektronenverteilung u. die Abstände sind außerdem noch für das N_3-Ion zu 1,16 Å u. für CH_3N_3 zu 1,25 bzw. 1,12 Å angegeben. (J. physic. Chem. **56**. 365—67. März 1952. Paris, Univ.) ZIMMER. D 182

L. Crombie, *Geometrische Isomerie bei Kohlenstoff–Kohlenstoff-Doppelbindungen.* Umfassender Bericht über die Stereochemie des $>C=C<$-Systems. Vf. behandelt in drei Abschnitten die allg. Eigg. dieses Syst., Methoden zur Best. seiner Konfiguration u. Methoden zur Darst. der geometr. Isomeren. — 228 Literaturangaben. (Quart. Rev. ⟨chem. Soc., London⟩ **6**. 101—40. 1952. London, Imp. Coll. of Sci. and Technol.) GRALHEER. D 184

A. L. Stone und **J. G. Breckenridge**, *Optische Stabilität von Bipyridylverbindungen.* Vff. berichten über Racemisierungsverss. mit *1-Methyl-3.3'-dicarbomethoxy-2.2'-bipyridiniumjodid* (I). Die Verss. wurden ausgeführt in Methylcellosolve bei 50 u. 65° (Halbwertszeit 19,3 bzw. 3,3 Std.; Aktivierungsenergie berechnet 25000 cal). Die leichte Racemisierbarkeit zeigt, daß ein N-Atom in o-Stellung weniger hindert als eine C—H-Gruppe. Die Aktivierungsenergie ist von derselben Größenordnung wie bei leichtracemisierbaren Verbb. vom Diphenyltyp.

Versuche: *1-Methyl-3.3'-dicarbomethoxy-2.2'-bipyridiniumjodid* (**I**), F. 136—137° (korr.), hellgelbe Platten, nach Aziz u. Breckenridge (C. **1950.** II. 2906). Die opt. Drehung des I-*Bromcamphersulfonats* beträgt nach neuen Messungen $[\alpha]^{25}_{5361}$ +45,7°, $[\alpha]^{25}_{5780}$ +37,6° (c = 0,967 in Methanol). (Canad. J. Chem. **30.** 725. Sept. 1952. Toronto, Ontario, Can., Univ., Dep. of Chem. Engng.) Goebel. D 184

W. Cochran und **H. B. Dyer**, *Einige praktische Anwendungen der verallgemeinerten Kristallstrukturprojektionen.* Die verallgemeinerte Projektion einer period. Elektronendichteverteilung ϱ(x, y, z) auf eine Ebene senkrecht zu der c-Achse wird definiert als $c\int_0^1 \varrho(x, y, z)\,\exp.\,[2\pi i Lz]dz$ u. kann als eine zweidimensionale Fourier-Reihe ausgedrückt werden. Es werden zwei prakt. Anwendungen dieser Funktion beschrieben; sie betreffen die Unters. der Kristallstrukturen von *Diglycylglycinäthylesterhydrochlorid* u. des entsprechenden *Hydrobromids.* (Acta crystallogr. [Copenhagen] **5.** 634—36. 10/9. 1952. Cambridge, Cavendish Labor., Crystallographic Labor.) Gottfried. D 195

Joe S. Ham, *Komplexe von Jod mit einem Äther und einem Alkohol.* Vf. untersucht das Absorptionsspektr. von Lsgg. von J_2 in *tert.-Butylalkohol* (**III**)-*n-Heptan* u. in *Ae.*–*n-Heptan* im Bereich von 2100—6200 Å. In Abänderung der Meth. nach Landauer u. McConnel (J. Amer. chem. Soc. **74.** [1952.] 1221) wurde die Gleichgewichtskonstante (K) der 1:1-Komplexe opt. bestimmt. Bei 21,5 ± 0,5° ist K für den Ae.–J_2-Komplex (**I**) 4,9, für den III–J_2-Komplex (**II**) 6,0. Im UV liegen die Absorptionsmaxima für **I** bei 2500 Å (mol. Extinktionskoeff. ε = 6000), für **II** bei 2330 Å (ε = 9000). Die geringere Absorption von **I** bei 2200 Å im Vgl. mit der des freien J_2 wird diskutiert. (J. chem. Physics **20.** 1170. Juli 1952. Chicago, Ill., Univ., Dep. of Phys.) Plust. D 223

Paul N. Rylander und **D. Stanley Tarbell**, *Spaltung der Kohlenstoff-Schwefel-Bindung. Hydrolysengeschwindigkeiten einiger Alkylacetate und der entsprechenden Thiolacetate in wässerigem Aceton.* (Vgl. Harnish u. Tarbell, C. **1948.** E. 388.) Es wurde titrimetr. die Kinetik der alkal. u. sauren Hydrolyse in 43- u. 62-Gew.-%ig. Aceton untersucht bei *Methyl-* (**I**, $Kp._{760}$ 95—96°, $n_D^{23,5}$ 1,4661, $D.^{30}{}_4$ 1,0111), *Äthyl-*(**II**), *Isopropyl-* (**III**, $Kp._{760}$ 126—127°, $n_D^{23,5}$ 1,4502, $D.^{30}{}_4$ 0,9322), *Isobutyl-*(**IV**, $Kp._{760}$ 151—152°, $n_D^{23,5}$ 1,4555, $D.^{30}{}_4$ 0,9291), *tert.-Butylthiolacetat* (**V**, $Kp._{14}$ 38°, $n_D^{23,5}$ 1,4490, $D.^{30}{}_4$ 0,9290), sowie *Methyl-* (**VI**), *Äthyl-* (**VII**), *Isopropyl-* (**VIII**), *Isobutyl-* (**IX**) u. *tert.-Butylacetat* (**X**). Die alkal. Hydrolyse wurde mit wechselnden Mengen NaOH (ca. 0,02—0,09 Mol/Liter) u. Ester (ca. 0,01—0,03 Mol/Liter) bei Tempp. von 0—40° durchgeführt. Sie ist eine Rk. 2. Ordnung. Die Aktivierungsenergie E in cal/Mol u. die Stoßzahlfaktoren log PZ in () wurden berechnet: a) in 43%ig. Aceton: **I** (12200; 9,50), **III** (16800; 12,5), **IV** (18100; 13,40), **V** (16700; 11,9); b) in 62%ig. Aceton: **I** (13100; 10,2), **II** (14400; 10,9), **III** (17600; 13,0), **IV** (18500; 14,0), **V** (17000; 12,0), **VI** (12200; 9,7), **VII** 12000; 9,2), **VIII** (12200; 8,5), **IX** 12300; 9,1), **X** (14300; 8,70). Die gegenüber den Acetaten bei den Thiolacetaten vorhandenen größeren Unterschiede in den E-Werten werden durch die größere Polarisierbarkeit des S erklärt, durch welche die Wirksamkeit des induktiven Effekts der Alkylgruppen auf die C=O-Gruppe möglich wird. Vff. diskutieren auch die Möglichkeit hyperkonjugativer Effekte u. nehmen an, daß die Thiolacetate im Übergangszustand eine weniger starre u. orientierte Struktur als die Acetate aufweisen, wodurch infolge größerer positiver Aktivierungsentropie u. damit höherer log PZ deren im allg. größere Hydrolysengeschwindigkeit begründet wird. Vff. führen dies auch auf die Größe von S zurück u. nach Schäfgen (C. **1949.** I. 581) auf das Fehlen einer Hydratation im Übergangszustand. Vff. weisen ferner auf Annahmen Dewars, der Planarität des Übergangszustands eines Esters mit partiellen Doppelbindungen zwischen zentralem C-Atom u. Alkoxy- u. Hydroxylgruppe, hin. Die saure Hydrolyse wurde mit wechselnden Mengen HCl (ca. 0,08—0,2 Mol/Liter) u. Ester (ca. 0,05—0,11 Mol/Liter) bei Tempp. von 30—40° durchgeführt. Es handelt sich um eine Rk. pseudoerster Ordnung. Es wurde gefunden [in () E in cal/Mol, log PZ]: a) in 43%ig. Aceton: **I** (16600; 8,60), **III** (19000; 10,1), **IV** (19900; 10,4), **V** (20200; 10,6); b) in 62%ig. Aceton: **I** (1710 0;8,60), **II** (18000; 9,0), **III** (19700; 10,2), **IV** (20500; 10,7), **V** (20700; 10,8), **VI** (15700; 9,00), **VII** (16000; 9,10), **VIII** (16300; 9,00), **IX** (16050; 9,00), **X** (23200; 13,6). Die mit der Verzweigung der Alkylgruppen steigende E der Thiolester wird mit Anwachsen der Elektronendichte an der C=O-Gruppe durch induktiven Effekt. u./oder Hyperkonjugation erklärt. Die hohen E- u. log PZ-Werte für **X** werden mit anomaler Verseifung, d. h. Spaltung der C-Alkylbindung, erklärt. **IV** wird n. hydrolysiert, denn es wurde bei weiteren Messungen keine Spur von H_2S, der durch Hydrolyse aus Thiolessigsäure entstehen müßte, gefunden. Die mit Steigung des Wassergeh. beobachtete Abnahme von E werden in Beziehung zu der größeren DK. gebracht, die einer leichteren Addition an die C=O-Gruppe parallel geht.

Versuche: *Methylthiolacetat* (I), aus Methylmercaptan u. Acetylchlorid u. Zugabe von Eis. — Die anderen Thiolacetate, außer V, wurden analog dargestellt. — *tert.-Butylthiolacetat* (V), aus einer Lsg. von Acetylchlorid in Chlf. u. Pyridin, dann langsame Zugabe von tert.-Butylmercaptan während mehrerer Std., Stehen u. Zugabe von W.; Ausbeute 81%. (J. Amer. chem. Soc. **72.** 3021—25. Juli 1950. Rochester, N. Y., Univ., Dep. of Chem.) GNAUCK. D 225

Betsy K. Morse und D. Stanley Tarbell, *Die Spaltung der Kohlenstoff–Schwefel-Bindung. Geschwindigkeiten der basen- und säurekatalysierten Hydrolyse von Allyl-, Benzyl- und Tritylthioacetaten und der entsprechenden Acetate in wässeriger Acetonlösung.* (Vgl. vorst. Ref.) Vff. verfolgten titrimetr. die saure u. bas. Hydrolyse von *Allyl-* (**Ia**), *Benzyl-* (**IIa**) u. *Tritylthiolacetat* (**IIIa**) sowie *Allyl-* (**Ib**), *Benzyl-* (**IIb**) u. *Benzhydrylacetat* (**IIIb**) in 62%ig. wss. Aceton, die 1. über Spaltung der Acyl-S- bzw. Acyl-O- oder 2. über Spaltung der Alkyl-S- bzw. Alkyl-O-Bindung verlaufen kann. Die saure Hydrolyse wurde mit HCl bei Tempp. zwischen 40 u. 70° durchgeführt u. als Rk. 1. Ordnung festgestellt. Die Aktivierungsenergien E, -entropien $\Delta S^{\neq}$ u. freie Energien der Aktivierung $\Delta F^{\neq}$ ergeben sich zu: **Ia** (16,3 ± 0,4 kcal/Mol; — 32 ± 1 cal/Grad · Mol; 24 kcal/Mol), **IIa** (19,8 ± 0,6; — 21,6 ± 0,7; 25), **IIIa** (29,7 ± 0,6; — 16 ± 2; 25), **Ib** (17,3 ± 0,4; — 24 ± 1; 23), **IIb** (17,1 ± 0,1; — 24,5 ± 0,2; 23). **IIIa** ergibt Triphenylcarbinol (**IV**); Tritylmercaptan (**V**) blieb unter den Hydrolysenbedingungen unverändert. **IIa** zerfällt nach 1. unter Bldg. von Benzylmercaptan (**VI**), das als 3.5-Dinitrothiolbenzoat, F. 117—118°, isoliert wurde. Die Hydrolyse von **Ia** scheint auch nach 1. zu verlaufen. Die relativ positiven $\Delta S^{\neq}$-Werte von **IIIa** u. tert.-Butylacetat ($\Delta S^{\neq}$ — 19 cal/Grad · Mol) sind in Übereinstimmung mit der Annahme, daß die Dissoziation die geschwindigkeitsbestimmende Stufe ist, wobei die Freiheitsgrade des Übergangszustandes ansteigen. — Die alkal. Hydrolyse wurde mit NaOH bei Tempp. zwischen — 11,18 u. 0,00° durchgeführt, wobei eine Rk. 2. Ordnung ermittelt wurde. **IIIa** ergibt hier außer etwas **IV** vor allem höherschm. Prodd., vermutlich Ditrityldisulfid u. Triphenylmethylperoxyd. **V** ergibt unter den Reaktionsbedingungen ähnliche Prodd., hier ist **V** möglicherweise eine Zwischenstufe der Hydrolyse von **IIIa**. In () Werte wie oben: **Ia** (17,9 ± 0,5; — 3 ± 2; 18), **IIa** (16 ± 1; — 12 ± 3; 18), **IIIa** (18 ± 2; 5 ± 7; 18), **Ib** (9,9 ± 0,5; — 33 ± 2; 18), **IIb** (14,1 ± 0,4; — 18 ± 2; 18), **IIIb** (bei 0,00° K_2 — 1,78). Für die bas. Hydrolyse der Thiolacetate ergibt sich folgende Reihenfolge in der relativen Reaktionsgeschwindigkeit: Allyl- > Benzyl- > Methyl- > Äthyl- > Trityl- > Isopropyl- > Isobutyl- > tert.-Butyl; für die Acetate: Methyl- > Benzyl- > Allyl- > Äthyl- > Isobutyl- > Benzhydryl- > Isopropyl- > tert.-Butyl.

Versuche: *Thioessigsäure* (**VII**), Kp. 85—90°, aus Acetylchlorid u. H_2S in trockenem Pyridin; 31% (Ausbeute). — **Ia**, C_5H_8OS, $Kp._{29}$ 53—54°, n_D^{25} 1,4797, $D.^{25}_{25}$ 0,9878, aus einer Lsg. von Na-Methylat in Methanol u. Zugabe von **VII** unter Kühlung, sodann Zufügen von Allylchlorid, Stehen u. Gießen in Eiswasser; 66%. — **IIa**, $C_9H_{10}OS$, $Kp._{0,7-0,8}$ 75,5—76,8°, n_D^{25} 1,5565, aus **VI** u. Acetylchlorid. — **IIIa**, $C_{21}H_{18}OS$, F. 146,9—147,5° (Bzl.–Pentan), aus methanolfreiem Na-Methylat u. **VII** in Bzl. u. Zugabe von Tritylchlorid in Benzol. — **Ib**, Kp. 102,3—103,2°, n_D^{18} 1,4046. — **IIb**, $Kp._{4,5}$ 60,7—61,2, n_D^{21} 1,5013. — **IIIb**, $C_{15}H_{14}O_2$, F. 40,5—41,5°. — *Tritylacetat*, $C_{21}H_{18}O_2$, F. 81,5—83°. (J. Amer. chem. Soc. **74.** 416—19. 20/1. 1952. Rochester, N. Y., Univ., Dep. of Chem.)
GNAUCK. D 225

Ralph L. Herbst jr. und Marilyn E. Jacox, *Die Effekte der mit konjugierten Systemen verbundenen Alkylgruppen.* 1. Mitt. *Die alkalische Hydrolyse einiger Äthyl-p-alkylbenzoate.* Vff. untersuchten die Kinetik der alkal. Hydrolyse von *Benzoesäureäthylester* (I), *p-Methyl-* (II), *p-Äthyl-* (III) *p-n-Propyl-* (IV), *p-Isopropyl-* (V), *p-n-Butyl-* (VI), *p-sek.-Butyl-* (VII), *p-tert.-Butyl* (VIII), *p-sek.-Amyl-* (IX) u. *p-tert.-Amylbenzoesäureäthylester* (X) bei 30 u. 60,09° in 87,83%ig. Alkohol. Ester u. NaOH wurden im Molverhältnis 1:1 bei Konzz. von ca. 0,027—0,043 Mol/Liter angewandt. Die Verseifung wurde titrimetr. mit Kresolrot als Indicator verfolgt. Es wurden ermittelt [in () bimol. Reaktionsgeschwindigkeitskonstanten k_{30} u. k_{60} in Liter/Mol · Min., Aktivierungsenergie E in kcal/Mol, HAMMETTsche σ-Konstante bei $\varrho = +2{,}498$]: I (0,0503; 0,432—0,436; 14,4; —), II (0,0230; 0,197 bis 0,201; 14,4; — 0,138); III (0,0226; 0,196—0,197; 14,6; — 0,141), IV (0,0219; 0,191 bis 0,193; 14,5; — 0,147), V (0,0216; 0,190; 14,5; — 0,149) VI (0,0174; 0,153—0,155; 14,6; — 0,187), VII (0,0170; 0,150—0,154; 14,6; — 0,191), VIII (0,0162; 0,146—0,146; 14,7; — 0,199), IX (0,0147; 0,134—0,136; 14,8; — 0,216), X (0,0151; 0,139—0,137; 14,8; — 0,211). Die Rk. ist 2. Ordnung bis zum Ende der Rk. bei I, II u. III, für die anderen bis zum ca. 50%ig. Umsatz. Im Gegensatz zu BAKER u. NATHAN (J. chem. Soc. [London] **1935.** 1844) u. BERLINER u. BONDHUS (C. **1949.** I. 1093) fanden Vff., daß die Substituenten in der Folge ihrer induktiven Effekte die Reaktionsgeschwindigkeit beeinflussen u. nicht in der ihrer hyperkonjugativen. Zur Stützung ihrer Beobachtungen führen Vff. die von RI u. EYRING (J. chem. Physics **8.** [1940.] 433) berechneten negativen

Ladungen an der p-Stellung bei Toluol, Äthylbenzol, Isopropylbenzol u. tert.-Butylbenzol an, die in der gleichen Folge zunehmen, wie die Verseifungsgeschwindigkeiten der entsprechenden Benzoesäureäthylester abnehmen. (J. Amer. chem. Soc. **74.** 3004—06. 20/6. 1952. Utica, N. Y., Utica Coll. of Syracuse Univ., Chem. Dep.) GNAUCK. D 225

Charles C. Price und **Dwight C. Lincoln**, *Die Verseifungsgeschwindigkeit von Äthyl-m- und -p-toluat und -m- und -p-tert.-butylbenzoat.* Es wurde die Verseifungsgeschwindigkeit von *Äthyl-m-* (I) u. *-p-toluat* (II) sowie von *Äthyl-m-* (III) u. *-p-tert.-butylbenzoat* (IV) bei 25 u. 40° in 56 Gew.-%ig. Aceton titrimetr. ermittelt u. die Aktivierungsenergien E, die Stoßzahlfaktoren log PZ u. die HAMMETTsche σ-Konstante (bei $\varrho = 2,373$ u. $\log k_0 = -2,513$) berechnet. In ( ) die Geschwindigkeitskonstanten $k_{25} \cdot 10^5$; $k_{40} \cdot 10^3$; E in kcal/Mol; log PZ; σ; **I** (1,75 ± 0,04; 5,65 ± 0,17; 14,46 ± 0,65; 7,85 ± 0,47; —0,102), **II** (1,21 ± 0,01; 3,96 ± 0,04; 14,67 ± 0,25; 7,84 ± 0,18; —0,170), **III** (1,00 ± 0,02; 3,40 ± 0,10; 15,12 ± 0,40; 8,09 ± 0,29; —0,205), **IV** (1,02 ± 0,02; 3,30 ± 0,03; 14,53 ± 0,26; 7,67 ± 0,19, —0,202). Unerwartet war (1) der hohe σ-Wert für tert.-Butyl u. (2) das Verhältnis σ für m-tert.-Butyl < p-tert.-Butyl. An Hand der Ableitung der HAMMETTschen Gleichung aus der ARRHENIUSschen nach PRICE (Chem. Reviews **29** [1941.] 37) deuten Vff. (1) durch einen Einfl. der Größe des Substituenten („bulk-effect") auf die Solvatation des geladenen Komplexes im Übergangszustand, derart, daß die Solvationsenergie vermindert u. dadurch die Aktivierungsenergie erhöht wird. (2) wird durch die geringe Entfernung der tert.-Butylgruppe in m-Stellung von der reagierenden Carbäthoxygruppe gedeutet.

Versuche: *m-Brom-tert.-butylbenzol* (V), $Kp._{27}$ 116,5°, aus tert.-Butylbenzol durch Nitrierung, Red., Acetylierung, Bromierung, Hydrolyse, Diazotierung u. Einw. von H_3PO_2, n_D^{20} 1,5343—1,5351. — *m-tert.-Butylbenzoesäure*, F. 127,2—127,6° (Skellysolve L), durch Grignardierung von **V** u. Einw. von CO_2 bei —5 bis 0°. — *p-tert.-Butylbenzoesäure*, F. 166,0—166,3°, aus tert.-Butylbenzol über p-tert.-Butylacetophenon ($Kp._{15}$ 137°) durch Einw. von KOCl bei 60°. — *Äthyl-m-toluat* (I), $Kp._{11}$ 105,6°, n_D^{20} 1,5055. — *Äthyl-p-toluat* (II), $Kp._{8,5}$ 102,6—102,8°, n_D^{20} 1,5085. — *Äthyl-m-tert.-butylbenzoat* (III), $C_{13}H_{18}O_2$, $Kp._{4,2}$ 112,6—112,8°, n_D^{20} 1,4994. — *Äthyl-p-tert.-butylbenzoat* (IV), $Kp._{5,0}$ 117,0—117,8°, n_D^{20} 1,5017. (J. Amer. chem. Soc. **73.** 5836—38. Dez. 1951. Notre Dame, Ind., Univ., Dep. of Chem.) GNAUCK. D 225

Charles C. Price und **Dwight C. Lincoln**, *Die Verseifungsgeschwindigkeit einiger orthosubstituierter Äthyl-m- und -p-aminobenzoate.* (Vgl. vorst. Ref.) Um die ster. Hinderung der Resonanz zwischen Dimethylaminogruppe (in m- u. o-Stellung zu einer Carboxylgruppe) u. Benzolring durch eine benachbarte Methylgruppe abzuschätzen, wurden die Verseifungsgeschwindigkeiten von *3-Dimethylamino-4-methyl-* (I), *3-Methyl-4-dimethylamino-* (II), *3-Dimethylamino-* (III), *4-Dimethylamino-* (IV) u. *3-Amino-4-methylbenzoesäureäthylester* (V) bei 25 u. 40° gemessen. In ( ) $k_{25} \cdot 10^3$; $k_{40} \cdot 10^3$; Aktivierungsenergie E in kcal/Mol; Stoßzahlfaktor log PZ; HAMMETTsche σ-Konstante; **I** (1,10 ± 0,02; 3,42 ± 0,03; 14,07 ± 0,25; 7,36 ± 0,18; —0,188), **II** (0,428 ± 0,004; 1,37 ± 0,14; 14,39 ± 0,25; 7,18 ± 0,18; —0,360), **III** (1,27 ± 0,01; 3,97 ± 0,04; 14,06 ± 0,25; 7,41 ± 0,18; —0,160), **IV** (0,060 ± 0,0006; 0,236 ± 0,0024; 16,92 ± 0,25; 8,18 ± 0,18; —0,720), **V** (0,91 ± 0,01; 2,90 ± 0,03; 1432 ± 0,25; 7,47 ± 0,18; —0,222). Vff. versuchen unter Anwendung der Theorie der induktiven, Feld-, mesomeren u. elektr. Polarisationseffekte Größe u. Ursache der ster. Hinderung der Resonanz der Dimethylaminogruppe in p- u. m-Stellung durch Vgl. obiger σ-Werte u. dem von 2.5-Dimethyl-4-dimethylaminobenzoesäureäthylester (vgl. WESTHEIMER u. METCALF, J. Amer. chem. Soc. **63.** [1941.] 1339) abzuschätzen. Zur Deutung des nicht erwarteten σ-Werts für die m-Dimethylaminogruppe mit CH_3-Gruppe in o-Stellung nehmen Vff. einen „Feldeffekt 2. Ordnung" an, der durch Resonanz der negativen Ladungen der o- u. p-ständigen C-Atome bewirkt wird.

Versuche: *m-Dimethylaminobenzoesäure*, F. 150,5—151,3°, durch Methylierung der m-Aminobenzoesäure zum Trimethyl-m-benzoebetain-Hydrojodid, Pyrolyse u. Verseifung. — *p-Dimethylaminobenzoesäure*, F. 237—238°, durch Methylierung der p-Aminobenzoesäure. — *3-Amino-4-methylbenzoesäure* (VI), F. 163—163,5°, aus p-Toluylsäure durch Nitrierung u. Reduktion. — *3-Dimethylamino-4-methylbenzoesäure*, $C_{10}H_{13}O_2N$, F. 125,6—126,6° (Skellysolve L), aus **VI** durch Methylierung mit Dimethylsulfat. — *N.N-Dimethyl-4-brom-o-toluidid* (VII), $Kp._7$ 105—107°, durch Bromierung von Acet-o-toluidid, Hydrolyse u. Methylierung mit Dimethylsulfat, n_D^{20} 1,5645. — *4-Dimethylamino-3-methylbenzoesäure*, $C_{10}H_{13}O_2N$, F. 131,0—131,6° (W.-A.), durch Einw. von Li auf **VII**, 4 Std. Rühren, Gießen auf Überschuß von Trockeneis u. Zugabe von Wasser. — *3-Dimethylamino-4-methylbenzoesäureäthylester* (I), $C_{12}H_{17}O_2N$, $Kp._{0,8}$ 98,0 ± 0,5°, n_D^{20} 1,5270. — *3-Methyl-4-dimethylaminobenzoesäureäthylester* (II), $Kp._{12}$ 156,0 ± 0,3°, n_D^{20} 1,5438. — *3-Dimethylaminobenzoesäureäthylester* (III), $Kp._3$ 124,5 ± 0,3°, n_D^{20} 1,5475. — *4-Dimethylaminobenzoesäureäthylester* (IV), F. 63—63,5°. — *3-Amino-4-methylbenzoesäureäthylester* (V),

$C_{10}H_{13}O_2N$, Kp.$_{6,0}$ 154,6—155°, F. 48,6—50,1°. (J. Amer. chem. Soc. **73**. 5838—41. Dez. 1951.) Gnauck. D 225

Bertil Sjöberg, *Thermische Zersetzung chlorierter Kohlenwasserstoffe*. Im Hinblick auf die häufige techn. Verwendung werden *CCl_4, $CHCl_3$, Trichloräthylen, Perchloräthylen, Dichloräthan, Tetra-, Penta-* u. *Hexachloräthan* bes. auf die Bldg. von $COCl_2$ bei der therm. Zers. untersucht. KW-stoff–Luft-Gemische werden bei kontrollierten Tempp. über Metallkontakte (Fe, Cu, Zn, Al) geleitet u. das $COCl_2$ mit Anilin als Diphenylharnstoff bestimmt. Eine Beziehung zwischen Luftgeh. u. $COCl_2$-Bldg. wurde nicht gefunden. Mit Fe-Kontakten beginnt die Bldg. von $COCl_2$ bereits bei 100° u. erreicht bei 350° ihr Maximum (45%ig. Umwandlung von CCl_4 in $COCl_2$). Freies Cl_2 entsteht ebenfalls. Während bei Cu-Kontakten ähnliche Verhältnisse gefunden werden, ist die $COCl_2$-Bldg. bei Zn- u. Al-Kontakten bedeutend geringer. $CHCl_3$ wird an Fe-Kontakten bei 450° maximal bis zu 14% umgewandelt, bis 300° aber nur unmerklich. Ähnliche Verhältnisse finden sich beim Trichloräthylen, während Perchloräthylen selbst bei 500° nur 3 mg/g bildet. Vom Dichlor- bis zum Hexachloräthan schwanken die gebildeten Mengen $COCl_2$ in mg pro g Substanz an Fe-Kontakten bei 500° von 4 über 42 u. 14 bis zu 2 mg/g beim Hexachloräthan. Messungen der Zers. an glühenden Kohlen zeigten ebenfalls nicht unerhebliche $COCl_2$- u. HCl-Bildung. Desgleichen entstehen bei der Zers. der KW-stoffe an offenen Flammen zwischen 1 u. 11 mg/g $COCl_2$. — Die Bldg. von HCl verhütet in der Praxis häufig tödliche Vergiftungen durch $COCl_2$. (Svensk kem. Tidskr. **64**. 63—79. 1952. Skoghall, Schweden, Elektrokemiska Fabriken, Res. Labor.) W. Kaufmann. D 225

Richard E. Rebbert und **Keith J. Laidler**, *Kinetik des Zerfalles von Diäthylperoxyd*. Der therm. Zerfall von *Diäthylperoxyd* (I, Kp. 64,3—65,3°) wird in einem I–Toluol (II)-Gemisch von ca. 12 mm Hg u. einem I-Geh. von ca. 1,5% bei 200—245° nach einer Strömungsmeth. mit Verweilzeiten von knapp einer Sek. untersucht. Da als Hauptprodd. Äthan u. Formaldehyd gefunden wurden, erfolgt der Zerfall nach dem Schema: I → $2C_2 \cdot H_5O$ (1), $C_2H_5O \rightarrow CH_3 + CH_2O$ (2) u. $2CH_3 \rightarrow C_2H_6$ (3) (vermutlich an der Wand); geringere Bedeutung haben die Rkk.: $CH_3 + II \rightarrow CH_4 + C_6H_5CH_2$ (4) u. $2C_6H_5CH_2 \rightarrow C_6H_5CH_2CH_2C_6H_5$. Die Aktivierungsenergie (AE) von (4) ist um 8,3 kcal größer als die von (3). Für den Gesamtzerfall ergibt sich ein Frequenzfaktor von $2{,}1 \cdot 10^{13}$/Sek. u. eine AE von 31,7 kcal, die der Rk. (1) zugeschrieben wird u. der Dissoziationsenergie dieser Rk. gleichgesetzt wird. Hiermit u. mit der von Zihlman neubestimmten mol. Verbrennungswärme von I von 662,2 kcal, die einer Bildungswärme (H) von 55,6 kcal für das fl. I entspricht, ergibt sich für das Äthoxylradikal eine H von 8,1 kcal. Auf Grund dieses Wertes werden folgende Dissoziationswärmen mitgeteilt: $C_2H_5O{-}H$ 100,8, $C_2H_5{-}O{-}C_2H_5$ 77,5, $C_2H_5{-}OH$ 93, $CH_3CO{-}OC_2H_5$ 91,9, $CH_3{-}CH_2O$ 10,4, $C_2H_5{-}O$ 93,3, $H{-}(CH_3)CHO$ 16,0 kcal. Für den therm. Zerfall des *Ae.* wird in Abänderung des Schemas von Rice-Herzfeld prim. Aufspaltung an der Sauerstoffbrücke vorgeschlagen. — Das Massenspektr. von I u. seine Refraktion bei verschied. Tempp. sind angegeben. (J. chem. Physics **20**. 574—77. April 1952. Washington, D. C., Cath. Univ., Dep. of Chem.) Theile. D 225

F. A. Raal und **E. W. R. Steacie**, *Die Reaktion von Methylradikalen mit einigen halogenierten Methanen*. Im Temperaturbereich von ca. 400—480° K wird *Aceton* (I) in Ggw. verschied. halogenierter Methane (II) mit einem Hg-Bogen ½—1½ Std. bestrahlt. Durch Filter werden Wellenlängen unter 2200 bzw. 2700 Å abgeschnitten, so daß die II nicht direkt photolysiert werden. Die H-Atome in den II reagieren mit den durch Photolyse des I entstandenen *Methylradikalen* (III) zu Methan mindestens so schnell wie die Halogenatome. In Übereinstimmung mit der allg. Erfahrung nimmt die Reaktionsneigung der H-Atome mit zunehmendem Halogengeh. zu. Verglichen wird mit der Rk. $2CH_3 \rightarrow C_2H_6$ (1). Es ergeben sich als Differenzen der Aktivierungsenergie (AE) gegenüber der Hälfte der AE von Rk. (1) u. als Verhältnis der ster. Faktoren (P) $P/P_{(1)}^{1/2} \cdot 10^4$: 8,7 kcal u. 1,3 für *$CH_3F$*, 6,2 kcal u. 0,1 für *$CH_2F_2$*, 9,4 kcal u. 2,8 für *$CH_3Cl$*, 7,2 kcal u. 0,6 für *$CH_2Cl_2$*, 5,8 kcal u. 0,2 für *$CHCl_3$*, 10,1 kcal u. 9,6 für *CH_3Br* u. 8,7 kcal u. 4,5 für *CH_2Br_2*. (J. chem. Physics **20**. 578—81. April 1952. Ottawa, Can., Nat. Res. Council, Div. of Chem.)

Theile. D 226

G. Natta und **R. Ercoli**, *Kinetik der Oxosynthese*. In Verss. mit *Cyclohexen* (I) als Olefin u. Methylcyclohexan als Lösungsm. wird die Kinetik der Rk. von CO u. H_2 (1:1) in Ggw. von gelöstem $Co(CO)_4$ als Katalysator untersucht (Druck 100—380 atü). Über 90% des umgesetzten I werden als Hexahydrobenzaldehyd gewonnen. Die Reaktionsgeschwindigkeit (RG) ist prakt. unabhängig vom CO–H_2-Partialdruck. Bei konstanter Katalysatorkonz. ist die Rk. bzgl. der I-Konz. erster Ordnung, bzgl. CO u. H_2 nullter Ordnung. Die RG-Konstante verdoppelt sich bei Temperaturerhöhung um 7°. Die Aktivierungsenergie beträgt 34000 cal (100—110°) bzw. 29000 cal (110—120°). Mit steigender $Co(CO_4)$-Konz. nimmt die RG zu u. ist dieser unterhalb 120° proportional. Bei Verwendung von

RANEY-Co ist die RG wesentlich geringer, bei gelöstem Co-Salz (Co-Äthylcapronat) wird mit der Zeit dieselbe RG erreicht wie mit $Co(CO)_4$. Ein Gemisch von RANEY-Co u. $Co(CO)_4$ ergibt eine etwas höhere RG als $Co(CO)_4$ allein. Vff. nehmen an, daß in allen Fällen der katalyt. wirksame Faktor $Co(CO)_4$ oder $HCo(CO)_4$ ist. Bei einem H_2-Partialdruck von 50—60 at ist das Gleichgewicht $[Co(CO)_4] + H_2 \rightleftharpoons 2 HCo(CO)_4$ stark nach rechts verschoben, woraus die Unabhängigkeit der RG vom Druck erklärt wird. Die Verschiebung dieses Gleichgewichts nach links mit steigender Temp. erklärt die hohe Aktivierungswärme u. ihre Abnahme bei höherer Temperatur. (Chim. e Ind. [Milano] **34.** 503—10. Sept. 1952. Mailand, Politecn., Ist. di Chim. industr.) R. K. MÜLLER. D 227

D_2. Präparative organische Chemie. Naturstoffe.

T. L. Cairns, P. J. Graham, P. L. Barrick und R. S. Schreiber, *Eine neue Reaktion zwischen Olefinen, Nitrilen und Halogenen.* Bei der Rk. zwischen *Olefinen, Nitrilen* u. *Halogenen* können sowohl Cl_2 als Br_2 verwendet werden, als Olefine z. B. *Äthylen, Styrol, Octen-(1)* u. *Cyclohexen* u. als *Nitrile* gleichermaßen aromat. u. aliphat., auch *HCN*. Die Rk. verläuft zunächst unter Aufspaltung der Olefindoppelbindung, Anlagerung eines Halogenatoms u. Bldg. eines *Monohalocarboniumions*, $R-C^{(+)}-H\cdot CH_2X$, das entweder ein 2. Halogenatom anlagert u. dann ein n. *Dihalid* bildet oder ein Nitril zu einer Verb. $XCH_2CH(R)-N{=}C^{(+)}R$ anlagert, aus dem durch Addition von Halogen ein *Haloimidhalid* (I), $XCH_2CH(R)-N{=}CXR$, entsteht. Die beiden Endprodd. können durch Rektifikation getrennt werden, wenn das zur Rk. verwendete Nitril kein α-H-Atom enthält, da sonst eine therm. Bimolekularkondensation unter HCl-Abspaltung eintritt. Hydrolyse von I ergibt unter HCl-Abspaltung *N-[2-Haloalkyl]-amid.* — Der Reaktionsmechanismus der ion. Dreikomponenten-Rk. wird diskutiert; er wird auch für andere mit Olefinen durchgeführte Dreikomponenten-Rkk. gelten. — Vff. stellen in Übereinstimmung mit MOWRY u. RINGWALD (J. Amer. chem. Soc. **72.** [1950.] 4439) fest, daß aus $AlCl_3$, 2-Cyclohexenylcyclohexanon u. Acetonitril wahrscheinlich nicht, wie BRUSON u. Mitarbeiter (C. **1949.** II. 407) vermuteten, ein Iminoäther entsteht, sondern das entsprechende Amid, *2-[1'-Acetamido]-cyclohexylcyclohexanon.* Das von LICHTY (C. **1948.** II. 1343) bei der Chlorierung von α-Methylcrotononitril angeblich erhaltene „Dimere" wird das stabile Imidchlorid $CH_3\cdot CHCl\cdot C(CH_3)(CN)\cdot N{:}CClCCl(CH_3)\cdot CHCl\cdot CH_3$ sein.

Versuche: *dl-trans-N-[2-Chlorcyclohexyl]-acetamid,* $C_8H_{14}ONCl$, F. 129—130° (CH_3OH), durch 1std. Behandlung von Cyclohexen u. Acetonitril mit Cl_2 bei 15—20° u. Gießen in W.; 59% roh, bezogen auf Cl_2, 35% rein (Ausbeute). Aus dem Filtrat *1.2-Dichlorcyclohexan,* $Kp._{10}$ 62—63°; n_D^{25} 1,4877. — *N-[2-Bromcyclohexyl]-acetamid,* C_8H_{14}·ONBr, F. 109—110° (Essigester), analog vorst. Rk. bei —5° u. 60std. Hydrolyse; 26% roh, 16% rein. — *N-[2-Chloräthyl]-trichloracetimidylchlorid,* $C_4H_4NCl_5$, $Kp._3$ 71—73°, durch gleichzeitiges 2½std. Einleiten von 1,08 (Mol) Äthylen u. 4½std. Einleiten von 5,07 Cl_2 in auf 15° gehaltenes Acetonitril (2 Mol) u. Rektifikation; n_D^{25} 1,5150; 50% (bezogen auf Äthylen). Daneben *1.2-Dichloräthan.* — *N-[2-Chloräthyl]-trichloracetamid,* $C_4H_5ONCl_4$, F. 76—76,5° (Bzl.), durch 2std. Kochen vorst. Verb. in Methanol + HCl; 82% roh, 48% rein. — *dl-trans-2-Chlorcyclohexylaminhydrochlorid,* $C_6H_{13}NCl_2$, F. 213—214° (A.), durch 2std. Behandeln einer turbinierten, auf 10° gekühlten Lsg. von Cyclohexen u. HCN mit Cl_2, Gießen auf Eis, 12std. Sieden der organ. Phase mit 3nHCl, Zufügen von Methanol, 2std. Sieden u. Dampfdest.; aus dem Rückstand durch Titration u. Eindampfen; 26%. Aus dem Destillat *1.2-Dichlorcyclohexan.* — *N-[2-Chloräthyl]-2.2.3-trichlorpropimidylchlorid,* $Kp._4$ 94—95°, analog entsprechender vorst. Verb.; n_D^{25} 1,5200; 34%. — *N-[2-Chloräthyl]-2.2-dimethylpropimidylchlorid,* $Kp._6$ 57—58°; 40%. — *N-[4-Chlorsulfolanyl-(3)]-trichloracetimidylchlorid,* F. 136—140°, aus 2.5-Dihydrothiophendioxyd-(1); 30%. — Nachst. *N-[2-Chloralkyl]-amide, R'NHCOR,* wurden ferner gewonnen: $R = CH_3$, *R' = 2-Chlor-1-phenyläthyl,* F. 103—104° (Essigester), aus Styrol; 28%; nach 2 Jahren ist die Verb. zum entsprechenden *Oxazolinhydrochlorid,* F. 160,5—161°, umgelagert. — $R = (CH_3)_3C$, *R' = 2-Chloräthyl,* F. 162° (Chlf. + PAe.), aus C_2H_4; 40%. — $R = (CH_3)_2\cdot COH$, *R' = 2-Chlorcyclohexyl,* F. 147—147,5° (A.); 11%. — $R = (CH_3)_3C$, *R' = 2-Chlorcyclohexyl,* F. 151° (Bzl. + CH_3OH); 47%. — $R = C_6H_5$, *R' = 2-Chloräthyl,* F. 104—105,5° (Bzl.); 24%. — $R = CCl_3$, *R' = 2-Chlor-1.1-dimethyläthyl,* F. 53—54° (Bzl.), aus Isobuten; 30%. — $R = C_6H_5$, *R' = 2-Chlorcyclohexyl,* F. 165° (Bzl.); 21%. — Hydrolyse vorst. Verbb. durch 24std. Sieden mit konz. HCl auf dem Wasserbad liefert die *Hydrochloride* nachst. entsprechender *Oxyamine*: *β-Oxy-α-phenyläthylamin,* F. 132—135°, dann bei 147—149° (vermutlich findet Zers. statt); 30%. — *1-Oxymethylheptylamin,* $C_8H_{20}ONCl$, F. 106° (Bzl. + A.), 15,4%, aus Octen-(1) über N-[1-Chloroctyl-(2)]-acetamid. — *2-Oxycyclohexylamin,* $C_6H_{14}ONCl$, F. 188—189° (A.); vermutlich die dl-cis-Verbindung. (J. org. Chemistry **17.** 751—57. Mai 1952. Wilmington, Del., E. I. du Pont de Nemours & Co., Exp. Stat., Chem. Dep.) LEHWALD. 450

Frederick Richter, Frederick B. Augustine, Emil Koft jr. und **E. Emmet Reid,** *Kondensation von 2-Oxyäthylsulfiden mit Alkoholen und Phenolen.* Die bekannte Parallelität der Reaktionsfähigkeit von Alkoholen gegenüber wss. HCl u. gegenüber anderen Alkoholen bei der Bldg. gemischter Äther (vgl. Norris u. Rigby, J. Amer. chem. Soc. **54.** [1932.] 2088) ließ sich beim *Thiodiglykol* (I) bestätigen: Das leicht mit HCl veresterbare I läßt sich auch leicht mit prim. Alkoholen (Methyl- bis n-Octylalkohol) in Ggw. von sauren Katalysatoren veräthern. Mit Glykolen oder Polyolen entstehen polymere Äther, die bei Verwendung von Glykolen linear, bei Verwendung von Pentaerythrit verzweigt sind. Bei der Kondensation von I mit Glykolen sind zudem höhere Tempp. erforderlich, dabei bildet sich auch *1.4-Dithian* als Nebenprodukt. Allg. Neben-Rk. bei der Kondensation von **I** mit Alkoholen ist die Bldg. linearer Polyäther aus **I**, die durch Alkoholüberschuß zurückgedrängt werden kann; im Falle des n-Propylalkohols konnte *Bis-[n-propoxyäthylmercaptoäthyl]-äther* isoliert werden. Eine weitere Neben-Rk. ist die intramol. Kondensation von I zu *p-Oxathian,* deswegen lassen sich auch Monoäther von I schlecht darstellen. Phenol kondensiert sich mit I wie die aliphat. Alkohole, nicht aber o- u. p-Nitrophenol. Auch andere 2-Oxyäthylsulfide lassen sich wie I veräthern.

Versuche: *Bis-[2-n-propoxyäthyl]-sulfid,* $Kp._{43}$ 156—157°. Meth. **A,** durch 3,5 std. Erhitzen von I, n-Propylalkohol u. p-Toluolsulfonsäuremonohydrat (II) im Autoklaven auf 140—145°, Aufnehmen in Bzl. u. fraktionierte Dest.; n_D^{20} 1,4596, F. —48 bis —47,5°; 51% (Ausbeute). Als 2. Fraktion *Bis-[n-propoxyäthylmercaptoäthyl]-äther,* $Kp._{20}$ 228 bis 230°, n_D^{20} 1,4898, $D.^{20}_4$ 1,0226. — *Bis-[2-isoamyloxyäthyl]-sulfid,* $Kp._{20}$ 175—177°. Meth. **B,** durch 4std. Kochen von I, Isoamylalkohol (V; 100% Überschuß) u. **II** unter Rühren u. Entfernung des gebildeten W.; n_D^{20} 1,4558; 83%. Bei über 150° sd. Alkoholen ist bei diesem Verf. die Zugabe von Xylol als Hilfsmittel zur Entfernung des W. ratsam. — *Bis-[2-n-dodecyloxyäthyl]-sulfid,* F. 44—44,5° (A.–Isopropanol). Meth. **C,** durch 4std. Erhitzen von I mit n-Dodecylalkohol (10% Überschuß) auf 145°. — Analog nachst. Verbb.: *Bis-[2-methoxyäthyl]-sulfid,* $Kp._{763}$ 202,2—202,6°, **A**; F. —78 bis —77°; 33%. — *Bis-[2-äthoxyäthyl]-sulfid,* $Kp._{35}$ 127—128°, **A**; F. —32 bis —31,5°; 50%. — *Bis-[2-n-butoxyäthyl]-sulfid* (III), $C_{12}H_{26}O_2S$, $Kp._{20}$ 162—164°, **B**; n_D^{20} 1,4560, $D.^{20}_{15,5}$ 0,9308, F. —38,5 bis —38°; 81%. — *Bis-[2-n-amyloxyäthyl]-sulfid,* $Kp._{16}$ 180,5—181°, **B**; F. —33,5 bis —33°; 62%. — *Bis-[2-n-hexyloxyäthyl]-sulfid,* $Kp._{14,5}$ 199,5—200,5°, **B**; F. —9,5 bis 9°; 76%. — *Bis-[2-n-heptyloxyäthyl]-sulfid,* $Kp._{15,5}$ 217,5—218°, **B**; F. —5,5 bis —5°; 81%. — *Bis-[2-n-octyloxyäthyl]-sulfid,* $Kp._{0,8}$ 184—188°, **B**; F. 15—15,5°; 78%. — *Bis-[2-(2-äthylhexyloxy)-äthyl]-sulfid,* $Kp._{0,2}$ 160—165°, **B**; 83%. — *Bis-[n-nonyloxyäthyl]-sulfid,* F. 16,5 bis 17°, **C**; 62%. — *Bis-[n-decyloxyäthyl]-sulfid,* F. 32—32,3°, **B**; $Kp._{0,3}$ 206—210°; 84%. — *Bis-[n-undecyloxyäthyl]-sulfid,* F. 32—32,5°, **C**; 70%. — *Bis-[n-tridecyloxyäthyl]-sulfid,* F. 43,5—44°, C; 81%. — *Bis-[n-tetradecyloxyäthyl]-sulfid,* F. 53,5—54°, C; 74%. — *Bis-[n-pentadecyloxyäthyl]-sulfid,* F. 52,5—53°, C; 78%. — *Bis-[n-hexadecyloxyäthyl]-sulfid,* F. 59,5—60,3°, **C**; 74%. — *Bis-[n-heptadecyloxyäthyl]-sulfid,* F. 59,5—60°, **C**; 72%. — *Bis-[n-octadecyloxyäthyl]-sulfid,* F. 66—66,5°, **C**; 68%. — *[2-n-Amyloxyäthyl]-2-phenyläthylsulfid,* $Kp._3$ 142—148°, aus n-Amylalkohol u. *[2-Oxyäthyl]-2-phenyläthylsulfid* [**VI**; aus Styrol u. Mercaptoäthanol (**IV**)] nach **B**; 80%. — *[2-n-Octyloxyäthyl]-octylsulfid,* $Kp._{1,7}$ 170—171°, aus n-Octylalkohol u. *[2-Oxyäthyl]-n-octylsulfid* [aus Octen-(1) u. **IV**] nach **B**; 83%. — *[2-Isoamyloxyäthyl]-pinylsulfid,* $Kp._{0,8}$ 136°, aus **V** u. dem *Additionsprod. von* **IV** *an β-Pinen* ($Kp._4$ 141—147°) nach **B**; 49%. — *[2-Isoamyloxyäthyl]-phenylsulfid,* $Kp._7$ 146—150°, aus **V** u. *[2-Oxyäthyl]-phenylsulfid* (aus Äthylenchlorhydrin u. Na-Phenylmercaptid) nach **B**; 74%. — *[2-Phenoxyäthyl]-2-phenyläthylsulfid,* $Kp._{0,9}$ 165 bis 169°, aus Phenol u. **VI** nach **B**; 62%. — *Bis-[2-phenoxyäthyl]-sulfid,* F. 54,3—54,4°, aus Phenol u. I nach **B**; $Kp._{0,9}$ 182—185°; 40%. — Nach 3std. Erwärmen von **I,** n-Butylalkohol u. **II** auf 145—150° im Autoklaven u. fraktionierter Dest. wurden erhalten: *p-Oxathian,* $Kp._{760}$ 147—149°; 9%; *[2-Oxyäthyl]-2-n-butoxyäthylsulfid,* $C_8H_{18}O_2S$, $Kp._{20}$ 152—154°, n_D^{20} 1,4744, $D.^{20}_{15,5}$ 0,9919; 12,9%; **III**; 14,1%; sowie *polymere Äther*; 61,4%. (J. Amer. chem. Soc. **74.** 4076—79. 20/8. 1952. Paulsboro, N. J., Socony-Vacuum Oil Co., Inc., Res. and Dev. Dep.) Spaeth. 600

T. L. Cairns, G. L. Evans, A. W. Larchar und **B. C. McKusick,** *gem.-Dithiole.* Durch Erhitzen von Aldehyden oder Ketonen mit H_2S unter Druck bilden sich außer Polysulfiden *gem.-Dithiole,* dabei reagieren die Ketone weniger leicht als die Aldehyde, auch spielt ster. Hinderung eine große Rolle. Die Bldg. der gem.-Dithiole wird begünstigt durch hohe H_2S-Konz.; starke Säuren, wie p-Toluolsulfonsäure, oder schwache Säuren, wie Essigsäure, üben nur einen geringen Einfl. aus, Basen, wie Triäthylamin, begünstigen die Bldg. hochsd. Materials auf Kosten des Dithiols. Für jede Carbonylverb. gibt es ein Optimum in bezug auf Temp., Druck u. Reaktionszeit, jede Veränderung einer dieser 3 Größen führt zu einer Erniedrigung der Ausbeute an Dithiol. 7 Dithiole wurden als definierte Verbb. erhalten, die Bldg. einiger weiterer ist wahrscheinlich. Die gem.-Dithiole sind beständiger als die entsprechenden gem.-Diole, sie zeigen im Infrarot Maxima bei 3,96—3,98 μ u. im RAMAN-Spektr. eine Bande bei 2537 cm^{-1}, also SH-Gruppenabsorption. Mit J_2 werden sie zu linearen Polysulfiden $(-SCR_2S-)_n$ oxydiert, sie lassen sich ferner acylieren, wobei je Mol 2 Mol Acylverb. verbraucht werden. Mit $LiAlH_4$ werden sie unter H_2S-Abspaltung zu Mercaptanen red., sie lassen sich ferner zu den Ausgangscarbonylverbb. hydrolysieren u. zu Mercaptalen dialkylieren. Zum Nachw. der gem.-Dithiole eignet sich die Rk. mit alkoh. Pb-Acetatlsg., bei der ein orangefarbener Nd. entsteht, der bald schwarz wird, während Mercaptane beständige gelbe Ndd. ergeben. Gegen Basen sind die gem.-Dithiole sehr empfindlich, unter H_2S-Abspaltung bilden sich Polymerisationsprodd. der entsprechenden Thioaldehyde, dagegen üben Säuren kaum einen Einfl. aus. Der Vers., aus den gem.-Dithiolen durch HNO_3-Oxydation die entsprechenden gem.-Disulfonsäuren darzustellen, gelang nicht. Pyrolyse der gem.-Dithiole führt zu Polysulfiden; da letztere sich zusammen mit den Dithiolen aus Carbonylverbb. u. H_2S bilden, kann angenommen werden, daß die Dithiole die prim. Prodd. sind.

Versuche: *3.5.5-Trimethylhexandithiol-(1.1)* (I), $C_9H_{20}S_2$, $Kp._{0,5}$ 60—63°. Meth. **A**: 3.5.5-Trimethylhexanal wurde mit H_2S 15 Std. im Autoklaven unter Rühren auf 50° unter 35 at erwärmt; mehrfache fraktionierte Dest. des in Ae. aufgenommenen Reaktionsprod. ergab 31% zurückgewonnenen Aldehyd u. 26% **I**, n_D^{25} 1,4875, $D.^{25}_4$ 0,935; der Rückstand bestand aus *3.5.5-Trimethylhexyldisulfid* (**XII**), $C_{18}H_{38}S_2$, $Kp._{0,4}$ 128—129°, n_D^{25} 1,4803, $D.^{25}_4$ 0,901, u. *3.5.5-Trimethylhexyltrisulfid* (**XIII**) im Verhältnis 7 : 3. **I**-*Diacetat*, $C_{13}H_{24}O_2S_2$, $Kp._{0,2}$ 96—100°, durch 18std. Stehen von **I** mit Pyridin u. Acetanhydrid bei 25°; n_D^{25} 1,4930; 71%. — *Cyclohexandithiol-(1.1)* (**II**), $C_6H_{12}S_2$, $Kp._6$ 69—73°. Meth. **B**: Zur Mischung von Cyclohexanon (**III**) u. H_2S im Autoklaven bei 30° wurde **III** in der Weise zugefügt, daß der Druck bei 700—1000 at blieb; nach 15std. Schütteln ergab die fraktionierte Dest. 40% zurückgewonnenes **III** u. 38% **II**, n_D^{25} 1,5440, $D.^{24}$ 1,083. — *Propandithiol-(2.2)* (**IV**), $C_3H_8S_2$, $Kp._{760}$ 113—116°. Meth. **C**: Aceton, H_2S u. N_2 wurden 15 Std. unter 7000—8500 at bei 30° gehalten; fraktionierte Dest. ergab 26% **IV** ($Kp._{105}$ 61—62°, n_D^{25} 1,5063, $D.^{25}_4$ 1,006, F. 4—6°) u. 5% *Isopropyldisulfid* (**V**; $C_6H_{14}S_2$, $Kp._{760}$ 176°, $Kp._{71}$ 97—98°, n_D^{25} 1,4891). Wiederholung der Rk. bei 80° ergab 50% **V** u. 11% *Isopropyltetrasulfid* (**VI**; $C_6H_{14}S_4$, $Kp._{0,5}$ 88°, n_D^{25} 1,5812). Nach 15 Min. bei 125° unter 500—1500 at wurde kein **IV** erhalten; Reaktionsprodd. waren 33% **V**, 10% *Isopropyltrisulfid* ($C_6H_{14}S_3$, $Kp._5$ 75—76°, n_D^{25} 1,5351) u. 10% **VI**. Nach **A** während 15 Std. bei 125°/70 at entstanden 7% **IV**. — Umsetzung von **III** mit H_2S nach **A** während 10 Std. bei 110°/65 at ergab 80% unverändertes **III** u. 4% **II**; nach **B** während 2 Std. bei 130°/900—1000 at 13% **III**, 6% **II** u. 63% *Cyclohexyldisulfid* ($C_{12}H_{22}S_2$, $Kp._{0,7}$ 110°, n_D^{25} 1,5462); nach **C** während 15 Std. bei 30°/7500—8500 at 65% **II**. — *Methandithiol*, CH_4S_2, $Kp._{80}$ 58°, aus 37%ig. Formaldehyd nach **A**, 16 Std. bei 42°/30 at; n_D^{25} 1,5840; 33%. *Dibenzoat*, $C_{15}H_{12}O_2S_2$, F. 119—119,5°, mit Benzoylchlorid in Pyridin. — *Propandithiol-(1.1)* (**VII**), $C_3H_8S_2$, $Kp._{760}$ 142°, aus Propionaldehyd nach **C** während 15 Std. bei 30°/540—1070 at oder nach **A** während 15 Std. bei 80°/50 at; $Kp._{42}$ 60°, n_D^{25} 1,5214, $D.^{25}_4$ 1,043; 21 bzw. 16%; daneben *Propyldisulfid* ($Kp._{760}$ 194°, n_D^{25} 1,4961; 13 bzw. 23%) u. *Propyltrisulfid* ($C_6H_{14}S_3$, $Kp._{0,9}$ 68 bis 69°, n_D^{25} 1,5424) bzw. *Propylpolysulfide*. **VII**-*Diacetat*, $C_7H_{12}O_2S_2$, $Kp._{0,4}$ 61—62°, n_D^{25} 1,5150; konnte nicht aus C_2H_5CHO u. Thiolessigsäure in Ggw. von BF_3-Ätherat erhalten werden. — *Phenylmethandithiol* (**VIII**), $C_7H_8S_2$, $Kp._{0,9}$ 74—76°, aus Benzaldehyd (**IX**) nach **A** während 15 Std. bei 75°/50 at; n_D^{25} 1,6218; 17%; 49% **IX** wurden zurückgewonnen. Nach **A** während 15 Std. bei 50°/35 at wurden 66% **IX** zurückgewonnen, ferner wurden isoliert: *α-2.4.6-Triphenyltrithian* ($C_{21}H_{18}S_3$, F. 164—166°; 3%) u. *β-2.4.6-Triphenyltrithian* ($C_{21}H_{18}S_3$, F. 227—228°; 4%); nach **C** während 14 Std. bei 80°/7900 bis 8500 at *Benzyldisulfid* (F. 66,5—68°; 9%) u. ca. 40% *Benzylpolysulfide*. **VIII**-*Diacetat*, $C_{11}H_{12}O_2S_2$, F. 37—38° (Pentan), $Kp._{0,5}$ 122°, n_D^{25} 1,580. **VIII**-*Dibenzoat*, $C_{21}H_{16}O_2S_2$, F. 137—138°. — *Pentandithiol-(3.3)*, $C_5H_{12}S_2$, $Kp._{47}$ 80—82°, aus Diäthylketon nach **C** während 65 Std. bei 30°/7000—8500 at; n_D^{25} 1,5042; 38%. — Aus Acetophenon entstanden nach **C** während 14 Std. bei 50°/7500—8500 at wahrscheinlich 3% *1-Phenyläthandithiol-(1.1)* (J_2-Titration); aus Campher nach **C** während 14 Std. bei 80°/8000—8500 at 6% *Camphandithiol-(2.2)*; aus Trikosanon-(12) nach **C** während 18 Std. bei 30°/7500—8500 at 3% *Trikosandithiol-(12.12)*; aus Acetonylaceton nach **C** während 15 Std. bei 80°/7500—8500 at nur Spuren *gem.-Dithiol*, ferner 9% *$CH_3CHCH_2CH_2CH(CH_3)SS$*, $C_6H_{12}S_2$, $Kp._{10}$ 66—69°, n_D^{25} 1,5461, u. 25% *$CH_3CHCH_2CH_2CH(CH_3)SSS$*, $C_6H_{12}S_3$, $Kp._{0,5}$ 54°, n_D^{25} 1,5639. — Bei der Oxydation von **I** mit J_2 in W.-Ae. entstand ein *Polydisulfid*, $(C_9H_{18}S_2)_n$, als viscoses, blaßgelbes Öl, mit H_2O_2 in CH_3COOH wurde ein ähnliches Prod. erhalten. — Red. der gem.-Dithiole mit $LiAlH_4$ in sd. Ae. lieferte die *Monomercaptane*, die mit Hilfe von 2.4-Dinitrochlorbenzol (**XIV**) identifiziert wurden: *Isopropyl-2.4-dinitrophenylsulfid*, F. 91—92° (A.), aus **IV**; 47%. *n-Propyl-2.4-dinitrophenylsulfid*, F. 84—85°, aus **VII**; 52%. *Pentyl-(3)-2.4-dinitrophenylsulfid*, $C_{11}H_{14}O_4N_2S$, F. 52—53°; 48%. *Pentyl-(3)-2.4-dinitrophenylsulfon*, $C_{11}H_{14}O_6N_2S$, F. 139—140° (A.). *Cyclohexyl-2.4-dinitrophenylsulfid*, F. 146 bis 147°; 55%. — *Aceton-2.4-dinitrophenylhydrazon*, F. u. Misch-F. 123—124° (A.), durch 5std. Kochen von **IV** mit 2.4-Dinitrophenylhydrazin (**X**) u. 12nHCl in 95%ig. A.; 37%. — *Propionaldehyd-2.4-dinitrophenylhydrazon*, F. u. Misch-F. 151—153°, konnte nicht wie vorst. erhalten werden, sondern entstand durch Vermischen der heißen Lsgg. von Pb-Acetat·3 H_2O u. **X** in W.-A. u. von **VII** in A., 5 Min. Kochen mit 12nHCl u. Filtration in der Wärme; 41%. — *1.1-Bis-[äthylmercapto]-propan*, $C_7H_{16}S_2$, Kp.$_8$ 73—76°, a) durch 13std. Erwärmen von **VII** mit Äthylen in Ggw. von α.α'-Azodiisobutyronitril (**XI**) auf 80°/8000 at; 15%; b) aus C_2H_5CHO u. Äthylmercaptan in Ggw. von BF_3-Ätherat während 24 Std. bei 25°; n_D^{25} 1,4969; $D.^{25}{}_4$ 0,954; 84%. — *2.2-Bis-[propylmercapto]-propan*, $C_9H_{20}S_2$, Kp.$_{760}$ 234—235°, wie vorst. a) aus **IV** u. Propylen; 32%; oder b) aus Aceton u. Propylmercaptan; Kp.$_5$ 81°, n_D^{25} 1,4888; 55%. — *1.1-Bis-[propylmercapto]-3.5.5-trimethylhexan*, $C_{15}H_{32}S_2$, Kp.$_{0,9}$ 99—100°, aus **I** u. C_3H_6 in Ggw. von **XI** während 15 Std. bei 75°/900—1000 at; n_D^{25} 1,4849; 10%. — *1.1-Bis-[äthylmercapto]-3.5.5-trimethylhexan*, $C_{13}H_{28}S_2$, Kp.$_{0,6}$ 79—80°, analog vorst. Verb.; n_D^{25} 1,4850; 7%. — Durch Erwärmen auf 220° zers. sich **I** unter H_2S-Entw. u. Bldg. von **XII** (58%) u. wahrscheinlich **XIII**. In Ggw. von Basen zers. sich **I** schon bei tieferen Temperaturen. Ebenso bildete sich bei der Behandlung von **VII** u. **XIV** in A. mit 2,5nNaOH oder mit Pyridin infolge der H_2S-Entw. aus **VII** *Bis-[2.4-dinitrophenyl]-sulfid*, F. 192—194° (CH_3COOH); 38 bzw. 45%. — Beim Vermischen der gem.-Dithiole mit Aldehyden, aber nicht mit **III**, wird eine Zunahme der Refraktion u. der Viscosität sowie das Auftreten einer OH-Bande bei 3,0 μ unter Abschwächung der CH-Bande bei 3,7 μ, der SH-Bande bei 3,9 μ u. der C=O-Bande bei 5,8 μ beobachtet. *2.4.4-Trimethylpentansäure*, $C_8H_{16}O_2$, Kp.$_6$ 93—97°, n_D^{25} 1,4212, u. *3.5.5-Trimethylhexansäure*, Kp.$_6$ 103—104°, n_D^{25} 1,4275, durch Eintropfen von **I** in 16nHNO_3 bei 95—105°, Verdünnen mit W. nach 1,5 Std., Ae.-Extraktion u. fraktionierte Dest.; 36 bzw. 49%. (J. Amer. chem. Soc. **74**. 3982—89. 20/8. 1952. Wilmington, Del., E. I. du Pont de Nemours & Co., Exp. Stat., Chem. Dep.) SPAETH. 600

A. L. Liberman und **Je. K. Gabetz**, *Über das Acetat der Enolform von Diisopropylketon [2.4-Dimethyl-3-acetoxypenten-(2)]*. Aus Diisopropylketon (**I**) ließ sich *2.4-Dimethyl-4-acetoxypenten-(2)* (**II**), das bisher nicht erhalten werden konnte, durch Einw. von Acetanhydrid in Ggw. von p-Toluolsulfonsäure gewinnen. Die Ausbeute hängt sehr von den Reaktionsbedingungen ab. **II** ist der erste Repräsentant eines Enolacetats, das aus einem Keton mit benachbartem tert. C-Atom entsteht.

Versuche: *2.4-Dimethyl-3-acetoxypenten-(2)* (**II**), $C_9H_{16}O_2$, Kp.$_{741}$ 165,0°. Am besten aus 0,5 Mol **I** (57 g) mit 1,5 Mol Acetanhydrid u. 5 g p-Toluolsulfonsäure bei 25std. Kochen am Rückflußkühler; man dest. die Reaktionsmasse mit Wasserdampf, wäscht das übergehende Öl mit Sodalsg., trocknet mit Na_2SO_4 u. fraktioniert. $D.^{20}{}_4$ 0,8956; n_D^{20} 1,4296; Mol.-Refr. 45,02; Bromzahl 980; 66% (Ausbeute, unter Berücksichtigung von 27 g wiedergewonnenem **I**). Ozonieren ergab *Aceton* (Nachw. als Dibenzalaceton), *Isobutter-* u. *Essigsäure* (Nachw. als Anilide). Hydrolyse durch alkoh. Alkalilsg. lieferte **I** u. *Essigsäure*. (Известия Академии Наук СССР, Отделение Химических Наук [Nachr. Akad. Wiss. UdSSR, Abt. chem. Wiss.] **1951**. 777—81. Nov./Dez. Inst. für organ. Chem. der Akad. der Wiss. der UdSSR.) V. WILPERT. 710

Jean Décombe, *Über die Einwirkung von Äthylmagnesiumbromid auf Glutardinitril*. 1 Mol Glutardinitril (**I**) wird in Ae./Toluol mit 2,25 Mol C_2H_5MgBr umgesetzt, wobei sich 18 Liter Gas entwickeln. Das Reaktionsgemisch wird unter Rühren 3 Std. auf dem Wasserbad erhitzt u. nach Erkalten mit 20%ig. H_2SO_4 zersetzt. Aus der Toluollsg. werden

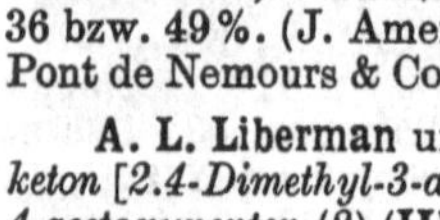
II

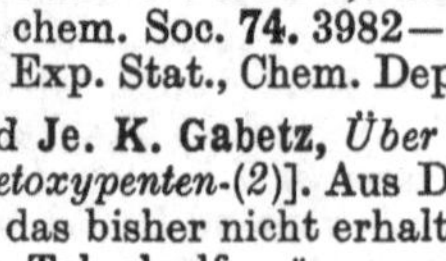
III

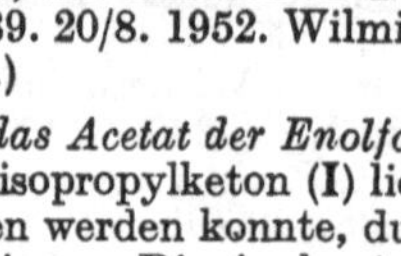
IV

isoliert: 1,5 g des n. δ-Diketons u. 3 g einer *Verb.* $C_{12}H_{16}O_2N_2$ (**II**), F. 90° (Ligroin). Aus **II** entsteht durch Hydrolyse mit HCl *Verb.* $C_{11}H_{16}O_3$ (**III**), F. 53°. **II** u. **III** bilden Semicarbazone. Vf. nimmt für **II** u. **III** obenst. Strukturen an, die sich von einem cycl. Dimeren von **I** (**IV**) ableiten. Der wss. Anteil des Reaktionsgemisches wird mit NH_4OH versetzt, das sich abscheidende rote Öl (86 g) 4 Std. mit HCl gekocht, mit K_2CO_3 alkal. gestellt, mit Ae./Isobutylalkohol extrahiert u. der Auszug dest.; die Fraktionen Kp.$_{20}$ 120—210° erstarren nach einigen Tagen teilweise u. liefern aus Ligroin eine *Verb.* $C_{14}H_{24-28}ON_2$, F. 70°; *Pikrat*, F. 84°. Eine Bruttogleichung für ihre Bldg. durch Kondensation von **IV** mit dem Iminonitril **V**, das durch nur einseitige Kondensation von I mit C_2H_5MgBr entsteht, wird vorgeschlagen. — Das ammoniakal. Filtrat wird mit einem Überschuß an HCl versetzt, zur Trockne eingedampft u. mit Ae. extrahiert. Der Ae.-Auszug liefert bei der Dest. 4 Fraktionen, $Kp._{13}$ 120 bis 210°, die aus Ligroin umkrist. als *Propionylbuttersäure*, F. 49°, identifiziert werden, die durch Hydrolyse von V entstanden ist. (C. R. hebd. Séances Acad. Sci. **234**. 2542—44. 23/6. 1952.) MACHOLDT. 820

Giorgio Serchi und **Luciano Arcangeli**, *Über die Darstellung von Glucuronsäure und Glucuron.* Nach Erörterung des Vork. u. der therapeut. Anwendungen (Literaturübersicht mit 76 Angaben) wird die Darst. von *Glucuronsäure* (I) u. *Glucuron* (II) im Anschluß an SOHST u. TOLLENS [1888] besprochen.

Versuche: Reisstärke wird mit der gleichen Gewichtsmenge W. angepastet u. mit der 5fachen Menge HNO_3 (D. 1,15) 1 Std. auf dem Wasserbad unter Rühren erhitzt, bis die Stärke-Rk. verschwindet, dann bei 40—60° einige Std. zum Sirup eingedampft; dieser wird mit W. aufgenommen u. bis zu bleibender alkal. Rk. pulvriges K_2CO_3 zugegeben. Das nach Zusatz von Essigsäure ausfallende saure K-Saccharat wird nach 24 Std. abfiltriert, durch Auspressen getrocknet, mit Tierkohle entfärbt u. aus W. umkrist. (Erweichungspunkt 184—189°), Ausbeute 12,5—20%. Das Prod. wird nach Neutralisieren mit NH_4OH in W. gelöst, die Lsg. in $AgNO_3$-Lsg. gegossen, das nach kräftigem Rühren pulvrige Ag-Salz abfiltriert, bis zum Verschwinden der Rk. auf NO_3' mit W. gewaschen u. mit HCl die *Zuckersäure* in Freiheit gesetzt (statt Ag-Salz auch Pb-Salz) u. deren wss. Lsg. auf dem Wasserbad eingedampft (Ausbeute an viscosem Sirup 42% des rohen K-Saccharats, 16,5% der Stärke). Die daraus durch Red. mit Na-Amalgam u. H_2SO_4 bei 5° gewonnene I-Lsg. wird über das Na-Salz aus absol. A. gereinigt u. konz., langsam mit $Ba(OH)_2$ neutralisiert, von $BaSO_4$ abfiltriert, das Ba-Glucuronat mit verd. H_2SO_4 umgesetzt, die filtrierte Lsg. mit $PbCO_3$ gefällt, filtriert, mit H_2SO_4 angesäuert, vom $PbSO_4$ abfiltriert u. im Vakuum zur Sirupkonsistenz eingedampft. Der braune Rückstand wird mit wenig W. 2 Std. gekocht; nach längerem Stehen scheiden sich kleine Kristalle von II ab, Ausbeute 9,7%, bezogen auf Stärke, F. 175°; *Oxim*, F. 151°; *Phenylhydrazon*, F. 160°; *Semicarbazon*, F. 188°; durch Hydrolyse dieser Prodd. erhält man reine, in Ae. lösl. Kristalle von II mit F. 177°. F. des *Osazons* der I 203°. (Sperimentale, Sez. chim. biol. **2**. 108—19. 1/12. 1951. Firenze, Univ., Ist. di Chim. organ., u. Cagliari, Univ., Ist. di Chim. farmaceut.) R. K. MÜLLER. 860

F. L. Scott, M. T. Kennedy und **J. Reilly**, *Ein neuer Weg zu substituierten Guanidinen.* Bei der Einw. von asymm. substituierten Hydrazinen auf 1-Formiminopyrazolderivv. entstehen sonst nur schwer zugängliche substituierte Guanidine. Aus *3.5-Dimethyl-1-guanylpyrazolnitrat* (I) u. *Phenylhydrazin* (II) wurden *3.5-Dimethylpyrazol* (III) u. *Anilinoguanidinnitrat* erhalten. 3.5-Dimethyl-1-[nitroguanyl]-pyrazol (IV) liefert mit $H_2NNH_2 \cdot H_2O$ III u. *1-Nitro-3-amino-guanidin*, mit II *1-Nitro-3-anilino-guanidin* (V) u. III. Bei 1-[Nitroguanyl]-pyrazolderivv. tritt auch mit NH_3 Rk. ein, wobei im Falle von IV *Nitroguanidin* u. III gebildet werden. Bei Rk. von Nitroguanylazid mit II entsteht ebenfalls V. Der Mechanismus der Rkk. wird diskutiert. (Nature [London] **169**. 72—73. 12/19. 1952. Cork, Univ. Coll., Chem. Dep.) K. FABER. 880

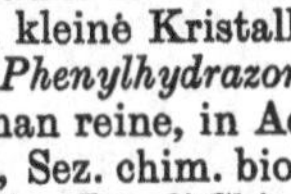

I $R = NH_2 \cdot HNO_3$
IV $R = NH \cdot NO_2$

Eugene Lieber und **Edwin J. Strojny**, *Alkyliden- und Arylidenderivate von Diaminoguanidinen.* Monofunktionelle aliphat. u. aromat. Aldehyde u. Ketone reagieren mit *Diaminoguanidinnitrat* (I) zu den entsprechenden Dialkyliden u. Diarylidenderivaten. Die Derivv. der aliphat. Aldehyde können als Pikrate, die der aromat. meist als Nitrate hergestellt werden. Bei Rk. von I mit Benzil entsteht *Benzilmonoaminoguanylhydrazonnitrat* (II) unabhängig von den mol. Verhältnissen der Komponenten. Bei Rk. mit Benzaldehyd geht II unter gleichzeitigem Ringschluß in *3-Benzylidenhydrazino-5.6-diphenyltriazin-(1.2.4)* (III) über.

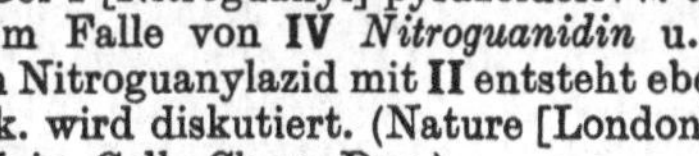

II

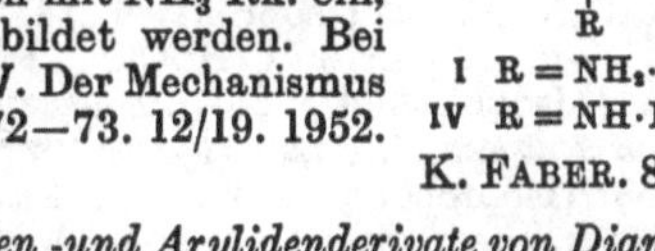

III

Versuche: *Diaminoguanidinnitrat* (I), aus Thiosemicarbazid nach KEIM, HENRY u. SMITH (C. 1951. II. 1721). — *Dialkyliden-* bzw. *Diarylenderivv.* von *Diaminoguanidin* (IV): *Diäthyliden-IV-pikrat*, $C_{11}H_{14}O_7N_8$, F. 167—168°, durch Schütteln von I u. Acetaldehyd in W. (1 Std.) u. anschließende Zugabe von Pikrinsäure, gelbe Nadeln aus absol. A.; 38% (Ausbeute). — *Dicinnamyliden-IV*, $C_{19}H_{19}N_5$, F. 234—236° (Zers.), aus I u. Zimtaldehyd in A. in Ggw. einiger Tropfen HNO_3 bei 20° (2 Tage) u. Zers. des gebildeten Nitrates (s. unten) mit heißer verd. NH_3-Lsg., gelbes Pulver aus absol. A.; 91%. *Nitrat*, $C_{19}H_{20}O_3N_6$, F. 207—209° (Zers.), gelbe Nadeln aus absol. A.; 92%. — *Bis-[o-chlorbenzyliden]*-**IV**, $C_{15}H_{13}N_5Cl_2$, F. 198—201°, gelbe Platten aus Methanol; 82%. *Nitrat*, $C_{15}H_{14}O_3N_6Cl_2$, F. 246,5° (Zers.), Nadeln aus absol. A.; 93%. — *Bis-[p-oxybenzyliden]*-**IV**-*nitrat*, $C_{15}H_{16}O_5N_6$, F. 240—246° (Zers.), strohgelbes Pulver aus A. + W. (1 : 1); 95%. — *Bis-[m-nitrobenzyliden]*-**IV**, $C_{15}H_{13}O_4N_7$, F. 250—251° (Zers.), orangegelbes Pulver aus Methanol; 92%. *Hydrobromid*, F. 292—293° (Zers.), orangegelbes Pulver; 69%. — *Dipiperonyliden*-**IV**-*nitrat*, $C_{17}H_{16}O_7N_6$, F. 206—210° (Zers.), cremefarbenes Pulver aus A.; 82%. — *Dipropyliden*-**IV**-*pikrat*, $C_{13}H_{18}O_7N_8$, F. 168—170° (Zers.), gelbe Nadeln aus absol. A.; 90%. — *Bis-[o-oxybenzyliden]*-**IV**, F. 210—211° (Zers.), gelbe Platten aus absol. A.; 37%. *Nitrat*, $C_{15}H_{16}O_5N_6$, F. 232—234° (Zers.), Pulver aus absol. A.; 65%. — *Diisopropyliden*-**IV**-*nitrat*, $C_7H_{16}O_3N_6$, F. 177—179°, Kristalle aus Methanol. — *Bis-[phenyläthyliden]*-**IV**-*nitrat*, $C_{17}H_{20}O_3N_6$, F. 174° (Zers.), aus Acetophenon u. **I**, Nadeln aus 60%ig. wss. A.; 91%. — *Benzilmonoaminoguanylhydrazonnitrat* (**II**), $C_{15}H_{16}O_4N_6$, F. 166—168° (Zers.), durch Erhitzen von I u. Benzil in A. in Ggw. von wenig HNO_3 auf 75° (20 Min.), Nadeln aus Methanol; 83%. Bei Verss., die freie Base mit Na-Acetat in Methanol zu erhalten, entsteht eine *Verb.* F. 173—175° (Zers.), gelbe Kristalle aus Methanol + W., von nicht geklärter Konstitution. — *Bis-[diphenylmethylen]*-**IV**-*nitrat*, $C_{27}H_{24}O_3N_6$, F. 188 bis 189° (Zers.), gelbes Pulver aus absol. A.; 70%. — *Bis-[α-methyl-p-brom-benzyliden]*-**IV**-*nitrat*, $C_{17}H_{18}O_3N_6Br_2$, F. 261—263° (Zers.), Pulver aus absol. A.; 93%. — *3-[Benzylidenhydrazino]-5.6-diphenyltriazin-(1.2.4)* (**III**), $C_{22}H_{17}N_5$, F. 253°, aus **II** u. Benzaldehyd in A., gelbe Kristalle aus Methanol; 19%. (J. org. Chemistry **17**. 518—22. April 1952. Chicago, Ill., Illinois Inst. of Technol., Dep. of Chem.) K. FABER. 880

Eugene Lieber, Claude C. Herrick und **Edward Sherman**, *Die Reaktion von Aminen mit Nitroguanylazid. Nitroguanylazid*, $N_3C(NH)NHNO_2$, cyclisiert in Ggw. von Aminen zu Salzen des *5-Nitramino-tetrazols* (**I**). Je nach der Stärke der angewandten Base fungiert I als ein- oder zweibas. Säure: Die stärker bas. Amine binden sich im Verhältnis 2 : 1 an I.

Versuche: *Nitroguanylazid* (**II**), dargestellt nach LIEBER u. Mitarbeiter (C. **1952**. 526), F. 79°. — Die Darst. der *Aminsalze von 5-Nitraminotetrazol* (**I**) erfolgt durch Zusammenbringen von **II** mit dem betreffenden Amin in Ae. u. Stehenlassen bei Raumtemp. (½—12 Std.). Einbas. Salze von **I** (FF. korr.): *Pyridin*, $C_6H_7O_2N_7$, F. 133°, aus Aceton; 70% [Ausbeute]. *Chinaldin*, $C_{11}H_{11}O_2N_7$, F. 136° (Ae. + A.); [60%]. *Chinolin*, $C_{10}H_9O_2N_7$, F. 142° (Isopropanol); [39%]. *α-Picolin*, $C_7H_9O_2N_7$, F. 99° (Isopropanol); [78%]. *N.N-Dimethylanilin*, $C_9H_{13}O_2N_7$, F. 109° (A. + Ae.); [63%]. *N.N-Diäthylanilin*, $C_{11}H_{17}O_2N_7$, F. 109° (Äthylacetat); [37%]. *Phenylguanidin*, $C_8H_{11}O_2N_9$, F. 200° (W.); [67%]. *2-Aminopyridin*, $C_6H_8O_2N_8$, F. 183° (Isopropanol + A., 1 : 1); [73%]. *8-Aminochinolin*, $C_{10}H_{10}O_2N_8$, F. 155° (Äthylacetat); [85%]. — Zweibas. Salze von **I**: *Piperidin*, $C_{11}H_{24}O_2N_8$, F. 107° (Methanol + W.); [73%]. *Morpholin*, $C_9H_{20}O_4N_8$, F. 166° (W.); [53%]. *n-Amylamin*, $C_{11}H_{28}O_2N_8$, F. 162° (Isopropanol); [84%]. *Isoamylamin*, $C_{11}H_{28}O_2N_8$, F. 157° (Isopropanol); [71%]. *sek.-Butylamin*, $C_9H_{24}O_2N_8$, F. 122° (Isopropanol); [61%]. *Allylamin*, $C_7H_{16}O_2N_8$, F. 142° (Isopropanol); [72%]. *Dibenzylamin*, $C_{29}H_{32}O_2N_8$, F. 202° (Aceton + W.); [65%]. *Cyclohexylamin*, $C_{13}H_{28}O_2N_8$, F. 162° (Isopropanol); [87%]. *Äthylendiamin*, $C_3H_{10}O_2N_8$, F. 239° (Isopropanol + W.); [92%]. *Hydrazin*, $CH_{10}O_2N_{10}$, F. 165° (A. + W.); [85%]. (J. Amer. chem. Soc. **74**. 2684—86. 20/5. 1952. Chicago, Ill., Inst. of Technol., Dep. of Chem.) K. FABER. 880

Th. J. de Boer und **H. J. Backer**, *Anwendung von p-Tolylsulfonylmethylnitrosamid und sein thermisches Verhalten.* Die Darst. von CH_2N_2 aus p-Tolylsulfonylmethylnitrosamid (I; F. 62°) nach BACKER u. DE BOER (C. **1951**. II. 3578) wird weiter untersucht. Bei der ursprünglichen Meth. ist die äther. CH_2N_2-Lsg. nicht frei von A.; wenn dies aus besonderen Gründen erforderlich ist, so lassen sich kleinere Mengen CH_2N_2 aus **I** mit Benzylalkohol u. Na, größere in Diäthylenglykolmonoäthyläther (Carbitol) mit KOH unter Durchleiten von N_2 bequem darstellen [70% (Ausbeute)]. *Gasförmiges CH_2N_2* ist durch Erwärmen von **I** in Anisol mit KOH in Carbitol–W. mit N_2 als Trägergas erhältlich (50—60%). Ersatz des giftigen Nitrosomethylurethans durch **I** beim MEERWEIN-Verf. der Ringerweiterung (D. R. P. 579 309) ist möglich, wenn an Stelle von K_2CO_3 KOH verwendet wird; die Rk. kann so ausgeführt werden, daß 50%ig. alkoh. KOH zum Keton (Cyclohexanon) u. **I** in A. zugetropft wird, wobei die Temp. zwischen 10 u. 20° gehalten wird; die Ausbeute an *Cycloheptanon* beträgt mindestens 40%. — Beim Erhitzen über seinen F. zers. sich **I** langsam, beim Erwärmen in Toluol, Nitrobenzol, Anisol oder Dekalin auf 100—120° findet N_2-Entw. (85—95% der theoret. Menge) statt u. es entsteht *Methyl-p-toluolsulfonat* (**II**); die N_2-Entw. ist eine Rk. 1. Ordnung, ihre Geschwindigkeit ($k = 10—14 \cdot 10^{-3}$ Min.$^{-1}$ bei 94,5°) ist nur wenig vom Lösungsm. abhängig. Es wird die

Möglichkeit diskutiert, daß der geschwindigkeitsbestimmende Schritt in einer Isomerisierung von I zur Azoverb. $CH_3C_6H_4SO_2ON{=}NCH_3$ besteht; ob bei der folgenden N_2-Abspaltung die Bldg. von II über freie Radikale erfolgt, läßt sich nicht sagen; als Neben-Rk. findet auch Nitrosierung des Lösungsm. statt. Zers. von I in Pyridin bei 115° liefert über II *Methylpyridiniumtoluolsulfonat* (88%), Benzylalkohol als Lösungsm. wird zum Teil zu *Benzaldehyd* oxydiert u. es wird *Tolylsulfonylmethylamid* (40%) gebildet, in n-Propanol verläuft die Rk. ähnlich. Tolylsulfonylnitrosanilid ist wesentlich weniger beständig als I, es zers. sich schon im Dunkeln während mehrerer Tage, in Ae.-Lsg. während einiger Std., beim Erwärmen in Bzl. auf 70° findet keine N_2-Entw., sondern Entnitrosierung statt. (Proc., Kon. nederl. Akad. Wetensch., Ser. B **55.** 444—48. Sept./Okt. 1952.) SPAETH. 910

D. Muriel Hall, Sardar Mahboob und E. E. Turner, *Struktur und amöbicide Aktivität. 3. Mitt. Aliphatische Diamine.* (2. vgl. C. **1952.** 4913.) Vff. weisen auf die große konfigurative Ähnlichkeit des von ihnen synthetisierten *7.13-Diamino-5.15-diäthylnonadecans* mit der von PYAN (J. chem. Soc. [London] **1927.** 1096) aufgestellten Formel des *Emetins* hin. Die amöbicide Aktivität der beiden Verbb. ist in vitro gleich groß. — In der Serie NH_2—CHR—$(CH_2)_n$—CHR—$NH_2\cdot HCl$, in der R = 2-Äthylhexyl, ist die amöbicide Aktivität für n = 3 = 1 = 100000, für n = 4 = 0 u. für n = 5 wieder vergrößert. — Die Synth. von *5.9-Diamino-7.7-dimethyltridecanhydrochlorid* wird beschrieben. Die Verb. hat in vitro gegen Entamoeba histolytica eine Aktivität von 1 : 1000.

Versuche: *7.7-Dimethyltridecan-5.5.9.9-tetracarbonsäure* (I), $C_{19}H_{32}O_8$, F. 155 bis 157° (Bzl.-PAe.), durch 32std. Kochen von 1.3-Dibrom-2.2-dimethylpropan mit n-Butylmalonsäurediäthylester u. Na-Äthylat in Alkohol. Der entstehende Ester (13% Ausbeute, $Kp._4$ 164°) wird verseift. — *7.7-Dimethyltridecan-5.9-dicarbonsäure* (II), durch Erhitzen von I auf 210°. — *5.9-Diamino-7.7-dimethyltridecan,* durch Zugabe von NaN_3 zu II in Bzl. u. konz. H_2SO_4 bei 40—45°; Hinzufügen von Eis u. 30%ig. NaOH u. Extraktion mit Bzl.-Äther. *Dihydrochlorid,* $C_{15}H_{36}N_2Cl_2$, Zers. > 100°. (J. chem. Soc. [London] **1952.** 1956—57. Mai. London, Univ., Bedford-Coll.) FRANCK. 910

Max Frankel und M. Halmann, *N-Carboxyanhydride von O-Acetyl- und O-Carbobenzyloxyserin.* Das aus N-Carbobenzyloxyserin (I) u. CH_3COCl dargestellte *O-Acetyl-N-carbobenzyloxyserin* (II) bildet bei Behandlung mit PCl_5 *O-Acetyl-N-carboxyserinanhydrid* (III), das beim Erhitzen im Vakuum auf 105° CO_2 verliert u. *Poly-(O-acetylserin)* mit einem Polymerisationsgrad von 10 ergibt. Das aus O.N-Dicarbobenzyloxyserin (IV) u. PCl_5 dargestellte *O-Carbobenzyloxy-N-carboxyserinanhydrid* (V) polymerisiert nicht, wenn man es feuchter Luft aussetzt, sondern wird zu *O-Carbobenzyloxyserin* hydrolysiert.

Versuche: *O-Acetyl-N-carbobenzyloxyserin* (II), $C_{13}H_{15}O_6N$, durch 1 Std. Erhitzen von I (aus DL-Serin in NaOH u. Chlorameisensäurebenzylester, aus Essigester, F. 123°) u. CH_3COCl in Bzl., Prismen aus Essigester + PAe., F. 116—118°; 84% (Ausbeute). — *O-Acetyl-N-carboxyserinanhydrid* (III), $C_6H_7O_5N$, aus II u. PCl_5 in Ae. bei —15°, aus Essigester + PAe.; 85%. — *Poly-[O-acetylserin]*, $C_{50}H_{72}O_{31}N_{10}$, durch 3 Std. Trocknen von III bei 50° u. 2 Std. Erhitzen auf 105—110° in Hochvakuum, Reinigung durch wiederholte Fällung mit Ae. aus Eisessiglösung. — *O-Carbobenzyloxy-N-carboxyserinanhydrid* (V), $C_{12}H_{11}O_6N$, aus IV (aus der Mutterlauge der I-Darst.) u. PCl_5 in Ae. bei —10°, aus Essigester + PAe., F. ca. 95° (Zers.); 71%. — *Poly-[carbobenzyloxyserin]*, $(C_{11}H_{11}O_4N)_n$, durch 2 Std. Erhitzen von V im Hochvakuum auf 100—105°; durch Fällung mit W. aus Eisessiglösung. — *O-Carbobenzyloxyserin,* $C_{11}H_{13}O_5N$, durch 20 Std. Stehenlassen von V an der Luft, F. 132°. (J. chem. Soc. [London] **1952.** 2735—37. Juli. Jerusalem, Hebrew Univ., Dep. of Organ. Chem.) K. F. MÜLLER. 950

John E. Noll, John L. Speier und B. F. Daubert, *Darstellung von Aminomethylsiliciumverbindungen und deren Derivate.* Amine mit Si—C—N-Bindungen werden aus Verbb. der Zus. R_3SiCH_2X (R = Alkyl, Aryl, Alkoxy-, Siloxy u. X = Cl oder Br) durch Rk. mit a) fl. NH_3 (20facher Überschuß) oder b) prim., c) sek., d) tert. Aminen (2—3facher Überschuß) bei 60—120°, nötigenfalls unter Druck dargestellt. Rk. a) liefert 50—70% $R_3Si\cdot CH_2NH_2$, 20—30% $(R_3SiCH_2)_2NH$ u. eine kleine Menge unbeständiger, äußerst reaktionsfähiger Verbb., vermutlich $(R_3SiCH_2)_3N$; b) gibt 50—88% R_3SiCH_2NHR' neben etwas $(R_3SiCH_2)_2NR'$; c) gibt $R_3SiCH_2NR'_2$ u. vermutlich quaternäre Salze; d) reagiert sehr langsam zu quaternären Salzen. — Durch $NaNH_2$ in fl. NH_3 wird aus $(CH_3)_3SiCH_2Cl$ unter Spaltung der Si—C-Bindung u. Umlagerung zunächst $(CH_3)_3SiNHCH_3$, das bei Dest. CH_3NH_2 abspaltet u. $[(CH_3)_3Si]_2NCH_3$ bildet. — Verss. zur Darst. von Aminen mit Si—O—Si—C—N-Bindungen: 1. Rk. von Bis-[chlormethyl]-tetramethyldisiloxan mit NH_3 oder Aminen führt zur Bldg. schwer trennbarer Gemische. 2. Hydrolyse von $ROSi(CH_3)_2CH_2NH_2$ in W. oder wss. A. gibt Siloxanmethylamine; Hydrolyse von $(C_2H_5O)_2Si(CH_3)CH_2NH_2$ gibt ein thermoplast. wasserlösl. Polymeres; Hydrolyse von

$(C_2H_5O)_3SiCH_2NH_2$ gibt ein wasserlösl. weißes Pulver. Äthoxysilylmethylamine sind beständig gegenüber saurer Hydrolyse, $C_2H_5OSi(CH_3)_2CH_2NH_2$ bildet aus wss. HCl beim Eindampfen das Hydrochlorid. 3. Verbb. der Zus. $(CH_3)_3SiCH_2NR_2$ [R = $(CH_3)_3 \cdot SiCH_2$-, H u. Alkyl) spalten mit konz. H_2SO_4 bei 100—111° nach der von SOMMER (C. **1951**. II. 2445) entdeckten Rk. CH_4 ab, Alkalibehandlung des Reaktionsprod. liefert Siloxanmethylamine.

V e r s u c h e: *Chlormethyldimethylphenylsilan* (I), $C_9H_{13}ClSi$, Kp.$_{24}$ 121°, aus Chlormethyldimethylchlorsilan u. Phenyl-MgBr in Ae.; D.$^{25}_4$ 1,023; n_D^{25} 1,5186; spezif. Refr. 0,2965; 77% (Ausbeute). — *Dimethylphenylsilylmethylamin*, $C_6H_5Si(CH_3)_2CH_2NH_2$, Kp.$_{744}$ 226,5°, aus I mit fl. NH_3 bei 103°, 2 Std. im Autoklaven; D.$^{25}_4$ 0,940; n_D^{25} 1,5202; spezif. Refr. 0,3235; 68%. *Hydrochlorid*, F. 198—200°. Daneben entsteht *Bis-[dimethylphenylsilylmethyl]-amin*, $[C_6H_5Si(CH_3)_2CH_2]_2NH$, Kp.$_{23}$ 215,2°; D.$^{25}_4$ 0,959; n_D^{25} 1,5332; spezif. Refr. 0,3239; 28%. — *Chlormethyltrichlorsilan* (II), CH_2Cl_4Si, Kp. 118°, durch Chlorierung von Methyltrichlorsilan in fl. Phase. — *Chlormethyltriäthoxysilan* (III), $C_7H_{17}O_3 \cdot ClSi$, Kp.$_{25}$ 91°, aus II durch Veresterung; D.$^{25}_4$ 1,022; n_D^{25} 1,4065: spezif. Refr. 0,2406. — *Triäthoxysilylmethylamin*, $(C_2H_5O)_3SiCH_2NH_2$, Kp.$_{26}$ 93°, aus III mit fl. NH_3 bei 100—120° 6 Std. im Autoklaven; D.$^{25}_4$ 0,955; n_D^{25} 1,4080; spezif. Refr. 0,2583; 51%. Daneben entsteht *Bis-[triäthoxysilylmethyl]-amin*, $[(C_2H_5O)_3SiCH_2]_2NH$, Kp.$_{0,4}$ 117°; D.$^{25}_4$ 0,973; n_D^{25} 1,4132; spezif. Refr. 0,2563; 25%. — *N-Cyclohexyl-[trimethylsilylmethyl]-amin* (IV), $(CH_3)_3SiCH_2NHC_6H_{11}$, Kp.$_{736}$ 211°, a) aus Chlormethyltrimethylsilan mit Cyclohexylamin unter Rückfluß bei 97—133° während 4 Std.; 88%; b) durch Hydrierung von N-[Trimethylsilylmethyl]-anilin an RANEY-Ni; D.$^{25}_4$ 0,839; n_D^{25} 1,4519; spezif. Refr. 0,3216. *Hydrochlorid*, F. 235—239°. *Phenylthioharnstoffderiv.*, F. 136,5—137°. — *N.N'-Dicyclohexyl-tetramethyldisiloxan-1.3-bis-[methylamin]*, $O[Si(CH_3)_2CH_2NHC_6H_{11}]_2$, a) aus IV mit konz. H_2SO_4 6,5 Std. bei 100°, mit Eis u. NaOH versetzt; 80%; b) aus N-Cyclohexyl-[äthoxydimethylsilylmethyl]-amin in wss. A.; D.$^{25}_4$ 0,922; n_D^{25} 1,4679; spezif. Refr. 0,3015. *Dihydrochlorid*, F. 228—232°. — *2.2.6.6.8.8.12.12-Oktamethyl-1.7-dioxa-2.6.8.12-tetrasila-4.10-diazacyclododecan*, $O:[Si(CH_3)_2CH_2NHCH_2Si(CH_3)_2]_2:O$, Kp.$_{23}$ 152°, F. 45—49°. Zur Darst. werden 67 g Bis-[trimethylsilylmethyl]-amin mit konz. H_2SO_4 9 Std. auf 95—105° erhitzt, das Reaktionsprod. mit NaOH neutralisiert, ausgeäthert u. dest.; 18 g. Nebenprod. nicht destillierbares lineares Polymeres. — *N-Methylhexamethyldisilazan*, $C_7H_{21}NSi_2$, Kp.$_{740}$ 148°. Zur Darst. wird Chlormethyltrimethylsilan mit $NaNH_2$ in fl. NH_3 1,5 Std. auf 120° erhitzt, der Rückstand ausgeäthert u. dest., wobei CH_3NH_2 entweicht; D.$^{25}_4$ 0,794; n_D^{25} 1,4190; spezif. Refr. 0,3181; 78%. Rk. mit Benzoylchlorid gibt *N-Methylbenzamid*. Behandlung mit verd. Säure gibt *Hexamethyldisiloxan* u. *Methylaminhydrochlorid*. — Nach den angeführten Methoden wurden ferner dargestellt: *Trimethylsilylmethylamin*, $(CH_3)_3SiCH_2NH_2$, Kp.$_{737}$ 93°; D.$^{25}_4$ 0,7646; n_D^{25} 1,4139; spezif. Refr. 0,3268; 50%. *Azeotrop mit W.*, Kp.$_{750}$ 83°; D.$^{25}_4$ 0,815; n_D^{25} 1,4161. *Hydrochlorid*, F. 240—241°. *Bicarbonat*, sublimiert bei Zimmertemperatur. *Sulfat*, F. 213 bis 216° (Zers.). *p-Nitrobenzamid*, $(CH_3)_3SiCH_2NHCOC_6H_4NO_2$, F. 123,5—124°. — *Bis-[trimethylsilylmethyl]-amin*, $[(CH_3)_3SiCH_2]_2NH$, Kp.$_{737}$ 170,5°; D.$^{25}_4$ 0,773; n_D^{25} 1,4217; spezif. Refr. 0,3286; 19%. *Hydrochlorid*, F. 158,5—159°. — *Äthoxydimethylsilylmethylamin*, $C_2H_5OSi(CH_3)_2CH_2NH_2$, Kp.$_{740}$ 131,8°; D.$^{25}_4$ 0,849; n_D^{25} 1,411; spezif. Refr. 0,292; 37%. *Hydrochlorid*, F. 183—187°. — *Tetramethyldisiloxan-1.3-bis-[methylamin]-dihydrochlorid*, $O:[Si(CH_3)_2CH_2NH_2]_2 \cdot 2HCl$, F. 247—249°. — *Bis-[äthoxydimethylsilylmethyl]-amin*, $[C_2H_5OSi(CH_3)_2CH_2]_2NH$, Kp.$_{24}$ 160—170°; D.$^{25}_4$ 0,829; n_D^{25} 1,433; spezif. Refr. 0,292; 37%. — $[(CH_3)_2SiCH_2NHCH_2Si(CH_3)_2O]_x$, D.$^{25}_4$ 0,946; n_D^{25} 1,4488; 100%. — *Diäthoxymethylsilylmethylamin*, $(C_2H_5O)_2Si(CH_3)CH_2NH_2$, Kp.$_{24}$ 67,5°; D.$^{25}_4$ 0,914; n_D^{25} 1,4120; spezif. Refr. 0,272; 50%. — *N-Methyl-[trimethylsilylmethyl]-amin*, $(CH_3)_3Si \cdot CH_2NHCH_3$, Kp.$_{735}$ 101,6°; D.$^{25}_4$ 0,754; n_D^{25} 1,4094; spezif. Refr. 0,3283; 50%. *Azeotrop mit W.*, Kp.$_{735}$ 83°, n_D^{25} 1,4132. *Hydrochlorid*, F. 198—199°. — *N.N-Dimethyl-[trimethylsilylmethyl]-amin*, $(CH_3)_3SiCH_2N(CH_3)_2$, Kp.$_{746}$ 110,1° D.$^{25}_4$ 0,746; n_D^{25} 1,4102; spezif. Refr. 0,3321; 64%. *Hydrochlorid*, F. 185—186°. — *N.N.N-Trimethyl-[trimethylsilyl]-methylammoniumbromid*, $(CH_3)_3SiCH_2N(CH_3)_3Br$, F. 260—262°. *Jodid*, F. 241,5—242,5°; 96%. — *N-Isopropyl-[trimethylsilylmethyl]-amin*, $(CH_3)_3SiCH_2NHCH(CH_3)_2$, Kp.$_{736,5}$ 129,5°; D.$^{25}_4$ 0,758; n_D^{25} 1,4141; spezif. Refr. 0,3299; 83%. *Hydrochlorid*, F. 136—137°. — *N.N'-Diisopropyltetramethyldisiloxan-1.3-bis-[methylamin]*, $O[Si(CH_3)_2CH_2NHCH(CH_3)_2]_2$, Kp.$_{737}$ 245°; D.$^{25}_4$ 0,850; n_D^{25} 1,4278; spezif. Refr. 0,3025. *Dihydrochlorid*, F. 179—180°. — *2.2.6.6-Tetramethyl-4-isopropyl-1-oxa-2.6-disila-4-azacyclohexan*, $O:[Si(CH_3)_2CH_2]_2:N \cdot CH \cdot (CH_3)_2$, Kp.$_{737}$ 187,5°; D.$^{25}_4$ 0,875; n_D^{25} 1,4328; spezif. Refr. 0,2965; 47%. — *N-Cyclohexyl-[äthoxydimethylsilylmethyl]-amin*, $C_2H_5OSi(CH_3)_2CH_2NHC_6H_{11}$, Kp.$_{99}$ 162°; D.$^{25}_4$ 0,889; n_D^{25} 1,4488; spezif. Refr. 0,3014; 64%. —*N-[Trimethylsilylmethyl]-octadecylamin*, $(CH_3)_3SiCH_2NHC_{18}H_{37}$, Kp.$_2$ 193—194°, F. 26—32°; D.$^{26}_4$ 0,815; n_D^{26} 1,4507; spezif. Refr. 0,3294; 67,5%. *Hydrochlorid*, F. 101—102°. — *N-Trimethylsilylmethylanilin*,

$(CH_3)_3SiCH_2NHC_6H_5$, Kp.$_{741}$ 242°; D.$^{25}_{4}$ 0,918; n_D^{25} 1,5213; spezif. Refr. 0,3318. (J. Amer. chem. Soc. **73.** 3867—71. Aug. 1951. Pittsburgh, Pa., Univ., Dep. of Chem.)
GROSSE-RUYKEN. 980

John E. Noll, B. F. Daubert und **John L. Speier**, *Einfluß von Organosilicium-Substituenten auf die Basenstärke von Aminen.* Die Best. der Dissoziationskonstanten einer Reihe von Silylmethylaminen (vgl. vorst. Ref.) ergab, daß diese stets 2—5mal stärker bas. als vergleichbare organ. Amine sind. Ersatz von CH_3— am Si durch C_6H_5— oder —OR (bei Silylessigsäuren ohne Einfl. auf deren Acidität) bewirkt Verminderung der Basenstärke von Silylmethylaminen, jedoch nicht so stark, wie bei den entsprechenden C-Verbindungen. — Trotz der größeren Entfernung der Silyl- von der NH_2-Gruppe ist O:[$Si(CH_3)_2CH_2CH_2NH_2$]$_2$ stärker bas. als O:[$Si(CH_3)_2CH_2NH_2$]$_2$. Die Infrarotspektren der Silylmethylamine zeigen nicht die für NH_2 bzw. NH charakterist. Absorption. Eine Erklärung hierfür kann nicht gegeben werden. (J. Amer. chem. Soc. **73.** 3871—73. Aug. 1951.)
GROSSE-RUYKEN. 980

A. R. Stiles, F. F. Rust und **W. E. Vaughan**, *Die Herstellung von Organophosphinen durch Addition von Phosphin an ungesättigte Verbindungen.* Vff. stellen fest, daß sich Phosphin in einer Radikal-Rk. an ungesätt. Verbb. anlagert; durch Verwendung von Peroxyden oder durch Bestrahlung mit UV-Licht (unterhalb 2300 Å, oberhalb nur in Ggw. von Aceton) kann diese Rk. so beschleunigt werden, daß sie in präparativem Maße angewandt werden kann. Die erhaltenen *Organophosphine* werden durch fraktionierte Dest. getrennt u. durch Oxydation mit zunächst 70%ig. u. danach 96%ig. HNO_3 in *Phosphonsäuren* übergeführt u. identifiziert. Bei *3-Oxypropylphosphin* (**IV**) wird durch HNO_3 gleichzeitig das C-Atom in 3-Stellung zu einer Carboxylgruppe oxydiert, die gewünschte Phosphonsäure wird dagegen als einziges Reaktionsprod. durch Oxydation mit 30%ig. H_2O_2 erhalten. Als Olefinkomponenten wurden *Buten-(1)*, *Isobuten*, *Cyclohexen*, *Allylalkohol* u. *Allylamin* erfolgreich untersucht. *Allylchlorid* liefert trotz 55% ig. Umsatzes des PH_3 nur wenig *3-Chlorpropylphosphin*, hauptsächlich entstehen P-haltige Polymere. — Versuche: *PH_3* wurde durch Erhitzen von wasserfreier H_3PO_3 im Vakuum auf 200—210° gewonnen. — Die Additions-Rkk. wurden in geschlossenen Rohren durchgeführt, während der gesamten Reaktionszeit (1,3—7 Std.) wurde bestrahlt. Das Fortschreiten der Rk. wurde an der Abnahme der fl. Phase verfolgt. Sie verläuft um so schneller, je größer das Verhältnis PH_3: ungesätt. Verb. ist. Zum Aufarbeiten wurde unter N_2 fraktioniert dest.; die Oxydation wurde wie oben beschrieben durchgeführt. Einige Phosphine wurden oxydiert, ohne daß sie vorher analysiert worden waren; es sind daher nur deren Oxydationsprodd. angegeben. — (Im folgenden in [] mol. Verhältnis PH_3: olefin. Verb.:) Aus Buten-(1) [1:1] *Butylphosphin* (**I**), Kp. 86,2—87,8°, 38% (Ausbeute), *Dibutylphosphin* (**II**), Kp. 181—185°, 10%, u. *Tributylphosphin*, Kp. 240,4—242,2°, Kp.$_{43}$ 135 bis 144° (*CS_2-Addukt*, F. 65—66°), 2 bzw. 67% [1:3]. — *Cyclohexylphosphin* (**III**), Kp. 146,8 bis 149,4°, 34%, aus Cyclohexen [1:1]. — *3-Oxypropylphosphin* (**IV**), Kp.$_{32}$ 79—85°, 26%, *Bis-[3-oxypropyl]-phosphin*, Kp.$_1$ 123—130°, 5%, u. *Tris-[3-oxypropyl]-phosphin*, Kp.$_1$ 196—198°, 3%, aus Allylalkohol [1:1]. — *3-Aminopropylphosphin*, Kp.$_{52}$ 58,5—62°, 28%, *Bis-[3-aminopropyl]-phosphin*, Kp.$_{36}$ 162—168°, 20%, u. *Tris-[3-aminopropyl]-phosphin*, aus Allylamin [1:2]. — *Butanphosphonsäure*, F. 104—105°, aus **I**. — *Dibutanphosphinsäure*, F. 66—67°, aus **II**. — *Isobutanphosphonsäure*, F. 123—124°, aus Isobutylphosphin (Kp. 78—79,6°). — *Diisobutanphosphinsäure*, F. 41—44°, aus Diisobutylphosphin (Kp. 169,6—171,8°). — *Triisobutylphosphinoxyd*, F. 123—125°, aus Triisobutylphosphin. — *Cyclohexanphosphonsäure*, F. 160—161°, aus **III**. — *Dicyclohexanphosphinsäure*, F. 140 bis 141,5°, aus Dicyclohexylphosphin. — *2-Carboxyäthanphosphonsäure*, F. 160—161°, aus **IV** durch HNO_3-Oxydation. *3-Oxypropanphosphonsäure*, aus **IV** durch H_2O_2-Oxydation; flüssig. — 3-*Chlorpropanphosphonsäure*, F. 95—97,5°, aus 3-Chlorpropylphosphin (Sublimationspunkt 125°). (J. Amer. chem. Soc. **74.** 3282—84. 5/7. 1952. Emmeryville, Calif., Shell Development Co.)
ZIMMER. 980

Gennady M. Kosolapoff, *Einige Beobachtungen über die sauren Salze von Phosphonsäuren.* Beim stufenweisen Neutralisieren von *Butanphosphonsäure* wurde nach der Zugabe von 25% der berechneten Menge NaOH ein Prod. erhalten, das ein wesentlich anderes Verh. als die Prodd. zeigt, die weniger weit neutralisiert sind. Das „25%-Salz" (es beginnt bei 143° zu sintern) ist nicht lösl. in heißem Bzl., aber auch viel weniger als die freie Säure in W. löslich. Vf. schließt daraus, daß bei diesem Grad der Neutralisation die ursprünglich kettenförmig aggregierte Phosphonsäure eine Ringstruktur nach 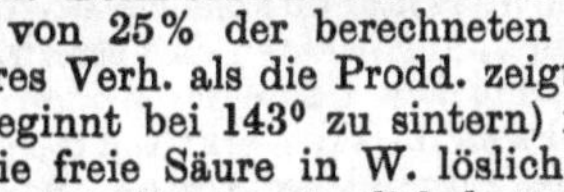 besitzt; beim weiteren Neutralisieren steigt der Sinterungspunkt bis auf 245° beim „50%-Salz" — entsprechend einer Verb. RPO_3HNa — an; dieses ist in W. noch weniger lösl. als das „25%-Salz" u. besitzt sicher die gleiche

Struktur; beim Erhitzen auf Rotglut entwickelt es im Gegensatz zur freien Säure ein organ. Phosphin, allerdings in nur geringer Menge; das Phosphin ergab nach Oxydation mittels starker HNO_3 — wahrscheinlich — Butanphosphonsäure. (J. Amer. chem. Soc. **74**. 3427—28. 5/7. 1952. Auburn, Ala., Polytechn. Inst., Ross Chem. Labor.) ZIMMER. 980

W. Davis und **W. C. J. Ross**, *4.5-Dichlor-o-phenylendiamin. 4.5-Dichlor-o-phenylendiamin* (I) wurde durch katalyt. Red. der entsprechenden Mono- bzw. Dinitroverbb. hergestellt u. durch Derivv. charakterisiert. Seine Hemmwrkg. auf das Wachstum von Tumoren soll geprüft werden.

Versuche: *4.5-Dichlor-o-phenylendiamin* (I), $C_6H_6N_2Cl_2$, F. 163°, aus 1 g 1.2-Dichlor-4.5-dinitrobenzol oder 4.5-Dichlor-2-nitroanilin in A. (H_2, 1 g RANEY-Ni, 15 Min.); Filtrat evakuiert; aus Bzl., dann Bzl.-PAe. flache Nadeln. *Monohydrochlorid*, $C_6H_6N_2Cl_2 \cdot HCl$, Zers. bei 200—220° (geschlossene Capillare), aus I in Ae. mit HCl-Gas, Tafeln aus A.-Ae. u. Sublimation bei 100°/0,2 mm. *Dihydrochlorid*, $C_6H_6N_2Cl_2 \cdot 2HCl$, Zers. bei 205 bis 220° (geschlossene Capillare), aus I in konz. HCl mit HCl-Gas u. Trocknen im Vakuum, Tafeln. *Dibenzoylverb.*, $C_{20}H_{14}O_2N_2Cl_2$, F. 257°, mit C_6H_5COCl u. 5%ig. KOH, aus A. Nadeln, bei schnellem Kühlen Prismen. — *Chinoxalinderiv.*, $C_{20}H_{12}N_2Cl_2$, F. 153°, durch 1 std. Dampfbaderhitzen von I u. Benzil in A. u. Zugabe von W., aus wss. A. Nadeln. — *11.12-Dichlorphenanthrazin*, $C_{20}H_{10}N_2Cl_2$, F. 264°, durch Zugabe der alkoh. Lsg. von I zu Phenanthrenchinon in warmer CH_3COOH, gelbe Nadeln aus CH_3COOH. (J. chem. Soc. [London] **1951**. 3258. Nov. London, Chester Beatty Res. Inst.) LEHMSTEDT. 1310

Herbert E. Ungnade und **Elizabeth Hansbury**, *Die Nitrierung von m-Phenoxyacetanilid.* Wie *o-Phenoxyacetanilid* (MCCOMBIC u. Mitarbeiter, C. **1931**. II. 439 u. früher) wird auch die *m-Verb.* (I) in p-Stellung zur Acetamidogruppe nitriert, da ster. Hinderung durch diese Gruppe die o-Substitution vereitelt. Dagegen sind die Verhältnisse beim *p-Phenoxyacetanilid* auf Grund der Blockierung der p-Stellung komplizierter (SCARBOROUGH u. SWEETEN, C. **1934**. I. 2117). Vff. erhielten bei der Nitrierung von *m-Phenoxyacetanilid* (I) trotz der Aktivierung beider o-Stellungen ausschließlich *3-Phenoxy-4-nitroacetanilid* (II), welches sie auch aus 3-Chlor-4-nitroacetanilid (III) synthetisierten. Zwei Isomere von **II**, *2-Nitro-5-phenoxyacetanilid* (**IV**) u. *m-[4-Nitrophenoxy]-acetanilid* (**V**), wurden zum Vgl. dargestellt. Von **II**, **IV** u. **V** wurden die Absorptionsspektren aufgenommen u. mit denen von *o-* u. *p-Nitroacetanilid* verglichen.

Versuche: Da *m-Phenoxyacetanilid* (I), F. 83,5—84° (wss. Essigsäure), aus m-Bromanilin über m-Phenoxyanilin nur zu weniger als 10% (Ausbeute) zugänglich ist u. m-Chloracetanilid unter n. Bedingungen keine ULLMANN-Rk. eingeht, wurde **I** aus m-Bromacetanilid u. K-Phenolat (**VI**) mit etwas Cu in phenol. Lsg. durch Erhitzen auf 205—218°, Aufnehmen in Bzl. u. Vakuumdest. als gelbes Öl (Kp.$_1$ 180—220°) erhalten; Reinigung durch Al_2O_3-Adsorption in Bzl. u. Eluierung mit demselben Lösungsmittel. Hydrolyse mit 20%ig. HCl liefert das *m-Phenoxyanilinhydrochlorid*, F. 130—132°. — *3-Phenoxy-4-nitroacetanilid* (II), $C_{14}H_{12}O_4N_2$: a) Aus 1 g **I** in Eisessig durch tropfenweises Zusetzen von konz. HNO_3 + Eisessig bei 80°, Gießen in Eiswasser u. Extraktion mit Bzl.; das Rohprod. wurde in Bzl. + wenig Aceton an Al_2O_3 adsorbiert u. mit Bzl. eluiert; gelbe Nadeln, F. 209—210° (Bzl.); 0,54 g; b) aus 1 g **III** u. **VI** durch 3 std. Erhitzen auf 180—204° mit etwas Cu-Pulver in Phenol, Aufnehmen in heißem W. u. Ausziehen mit Bzl.; F. 210—211,5° (Ae.); 0,1 g. — *6-Nitro-3-phenoxyacetanilid* (**IV**), $C_{14}H_{12}O_4N_2 \cdot \frac{1}{2} H_2O$, aus 2 g 3-Chlor-6-nitroacetanilid, analog **II** b), Erhitzungsdauer 2 Std., Reinigung analog **II** a); F. 133—135° (Bzl.); 1,2 g. — *m-[4-Nitrophenoxy]-acetanilid* (**V**), aus 3-Acetylaminophenol-K (Darst. aus 6 g m-Oxyacetanilid mit K in Methanol) u. 6,3 g p-Nitrochlorbenzol durch 4 std. Erhitzen mit etwas Cu-Pulver in β.β'-Dioxydiäthyläther auf 190—210° u. Aufnehmen in heißem W. + Bzl.; gelbe Nadeln aus Bzl., F. 135—135,5°; 1,76 g. (J. org. Chemistry **17**. 742—46. Mai 1952. Las Vegas, N. Mex., New Mexico Highlands Univ., Chem. Dep.) KAYSER. 1320

S. Archer, **J. O. Hoppe** und **T. R. Lewis**, *Darstellung und cholecystographische Eigenschaften einiger Aminotrijodphenylalkansäuren.* Zur Unters. auf ihre cholecystograph. Wirksamkeit werden einige β-[3-Amino-2.4.6-trijodphenyl]-alkansäuren dargestellt. Zu diesem Zweck kondensieren Vff. m-Nitrobenzaldehyd mit den Säureanhydriden von Essigsäure bis Valeriansäure unter den Bedingungen der PERKIN-Rk. u. erhalten *m-Nitro-α-alkylzimtsäuren.* Diese werden zu *β-[m-Aminophenyl]-α-alkylpropionsäuren* red. u. ohne Isolierung mit JCl zu *β-[2.4.6-Trijod-3-aminophenyl]-α-alkylpropionsäuren* jodiert. Das Maximum der Kontrastwrkg. (an Katzen) zeigte *β-[3-Amino-2.4.6-trijodphenyl]-α-äthylpropionsäure* (*Telepaque*).

Versuche: *β-[3-Amino-2.4.6-trijodphenyl]-propionsäure*, $C_9H_8O_2NJ_3$, F. 232,7 bis 233,5° (korr.), aus 0,1 Mol m-Nitrozimtsäure durch 7½ std. Hydrieren mit ADAMS-Katalysator in A., Abdampfen nach Filtrieren u. 3std. Rühren mit 3%ig. Na-Amalgam in 7%ig. NaOH; nach Filtration u. Abdampfen Ausziehen mit A. u. Zufügen des abgedampften u. in 6 nHCl aufgenommenen Rückstandes des Auszuges zu einer auf 70° erwärmten u. turbinierten Lsg. von 0,33 Mol JCl in 6nHCl; nach Zutropfen von W. Reinigen über das Ca-Salz; 14,9 g (Ausbeute). — *β-[3-Amino-2.4.6-trijodphenyl]-α-methylpropionsäure*, $C_{10}H_{10}O_2NJ_3$, F. 180—181° (korr.), durch Red. von 51,8 g α-Methyl-m-nitrozimtsäure mit RANEY-Ni in NaOH-Lsg. bei 70—80° u. Jodieren wie vorst.; 49 g (roh). — *α-n-Propyl-m-nitrozimtsäure, trans-Isomeres*, $C_{12}H_{13}O_4N$, F. 125—127°, aus einer Mischung von 77 g m-Nitrobenzaldehyd, 190,7 g Valeriansäureanhydrid u. 34,2 g Triäthylamin durch 20std. Rühren bei 100—105° u. Neutralisieren mit HCl; nach Abblasen mit Wasserdampf aus dem Destillierrückstand durch fraktionierte Kristallisation mit Bzl. + Ligroin u. dann verd. A.; 64,5 g. *cis-Isomeres*, F. 109—111,5°, aus der Mutterlauge; 7 g; Isomerengemisch zeigt F.-Depression. — *α-n-Propyl-β-[3-amino-2.4.6-trijodphenyl]-propionsäure*, $C_{12}H_{14}O_2NJ_3$, F. 169,2—170,5° (korr.), aus 60 g vorst. Verb. durch Hydrierung mit RANEY-Ni wie oben u. Jodierung in Essiglsg.; 19,7 g. Daneben die *Dijodverb.*, $C_{12}H_{15}O_2NJ_2$, F. 159 bis 160° (Methanol). — *α-n-Butyl-m-nitrozimtsäure*, $C_{13}H_{15}O_4N$, F. 109,9—110,6° (korr.), aus 73 g Capronsäureanhydrid; 21,3 g. Daneben eine *feste Verb.* vom F. 95—98°. — *α-n-Butyl-β-[3-amino-2.4.6-trijodphenyl]-propionsäure*, $C_{13}H_{16}O_2NJ_3$, F. 175—176,4° (korr.), aus vorst. Verb. durch RANEY-Ni-Hydrierung u. anschließende Jodierung in 6nHCl; 20 g. (J. Amer. pharmac. Assoc., sci. Edit. **40.** 617—19. Dez. 1951. Rensselaer, N. Y., Sterling-Winthrop Res. Inst.) LEHWALD. 1350

Henry Gilman und **Howard Hartzfeld**, *Die Reaktion von einigen tetrasubstituierten Silanen mit n-Butyllithium.* Fortsetzung der Unters. der Spaltung der Si—C-Bindung durch n-Butyllithium (I) (vgl. C. **1950.** II. 2307). *Triphenyl-[phenyläthinyl]-silan* wird durch I in Ae. in 24 Std. am Rückfluß u. anschließende Carbonierung mit Trockeneis in Ae. zu *Phenylpropiolsäure*, F. 135—136°, 19% (Ausbeute) u. *n-Butyltriphenylsilan*, F. 85—86°, 58%, gespalten. Dieselbe Behandlung von *Triphenylbenzylsilan* (II) ergibt *Phenylessigsäure*, F. 71—74°, 43%, u. *Triphenylsilanol*, F. 151—153°, 52%. Wird dagegen das Reaktionsgemisch von I u. II nicht carboniert, sondern hydrolysiert, so werden 80% II wiedergewonnen. Dies zeigt, daß zunächst Metallierung zu $(C_6H_5)_3SiCHLi(C_6H_5)$ erfolgt u. erst die durch Carbonierung entstandene Säure $(C_6H_5)_3SiCH(COOH)(C_6H_5)$ hydrolyt. zerfällt. (J. Amer. chem. Soc. **73.** 5878—79. Dez. 1951. Ames, Io., Iowa State College, Chem. Labor.) GROSSE-RUYKEN. 1380

Bernard J. Jandorf, Theodor Wagner-Jauregg, John J. O'Neill und **Marvin A. Stolberg**, *Die Reaktion von phosphorhaltigen Enzyminaktivatoren mit Phenolen und Polyphenolen.* Die starken Enzyminaktivatoren *Diisopropylfluorphosphat* (*DFP*) (I) u. *Diisopropylchlorphosphat* (*DClP*) (II) reagieren in wss. neutraler oder schwach alkal. Lsg. sehr langsam mit *Phenol*; wesentlich schneller entsteht mit *Brenzcatechin* (III) *Diisopropyl-o-oxyphenylphosphat* (IV); auch mit einem Überschuß an I oder II ließ sich kein diphosphoryliertes III isolieren; *Pyrogallol* scheint dagegen mit I u. II ein diphosphoryliertesProd. (1.3-OH-Gruppen) zu geben. Die Rkk. wurden zum Teil im $NaHCO_3$–CO_2-Puffer manometr. in einer WARBURG-App. an der entwickelten CO_2-Menge verfolgt; es wurde festgestellt, daß Resorcin, Hydrochinon u. Phenol prakt. gar nicht, Pyrogallol u. Gallussäure dagegen sogar ca. 5mal schneller als III u. 3.4-Dioxyphenylalanin ebenso schnell wie III mit I reagieren. Die Verss. lassen den Schluß zu, daß 2 o-ständige freie OH-Gruppen zur Rk. mit I bzw. II notwendig sind (Reaktionsmechanismen werden diskutiert) u. daß in den von I u. II inaktivierten Enzymen, wie z. B. Esterase, aromat. o-Dioxybenzole vorhanden sind.

Versuche: *Diisopropylphenylphosphat* (V), $C_{12}H_{19}O_4P$, n_D^{25} 1,4684, bildet sich wahrscheinlich bei der Rk. zwischen je 0,021 Mol Phenol, *DClP* (II) u. Triäthylamin (VI) in Bzl.; nach 48 Std. wurde vom ausgeschiedenen VI-Hydrochlorid, 95% (Ausbeute), abgetrennt u. nach Zugabe von Ae. im Vakuum dest.; es wurden 3 Fraktionen erhalten: a) $Kp._{1-2}$ 103—109°, b) $Kp._{1-2}$ 109—116° u. c) $Kp._{1-2}$ 116—122°; c) wurde zur Gewinnung von V weiter aufgearbeitet; durch Zugabe von A. u. W. wurden 2 Schichten erhalten; aus beiden ließ sich nach Dest. im Hochvakuum ein Öl erhalten, das mit W. + A. wieder 2 Schichten ergab, die ein Öl mit einem P-Geh. von 12,0% (berechnet für V 12,0%) lieferten; 0,5 ml (Ausbeute). Ein etwas unreineres V entstand bei der Rk. zwischen 4,8 ml *DFP* (I) u. 2,4 g Phenol in K_2CO_3-Lsg.; nach 3½ std. Rühren wurde Aceton zugegeben u. solange gerührt, bis sich ein p_H-Wert von ca. 8 einstellte u. sich 2 Schichten ausbildeten; diese obere wurde fraktioniert; $Kp._{1-2}$ 108—112°; n_D^{25} 1,4708; P gefunden 10,85; ca. 0,5 ml. — *Diisopropyl-o-oxyphenylphosphat* (IV), $C_{12}H_{19}O_5P$, F. 68—70°, aus 4 g III in 6,7%ig. Sodalsg. durch portionsweises Zugeben von 8 ml I; es wurde gerührt, bis sich ein p_H-Wert von 7—7,5 einstellte, wobei sich allmählich ein schweres Öl abschied; dieses wurde in Chlf. aufgenommen, mit W. u. verd. Essigsäure gewaschen u. im Vakuum das Chlf. abdest.; das zurückbleibende Öl krist. u. wurde bei -20^0 wiederholt mit PAe. aus Methylenchlorid umgefällt; **IV** ist lösl. in 2%ig. Sodalsg., Ae., verd. NH_4OH, 2n NaOH u. 5n Essigsäure, schwer lösl. in W. u. unlösl. in 2n HCl; es gibt eine hellviolette $FeCl_3$-Rk. u. einen negativen Arnow-Test (J. biol. Chemistry **164**. [1946.] 321); 5,7 g. Es bildet sich auch aus gleichmol. Mengen **III**, **II** u. **VI**. (J. Amer. chem. Soc. **74**. 1521–23. 20/3. 1952. Maryland, Army Chem. Center, Chem. Corps Med. Labors., Biochem. Branch.)

Zimmer. 1380

Jens A. Jensen und George W. Pearce, *Synthese von radioaktivem Parathion unter Verwendung von* ^{35}*S. O.O-Diäthyl-O-p-nitrophenylthiophosphat* (**I**; *Parathion*), radioakt. Schwefel — ^{35}S — enthaltend, wurde nach an sich bekannten Verff. wie folgt hergestellt:

$$^{35}S + PCl_3 \xrightarrow{AlCl_3} P^{35}SCl_3 + 2\,C_2H_5ONa \rightarrow (C_2H_5O)_2-P^{35}SCl + NaO-C_6H_4-NO_2 \rightarrow I;$$

D. 1,26 $\pm$ 0,01; n_D^{25} 1,5380; spezif. Aktivität 220 Mikrocurie/Millimol; 49% (Ausbeute). (J. Amer. chem. Soc. **74**. 3184. 20/6. 1952. Savannah, Ga., Communicable Disease Center; Public Health Service, Federal Security Agency.) Zimmer. 1380

Jaakko Hukki, *α.p-Dimethylstyrol: seine Dimerisierung mit Ameisensäure und Reaktionen mit Maleinsäureanhydrid.* In einer Übersicht wird zunächst die Dimerisierung von Äthylenverbb. durch saure Katalysatoren sowie die Addition von Maleinsäureanhydrid (**VIII**) an Styrolderivv. behandelt (49 Literaturangaben). — Bei Verss. zur Darst. von *α.p-Dimethylstyrol* (**I**) aus *Dimethyl-p-tolylcarbinol* (**II**), das im Gemisch mit *p-Methylacetophenon* (**III**) durch Luftoxydation von p-Cymol (**IV**) entsteht, zeigte es sich, daß mit 90%ig. HCOOH nicht **I**, sondern ein Dimeres von **I** entsteht. Zur Darst. von **I** aus **II** + **III** eignet sich dagegen die Dest. über Al_2O_3. Aus dem Gemisch von **II** mit **III** oder reinem **I** entstehen bei der Dest. mit 95%ig. HCOOH neben höheren Polymeren ein *festes, gesätt.* u. ein *fl., ungesätt. Dimeres* von **I**, von denen das zweite zum ersten isomerisiert werden kann. Das feste, gesätt. Dimere wird als *1.3.3.6-Tetramethyl-1-p-tolylindan* (**V**) identifiziert, da es mit dem aus **IV** von Puranen (C. **1933**. II. 856) erhaltenen „Dicymen" ident. ist. Das fl., ungesätt. Dimere ist eine Mischung aus *2.4-Di-p-tolyl-4-methylpenten-(1)* (**VI**) u. *2.4-Di-p-tolyl-4-methylpenten-(2)* (**VII**) im Verhältnis 5:1, wie aus der Ozonolyse zu *HCHO* u. *1-Oxo-3-methyl-1.3-di-p-tolylbutan* (**XVI**) (aus **VI**), **III** u. *Dimethyl-p-tolylacetaldehyd* (aus **VII**) u. *p-Toluylsäure* u. *Dimethyl-p-tolylessigsäure* als sek. Prodd. folgt. Die Dimerisierung von **I** dürfte nach einem Carboniumionmechanismus verlaufen. — In Abhängigkeit von den Reaktionsbedingungen gelangt Vf. bei der Umsetzung von **I** mit **VIII** zu 3 verschied. Endprodd.: 1. einem Heteropolymeren; 2. einem Addukt von 2 Mol **VIII** an 1 Mol monomeres **I**; 3. einem Addukt von 2 Mol **VIII** an 1 Mol **VI**. Für das Bis-Addukt **VIII**/**I** wird die Konst. **IX**, für das Addukt **VIII**/**VI** Konst. **X** angenommen.

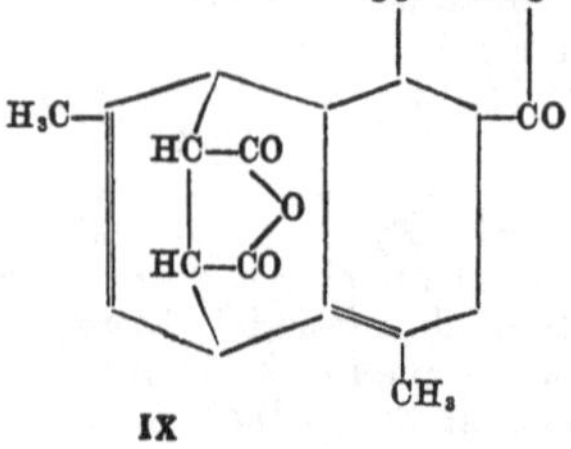
IX

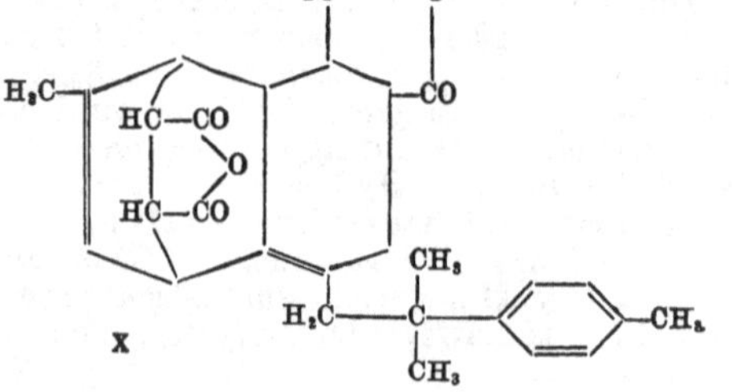
X

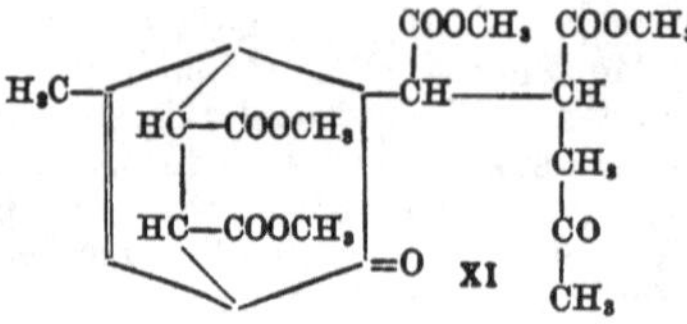
XI

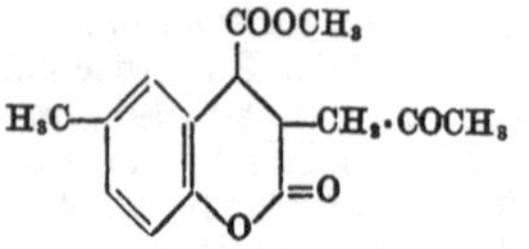
XII

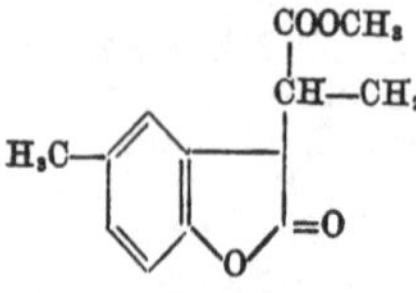
XIII

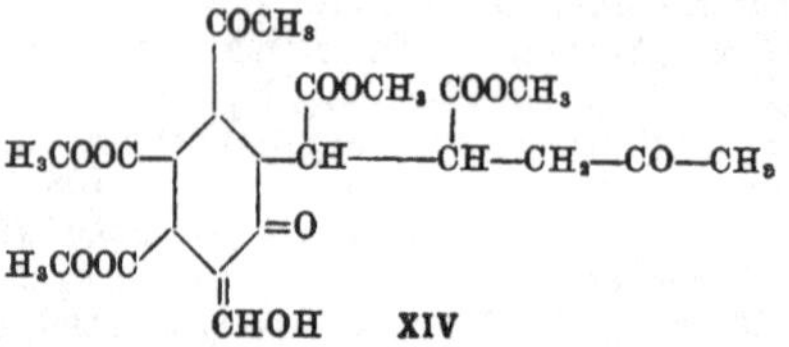
XIV

IX gibt durch Aromatisierung *4.7-Dimethylnaphthalindicarbonsäure-(1.2)-anhydrid*; die Ozonisierung des Tetramethylesters (**IXa**) der freien Tetracarbonsäuren aus **IX** gab ein *Diketon* (wahrscheinlich **XI**), dessen therm. Abbau unter Abspaltung von CH_3OH u. Dimethylmaleat ein *Lacton* (**XII** oder **XIII**) lieferte. Durch Ozonisierung von **XI** u. Zers. des Ozonids mit H_2 entstanden 2 Prodd., deren Verh. sich mit den Strukturen **XIV** u. **XV** erklären läßt. Im Gegensatz zu **I** gibt Styrol nur in ganz geringer Ausbeute ein Bisaddukt mit **VIII**, α-Methylstyrol liefert überhaupt kein solches.

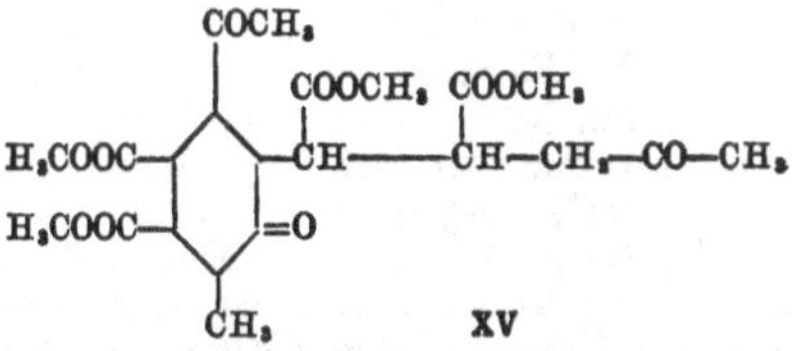

XV

V e r s u c h e : *α.p-Dimethylstyrol* (I), Kp. 189—191°, aus **IV** durch Oxydation mit Luft zu **II** u. **III**, Dest. über Al_2O_3 bei 220—230°/13 mm u. Fraktionierung. **III**, Kp. 224 bis 225°. — *Dimerisierung*: Die Mischung aus **II** u. **III** oder **I** wird mit Ameisensäure versetzt u. zum Sieden gebracht oder direkt dest.; Tabellen mit Ausbeuten an den einzelnen Prodd. in Abhängigkeit von der HCOOH-Konz.; *fl. Dimeres* (**VI** + **VII**), $C_{20}H_{24}$, Kp.₇ 181 bis 187°; *festes Dimeres* (**V**; *1.3.3.6-Tetramethyl-1-p-tolylindan*), $C_{20}H_{24}$, F. 38—39°. Durch Behandlung mit $AlCl_3$ in Dichloräthan oder mit konz. H_2SO_4 oder durch Kochen mit 95%ig. HCOOH wird das Gemisch **VI** + **VII** zu **V** isomerisiert, im 2. Fall findet zum Teil Sulfonierung statt. Ozonisierung von **VI** + **VII** u. Zers. des Ozonids ergab *CH_2O*, **III** (*Semicarbazon*, F. 204—205°), *Dimethyl-p-tolylacetaldehyd* (*Semicarbazon*, F. 171,5°), *p-Toluylsäure*, F. 179—180°, *Dimethyl-p-tolylessigsäure*, F. 80—81° u. *1-Oxo-3-methyl-1.3-di-p-tolylbutan* (**XVI**), $C_{19}H_{22}O$, Kp.₇ 201—205°. **XVI**-*Oxim*, $C_{19}H_{23}ON$, F. 124—125°, aus PAe. + Ae. Nadeln; BECKMANN-Umlagerung mit PCl_5 zu *β-p-Tolylisovaleriansäure-p-toluidid* (**XVII**), $C_{19}H_{23}ON$, F. 128—129°, aus Ligroin Nadeln. — Hydrolyse von **XVII** mit 70%ig. H_2SO_4 ergab *p-Toluidin*, F. 43—44° (PAe.), u. *3.3.6-Trimethylindanon-(1)*, $C_{12}H_{14}O$, F. 42—43° [synthet. durch FRIEDEL-CRAFTS-Rk. aus β-p-Tolylisovaleriansäurechlorid erhältlich; *Semicarbazon*, F. 214—215° (Zers.)]; mit methanol. KOH entstanden *p-Toluidin* u. *β-p-Tolylisovaleriansäure* [$C_{12}H_{16}O_2$ F. 76—76,6°, aus PAe. große Kristalle; Synth.: **II** → *Dimethyl-p-tolylchlormethan*, Malonestersynth. → *2-Methyl-2-p-tolylpropandicarbonsäure-(1.1)*, $C_{13}H_{16}O_4$, F. 131,5—132,5° (Zers.), u. Decarboxylierung]. — Beim Erwärmen von **I** u. **VIII** auf dem Wasserbad entstand ein Harz, F. 105—120°. — *Bisaddukt* **IX**, $C_{18}H_{16}O_6$, F. 255—256°, a) aus **I** u. **VIII** in Essigsäureanhydrid in Ggw. von Dimethylanilin während 24 Std. bei 80°; aus Xylol Nadeln; 40% ; b) ebenso aus **II** (+ **III**) u. **VIII**; 40%. — *Bisaddukt* **X**, $C_{28}H_{28}O_6$, F. 231—233°, a) aus 2,3 g **I** u. 1,7 g **VIII** in Bzl. während 24 Std. bei 80°; aus Äthylacetat Nadeln; b) aus **VI** (+ **VII**) u. **VIII** während 24 Std. auf dem Wasserbad; 67% ; c) aus **II** (+ **III**) in Ggw. von HCOOH während 72 Std. bei Raumtemp.; 70%. — *4.7-Dimethylnaphthalindicarbonsäure-(1.2)-anhydrid*, $C_{14}H_{10}O_3$, F. 235,5—236,5° durch Erhitzen von **IX** mit S auf 220—230° (1½ Std.) u. auf 270—280° (5 Min.); nach Sublimation bei 210° (Bad) gelbe Nadeln; 66%. — *4.7-Dimethylnaphthalindicarbonsäure-(1.2)*, $C_{14}H_{12}O_4$, F. 236—237°, mit NaOH; 97%. — *1.6-Dimethylnaphthalin*, Kp.₁₅ 135—138°, durch Decarboxylierung; 21%. — *Tetracarbonsäure $C_{18}H_{20}O_8$*, F. 210—215° (Zers.), durch Hydrolyse von **IX** mit heißer KOH u. Ansäuern mit kalter konz. HCl; ~ 100%; mit heißer HCl wurde dagegen ein *Monoanhydrid $C_{18}H_{18}O_7$*, F. 307 bis 308° (Zers.), erhalten. *Tetramethylester $C_{22}H_{28}O_8$* (**IXa**), F. 121—123°, mit Diazomethan; 98%. —Bromierung von **IXa** in Chlf. gab ein nicht krist. Harz. — *Diketon $C_{22}H_{28}O_{10}$* (**XI**), F. 153—154°, durch Ozonisierung von **IXa** in Chlf. u. Zers. des Ozonids mit H_2 in Ggw. PtO_2; aus Methanol Prismen; 70%. *Disemicarbazon*, $C_{24}H_{34}O_{10}N_6$, F. 230—231° (Zers.), aus 50%ig. A. Kristalle. *Dioxim*, $C_{22}H_{30}O_{10}N_2$, F. 211—213° (Zers.), aus A. kleine Platten. — *Lacton $C_{15}H_{16}O_5$* (**XII** oder **XIII**), F. 114—115°, durch Erhitzen von **XI** auf 220—230° im Vakuum unter Abspaltung von *Methanol* (70%) u. *Dimethylmaleat* (Kp.₁ 60—63°; 73%; 15 Min. Kochen mit J_2 → *Dimethylfumarat*, $C_6H_8O_4$, F. 101—102°), zunächst als viscoses Öl, Kp.₁ 180—186°, das beim Stehen erstarrt; aus CH_3OH kleine Platten. *Semicarbazon*, $C_{16}H_{19}O_5N_3$, F. 197—198° (Zers.), aus A. Nadeln. — Alkal. Hydrolyse von **XI** gibt *Fumarsäure*. — Hydrolyse von **XII** oder **XIII** mit KOH u. Remethylierung mit Diazomethan liefert das Ausgangsprod. zurück. —*Dimethyl-α-[2-methoxy-5-methylphenyl]-β-acetonylsuccinat* (**XVIII**), $C_{17}H_{22}O_6$, Kp.₃ 182—192°, durch Methylierung von **XII** oder **XIII** in NaOH mit Dimethylsulfat; 75%. *Semicarbazone*, $C_{18}H_{25}O_6N_3$, F. 183—185° u. F. 157—160°. — *α-[2-Methoxy-5-methylphenyl]-tricarballylsäure* (**XIX**), $C_{14}H_{16}O_7$, F. 165 bis 167°, durch 5std. Verseifen von **XVII** mit NaOH auf dem Wasserbad, Versetzen bei 0° mit NaOBr-Lsg., Abfiltrieren von *CBr_4* (F. 86—89°), Zugabe von Aceton u. Ansäuern mit HCl; aus Bzl.-Aceton mkr. Nadeln. *Trimethylester*, F. 73—75°. — *2-Methoxy-5-methylbenzaldehydcyanhydrin*, $C_{10}H_{11}O_2N$, F. 57—59°, aus p-Kresol über *2-Methoxy-5-methylbenzaldehyd*; 95%. — *2-Methoxy-5-methylmandelsäure*, F. 105—106°, aus vorst.

Verb. durch Hydrolyse mit konz. HCl in der Kälte u. Reinigung über den *Methylester* ($C_{11}H_{14}O_4$, F. 89—91°), aus Bzl. Nadeln; 31%. — *Äthyl-[2-methoxy-5-methylphenyl]-bromacetat*, $C_{12}H_{15}O_3Br$, F. 57—58°, aus vorst. Säure mit PBr_5 u. dann A.; Kp.₂ 135—136°; gibt mit der Na-Verb. von Acetonylmalonsäurediäthylester, nachfolgend Verseifung, Decarboxylierung u. Veresterung mit CH_3OH die beiden stereoisomeren Formen von **XVIII**, $Kp._3$ 179—181° u. $Kp._3$ 188—190°. Die freien Säuren kristallisieren nicht. — **XIX**, aus p-Tolylmethyläther über *2-Methoxy-5-methylbenzylchlorid*, *2-Methoxy-5-methylphenylessigsäure* u. deren *Äthylester* ($Kp._5$ 136—138°) durch Kondensation mit Diäthylmaleat. *Triäthylester*, $C_{20}H_{28}O_7$, $Kp._5$ 217—218°; 58%. *Trimethylester*, F. 74—76°. — *Verb.* $C_{22}H_{30}O_{10}$, F. 147—148°, durch Hydrierung von **XI** in Ggw. von PtO_2; 40%. *Semicarbazon*, $C_{23}H_{33}O_{10}N_3$, F. 216—217° (Zers.). — *Methylketon* $C_{22}H_{30}O_{11}$ (**XV**), F. 171—173°, u. *Enol* **XIV** als *Cu-Salz* $(C_{22}H_{27}O_{12})_2Cu$, grüne Kristalle, F. 224—225° (Zers.), durch Ozonisierung von **XI** in Äthylchlorid unter CO_2-Kühlung u. Zers. des Ozonids mit H_2/PtO_2 in CH_3OH. **XIV**-*p-Nitranilid*, $C_{28}H_{32}O_{13}N_2$, F. 215—217°, gibt bei Ozonisierung u. katalyt. Hydrierung ein nichtkristallines Harz. — *Tetracarbonsäure* $C_{28}H_{32}O_8$, aus **X**, F. 210 bis 215° (Zers.); 98%. *Tetramethylester*, $C_{32}H_{40}O_8$, F. 120—123°, mit CH_2N_2; 92%. Ozonisation von **X** läßt auf 1 Doppelbindung schließen. — Addition von **VIII** an Styrol gibt ein *Bisaddukt* $C_{16}H_{12}O_6$, F. 254—256° (Zers.), aus Eisessig Nadeln. Aromatisierung hiervon gibt *Naphthalindicarbonsäure-(1.2)-anhydrid*, $C_{12}H_6O_3$, F. 166—167°. (Suomalaisen Tiedeakatemian Toimituksia [Ann. Acad. Sci. fennicae], Ser. AII **1952**. Nr. **44**. 7—57.)

KLEINMANNS. 1410

T. W. Lunney, A. M. Whaley und **H. W. Davis**, *cis-1.4-Dichlorcyclohexan*. Die Darst. von *cis-1.4-Dichlorcyclohexan* (**I**) (vgl. auch ROTHSTEIN, Ann. Chimie **14**. [1931.] 461) gelingt durch die Reaktionsfolge: 1.4-Epoxycyclohexan → *trans-4-Chlorcyclohexanol* (**II**) (vgl. FEHNEL, GOODYEAR u. BERKOWITZ, J. Amer. chem. Soc. **73**. [1951.] 4978) → **I**. — *cis-1.4-Dichlorcyclohexan* (**I**), $C_6H_{10}Cl_2$, durch Eintropfen von $SOCl_2$ in eine sd. Lsg. von **II** in Chlf. + 1 Mol Pyridin, nach dem Waschen mit W. u. Destillieren neben *4-Chlorcyclohexen* (?), $Kp._{13}$ 40—45°, als Vorlauf; F. 18°, $Kp._{12,5}$ 80,3°, $Kp._{756,5}$ 193° (Zers.), n_D^{20} 1,4952, $D.^{20}_4$ 1,1900; Mol.-Refr. 37,45. (J. Amer. chem. Soc. **74**. 3428—29. 5/7. 1952. Columbia, S. C., Univ. of South Carolina, Dep. of Chem.) GOLD. 1810

George P. Mueller und **Joseph A. Meredith**, *1.3-Bis-[p-oxyphenyl]-cyclopentan*. Ausgangsprod. zur Darst. von *1.3-Bis-[p-oxyphenyl]-cyclopentan* (**I**) war *3-[p-Methoxyphenyl]-Δ²-cyclopentenon*, das nach WILDS u. JOHNSON (J. Amer. chem. Soc. **76**. [1945.] 286) erhalten wurde. Seine Hydrierung in Ggw. von PdO_2 unter den von WEIDLICH (C. **1945**. II. 1311) beschriebenen Bedingungen lieferte *3-[p-Methoxyphenyl]-cyclopentanon*, das mit p-Methoxyphenyl-MgBr direkt eine Mischung von *1.3-* u. *1.4-Bis-[p-methoxyphenyl]-cyclopenten* (**II**) ergab. Die Hydrierung von **II** u. die anschließende alkal. Entmethylierung des erhaltenen *1.4-Bis-[p-methoxyphenyl]-cyclopentans* führte schließlich zu **I**. Bei dem Vers., **II** zu entmethylieren, entstand eine rote Verb. vom F. 157—159° (sauer rot, alkal. blau), die beim Hydrieren in ein nicht näher untersuchtes Prod. vom F. 32—34° überging.

Versuche: *3-[p-Methoxyphenyl]-Δ²-cyclopentenon*, F. 140—141°, nach WILDS u. JOHNSON (l. c.), nach der Sublimation bei 120°/0,5—1 mm aus A. Nadeln; 69% (Ausbeute). — *3-[p-Methoxyphenyl]-cyclopentanon*, F. 47—49°, durch Hydrieren des Vorst. in mit KOH lackmusalkal. gestelltem A. in Ggw. von PdO_2, aus PAe. Prismen; 86—94%. — *1.4-* u. *1.3-Bis-[p-methoxyphenyl]-cyclopenten* (**II**), $C_{19}H_{20}O_2$, F. 90—92,5°, aus dem Vorst. mit p-Methoxyphenyl-MgBr in sd. Ae. (unter N_2), $Kp._{0,025}$ 161—163°, aus Methanol Nadeln; λ_{max} 264 mμ (ε = 23130 in A.); eine Trennung der Isomeren durch Chromatographie war nicht möglich. — *1.3-Bis-[p-methoxyphenyl]-cyclopentan*, $C_{19}H_{22}O_2$, F. 48 bis 49,5°, durch Hydrieren von **II** in A. in Ggw. von Pd/Kohle, aus Methanol Nadeln; 82%. λ_{max} 228 mμ (ε = 23830 in A.). — *1.3-Bis-[p-oxyphenyl]-cyclopentan* (**I**), $C_{17}H_{18}O_2$, F. 158—160°, aus dem Vorst. mit alkoh. KOH bei 200—212° (24 Std.), aus 67%ig. Methanol Rosetten; 81%. Zeigt keine $FeCl_3$-Reaktion. *1.3-Bis-[p-acetoxyphenyl]-cyclopentan*, $C_{21}H_{22}O_4$, F. 67—68°, aus Methanol Täfelchen. (J. Amer. chem. Soc. **74**. 3426—28. 5/7. 1952. Knoxville, Tenn., Univ., Dep. of Chem.) GOLD. 1860

L. H. Klemm und **Theodore Largman**, *Reaktionen von Pivalyl-, Thenoyl-(2)- und Furoyl-(2)-chlorid mit Cyclopenten.* Aus Cyclopenten (**I**) u. Pivalylchlorid (**II**) bildet sich in Ggw. von $SnCl_4$ in CS_2 bei nachfolgender Dehydrohalogenierung mit sd. Diäthylanilin (**VI**) ein unreines Öl, aus dem mit 2.4-Dinitrophenylhydrazin (**III**) das *2.4-Dinitrophenylhydrazon des 1-Pivalylcyclopentens* isoliert werden konnte; das UV-Spektr. des Öls mit Maxima bei 239 u. 310 mμ bestätigt die angenommene Struktur; eine antibiot. Wirksamkeit konnte nicht festgestellt werden. — Thenoyl-(2)-chlorid (**IV**) liefert mit **I** in Ggw. von $SnCl_4$ oder P_2O_5 als einziges isolierbares Prod. nur *Thenoesäure-(2)*, mit $AlCl_3$

entstand ein Prod. der Zus. $C_{13}H_{14}O_2S$, mit $SbCl_5$ konnte dagegen ein Öl erhalten werden, aus dem sich mit III das Deriv. des *1-[Thenoyl-(2)]-cyclopentens* isolieren ließ. Mit Furoyl-(2)-chlorid lieferte I ein termol. Kondensationsprod. der Zus. $C_{14}H_{16}O_3$, das positive Fichtenspan-Rk. zeigte.

Versuche: *1-Pivalylcyclopenten-2.4-dinitrophenylhydrazon*, $C_{16}H_{20}O_4N_4$, F. 144°. I u. II wurden bei −15° zu wasserfreiem $SnCl_4$ in CS_2 unter Rühren zugetropft, nach 1 std. Rühren u. 4 std. Stehen in der Kälte wurde die schwarz gewordene Mischung auf Eis gegossen, die organ. Schicht 5 Std. mit VI gekocht u. fraktioniert, das erhaltene gelbe Öl ($Kp._7$ 63—68°) wurde mit III behandelt; aus A. orangegelbe Nadeln. — *1-[Thenoyl-(2)]-cyclopenten-2.4-dinitrophenylhydrazon*, $C_{16}H_{14}O_4N_4S$, F. 148—149°, durch Zugabe von $SbCl_5$ zur Lsg. von I u. IV in CS_2 bei 0°, 30 Min. Rühren, Gießen auf Eis + HCl, Dehydrohalogenierung der organ. Schicht wie vorst. u. Behandlung mit III; aus A. blutrote Kristalle. Mit $AlCl_3$ an Stelle von $SbCl_5$ entstand eine *Verb.* $C_{13}H_{14}O_2S$, F. 121—122°, aus A. gelbe Plättchen. — *Verb.* $C_{14}H_{16}O_3$, F. 124—125°. I u. V in CS_2 wurden bei 2° tropfenweise mit $SnCl_4$ versetzt, nach Kühlen über Nacht wurde hydrolysiert u. mit VI wie oben behandelt; fraktionierte Dest. ergab ein orangerotes Öl ($Kp._{4-8}$ 120—200°), das beim Abkühlen fest wurde, daraus die Verb. als Rhomben aus absol. Äthanol. (J. Amer. chem. Soc. **74.** 4458—59. 5/9. 1952. Bloomington, Ind., Univ., Dep. of Chem.) SPAETH. 1960

G. E. McCasland, T. J. Matchett und Marsha Hollander, *Trifunktionelle Aminocyclanole. Die Synthese von 3-Aminocyclohexandiol-(1.2).* (Vgl. C. **1953.** 670.) Ein bequemes Ausgangsmaterial zur Darst. von *3-Aminocyclohexandiol-(1.2)* (I) bzw. seines Hydrobromids war *dl-1-Äthoxy-2.3-epoxycyclohexan*, das nach verschied. bekannten Methoden hergestellt werden konnte. Dem aus diesem durch Ringöffnung mit NH_3 erhaltenen *3-Amino-1-äthoxycyclohexanol-(2)* bzw. I kann die *1.3-cis* (**Ia**)- bzw. *1.2-cis* (**Ib**)-Konfiguration zugeschrieben werden, von denen Vff. **Ib** als wahrscheinlicher annehmen.

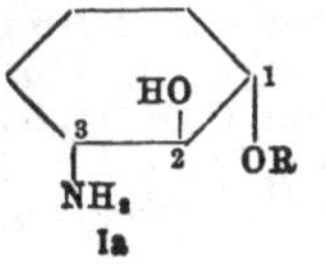

Ia

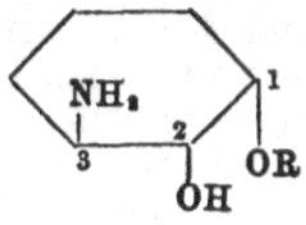

Ib

Versuche (FF. korr.): *dl-1-Äthoxy-2-chlorcyclohexanol-(3)*, $Kp._{7,5}$ 98—105°, a) aus 1-Äthoxycyclohexen-(2) (II) mit wss. HClO (aus Na-Hypochlorit u. Säure) bei 0° u. Extrahieren mit Bzl., n_D^{21} 1,4839; 41%, b) mit N-Chlorharnstoff nach DETOEUF (Bull. Soc. chim. France, Mém. [4] **31.** [1922.] 102); 35%. — *dl-1-Äthoxy-2.3-epoxycyclohexan*, $Kp._7$ 74—77°, $Kp._{15-16}$ 79—82°, a) aus dem Vorst. in Ae. mit KOH; 26%, b) mit NaOH nach OSTERBERG (Org. Syntheses Coll. Vol. **1.** [1943.] 185); 23%, c) aus **II** ($Kp._{12-15}$ 55—60°) mit Perbenzoesäure nach MOUSSERON u. Mitarbeitern (Bull. Soc. chim. France, Mém. [5] **16.** [1949.] 396), n_D^{25} 1,4530; 70%. — *dl-3-Amino-1-äthoxycyclohexanol-(2)*, $C_8H_{17}O_2N$, F. 132—134°, aus dem Vorst. mit bei 25° gesätt. alkoh. NH_3 im Rohr bei 120°, nach der Vakuumsublimation aus Bzl. + PAe. (1 : 9) Kristalle; 16%. *p-Nitrobenzoylverb.*, $C_{15}H_{20}O_5N_2$, F. 201—203° (Zers.), aus 20%ig. A. Nadeln; 60%. — *dl-3-Aminocyclohexandiol-(1.2)* (I), *Hydrobromid*, $C_6H_{14}O_2NBr$, F. 167—168° (aus Bzl. + A. 3 : 2), aus dem Vorst. mit sd. 47%ig. HBr (90 Min.). I-*p-Nitrobenzoylverb.*, $C_{13}H_{16}O_5N_2$, F. 182 bis 183° (Zers.), aus 20%ig. A. Tafeln; 49%. — *2-Nitrocyclohexandiol-(1.3)*, $C_6H_{11}O_4N$, F. 139—142°, aus Pentandial [erhalten aus Cyclopentenozonid oder durch Pb-Tetraacetatspaltung von Cyclopentandiol-(1.2)] u. Nitromethan in 10%ig. NaOH; 3%. Die Konfiguration ist unbekannt. (J. Amer. chem. Soc. **74.** 3429—30. 5/7. 1952. Toronto, Can., Univ., Dep. of Chem.) GOLD. 2120

Sara Jane Rhoads, Rosalie D. Reynolds und Rebecca Raulins, *Weitere Untersuchungen über anomale Alkylierung mit β-Dialkylaminoäthylchloriden.* (Vgl. DOERING u. RHOADS, J. Amer. chem. Soc. **73.** [1951.] 3082 u. SPERBER, FRICANO u. PAPA, C. **1951.** I. 587). Die Alkylierung von *α-Acetylvaleriansäureäthylester* (I), *2-Carbäthoxycyclohexanon* (II) u. *2-Carbäthoxycyclopentanon* (III) mit *β-[Dimethylamino]-äthylchlorid* (IV) bzw. *β-[Diäthylamino]-äthylchlorid* (V) in Ggw. von Alkalien unter den verschiedensten Bedingungen wird untersucht. Während I mit IV in Ggw. von K-tert.-Butylat ausschließlich das C-Alkylierungsprod. liefert, entstehen in allen anderen Fällen, entgegen den Angaben von BARLTROP (C. **1948.** II. 73), Mischungen aus C- (**VI**) u. O-Alkylierungsprodd. (**VII**), in denen die Anteile der Letztgenannten überwiegen. Obwohl durch niedere Reaktionstempp. die C-Alkylierung unwesentlich begünstigt wird, ist die Zus. der Mischungen von den Reaktionsbedingungen im wesentlichen unabhängig. In einigen Fällen konnten die Isomeren-

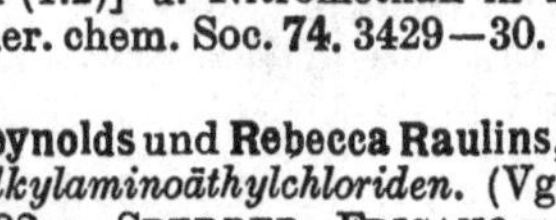

VII

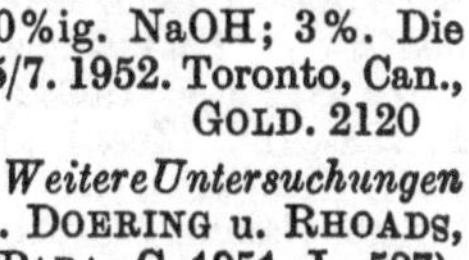

VI

mischungen getrennt werden; einige Aminoketone werden beschrieben. — UV-Absorptionsspektren vgl. Original.

Versuche (FF. korr.): *α-[β-Dimethylaminoäthyl]-α-acetylvaleriansäureäthylester*, $Kp._{3,4}$ 107—114°, aus I ($Kp._{19}$ 104,5—106°) u. IV mit K-tert.-Butylat in sd. tert.-Butanol (3 Std.); 49% (Ausbeute). *Jodmethylat*, $C_{14}H_{28}O_3NJ$, F. 151,5—152°, aus Aceton. — *1-Dimethylamino-3-propylpentanon-(4)*, $Kp._{11}$ 82—86°, durch Verseifen der vorst. Verb. mit sd. 6n HCl, Eindampfen u. Neutralisieren mit Soda; 71%. *Jodmethylat*, $C_{11}H_{24}ONJ$, F. 111,5—112,5°, aus A. + Essigester. *Pikrat*, $C_{16}H_{24}ONJ$, F. 71—71,5°, aus Benzol. — *Alkylierungsprod. von* II *mit* V, $C_{15}H_{27}O_3N$, $Kp._{0,7}$ 128—131°, aus II ($Kp._{41}$ 135—137°) u. V nach BARLTROP (l. c.); 71%. — *2-[β-Diäthylaminoäthyl]-2-carbäthoxycyclohexanon* (VI, R = C_2H_5, n = 4), $Kp._{1,6}$ 130—135°, aus vorst. Verb. mit 2n HCl auf dem Wasserbad, Extrahieren von II (*2.4-Dinitrophenylhydrazon*, F. 154—155°) mit Ae., Sättigen der HCl-sauren Lsg. mit K_2CO_3 u. Fraktionieren des ausgeschiedenen Öles, neben *β-Diäthylaminoäthanol* vom $Kp._{30}$ 55—60° (*Pikrat*, F. 79—79,5°); 34%. *Pikrat*, $C_{21}H_{30}O_{10}N_4$, F. 108,5 bis 110°, aus Alkohol. — *2-[β-Diäthylaminoäthyl]-cyclohexanon*, $Kp._{0,1}$ 60—65°, aus vorst. Verb. mit sd. 6nHCl; 63%. *Semicarbazon*, $C_{13}H_{26}ON_4$, F. 141—142°, aus Essigester. *Oxalat*, $C_{14}H_{25}O_5N$, F. 118,5—119,5°, aus Aceton. — Über die Alkylierung von II mit IV in Ggw. von K-tert.-Butylat in tert.-Butanol bei Zimmertemp. (67 Std.), in sd. tert.-Butanol (6 Std.), oder in Ggw. von Na-Grieß in sd. Toluol (6 Std.) vgl. DOERING u. ROADS (l. c.). — *Alkylierungsprod. von* III *mit* V, $Kp._{1,5}$ 131—140°, aus III ($Kp._{21}$ 116—117°, n_D^{20} 1,4517) in tert.-Butanol mit V in Toluol in Ggw. von K-tert.-Butylat unter Kühlen mit Eis, später bei Zimmertemp.; 71%. — *2-[β-Diäthylaminoäthyl]-2-carbäthoxycyclopentanon* (VI, R = C_2H_5, n = 3), $Kp._{1,5}$ 123—125°, aus vorst. Verb. wie VI (R = C_2H_5, n = 4); 22%. *Pikrat*, $C_{20}H_{28}O_{10}N_4$, F. 89,5—90°, aus Alkohol. — *2-[β-Diäthylaminoäthyl]-cyclopentanon*, $Kp._{22}$ 112—115°; 71%. *Pikrat*, $C_{17}H_{24}O_8N_4$, F. 98,5—99°, aus Alkohol. — *1-Carbäthoxy-2-[β-dimethylaminoäthoxy]-cyclohexen* (VII, R = CH_3, n = 4), $Kp._{3,2}$ 138 bis 139°, n_D^{20} 1,4849, durch fraktionierte Dest. der Isomerenmischung aus II u. IV über eine PODBIELNIAK-Kolonne, n_D^{20} 1,4849, Reinheit 90%; neben *2-[β-Dimethylaminoäthyl]-2-carbäthoxycyclohexanon* (VI, R = CH_3, n = 4), $Kp._{1,7}$ 121°, n_D^{20} 1,4654. — *1-Carbäthoxy-2-[β-dimethylaminoäthoxy]-cyclopenten* (VII, R = CH_3, n = 3), $Kp._1$ 142 bis 143°, n_D^{10} 1,4862, ebenso; Reinheit 80%; neben *2-[β-Dimethylaminoäthyl]-2-carbäthoxycyclopentanon* (VI, R = CH_3, n = 3), $Kp._{1,4}$ 132—133°, n_D^{20} 1,4639. (J. Amer. chem. Soc. **74**. 2889—92. 5/6. 1952. Laramie, Wyo., Univ., Dep. of Chem.) GOLD. 2140

Masazumi Nakagawa, *Verbindungen mit konjugierten Dreifachbindungen.* 1. Mitt. *Synthese von Phenyldiacetylen und Diphenyltetraacetylen.* Die Darst. von *Phenyldiacetylen* (I), ausgehend von Zimtaldehyd, wird beschrieben. Die Cu(I)-Verb. von I (Ia) gibt durch Oxydation mit Cu^{2+} *Diphenyltetraacetylen* (II). Das UV-Spektr. von II zeigt gegenüber denjenigen von Tolan u. Diphenyldiacetylen eine Verschiebung nach längeren Wellenlängen.

Versuche: *Styrylmethylcarbinol* (III), aus 270 g Zimtaldehyd u. CH_3MgCl (aus 150 cm³ CH_3Cl); 270 g (Ausbeute). — *1-Phenylbutadien* (IV), $Kp._9$ 82,5°, aus rohem III durch Dest. in Ggw. von Hydrochinon u. $KHSO_4$; 62%. — *Tetrabrombutylbenzol* (V), aus IV u. Br_2 in Chlf. als gelbe krist. M., F. 60—120°; 81%; Trennung durch fraktionierte Kristallisation aus PAe., schwerer lösl. Form, F. 142—147°, leichter lösl. Form, F. 75 bis 76°. — *Phenyldiacetylen* (I), $Kp._{0,04}$ 37—40°, aus V mit $NaNH_2$ in fl. NH_3; Dest. unter H_2; $n_D^{6,5}$ 1,6232, $D._{15}$ 0,9778; Mol.-Refr. 57,96; 67%. *Hg(II)-Verb.*, $C_{20}H_{10}Hg$, F. 188—189° (Zers.), aus I in A. mit $Hg(CN)_2$ in verd. KOH; aus A. seidige Nadeln. *Cu(I)-Verb.* (Ia), aus I mit ILOSVAY-Reagens (8 g $CuSO_4$, 32 cm³ 28%ig. NH_3, 24 g Hydroxylaminhydrochlorid in 400 cm³ W.); 100%. — *Diphenyltetraacetylen* (II), $C_{20}H_{10}$, F. 115—116°, aus Ia mit $CuCl_2$ in W.; aus PAe. gelbe Nadeln; λ_{max} in A. 3970, 3660, 3410 u. 3185 Å. Bei der katalyt. Hydrierung von II in Ggw. von 10%ig. Pd-Kohle wurden 99% der theoret. Menge H_2 aufgenommen. (Collect. Pap. Fac. Sci., Osaka Univ., Ser. C **12**. 38—42. 1950; ausg. 1951. Osaka, Univ., Fac. of Sci., Dep. of Chem.) KLEINMANNS. 2210

Masazumi Nakagawa, *Verbindungen mit konjugierten Dreifachbindungen.* 2. Mitt. *Synthese von Diphenyltriacetylen.* (1. vgl. vorst. Ref.) Das aus der Cu(I)-Verb. (Ia) von Phenyläthinylcarbinol (I) durch Oxydation erhältliche Gemisch von *meso-* u. *rac.-1.6-Diphenylhexadiin-(2.4)-diol-(1.6)* (II) erleidet bei der Umsetzung mit HBr–CH_3COOH nach SALKIND u. KRUGLOW (Ber. dtsch. chem. Ges. **59**. [1926.] 1936) im Gegensatz zu 1.4-Diphenylbutin-(2)-diol-(1.4) keine Umlagerung, sondern liefert ein Gemisch von *meso-* u. *rac.-1.6-Diphenyl-1.6-dibromhexadiin-(2.4)* (III), da mit AgOH wieder II entsteht. Während III bei der Behandlung mit alkoh. KOH oder mit $NaNH_2$ in Toluol verharzte, konnte es mit $NaNH_2$ in fl. NH_3 in *Diphenyltriacetylen* übergeführt werden.

Versuche: *Cu(I)-Acetylid* (Ia) *von* I, aus I in A. mit CuCl in W.; gelb. — *meso-* u. *rac.-1.6-Diphenylhexadiin-(2.4)-diol-(1.6)* (II), aus Ia mit $CuCl_2$ in W.; aus Bzl.–Bzn. (3:1),

F. 95—110°; 55% (Ausbeute). — *meso-* u. *rac.-1.6-Diphenyl-1.6-dibromhexadiin-(2.4)* (III), $C_{18}H_{12}Br_2$, aus II u. mit HBr gesätt. Essigsäure; aus PAe. *schwerer lösl. Isomeres*, lohfarbene Prismen, F. 114—116°, u. *leichter lösl. Isomeres*, gelbe Rhomben, F. 103—104°; 76% (Gemisch). — *Diphenyltriacetylen*, $C_{18}H_{10}$, F. 94—95°, aus III (Gemisch) in Ae. mit $NaNH_2$ in fl. NH_3; aus Methanol u. CH_3COOH schwach lohfarbene Nadeln; λ_{max} in A. 3580, 3340, 3120 u. 2610 Å; bei katalyt. Hydrierung mit 10%ig. Pd-Kohle 102% H_2-Aufnahme. (Collect. Pap. Fac. Sci., Osaka Univ., Ser. C **12**. 43—47. 1950; ausg. 1951.)

KLEINMANNS. 2210

Ahmed Mustafa und **Mustafa Kamal Hilmy**, *Reaktionen mit Diazomethan und seinen Derivaten.* 2. Mitt. *Einwirkung von Diazomethan auf 2-Aryliden-3-phenylindanone-(1)* (1. vgl. C. **1950**. I. 976.) CH_2N_2 lagert sich an *2-Aryliden-3-phenylindanone-(1)* (I) unter Bldg. von *Pyrazolinderivv.* (II) mit 1 akt. H-Atom an, welche durch Hitze unter N_2-Verlust in die *Verbb.* (III) übergehen. III (R = $C_6H_4OCH_3$-p) (IV) wird durch alkoh. HCl oder KOH in *p-Methoxyacetophenon* (V) u. *3-Phenylindanon-(1)* (VI) gespalten.

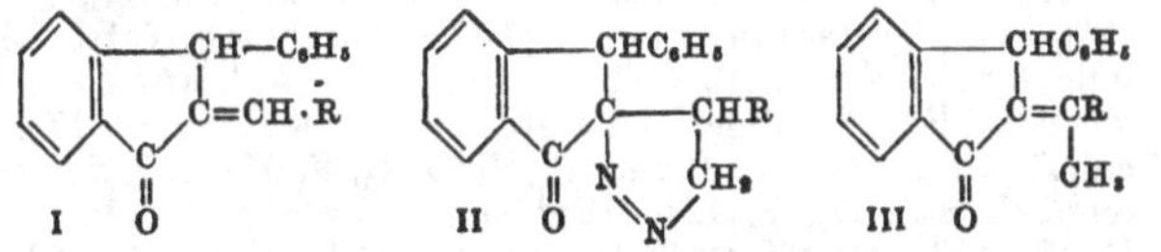

V e r s u c h e: *2-Aryliden-3-phenylindanone-(1)* (I), aus je 0,1 Mol VI u. einem aromat. Aldehyd in 15 cm³ A. mit 1,5 cm³ 10%ig. NaOH, Nd., aus Bzl. gelbe Kristalle; in konz. H_2SO_4 gelbe oder orangefarbene Lösungen. Folgende I wurden hergestellt: *R* = C_6H_5, $C_{22}H_{16}O$, F. 158°; 58% (Ausbeute). — R = *o*-$C_6H_4OCH_3$, $C_{23}H_{18}O_2$, F. 199°; 70%. — R = *p*-$C_6H_4OCH_3$ (VII), $C_{23}H_{18}O_2$, F. 174°; 82%. — R = *p*-$C_6H_4CH_3$, $C_{23}H_{18}O$, F. 220°; 80%. — R = *m*-$C_6H_4NO_2$, $C_{22}H_{15}O_3N$, F. 194°; 36%. — R = *o*-C_6H_4Cl, $C_{22}H_{15}OCl$, F. 140°; 62%. — R = *Furyl-(2)*, $C_{20}H_{14}O_2$, F. 160°; 45%. — *3-Phenylindanon-(1)-(2:3')-spiro-4'-[p-methoxyphenyl]-Δ¹-pyrazolin* (VIII, II, R = p-$C_6H_4OCH_3$), $C_{24}H_{20}O_2N_2$, F. 124° (Zers.), aus 0,1 g VII in 1 g kaltem CH_3OH mit CH_2N_2 in Ae. (aus 8 g Nitrosomethylharnstoff) durch 72std. Stehen bei 0° bei öfterem Zugeben von CH_2N_2-Lsg. u. Waschen des Eindampfrückstandes mit PAe.; aus Bzl.-PAe. umkrist. (Zers.). Analog aus den entsprechenden I folgende II (in konz. H_2SO_4 gelb oder orange lösl. unter starker Zers.; FF. unter Zers.): R = C_6H_5, $C_{23}H_{18}ON_2$, F. 120—122°. — *o*-$C_6H_4OCH_3$ (IX), $C_{24}H_{20}O_2N_2$, F. 118°. — *p*-$C_6H_4CH_3$ (X), $C_{24}H_{20}ON_2$, F. 133—134°. — *m*-$C_6H_4NO_2$, $C_{23}H_{17}O_3N_3$, F. 136°. — *o*-C_6H_4Cl, $C_{23}H_{17}ON_2Cl$, F. 125°. — *Furyl-(2)*, $C_{21}H_{16}O_2N_2$, F. 128°. — *2-[p-Methoxy-α-methylbenzyliden]-3-phenylindanon-(1)* (IV), $C_{24}H_{20}O_2$, F. 145° (A.), durch ½std. Erhitzen von VIII im CO_2-Strom auf 200°, Ausziehen mit Ligroin u. Eindampfen, gelbe Kristalle; orangefarbene Lsg. in konz. H_2SO_4. — *2-[o-Methoxy-α-methylbenzyliden]-3-phenylindanon-(1)* (III, R = o-$C_6H_4OCH_3$), $C_{24}H_{20}O_2$, F. 158—159°, aus IX (15 Min., 180°), blaßgelbe Kristalle aus A.; in H_2SO_4 gelblichorange. — *2-[p-Methyl-α-methylbenzyliden]-3-phenylindanon-(1)* (XI), $C_{24}H_{20}O$, F. 145—146°, aus X (½ Std., 220°), gelbe Kristalle aus A.; in H_2SO_4 gelb. — IV wurde 3 Std. in A.-konz. HCl (2 : 1 Vol.) unter Zugabe von konz. HCl gekocht, kalt in W. gegossen u. ausgeäthert; Eindampfrückstand mit PAe. ausgezogen (Rückstand **A**); PAe. verdampft, Rückstand in CH_3COOH mit 2.4-Dinitrophenylhydrazin 10 Min. gekocht; durch Konz. *p-Methoxyacetophenon* (V)*-2.4-dinitrophenylhydrazon*, aus CH_3COOH, F. 220°. — Ähnlich aus **A** *3-Phenylindanon-(1)* (VI)*-2.4-dinitrophenylhydrazon*, $C_{21}H_{16}O_4N_4$, F. 218°, aus CH_3COOH orangerote Kristalle; gleiche Ergebnisse bei 3std. Kochen mit 5%ig. alkoh. KOH. — Ebenso gab XI *p-Methylacetophenon* u. VI (als 2.4-Dinitrophenylhydrazone). — *Oxim* von VI, $C_{15}H_{13}ON$, aus A., F. 143°, durch 3std. Kochen von VII u. $NH_2OH \cdot HCl$ in A. mit alkoh. KOH u. etwas W., Gießen in Eiswasser + HCl u. Ausäthern. (J. chem. Soc. [London] **1951**. 3254—55. Nov. Cairo, Fouad I Univ., Fac. of Sci., Chem. Dep.)

LEHMSTEDT. 2650

Wesley Cocker, Brian E. Cross und **Joan McCormick**, *Die Abspaltung nichtangulärer Alkylgruppen bei Aromatisierungsreaktionen.* 1. Mitt. Bei der Dehydrierung von *Di-* u. *Tetrahydronaphthalinen* des Typs I (*R* = C_2H_5, *R'*, *R''* = *H* oder CH_3, *R'''* = CH_3) durch Pd-Kohle, Se oder S wurde mit Se in glatter Rk. die Äthylgruppe unter Entw. des Geruchs nach Alkylselenid abgespalten. Bei I, *R* = *R'* = *R''* = *R'''* = CH_3, blieb dagegen die 1-Methylgruppe stets erhalten. *5-Äthyl-2.4-dimethylnaphthalin* (II) war gegen Se bei 340° beständig. Die I-Derivv. wurden durch Einw. einer GRIGNARD-Verb. auf ein Tetralon-(1) mit folgender Dehydratisierung u. Hydrierung dargestellt.

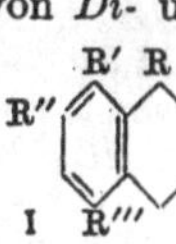

I

V e r s u c h e: Dehydrierungen: 1. Gleiche Gewichte Pd-Kohle u. KW-stoff 4 bis 4½ Std. auf 260—280° erhitzt; 2. KW-stoff mit 3fachem Gewicht Se 4—4½ Std. auf 330—350° erhitzt. — *β-[2.4.5-Trimethylbenzoyl]-propionsäure*, F. 105—107°, aus Pseudocumol. *Semicarbazon*, $C_{14}H_{19}O_3N_3$, F. 184°, Nadeln aus CH_3OH. *Methylester*, $C_{14}H_{18}O_3$, Kp.$_{15}$ 197°, fest mit niedrigem F. — Daraus *γ-[2.4.5-Trimethylphenyl]-buttersäure*, $C_{13}H_{18}O_2$, F. 120—121°. — *1.2.3.4-Tetrahydro-1-keto-5.7.8-trimethylnaphthalin* (III), $C_{13}H_{16}O$, F. 61 bis 62°, aus 12 g vorst. Verb. mit 38 cm³ H_2SO_4 u. 14 cm³ W. (1,3 Std., Wasserbad), rhomb. Tafeln aus CH_3OH; 10,9 g roh. *Semicarbazon*, F. 200—201°. *Dibromverb.*, $C_{13}H_{14}\cdot OBr_2$, F. 102—103°, mit Br_2 in Ae., Nadeln aus CH_3OH. — *1.2.3.4-Tetrahydro-5.7.8-trimethylnaphthalin*, $C_{13}H_{18}$, F. 46—47°, aus 0,5 g **III** nach CLEMMENSEN, 0,25 g Blättchen aus Ae.-CH_3OH. Gab mit Pd-Kohle *1.2.4-Trimethylnaphthalin* (IV), F. 50—52°. — *8-Äthyl-5.6-dihydro-1.2.4-trimethylnaphthalin* (V), $C_{15}H_{20}$, Kp.$_{10}$ 145—146°, aus 7,5 g **III** in Ae. u. C_2H_5MgJ in Ae. durch 1std. Kochen u. Stehen über Nacht; 5,8 g. — *1-Äthyl-1.2.3.4-tetrahydro-5.7.8-trimethylnaphthalin* (VI), $C_{15}H_{22}$, F. 38,5—39,5°, aus 3,5 g **V** u. PtO_2 in Essigester mit H_2, aus CH_3OH-Ae. rhomb. Tafeln; 3,2 g roh. — *8-Äthyl-1.2.4-trimethylnaphthalin* (VII), $C_{15}H_{18}$, Kp.$_8$ 144—145°, aus 0,3 g **VI** mit Pd-Kohle, Ausziehen mit CH_3OH u. 2malige Dest.; über Pikrat gereinigt; 0,17 g Öl; entstand auch aus 1 g **V** mit Pd-Kohle; 0,77 g. *Pikrat*, $C_{21}H_{21}O_7N_3$, F. 97—99°, dunkelrote Nadeln. *Trinitrobenzolverb.*, $C_{21}H_{21}O_6N_3$, F. 124—125°, orangefarbene Nadeln. *Trinitrotoluolverb.*, $C_{22}H_{23}O_6N_3$, F. 42—43°, orangefarbige Nadeln aus CH_3OH. — 1,6 g **VI** u. 1,5 g **V** gaben mit den berechneten S-Mengen (3 Std., 220—240°) 1,3 bzw. 1,1 g **VII**. — 0,55 g **VI** gaben mit Se ein stark nach Alkylselenid riechendes Prod.; durch Ausäthern u. Dest. 0,39 g **IV**, Kp.$_5$ 129 bis 135°, Öl. *Pikrat*, F. 147—148°, orangefarbene Nadeln aus CH_3OH. *Trinitrobenzolverb.*, F. 165°. *Trinitrotoluolverb.*, $C_{20}H_{19}O_6N_3$, F. 94°, citronengelbe Nadeln aus CH_3OH. — 2,9 g **V** u. Se → 1,54 g **IV**. — 0,6 g **VII** u. Se → 0,23 g **IV** (*Pikrat*, F. 147°) u. starker Geruch nach Alkylselenid. — *5.6-Dihydro-1.2.4.8-tetramethylnaphthalin* (VIII), $C_{14}H_{18}$, Kp.$_{9-12}$ 140 bis 148°, aus 6 g **III** u. CH_3MgJ 2,9 g Öl; wurde über Pd-Kohle in Essigester zur *Tetrahydroverb.* (IX) hydriert. — *1.2.4.8-Tetramethylnaphthalin*, $C_{14}H_{16}$, F. 56—57°, a) aus 0,7 g **IX** u. Se; 0,55 g; b) aus 0,5 g **VIII** u. Pd-Kohle; 0,26 g. *Pikrat*, $C_{20}H_{19}O_7N_3$, F. 149 bis 149,5°. *Trinitrobenzolverb.*, $C_{20}H_{19}O_6N_3$, F. 167°, tiefgelbe Stäbchen aus CH_3OH. *Trinitrotoluolverb.*, $C_{21}H_{21}O_6N_3$, F. 88°, gelbe Nadeln. — Mit **D. R. A. Whyte**: *γ-[2-Methoxy-5-methylphenyl]-buttersäure*, Kp.$_4$ 180—185°, F. 63,5—64,5°, durch CLEMMENSEN-Red. von β-[2-Methoxy-5-methylbenzoyl]-propionsäure (F. 114—115,5°, aus p-$CH_3\cdot OC_6H_4CH_3$ u. Succinanhydrid in $C_6H_5NO_2$). — *1.2.3.4-Tetrahydro-1-keto-5-methoxy-8-methylnaphthalin* (X), $C_{12}H_{14}O_2$, Kp.$_9$ 157—158°, F. 31—33°, durch Erwärmen von 11 g vorst. Verb. u. 60 cm³ $SOCl_2$ bis zur Schmelze, ½std. Stehen u. 10 Min. Kochen; $SOCl_2$ evakuiert, Rückstand bei 0° in CS_2 gelöst u. mit $AlCl_3$ versetzt; nach 10 Min. Kochen auf Eis + HCl gegossen; 7,9 g. *Semicarbazon*, $C_{13}H_{17}O_2N_3$, F. 233—234°, aus wss. A. Nadeln. — *1.2.3.4-Tetrahydro-5-methoxy-8-methylnaphthalin*, F. 43—43,5°, durch CLEMMENSEN-Red. von 2,5 g **X**, Kp.$_8$ 60—114°, aus wss. A. Nadeln oder Tafeln; 1,14 g roh. — *1-Äthyl-3.4-dihydro-5-methoxy-8-methylnaphthalin* (XI), $C_{14}H_{18}O$, Kp.$_{9-10}$ 142—150°, aus 7,9 g **X** u. C_2H_5MgJ; 4,2 g. — *5-Äthyl-5.6.7.8-tetrahydro-4-methylnaphthol-(1)* (XII), $C_{13}H_{18}O$, Kp.$_{16}$ 160—170°, F. 58—59°, durch Hydrierung von 7,3 g **XI** über RANEY-Ni u. 3std. Kochen des Prod. mit HJ-CH_3COOH (1 : 1 Vol.), aus PAe. Nadeln; 3,3 g roh., *Carbanilat*, $C_{20}H_{23}O_2N$, F. 156—157°, Nadeln aus CH_3OH. — *5-Äthyl-4-methylnaphthol-(1)* Kp.$_9$ 126—148°, aus 1,5 g Methyläther von **XII** (**XIIa**) mit Pd-Kohle u. Entmethylierung; 0,7 g, nicht weiter gereinigt. *Pikrat*, $C_{19}H_{17}O_8N_3$, F. 96—97°, aus CH_3OH orangerote Nadeln. *Trinitrobenzolverb.*, $C_{19}H_{17}O_7N_3$, F. 103—104°, goldgelbe Nadeln. *Trinitrotoluolverb.*, $C_{13}H_{14}O\cdot 1{,}25\,C_7H_5O_6N_3$, F. 54—55°, gelbe Nadeln. *Styphnat*, $C_{19}H_{17}O_9N_3$, F. 131 bis 132°, tiefgelbe Nadeln; sämtlich aus CH_3OH. — *4-Methylnaphthol-(1)*, aus 1,5 g **XIIa** u. Se u. Entmethylierung; 0,6 g; oder aus 2,4 g **XI** mit Se u. Entmethylierung; 0,6 g. *Pikrat*, $C_{17}H_{13}O_8N_3$, F. 174—175°, aus CH_3OH ziegelrote Nadeln. *Trinitrobenzolverb.*, $C_{17}H_{13}O_7N_3$, F. 173—174° (Zers.), aus Bzl. orangefarbene Nadeln. *Trinitrotoluolverb.*, $C_{18}H_{15}O_7N_3$, F. 121—122°, aus Bzl.-PAe. goldige Nadeln. *Styphnat*, $C_{17}H_{13}O_9N_3$, F. 169°, rote Nadeln aus CH_3OH. — *γ-[2.5-Dimethylphenyl]-buttersäurechlorid*, Kp.$_{2-5}$ 134—142°, aus 26 g Säure u. $SOCl_2$ wie bei **X**; 19 g. — *1.2.3.4-Tetrahydro-1-keto-5.8-dimethylnaphthalin*, Kp.$_4$ 138—142°, F. 30—33°, aus 19 g vorst. Verb. in CS_2 mit $AlCl_3$ unter Kühlung; 11,3 g. — *1-Äthyl-3.4-dihydro-5.8-dimethylnaphthalin* (XIII), $C_{14}H_{18}$, Kp.$_{23}$ 140°, aus 4,7 g vorst. Verb. u. C_2H_5MgJ; 3,8 g. — *1-Äthyl-1.2.3.4-tetrahydro-5.8-dimethylnaphthalin* (XIV), $C_{14}H_{20}$, Kp.$_5$ 150°, F. 35—36,5°, aus 1,7 g **XIII** in CH_3COOH mit H_2 über Pd-Kohle; 1,1 g. — *5-Äthyl-1.4-dimethylnaphthalin* (II), $C_{14}H_{16}$, Kp.$_6$ 145—149°, aus 0,4 g **XIV** u. Pd-Kohle; nach Reinigung über Pikrat Dest.; 0,1 g; entstand auch mit Pd-Kohle bei 330—350° u. mit S bei 230—250° oder aus **XIII** mit Pd-Kohle; blieb mit Se bei 330—340° fast unverändert; nur sehr schwacher Geruch nach Alkylselenid. *Pikrat*, $C_{20}H_{19}O_7N_3$, F. 83°, orangerote Nadeln aus CH_3OH; aus Bzl.-PAe. $C_{20}H_{19}O_7N_3\cdot 0{,}5\,C_6H_6$, F. 78°. *Trinitrobenzolverb.*, $C_{20}H_{19}O_6N_3$, F. 115°, goldgelbe Nadeln aus CH_3OH. — *1.4-Dimethylnaphthalin*, Kp.$_{15}$ 120—125°, aus 0,7 g **XIV** u. Se; 0,5 g. *Pikrat*, F. 141—142°. *Trinitro-*

benzolverb., F. 164°. — *1-Äthyl-3.4-dihydro-5.7-dimethylnaphthalin* (**XV**), $C_{14}H_{18}$, Kp.$_{8-10}$ 128 bis 134°, aus 5,7 g 1.2.3.4-Tetrahydro-1-keto-5.7-dimethylnaphthalin u. C_2H_5MgJ; 3,9 g. — *1-Äthyl-1.2.3.4-tetrahydro-5.7-dimethylnaphthalin* (**XVI**), $C_{14}H_{20}$, Kp.$_9$ 124—129°, durch Red. (H_2, RANEY-Ni) von 3,1 g **XV** in CH_3OH; 2,35 g. — *5-Äthyl-1.3-dimethylnaphthalin*, $C_{14}H_{16}$, Kp.$_9$ 131°, aus 1,2 g **XVI** u. Pd-Kohle oder Se; über Pikrat gereinigt u. dest.; 1 g. *Pikrat*, $C_{20}H_{19}O_7N_3$, F. 109—110°, orangerote Nadeln. *Trinitrobenzolverb.*, $C_{20}H_{19}O_6N_3$, F. 118°, gelbe Nadeln. *Styphnat*, $C_{20}H_{19}O_8N_3$, F. 115—116°, orangefarbene Nadeln. *Trinitrotoluolverb.*, $C_{21}H_{21}O_6N_3$, F. 70—71°, gelbe Nadeln; sämtlich aus CH_3OH. — *1-Äthyl-3.4-dihydronaphthalin*, $C_{12}H_{14}$, Kp.$_6$ 96—98°, aus Tetralon-(1). — *5.6.7.8-Tetrahydro-8-keto-4-methoxynaphthol-(1)*, $C_{11}H_{12}O_3$, Kp.$_5$ 156—160, F. 95°, aus 2,8 g γ-[2.5-Dimethoxyphenyl]-buttersäure in Bzl. u. BF_3-Ae. durch Stehen über Nacht, Zers., Schütteln des Ätherauszugs mit $(CH_3)_2SO_4$ u. NaOH u. Dest.; 0,5 g; aus PAe. gelbe Nadeln. *Semicarbazon*, $C_{12}H_{15}O_3N_3$, F. 252—254° (Zers.). — *1.2.3.4-Tetrahydro-1-keto-5.8-dimethoxynaphthalin*, Kp.$_5$ 200—240°, durch Ringschluß von 2,8 g der Buttersäure über das Chlorid (mit PCl_5 in Bzl.) mittels $SnCl_4$; 0,5 g dunkelrotes Öl. *Semicarbazon*, $C_{13}H_{17}O_3N_3$, F. 185,5 bis 186,5°. (J. chem. Soc. [London] **1952**. 72—77. Jan. Dublin, Trinity Coll.)

LEHMSTEDT. 2700

J. W. Cook und **R. Schoental**, *5-Oxy-1.2-benzanthracen und 1'-Oxy-1.2;5.6-dibenzanthracen.* 5.6.7.8-Tetrahydro-5-keto-1.2-benzanthracen (**I**) wurde zu *5-Oxy-1.2-benzanthracen* (**II**) dehydriert u. zur Synth. von *1'-Oxy-1.2;5.6-dibenzanthracen* (**III**) benutzt, das mit einem Stoffwechselprod. des 1.2;5.6-Dibenzanthracens (**IV**) nicht ident. ist. Der *Methyläther* von **II** wurde zum Vgl. seiner krebserregenden Eigg. mit denen anderer 5-substituierter 1.2-Benzanthracene gebraucht.

Versuche: *6-[3'-Cyanpropyl]-5.6.7.8-tetrahydro-5-keto-1.2-benzanthracen-6-carbonsäuremethylester*, $C_{24}H_{21}O_3N$, F. 178—179°, durch ½ std. Kochen der Lsg. von Na in CH_3OH + Bzl. mit 5.6.7.8-Tetrahydro-5-keto-1.2-benzanthracen-6-carbonsäuremethylester u. 42 std. Kochen nach Zugabe von $JH_2C(CH_2)_2CN$; nach Zugabe von W. mit Chlf. ausgezogen, eingedampft u. in Bzl. durch Al_2O_3-Säule gegossen; seidige Nadeln aus Essigester. — *γ-[5.6.7.8-Tetrahydro-5-keto-1.2-benzanthryl-(6)]-buttersäure*, $C_{22}H_{20}O_3$, F. 191 bis 192°, durch 3 std. Kochen von 3 g vorst. Verb. mit je 30 cm³ CH_3COOH u. konz. HCl, Zugabe von 10 cm³ HCl u. 2 std. Kochen; 1 g Nd.; Blättchen aus CH_3COOH. *Methylester*, $C_{23}H_{22}O_3$, F. 124—125°, aus CH_3OH. — *γ-[5.6.7.8-Tetrahydro-1.2-benzanthryl-(6)]-buttersäure*, $C_{22}H_{22}O_2$, F. 175,5—176,5°, aus vorst. Verb. in $O(CH_2CH_2OH)_2$ mit KOH u. $N_2H_4 \cdot H_2O$ nach HUANG-MINLON, Blättchen aus Essigester. *Methylester*, $C_{23}H_{24}O_2$, F. 90—91,5°. — *γ-[1.2-Benzanthryl-(6)]-buttersäure* (**V**), $C_{22}H_{18}O_2$, F. 192—193°, aus vorst. Ester durch 3 std. Erhitzen mit Pd-Mohr auf 280° unter N_2; Hydrolyse mit methanol. KOH u. Trennung in neutralen (**A**) u. sauren Teil; Blättchen aus Benzol. Aus **A** in Bzl.-PAe. durch Al_2O_3 *6-n-Propyl-1.2-benzanthracen*, $C_{21}H_{18}$, F. 129°, aus CH_3OH Blättchen. *symm.-Trinitrobenzolverb.*, $C_{27}H_{21}O_6N_3$, F. 127—128°, tieforange. — *1'.2'.3'.4'-Tetrahydro-1'-keto-1.2;5.6-dibenzanthracen*, $C_{22}H_{16}O$, F. 168—169°, durch 2 std. Stehen von **V** u. PCl_5 in Bzl. bei Zimmertemp., Zugabe von $SnCl_4$ bei 0° u. nach ½ Std. bei 0° Zugabe von Eis u. HCl; Ausäthern; gelbliche Rhomben aus Benzol. — *1'-Oxy-1.2;5.6-dibenzanthracen* (**III**), $C_{22}H_{14}O$, F. 269—270° (Zers., evakuiertes Röhrchen), durch 12 std. Kochen von vorst. Verb. u. Pd-Mohr in 1-Methylnaphthalin; nach Erkalten Zugabe von Bzl.; aus Bzl. blaßgelbe Nadeln. *Methyläther*, $C_{23}H_{16}O$, F. 157—160°, mit $(CH_3)_2SO_4$ u. NaOH; an Al_2O_3 chromatographiert, Nadeln aus Bzl.-CH_3OH; UV-Spektr. dem von **IV** ähnlich: λ_{max} 400, 380, 350, 335, 325, 294, 280 mμ, log ε = 3,25, 3,30, 4,12, 4,32, 4,49, 5,06, 4,78. — *5-Oxy-1.2-benzanthracen* (**II**), $C_{18}H_{12}O$, F. 217—218° (evakuiertes Röhrchen), aus **I** analog **III**; nach Erkalten Kristalle, aus Bzl. gelbliche seidige Nadeln. *Methyläther*, $C_{19}H_{14}O$, F. 186 bis 187°, aus Bzl.-PAe. Nadeln. *symm.-Trinitrobenzolverb.*, $C_{25}H_{17}O_7N_3$, F. 197—198° (Zers.), zinnoberrot. (J. chem. Soc. [London] **1952**. 9—11. Jan. Glasgow, Univ.)

LEHMSTEDT. 2800

K. Holzer, **E. Ziegler** und **A. Zinke**, *Synthese des Naphtho-[2'.3':2.3]-benzanthrens (2.3;6.7-Dibenzanthrens?).* *9-[3'-Chlornaphthoyl-(2')]-phenanthren* (**I**) gab beim Ringschluß mit NaOH in sd. Chinolin statt des erwarteten 5.6-Benzdihydropentacenons-(13) eine *Oxyverb.* (**II**) desselben, die durch Zn-Staubdest. in *2.3;6.7-Dibenzbenzanthren* (**III**) überging. **III** ist mit dem früher (Mh. Chem. **82**. [1951.] 645) durch Abbau des Dibenzperylens (**V**) von CLAR (Ber. dtsch. chem. Ges. **65**. [1932.] 846) erhaltenen *Naphtho-[2'.3':2.3]-benzanthren* (**IV**) identisch. Lediglich die Stellung der Methylengruppe ist fraglich. Ein über verschied. Abbauprodd. von **V** gewonnenes *Gemisch* (**VI**) von *9.10-Dihydro-* u. *1.4.5.8-Tetrahydro-2.3;6.7-dibenzanthracen* wurde zu *Pentacen* (**VII**) dehydriert. Alle diese Rkk. bestätigen die Auffassung von **V** als *2.3;8.9-Dibenzperylen.*

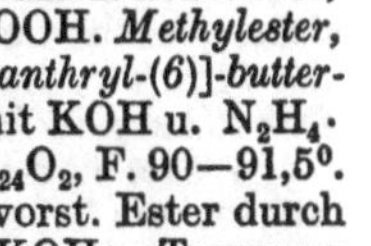

III bzw. IV

($X = H_2$, $Y = H$ bzw. $Y = H_2$; $X = H$)

Versuche: *9-[3'-Chlornaphthoyl-(2')]-phenanthren* (I), a) durch schnelle Zugabe von 5,65 g 3-Chlor-2-naphthoylchlorid (VIII) in Ae.–Bzl. (1 : 1) zur Ätherlsg. von 6,45 g 9-Bromphenanthren u. 0,65 g Mg (nach BACHMANN, J. Amer. chem. Soc. **54**. [1934.] 1365); Zers. mit verd. HCl, Dampfdest. u. Auskochen mit NaOH; gelbe, bei 75—80° erweichende M.; nicht zu reinigen; b) durch Einrühren (3 Std.) von 6,34 g Phenanthren u. 8 g **VIII** in CS_2 in $AlCl_3$–CS_2-Suspension bei 12—13° u. 4std. Rühren (zuletzt 18°); dann wie bei a); weiter mit A. ausgekocht: 2,5 g bäunlichgelbe Flocken; bei 50—65° Erweichen. — *γ-Oxy-5.6-benzdihydropentacenon-(13)* (II), $C_{25}H_{14}O_2$, F. 278—280°, durch 4std. Kochen von 1 g **I** (nach a) oder b) hergestellt), 4 g NaOH-Pulver u. 30 cm trocknem Chinolin u. Gießen in verd. H_2SO_4; Auskochen des Nd. mit Bzl. u. Einengen; aus Bzl. braungelbe, in Durchsicht gelbe Nadeln; im UV ziegelrote Fluorescenz (Fz.); Lsgg. in organ. Fll. in Durchsicht gelb mit hellgrüner Fz.; in A. + verd. KOH dunkler u. Erlöschen der Fz., + CO_2 wieder Fz. u. gelb. — *2.3;6.7-Dibenzanthren* (III) bzw. *Naphtho-[2'.3':2.3]-benzanthren* (IV), F. 207—209° (orangefarbene Schmelze), durch Zn-Staubdest. von 3—5 mg **II** nach EMICH, aus Bzl. in zugeschmolzener Capillare umkrist., blaßgelbe Nadelbüschel. — *Pentacen* (VII), durch Erhitzen des Gemisches der Hydropentacene (VI) mit gleicher Menge Chloranil u. 1 Tropfen Bzl. in verschmolzener Capillare; erst Lsg. gelb, dann dunkel, dann Nd. u. Lsg. rot; mkr. Stäbchen u. Rauten, im durchfallenden Licht undurchsichtig schwarz, im auffallenden Licht oder durch gekreuzte Nicols tiefblau. (Mh. Chem. **83**. 180—84; S.-B. österr. Akad. Wiss., math.-naturw. Kl., Abt. IIb **161**. 180—84. 1952. Graz, Univ., Inst. für Organ. u. Pharmaz. Chem.) LEHMSTEDT. 2950

Harold L. Rice, *Struktur des Methylendihydrofurans.* Nach den Unterss. von KISHNER (Химический Журнал. Серия А. Журнал Общей Химии [Chem. J. Ser. A, J. allg. Chem.] **1**. [1931.] 1212) bildet sich bei der therm. Zers. von *Furfurolhydrazonhemihydrat* (I) neben *2-Methylfuran* (II) eine unbeständige Verb. (III), die als *2-Methylen-2.3-dihydrofuran* (IV) oder *2-Methylen-2.5-di-hydrofuran* (V) aufgefaßt werden konnte. Aus verschied. Gründen, vor allem, weil **III** mit Maleinsäureanhydrid kein n. Addukt bildet, hielt KISHNER die Struktur **IV** für wahrscheinlicher. Andrerseits sprach das Verh. bei der Hydrierung von **III** für ein Gemisch aus **IV** u. **V**. Die vom Vf. durchgeführten UV-Absorptionsmessungen (λ_{max} 239 mμ, ε_{max} 6300 mμ) sprechen aber im Vgl. mit ähnlichen Verbb. für eine Konjugation der exo- u. endocycl. Doppelbindungen, wie sie in der Verb. **V** vorliegen würden. Trotz verschied. Variationen der von KISHNER angegebenen Darstellungsmeth. für **III** konnte Vf. die Ausbeute nicht über 29% steigern.

Versuche: **I** nach KISHNER (l. c.), Ausbeute 89%. — **III** (= **V**) durch allmähliche Zugabe von 530 g **I** zu 1,5 g KOH u. 1,5 g platinierten Tonscherben. Das Reaktionsprod. wurde mit W. gewaschen u. mit Wasserdampf destilliert. Das Destillat wurde vom W. abgetrennt, über K_2CO_3 getrocknet u. bei 690 mm fraktioniert destilliert. Die bei 75—77° übergehende Fraktion (81,4 g) wurde nach Trocknen über BaO erneut dest. u. lieferte dabei **III**, Kp. 76,5—77°, n_D^{24} 1,4538, D^{25}_4 0,9316. (J. Amer. chem. Soc. **74**. 3193—94. 20/6. 1952. Urbana, Ill., Noyes Chem. Labor.; Pullman, Wash., State Coll. of Washington, Fulmer Labor.) IPPEN. 3061

W. Davies, N. W. Gamble, F. C. James und **W. E. Savige**, *Die direkte Überführung von Thiophen in dicyclische und tetracyclische Derivate.* Bei der Oxydation von Thiophen (I) mit H_2O_2 entsteht u. a. eine *Verb.* $C_8H_8O_3S_2$ noch nicht bekannter Struktur, die sich zwischen 182 u. 202° (abhängig von der Erhitzungsgeschwindigkeit) zers. u. sich durch Kochen in o-Dichlorbenzol in *Thianaphthensulfon* (III) überführen läßt, das seinerseits leicht zu *Thianaphthen* (II) red. werden kann, so daß hiermit ein Weg von **I** zu **II** gegeben ist. — Die früher von SAVIGE (Diss. Univ. of Melbourne, 1951) geäußerte Annahme, daß die bei der Reinigung von rohem **III** durch Dest. erhaltene Verb. vom F. 103,5° *3.4-Benz-9-thiafluoren* (IV) ist, wurde durch Synth. von **IV** bestätigt. **IV** entsteht bei der Decarboxylierung in Ggw. von $Ba(OH)_2$ u. Cu des aromatisierten Maleinsäureanhydrid-1-[thianaphthyl-(3)]-cyclohexen-(1)-Adduktes. Durch Erhitzen von **III** in Tetralin auf 185° entsteht dagegen *10.11-Dihydro-3.4-benz-9-dioxothiafluoren* (F. 182°; 88% Ausbeute), das sich zu *α-Phenylnaphthalin* abbauen u. zum *Sulfon* von **IV** dehydrieren läßt. In geringer Ausbeute (2%) entsteht dieses Sulfon (F. 234°) auch bei der Darst. von **III**. (Chem. and Ind. **1952**. 804. 16/8. Melbourne, Univ., Organ. Chem. Labor.) SPAETH. 3071

Sigismondo Cusmano, V. Sprio und **F. Trapani**, *Über das Verhalten von „Lidenbindungen" gegenüber einigen Reagentien. Die Einwirkung von Hydroxylamin.* 2. Mitt. (1. vgl. C. **1952**. 7166.) Durch Einw. von Hydroxylamin auf die Benzalderivv. von Cyanacetophenon u. 4-Nitrobenzoylacetonitril (I) u. auf 4-Nitrobenzalcyanacetophenon entstehen unter Spaltung der Doppelbindung die *Oxime* der zugrundeliegenden Aldehyde u. *β*-Ketonitrile, letztere isomerisieren sich zu *Isoxazoloniminderivaten.*

Versuche: Einw. von $NH_2OH \cdot HCl$ auf Benzalcyanacetophenon in wss. A. in Ggw. von Na_2CO_3 durch kurzes Erwärmen u. anschließendes 24std. Stehen gibt eine

Substanz, welche nach Hydrolyse mit Mineralsäuren *Benzaldehyd* u. *NH_2OH* liefert, sowie *4-Phenylisoxazolon-(5)-imin* (II, $C_9H_8ON_2$, F. 110—111°, kleine Kristalle aus Bzl.; *Acetylderiv.*, $C_{11}H_{10}O_2N_2$, F. 164°, aus Bzl.). — Einw. von freiem NH_2OH auf 4-Nitrobenzalcyanacetophenon in wss. A. durch kurzes Erhitzen liefert II neben *4-Nitrobenzaldoxim* ($C_7H_6O_3N_2$, F. 132—133°, aus Bzl.). — Bei Einw. von freiem NH_2OH auf Benzal-p-nitrobenzoylacetonitril unter denselben Bedingungen entstehen *3-[p-Nitrophenyl]-isoxazolon-(5)-imin* (III, $C_9H_7O_3N_3$, F. 198°, gelbe Nadeln u. Tafeln aus A.) u. Benzaldoxim. III wird auch aus I u. $NH_2OH \cdot HCl$ in Ggw. von Na-Acetat in wss. A. erhalten. — *Benzalderiv. von* III, $C_{16}H_{11}O_3N_3$, F. 222—225°, aus III u. Benzaldehyd durch kurzes Erhitzen; aus A. gelbe Nadeln. — *Acetylderiv. von* III, $C_{11}H_9O_4N_3$, F. 220°, aus III mit Acetanhydrid; aus A. gelbe Blättchen. — *3-[p-Aminophenyl]-isoxazolon-(5)-imin*, $C_9H_9ON_3$, F. 154°, aus III mit Zn + NH_4Cl in verd. A. durch 1 std. Erwärmen, gelbe Nadeln. *Diacetylderiv.*, $C_{13}H_{13}O_3N_3$, F. 252°, gelbe Nadeln aus Eisessig. — *3-[p-Nitrophenyl]-isoxazolon-(5)*, $C_9H_6O_4N_2$, F. 172°, aus III durch Erhitzen mit 10%ig. HCl (1 Std.); aus A. gelbe Prismen. — Durch Erhitzen von III mit 15%ig. HCl in A. (3 Std.) entsteht *p-Nitroacetophenon* ($C_8H_7O_3N$, F. 82°, gelbe prismat. Nadeln aus Ligroin; *Oxim*, $C_8H_8O_3N_2$, F. 174°, gelbe Nadeln aus A.). (Gazz. chim. ital. **82**. 98—108. Febr. 1952. Palermo, Univ., Ist. di Chim. farmac.) K. FABER. 3132

Francesco Monforte, *Benzonitriloxyd und Zimtsäurederivate.* Bei Kondensation von Benzonitriloxyd (I) mit Zimtsäuremethyl- bzw. -äthylester entsteht *3.5-Diphenyl-Δ^2-isoxazolincarbonsäure-(4)-methyl-* bzw. *-äthylester.* Beide Ester lassen sich zur freien Carbonsäure (II) verseifen, welche leicht unter CO_2-Abspaltung in *3.5-Diphenyl-Δ^2-isoxazolin* übergeht. Kondensation von I mit Zimtsäure führt zu *3.4-Diphenyl-Δ^2-isoxazolincarbonsäure-(5).*

Versuche: *3.5-Diphenyl-Δ^2-isoxazolincarbonsäure-(4)* (II), $C_{16}H_{13}O_3N$, F. 129°, aus nachst. Methyl- oder Äthylester mit 20%ig. methanol. NaOH (24 Std.); Nadeln aus A. + W. (1:1). *Na-Salz*, kristallines Pulver, zers. sich ohne zu schmelzen. *Ag-Salz*, käsige Fällung. *Amid*, $C_{16}H_{14}O_2N_2$, F. 213—214°, mit PCl_5 u. dann mit NH_3; aus A. Nadeln. *Äthylester*, $C_{18}H_{17}O_3N$, F. 74—75°, aus Benzonitriloxyd (I, dargestellt aus Benzhydroximsäurechlorid mit 14%ig. NaOH unter Eiskühlung) u. Zimtsäureäthylester in Ae. (48 Std.); aus A. Kristalle; ca. 20% (Ausbeute). *Methylester*, $C_{17}H_{15}O_3N$, F. 85—86°, ebenso aus Zimtsäuremethylester, hexagonale Platten aus A.; als Nebenprod. entsteht *Diphenylfuroxan.* — *3.5-Diphenyl-Δ^2-isoxazolin*, $C_{15}H_{13}ON$, F. 75°, aus II durch Erhitzen auf 130° bis zum Ende der Gasentw.; aus A. glänzende Nadeln. — *3.4-Diphenyl-Δ^2-isoxazolincarbonsäure-(5)*, $C_{16}H_{13}O_3N$, F. 165—166° (Zers.), durch Kondensation von I mit Zimtsäure (F. 132—133°) wie oben; kleine Prismen aus A.; ca. 25%. *Na-Salz*, Pulver. *Ag-Salz*, lichtempfindliches Pulver. *Methylester*, $C_{17}H_{15}O_3N$, F. 73,5—74,5°, aus dem Ag-Salz mit CH_3J in Chlf.; aus A. Kristalle. *Äthylester*, $C_{18}H_{17}O_3N$, F. 82—83, aus dem Ag-Salz mit C_2H_5J. (Gazz. chim. ital. **82**. 130—39. Febr. 1952. Messina, Univ., Ist. di Chim. farmac.) K. FABER. 3132

J. C. Hillyer und **J. T. Edmonds jr.**, *Struktur des aus Butadien und wässerigem Furfurol entstehenden kristallinen Lactons.* Bei der Trennung von Butadien (I) von Buten durch extraktive Dest. mit wss. Furfurol (II) entsteht das bereits früher (Ind. Engng. Chem. **40**. [1948.] 2216) beschriebene trimol. Additionsprod. aus 2 Mol I u. 1 Mol II, *2.3;4.5-Bis-[Δ^2-butenylen]-tetrahydrofurfurol*, u. daneben eine Verb. vom F. 135°, für die die Struktur *cis-3-Oxy-3.4.4a.5.8.8a-hexahydro-1.2-benzopyron* (III; *cis-α-Oxy-β-[2-oxycyclohexen-(4)-yl]-propionsäurelacton*) bewiesen wird. Die Struktur von III ergibt sich aus der Analyse [$(C_3H_4O)_n$], der kryoskop. Mol.-Gew.-Best., der VZ., der H_2-Aufnahme (*$C_9H_{14}O_3$*, F. 140—141°), der Abwesenheit von Carbonyl- u. phenol. Gruppen, der Bldg. eines *Acetats* [$C_{11}H_{14}O_4$, F. 85—86° (Hexan)], das zu seiner Verseifung 2 Äquivalente Alkali erfordert, der sauren Dehydratisierung zu *β-Phenylpropionsäure* [*Hydrozimtsäure*, F. 47—48° (A.-W.); *Amid*, F. 100°], der Oxydation des Hydrierungsprod. von III mit HNO_3 zu *Adipinsäure* (F. 150°) bzw. mit CrO_3 zu *cis-Cyclohexanol-2-essigsäurelacton* ($C_8H_{12}O_2$, Kp.₈ 124°, F. 12,8°, n_D^{20} 1,4790, $D.^{20}_4$ 1,0912) sowie der Dehydrierung zu *Toluol* (*2.4-Dinitrotoluol*, F. 70—70,5°). Alkalischmelze des Hydrierungsprod. von III ergab unter CO_2-Abspaltung *Cyclohexanon* (*2.4-Dinitrophenylhydrazon*, F. 156°) u. *2-Methylcyclohexanon* (Kp. 160—163°; *2.4-Dinitrophenylhydrazon*, F. 132,5—133°). Die Lage der Doppelbindung in III ist nicht bewiesen, erscheint aber in Analogie zu anderen Dien-Additionen wahrscheinlich. Für die Bldg. von III aus I, II u. W. wird ein mögliches Schema angegeben. (J. org. Chemistry **17**. 600—08. April 1952. Bartlesville, Okla., Phillips Petroleum Co., Res. Div.) SPAETH. 3211

K. Eiter und **Angela Nezval**, *Über das 9-Methyl-3-carbolin und das 6-Methyl-3-carbolin.* 5. Mitt. *Zur Konstitution des Calycanthins.* (4. vgl. Mh. Chem. **80**. [1949.] 607.)

Im Zusammenhang mit der Aufklärung der Konst. des *Calycanthins* (**II**) wurde *9-Methyl-3-carbolin* (**I**) aus 7-Methyltryptamin synthetisiert. Dabei wird festgestellt, daß **I** nicht mit der von Barger u. Mitarbeitern (C. **1939**. II. 429) beim CaO-Abbau von **II** erhaltenen u. als **I** angesprochenen Base ident. ist. Zur Unters. des Einfl. der am Benzolkern stehenden Methylgruppen im Carbolin auf das UV-Absorptionsspektr. sollten ferner weitere Methylcarboline gewonnen werden. 1.2.3-Toluylendiamin lieferte mit 3-Brompyridin (**VIII**) im Einschlußrohr ein Gemisch von *1-Methyl-2-[N-pyridyl-(3)-amino]-3-aminobenzol* (**III**) u. *1-Methyl-2-amino-3-[N-pyridyl-(3)-amino]-benzol* (**IV**), die durch Chromatographie getrennt werden konnten, wobei die in wesentlich geringerer Menge entstehende Verb. **III** ist. Aus **III** wurde mit HNO_2 das Triazol **V**, aus **IV** das Triazol **VI** gewonnen. Nach der $ZnCl_2$-Schmelze von **V** wurden *β-[o-Toluidino]-pyridin* (**VII**) u. **I**, jedoch kein 9-Methyl-5-carbolin, welches theoret. auch entstehen könnte, isoliert. Zum Vgl. wurden **VII** u. *β-[m-Toluidino]-pyridin* (**IX**) aus β-Aminopyridin u. 2- bzw. 3-Jodtoluol dargestellt, da **VIII** sich mit den entsprechenden Toluidinen nicht zur Umsetzung bringen ließ. Die $ZnCl_2$-Schmelze von **VI** führte zu **IX** u. einer Verb., die wahrscheinlich *6-Methyl-3-carbolin* (**X**) ist; die daneben in sehr geringer Menge entstandene Verb. wird *6-Methyl-5-carbolin* (**XI**) sein. Die UV-Spektren von **I**, **X** u. **XI** werden angegeben.

Versuche (FF. im Mikroschmelzpunktsapp. nach Kofler): *3-[ω-Aminoäthyl]-7-methylindol, 7-Methyltryptamin*, $C_{11}H_{14}N_2$, F. 132—133°, aus 7,25 g γ-Aminobutyraldehyddiäthylacetal u. 5,8 g o-Tolylhydrazin durch 3std. Erhitzen mit 8,2 g $ZnCl_2$ auf 180°, Lösen mit 50%ig. Essigsäure, Zugabe von überschüssiger 4nNaOH, Filtration, Ätherextraktion u. Dest. sowohl des Filterrückstandes als auch des äther. Extraktes im Hochvakuum; Kp.$_{0,03}$ 150—220° (Badtemp.); gelbes Öl, das in absol. A. mit Ae. + PAe. versetzt wurde; grobe Prismen; 3,23 g roh (Ausbeute). *Pikrat*, $C_{11}H_{14}N_2 \cdot C_6H_3O_7N_3$, aus A. orangerote Nadeln, F. 247° (Zers.). Nach 1std. Kochen von 0,4 g vorst. Verb. mit wasserfreier HCOOH unter Feuchtigkeitsausschluß, Abdest. von überschüssiger HCOOH im Vakuum u. fraktionierter Dest. bei 0,03 mm wurden 0,24 g *3-[N-Formylaminoäthyl]-7-methylindol*, $C_{12}H_{14}ON_2$, Kp.$_{0,03}$ 130—150°, F. 152—153° (A.–Ae.–PAe.), u. 0,2 g *1-Formyl-3-[N-formylaminoäthyl]-7-methylindol*, $C_{13}H_{14}O_2N_2$, Kp.$_{0,03}$ 180—210°, F. 114° (A.–Ae.–PAe.), erhalten. — *4.5-Dihydro-9-methyl-3-carbolin*, $C_{12}H_{12}N_2$, F. 233° unter Zers. (CH_3OH–Ae.), aus dem Gemisch von 0,106 g vorst. Mono- u. 0,052 g Diformylverb. in absol. Xylol durch langsames Zugeben von 5 g P_2O_5 im Sieden, Lösen des Abfiltrierten in kalter 50%ig. HCl, Alkalisieren der sauren Lsg., mehrstd. Extrahieren mit Ae. u. Hochvakuumdest. des nach Vertreiben des Ae. verbleibenden Rückstandes; 67 mg. — *9-Methyl-3-carbolin* (**I**), $C_{12}H_{10}N_2$, F. 243°, aus 30 mg vorst. Verb. durch 10minütiges Erhitzen mit Pd-Mohr auf 250° u. Hochvakuumsublimation; 20 mg. Daneben sublimierten bei 250 bis 280° Badtemp. 9 mg einer *Verb.* vom F. 330°; gelbe Nadeln. **I**-*Pikrat*, $C_{12}H_{10}N_2 \cdot C_6H_3O_7N_3$, F. 303° unter Zers. (A.). — Nach 9std. Erhitzen von 3,3 g **VIII**, 5,1 g 1.2.3-Toluylendiamin, W. u. $CuSO_4$ auf 155° im Bombenrohr, Extrahieren mit Ae., Befreien des Abdampfrückstandes von den Ausgangsprodd. bei 12 mm u. Hochvakuumdest. des Sirups (0,03 mm) wurden zwischen 120 u. 170° Badtemp. 1,368 g eines Öls erhalten, Kp. zwischen 125 u. 153°. Dieses Gemisch gibt nach Lösen in Ae., Chromatographie an Al_2O_3, Eluierung mit absol. Bzl. + absol. Essigester (3 : 1), Auffangen von 53 Fraktionen (Eluierung zuletzt mit Bzl.–Essigester 1 : 1, dann Essigester allein), Abdampfen u. Hochvakuumdest. jeder Fraktion *1-Methyl-2-[N-pyridyl-(3)-amino]-3-aminobenzol* (**III**), $C_{12}H_{13}N_3$, F. 179—180°, aus A.–Ae. Nadeln; 1,8%, u. *1-Methyl-2-amino-3-[N-pyridyl-(3)-amino]-benzol* (**IV**), $C_{12}H_{13}N_3$, F. 138—140°, aus A.–Ae.–PAe. derbe Prismen; 21,5%. — *1-[Pyridyl-(3)]-7-methylbenztriazol* (**V**), $C_{12}H_{10}N_4$, F. 66°, aus **III** in 10%ig. HCl durch tropfenweise Zugabe von 10%ig. $NaNO_2$-Lsg., Fällen mit NH_4OH nach mehreren Std. u. mehrstd. Extraktion mit Ae.; Kp.$_{0,2}$ 130—150° (Bad); aus Ae.–PAe. Nadeln; 100%. — *1-[Pyridyl-(3)]-4-methylbenztriazol* (**VI**), $C_{12}H_{10}N_4$, F. 98—99°, aus **IV** wie vorst.; aus Ae.–PAe. unter Druck lange Nadeln; 100%. — Nach 20minütigem Erhitzen von 0,1 g **V** mit 2,18 g $ZnCl_2$ unter Ausschluß von Feuchtigkeit auf 320°, Lösen in 50%ig. Essigsäure u. W., Versetzen mit überschüssigem NH_4OH, Ausäthern u. Dest. bei 0,03 mm wurde bei 90—100° Badtemp. *β-[o-Toluidino]-pyridin* (**VII**), F. 81—83°, erhalten. Bei 140—160° Badtemp. gingen 72 mg **I** über. — **VII**, $C_{12}H_{12}N_2$, wurde auch aus 0,5 g 3-Aminopyridin, 1,16 g o-Jodtoluol, 0,5 g K_2CO_3 u. 0,01 g Cu durch 15std. Erhitzen auf 180° im Rohr, Ausäthern, Ausschütteln mit 12%ig. HCl, Alkalisieren, Ausäthern u. Hochvakuumdest. gewonnen; 0,4 g. — Nach $ZnCl_2$-Schmelze von 0,1 g **VI** wie oben wurden 8 mg *β-[m-Toluidino]-pyridin* (**IX**), $C_{12}H_{12}N_2$, F. 110°, gewonnen; Kp.$_{0,03}$ 120—130° (Bad); aus Ae.–PAe. würfelige Kristalle. **IX** wurde auch aus β-Aminopyridin u. 3-Jodtoluol wie **VII** dargestellt. — Nach Dest. von **IX** bei der Darst. aus **VI** gingen bei 150—180° (Bad)/0,03 mm 39 mg *6-Methyl-3-carbolin* (?) (**X**) über; F. 202° (A.–Ae.–PAe.). Als Nachlauf wurde bei 200° Luftbadtemp. 9 mg einer in Ae. fast unlösl., in A. mit intensiv blauer Fluorescenz lösl. Verb. erhalten, F. 273° (Zers.), wahrscheinlich *6-Methyl-5-carbolin* (XI). (Mh. Chem. **81**. 404—13.; S.-B. österr. Akad. Wiss., math.-naturw. Kl., Abt. IIb **159**. 404—13. 1950. Wien, Univ., II. Chem. Labor.)

Nitzschke. 3231

Marshall Kulka und **R. H. F. Manske,** *Synthese von Pyridocarbazolen.* Vff. stellen *7 H-Pyrido-[2.3 : c]-* (I) u. *7 H-Pyrido-[3.2 : c]-carbazol* (II) auf eindeutigem Wege dar, u. zeigen, daß sie ident. sind mit den Prodd. der Indolringsynth. von Fischer mit nachfolgender Dehydrierung aus Cyclohexanonchinolyl-(6)- bzw. -(7)-hydrazon. Cyclisierung von N-substituierten 1.2.3.4-Tetrahydrochinolyl-(6)- u. -(7)-hydrazonen von Cyclohexanon liefert nach Hydrolyse u. Dehydrierung linearpolycycl. Systeme, nämlich *6 H-Pyrido-[3.2 : b]-* (III) bzw. *10 H-Pyrido-[2.3 : b]-carbazol* (IV). Damit sind alle 12 möglichen Pyridocarbazole dargestellt. I wurde außerdem aus 1-Phenyl-5-amino-1-benzotriazol (V) dargestellt, das bei der Skraupschen Rk. *3-Phenyl-3-triazolo-[f]-chinolin* (VI) u. daraus bei Pyrolyse (400°) I liefert.

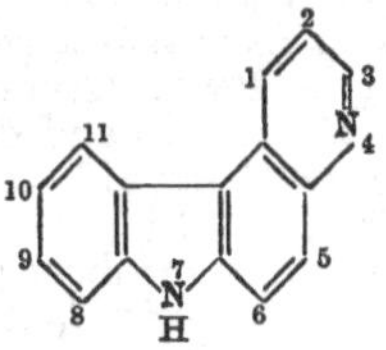

I

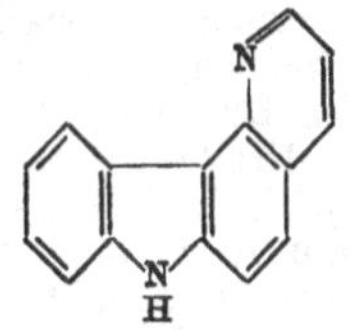

II

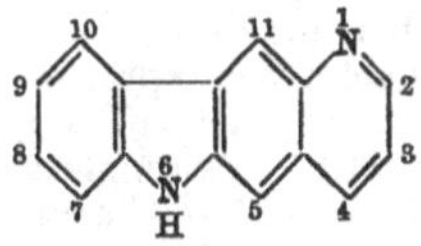

III

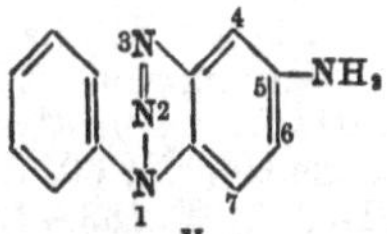

V

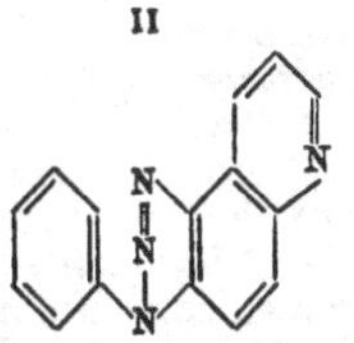

VI

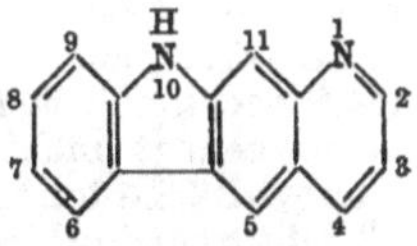

IV

V e r s u c h e : *11 H-Pyrido-[3.2 : a]-carbazol,* F. 333—335°, durch Zugabe von Chloranil zur heißen Lsg. von 7.8.9.10-Tetrahydro-11 H-pyrido-[3.2 : a]-carbazol in Xylol u. 24std. Kochen unter N_2, Extraktion mit heißer verd. HCl, dann Extrakt bas. machen mit NaOH; Kristalle aus Pyridin; 50% (Ausbeute). — *11 H-Pyrido-[2.3 : a]-carbazol,* F. 172 bis 173°, aus 7.8.9.10-Tetrahydro-11 H-pyrido-[2.3 : a]-carbazol durch Dehydrierung wie vorst.; 27%. — *6-Hydrazino-5.8-dichlorchinolin,* $C_9H_7N_3Cl_2$, F. 178° (Zers.), aus 6-Amino-5.8-dichlorchinolin durch Diazotieren bei 0° u. Red. des Diazoniumsalzes mit $SnCl_2 \cdot 2\,H_2O$ in konz. HCl bei $< 10°$ (12 Std. Stehen), Nd. in heißem W. lösen, Sn mit H_2S fällen, Filtrat alkal. stellen; hellgelbe Nadeln aus A.; 60%. — *Cyclohexanon-[5.8-dichlorchinolyl-(6)]-hydrazon,* $C_{15}H_{15}N_3Cl_2$, F. 122—125°, aus vorst. Verb. mit Cyclohexanon in A. durch 1std. Kochen; goldgelbe Nadeln; 90%. — *5-Chlor-8.9.10.11-tetrahydro-7 H-pyrido-[2.3 : c]-carbazol* (VII), $C_{15}H_{13}N_2Cl$, F. 254—255°, durch Eintropfen vorst. Verb. in Butanol in sd. Butanol unter gleichzeitigem Einleiten von HCl-Gas (6½ Std. kochen), Butanol abdest., Rückstand mit verd. HCl extrahieren, dann Filtrat alkal. stellen; Reinigung durch Dest. bei 3 mm, 200—250° Badtemp.; hellgelbe Nadeln aus Methanol, dann Aceton, Lsg. fluoresciert violett; 18%. Cyclisierung in sd. wss. Säuren liefert 1%. — *8.9.10.11-Tetrahydro-7 H-pyrido-[2.3: c]-carbazol* (X), F. 204—206°, hellgelbe Prismen aus Aceton, aus Cyclohexanonchinolyl-(6)-hydrazon; 30%; oder aus **VII** mit Pt-Katalysator nach Adams durch 70std. Kochen in Tetralin (N_2-Durchleiten); 40%. — *7 H-Pyrido-[2.3: c]-carbazol* (I), F. 211 bis 212°, aus 0,7 g vorst. Verb. mit 3 g Se bei 350—370°, 2 Std. unter N_2; Vakuumdest. (0,3 mm, 250° Bad), hellgelbe Nadeln aus Aceton; 45%. Oder aus **VI** (aus **V** nach Fries, Liebigs Ann. Chem. **454**. [1927.] 121) durch 15 Min. Erhitzen auf 390—400°; 15%. — *7-Hydrazinochinolin,* $C_9H_9N_3$, F. 162—163° (Zers.), aus 7-Aminochinolin wie oben; hellgelbe Nadeln aus Methanol. — *Cyclohexanon-[chinolyl]-(7)-hydrazon,* $C_{15}H_{17}N_3$, F. 158—159°, aus vorst. Verb. in Methanol mit Cyclohexanon, mehrere Std. bei 20°; orangefarbene Platten aus Methanol; 73%. — *7-Amino-6-chlorchinolin* (**VIII**), $C_9H_7N_2Cl$, F. 151—152°, aus 7-Nitro-6-chlorchinolin in konz. HCl mit $SnCl_2 \cdot 2\,H_2O$ durch 1std. Erhitzen, Nd. in W. lösen u. in eiskalte NaOH gießen; Nadeln aus Bzl.; 75%. — *6-Amino-5-nitrochinolin,* $C_9H_7O_2N_3$, F. 177 bis 178°, aus 6-Chlor-5-nitrochinolin mit alkoh. NH_3 im Einschlußrohr, 24 Std. bei 160°; orangefarbene Prismen aus Bzl. oder Methanol; 70%. — *6-Chlor-8.9.10.11-tetrahydro-7 H-pyrido-[3.2: c]-carbazol* (**IX**), $C_{15}H_{13}N_2Cl$, F. 163—164°, aus **VIII** über die 7-Hydrazinoverb. u. das Cyclohexanonhydrazon wie oben, Cyclisierung in Essigsäure/konz. H_2SO_4, 1 Std. bei 100°; Reinigung der Base durch Dest., dann über das *Hydrochlorid* (orangefarbene nadelähnliche Kristalle), alkal. machen; Prismen aus Essigester; 10%. — *8.9.10.11-Tetrahydro-7 H-pyrido-[3.2 : c]-carbazol,* $C_{15}H_{14}N_2$, F. 154—155°, aus Cyclohexanon-[chinolyl-(7)]-hydrazon wie vorst.; 60%; oder aus **IX** durch Enthalogenierung mit Pt in Tetralin; braune Prismen aus W./Methanol, dann Dibutyläther. — *7 H-Pyrido-[3.2 : c]-carbazol* (**II**), $C_{15}H_{10}N_2$, F. 173 bis 174°, aus vorst. Verb. mit Chloranil wie oben; Vakuumdest., dann aus Methanol, dann Essigester Prismen; 40%. — *6-Hydrazino-1-benzoyl-1.2.3.4-tetrahydrochinolin*, $C_{16}H_{17}ON_3$, F. 150—152°, aus 6-Amino-1-benzoyl-1.2.3.4-tetrahydrochinolin durch Diazotieren (0°), dann Red. mit $SnCl_2$/konz. HCl < 5°, dann 2 Std. 20°; hellgelbe Prismen aus Bzl.; 80%. — *Cyclohexanon-[1-benzoyl-1.2.3.4-tetrahydrochinolyl-(6)]-hydrazon*, $C_{22}H_{25}ON_3$, F. 200—205° (Zers.), aus Cyclohexanon u. vorst. Verb., 5 Min. erhitzen in Methanol; Prismen; 85%. — *1.2.3.4.7.8.9.10-Oktahydro-6 H-pyrido-[3.2 : b]-carbazol* (**XI**), $C_{15}H_{18}N_2$, F. 216—217°, aus vorst. Verb. in Eisessig/konz. HCl bei 3tägigem Stehen bei 20°, dann mit W. verdünnen u. 5 Std. kochen (Verseifung der Benzoylgruppe), alkal. machen, Nd. aus Bzl. umlösen; federartige Kristalle; 30%. Der Rückstand der Benzolmutterlauge gab nach Eindampfen u. 5std. Erhitzen mit Pt unter N_2 auf 210—220° **X**; 18%. — *6 H-Pyrido-[3.2 : b]-carbazol* (**III**), $C_{15}H_{10}N_2$, F. 282—284°, aus **XI** mit Pt unter N_2 bei 270—280°, 5 Std., Vakuumdest., dann nochmals mit Pt erhitzen; dicke gelbe Prismen aus Aceton; 30%. — *7-Hydrazino-1-benzoyl-1.2.3.4-tetrahydrochinolin*, $C_{16}H_{17}ON_3$, F. 115—120° (rasche Zers. bei Zimmertemp.), aus 7-Amino-1-benzoyl-1.2.3.4-tetrahydrochinolin wie oben; kleine Nadeln aus Methanol; 85%. — Daraus wie oben *Cyclohexanon-[1-benzoyl-1.2.3.4-tetrahydrochinolyl-(7)]-hydrazon*, $C_{22}H_{25}ON_3$, F. 205—207°, hellgelbe Prismen aus Methanol; 80%. — *1.2.3.4.6.7.8.9-Oktahydro-1-benzoyl-10 H-pyrido-[2.3 : b]-carbazol*, $C_{22}H_{22}ON_2$, F. 242—243°, aus vorst. Verb. in Eisessig mit konz. HCl bei 5tägigem Stehen bei 20°; aus A. nadelähnliche Kristalle; 70%. Saure Verseifung bewirkt Zers.; Verseifung mit alkoh. Alkali gelingt nicht. — *7-Hydrazino-1-acetyl-1.2.3.4-tetrahydrochinolin*, aus 7-Amino-1-acetyl-1.2.3.4-tetrahydrochinolin wie beschrieben; Öl; 60%. — *Cyclohexanon-[1-acetyl-1.2.3.4-tetrahydrochinolyl-(7)-hydrazon*, $C_{17}H_{23}ON_3$, F. 153—157°, aus vorst. Verb. mit Cyclohexanon; Prismen; 90%. — *1.2.3.4.6.7.8.9-Oktahydro-10 H-pyrido-[2.3 : b]-carbazol*, $C_{25}H_{18}N_2$, F. 175—176°, aus vorst. Verb. in HCl + W. (1 : 1) bei 3tägigem Stehen, dann konz. HCl zusetzen, 15 Min. kochen, 45 Min. auf dem Wasserbad erhitzen; aus Bzl. Nadeln, die beim Stehen dunkel werden; 70%. Es wurde kein Oktahydro-**II** gebildet. — *6.7.8.9-Tetrahydro-10 H-pyrido-[2.4 : b]-carbazol*, $C_{15}H_{14}N_2$, F. 232—233°, aus vorst. Verb. mit Pt nach ADAMS unter N_2, 2 Std. bei 160—170°, 2 Std. bei 200°, Vakuumdest., dann aus Essigester oder Methanol gelbe Prismen; 68%. — Daraus durch Dehydrierung mit Chloranil *10 H-Pyrido-[2.3 : b]-carbazol* (**IV**), $C_{15}H_{10}N_2$, F. 245—246°; gelbe Nadeln aus Methanol; 10%. (Canad. J. Chem. **30.** 711—19. Sept. 1952. Guelph, Ontario, Can., Dominion Rubber Co. Ltd., Res. Labors.) GOEBEL. 3231

William Bradley, Edward Leete und **Douglas S. Stephens**, *Chemie des Indanthrens. 4. Mitt. Ein Isomeres von Indanthren und die Konstitution von Indanthren B.* (3. vgl. C. **1953.** 701.) 2-Nitro-1.2'-dianthrachinonylamin (I) wird mit Na_2S zu *N.N-Dihydro-[1.2; 2'.3']-anthrachinonazin* (**II**), einem Isomeren von Indanthren (N.N-Dihydro-[1.2 : 1'.2']-anthrachinonazin) (**III**) reduziert. Die Konst. von **II** wird durch Kondensation von Anthrachinon-(1.2) (**IV**) mit 2.3-Diaminoanthrachinon (**V**), Oxydation des entstandenen *Azins* (**VI**) zu *1.2; 2'.3'-Anthrachinonazin* (**VII**) u. dessen Red. zu **II** bewiesen. **VII** ist dem Indanthrenazin (N.N-Dehydroindanthren) sehr ähnlich, aber **VI** ist gegen Red. viel beständiger. Die Bldg. von **II** kann nicht über 2-Amino-1.2'-dianthrachinonylamin (**VIII**) erfolgen, da **VIII** nach der 3. Mitt. (l. c.) zu **III** cyclisiert wird. Wahrscheinlich entsteht **II** durch Ringschluß der aus **I** zunächst gebildeten Nitrosoverb., ehe diese weiter zu **VIII** red. werden kann. *Indanthren B* (**IIIB**) ist **II** ähnlich, aber nicht mit ihm identisch. Es wird als ein *Oxy-* oder *Dioxyderiv.* des linearen *N.N-Dihydro-[2.3; 2'.3']-anthrachinonazins* angesehen.

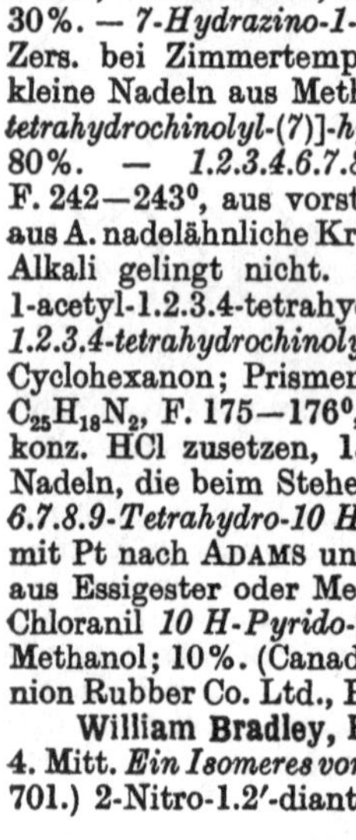

II

Versuche: *Indanthren B* (**IIIB**), $C_{28}H_{14}O_6N_2$ oder $C_{28}H_{14}$·O_5N_2, a) durch Erhitzen von 10 g 2-Aminoanthrachinon (**IX**) mit 34 g KOH, 6 cm³ W. u. 6 g Phenol auf 220° nach MAKI (J. Soc. chem. Ind. Japan, Suppl. **36.** [1933.] 44); 0,35 g (Ausbeute); in 4%ig. NaOH + $Na_2S_2O_4$ gelöst; Chromatographie (Chr.) an Cellulose: 2 Zonen, an der Luft oxydiert: *Indanthren* (**II'**) u. schwächer adsorbiert **IIIB**, eluiert mit o-$C_6H_4Cl_2$, 0,1 g blaue Nadeln; in konz. H_2SO_4 λ_{max} 440 mμ (ε = 147), λ_{min} 600 (74); in NaOH + $Na_2S_2O_4$ λ_{max} 485 (160); b) durch 3std. Rühren von 10 g **IX** mit 50 g KOH u. 25 cm³ A. bei 150° u. Gießen in W.; aus violetter Lsg. durch Luft 8 g Nd., daraus 2,7 g in A. unlösl. Rückstand; mit 200 cm³ sd. $C_6H_5NO_2$ ausgezogen: 1 g **III** als Rückstand; aus Filtrat 0,55 g **IIIB**, blaue Kristalle; Chr. wie bei a) gab 2 Zonen; durch Elution mit Pyridin (**X**) u. Fällung mit A. 0,19 g amorphes blaues Pulver; die **X**-Lsg. wurde mit methanol. KOH (**XI**) hellgrün, bei Zusatz von A. oder W. unverändert; beim Stehen grüner Nd.; **IIIB** ist in heißer wss. NaOH mit bräunlichgrüner Farbe ziemlich lösl.; es blieb in H_2SO_4 mit CrO_3 (0°, 1 Std.) u. in HNO_3 (D. 1,4, 1/4 Std., 0°) unverändert. — *1.2-Anthraceno-2'.3'-anthrachinonazin* (**VI**), $C_{28}H_{14}O_2N_2$, F. 415—417°, aus 2 g **IV** in

CH_3COOH u. 2,1 g **V** in CH_3COOH durch ½ std. Kochen, goldgelbe Tafeln aus $C_6H_5NO_2$; 2,9 g roh; in konz. H_2SO_4 tiefgrün lösl., bei Stehen rötlicher Nd. (Sulfat?), in W. violette Lsg., dann bräunlichgelber Nd.; bei 14std. Kochen in Chinolin unverändert im Gegensatz zu Indanthrenazin. — *N.N-Dihydro-[1.2; 2'.3']-anthrachinonazin* (**II**), $C_{28}H_{14}O_4N_2$, a) aus 1 g **VI** in konz. H_2SO_4 u. 1 g CrO_3 in H_2SO_4 bei 0°; nach 15 Min. in W. gegossen u. auf 50° erwärmt: 1,35 g grüner Nd. (**VII**), 3 Std. mit Chinolin gekocht; 0,15 g blaue Nädelchen; in konz. H_2SO_4 λ_{min} 585 mμ (ε = 87), λ_{max} 715 (330); in NaOH + $Na_2S_2O_4$ λ_{min} 490 (206), λ_{max} 520 (212); in **X** hellblau, + **XI** stumpf grünlichbraun, + CH_3OH oder W. unverändert, dann brauner Nd., + HCl blau; b) aus der verd. H_2SO_4-Lsg. nach a) durch Alkalisieren, Erwärmen mit NaOH + $Na_2S_2O_4$ auf 50°, Belüften des Filtrats u. Neutralisieren; 0,7 g roh; c) durch ½ Std. Kochen von 2 g **I** mit 5 g krist. Na_2S in A., Chr. des Nd. in NaOH + $Na_2S_2O_4$ an Cellulose (braune Zone); entstand auch aus **I** u. Na_2S in verd. NaOH. 1 g blieb bei 1std. Erhitzen mit KOH + W. (10: 1) auf 200° allein oder mit 0,5 g CH_3COOK u. 0,2 g KNO_3 unverändert. — *9.10-Dihydro-9.10-dimethyl-[1.2; 6.7]-diphthaloylphenazin* (**XII**), $C_{30}H_{18}O_4N_2$, durch 48std. Kochen von 1 g **II** mit p-$CH_3C_6H_4SO_3CH_3$ u. K_2CO_3 in $C_6H_3Cl_3$, Heißfiltration u. Konz. auf 40 cm³; 0,3 g blaue Nadeln aus Chinolin; in **X** u. + **XI** violettblau; in NaOH + $Na_2S_2O_4$ orangerot, + Luft violettblau; bei 10std. Kochen von 0,05 g in o-$C_6H_4Cl_2$ u. 0,5 g Al_2O_3, Extraktion des Al_2O_3 mit **X** (tiefblau, + **XI** olivbraun); das Prod. löste sich in NaOH + $Na_2S_2O_4$ braun, + Luft blaßgrün, dann blau (charakterist. für entmethyliertes **XII** = **II**). — Nach ½ std. Erhitzen von 2 g **III**, 40 g KOH u. 20 cm³ A. auf 140—150° zeigte Chr. der Küpe an Cellulose außer der blauen Zone der *Dihydroverb.* nur eine unwesentliche braune Schicht. — *2-[o-Nitroanilino]-anthrachinon*, $C_{20}H_{12}O_4N_2$, F. 247—248°, durch 3std. Kochen von 3 g 2-Jodanthrachinon, 2 g o-O_2NC_6·H_4NH_2, 2 g PbO, 0,05 g $(CH_3COO)_2Cu$ u. 20 cm³ $C_6H_5NO_2$ u. Heißfiltration, orangegelbe Nadeln aus CH_3COOH; 2,25 g; in **X** gelb, + **XI** grün, + viel A. unverändert. Gab, ½ Std. mit krist. Na_2S in A. gekocht u. in W. gegossen rote Kristalle, F. 220—230°; leichtlösl. in W. u. wie **VIII** in konz. H_2SO_4 tief violettblau löslich. (J. chem. Soc. [London] **1951**. 2163—69. Aug. Leeds, Univ., Clothworkers Res. Labor.) LEHMSTEDT. 3272

William Bradley und **Harry E. Nursten**, *Chemie des Indanthrens. 5. Mitt. tert.-Butylderivate von Indanthren und Flavanthren. Die Bildungsweise von Flavanthren bei der Alkalischmelze von 2-Aminoanthrachinon.* (4. vgl. vorst. Ref.) Durch Nitrierung u. Red. von *o-[p-tert.-Butylbenzoyl]-benzoesäure* (**I**) wurde neben *o-[3-Amino-4-tert.-butylbenzoyl]-benzoesäure* (**II**) etwas *2-Aminoisomeres* (**III**) gewonnen. Da der Ringschluß von **II** in o- oder p-Stellung zur NH_2-Gruppe erfolgen kann, werden aus **II** *1-Amino-2-tert.-butylanthrachinon* (**IV**) u. *2-Amino-3-tert.-butylanthrachinon* (**V**) erhalten. Die tert. Butylgruppe bewirkt, daß bei der Kalischmelze von **V** auch bei niedrigeren Tempp. *3.3'-Di-tert.-butylflavanthren* (**VI**) u. kein Indanthrenderiv. gebildet wird. Selbstkondansation von *2-Amino-1-brom-3-tert.-butylanthrachinon* (**VII**) führt zu **VI**, *3.3'-Di-tert.-butylindanthren* (**VIII**) u. dessen *Azin* (**IX**). **VIII** ist viel leichter zu **IX** dehydrierbar als Indanthren zu seinem Azin.

Versuche [Chromatographie (Chr.) an Al_2O_3]: *o-[p-tert.-Butylbenzoyl]-benzoesäure* (**I**), F. 152—153°, nach PETERS u. ROWE (J. chem. Soc. [London] **1945**. 181), Tafeln aus Bzl.–Ligroin; nach 16 Std. 67% (Ausbeute). *Methylester*, $C_{19}H_{20}O_3$, F. 70—71°, a) mit CH_2N_2, Prismen aus CH_3OH; b) durch 4std. Kochen von 1 g **I**, 25 cm³ konz. HCl u. 20 cm³ CH_3OH; 0,5 g. — *o-[4-tert.-Butyl-3-nitrobenzoyl]-benzoesäure* (**X**), $C_{18}H_{17}O_5N$, F. 203,5—204,5°, aus **I** u. HNO_3–H_2SO_4 bei 35°; nach 1 Std. Gießen in W.; Täfelchen aus Toluol; fast 100%. *Methylester* (**Xm**), $C_{19}H_{19}O_5N$, F. 129,5—130,5° (CH_3OH). — *Trinitro-o-[p-tert.-butylbenzoyl]-benzoesäure*, $C_{18}H_{15}O_9N_3$, F. 240—241°, durch 2std. Erhitzen von 3,6 g **I** in 15 cm³ konz. H_2SO_4 u. 5 cm³ rauchender HNO_3 auf 95°; ausgefallenes Harz mit Ae. verrieben: Pulver, Nadeln aus wss. CH_3COOH; 1,25 g roh. — Durch ½ std. Kochen von 20 g **I** u. 100 cm³ konz. HNO_3 17,2 g Nd. (**A**) u. aus Filtrat 4 g (**B**); **A**, aus Bzl. u. dann Toluol umkrist.: 7,3 g **X**; aus **X**-Filtrat 5,5 g einer *Verb.* vom F. 176—179°; die Mutterlauge gab beim Eindampfen ein Öl; daraus durch Dampfdest. mit Sodalsg. ca. 2 cm³ Öl; 3 Std. mit Fe-Feilspänen u. verd. CH_3COOH red., dampfdest. u. acetyliert: *p-[tert.-Butyl]-acetanilid*, F. 172—173°; aus der Base mit C_6H_5COCl u. verd. NaOH *p-[tert.-Butyl]-benzanilid*, $C_{17}H_{19}ON$, F. 142,5—143,5°. **B**, mit Toluol extrahiert, gab 0,75 g Rückstand, F. 197—200°, nach Erstarren F. 129°, aus CH_3COOH umkrist. u. im Vakuum sublimiert: *Phthalsäureanhydrid*, F. 130,5—131,5°; aus Toluolfiltrat *o-[4-tert.-Butyl-2-nitrobenzoyl]-benzoesäure* (**XI**), $C_{18}H_{17}O_5N$, F. 187—188°, aus Bzl. Tafeln. — *o-[3-Amino-4-tert.-butylbenzoyl]-benzoesäure* (**II**), $C_{18}H_{19}O_3N$, F. 218—219° (Zers.), durch ¼ std. Kochen von 6 g **X** u. $FeSO_4$ in verd. NH_3, Austreiben des NH_3 u. Ansäuern des Filtrats mit CH_3COOH, Blättchen aus Toluol; 5,4 g roh; fast unlösl. in konz. HCl u. nach 4std. Kochen unverändert; lösl. in 14%ig. HCl u. nach 4std. Kochen Nd. von **II**-*Hydrochlorid*, $C_{18}H_{20}O_3NCl$, Erweichen 200°, Zers. ohne F. 250° (rotbraun), fast farblose Nadeln; enthielt kein Lactam, lösl. in 5%ig. NaOH; Diazotierung < 0° u. Kupplung mit β-Naphthol in NaOH gab orangerote Lösung. *Methylester*, $C_{19}H_{21}O_3N$, F. 122—123°, mit CH_3OH u. H_2SO_4 oder durch Red. von **Xm** mit Fe u. verd. CH_3COOH. — *o-[2-Amino-4-tert.-butylbenzoyl]-benzoesäure* (**III**), $C_{18}H_{19}O_3N$, F. 176—177° (Zers.), aus **XI** analog **II**, blaßgelbe Tafeln aus Bzl.-Ligroin; 50%; 0,05 g, 3 Std. mit 21%ig. HCl gekocht, → fast sofort 0,035 g *Lactam*, $C_{18}H_{17}O_2N$, Täfelchen, aus A. Nadeln, F. 182,5—183,5°. — *3-[3-Amino-4-tert.-butylphenyl]-phthalid* (**XII**), $C_{18}H_{19}O_2N$, F. 139—140°, a) durch 3std. CLEMMENSEN-Red. von 1,4 g **II**, Verdünnen mit W., Neutralisieren mit Soda u. Ausäthern; Eindampfrückstand mit 5%ig. Sodalsg. ausgezogen u. aus A. umkrist.; 0,6 g; b) durch 56std. Kochen von 2 g **II** in verd. NH_4OH mit Zn-Staub u. $CuSO_4$ unter Zugabe von NH_4OH alle 2 Std.; Filtrat vom Nd. **XII** mit CH_3COOH angesäuert u. ausgeäthert; Eindampfrückstand mit Sodalsg. ausgezogen u. angesäuert: 0,5 g *o-[3-Amino-4-tert.-butylbenzyl]-benzoesäure*, $C_{18}H_{21}O_2N$, F. 115—116°, Nadeln aus Bzl.-Ligroin; in konz. H_2SO_4 gelb, bei 100° weinrot lösl. wie o-Benzylbenzoesäure; **XII** blieb bei 4std. Kochen mit Zn-Staub u. 5%ig. NaOH unverändert. — *1-[3-Amino-4-tert.-butylphenyl]-4-oxyphthalazin*, $C_{18}H_{19}ON_3$, F. 278—280°, aus 0,5 g **II** u. N_2H_4 nach HUANG-MINLON, Täfelchen aus Toluol; 0,41 g. — *1-Amino-2-tert.-butyl-* (**IV**) u. *2-Amino-3-tert.-butylanthrachinon* (**V**), $C_{18}H_{17}O_2N$, durch 10 Min. Erhitzen von 5 g **II** in 50 cm³ konz. H_2SO_4 auf 155—160° u. Gießen in W.; Ausziehen des Nd. mit Bzl. u. Chr.; aus beweglichster orangeroter Zone mit Bzl. 0,55 g **IV**, F. 159—160°, rote Nadeln aus wss. CH_3COOH; aus 2. orangefarbenem Band mit Aceton 0,74 g **V**, F. 205 bis 205,5°, aus Bzl. orangegelbe Nadeln. Bei 20 Min. Rk. erschien eine 2., weniger bewegliche Zone; durch Elution mit Aceton orangefarbene Nadeln, F. 309—310°, mit Acetanhydrid: *2-Acetamidoanthrachinon*, F. 266—267°. **V** ist in H_2SO_4 gelb, in alkal. $Na_2S_2O_4$ (**XIII**) rot lösl.; in Pyridin (**XIV**) orange, + methanol. KOH (**XV**) rötlichbraun, + CH_3OH orange; in Acetanhydrid gelb, + B_2O_3 erhitzt farblos; mit $SbCl_5$ in $C_6H_5NO_2$ erhitzt keine Bldg. von **VI**; Spektr. in Bzl. dem von 2-Aminoanthrachinon sehr ähnlich. — Lsg. von **IV** in H_2SO_4 u. in **XIII** orange; in Acetanhydrid orange, + B_2O_3 bläulichrot, im UV-Licht starke violette Fluorescenz; in **XIV** u. + **XV** orange. — *1-Benzamido-2-tert.-butylanthrachinon*, $C_{25}H_{21}O_3N$, F. 250—250,5°, durch 2std. Erhitzen von **IV** mit C_6H_5COCl u. einigen Tropfen H_2SO_4 auf 100°, gelbe Nadeln aus verd. CH_3COOH; in Bzl. λ_{max} 480 mμ (*2-Aminoanthrachinon* 465 mμ). — *2-Amino-1-brom-3-tert.-butylanthrachinon* (**VII**), $C_{18}H_{16}O_2NBr$, F. 212—215°, durch 5std. Kochen von 0,48 g **V** u. 0,31 g N-Bromsuccinimid in CCl_4; Chr. des Filtrats u. Entw. mit Bzl.: 0,35 g Täfelchen, aus Bzl.-Ligroin orangegelbe Nadeln; in H_2SO_4 gelb, in **XIV** gelb, + **XV** grün, in **XIII** rot; aus 2. Band etwas **V** zurück. — *3.3'-Di-tert.-butylflavanthren* (**VI**), $C_{36}H_{28}O_2N_2$, durch Zugabe von 0,2 g **V** zu 5 g KOH bei 295 bis 205°; nach 20 Min. gekühlt, in W. eingetragen u. 1 Std. mit Luft behandelt; 0,12 g; Chr. in o-$C_6H_4Cl_2$, Entw. des beweglicheren Bandes mit Bzl.; bräunlichgelbe Nädelchen; in organ. Fll. leichter lösl. als Flavanthren (**XVI**); in H_2SO_4 hellorange, in **XV** gelb, + **XV** grün, mit mehr **XV** wieder gelb, dann Nd.; wie **XVI** mit kaltem 30—40%ig. Oleum blau, mit heißem rotviolett; in **XIII** blau, in künstlichem Licht starkes violettes Reflexlicht, mit Luft **VI** zurück; wird im Gegensatz zu **XVI** durch Na_2S-Lsg. nicht reduziert. Bei 215—225° der KOH-Schmelze keine Bldg. eines blauen Indanthrens. — **VI**, *3.3'-Di-tert.-butylindanthren* (**VIII**) u. *3.3'-Di-tert.-butylindanthrenazin* (**IX**); a) 0,15 g **VII**, 0,5 g $CH_3 \cdot COONa$, Spur $(CH_3COO)_2Cu$ u. 5 cm³ o-$C_6H_4Cl_2$ 24 Std. gekocht; Filterrückstand mit Bzl., A. u. W. gewaschen: 0,03 g dunkles Pulver mit gelblichgrünem Glanz; Chr. in C_6H_5Cl: aus unterem Band **VI**, aus oberem **IX**; b) wie a), aber nur 6 Std., 0,062 g Rückstand; Chr. wie bei a); Entw. mit Bzl. zerlegte oberes Band in 2 blaue Zonen; aus unterem gelben Band 0,022 g **IX**, $C_{36}H_{28}O_4N_2$, dunkel gelblichgrünes Pulver; in konz. H_2SO_4 oder 30—40%ig. Oleum rotbraun; in **XIV** gelb, + **XV** grün; schwerlösl. (blau in **XIII**, + Luft blauer Nd. von **VIII** (Unterschied von **VI**); in Chinolin blaugrün, in Anilin grün, in Piperidin grünlichblaue Lsg., + $N_2H_4 \cdot H_2O$ blau; beim Erhitzen an der Luft erst grün, dann blau; durch Elution der 2 blauen Bänder 0,013 g unreines **VIII**, dunkelblaue Blättchen; in Bzl. blaßblaue Lsg.; in C_6H_5Cl λ_{max} 725 mμ, am Licht grüner werdend; nach einigen Wochen λ_{max} 690 mμ, ε vermindert u. λ_{max} im Blau wahrnehmbar; in konz. H_2SO_4 λ_{max} 470 mμ (ε = 148); die Absorption sank u. stieg dann wieder: λ_{max} 700 mμ (ε = 0,64); Zusatz von 1 Tropfen HNO_3 bewirkte Umschlag in Gelbbraun; in **XIII** schwerlösl. (blau) (Red. durch Zugabe von **XIV** erleichtert), durch Luft grünlichblauer Nd; in 30—40%ig. Oleum grünlicholiv, bei Erhitzen irreversibel rotbraun; c) Rk. 4 Std.; Chr. ohne Filtrieren der warmen Lsg. u. Entw. mit C_6H_5Cl; gelbe Zone gab 0,043 g **IX**; hellrote Zone wurde mit wss. NaOH oder Luft hellgelb; das gelbe Prod. war **VI** (0,01 g). (J. chem. Soc. [London] **1951**. 2170—77. Aug.)

LEHMSTEDT. 3272

William Bradley und **Harry E. Nursten**, *Chemie des Indanthrens. 6. Mitt. Alkylsulfonylindanthrene.* (5. vgl. vorst. Ref.) Da carbonyl- u. halogensubstituierte Indanthrene gegen Dehydrierung beständiger sind als *Indanthren* (**I**) selbst u. Toluolsulfonylgruppen die Red. von α-Naphthochinonen erleichtern, wurde der Einfl. von Alkylsulfonylgruppen (**II**) auf die Beständigkeit von I untersucht. II erschweren die Oxydation von I zum Azin stärker als Cl-Atome in gleicher Stellung. Dies beruht wohl auf der Steigerung der sauren Eigg. von I. Zur Darst. der durch II substituierten I-Derivv. wurde in *2-[4-Chlor-3-nitrobenzoyl]-benzoesäure* (III) das Cl durch *Alkylmercaptogruppen* ersetzt, die dann zu den entsprechenden *Alkylsulfonylgruppen* oxydiert wurden. Die durch Red. der so erhaltenen Säuren gewonnenen *2-[4-Alkylsulfonyl-3-aminobenzoyl]-benzoesäuren* wurden zu *3-Alkylsulfonyl-2-aminoanthrachinonen* cyclisiert. Die *3-Äthylsulfonyl-* (IV) u. *3-Butylsulfonylverb.* (V) wurden zu den *1-Bromderivv.* (VI u. VII) bromiert u. diese zu den entsprechenden *3.3'-Dialkylsulfonylindanthrenen* kondensiert.

Versuche [Chromatographie (Chr.) an Al_2O_3]: *2-[4-Chlor-3-nitrobenzoyl]-benzoesäure* (III), F. 200,5—201°, aus 2-[p-Chlorbenzoyl]-benzoesäure (VIII) u. 97%ig. HNO_3 bei 25—30°; 85% (Ausbeute). — *2-[4-Äthylmercapto-3-nitrobenzoyl]-benzoesäure* (IX), $C_{16}H_{13}O_5NS$, F. 173°, aus 10 g III in A. u. C_2H_5SNa in A. durch 2std. Kochen; gelbe Tafeln aus CH_3OH; 10,6 g roh. *Methylester* (IXm), $C_{17}H_{15}O_5NS$, F. 124,5—125,5°, gelbe Nadeln aus CH_3OH. *Äthylester*, $C_{18}H_{17}O_5NS$, F. 88—90°, gelbe Prismen aus CH_3OH. — *2-[4-Äthylsulfonyl-3-nitrobenzoyl]-benzoesäure* (X), $C_{16}H_{13}O_7NS$, F. 158°, durch 4std. Dampfbaderhitzen von IX u. 100 Vol.-%ig. H_2O_2 in CH_3COOH u. Einengen, aus C_6H_5Cl, o-$C_6H_4Cl_2$ u. dann Bzl.-Ligroin Nadeln. *Methylester* (Xm), $C_{17}H_{15}O_7NS$, F. 127—128°, a) aus roher X (F. 128—129°), CH_3OH u. H_2SO_4, fast farblose rechteckige Tafeln aus CH_3OH; 80%; b) aus IXm u. H_2O_2. *Äthylester*, $C_{18}H_{17}O_7NS$, F. 110—111°, aus Ae. krist. Masse. — *2-[4-Oxy-3-nitrobenzoyl]-benzoesäure* (X'), $C_{14}H_9O_6N \cdot H_2O$, F. 180—180,5°, a) durch 1std. Kochen von 3 g III u. 5%ig. NaOH, aus CH_3OH u. aus wss. CH_3COOH umkrist.; 2,7 g roh. *Hemihydrat*, $C_{14}H_9O_6N \cdot \frac{1}{2} H_2O$, F. 179—180°, durch Sublimation bei 160°/0,5 mm, blaßgelbe Stäbchen. *Methylester*, $C_{15}H_{11}O_6N$, F. 148—149°, rechteckige blaßgelbe Tafeln aus CH_3OH. b) durch ½ std. Kochen von 3 g Xm in 5%ig. NaOH; 2 g roh; reagierte nicht mit NH_2OH in verd. NaOH u. mit 2.4-Dinitrophenylhydrazin in CH_3COOH. *4-Acetoxyverb.*, $C_{16}H_{11}O_7N$, F. 177—179°, Tafeln aus wss. CH_3COOH. — *1-[3-Amino-4-oxyphenyl]-4-oxyphthalazin*, $C_{14}H_{11}O_2N_3$, Zers. bei 280°, F. 298—300°, durch 2std. Kochen von XI u. 100%ig. $N_2H_4 \cdot H_2O$, fast farblose Nadeln. — *2-[3-Amino-4-äthylsulfonylbenzoyl]-benzoesäure* (XII), $C_{16}H_{15}O_5NS$, F. 191—192°, aus 2,7 g X u. $Na_2S_2O_4$ in 1%ig. NaOH durch 1std. Kochen, Ansäuern mit CH_3COOH u. Ausäthern, fast farblose Tafeln aus verd. CH_3COOH; 0,5 g. *Methylester* (XIIm), $C_{17}H_{17}O_5NS$, F. 152—153°, durch 1std. Kochen von 10 g Xm u. Fe-Feile in A. mit 2 nHCl, blaßgelbe hexagonale Tafeln aus CH_3OH; 7,8 g roh. *N-Diacetylverb.*, $C_{20}H_{19}O_7NS$, F. 163—164°, aus XII u. CH_3COCl, Zugabe von CH_3COOH, Kochen bis zur klaren Lsg. u. Gießen in W.; aus Bzl. irreguläre Kristalle. — *2-[3-Acetamido-4-äthylsulfonylbenzoyl]-benzoesäuremethylester*, $C_{19}H_{19}O_6NS$, F. 143,5 bis 144,5°, aus XIIm u. CH_3COCl in der Kälte in Ggw. von CH_3COONa, aus A. Tafeln. — *2-Amino-3-äthylsulfonylanthrachinon* (IV), $C_{16}H_{13}O_4NS$, F. 278—279°, durch schnelles Erhitzen von 2 g (?) XIIm auf 175°; nach 10 Min. in W. gegossen, Nd. mit 5%ig. sd. Sodalsg. u. Bzl. extrahiert, dann mit $C_6H_5NO_2$ ausgekocht; gelbe Nadeln aus CH_3COOH; 2,2 g. — *1-Amino-3-äthylsulfonylanthrachinon* (XIII), $C_{16}H_{13}O_4NS$, F. 217—218°, durch Chr. des vorst. Benzolextrakts u. Entw. mit Bzl., orangefarbige Kristalle; 0,6 g; in konz. H_2SO_4 rötlichorange, in Pyridin (XIV) orange, + methanol. KOH (XV) blau, + viel XV grünlichblau, dann gelbbraun, in Acetanhydrid + B_2O_3 tiefviolett; in alkal. $Na_2S_2O_4$ (XVI) tiefrot. *Acetylverb.*, $C_{18}H_{15}O_5NS$, F. 236,5—237,5°, mit CH_3COCl in sd. Acetanhydrid (1,5 Std.), Chr. der Lsg. u. Elution mit Bzl., aus Bzl. gelbe Nadeln. *Benzoylverb.*, $C_{23}H_{17}O_5NS$, F. 198—199°, mit C_6H_5COCl u. etwas H_2SO_4 bei 100°, aus A. blaßorangefarbene, seidige Nadeln. *Dibenzoylaminoverb.*, $C_{30}H_{21}O_6NS$, F. 280,5—281,5°, mit C_6H_5COCl in sd. XIV, orangefarbige Kristalle aus CH_3COOH. — IV ist schwerer lösl. in organ. Fll. als XIII; in XIV orange, + XV grünbraun, mit CH_3OH verd. unbeständig; in XVI tiefgrün, in konz. H_2SO_4 orangerot; bei 1std. Kochen mit $SbCl_5$ keine Bldg. eines Flavanthrens. *Acetylverb.*, $C_{18}H_{15}O_5NS$, F. 224—225°, mit sd. Acetanhydrid (5 Std.), citronengelbe seidige Nadeln aus CH_3COOH. *Benzoylverb.*, $C_{23}H_{17}O_5NS$, F. 271,5—272°, mit C_6H_5COCl in sd. XIV (4 Std.); Plättchen aus CH_3COOH. — *2-Amino-1-brom-3-äthylsulfonylanthrachinon* (VI), $C_{16}H_{12}O_4NBrS$, F. 205—207°, durch 3std. Erhitzen von 2,5 g IV in 49 cm³ $C_6H_5NO_2$ mit 1% Br_2 auf 160° u. 2mal 2 Std. mit weiteren je 20 cm³ der Br_2-Lsg. auf 180°; Dampfdest.; goldgelbe Nadeln aus CH_3COOH; 2,9 g roh; in konz. H_2SO_4 rot, in XVI tiefgrün, in XIV gelb, + XV grünlichblau (Reflexlicht rubinrot), + CH_3OH rotviolett (gegen W. beständig), + verd. HCl gelb. *Diacetylaminoverb.*, $C_{20}H_{16}O_6NBrS$, F. 218—220°, mit CH_3COCl in sd. Acetanhydrid (6 Std.), gelbe Tafeln aus CH_3OH + CH_3COOH. — *3-Äthylsulfonyl-2'-phenyloxazolo-[4'.5':2.1]-anthrachinon*, $C_{23}H_{15}O_5NS$, F. 307—308° (CH_3COOH), aus 0,4 VI, C_6H_5COCl u. XIV durch 11std. Kochen u. Gießen in A.; 0,1 g; in konz. H_2SO_4 gelb, in XVI tiefrotviolett, in XIV gelb, + XV violett. — *3.3'-Diäthylsulfonylindanthren* (XVII), $C_{32}H_{22}O_8N_2S_2$, Sintern ca. 400°, Verkohlen ca. 500°, durch 24std. Kochen von 0,5 g VI mit $(CH_3COO)_2Cu$ u. CH_3COONa in o-$C_6H_4Cl_2$; Lsg. des Nd. in 30 cm³ konz. H_2SO_4 bei 50° mit 15 cm³ W. versetzt → grünlichblaues Pulver; war auch das Hauptprod. beim Erhitzen von **VI** mit Cu-Bronze in $C_6H_5NO_2$; grüne 0,002%ig. Lsg. in konz. H_2SO_4 absorbierte stark im Rot, aber kein λ_{max} im Sichtbaren; Lsg. in konz. HNO_3 gelbbraun, bei Erwärmen orangerot; in kaltem **XIV** blaßgrünlichblau, + CH_3OH dunkelolivgrün, dann grün, schließlich mehr gelb u. brauner Nd.; mit sd. Chinolin oder sd. Piperidin Nd. von *Indanthren* (**I**), $C_{28}H_{14}O_4N_2$; gegen NaOCl beständiger als **I**; wurde mit 8n HNO_3 schneller grünlichgelb als **I**; bei Rk. von **XVII** mit 5%ig. NaOH u. $Na_2S_2O_4$ bei 50°, Verdünnen nach 10 Min. u. Belüften nach 40 Min. bei 50° zeigte der Nd. einen Verlust von 20% der Äthylsulfonylgruppen. *3.3'-Dichlorindanthren* (**XVIII**) wies bei ähnlicher Behandlung (90 Min., 50°) 45% Verlust an Cl auf. — *2-[4-Butylmercapto-3-nitrobenzoyl]-benzoesäure*, $C_{18}H_{17}O_5NS$, F. 154—155°, analog **IX** aus 3,55 cm³ C_4H_9SH; Chr.; blaßgelbe seidige Nadeln aus $CH_3 \cdot COOH$; 11,5 g roh. — *2-[4-Butylsulfonyl-3-nitrobenzoyl]-benzoesäure*, $C_{18}H_{17}O_7NS$, F. 147 bis 149°, durch 6std. Dampfbaderhitzen von 13 g vorst. Verb. in CH_3COOH mit 18 cm³ 80 Vol.-%ig. H_2O_2 u. Einengen; Nadeln aus CH_3COOH; 8,5 g roh. — *2-[3-Amino-4-butylsulfonylbenzoyl]-benzoesäure*, $C_{18}H_{19}O_5NS$, F. 170—172°, aus 6,5 g vorst. Verb. in CH_3COOH mit Fe-Feile u. ca. 4%ig. HCl durch 1std. Kochen, Filtrieren u. Zugabe von etwas W.; nach Auskochen des Nd. mit 3,5%ig. HCl aus wss. CH_3COOH fast farblose Tafeln; 5,1 g. — *2-Amino-3-butylsulfonylanthrachinon* (**V**), $C_{18}H_{17}O_4NS$, F. 250—251°, durch 1std. Erhitzen von 3 g vorst. Verb. in konz. H_2SO_4 auf 130° u. Gießen in W.; nach Ausziehen mit 5%ig. Sodalsg. gelbe Nadeln aus CH_3COOH; 0,7 g; in **XIV** gelb, + **XV** rotviolett mit grünem Reflex, + CH_3OH wieder gelb; in **XVI** grün. — *1-Amino-2-butylsulfonylanthrachinon*, $C_{18}H_{17}O_4NS$, F. 187—188°, durch Chr. des Eindampfrückstandes der Mutterlaugen von **V** in Bzl., aus A. seidige orangerote Nadeln; 0,25 g; in **XIV** orangegelb, + **XV** grünlichblau, + CH_3OH orangegelb; in **XVI** orangerot. — *2-Amino-1-brom-3-butylsulfonylanthrachinon* (**VII**), $C_{18}H_{16}O_4NBrS$, F. 184—185°, aus 2 g **V** in $C_6H_5NO_2$ u. 35 cm³ 1%ig. Br_2-$C_6H_5NO_2$-Lsg.; nach 3 Std. bei 160° 16 cm³ der Br_2-Lsg. zugefügt u. 3 Std. auf 170—180° erhitzt; Chr. des Rückstandes der Dampfdest. u. Entw. in Bzl., goldgelbe Tafeln u. Stäbchen; 1 g; in **XIV** gelb, + **XV** rotviolett, + viel CH_3OH gelb; in **XVI** grün. — *3.3'-Dibutylsulfonylindanthren* (**XIX**), $C_{36}H_{30}O_8N_2S_2$, F. ca. 377° (Zers.), aus **VII** wie **XVII**, blaue Nadeln mit rötlichem Glanz aus o-$C_6H_4Cl_2$; 0,13 g; löslicher in organ. Fll. als **XVII**; in sd. **XIV** grünlichblau, + **XV** grünlichgelb; in konz. H_2SO_4 grün, + HNO_3 gelblichbraun; spärlich lösl. in **XVI**, aber mindestens so beständig wie **XVII** (50°, 40 Min.). — *2-[3-Nitro-4-isopropylmercaptobenzoyl]-benzoesäure*, $C_{17}H_{15}O_5NS$, F. 177—180°, analog **IX** aus **III**, gelbe Drusen aus CH_3COOH; 77%. *Methylester*, $C_{18}H_{17}O_5NS$, F. 83—85°, gelbe Würfel aus CH_3OH. — *2-[3-Nitro-4-isopropylsulfonylbenzoyl]-benzoesäure*, $C_{17}H_{15}O_7NS$, F. 186 bis 188°, krist. M. aus CH_3COOH; 70%. — *2-[3-Amino-4-isopropylsulfonylbenzoyl]-benzoesäure*, $C_{17}H_{17}O_5NS$, F. 179—182°, aus Bzl. Tafeln; Ausbeute schlecht. *Methylester*, $C_{18}H_{19} \cdot O_5NS$, F. 166,5—167°, Prismen aus CH_3OH. — *2-Amino-3-isopropylsulfonylanthrachinon*, $C_{17}H_{15}O_4NS$, F. 252—253°, aus vorst. Säure, aus absol. A. gelbe Nadeln; Ausbeute schlecht. — *1-[p-Chlorphenyl]-4-oxyphthalazin*, $C_{14}H_9ON_2Cl$, F. 268—270°, durch 1½std. Kochen von 1 g **VIII** u. 100%ig. $N_2H_4 \cdot H_2O$, Täfelchen aus Toluol; 0,97 g. — Die Spektren der folgenden I-Derivv. in o-$C_6H_4Cl_2$ sind sich sehr ähnlich. Die Zahlen bedeuten λ_{max} Haupt- (a), Nebenbande (b) u. Intensitätsverhältnis a/b: *N-Methylindanthren*, 665 mμ, —, —. *N.N'-Dimethylindanthren*, 655 mμ, 620 ? mμ, 1,09. **XVII**, 705, 652,6, 1,36. **XIX**, 705, 655, 1,34. **XVIII**, 720, 662,5, 1,19. *3.3'-Dibromindanthren* (**XX**), 722,5, 665, 1,22. — $\varepsilon \cdot 10^{-4}$ in 0,002%ig. Lsgg. in α-Chlornaphthalin bei 470 u. 700 m: **I**, 1,25, 0,82. **XVIII**, 1,37, 0,92. **XX**, 1,32, 0,82. **XVII**, 0,59, 2,24. **XIX**, 0,49, 2,25. (J. chem. Soc. [London] **1951**. 2177—85. Aug.) LEHMSTEDT. 3272

Henry Gilman, R. David Nelson und John F. Champaigne jr., *Einige 10-substituierte Phenothiazine.* Da bzgl. des F. von *10-Benzylphenothiazin* (**I**) zwischen den Angaben von DESAI (J. Indian Inst. Sci. **7**. [1924.] 235) (F. 90,5—91°) u. von FINZI (Gazz. chim. ital. **62**. [1932.] 175) (F. 130°) Unstimmigkeit herrscht, wurde die Darst. von **I** untersucht. Wiederholung der Meth. von FINZI gab in geringer Ausbeute Kristalle vom F. 132—134°, aus Benzylchlorid (**II**) u. 10-Li-Phenothiazin konnte bisher kein reines Prod. erhalten werden, dagegen enstand **I** aus **II** u. Phenothiazin (**III**) in Ggw. von $NaNH_2$ in sd. Xylol oder besser aus **II** u. 10-Na-Phenothiazin in fl. NH_3. **I** ist ident. mit dem von GILMAN u. Mitarbeitern (C. **1953**. 1015) aus 2-Benzyloxychinolin u. **III** neben 2-Oxychinolin erhaltenen Prod. vom F. 91—92°. Zum Vgl. mit **I** wurden *10-[o-* u. *-p-Tolyl]-phenothiazin* sowie *10-Äthylphenothiazin* dargestellt.

V e r s u c h e: *10-Benzylphenothiazin* (**I**), F. 90,5—91,5°, a) durch 40 Min. Kochen von **III** mit $NaNH_2$ in Xylol, Zutropfen von **II** während 2,5 Std., weiteres ½std. Kochen, Filtration in der Wärme, Eindampfen, Dest. ($Kp._{0,02-0,03}$ 195—205°) u. Chromatographie des gelben Öls in Bzl. an Al_2O_3; aus A. kleine Plättchen; 15,5% (Ausbeute); b) durch

Eintragen von III in fl. NH_3 + $NaNH_2$, 2std. Rühren, Zugabe von II, Verdampfen des NH_3 nach 90 Min., Extraktion mit Bzl. u. Chromatographie; 66,3%. — *10-[p-Tolyl]-phenothiazin*, $C_{19}H_{15}NS$, F. 135—136°, durch 17std. Erhitzen von p-Jodtoluol, III, Cu-Bronze u. wasserfreiem K_2CO_3 in Xylol u. Nitrobenzol auf 155—165° unter Rühren, Filtration in der Wärme, Eindampfen unter vermindertem Druck u. Chromatographie des Rückstands aus Bzl. an Al_2O_3; aus PAe. gelbe Kristalle; 15%. — *10-[o-Tolyl]-phenothiazin*, F. 101—101,5°, wie vorst. mit o-Jodtoluol; aus PAe. u. CH_3OH hellbraune Nadeln; 52%. — *10-Äthylphenothiazin*, F. 103—104°, a) durch Zufügen von III zu $NaNH_2$ in fl. NH_3, Zugabe von Bzl., Verdampfen des NH_3, 3std. Kochen, Zutropfen von Äthyljodid in Bzl. während 2,5 Std., Filtration nach 1 Std. u. Chromatographie; gelbe Prismen; 36%; b) durch Zugabe von III zu $NaNH_2$ in fl. NH_3, 2,5std. Rühren, Zutropfen von Äthylbromid während 45 Min., Verdampfen des NH_3, Kochen des Rückstands mit PAe.–Bzl. (1 : 2) u. Filtration in der Wärme; 97%. (J. Amer. chem. Soc. **74**. 4205—07. 20/8. 1952. Ames, Iowa, State Coll., Dep. of Chem.) SPAETH. 3292

L. Hough, *Eine neue Synthese der 2-Desoxy-D-ribose.* Allyl-MgBr wurde im Überschuß mit 2.3-Isopropyliden-D-glycerinaldehyd in Ae. umgesetzt. Nach der Zers. entstand *5.6-Isopropylidenhexen-(1)-triol-(4.5.6)* (I) in 92%ig. Ausbeute. Nach katalyt. Hydrierung u. Hydrolyse hieraus *1.2.4-Tridesoxyhexit* (hauptsächlich erythro-Form), F. 82°, $[\alpha]_D$ —4,5° (c = 1,8 W.). Durch Oxydation mit H_2O_2/OsO_4 entstanden aus I nach papierchromatograph. Feststellung 4 Komponenten. Aus dem Gemisch wurde an einer Cellulosesäule mit n-Butanol–PAe. (Kp. 80—100°) 40 : 60 eine Fraktion, R_F 0,77 u. 0,66, von *5.6-Isopropyliden-3-desoxyhexiten* (37%) abgetrennt. Bei der Oxydation mit Na-Metaperjodat in Phosphatpuffer p_H 7,4 bildete sich ein Gemisch von *4.5-Isopropyliden-2-desoxypentosen*; $[\alpha]_D$ —1° (c = 0,93, W.). Mit 0,01n H_2SO_4 wurde zu den freien Zuckern hydrolysiert, Sirup, $[\alpha]_D$ —24,5°. Nach der Papierchromatographie bestand das Gemisch hauptsächlich aus *2-Desoxy-D-ribose* u. bildete zu 30% ein Anilid, das mit *2-Desoxy-D-riboseanilid* ident. war. (Chem. and Ind. **1951**. 406—07. 26/5. Bristol, Univ., Dep. of Chem.) NEZEL. 3400

G. D. Greville und **D. H. Northcote**, *Eine Synthese von 3.4.6-Trimethylglucose.* Ausgehend von 2-Benzoyl-3-methyl-β-methylglucosid (I) wird durch Methylierung *2-Benzoyl-3.4.6-trimethyl-β-methylglucosid* erhalten, aus dem die Benzoylgruppe durch Erhitzen mit wss.-alkoh. NaOH abgespalten u. in guter Ausbeute *3.4.6-Trimethyl-β-methylglucosid* gebildet wird. Hydrolyse ergibt *3.4.6-Trimethylglucose.*

Versuche: *2-Benzoyl-3.4.6-trimethyl-β-methylglucosid*, $C_{17}H_{24}O_7$, F. 79,5—80° (Nadeln aus PAe.), aus I durch 3maliges Methylieren mit Methyljodid (PURDIEs Reagens); $[\alpha]_D^{20}$ +34,4° (c = 1,9 in Chlf.); 83% (Ausbeute). — *3.4.6-Trimethyl-β-methylglucosid*, $C_{10}H_{20}O_6$, F. 51,5—52,5° (PAe.), durch 30 Min. Erhitzen vorst. Verb. in A. mit 0,3n NaOH; $[\alpha]_D^{20}$ —17,5 (c = 2,0 in Chlf.); 84%. — *3.4.6-Trimethylglucose*, $C_9H_{18}O_6$, durch Hydrolyse nach SUNDBERG u. Mitarbeitern (C. **1945**. II. 494) Kristallisation durch Impfen mit dem β-Anomeren; 75%, keine Trennung in α- u. β-Form; eine kleine Menge vom F. 94 bis 97°; die Gesamtmenge ergibt aus Diisopropyläther zwei Formen: $[\alpha]_D^{18}$ 67,7° (9 Min.) → 77,9° (540 Min.) u. $[\alpha]_D^{20}$ +46,5° (17 Min.) → 78,2° (1140 Min.). (J. chem. Soc. [London] **1952**. 1957—58. Mai. Cambridge, Biochem. Labor.) ROSSOW. 3400

D. L. MacDonald und **Hermann O. L. Fischer**, *Der Abbau von Zuckern über ihre Disulfone.* Bei der Oxydation von D-Glucosediäthylmercaptalpentaacetat (I) oder D-Mannosediäthylmercaptalpentaacetat (II) mit Monoperphthalsäure entsteht *D-arabo-3.4.5.6-Tetraacetoxy-1.1-bis-[äthansulfonyl]-hexen-(1)* (IV) als Hauptprod.; durch Behandlung von IV mit Hydrazin in CH_3OH wird *Bis-[äthansulfonyl]-methan* abgespalten u. *D-Arabinose* in guter Ausbeute gewonnen. In gleicher Weise wird *D-Lyxose* aus D-Galaktosediäthylmercaptalpentaacetat (III) hergestellt. Die Doppelbindung von IV addiert NH_3 unter Desacetylierung; Reacetylierung gibt dann *D-gluco-2-Acetamido-3.4.5.6-tetraacetoxy-1.1-bis-[äthansulfonyl]-hexan*, das ident. ist mit der aus D-Glucosamin gewonnenen Verb.; bei der Hydrierung von IV mit RANEY-Ni wird H_2 an die Doppelbindung addiert, ohne daß die Sulfongruppen abgespalten werden. — Die Isolierung von D-gluco-2.3.4.5.6-Pentaacetoxy-1.1-bis-[äthansulfonyl]-hexan aus den Oxydationsprodd. ist nicht gelungen.

Versuche: *D-arabo-3.4.5.6-Tetraacetoxy-1.1-bis-[äthansulfonyl]-hexen-(1)* (IV), $C_{10}H_{16}O_8S_2(CH_3CO)_4$, F. 160—162°, aus einer eiskalten Lsg. von I oder II in Ae. mit 20% Überschuß an Monoperphthalsäure in Ae. durch 1std. Stehen bei 0° u. 16std. Stehen bei Raumtemp.; nach Abdampfen mit Chlf. ausschütteln; umkrist. nacheinander aus Diisobutylketon, Isopropylalkohol u. Methyläthylketon mit PAe.; $[\alpha]_D^{23}$ +3,8° (c = 5, Chlf.); Ausbeute 64% aus I, 56% aus II; langsame Rk. mit OsO_4 in W., keine Rk. mit Tetranitromethan oder Br_2. — *D-lyxo-3.4.5.6-Tetraacetoxy-1.1-bis-[äthansulfonyl]-hexen-(1)* (V), $C_{10}H_{16}O_8S_2(CH_3CO)_4$, F. 119—120° (Aceton/PAe. u. Isopropylalkohol), aus III wie vorst.; $[\alpha]_D^{15}$ +20,3° (c = 1,1, Chlf.); 85%; verhält sich gegenüber OsO_4, Tetranitromethan u. Br_2 wie IV. — *D-arabo-3.4.5.6-Tetraacetoxy-1.1-bis-[äthansulfonyl]-hexan*, $C_{10}H_{18}O_8S_2$·

$(CH_3CO)_4$, F. 103—104° (Isopropyläther), aus **IV** durch 90 Min. Hydrieren mit RANEY-Ni in Dioxan; $[\alpha]_D^{23}$ +22,1° (c = 3,0, Chlf.); 73%; keine Rk. mit OsO_4 oder Pyridin. — *D-gluco-2-Acetamido-3.4.5.6-tetraacetoxy-1.1-bis-[äthansulfonyl]-hexan*, $C_{10}H_{18}O_8NS_2(CH_3 \cdot CO)_5$, F. 176,5—178° (A.), aus N-Acetyl-D-glucosamindiäthylmercaptal in Pyridin mit Essigsäureanhydrid (1 Std. bei 0° u. 20 Std. bei Raumtemp.); nach dem Aufarbeiten der Acetylverb. lösen in trockenem Ae. u. oxydieren mit Monoperphthalsäure wie oben; $[\alpha]_D^{25}$ +13,6° (c = 4,1, Chlf.); 81%. Dieselbe Verb. aus **IV** durch 20std. Stehen in wss. oder methanol. NH_3, Eindampfen der Lsg. u. Acetylieren mit Essigsäureanhydrid u. Pyridin bei Raumtemp.; 84%. — *D-Arabinose*, $[\alpha]_D^{23}$ —103,0° (c = 2 in W., Gleichgewicht), durch 4std. Stehen von **IV** mit CH_3OH u. 85%ig. Hydrazinhydratlsg. bei Raumtemp.; nach Wasserzugabe Extraktion mit Chlf.; die wss. Phase wird mit Benzaldehyd, Benzoesäure u. A. 3 Std. erhitzt, mit Chlf. u. Ae. extrahiert u. über Duolit C-3 H u. Duolit A-2 perkoliert; im Vakuum konz. u. CH_3OH zugegeben; 73%. *Bis-[äthansulfonyl]-methan*, F. 102—103° (W.), aus vorst. 1. Chloroformextrakt; 87%. — *D-Lyxose*, $[\alpha]_D^{24}$ —14,0° (c = 3,8 in W., Gleichgewicht), aus **V** wie bei D-Arabinose; Kristallisation aus Isopropylalkohol; 57%. (J. Amer. chem. Soc. **74**. 2087—90. 20/4. 1952. Berkeley, Calif., Univ., Dep. of Biochem.) ROSSOW. 3400

Jonathan L. Hartwell, M. V. Nadkarni und **J. Leiter**, *N-substituierte Colchiceinamide.*

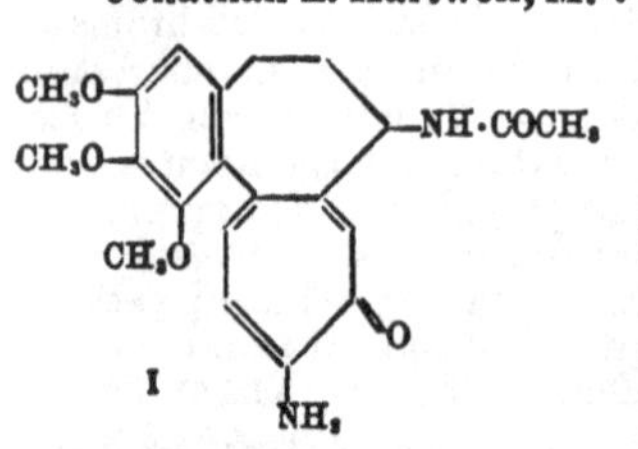

I

Durch Umsetzung von Colchicin mit Aminen in A. bei 120° werden die folgenden N-Alkyl- u. N.N-Dialkylderivv. des Colchiceinamids (I) dargestellt: **I**, $C_{21}H_{24}O_5N_2$, F. 261—262°; *N-Methyl-*I, $C_{22}H_{26}O_5N_2$, F. 230—232°; *N-Äthyl-*I, $C_{23}H_{28}O_5N_2$, F. 200—210°; *N-n-Propyl-*I, $C_{24}H_{30}O_5N_2$, F. 162—165°; *N-n-Butyl-*I, $C_{25}H_{32}O_5N_2$, F. 192—193°; *N-n-Amyl-*I, $C_{26}H_{34}O_5N_2$, F. 189—194°; *N-n-Hexyl-*I, $C_{27}H_{36}O_5N_2$, F. 164—166°; *N-n-Heptyl-*I, $C_{28}H_{38}O_5N_2$, F. 131° (amorph); *N-n-Octyl-*I, $C_{29}H_{40}O_5N_2$, F. 121° (amorph); *N-[β-Oxyäthyl]-*I, $C_{23}H_{28}O_6N_2$, F. 225 bis 226°; *N-[β-Chloräthyl]-*I, $C_{23}H_{27}O_5N_2Cl + 2H_2O$, amorph, aus vorst. Verb. u. $SOCl_2$; *N.N-Dimethyl-*I, $C_{23}H_{28}O_5N_2$, F. 203—205° (amorph); *N.N-Diäthyl-*I, $C_{25}H_{32}O_5N_2$, F. 209 bis 211°; *N.N-Bis-[β-oxyäthyl]-*I, $C_{25}H_{32}O_7N_2$, amorph. Alle Verbb. sind gelb gefärbt u. zeigen eine gewisse Wirksamkeit gegen Mäusesarkom 37. (J. Amer. chem. Soc. **74**. 3180—81. 20/6. 1952. Bethesda, Md., Fed. Security Agency, U. S. Publ. Health Serv., Nat. Inst. of Health, Nat. Cancer Inst., Labor. of Chem. Pharmacol.) BOIT. 3500

Rudolf Grewe und **Wilhelm Wulf**, *Die Umwandlung des Colchicins durch Sonnenlicht.* Colchicin (**IV**) wird in 0,2%ig. wss. Lsg. durch 2monatige Bestrahlung mit Sonnenlicht zu 93% in ein Gemisch von *α-Lumicolchicin* (**I**; F. 206°, $[\alpha]_D^{26}$ +105°; *Hydrat*, F. 164°, $[\alpha]_D^{26}$ +81°), *β-Lumicolchicin* (**II**; F. 183°, $[\alpha]_D^{27}$ +304° [instabile Form], bzw. F. 206°, $[\alpha]_D$ +309° [stabile Form]) u. *γ-Lumicolchicin* (**III**; F. 268°, $[\alpha]_D^{18}$ —445°) verwandelt, die sämtlich mit **IV** ($C_{22}H_{25}O_6N$) isomer sind u. sich auf Grund ihrer verschied. Löslichkeit in A. voneinander trennen lassen. **II** u. **III** besitzen fast das gleiche UV-Spektr., das von dem des **I** deutlich verschieden ist. Während **I** in A. oder Eisessig mit PtO_2 nicht hydrierbar ist, liefert **II** (beide Formen) in A. ein *Tetrahydroderiv.* $C_{22}H_{29}O_6N$ vom F. 118°, in Eisessig hingegen ein solches vom F. 137°; aus **III** wird bei der Hydrierung in A. ein *Tetrahydroderiv.* $C_{22}H_{29}O_6N$ vom F. 174°, in Eisessig unter Aufnahme von $2H_2$ ein öliges Prod. erhalten. Die Tetrahydroderivv. sind noch ungesätt. gegenüber Perbenzoesäure u. verbrauchen rasch 1 Atom O. — **III** ist mit dem C. **1948**. I. 465 beschriebenen „Lumicolchicin" u. dem Lumicolchicin-II von ŠANTAVY (Biologické listy **31**. [1950.] 246) ident., die instabile Form von **II** sehr wahrscheinlich mit dem Lumicolchicin-I von ŠANTAVY ($[\alpha]_D$-Werte in Chlf.). (Chem. Ber. **84**. 621—25. 1951. Kiel, Univ., Inst. für Organ. Chemie.) BOIT. 3500

Karl W. Rosenmund und **Felix Zymalkowski**, *Reduktion von Ekgonin, Ekgonidin und einigen Chinolincarbonsäuren mit Lithiumaluminiumhydrid.* Bei der Darst. von $LiAlH_4$ ist darauf zu achten, daß die Zugabe von $AlCl_3$ in Ae. zur Suspension von LiH in Ae. nicht zu schnell erfolgt, da bei Überschuß an $AlCl_3$ nach $3LiAlH_4 + AlCl_3 \rightarrow 3AlH_3 + 3LiCl$ Bldg. von AlH_3 erfolgt, das sich dann unter Polymerisation u. Zerfall weiter umsetzt, wobei als Endprodd. H_2 u. Al entstehen. — Während die Red. von Nicotinsäureäthylester (I) mit $LiAlH_4$ in sd. Ae. gute Ausbeuten an *3-Oxymethylpyridin* lieferte, mußte zur Red. der Ester (die freien Säuren sind in Ae. zu schwer lösl.) von 2-Phenylchinolincarbonsäure-(4) (Atophan), Chinolincarbonsäure-(2) u. -(4) bei —12 bis —15° gearbeitet werden, da sonst in der Wärme zähfl., in der Kälte glasige Prodd. entstanden. Auch Ekgonin (**II**) u. Ekgonidin wurden in Form ihrer Äthylester red., letzteres, ohne daß die Doppelbindung angegriffen wurde, da das erhaltene *2-Oxymethyl-2.3-dehydrotropan* (**III**) ein H_2 unter Bldg. von *Homotropin* aufnahm. Von einigen der erhaltenen Oxymethylverbb. wurden zur Prüfung auf ihre pharmakol. Wrkg. einige Ester dargestellt.

Versuche: *Lithiumaluminiumhydrid*, durch Zutropfen von $AlCl_3$ in Ae. zu LiH in sd. Ae. (Wasserbad), der etwas vorgebildetes $LiAlH_4$ enthält, unter Feuchtigkeitsausschluß, Durchleiten von N_2 u. Rühren; zwischendurch entnommene Proben der Lsg. dürfen nach Zers. mit W. nur einen geringen Chloridgeh. zeigen, sonst ist die Zutropfgeschwindigkeit des $AlCl_3$ zu groß. Nach beendeter Zugabe u. Filtration läßt sich die äther. Lsg. unter Feuchtigkeitsausschluß lange aufbewahren; ~85% (Ausbeute). — Die zu reduzierenden Verbb. wurden zur Lsg. von $LiAlH_4$ in Ae. unter N_2 unter Rühren zugetropft; nach weiterem Rühren (10 Min. bis 1 Std.) wurde mit W. zersetzt. *3-Oxymethylpyridin*, C_6H_7ON, Kp.$_{10}$ 144°, aus I beim Kp. des Ae.; 53%. *Pikrat*, $C_6H_7ON \cdot C_6H_3O_7N_3$, F. 159°, aus CH_3OH gelbe Nadeln. — *2-Oxymethylchinolin*, Kp.$_{16}$ 205°, aus Chinolincarbonsäure-(2)-äthylester bei —12°; 83%. *Hydrobromid*, $C_{10}H_9ON \cdot HBr$, F. 203° (Zers.), aus CH_3OH Kristalle. *Pikrat*, $C_{10}H_9ON \cdot C_7H_3O_7N_3$, F. 135° (Zers.), aus A. gelbe Kristalle. — *4-Oxymethylchinolin*, aus Chinolincarbonsäure-(4)-äthylester bei —15°; Isolierung als *Hydrobromid*, $C_{10}H_9ON \cdot HBr$, sublimiert >205°, aus CH_3OH Kristalle; 77%. *Pikrat*, $C_{10}H_9ON \cdot C_6H_3O_7N_3$, F. 160—173° (Zers.), aus CH_3OH gelbe Nadeln. — *4-Oxymethyl-2-phenylchinolin*, $C_{16}H_{13}ON$, F. 138° (CH_3OH), aus 2-Phenylchinolincarbonsäure-(4)-methylester (Novatophan) bei —12°; Isolierung als *Hydrobromid*, $C_{16}H_{13}ON \cdot HBr$; 88%; daraus die freie Base mit 2nNaOH. *Benzoat*, F. 102°, mit Benzoylchlorid in Pyridin; 60%; *Hydrobromid*, $C_{23}H_{17}O_2N \cdot HBr$, aus CH_3OH + Ae. Kristalle. *Acetylsalicylat*, $C_{25}H_{19}O_4N$, F. 114° (CH_3OH), mit Acetylsalicylsäurechlorid in Pyridin; 71%. — *2-Oxymethyltropin*, Kp.$_{0,19}$ 145°, aus Ekgoninäthylester (Kp.$_{0,14}$ 93°, aus II durch 5std. Kochen in A. + HCl; 80%) bei Zimmertemp.; ~100%. *Hydrochlorid*, $C_9H_{17}O_2N \cdot HCl$, F. 276° (Zers.; A.). *Hydrobromid*, $C_9H_{17}O_2N \cdot HBr$, F. 273° (Zers.). *Pikrat*, F. 225°, aus CH_3OH gelbe Nadeln. — *2-Oxymethyl-2.3-dehydrotropan* (**III**; *2.3-Dehydrohomotropin*), Kp.$_{0,4}$ 108—109°, aus Ekgonidinäthylester bei Zimmertemp.; ~100%. *Pikrat*, F. 216°, gelbe Nadeln aus CH_3OH. *Benzoat*, Kp.$_{0,12}$ 140°, mit C_6H_5COCl in Chlf.; 60%; *Hydrochlorid*, $C_{16}H_{19}O_2N \cdot HCl$. *Acetat*, Kp.$_{0,2}$ 85°. *p-Nitrobenzoat* (**IV**), $C_{16}H_{18}O_4N_2$, F. 104°, aus Ligroin hellgelbe Nadeln; 65%. *p-Aminobenzoat*, $C_{16}H_{20}O_2N_2$, F. 128° (Bzl.), durch Einleiten von H_2S in die Lsg. von **IV** in A. + 25%ig. NH_4OH bei 0° bis zur Sättigung, $^1/_2$std. Kochen, Eingießen in 2nHCl nach zweimaliger Wiederholung des Einleitens u. Kochens u. Alkalisieren mit 2nNaOH; Kp.$_{0,1}$ 187°; 65%; das hygroskop. *Hydrochlorid* wirkt anästhesierend. — *2-Oxymethyltropan* (*Homotropin*), F. 85°, durch Hydrierung von **III** in A. in Ggw. von $Pd/BaSO_4$ bei Zimmertemperatur. *Pikrat*, F. 208—217° (Zers.). (Chem. Ber. **85**. 152—59. 1952. Kiel, Univ., Pharmazeut. Inst.) SPAETH. 3500

W. F. Martin, H. R. Bentley, J. A. Henry und **F. S. Spring**, *Isolierung des Alkaloids Novacin aus Strychnos Nux vomica, L. und seine Identifizierung mit N-Methyl-sek.-pseudobrucin*. Aus den bei der Reinigung von rohem Brucinsulfat (aus Strychnos Nux vomica-Samen) anfallenden Rückständen wird nach Entfernung des restlichen Brucins u. Strychnins (durch Extraktion ihrer Hydrochloride mit Chlf.) ein Alkaloidgemisch erhalten, das sich auf Grund der verschied. Löslichkeit der Hydrogentartrate in *Vomicin* ($C_{22}H_{24}O_4N_2$, F. 281°, $[\alpha]_D^{20}$ +84° [A.]) u. ein mit N-Methyl-sek.-pseudobrucin (I; vgl. LEUCHS u. TESSMAR, C. **1939**. II. 1283) ident. Alkaloid *Novacin* ($C_{24}H_{28}O_5N_2$, F. 231—232°, $[\alpha]_D^{20}$ —17,7° [Chlf.]; *Hydrochlorid*, B·HCl·H_2O, F. 229—230°; *Pikrat*, B·$C_6H_3O_7N_3$, F. 250° (Zers.); *Hydrogentartrat*, B·$C_4H_6O_6$, F. 235° [Zers.]; *Hydrogenoxalat*, B·$C_2H_2O_4 \cdot H_2O$, F. 246° [Zers.]; *Dihydroderiv.*, $C_{24}H_{30}O_5N_2$, F. 237—238°, $[\alpha]_D^{20}$ +168° [Chlf.]) aufteilen läßt. (J. chem. Soc. [London] **1952**. 3603—04. Sept. Edinburgh, T. & H. Smith Ltd., u. Glasgow, Royal Techn. Coll.) BOIT. 3500

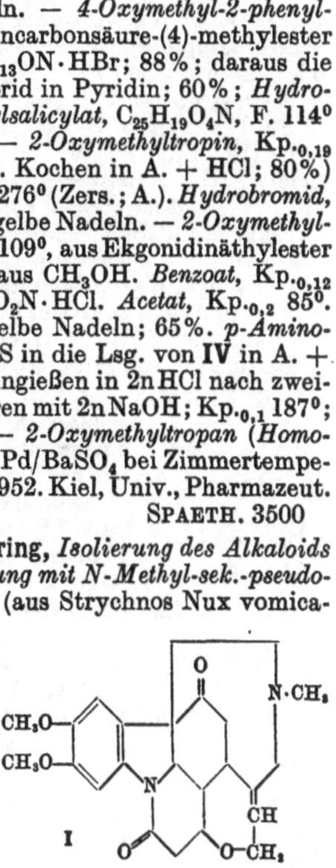

I

Jarl Gripenberg, *Pilzpigmente*. 2. Mitt. *Cortisalin, ein neues mehrfach ungesättigtes Pigment*. (1. vgl. C. **1952**. 1496.) Aus dem Sporophor des *Corticium salicinum* isolierte Vf. ein rotviolettes Pigment, *Cortisalin* (I) genannt, dem er auf Grund der Analyse, des Verh. bei der Acetylierung u. Methylierung, der Hydrierung, der Oxydation zu Anissäure u. des UV-Spektr. (vgl. Original) die Konst. einer *15-[p-Oxyphenyl]-pentadecaheptaen-(2.4.6.8.-10.12.14)-säure* zuerteilt.

Versuche: *Cortisalin* (I), $C_{21}H_{20}O_3$, Zers. über 290°, Gewinnung durch SOXHLET-Extraktion von *corticium salicinum* (222 g) mit Aceton (2 Wochen) u. Umkristallisation des ausgefallenen dunkelbraunen Pulvers aus Pyridin. Ausbeute 1,25 g; gibt mit konz. H_2SO_4 eine indigoblaue Färbung. — *Dimethylcorticosalin* (II), $C_{23}H_{24}O_3$, F. 255—257° (Zers.), aus I mit Diazomethan in äther. Lösung. Kristalle aus Diäthylsuccinat. — *Cortisalinmethyläther*, $C_{22}H_{22}O_3$, F. 280—282° (Zers.), durch 10std. Erhitzen von II in alkoh. KOH, Extrahieren des ausgefallenen braunen Nd. wird mit $CHCl_3$-Rückstand in 2nH_2SO_4 suspendiert u. aus Pyridin umkrist., rote Nadeln. — *Acetylcortisalin*, $C_{23}H_{22}O_4$, F. 280—282°, aus I mit Essigsäureanhydrid in Pyridin, gelbbraune Nadeln. — *Anissäure*, F. 182—184°, durch Oxydation von II mit $KMnO_4$ in Aceton. — *Hydrocortisalin*, $C_{21}H_{34}O_3$, F. 98—100°. Hydrierung des I mit Pt. Nach 1 Woche farblose Lösung. Misch.-F. 99—100° mit 15-[p-Oxyphenyl]-pentadecansäure (vgl. nachst. Ref.). — *Hydrocortisalinmethyläther*, $C_{22}H_{36}O_3$, F. 76—76,5°, aus vorst. Verb. mit Diazomethan in Äther. (Acta chem. scand. **6.** 580—86. 1952. Helsingfors, Finland, Finland Inst., Chem. Dep.) BRATFISCH. 3550

Jarl Gripenberg, *Pilzpigmente.* 3. Mitt. *Die Synthese von zwei ω-[p-Oxyphenyl]-fettsäuren.* (2. vgl. vorst. Ref.) Die 13-[p-Oxyphenyl]-tridecansäure u. 15-[p-Oxyphenyl]-pentadecansäure wurden auf folgende Weise synthetisiert: *13-[p-Methoxyphenyl]-13-ketotridecansäuremethylester* (I), $C_{21}H_{32}O_4$, F. 66—67°, aus dem Monochlorid des Brassylsäuremonomethylesters (III, aus Monomethylbrassylat u. $SOCl_2$) in Tetrachloräthan u. Anisol + $AlCl_3$ bei 0° (2 Std.), Zers. mit Eis u. Wasserdampfdest., Kristalle aus Methanol. *Freie Säure*, $C_{20}H_{30}O_4$, F. 93—94° (PAe.). — *13-[p-Methoxyphenyl]-tridecansäure* (II), $C_{20}H_{32}O_3$, F. 71—72,5° (PAe.), durch Kochen von I mit Zinkamalgam, HCl u. Toluol (72 Std.), Wasserdampfdest. u. Verseifung des zurückbleibenden Öles mit methylalkoh. NaOH; oder durch Kochen von I, Glykol + Na u. Hydrazinhydrat bei 175° (30 Std.). — *13-p-Oxyphenyltridecansäure*, $C_{19}H_{30}O_3$, F. 94—96°, durch Kochen von II in CH_3COOH u. HBr (5 Std.) *Methylester*, $C_{20}H_{32}O_3$, F. 71—72°. — *15-[p-Methoxyphenyl]-13-ketopentadecansäure* (IV), $C_{22}H_{34}O_4$, F. 88—89° (Essigsäure) aus der GRIGNARD-Lsg. von 2-[p-Methoxyphenyl]-äthylbromid + Mg, $CdCl_2$, C_6H_6 u. III durch kurzes Kochen, Eingießen in verd. HCl, Wasserdampfdest., Verseifung des zurückbleibenden Öles mit methylalkoh. NaOH u. Zers. mit H_2SO_4. — *15-[p-Methoxyphenyl]-pentadecansäure* (V), $C_{22}H_{36}O_3$, F. 77—78° (Essigsäure), aus IV beim Kochen mit Zinkamalgam, HCl u. Toluol über 48 Std. u. anschließender Wasserdampfdestillation. — *15-[p-Oxyphenyl]-pentadecansäure*, $C_{21}H_{34}O_3$, F. 99—100° (A.), aus roher V, HBr u. CH_3COOH bei einstd. Kochen. Die ausfallende Säure wird aus verd. CH_3COOH, C_6H_6 u. verd. A. umkrist. u. durch Chromatographie an Al_2O_3 u. Elution mit Ae. gereinigt. (Acta chem. scand. **6.** 587—90. 1952.) BRATFISCH. 3550

G. R. Clemo und **J. O. Harris,** *Die Struktur des Humulens.* Für *Humulen* (I; *α-Caryophyllen, Didymocarpen*) wird die Struktur **Ia** mit einem Elfring diskutiert, die in Übereinstimmung mit den bekannten Rkk. von I steht. Die bei der Ozonolyse von *Tetrahydrohumulen* ($C_{15}H_{28}$) gebildete *C_{13}-Dicarbonsäure* (vgl. CLEMO u. HARRIS, C. **1953.** 62), die sich durch Dest. ihres Th-Salzes nicht in ein Keton überführen ließ, wäre demnach eine *Tetramethylnonan-1.9-dicarbonsäure.* Das voll gesätt. *Hexahydrohumulen* zeigt keine Cyclohexanringabsorption zwischen 1000 u. 1055 cm^{-1}. (Chem. and Ind. **1951.** 799—800. 22/9. Durham, Univ., King's Coll., Chem. Dep.)

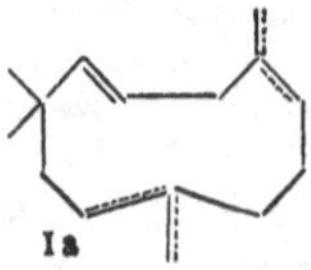
Ia

SPAETH. 3600

C. S. Barnes, D. H. R. Barton, J. S. Fawcett, S. K. Knight, J. F. McGhie, M. K. Pradhan und **B. R. Thomas,** *Natur der Seitenkette des Lanosterins.* Nach der Chromsäureoxydation von Lanosterylacetat erhielten Vff. bei der Wasserdampfdest. ein angenehm riechendes Öl, das in die 2.4-Dinitrophenylhydrazone übergeführt wurde u. woraus sich durch Chromatographie *Aceton-2.4-dinitrophenylhydrazon* u. *6-Methylheptanon-(2)-2.4-dinitrophenylhydrazon*, $C_{14}H_{20}O_4N_4$, F. 77°, isolieren ließen. *6-Methylheptanon-(2)-semicarbazon*, $C_9H_{19}ON_3$, F. 155—156°. Auf Grund dieses Ergebnisses ergänzen BARTON u. Mitarbeiter die für das Lanosterin vorgeschlagene Teilformel (C. **1953.** 1337, dort IX) um A oder B. (Chem. and Ind. **1951.** 1067—68. 1/12. London, Birkbeck Coll. u. Chelsea Polytechnic.) NEZEL. 3700

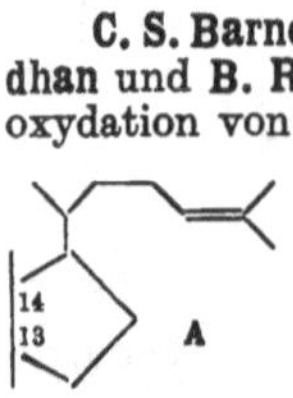

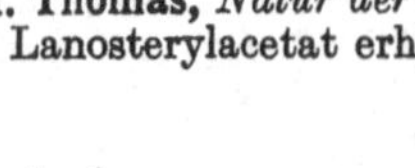

John M. Cross, Henry Eisen und **Richard G. Kedersha,** *Absorptionscharakteristika von Cortisonacetat und anderen Ketosteroiden in Alkali.* Nach dem Erhitzen mit 10%ig. Tetraäthylammoniumhydroxyd zeigt *Cortisonacetat* (I) ein Absorptionsmaximum bei 373 mμ. Erhitzen mit 1—6n NaOH hatte ein ähnliches, aber nicht immer reproduzierbares Resultat, jedoch läßt sich als Base auch Benzyltrimethyl- u. Tetramethylammoniumhydroxyd verwenden. Nur I, *Progesteron* u. *Testosteron* zeigten nach dieser Behandlung ein Maximum bei 373—375 mμ, Östron, Dehydrocholsäure, Östriol (Theelol), α-Östradiol u. Äthinylöstradiol nicht. Diese Erscheinung ist also für Δ^4-ungesätt. 3-Ketosteroide charakteristisch. (Analytic. Chem. **24.** 1049—50. Juni 1952. Newark, N. J., Rutgers Univ., Coll. of Pharm.) H.-J. KOCH. 3750

Peter Sykes, *Synthese von „Aneurinthiazolon".* Durch Cyclisierung von S-[3-Acetoxy-1-acetylpropyl]-N-[4-amino-2-methylpyrimidyl-(5)-methyl]-thiolcarbamat (I) mit 3n HCl auf dem Dampfbad unter Eliminierung der ω-Acetylgruppe oder durch Kondensation von 4-Amino-5-aminomethyl-2-methylpyrimidin (aus dem Dihydrochlorid mit KOH in CH_3OH) mit COS u. 3-Acetoxy-1-chlorpropylmethylketon in Ggw. von NH_3, Aufnehmen in 10%ig. HCl u. Erwärmen auf dem Dampfbad u. Alkalisieren mit wss. NaOH wurde *3-[4-Amino-2-methylpyrimidyl-(5)-methyl]-5-[2-oxyäthyl]-4-methylthiazolon-(2)* (C_{12}·$H_{16}O_2N_4S$, F. 237°, aus A. Nadeln) dargestellt, das sich als ident. mit dem „*Aneurinthiazolon*" von SYKES u. TODD (J. chem. Soc. [London] **1951**. 534) erwies. Analog I lassen sich auch 3-Acetoxy-1-acetylpropyl-N-[4-amino-2-methylpyrimidyl-(5)-methyl]-dithiocarbamat, 3-Acetoxy-1-acetylpropyl-N-[4-oxy-2-methylpyrimidyl-(5)-methyl]-dithiocarbamat u. Phenacyl-N-benzyldithiocarbamat mit verd. HCl cyclisieren, während S-Phenacyl-N-benzylthiolcarbamat nur in geringem Ausmaß Ringschluß u. hauptsächlich Hydrolyse erleidet. (J. chem. Soc. [London] **1951**. 2507. Sept. Cambridge, Univ., Chem. Labor.) SPAETH. 3800

S. Kushner, James H. Boothe, John Morton II, Joseph Petisi und **J. H. Williams,** *Die Synthese von Abbauprodukten von Aureomycin.* Folgende Abbauprodd. von *Aureomycin* wurden synthetisiert u. mit den aus natürlichem Material erhaltenen verglichen, wobei in allen Fällen Übereinstimmung bestand: *6-Chlor-3-methoxyphthalsäureanhydrid,* C_9H_5·O_4Cl, F. 187—188°, aus 3-Methoxy-6-chloranthranilsäure durch Ersetzen der NH_2-Gruppe gegen CN nach SANDMEYER u. anschließende Hydrolyse. — *7-Methoxyphthalide: 3-Methyl-*, F. 73—75°, aus 2-Amino-3-methoxyacetophenon (I) durch Red., Ersetzen von NH_2 gegen CN u. Hydrolyse. *3-Methyl-4-chlor-*, F. 113—114°, durch Chlorierung von vorst. Verb. mit Cl_2 in Eisessig oder mit NaOCl + HCl. *3-Methyl-3-oxy-* (II), F. 164—165°, aus I durch Ersetzen von NH_2 gegen CN u. Hydrolyse. *3-Methyl-3-oxy-4-chlor-*, F. 204—206°, aus vorst. Verb. durch Chlorieren wie oben. *3-Methyl-3-carboxy-*, F. 168—170°, aus 2-Cyan-3-methoxyacetophenon durch Anlagern von HCN u. Hydrolyse. *3-Methyl-3-carboxy-4-chlor-*, F. 199—200°, aus vorst. Verb. durch Chlorieren. Kann als *Brucinsalz* in die opt. Antipoden gespalten werden; $[\alpha]_D^{28}$ +25° (c = 1,2% in A.). — *[7-Methoxy-3-methylphthalidyl-(3)]-bernsteinsäure,* F. 207—209,5°, aus **II** durch Umsetzen mit PCl_5 u. weiter mit Na-Carbäthoxybernsteinsäurediäthylester, Hydrolyse u. Decarboxylieren. — *[4-Chlor-7-methoxy-3-methylphthalidyl-(3)]-bernsteinsäure,* F. 209—210,5°, aus vorst. Verb. durch Chlorieren; $[\alpha]_D^{25}$ —20,4° (5% in A.). Die opt.-akt. Form wurde aus dem höherschm. der beiden ausgefallenen Racemate (F. 228—229°) durch Kristallisieren des *Brucinsalzes* erhalten. (J. Amer. chem. Soc. **74**. 3710. 20/7. 1952. Pearl River, N. Y., Amer. Cyanamid Comp., Lederle Labors. Div.) K. FABER. 3900

B. L. Hutchings, C. W. Waller, S. Gordon, R. W. Broschard, C. F. Wolf, A. A. Goldman und **J. H. Williams,** *Abbau von Aureomycin. Aureomycin* (vgl. BROSCHARD u. Mitarbeiter, Science [New York] **109**. [1949.] 199), $C_{22}H_{27}O_8N_2Cl$, gibt nach Methylieren beim Abbau mit $KMnO_4$ verschied. p-Chlormethoxybenzolderivv., die durch fraktionierte Extraktion mit verschied. Puffern u. selektive Kristallisation getrennt werden. Identifiziert wurden: *6-Chlor-4-methoxyphthalsäure,* $C_9H_7O_5Cl$, F. 186—187°; *Anhydrid,* F. 187 bis **188°**. — *4-Chlor-7-methoxy-3-methylphthalidcarbonsäure-(3),* $C_{11}H_9O_5Cl$, F. 199—200° (Zers.), $[\alpha]_D^{25}$ +25° (Methanol); *Monomethylester,* F. 96—100°. Bei Decarboxylierung entsteht *4-Chlor-7-methoxy-3-methylphthalid* (I), $C_{10}H_9O_3Cl$, F. 112—113°. — *6-Chlor-3-methoxyphthalonsäure,* $C_{10}H_7O_6Cl$, F. 224—227°, aus I durch Oxydation mit alkal. $KMnO_4$-Lsg. u. Ansäuern in Ggw. des entstandenen MnO_2. Wird MnO_2 vor dem Ansäuern entfernt, so entsteht *6-Chlor-3-methoxyphthalsäure.* — *3-Oxy-3-methyl-4-chlor-7-methoxyphthalid,* $C_{10}H_9O_4Cl$, F. 198—204°, aus I durch Oxydation mit $KMnO_4$ in neutraler Lsg.; gibt beim Methylieren einen *n. Ester,* F. 69—70°, u. einen *Pseudoester,* F. 188—190°. — *[4-Chlor-7-methoxy-3-methylphthalidyl-(3)]-bernsteinsäure,* $C_{14}H_{13}O_7Cl$, F. 211—212°, $[\alpha]_D^{25}$ —20,2° (in A.), neben vorst. Verb. (vgl. vorst. Ref.). *Anhydrid,* F. 209—210°. — *β-[4-Chlor-7-methoxy-3-methylphthalidyl-(3)]-glutarsäure,* $C_{15}H_{15}O_7Cl$, F. 203—204°, neben vorst. Verb.; gibt mit HBr die entsprechende *Phenolcarbonsäure,* F. 172,5—175°, die dann mit $KMnO_4$ zu *Tricarballylsäure* oxydiert wurde. *Dimethylester,* F. 108—109,5°. *Anhydrid,* F. 200 bis 201°. (J. Amer. chem. Soc. **74**. 3710—11. 20/7. 1952.) K. FABER. 3900

M. Verzele, *Struktur des Hydrierungsproduktes von Lupulon.* Bei der Hydrierung von *Lupulon* wird neben *2-Methylbutan* die *Verb.* $C_{21}H_{34}O_4$ erhalten, wahrscheinlich ein *2.4.6-Trioxy-3.5-diisopentyl-isovalerophenon* (I), das beim Abbau mit starkem Alkali CO_2, Essigsäure, *Isovaleriansäure* u. *2.10-Dimethylundecanon-(6)* ergibt. Letztere Verb. wurde synthetisiert.

V e r s u c h e : *Isovaleriansäure,* Kp. 174—175°, durch alkal. Spaltung von 5,25 g I, das durch Hydrierung (vgl. WÖLLMER, Ber. dtsch. chem. Ges. **58**. [1925.] 672) aus 6,25 g Lupulon erhalten wurde; 75%. *Amid,* F. 128°. — *2.10-Dimethylundecanon-(6),* Kp. 135 bis 137°, F. —30°, a) wie vorst. Verb.; 75%; b) durch Überleiten von 5-Methylhexansäure über ThO_2 bei 420°; 73%. *Semicarbazon,* $C_{14}H_{29}ON_3$, F. 83°. (J. chem. Soc. [London] **1952**. 1954. Mai. Ghent, Labor. voor org. Chemie.) FRANCK. 3950

K. Kratzl und **I. Keller,** *Über die Sulfitierung von Ligninpräparaten und Spaltung der gebildeten Ligninsulfosäuren zu Vanillin und Acetaldehyd.* Nativlignin (I), nach BRAUNS, Cuproxamlignin (II), nach FREUDENBERG, u. HCl-Lignin (III), nach WILLSTÄTTER, wurden nach HOLMBERG sulfitiert. Hierbei gingen von I 41%, von II 79% u. von III 94% in Lösung. Nach einer Vorschrift von BRAUNS konnten von I 99% in Lsg. gebracht werden. Alle sulfitierten Lignine lieferten bei alkal. Hydrolyse Vanillin bzw. Syringaaldehyd u. Acetaldehyd. Mit I wurde die höchste Ausbeute erhalten. Bei diesem Prod. ging die Hydrolyse auch wesentlich schneller. Aus den Verss. wird geschlossen, daß die Maskierung des alkalispaltbaren Syst. in der Konst. des Lignins selbst begründet ist u. nicht durch Kohlenhydrate der Zellwand bewirkt wird, weil alle Prodd. zuckerfrei waren. — Zur Sulfitierung von I wurde 1 g im Einschlußrohr in 100 ml Lsg., enthaltend 1,4% NaOH u. 5% SO_2, suspendiert u. über Nacht stehengelassen, dann wurde innerhalb 2 Std. auf 135° erhitzt u. 5 Std. bei dieser Temp. gehalten. 98,7% waren in Lsg. gegangen. — 2 Abbildungen, 1 Tabelle. (Mh. Chem. **83.** 205—09; S.-B. österr. Akad. Wiss., math.-naturwiss. Kl., Abt. IIb **161.** 205—09. 1952. Wien, Univ., I. Chem. Labor.) O. ENGEL. 3950

D_3. Makromolekulare Chemie.

F. Ecochard, *Wärmeausdehnungseigenschaften von Polyamiden.* Es wird ein Dilatometer zur Messung des Ausdehnungskoeff. plast. Substanzen beschrieben. Nach dieser Meth. werden einige Polyamide u. Mischpolyamide vermessen. Die Ausdehnungskoeffizient–Temperatur-Kurven zeigen bei bestimmten Tempp. ein Maximum, was auf das durch therm. Bewegungen bedingte Auftreten eines neuen Freiheitsgrades des Mol. in Zusammenhang gebracht wird. (J. Polymer Sci. **6.** 601—08. Mai 1951. Lyon, Frankreich, Soc. Rhodiaceta, Labor. Recherch. Nylon.) W. BROSER. 4000

Roger Cerf, *Über die Frequenzabhängigkeit der Viscosität von Lösungen hochpolymerer Substanzen.* Die von MASON (C. **1949.** II. 1380) vorgeschlagene Ultraschallmeth. gestattet die Messung der Viscosität einer laminar strömenden Fl. bei Ultraschallfrequenzen. Neben der üblichen Scherviscosität zeigt eine verd. Polymerisatlsg. eine Scherelastizität auch bei ziemlich niedrigen Frequenzen der Größenordnung von 10^5. Unter der Annahme, daß die reine Fl. keine Scherelastizität aufweist, wird für die Frequenzabhängigkeit der Viscosität unendlich verd. Polymerisatlsgg. eine Theorie unter Verwendung einer elast. Kugel aus inkompressiblem Material als Modell für Kettenmoll. (vgl. Unterss. von CERF, J. Chim. physique **48.** [1951.] 59) entwickelt. Dieses Modell stellt den Grenzfall vollkommener Impermeabilität des Knäuels dar. Die Theorie wird an Versuchsdaten über *Polystyrol* (I) von BAKER, MASON u. HEISS bzw. von ROUSE nachgeprüft u. qualitativ bestätigt gefunden. Sie eignet sich bes. zur Beschreibung der scheinbar anomalen Temperaturabhängigkeit des Elastizitätskoeff. von I-Lsgg. bei hohen Frequenzen. Die Bedeutung einer Kombination der Ergebnisse von Viscositätsmessungen bei hohen Frequenzen u. von Strömungsdoppelbrechungsmessungen wird hervorgehoben, da sie beim Idealfall elast. Kugeln zur Ermittlung des mol. Elastizitätskoeff. μ u. des inneren Viscositätskoeff. η_i des Teilchens führen. Während die Messungen der Strömungsdoppelbrechung nur die μ- u. η_i-Werte bei der Frequenz Null ergeben, liefern die Viscositätsabmessungen bei Ultraschallfrequenzen auch die Frequenzabhängigkeit dieser Werte, so daß diese Messungen von großem Vorteil für die Unters. der mechan. Eigg. von Polymerisaten werden. Da μ bei I mit der Frequenz stark zunimmt, wird damit das Vorhandensein eines Spektr. von Verzögerungsvorgängen bewiesen. (J. chem. Physics **20.** 395—402. März 1952. Ithaca, N. Y., Cornell Univ., Dep. of Chem.) SCHÄFF. 4000

L. H. Cragg, T. E. Dumitru und **J. E. Simkins,** *Viscositätszahlen von Polystyrolfraktionen in verschiedenen Lösungsmitteln. Nachprüfung der Flory-Fox-Beziehung.* Zur Berechnung der thermodynam. Wechselwirkungsparameter der Gleichung von FLORY u. FOX (C. **1952.** 6380) für die Viscositätszahl linearer Hochpolymerer wurden die Viscositätszahlen einer Polystyrol (I)-Fraktion (Mol.-Gew. $9{,}8 \cdot 10^5$) in 12 verschied. Lösungsmitteln u. im Temperaturbereich von 15—65° gemessen u. ausgewertet. Damit werden die Viscositätszahlen anderer I-Fraktionen (Mol.-Gew. $9{,}5 \cdot 10^6$ bis $1{,}11 \cdot 10^6$) für 25 bzw. 65° u. in den gleichen Lösungsmitteln berechnet. Diese Werte zeigen eine bemerkenswert gute Übereinstimmung mit den gemessenen Viscositätszahlen. Die Werte, die für den Parameter der Verdünnungsentropie erhalten werden, stützen die Annahme von FLORY u. FOX, daß die Verdünnungsentropie mit der Form der Lösungsmittelmoll. zusammenhängt; sie ist bei Lösungsmitteln mit cycl. (kompakteren) Mol.-Konfigurationen deutlich größer als bei solchen mit acycl. Strukturen. — Verwendete Lösungsmittel: Bzl., Brombenzol, Toluol, o-Dichlorbenzol, Pyridin, Äthylbenzol, 1.4-Dioxan, 2.5-Dimethylfuran, Cyclohexanon, Methyl-n-amylketon, Äthylchloracetat, Äthylacetat, 1-Nitropropan. (J. Amer. chem. Soc. **74.** 1977—79. 20/4. 1952. Hamilton, Ontario, Can., McMaster Univ., Dep. of Chem.) SCHÄFF. 4010

Q. A. Trementozzi, R. F. Steiner und **Paul Doty,** *Assoziation von Polystyrol in nichtpolaren Lösungsmitteln.* Ein Styrolemulsionspolymerisat (mit $K_2S_2O_8$ als Katalysator) u. dessen Fraktionen wurden viscosimetr. u. mit Hilfe der Lichtstreuung untersucht. Es wird gezeigt, daß eine deutliche Mol.-Aggregation in nichtpolaren Lösungsmitteln, wie Toluol, auftritt, die in Ggw. wasserstoffbrückenbildender Beimischungen, wie Dioxan oder n-Butanon, stark vermindert oder ganz ausgeschaltet werden kann. Die Assoziation verschwindet ebenfalls nach Acetylierung des Polystyrols. Auf Grund dieser Befunde wird angenommen, daß die Assoziation der Makromoll. durch Wasserstoffbrücken zwischen OH-Gruppen eintritt, die im Verlauf der Polymerisation in das Makromol. eingeführt wurden. Damit wurde das „anomale" Verh. von bestimmten Polystyrolen (TREMENTOZZI, J. physic. Colloid Chem. **54.** [1950.] 1227) aufgeklärt. Abweichend von diesem Befund wird die Aggregation von bestimmten polaren Polymeren, wie Polyvinylchlorid (DOTY u. Mitarbeiter, C. **1948.** I. 537) in schlechten Lösungsmitteln durch Bldg. kleinster, als Kettenvernetzer wirkender Kristalle gedeutet. (J. Amer. chem. Soc. **74.** 2070—73. 20/4. 1952. Cambridge, Mass., Harvard Univ., Dep. of Chem., Gibbs Labor.) SCHÄFF. 4010

Charles C. Price und **Richard D. Gilbert,** *Methylvinylsulfoxyd. Mischpolymerisation und Spektren.* (Vgl. PRICE u. ZOMLEFER, C. **1951.** I. 731.) Vff. untersuchten die Mischpolymerisation von Methylvinylsulfoxyd (I) mit Styrol (II) bzw. Methacrylsäuremethylester. I wirkt polymerisationsverzögernd. Die relativen Reaktionsgeschwindigkeiten r_1 u. r_2 wurden bei II u. I zu 4,2 ± 0,2 bzw. 0,01 ± 0,01 bestimmt. Bei Q- u. e-Werten (nach ALFREY u. PRICE) von 1,0 u. — 0,8 für II ergab sich daraus für I ein Q-Wert von 0,10 bzw. ein e-Wert von 0,9. Aus dem niedrigen Q-Wert wird auf eine nur geringe Resonanzwechselwrkg. zwischen der Sulfoxydgruppe u. dem freien C-Radikal bei der Polymerisation geschlossen. Der niedrige Q-Wert ist überraschend, läßt sich aber aus den UV- u. Ultrarotspektren voraussagen. — Methylvinylsulfoxyd (I), C_3H_6SO, aus β-Chloräthylmethylsulfoxyd bzw. aus Methylvinylsulfid, $Kp._{0,5}$ 43,5°, n_D^{25} 1,4925. (J. Amer. chem. Soc. **74.** 2073—74. 20/4. 1952. Notre Dame, Ind., Univ., Chem. Dep.) SCHÄFF. 4010

J. C. Bevington, *Die Polymerisation von Aldehyden.* Krit. Übersicht über die wahrscheinlich über einen Ionenmechanismus verlaufende Bldg. u. die Stabilität der cycl. u. linearen Polymerisate des *Formaldehyds, Acetaldehyds* u. *Butyraldehyds* sowie einiger *Ketone, Dialdehyde* u. *ungesätt. Aldehyde.* (Quart. Rev. ⟨chem. Soc., London⟩ **6.** 141—56. 1952. Birmingham, Univ., Dep. of Chem.) RUSKE. 4010

H. Mandelkern, R. R. Garrett und **P. J. Flory,** *Schmelzwärmen aliphatischer Polyester.* Vff. fanden, daß für die Schmelzwärmen von *Polydekamethylenadipat* (I) u. *Polydekamethylensebacat* (II) unterschiedliche Werte erhalten werden, je nachdem ob sie aus Schmelzpunktdepressionen durch die Einführung copolymerisierter Einheiten in die Kette oder aus der Abhängigkeit der FF. von der Kettenlänge bzw. der Schmelzpunkteerniedrigung unter dem Einfl. von Verdünnungsmitteln berechnet werden. Letztere Meth. liegt dieser Arbeit der Vff. zugrunde. Die dilatometr. Best. der FF. von reinem I sowie Mischungen von I mit *Dimethylformamid* (III) bzw. *Diphenyläther* (IV) gab folgende Schmelzpunkte-Werte (Genauigkeit durchgehend ± 0,5°): Reines I 79,5°, mit 7,8% III 72,5°, mit 20,2% III 66,5°, mit 42,2% III 61,5°, mit 60,3% III 57,5°, mit 12,3% IV 74,5°, mit 18% IV 71,5°, mit 41% IV 59,5°, mit 59,4% IV 50,5°. III ist für I ein besseres Lösungsm. als IV. Aus den gefundenen Werten folgt für I eine Schmelzwärme von 35,8 cal/g, was gut mit dem aus der Schmelzpunktabhängigkeit vom Mol.-Gew. ermittelten Wert von 37,5 cal/g übereinstimmt. Die Meth. der Schmelzpunktdepression bei der Copolymerisation ergab hingegen den sehr viel niedrigeren Wert von 13,4 cal/g, der auf Grund der Schwierigkeit der genauen Schmelzpunktemessungen nicht wahrscheinlich ist. Erste Verss. der Anwendung der geschilderten Meth. auf II in Mischung mit *Diäthylsebacat* u. *Benzophenon* ergaben für II eine Schmelzwärme von 36 cal/g. (J. Amer. chem. Soc. **74.** 3949—51. 5/8. 1952. Rochester, Minn., Univ., Mayo Found., Div. of Biochem.) RUSKE. 4010

B. L. Johnson und **R. D. Wolfangel,** *Die Beziehung Viscosität–Molekulargewicht bei Polybutadien. Der Einfluß der Polymerisationsbedingungen auf Verzweigung und Vernetzung.* In der bekannten Beziehung $\eta = K \cdot M^a$ zwischen Eigenviscosität u. Mol.-Gew. ist der Exponent a von der Polymerisationstemp. abhängig. Im Falle des in Emulsion hergestellten Polybutadiens nimmt a mit abnehmender Temp. zu. Um festzustellen, ob eine Beziehung zwischen der Veränderung von a u. einer der durch die Temperaturabnahme bedingten strukturellen Modifikation besteht, wurde a bei einer bestimmten Temp. (50°) für verschied. Polymerisationsgrade bzw. verschied. Gehh. an Modifikator (Dodecylmercaptan) u. Vernetzungsmittel (Divinylbenzol) gemessen. Den Untersuchungsergebnissen zufolge scheint die Zunahme der Vernetzung die wichtigste Strukturveränderung zu sein, die einer Abnahme von a bei zunehmendem Polymerisationsgrad bzw. vermindertem Geh.

an Modifikator entspricht. Diese Ergebnisse bestätigen die Auffassung, daß a als Maß für die Vernetzung lösl. Polymerer u. zur Fortsetzung derjenigen Polymerisationsbedingungen, welche zu größter Kettenlänge ohne Gelierung führen, benutzt werden kann. (Ind. Engng. Chem. **44.** 752—56. April 1952. Akron, O., Firestone Tire & Rubber Co.) Winiker. 4030

C. W. Tait, R. J. Vetter, J. M. Swanson und **P. Debye**, *Physikalische Charakteristik von Cellulosexanthat in Lösung.* Vff. messen die Viscosität u. Lichtstreuung von *Cellulosexanthat* in Abhängigkeit vom Elektrolytzusatz. Mit steigender Elektrolytkonz. nimmt die Grenzviscosität entsprechend der Ionenstärke der Lsgg. ab infolge Einw. der Ionen auf die Xanthatgruppen. NaOH u. LiOH wirken außerdem auf die Hydroxylgruppen der Cellulose ein. Die Berechnung der Teilchengröße aus der Viscosität nach Simba gibt größenordnungsmäßig dieselben Werte wie die Lichtstreuung. In W. sind die Cellulosexanthatkomplexe größer u. stäbchenförmig, in 6%ig. NaOH kleiner u. geknäuelt. (J. Polymer Sci. **7.** 261—76. Aug./Sept. 1951. Richmond, Va., E. I. du Pont de Nemours, Viscose Rayon Res. Sect.) Moll. 4050

J. K. N. Jones, *Die chemische Zusammensetzung und Eigenschaften der Pektine.* Vortrag. — Die drei Bestandteile der *Pektine*, das *Methylpektinat* (**I**), *Araban* (**II**) u. *Galaktan* werden besprochen. *Pektinsäure*, der Hauptbestandteil (als **I**), ist aus D-Galaktonsäureeinheiten aufgebaut, die über $C_{(1)}$ u. $C_{(4)}$ miteinander verknüpft sind u. in denen Pyranosestruktur vorherrscht. **II** ist aus L-Arabofuranoseresten aufgebaut u. besitzt eine verzweigte Kette. Galaktan wird nur als schwach positiv drehendes Polysaccharid erwähnt. (Chem. and Ind. **1951.** 430—31. 9/6.) Nezel. 4050

J. W. Breitenbach, J. Derkosch und **F. Wessely**, *Energetik der Peptidbildung.* Durch Polymerisation von N-Carboxy-α-aminosäureanhydriden (vgl. Breitenbach u. Richter, C. **1951.** II. 387) erhält man hochmol. Polypeptide. Aus der Verbrennungswärme dieser Verbb. kann man zum 1. Mal die Energie der Bldg. von Polypeptiden berechnen. Die Verbrennungswärmen u. -enthalpien von *dl-Phenylalanin, dl-Phenylalanin-N-carbonsäureanhydrid, dl-Phenylalaninpolypeptid* (in Bzl. lösl. sowie unlösl.) *Sarkosin, Sarkosin-N-carbonsäureanhydrid* u. *Sarkosinpolypeptid* werden angegeben. Die Bldg. der hochmol. Polypeptide aus N-Carbonsäureanhydrid sowie die Umwandlung des in Bzl. lösl. Polyphenylalanins in die unlösl. Form sind exotherm. Die Reaktionsenthalpie der hypothet. Kondensation von Phenylalanin zum Polypeptid wurde berechnet u. eine exotherme Rk. gefunden. Die Kondensation von Sarkosin ist nahezu athermisch. Es ist daher unter günstigen Bedingungen eine spontane Kondensation von Aminosäuren möglich. (Nature [London] **169.** 922. 31/5. 1952. Wien, Univ., I. u. II. Chem. Labor.) Zahn. 4070

F. Sanger, *Die Anordnung der Aminosäuren in Proteinen.* Zusammenfassender Übersichtsbericht über die seit 1943 (Synge, C. **1943.** II. 2242) erzielten Fortschritte. Beschrieben werden die Methoden zur Best. der Stellung einzelner Aminosäurereste in Proteinen (Dinitrophenyl-, Phenylthiocarbamyl-, Thiocarbamatmeth., die Verwendung von S-Methylthioharnstoff), Methoden zum Abbau von Proteinen, die Fraktionierung von Peptiden durch ionophoret. u. Ionenaustauschmethoden, Adsorptions- u. Verteilungschromatographie (Papier- u. Stärkechromatographie), Gegenstromverteilung u. andere Methoden, u. Methoden zur Best. der Peptidstruktur (Identifizierung u. Best. von Aminosäuren, Best. der Reihenfolge von Aminosäuren, Best. von Peptiden). Die bei verschied. Proteinen (*Seidenfibroin, Protaminen, Wollkeratin, Insulin, Ovalbumin, γ-Globulin, Hämoglobin, Gelatine*) erzielten Ergebnisse sind angeführt. — 247 Literaturangaben. (Advances Protein Chem. **7.** 1—67. 1952. Cambridge, Univ., Sir William Dunn Inst. of Biochem.) K. F. Müller. 4070

Fumio Kawamura und **Ginzo Hirota**, *Änderung des Gehalts an gebundenem Wasser bei Gelatine durch Röntgenbestrahlung.* Der Verlauf der Isotherme für *gebundenes W.* in Gelatine bei bestrahlten u. unbestrahlten Proben (10°) wird untersucht. Durch Bestrahlung wird <0,1 mg/g NH_3 erzeugt. Bei relativer Feuchtigkeit a > 0,8 ist das gebundene W. in der bestrahlten Probe geringer als in der unbestrahlten, bei a < 0,8 größer. Entsprechend der Auswertung nach Brunauer, Emmet u. Teller (C. **1940.** I. 1477) nimmt die Adsorptionsenergie nur wenig ab, dagegen das Adsorptionsvermögen der monomol. Schicht wesentlich stärker. (Kagaku [Science] **21.** 469—70. Sept. 1951. [Orig.: japan.]) Schuler. 4070

J. Pouradier und **A.-M. Venet**, *Beiträge zum Studium der Gelatinestruktur.* 4. Mitt. *Vergleich von Gelatinen verschiedener Herkunft.* (3. vgl. C. **1952.** 856.) Die in früheren Arbeiten beschriebenen Untersuchungsmethoden werden auf Gelatinen unterschiedlicher Herkunft übertragen. Drei Gelatinen, eine Hautgelatine vom isoelektr. Punkt 4,75, eine Knochengelatine von 4,8 u. eine aus Schweineschwarten hergestellte Gelatine von 8,8, werden durch Fällung in Anteile von verschied. Mol.-Gew. zerlegt u. deren Werte durch Osmometrie bestimmt. Die Unterss. ergeben Zusammenhänge zwischen dem Mol.-

Gew. einerseits u. Viscosität, Gelschmelzpunkt u. Trübung einer Gelatinelsg. durch Alkoholzugabe andererseits. Gelatinen gleicher Herkunft, hergestellt aus dem gleichen Rohmaterial nach demselben Verf., weisen gleiche Eigg. auf. Der isoelektr. Punkt spielt hierbei keine Rolle; d. h. Gelatinen vom gleichen isoelektr. Punkt verschied. Herkunft verhalten sich nicht gleich. Die Viscosität von Gelatinelsgg. u. der F. von Gelatinegelen nimmt mit dem Mol.-Gew. zu. Gelatinefraktionen von gleichem Mol.-Gew. verschied. Herkunft verhalten sich in Viscosität u. F. verschieden. Da die untersuchten Gelatinen von anorgan. Salzen sorgfältigst gereinigt wurden (auf weniger als 0,02%), sind Fehler durch Verunreinigungen ausgeschlossen. Es wird angenommen, daß relativ geringe Änderungen im Geh. an *Aminosäuren* die beobachteten Unterschiede verursachen, wobei vermutlich *Arginin* eine wichtige Rolle spielt. Unterss. an Handelsgelatinen, die vielfach Mischungen mehrerer Komponenten verschied. Herkunft enthalten, ergeben, abweichend von den Gelatinen bekannter Herkunft, keine exakt definierbaren Beziehungen zum Molekulargewicht. (J. Chim. physique Physico-Chim. biol. **49.** 85—91. März 1952. Paris-Vincennes, Kodak-Pathé, Labor. de Recherches.) W. GÜNTHER. 4070

L. J. Desha, Organic chemistry. 2nd ed. London: McGraw-Hill. 1952. (563 S. m. Abb.) 55 s. 6 d.

E. F. Terroine et M. Lévy, La synthèse protéique. Paris: Centre nat. de la rech. scientif. 1952. (XVIII + 541 S.) gr. 8° fr. 3200,—.

E. Biologische Chemie. Physiologie. Medizin.

E_1. Allgemeine Biologie und Biochemie.

V. R. Khanolkar, *Ätiologie des Krebses.* Für die bösartige irreversible Zelländerung u. aller Tochterzellen, die die Krebswucherung erzeugen, sind zwar viele Ursachen, wie Hitze, Licht, verschied. chem. Verbb., Hormone, tier. Parasiten u. ultramkr. Agentien bekannt, doch ist der innere Mechanismus der Umstimmung heute noch völlig dunkel. BORREL u. PEYTON ROUS u. a. sehen im Virus den Erreger, doch konnten submkr. Agentien nur im mesenchymalen Gewebe bestimmter Tumoren von Vögeln, nie aber im Epithel, nachgewiesen werden. Ein übertragbares Adenocarcinom mit nucleären Einschlüssen wurde bei Fröschen entdeckt. Ein virusähnliches Agens soll bei Mäusen mit Brustkrebsen durch Muttermilch übertragbar sein. Die Cytologen sehen das fundamentale krebserzeugende Agens in der Wrkg. von Genen u. Plasmagenen bei der Bldg. u. Wrkg. von Enzymen u. stellen es damit zwischen virusähnliche Agentien u. Enzym. (Sci. and Cult. **17.** Suppl. 7—8. Febr. 1952.) ITZEROTT. 4160

H. W. Paschen, *Untersuchungen über die Theorie der parasitären Carcinomgenese v. Brehmers.* Die Angaben von VON BREHMER über den Krebserreger u. seinen Nachw. im Blut werden erneut geprüft. Der Nachw. des „Krebserregers" *Siphonospora polymorpha* konnte bakteriolog. nicht erbracht werden. Die Meth. v. BREHMERs zur Messung der Wasserstoffionenkonz. wird abgelehnt. Sein Krebsheilmittel „Toxinal" kann den Krebs nicht heilen. (Dtsch. med. Wschr. **77.** 1081—86. 5/9. 1952. Düsseldorf, Med. Akademie, Frauenklinik.) DRUCKREY. 4160

Güzin Eser, *Die Bildung von Carcinomen nach Implantation von Methylcholanthren in das subcutane Gewebe der Ratte.* Kristalle von *Methylcholanthren* (I; ca. 3 mg) wurden in aus Ratten excidiertes Gewebe (Niere, Testis, Leber, Lunge, Bronchien, Trachea, Peritoneum, Tunica vaginalis) eingehüllt u. in dieser Form sodann Ratten subcutan implantiert. In allen Fällen (36 Tiere) wurde 4—15 Monate nach der Implantation nicht wie erwartet die Entstehung von Carcinomen, sondern die Entstehung von fusicellulären Sarkomen festgestellt, die auf Tiere der gleichen Art transplantiert werden konnten. Die Befunde von HORNUNG, HAM u. GORDNER, die mit Hilfe von I mit dem gleichen Verf. Carcinome erhalten hatten, konnten somit nicht bestätigt werden. (Istanbul Üniv. Tip Fak. Mecmuasi [Bull. Fac. Méd. Istanbul] **13.** 169—72. 1950. Istanbul, Univ., Physicopatholog. Inst.) STARY. 4160

Gustav-Adolf Kausche, Christoph Landschütz und Rudolf Sauthoff, *Die Beeinflussung des Ascitestumors der Maus durch PR8-Influenzavirus.* Bei intraperitonealer Injektion von 1 ml einer Mischung von 0,5 ml Ascitestumor-Fl. u. 0,5 ml infektiöser Allantois-Fl. (PR8-Influenzavirus) wird eine Hemmung des Wachstums des Mäuseascitestumors beobachtet (von 5 Tieren hatte 1 nach 7 Tagen einen Tumor, ein weiteres nach 10 Wochen u. ein drittes nach 15 Wochen; die 2 anderen starben 20 Wochen nach der Impfung ohne Krebs). Injektion von nicht infektiöser Allantois-Fl. hat keinen Einfl. auf das Wachstum des Ascitestumors. (Z. Naturforsch. **7b.** 33—36. Jan. 1952. Heidelberg, Inst. für Virusforsch.) REISS. 4160

Daniel Laszlo, Cyril A. Schulman, Judith Bellin, Estelle D. Gottesman und Albert Schilling, *Mineral- und Eiweißstoffwechsel bei osteoklastischen Metastasen.* Bei osteoklast. Metastasen, z. B. beim Mammacarcinom, finden sich eine beträchtliche Calcium- u. Phosphorausscheidung im Urin, die zu einem Verlust dieser Mineralien u. damit zu einem negativen Mineralhaushalt führen. Im Stickstoff- u. Eiweißgleichgewicht finden sich keine spezif. Veränderungen. Gleiche Veränderungen im Mineralhaushalt finden sich auch bei osteoklast. Metastasen anderer Krebsformen. Der beträchtliche u. langdauernde Verlust an diesen Mineralien führt manchmal zur Hypercalcämie. Reihenfolge der Veränderungen: Durch die hochgradigen destruierenden Knochenprozesse Mobilisierung von Calcium u. Phosphor. Dies führt zunächst zur Hypercalcämie u. Hypercalcinurie u. Hyperphosphaturie, um endlich eine renale Insuffizienz herbeizuführen. Im Gegensatz dazu findet sich bei osteoplast. Metastasen eine subnormale Ausscheidung von Calcium im Urin. (J. Amer. med. Assoc. **148.** 1027—32. 22/3. 1952. New York, N. Y., Montefiore Hosp.) GUMMEL. 4160

H. Esser und **F. Heinzler,** *Ergebnisse elektrophoretischer Trennungen der Eiweißkörper bei einem Plasmocytom in Blut, Harn und Liquor.* Durch elektrophoret. Trennung der Eiweißkörper eines γ-Plasmocytoms kann gezeigt werden, daß sich in allen untersuchten Körper-Fll. ein für das Plasmocytom typ. Eiweißkörper findet. Außerdem wird im Urin ein Protein mit der annähernden Wanderungsgeschwindigkeit der β-Globuline nachgewiesen. (Med. Klin. **47.** 535—36. 28/4. 1952. Düsseldorf, Med. Akademie, II. Med. Klinik u. Poliklinik.) REISS. 4160

H. Cramer und **C. Brilmayer,** *Tumordiagnostik mit Atebrin.* Bei selektiver Speicherung von *Atebrin* (I) im Tumorgewebe wird veränderte Ausscheidung im Urin gegenüber gesunden Personen erwartet; bei diesen ist nach Verabreichung einer einmaligen I-Dosis von 0,1 g nach 8—40 Std. kein I mehr im Harn nachzuweisen. Die Absorptionskurve von I-haltigem Harn hat bei 420, 430 u. 450 mμ Zacken, bei Tumorfällen treten diese Zacken für höchstens 1—3 Std. auf. Überprüfung der Best. an 300 Fällen mit höchstens 15% Fehlergebnissen, die meistens durch schwere Lebererkrankungen verursacht werden. Um auch I-Spuren im Harn nachweisen zu können, wurde eine quantitative Bestimmungsmeth. ausgearbeitet. Der Vgl. mit der qualitativen Meth. ergab, daß mit dieser bei Tumorträgern keine Ausscheidungsverkürzung festzustellen war. Die aufgetretene Diskrepanz wird zu erklären versucht. Die qualitative Meth. kann auch statt mit I mit *Eosin bläulich* oder *Trypaflavin* ausgeführt werden. (Münchener med. Wschr. **94.** 1642—46. 15/8. 1952. München, Univ., I. Med. Klinik.) DOSSMANN. 4160

L. Lison, Histochimie et cytochimie animales. Principes et méthodes. Paris: Gauthier-Villars. (VI + 608 S. m. 32 Abb.) fr. 3800,—.

E₂. Enzymologie. Gärung.

Yuichi Yamamura, Masamiti Kusunose und **Emi Kusunose,** *Milchsäureoxydase von Mycobacterium tuberculosis avium.* Aus *Mycobacterium tuberculosis avium, Stamm Takeo,* werden 2 verschied. *Milchsäureoxydasen* gewonnen, von denen die *Milchsäureoxydase I* einen neuen Typ eines Milchsäure oxydierenden Enzyms darstellt. Sie ist hitzelabil, stabil bei der Dialyse u. oxydiert aerob DL-Lactat ohne andere Zusätze zu Essigsäure u. CO_2. Die Rk. wird durch $AgNO_3$ u. $CuSO_4$ in Konzz. von $3 \cdot 10^{-4}$ Mol/Liter fast vollständig gehemmt, während weder Cyanide noch Azide oder 8-Oxychinolin Hemmwrkg. entfalten. Brenztraubensäure wird durch dieses Enzym nicht angegriffen. *Milchsäureoxydase I* enthält als prosthet. Gruppe wahrscheinlich Flavinadenindinucleotid. *Milchsäureoxydase II,* die nicht rein dargestellt werden konnte, verhält sich bei der Oxydation von Milchsäure wie andere Enzyme tier. Herkunft. Sie wird durch Methylenblau, Cytochrom c u. das Cytochrom-Oxydase-Syst. sowie Diphosphopyridinnucleotid aktiviert. Die Lactatoxydation bei Ggw. von Methylenblau führt zu Brenztraubensäure. (Nature [London] **170.** 207—08. 2/8. 1952. Osaka, Toneyama Inst. of Tubercul.) RUTKOWSKI. 4210

Frank C. Happold und **C. P. Spencer,** *Die enzymatische Bildung von Acetoin und verwandten Verbindungen.* Vff. gewinnen aus Aerobacter aerogenes auf 3 verschied. Wegen zellfreien Enzymsaft, der die anaerobe Decarboxylierung von *Brenztraubensäure* (I) unter Bldg. von *Acetoin* (II) katalysiert: 1. durch Zerreiben mit Glaspulver; 2. durch Schütteln mit Glasperlen u. 3. durch Extraktion eines Acetontrockenpräparates. Die Adsorption des Enzymsaftes an Kieselgur, die Ergebnisse der Fraktionierung durch Fällung mit Aceton sowie die Unterss. über die Wrkg. von Coenzymfaktoren deuten auf 2 Enzymsysteme hin. Das Gesamtsyst. ist in der Lage, Acetat (**III**), nicht aber Acetaldehyd (**IV**), während gleichzeitiger Decarboxylierung von **I** zu kondensieren. Vff. nehmen an, daß möglicherweise das **III** an einer der enzymat. Synthesen von **II** beteiligt ist, u. daß **IV** erst nach Oxydation zu **III** kondensiert wird. Das mögliche Auftreten von Diacetyl als Zwischenstufe dieser Rk. wird diskutiert. (Biochim. biophysica Acta [Amsterdam] **8.** 543—56. Mai 1952. Leeds, England, Univ., Dep. of Biochem.) NEHRING. 4210

E. Cabib, *Papierchromatographie einiger Enzyme und Plasmaproteine.* Bei der papierchromatograph. Trennung der Enzyme *Phosphoglucomutase* u. *Invertase* beobachtet Vf. den Einfl. des Lösungsm. auf die Trennschärfe bei der Papierchromatographie mit A.–W.-Gemischen mit u. ohne Pufferlösungen. Ausgehend von vorgereinigten Extrakten aus Saccharomyces fragilis benutzt er als Lauf-Fl. A. mit steigenden Gehh. an Pufferlösungen. Invertase wandert mit fallender A.-Konz. schneller, bei Phosphoglucomutase ist dieser Effekt geringer. Bei der Wiederholung des Chromatogramms mit einem Extrakt aus Bierhefe ist die Lage der Zone der Phosphoglucomutase ähnlich wie beim Extrakt aus Saccharomyces fragilis. Die graph. Darst. — Konz. aufgetragen gegen Lage der Zone — zeigt jedoch für die Invertaseaktivität zwei Maxima. Die Einw. der aus den beiden Maximazonen eluierten Enzyme auf Saccharose ergab Glucose u. Fructose, die durch ihre R_F-Werte mit Anilinphthalat identifiziert wurden. Es wird gefolgert, daß es sich um zwei sehr ähnliche, aber nicht ident. Enzyme oder Enzymmoll. handelt. Bei der chromatograph. Trennung verschied. Seren in ihre Albumin- u. Globulinfraktionen beobachtet Vf. Schweifbldg. u. einen niedrigeren R_F-Wert des Albuminfleckes bei Ggw. von Globulin. Diese Schweifbldg. kann jedoch häufig durch bidimensionales Chromatographieren in einzelne Flecke aufgelöst werden. In Tabellen werden der Einfl. der A.-Konz. u. des p_H-Wertes auf die R_F-Werte dargestellt. (Biochim. biophysica Acta [Amsterdam] **8.** 607—14. Juni 1952. Buenos Aires, Argentinien, Fundación Campomar, Inst. de Investigat. Bioquim.)
ENDRASS. 4210

Luigi Gorini und **Lucienne Audrain,** *Der Einfluß des Calciums auf die Beständigkeit des Trypsin–Ovomucoid-Komplexes.* (Vgl. C. **1952.** 2015.) Vff. haben festgestellt, daß die Verminderung der proteolyt. Wirksamkeit von *Trypsin* (I) durch *Ovomucoid* (II) nicht durch Ca-Ionen beeinflußt wird, die Beständigkeit von II ebenfalls nicht. Der I–II-Komplex weist ca. 7% der proteolyt. Wirksamkeit von I auf, u. sie wird durch II-Überschuß nicht verändert. Bei Ggw. von Ca-Ionen ist der I–II-Komplex nicht beständig, da hier II verschwindet, indem es hydrolysiert wird. Da II erst nach Verlust seiner antitrypt. Wirksamkeit ein Substrat von I werden kann, muß angenommen werden, daß I in Ggw. von Ca-Ionen eine rasche Inaktivierung von II bewirkt, ohne solche dagegen nur eine sehr langsame, worauf auch die angeführten Versuchsergebnisse hinweisen. (Biochim. biophysica Acta [Amsterdam] **8.** 702—03. Juni 1952.) SCHWAIBOLD. 4210

James A. Olson und **Christian B. Anfinsen,** *Die Kristallisation und Charakterisierung der l-Glutaminsäuredehydrogenase.* Beschreibung einer Meth. zur Reinigung von *l-Glutaminsäuredehydrogenase* aus Rinderleber (A.-Extraktion bei Tempp. unter 0°, wiederholte Fällung bei p_H 5,8, mehrmaliges Umkristallisieren aus gesätt. Na_2SO_4-Lsg.). Best. der physikal. Eigg. des hochgereinigten Fermentes [spezif. Aktivität, isoelektr. Punkt (p_H 4 bis 5), Elektrophorese, Sedimentation, Diffusion, Mol.-Gew.-Best., Absorptionsspektr. (maximale Absorption bei 279 mμ; $E_{279\ m\mu}/E_{260\ m\mu}$: 1,6)]. (J. biol. Chemistry **197.** 67—79. Juli 1952. Boston, Mass., Harvard Med. School, Dep. of Biochem., u. Bethesda, Md., U. S. Public Health Serv., Nat. Inst. of Health, Nat. Heart Inst., Sect. on Cell.Physiol.)
REISS. 4210

Ta-Cheng Tung, Laurens Anderson und **Henry A. Lardy,** *Untersuchungen an der strukturgebundenen α-Glycerophosphat-Dehydrogenase des Muskels.* Von den beiden im Skelettmuskel vorkommenden *α-Glycerophosphat-Dehydrogenasen* (I) ist die eine in W. lösl., die andere strukturgebunden. Beide wirken spezif. auf *1-α-Glycerophosphat* (II), die erste mit Diphosphopyridinnucleotid als Coferment, die zweite mit einem Oxydoreduktionsfarbstoff. Unters. der Enzymsuspension aus Kaninchenmuskulatur bei p_H 7,2 u. Methylenblau bei 37°. Das Oxydationsprod. auch von II ist *α-Dioxyacetonphosphat.* Durch vorübergehende Behandlung mit Na-Desoxycholat konnte I von der Triosephosphatisomerase, Glycerin-3-phosphatdehydrogenase u. der Katalase gereinigt werden. Im Gegensatz zu den rohen Präpp. reagiert die gereinigte I nicht mehr mit Cytochrom c. Auch Flavinadeninnucleotid sowie Cytochrom b sind mit u. ohne Cytochrom c unwirksam, ebenso wie Ferricyanid u. andere Elektronenüberträger. — Hydrazin verschiebt das enzymat. Gleichgewicht Dioxyacetonphosphat u. Glycerinaldehyd-3-phosphat dadurch nach der Seite der Aldotriose, so daß Hydrazin leichter mit dem Carbonyl der Aldehyde als mit dem der Ketone reagiert. (Arch. Biochem. Biophysics **40.** 194—204. Sept. 1952. Madison, Wis., Univ. of Wisconsin, Inst. for Enzyme Res.; Coll. of Agric., Dep. of Biochem.)
LOHMANN. 4210

Ta-Cheng Tung und **Philip P. Cohen,** *Oxydation von Monomethyl-L-tryptophan.* Bei der oxydativen Demethylierung von *Monomethyl-L-tryptophan* durch gereinigte *Demethylase* in Ggw. von *Semicarbazid* wurde 1 Mol *Formaldehyd* (I) gebildet, wobei 1 Mol O_2 verbraucht wurde. Best. von I erfolgte mit der Chromotropsäuremethode. Bei Verwendung von Homogenaten von Rattenleber oder -niere wurde jedoch deutlich weniger I gefunden. Dies konnte auf die Oxydation von I zu *Ameisensäure* (II) zurückgeführt werden. Wie die

Verss. weiterhin ergaben, wurde **II** von der Gewebssuspension auch relativ schnell verbraucht. (Arch. Biochem. Biophysics **36.** 114—19. März 1952. Madison, Univ. of Wisconsin, Labor. of Physiol. Chem.) v. PECHMANN. 4210

Gertrude E. Perlmann, *Enzymatische Dephosphorylierung von Casein.* Während frühere Forscher keine Wrkg. von Säugetierphosphatase auf Phosphoproteine wie *Casein* (**I**) feststellen konnten, gelingt es Vf., von den beiden Proteinfraktionen des **I** das α-**I** durch ***Prostataphosphatase*** im p_H-Bereich von 5,6—6,6 anzugreifen, wobei **42%** des P freigesetzt werden. Längere Einw. des Enzyms, das auf β-**I** keine Wrkg. hat, auf unfraktioniertes **I**, setzt 12% P frei. Bei synthet. Gemischen von α-**I** u. β-**I** wird die Enzymaktivität gehemmt, wenn der β-**I**-Geh. über 30% ansteigt, wobei die Hemmung proportional dem β-**I**-Geh. ist. Während der Dephosphorylierung von α-**I** nimmt dessen Löslichkeit ab, u. es treten mehrere neue Komponenten im Elektrophoresebild auf. (J. Amer. chem. Soc. **74.** 3191—92. 20/6. 1952. New York, N. Y., Rockefeller Inst. for Med. Res.) NEHRING. 4210

Irwin B. Wilson, *Acetylcholinesterase.* 12. Mitt. *Weitere Untersuchungen über die Bindungsenergien.* (11. vgl. C. **1952.** 231.) Best. des inhibitor. Effektes einer Reihe von alkylierten Ammoniumverbb. auf *Acetylcholinesterase.* Die Inhibition ist um so größer, je niedriger die Konzz. sind u. je höher die Zahl der Alkylgruppen ist. Best. der MICHAELIS-MENTON-Konstante bei Anwendung verschied. Substrate. (J. biol. Chemistry **197.** 215—25. Juli 1952. New York, N. Y., Columbia Univ., Coll. of Phys. and Surg., Dep. of Neurol.) REISS. 4210

J. D. Smith und **Roy Markham,** *Der enzymatische Abbau der Desoxyribonucleinsäuren. Desoxyribonucleinsäure* aus Heringssperma, 20 mg/ml, wurde mit *Desoxyribonuclease,* 20 μg/ml, in 0,005 mol. $MgSO_4$ bei p_H 7 18 Std. verdaut, gegen W. dialysiert, u. im Dialysat wurden mit *Phosphomonoesterase* die Endphosphorsäuregruppen abgespalten. Durch Papierchromatographie in Isopropanol–NH_3 u. UV-Photographie wurden 7 Banden festgestellt, von denen die untersten drei eluiert u. in 0,05 mol. Ammoniumformiatpuffer bei p_H 3,5 der Papierelektrophorese unterworfen wurden. Jede Komponente lieferte mehrere Banden, die auf Purine, Pyrimidine u. Phosphat analysiert wurden. Es wurde eine Anzahl Dinucleosidmonophosphate identifiziert; das Basenverhältnis u. die elektrophoret. Beweglichkeit sind angegeben. Als Beispiel ist der Desoxyadenosin (A)–Desoxycytidin (C)–Monophosphat (p)-Diester (A–p–C), der durch die *Monophosphatase* aus dem Dinucleotid aus Desoxyadenyl- u. Desoxycytidylsäure entstanden ist, angeführt. (Biochim. biophysica Acta [Amsterdam] **8.** 350—51. März 1952. Cambridge, England, Molteno Inst. Agricult. Res. Council, Plant Virus Res. Unit.) WIEDEMANN. 4210

D. L. Dewey und **Elizabeth Work,** *Diaminopimelinsäure und Lysin. Diaminopimelinsäuredecarboxylase.* Acetongetrocknete, auf Pepton–Glucose-Brühe gewachsene *Escherichia coli*-Zellen decarboxylierten *α.ε-Diaminopimelinsäure* (**I**) zu *Lysin* (**II**). Außerdem enthielten die Präpp. noch **II**-*Decarboxylase* (**III**), so daß dann in den Verss. **II** weiter zu *Cadaverin* abgebaut wurde. Die **I**-*Decarboxylase* (**IV**) ist von **III** deutlich verschieden. Die Aktivität dieser beiden Fermente lief in den Präpp. verschied. Colistämme nicht parallel. Während das **III**-Optimum bei p_H 4,5—5 lag, war **IV** bei p_H 7,0 optimal aktiv. Im Gegensatz zu **III** u. den meisten anderen bakteriellen *Aminosäuredecarboxylasen* ist **IV** ein konstitutives Enzym. Waren die Bakterien auf aminosäurefreiem Medium gezüchtet worden, so konnten sie zwar **I**, nicht aber **II** decarboxylieren. Das aus **I** entstehende **II** konnte dann auch papierchromatograph. nachgewiesen werden. Ggw. von **I** in der Nährlsg. bewirkt keine wesentliche Steigerung der **IV**-Aktivität. Ebenso wie bei den anderen Decarboxylasen war die Fermentaktivität bei den im sauren Milieu kultivierten Bakterien deutlich höher, als wenn diese bei p_H 8 gewachsen waren. Der Aktivitätsunterschied war 7 : 1. Zusatz von *Pyridoxalphosphat* verstärkte die **IV**-Wirksamkeit der acetonbehandelten Präpp., weshalb auch hier diese Verb. als Coenzym angesehen werden darf. Das Maximum der Aktivität wurde parallel mit dem Wachstumsmaximum nach einer Kulturdauer von 12 Std. bei 37° erreicht. In den Hydrolysaten von 4 verschied. E. coli-Stämmen konnte **I** papierchromatograph. nachgewiesen werden, weshalb **I** als Baustein der Bakterienzelle angesehen werden kann. **I** dürfte die n. Vorstufe von **II** bei E. coli sein, zumal bei Mutanten, welche die Ggw. von **II** im Medium benötigen, keine **IV**-Aktivität festgestellt werden konnte. Dies ist ein weiteres Beispiel dafür, daß bei auxotrophen Mutationen der Verlust eines Fermentes eingetreten ist. (Nature [London] **169.** 533—34. 29/3. 1952. London, Univ. Coll. Hosp., Med. School, Dep. of Chem. Pathol.) v. PECHMANN. 4230

Bernard D. Davis, *Diaminopimelinsäure und Lysin. Biosynthetische Beziehungen von Lysin, Diaminopimelinsäure und Threonin bei Mutanten von Escherichia coli.* Die Eigg. mehrerer Mutanten eines Stammes von *Escherichia coli* bzgl. ihres Bedarfes an *Diaminopimelinsäure* (**I**) u. *Lysin* (**II**) wurden untersucht. Die Verss. gaben weitere Hinweise dafür, daß I nicht nur strukturelle Komponente der Bakterienzelle, sondern auch Vorstufe von II ist (vgl. auch vorst. Ref.). Bei einigen Mutanten ergab sich ein Hinweis dafür, daß der Threonin-Bedarf in einer gewissen biosynthet. Beziehung zu I u. II steht. Anders wie bei *Neurospora*-Mutanten konnte *dl-α-Aminoadipinsäure* oder *dl-α-Amino-ε-oxycapronsäure* II nicht ersetzen. (Nature [London] **169.** 534—36. 29/3. 1952. New York, N. Y., Cornell Univ., Med. Coll., Tuberculosis Res. Labor.) v. PECHMANN. 4230

E_3. Mikrobiologie. Bakteriologie. Immunologie.

Hayato Kihara, Willard G. McCullough und Esmond E. Snell, *Peptide und Bakterienwachstum.* 1. Mitt. *Reinigung eines für das Wachstum von Lactobacillus casei erforderlichen Peptidfaktors.* Partielle Hydrolyse eines gereinigten Proteins aus Sojabohnen mit nHCl bei 100° 36 Std. lang führt zu einem Hydrolysat, das bei Ggw. von *D-Alanin* in einem Vitamin-B_6-freien Medium das Wachstum von *Lactobacillus casei* fördert. Durch Papierchromatographie wird eine akt. Mischung von Peptiden erhalten, die aus *Alanin, Tyrosin, Valin* (I), *Leucin* (II) u. *Isoleucin* (III) besteht. Nach Behandlung mit HNO_2 u. anschließender Hydrolyse sind nur I, II u. III nachzuweisen. Die wirksame Fraktion scheint also ein Gemisch von Alanyl- u. Tyrosylpeptiden von I, II u. III zu sein. (J. biol. Chemistry **197.** 783—89. Aug. 1952. Madison, Wis., Univ., Dep. of Biochem.) RUTKOWSKI. 4310

Hayato Kihara und **Esmond E. Snell,** *Peptide und Bakterienwachstum.* 2. Mitt. *L-Alaninpeptide und Wachstum von Lactobacillus casei.* (1. vgl. vorst. Ref.) Synthet. Dipeptide, bei denen *L-Alanin* (I) über die Carboxyl- oder Aminogruppe entweder mit *L-Leucin, L-Valin* oder *Glycin* verknüpft ist, wirken auf das Wachstum von *Lactobacillus casei* anregend. Dipeptide, die an Stelle von I *D-Alanin* (II) oder *Tyrosin* enthalten, sind, ebenso wie I allein, unwirksam. II, das für das Wachstum von Lactobacillus casei bei Abwesenheit von Vitamin B_6 erforderlich ist, hemmt die Verwertung von freiem I stark, nicht aber die von I-Peptiden. Alle verwendeten I-Peptide werden von den Zellen des L. casei hydrolysiert. (J. biol. Chemistry **197.** 791—800. Aug. 1952.) RUTKOWSKI. 4310

Hayato Kihara, Oleta A. Klatt und **Esmond E. Snell,** *Peptide und Bakterienwachstum.* 3. Mitt. *Verwertung von Tyrosin und Tyrosinpeptiden durch Streptococcus faecalis.* (2. vgl. vorst. Ref.) Bei Ggw. von viel *Vitamin B_6* (I) im Nährmedium produziert Streptococcus faecalis *Tyrosindecarboxylase,* durch die freies *Tyrosin* (II) schnell decarboxyliert wird, während II-Peptide nicht angegriffen werden. Infolgedessen übertrifft die wachstumsfördernde Wrkg. von *Leucyltyrosin* oder *Glycyltyrosin* die des II beträchtlich, wenn I zugegen ist. In I-freien Medien dagegen ist die Wrkg. der Peptide gleich der von II, bzw. etwas schwächer. (J. biol. Chemistry **197.** 801—07. Aug. 1952.)
RUTKOWSKI. 4310

Nelda B. Holmgren und **Guy P. Youmans,** *Untersuchungen über den Stoffwechsel virulenter und avirulenter Mycobakterien.* Es wird über Stoffwechselunterss. an *Mycobacterium tuberculosis* var. *hominis H 37 Rv* (virulent) u. der avirulenten Variante *H 37 Ra* in chem. definiertem Medium nach PROSKAUER u. BECK (P.-B.) berichtet. Bei Rv wirkt Serum stimulierend, während Ra in Serum- u. P.-B.-Medium dieselbe Wachstumsrate besitzt. An Ra wurde der Einfl. von 12 Plasmafraktionen auf die Wachstumsrate untersucht u. verglichen mit an Rv gefundenen Ergebnissen. Stimulierende Wrkg. auf Rv besitzen *Proantithrombin* (I), *Albuminfraktion V* (II), *krist. Albumin* u. *Antifibrinolysin.* Zwei dieser Fraktionen, I u. II, vermindern die Generationszeit von Ra gegenüber der in Serum- oder P.-B.-Medium in geringem Maße. Weder Rv noch Ra bildeten in P.-B.-Medium innerhalb 21 Tagen Verbb., welche das Wachstum eines der beiden Stämme hemmten oder stimulierten. Das Kulturfiltrat beider in Ggw. von I gewachsener Stämme bewirkte bei Ra eine deutlich herabgesetzte Generationszeit. Vitamine u. Coenzym I hatten bei beiden Stämmen fast keinen Einfluß. Insgesamt zeigten avirulente Varianten humaner u. boviner Stämme nicht dieselbe Wachstumsstimulierung durch Serum oder Plasmafraktionen wie Rv. Die Wrkg. der einzelnen Substrate auf die Wachstumsrate zeigt, daß bei den getesteten Stämmen Unterschiede im Stoffwechsel vorliegen. — Tabellen. (Amer. Rev. Tubercul. **66.** 416—35. Okt. 1952. Chicago, Ill., Northwestern Univ., Med. School, Dep. of Bacteriol.) GOEBEL. 4320

Ernst D. Bergmann, Sarah Sicher und **Benjamin E. Volcani,** *Über Sparwirkungen bei der Biosynthese von aromatischen Aminosäuren durch Escherichia coli.* Aus früheren Experimenten mit Mangelmutanten von *E. coli* wurde der Schluß gezogen, daß die Bakterien *Tryptophan, Phenylalanin* u. *Tyrosin* aus einer gemeinsamen Vorstufe aufbauen. Mit speziellen Mangelmutanten läßt sich nun der experimentelle Beweis erbringen, daß die Colibakterien zu folgender Stoffumwandlung befähigt sind: Vorstufe → Tryptophan → Phenylalanin → Tyrosin → Tyrosinstoffwechselprodukte. (Biochim. biophysica Acta

[Amsterdam] 9. 220—21. Aug. 1952. Tel-Aviv, Israeli Ministry of Defence, Weizmann Inst. of Sci.) J. Keil. 4320

D. Molho und **L. Molho-Lacroix**, *Vergleichende Untersuchung über die Hemmung von Escherichia coli (Stamm „Monod") durch dl-N-Thienyl-(2)-β-alanin und dl-threo-Phenyl-β-serin.* Unter Annahme der Gültigkeit des Stoffwechselschemas Davis, nach welchem aus einer Vorstufe zunächst *Phenylalanin* (I) u. daraus *Tyrosin* (II) gebildet werden, vermögen n. Colistämme in Ggw. von *dl-N-Thienyl-(2)-β-alanin* sowie von *dl-threo-Pphenyl-β-serin* nicht über I zu II zu gelangen, da I aus der Vorstufe nicht synthetisiert werden kann; nach einer Gewöhnungszüchtung beschreiten die Bakterien den zweiten Weg: Vorstufe → II. (C. R. Séances Soc. Biol. Filiales **146.** 730—33. Mai 1952. Lyon, Fac. des Sci., Labor. de Chim. biol.) J. Keil. 4330

Suzanne Lambin und **Monique Robert**, *Einfluß der Konzentration an Bakterien auf die „in vitro"-Versuchsresultate von antimikrobiellen Substanzen.* Vff. finden beim grampositiven *Staphylococcus aureus* u. gramnegativen *Escherichia coli*, daß die Werte der Hemmkonz. von Chemikalien u. Antibioticis in vitro von der Anzahl der Bakterienkeime im cm^3 Nährbouillon bei sonst konstanten Versuchsbedingungen abhängig sind, wobei der Einfl. der Konz. von Staph. aureus auf die Hemmwerte größer ist als bei E. coli. (Ann. pharmac. franç. **9.** 103—14. Febr. 1951.) Rutkowski. 4330

R. de Smet, *Bemerkung zur Empfindlichkeit von Mycobacterium tuberculosis gegen P-Aminosalicylsäure im Unteren Kongo.* In vitro-Verss. an Kulturen von 58 Lungenkranken ergaben in 2 Fällen Resistenz gegenüber *PAS* (I). In den Versagerfällen war die klin. Entw. sehr ungünstig. Bzgl. der I-Resistenz besteht kein Unterschied zwischen *streptomycin* (II)-empfindlichen u. -resistenten Stämmen. **I + II**-Kombination beeinflußt die Empfindlichkeit nicht, sie ist die gleiche wie bei **I** allein. (Ann. Soc. belge Méd. trop. **32.** 213—16. 30/6. 1952. Boma, Labor. du Service d'Hygiene Publique.) Dossmann. 4330

Kurt Liebermeister, *Zur Wirkungsweise von Badional (Sulfathioharnstoff).* Der Vgl. der Wrkg. von *N^1-Sulfathioharnstoff* (*Badional*; **I**; $NH_2-CS-NHSO_2-C_6H_4-NH_2$) mit der von *$N^4$-Sulfathioharnstoff* (**II**; $NH_2-SO_2-C_6H_4-NH-CS-NH_2$) sollte an sich ergeben, daß **II** keine Sulfanilamidwrkg. besitzt, doch zeigt es sich, daß **II** deutlich keimhemmend ist. Daß es sich aber dabei nicht um eine wohldefinierte Sulfanilamidwrkg. handelt, ergibt sich daraus, daß *p-Aminobenzoesäure* (**III**) die Hemmwrkg. in keiner Konz. neutralisieren kann, u. daß sulfanilamidresistente Stämme ebenfalls gehemmt werden, aber manche empfindlichen Keime unbeeinflußt bleiben. Wird **I** mit **III** neutralisiert, so entspricht es in seiner Wrkg. dem **II**. Neben der Sulfanilamidkomponente besitzt **I** auf Grund der N—C—S-Gruppierung des Mol. eine fungistat. Wrkg. in vitro, die den anderen Sulfonamiden abgeht, u. von allen Sulfanilamiden bewirkt nur **I** keine Sensibilisierung der Haut. (Klin. Wschr. **31.** 279—80. 15/3. 1952. Frankfurt/M., Univ., Hygien. Inst.) H. Scheurlen. 4330

Jacques Salmon, *Vergleich der bakteriolytischen Wirksamkeit von Pyrophosphat und Glycin.* Bakteriolyt. Wirksamkeit von *Glycin* (**I**) ist an verschied. Bakterienarten festzustellen, die auch auf *Pyrophosphat* (**II**) empfindlich sind. **I** u. **II** können das zur Staphylokokkenautophagie notwendige *Orthophosphat* ersetzen. Die bakteriolyt. **I**- u. **II**-Wrkg. erstreckt sich auf frische, lebende u. in geringem Maße auch auf erhitzte Keime. Die Bakteriolyse verläuft bei Ggw. von **I** bzw. **II** nicht identisch. Das Alter der Bakterien spielt bei **II** eine wesentliche Rolle, nicht bei **I**. **II**-Bakteriolyse setzt spontan ein, mit **I** ist sie um mehrere Std. verzögert. Löslichkeit von *Proteinen* ist in **I** größer. Bei **II** ist der Rückstand der Lyse unlösl. in **I**, während der Rückstand bei **I** in **II** lösl. ist. (C. R. Séances Soc. Biol. Filiales **146.** 792—95. Mai 1952. Liège, Univ., Labor. de Microbiol. générale et méd.) Dossmann. 4331

E. O. Karow, **R. L. Peck**, **C. Rosenblum** und **D. T. Woodbury**, *Mikrobiologische Synthese von ^{14}C-markiertem Streptomycin.* Mit Hilfe von *Streptomyces griseus* wurde radioakt. *Streptomycin* (**I**) unter Verwendung von gleichmäßig mit ^{14}C markierter *Glucose* (**II**; spezif. Aktivität $\simeq 0,12\ \mu C/mg$) u. Stärke (**III**; 7 $\mu C/mg$), sowie markiertem **III**-Hydrolysat (**IV**) als Substrat erhalten. **II** gab die günstigste „^{14}C-Anreicherung" (3,1fach nach 3 Tagen), **IV** (2fach) u. noch ausgeprägter **III** (1,14fach), wahrscheinlich wegen schlechterer Verwertbarkeit durch den Mikroorganismus, eine geringere. 21 bzw. 29% der Gesamtradioaktivität wurden in 1- bzw. 3tägiger Bebrütung als $^{14}CO_2$ frei. Radio-**I** wurde durch Adsorption an *IRC 50*-Austauschharz u. aus dem mit wss. Säure erhaltenen Eluat als krist. *^{14}C-**I**-Helianthat* (spezif. Aktivität $\simeq 0,01-0,025\ \mu C/mg$ **I**-Base) gewonnen. *^{14}C-**I**-Helianthat* wurde in **I**-*Trihydrochlorid* u. das $CaCl_2$-Doppelsalz von **I** übergeführt. Etwa 1% des Vorstufen-^{14}C ging in **I** über. (J. Amer. chem. Soc. **74.** 3056—59. 20/6. 1952. Rahway, N. J.). K. Maier. 4340

ɪ. Olitzky und **George W. Bierman,** *Die in vitro-Wirksamkeit von Antibioticis gegen Paracolobactrum-Bacillen.* Vff. prüften *Aureomycin* (**I**), *Penicillin G* (**II**), *Chloromycetin* (**III**) u. *Streptomycin* (**IV**) auf ihre Wirksamkeit gegen 77 Paracolobactrum-Kulturen. Am wirksamsten war **I**, dann folgten **III** u. **IV**, während die Hemmung durch **II** hohe Konzz. erforderte, die für eine Therapie nicht in Frage kommen. (Antibiotics and Chemotherapy **2**. 344—46. Juli 1952. New Brunswick, Rutgers Univ., Dep. of Bact.) BÖHM. 4340

Edgar Thomson, *Die Gefahren der Antibiotica.* Vf. bespricht die Veränderung der Bakterienflora nach Literaturangaben u. eigenen Beobachtungen. An Staphylococcus aureus wurde die Empfindlichkeit gegen *Penicillin* (**I**) u. *Streptomycin* (**II**) festgestellt; es ergab sich für **I** u. **II** eine laufende Zunahme der Resistenz seit 1948, die bei Klinikpatienten größer war als bei ambulanten Fällen. Beim Pflegepersonal wurden in Nasenabstrichen **I**-resistente Stämme festgestellt, auch bei neu eingestellten Schwestern waren sie bereits einige Wochen nach Klinikeintritt nachzuweisen. Gegenüber *Aureomycin, Chloramphenicol* (**III**) u. *Terramycin* war an Bacterium coli gleichfalls eine ständige Zunahme der Resistenz zu beobachten. An nur gegen **III** empfindlichen Bakterienstämmen ergaben sich für die ersten 3 Monate von 1952 folgende %-Zahlen an resistenten Stämmen: *Staphylococcus pyogenes* 14% von 426, *Bacterium coli* 6% von 514, *Proteus vulgaris* 25% von 303, *Pseudomonas pyocyanea* 21% von 71 Stämmen. Auf das Auftreten von Kreuzresistenz wird hingewiesen. (Med. J. Australia **30**. I. 870—74. 28/6. 1952. Sydney, Royal Prince Alfred Hosp.) DOSSMANN. 4340

Paul H. Kopper, *Untersuchungen über die Abhängigkeit des bakteriellen Reduktionsvermögens vom Alter der Kultur. Escherichia coli*-Bakterien wurden nach 5 („logarithm. Phase") bzw. 18 Std. isoliert (zentrifugiert u. gewaschen) u. ihr Reduktionsvermögen gegenüber *2.3.5-Triphenyltetrazoliumchlorid* (**I**) gemessen. Die Ergebnisse mit diesen beiden im Anschluß an verschied. Kulturbedingungen gewonnenen Bakteriengruppen werden miteinander verglichen. — Zunächst ist eine lineare Abhängigkeit zwischen der Anzahl der Bakterien u. der red. **I**-Menge festzustellen. Das Reduktionsoptimum liegt bei jungen Zellen bei p_H 7,5, bei alten bei 8,5. Alte Bakterienzellen reduzieren **I** nur in Ggw. von *NaCl* (optimale Konz. = 1%), während junge ihre größte Reduktionskraft beim Fehlen des NaCl oder bei niederen NaCl-Konzz. entfalten. Ein 10 Min. langes Erwärmen auf 46—56° vermindert das Reduktionsvermögen von jungen Zellen bedeutend stärker als das der älteren, ohne ihre Lebensfähigkeit entsprechend zu ändern. Die Einw. verschied. Stoffe (z. B. 1 mg *Aureomycin*, 0,01 mMol *Na-Jodacetat*, 0,001 mMol *Chinon* oder 0,001 mMol *2.4-Dinitrophenol*) zeigt die erhöhte Empfindlichkeit der jungen Bakterienzellen. *2.4-Dinitrophenol* senkt zwar erheblich das Reduktionsvermögen, kaum aber die Lebenskraft der Bakterien. (J. Bacteriol. **63**. 639—45. Mai 1952. Chicago, Ill., Med. School, Dep. of Microbiol.) J. KEIL. 4350

F. Marilyn Bozeman, Raymond N. Doetsch und **John E. Faber jr.,** *Einige physiologische Eigenschaften nicht pathogener Mycobakterien.* 9 Mycobakterienstämme wuchsen auf einem synth. Nährboden [NaCl 5, $(NH_4)_2SO_4$ 5, K_2HPO_4 0,005, KH_2PO_4 0,4, Phenolrot 0,01 g auf 1000) mit typ. Häutchenbldg., indem sie als einzige C-Quelle je ein Kohlenhydrat bzw. einen mehrwertigen Alkohol unter Säuerung u. ein Natriumsalz organ. Säuren bei steigendem p_H verwerteten. Auf dem gleichen Nährboden trat nach Zusatz von Tween 80 (0,5%), Rinderalbumin 0,2% u. Na-Fluorid (0,01%) disperses Wachstum ein, das bes. in Ggw. von Glycerin oder Mannit üppig war. In keinem Kulturvers. mit Tween 80 war ein Ansteigen der p_H-Werte festzustellen, auch nicht, wenn Natriumacetat, -lactat, -oxalat, -citrat oder NH_4-Tartrat als C-Quelle diente, sondern oft sogar ein p_H-Abfall. (J. infect. Diseases **89**. 185—89. Sept./Okt. 1951. College Park, Md., Univ., Dep. of Bacteriol.) FISCHOEDER. 4350

Armand Frappier und **Ludwik Sherman,** *Proinfektiöse Eigenschaften bestimmter Filtrate aus Kulturen von Salmonella typhi.* In bestimmten Filtraten junger Typhuskulturen konnte das Vorhandensein eines nichttox. Faktors aufgezeigt werden, welcher bei gleichzeitiger intraperitonealer Applikation von Typhusbacillen einen schwereren Verlauf der Infektion verursachte. Der Faktor scheint verschieden von den bisher beschriebenen. Seine Eigg. sind: frühzeitiges Auftreten in der Kultur (vor 18 Std.); Hitzeresistenz (90 Min. bei 100°); schlechte Konservierbarkeit; keine Toxizität bei Mäusen; keine Präcipitatbldg. beim Zusammenbringen von Antityphusserum mit dem den Faktor enthaltenden Filtrat. Die aggravierende Wrkg. ist nicht spezif. für Typhus, sie wird auch bei Infektionen mit Paratyphus A, S. typhimurium, Staphylokokken u. Colibacillen beobachtet. Bei intramuskulärer Gabe von Welchia perfringens trat die Wrkg. nicht ein. (C. R. hebd. Séances Acad. Sci. **234**. 1810—12. 28/4. 1952.) WOLFGANG ALBRECHT. 4350

E_4. Pflanzenchemie. Pflanzenphysiologie. Pflanzenpathologie.

Victor Plouvier, *Untersuchung des Pinitolgehaltes einiger Coniferen und verwandter Pflanzen.* 66 Gymnospermen wurden auf ihren Geh. an *Pinitol* (I) durch Extraktion mit Aceton untersucht. Isolierung von I erfolgte aus chlorophyllhaltigen Organen von 39 Pinaceen, 2 Taxodiaceen, 3 Cupraceen u. aus Ginkgo biloba; Ausbeute (% Trockenmasse): Pinus bungeana 1,2; P. sylvestris 0,6; Abies Pinsapo 0,6; Larix europaea 0,3; Cedrus atlantica 0,03; Sequoia sempervirens 0,25; Thujopsis 0,12; Ginkgo 0,05. Ferner wurde I aus Zweigen von P. sylvestris, Picea excelsa u. Larix europaea isoliert. Saccharose wurde aus Ginkgo, Torreya, Podocarpus, Cephalotaxus, Cryptomeria, Thuja gigantea u. Chamaecyparis Lawsoniana isoliert; nicht identifizierte kristalline organ. Substanzen aus Sequoia gigantea (linksdrehend, F. bei 170°) u. Taxodium distichum (sublimierbar, F. 237°: Sequoyit?). (C. R. hebd. Séances Acad. Sci. **234**. 362—64. 14/1. 1952.) RANG. 4420

R. Chatterjee, M. P. Guha und **S. K. Sen**, *Untersuchungen an Mahoniaarten.* 3. Mitt. *M. borealis Takeda und M. Simonsii Takeda.* (2. vgl. C. **1952**. 4162.) In den Wurzeln von *M. Simonsii* fanden Vff. folgende Alkaloide in folgenden Mengen: *Oxyacanthin*, Spuren; *Berberin*, 0,021%; *Neprotin* 0,27%; *Palmatin* 0,024%; *Jatrorrhizin* 0,02%; in *M. borealis* entsprechend: *Oxyacanthin*, Spuren; *Berberin* 0,16%; *Neprotin* 0,311%; *Palmatin* 0,031%; *Jatrorrhizin* 0,038%. Danach scheint es Vff. richtiger, *M. manipurensis* als eine Abart von *M. borealis* anzusehen, während *M. acanthifolia* DON u. *M. Simonsii* sicherlich voneinander verschieden sind, da die Alkaloidgehh. stark unterschiedlich sind. (J. Amer. pharmac. Assoc., sci. Edit. **40**. 36—39. Jan. 1951. Calcutta, Presidency Coll., Dep. of Chem.) NEZEL. 4420

S. G. Bagdassaraschwili, *Zur Frage der Salzverträglichkeit der Weinrebe.* Vf. untersuchte den Einfl. von Sorte, Unterlage u. Alter der Reben auf die Salzverträglichkeit. Danach nimmt die Salzfestigkeit mit zunehmendem Alter der Rebe zu. NaCl in einer Konz. über 0,1% wirkt schädlich auf einjährige Pfropfreiser. Na_2SO_4 hat unterhalb 0,3% meist einen günstigen Einfluß. Auf natürlichem Salzboden gedeiht die Rebe unterhalb 0,4% Salzgeh. gut, bei 0,8% nur schlecht. Bei 1,2% Salzgeh. geht die Rebe ein. Über die Salzfestigkeit der Hybriden wird eingehend berichtet. (Почвоведенив [Bodenkunde] **1952**. 551—61. Juni. Inst. für Weinbau u. Weinbereit. der Akad. der Wiss. der GrusSSR.) A. JACOB. 4450

Ejnar C. Larsen, *Chlorophyllbildung in Kartoffelknollen in Abhängigkeit von Temperatur und Zeit.* An Knollen der Sorte White Rose, die bei 41, 51 u. 66° F gelagert waren, wurde die *Chlorophyll* (I)-Bldg. nach verschieden langer Belichtung (72—600 Std.) mit einer 25 W-Lampe (13—19 foot candles) untersucht. Von jeder Knolle wurden nach bestimmter Zeit je 10 Scheiben aus der dem Licht ausgesetzten Oberfläche herausgeschnitten, 24 Std. in 95%ig. A. extrahiert u. die I-Konz. im Filtrat spektrophotometr. bestimmt. Die Temp., die die schnellste I-Entw. in den Knollen hervorruft (bei 66° F bereits nach 360 Std. maximal 0,42 mg I /100 cm^2 exponierter Fläche), entspricht nicht derjenigen, die bei längerer Belichtungsdauer den höchsten I-Geh. verursacht (nach 600 Std. 0,71 mg bei 51° F). Der I-Geh. der bei 41° F gehaltenen Knollen stieg nur sehr wenig (maximal 0,18 mg). (Science [New York] **111**. 206—07. 24/2. 1950. Moscow, Id., Univ. of Idaho.) KLESSE. 4460

J. W. M. Roodenburg, *Belichtung von Pflanzen mit Hochdruckquecksilberdampflampen.* Obwohl das Spektr. einer *Quecksilber*-Dampflampe keine Ähnlichkeit mit dem der Sonne hat, ist eine solche Lichtquelle wegen des hohen Anteils an blau-violetten Strahlen zur Belichtung von Gewächshauspflanzen sehr gut geeignet. Es werden damit auch Langtagwirkungen erzielt; die Photosynth. erreicht bei genügend hoher Intensität der Lampen die gleiche Höhe wie mit dem für die Assimilation bes. günstigen *Neon*-Licht. (J. Roy. horticult. Soc. **77**. 219—21. Juni 1952. Utrecht, Labor. for Light Res. in Horticulture.) KLESSE. 4460

George V. Scarth und **Michael Shaw**, *Stomatabewegung und Photosynthese bei Pelargonium.* 1. Mitt. *Wirkung von Licht und Kohlendioxyd.* Anwendung eines neuen Verf., das die Beobachtung des zeitlichen Verlaufs von Photosynth. (**P**) u. Stomatabewegung (**S**; Messung nach der Meth. von LLOYD) beim Pelargonium-zonale-Blatt ermöglicht. Die Unterss. zeigten, daß gleiche **S** durch Bestrahlung mit weißem, grünem u. rotem Licht erzielt wird, vorausgesetzt, daß dieses bei verschied. Lichtintensitäten (100—1000 food candles) eine der photosynthet. Leistung entsprechende Atmungsintensität bewirkt. Zwischen der **P** u. dem Grad der **P** bzw. der Wechselwrkg. zwischen Lichtintensität u. Höhe der CO_2-Zufuhr zum Blatt besteht eine Beziehung, die der Vorstellung entspricht, daß der Lichteinfl. auf die **S** hauptsächlich durch Herabsetzung der CO_2-Konz. im Wege der **P** wirksam ist. Hierfür spricht auch die Beobachtung, daß in CO_2-freier Luft die normalerweise größere **S** in den grünen Blatteilen im Vgl. zu weißen stark, aber nicht vollständig verringert wird. (Plant Physiol. **26**. 207—25. April 1951. Quebeck, Can., Macdonald Coll., Dep. of Plant Physiol.) RANG. 4460

Theodore L. Rebstock, Charles L. Hamner, Charles D. Ball und **Harold M. Sell,** *Die Wirkung von 2.4-Dichlorphenoxyessigsäure auf die proteolytische Aktivität von Rote Bohnen-Pflanzen.* Es wurde die Wrkg. von *2.4-Dichlorphenoxyessigsäure* (I) auf die *proteolyt.* Aktivität von *Phaseolus vulgaris*-Pflanzen (rote Bohnen) untersucht, wobei *Hämoglobin* (II) u. 1%ig. Lsgg. von synthet. *Glycylglycin* (III), *L-Cystinyldiglycin* (IV), *L-Cystinyldiglycyldiglycin* (V) u. *Chloracetyl-L-tyrosin* (VI) als Substrat dienten. Die Aktivität von Blatt-, Stengel- u. Wurzelgewebe gegenüber **II** wurde nach der von MILLER revidierten modifizierten AYRE-ANDERSON-Meth. (J. Assoc. off. agric. Chemists **30**. [1947.] 659) ermittelt (48°, p_H 4,8, 0,1 mol. Acetatpuffer). Die Aktivität von Stengelgewebe **I**-behandelter Pflanzen war hierbei fast $^1/_3$ größer als die bei nichtbehandelten, während die der unbehandelten Blätter nahezu das 2fache derjenigen **I**-behandelter betrug. Das Wurzelgewebe zeigte nach **I**-Einw. eine sehr geringe Aktivitätsabnahme. Für die Verss. mit **III—VI** als Substrate wurde wss. 20%ig. Glycerin zur Herst. der Enzymextrakte verwendet. Gegenüber **III** war **I**-behandeltes Stengelmaterial mehr als doppelt so wirksam wie die Kontrolle, **I**-behandeltes Blattgewebe um mehr als die Hälfte, Wurzelgewebe geringfügig unwirksamer als unbehandeltes Material. Die gleichen Verhältnisse ergaben sich für **IV** als Substrat. Bei **V** u. **VI** war keine enzymat. Hydrolyse nachweisbar, d. h. es liegen keine Enzyme mit *Carboxypeptidase-* bzw. *Aminopolypeptidase*-Aktivität vor. *Dipeptidase*-Wrkg. war in behandeltem u. unbehandeltem Gewebe vorhanden. Bei behandelten Pflanzen ist das Wachstum des Blattgewebes in gewissem Maße gehemmt u. im Stengelgewebe findet entweder ein Anhäufung von Protein (**VII**) oder von freien Aminosäuren (**VIII**) sowie anderen Verbb. des **VII**-Stoffwechsels statt. Eine partielle Fraktionierung der N-Komponenten des Stengelgewebes zeigte, daß der Hauptanteil des vermehrten N-Geh. behandelter Stengel in der **VII**-Fraktion zu suchen ist, u. nur ein kleiner Teil der N-Zunahme auf freie **VIII** zurückgeht. Die Ergebnisse bestätigen die Annahme von SNELL u. Mitarbeitern (Plant Physiol. **24**. [1949.] 295), daß mit der **I**-Wrkg. u. a. eine Verwertung von Kohlenhydraten bei der **VII**-Synth. verknüpft ist. (Plant Physiol. **27**. 639—43. Juli 1952. East Lansing, Mich., Michigan State Coll., Dep. of Agric. Chem., Chem. and Horticulture.) K. MAIER. 4486

J. G. Rodriguez und **L. D. Rodriguez,** *Die Beziehung zwischen Mineralien, Vitaminen des B-Komplexes und Milbenpopulationen auf Tomatenlaub.* In Nährlsgg. mit verschied. Geh. an N (100—800 p.p.m.) u. P (5, 20 u. 40 p.p.m.) gezogene Tomatenpflanzen wurden auf resorbierte Nährstoffe (einschließlich Spurenelemente) u. (bzgl. der Vitamine des B-Komplexes) auf Geh. an *Thiamin* (I), *Riboflavin* (II) u. *Niacin* (III) analysiert. Die auf den Pflanzen sich entwickelnden Milben (Tetranchys bimaculatus HARVEY) wurden zahlenmäßig erfaßt, u. die Beziehungen zwischen Mineralstoffangebot u. Vitaminsynth. der Tomatenpflanzen sowie zwischen Vitamingeh. u. Milbenpopulation untersucht. Steigerung der N-Zufuhr erhöhte den **I-, II-** u. **III**-Geh. der Blätter. Bei Steigerung der N-Zufuhr von 100 oder 200 auf 800 p.p.m. wurde etwa doppelt soviel **III** gebildet. **II** u. **III** stiegen gemeinsam mit der Menge an resorbiertem N u. P an. Eindeutige Beziehungen zwischen Vitamingeh. u. Milbenpopulation konnten nicht nachgewiesen werden, da offenbar der geringste Vitamingeh. für den Bedarf der Milben ausreichend war. (Ann. entomol. Soc. America **45**. 331—38. Juni 1952. Kentucky Agric. Exp. Stat., Dep. of Entomol. and Bot.) RANG. 4490

E₅. Tierchemie. Tierphysiologie. Tierpathologie.

Adolph I. Cohen, *Untersuchungen über die Pigmentationswechsel während der Rekonstitution bei Tubularia.* Auf Grund seiner Eigg., bes. der Absorptionsbanden, konnte der aus Tubularia extrahierte Farbstoff als *Astacin* identifiziert werden. (Biol. Bull. **102**. 91—99. April 1952. New York, N. Y., Columbia Univ., Dep. of Zool.) KRUSEN. 4520

K. Mellinghoff und **W. Knust,** *Caries und Paradentopathie bei Zuckerkrankheit.* Aus statist. Unterss. ergaben sich eine weitaus größere Carieshäufigkeit u. mehr patholog. Erscheinungen am Parodontium bei Diabetikern als bei Stoffwechselgesunden. (Dtsch. dentist. Z. **5**. 784—86. 28/11. 1951.) KLESSE. 4552

Arthur J. Butt und **Ernst A. Hauser,** *Die Bedeutung von Schutzkolloiden im Harn für die Verhütung und Behandlung von Nierensteinen.* Zur Klärung der Frage, ob die Anwesenheit von Schutzkolloiden im Harn die Bldg. von Nierensteinen beeinflußt, wurden Harnunterss. bei ca. 700 Personen vorgenommen, die schon teilweise Neigung zur Bldg. von Nierensteinen gezeigt hatten. Dabei ergab sich, daß die Konz. von Schutzkolloiden im Harn im umgekehrten Verhältnis zu der Tendenz des Körpers, Nierensteine zu bilden, steht. Die Kolloide sind hochoberflächenakt. Stoffe, die wahrscheinlich Gele mit den Elektrolyten bilden u. so deren Kristallisation verhindern. Die Harnproben werden auf

Oberflächenspannung u. elektr. Ladung der Kolloide untersucht u. analysiert. Für die Messung der Oberflächenspannung sind einige Werte angegeben. — Im Hinblick auf die gefundenen Ergebnisse wird Versuchspersonen mit mangelnder Kolloidkonz. subcutan *Hyaluronidase* (*Wydase*) in physiol. Kochsalzlsg. injiziert. Der Kolloidgeh. des Harns steigt darauf stark an, u. im ultramikroskop. Bild läßt sich der günstige Einfl. der Wydaseverabfolgung erkennen. Bei 18—20 Patienten mit großer Neigung zu Nierensteinen konnte über einen Zeitraum von 11—15 Monaten die Neubldg. von Steinen verhindert werden. (Science [Washington] **115.** 308. 21/3. 1952. Pensacola, Fla., Butt-Douglas Med. Found.; Cambridge, Mass., Inst. of Technol., u. Worcester, Mass., Worcester Polytechn. Inst.) BAUMANN. 4552

Valy Menkin, *Über Leukotaxin.* In dieser Polemik stellt Vf. als Ergebnis seiner Arbeiten auf, daß *Leukotaxin* nur eine von mehreren Entzündungssubstanzen ist. Ihr Zusammenwirken ergibt erst die typ. akute Entzündung. Sie werden aus geschädigten Zellen freigesetzt. (Science [Washington] **115.** 382—83. 4/4. 1952. Philadelphia, Pa., Temple Univ., School of Med.) DRUCKREY. 4552

Virgil H. Moon, *Über Leukotaxin.* Vf. wendet ein, daß *Leukotaxin* von MENKIN (vgl. vorst. Ref.) bisher nur im Exsudat gefunden wurde, nicht aber in geschädigten Zellen. Überdies sei der Nachw. zu fordern, daß Leukotaxin tatsächlich vom Histamin u. von entzündungserregenden Substanzen, z. B. im WITTE-Pepton, verschieden ist. Keine präzisierten experimentellen Belege. (Science [Washington] **115.** 383—84. 4/4. 1952. Coral Gables, Fla., Univ. of Miami, Med. Res. Unit.) DRUCKREY. 4552

Halil Derman, *Über die Spezifität des gonadotropen Chorionhormons bei der biologischen Schwangerschaftsreaktion.* Verschied. Sexualhormone wurden auf ihre Wirksamkeit im Spermatest bei Rana ridibunda geprüft. Positive Rkk. wurden mit frischen Extrakten von Hypophysenvorderlappen u. Placenta erhalten. Dagegen führten die Injektionen von Nebennierenrinden-, Ovarial- u. Testishormonen bei den Versuchstieren nicht zu Spermatorrhoe. (Istanbul Üniv. Tip Fak. Mecmuasi [Bull. Fac. Méd. Istanbul] **15.** 151—54. 1952. Istanbul, Univ., Physiol. Inst.) STARY. 4559

H. Renken und **E. Zylmann,** *Zur Behandlung der latenten Tetanie mit Praephyson.* Bericht über Behandlung von 10 Fällen mit latenter Tetanie mit dem Hypophysenvorderlappenextrakt *Praephyson* (I), Dosierung 6 Tage täglich 1—2 cm^3, anschließend jeden 2. Tag weitere 6—8 Injektionen zu 1 cm^3. In 8 Fällen schlagartige, anhaltende Besserung, 1 Fall wurde vorübergehend gebessert, 1 Versager. I ist zum mindesten zur Ergänzung der bisherigen Therapie mit *AT 10* u. *Ca* sehr geeignet. (Therap. d. Gegenwart **91.** 345—47. Sept. 1952. Hamburg-Wandsbek, Allg. Krankenhaus Barmbeck.) DOSSMANN. 4560

H. B. F. Dixon, Stanford Moore, M. P. Stack-Dunne und **F. G. Young,** *Chromatographie von Adrenocorticotropin an Ionenaustauschersäulen. Adrenocorticotropin* (I; als Proteinpräp.) aus Schweinehypophysen nach FISHMAN (J. biol. Chemistry **167.** [1947.] 425) dargestellt, wurde über *Amberlite IRC-50* chromatographiert. Das akt. Material wanderte mit den Hauptproteinen schnell bei p_H 7. Die Hauptproteinkomponente war im wesentlichen inaktiv. Die akt. Fraktionen enthielten weniger als 1% des Gewichtes des Ausgangsmaterials, u. ihre Wrkg. kann auf das 100fache von der des Ausgangspräp. ansteigen. Diese hochakt. Fraktionen waren in verd. Lsg. sogar in saurem Milieu unbeständig. Zusatz von 0,2% Phenol + 0,2—0,5% Thiodiglykol schalteten größere Verluste aus. — Es wird geschlossen, daß der mit dem *Ascorbinsäure*-Test nachgewiesene I-Wirkstoff eine hochakt., bas. Substanz ist, die ohne Hydrolyse leicht von den Proteinen abgetrennt werden kann, welche die Hauptbestandteile der früheren I-Präpp. waren. (Nature [London] **168.** 1044—45. 15/12. 1951. Cambridge, Univ., Dep. of Biochem.) VINCKE. 4560

Sati Eser und **Ümran Sipahioğlu,** *Die Wirkung der p-Aminosalicylsäure auf die Nebennierenrinde.* Mit Hilfe der Testmeth. nach THORN u. SAYERS konnte nachgewiesen werden, daß *PAS* eine funktionssteigernde Wrkg. auf die Nebennierenrinde hat. Die antiallerg. Wrkg. von PAS u. vielleicht auch ihre Wirksamkeit in der Behandlung der Tuberkulose stehen im Zusammenhang mit ihrer funktionssteigernden Wrkg. auf die Nebenniere. (Istanbul Üniv. Tip Fak. Mecmuasi [Bull. Fac. Méd. Istanbul] **15.** 318—24. 1952. Istanbul, Univ., Physiopathol. Inst.) STARY. 4561

L. Pescador, *Die Behandlung der rheumatischen Carditis mit Cortison.* Es werden 6 Fälle von rheumat. Carditis, die mit *Cortison* behandelt wurden, angeführt (2 Tage je 300 mg, dann bis zum Schluß der Behandlung 100 mg täglich). Das akute Krankheitsbild verschwand sehr schnell, u. in allen Fällen erfolgte Heilung: Komplikationen traten nicht ein. Rezidive wurden bislang nicht beobachtet. Auf alte endocardiale Prozesse mit Läsionen hat das *Cortison* keinen Einfluß. (Rev. clín. españ. **44.** 108—14. 31/1. 1952.) KRAFT. 4561

Charles W. Findlay jr. und **Edward L. Howes,** *Der kombinierte Einfluß von Cortison und teilweiser Eiweißerschöpfung auf die Wundheilung.* Veranlaßt durch einander widersprechende Berichte über den Einfl. von *Cortison* (**I**) u. *ACTH* auf die Wundheilung, untersuchten Vff. den **I**-Effekt an Kaninchen unter Berücksichtigung des Ernährungszustandes. Sie stellten fest, daß bei Kaninchen ein mehr als 20%ig. Gewichtsverlust durch Hungern u. Eiweißverarmung nötig war, um das Auftreten u. Wachstum des n. Granulationsgewebes in der heilenden Wunde zu hemmen. Die Wundheilung bei Tieren mit teilweiser Eiweißerschöpfung u. weniger als 20% Gewichtsverlust wurde durch geringe Dosen **I** gehemmt, wenn nach dem Eingriff eine proteinarme Diät gegeben wurde; bei n. Ernährung nach der Operation war auch die Wundheilung trotz **I**-Gabe normal. Die Mortalität der verletzten, unterernährten Tiere war nach Verabfolgung von **I** größer, als wenn kein **I** gegeben wurde. (New England J. Med. **246.** 597—604. 17/4. 1952. New York City, Columbia Univ., Coll. of Physicians and Surg., Dep. of Surg.) FRUHSTORFER. 4561

E. Romo Aldama und **F. Fernández de la Calle,** *Das glykogenolytische Pankreashormon (Glukagon) und seine Wirkung auf den Kohlenhydratstoffwechsel.* Es wird über die heutige Auffassung über die von den A- u. B-Zellen des Pankreas sekretierten Hormone *Glukagon* u. *Insulin* u. den Einfl. von Hypophyse, Schilddrüse u. Nebennierenrinde hierauf berichtet. Es wird darauf hingewiesen, daß nicht nur der Hypophysendiabetes durch eine Überfunktion der A-Zellen, die durch den α-citotropen Faktor stark angeregt werden, verursacht sein kann, sondern auch der Diabetes mellitus neben einer Minderung der Funktion der B-Zellen auch durch eine Überfunktion der A-Zellen verursacht sein kann. (Medicina [Madrid] **20.** 82—87. Jan. 1952. Valladolid, Fac. Med., Cát. Fisiol.) KRAFT. 4564

Osman Saka, *Die Wirkung des Insulins auf die durch den glykogenolytischen Pankreasfaktor verursachte Hyperglykämie.* Es wird die Wrkg. des *Insulins* auf Hyperglykämie, die a) durch Erregung des zentralen Nervensyst., b) durch den glykogenolyt. Pankreasfaktor hervorgerufen war, untersucht. Die hypoglykäm. Wrkg. des Insulins auf die Hyperglykämie, die durch O_2-Mangel im zentralen Nervensyst. bei Kaninchen hervorgerufen worden war, erwies sich als sehr gering, u. das Auftreten einer Hyperglykämie kann bei dieser Versuchsanordnung durch Insulininjektion nicht aufgehoben werden. Andererseits wird die Hyperglykämie, die durch Verabreichung des glykogenolyt. Pankreasfaktors hervorgerufen wird, durch Insulin sofort aufgehoben. (Istanbul Üniv. Tip Fak. Mecmuasi [Bull. Fac. Méd. Istanbul] **15.** 135—41. 1952. Istanbul, Univ., Physiopathol. Inst.) STARY. 4564

Sati Eser, *Der hyperglykämisierende und glykogenolytische Faktor des Pankreas.* Das Pankreas von Hunden wurde mit TYRODE-Lsg. durchspült, die 40—50 mg-% Glucose enthielt. Die Perfusions-Fl. zeigte nach Inaktivierung des Insulins (an überlebenden Meerschweinchenlebern) glykogenolyt. u. (Kaninchen injiziert) Hyperglykämie erzeugende Wirkung. (Istanbul Üniv. Tip Fak. Mecmuasi [Bull. Fac. Méd. Istanbul] **14.** 242—52. 1951. Istanbul, Univ.) STARY. 4564

Osman Saka, *Der hyperglykämische und glykogenolytische Pankreasfaktor bei alloxandiabetischen Ratten und Kaninchen.* Das Pankreas alloxandiabet. Ratten u. Kaninchen wurde mit HCl-haltigem A. behandelt u. die Lsg. mit absol. A. gefällt. Das Filtrat erzeugte, Kaninchen injiziert, Hyperglykämie. (Istanbul, Üniv. Tip Fak. Mecmuasi [Bull. Fac. Méd. Istanbul] **14.** 581—88. 1951. Istanbul, Univ. Physiopathol. Inst.) STARY. 4564

Sati Eser und **Umran Sipahioğlu,** *Die Wirkung von Acetylcholin auf die Zahl der eosinophilen Zellen und auf die Aktivität der Nebennierenrinde.* 4 Std. nach einer subcutanen Injektion von *Acetylcholin* wurde ein starkes Absinken der eosinophilen Zellen im Blut beobachtet. Die gleiche Rk. tritt auch nach *Adrenalin*-Injektion ein. Es wird angenommen, daß Acetylcholin eine Steigerung der Adrenalinsekretion zur Folge hat, welche auf dem Wege über eine Reizung des Hypophysenvorderlappens zu einer Erhöhung der Tätigkeit der Nebennierenrinde u. dadurch zu einer Herabsetzung der Eosinophilenzahl führt. (Istanbul Üniv. Tip Fak. Mecmuasi [Bull. Fac. Méd. Istanbul] **14.** 612—19. 1951. Istanbul, Univ., Physiopatholog. Inst.) STARY. 4569

Alfred L. Copley, *Die Rheologie des Blutes. Eine Übersicht.* Zusammenfassender Überblick über das anomale Fließverh. u. die Gerinnung des Blutes (J. Colloid Sci. **7.** 323—33. Juni 1952. New York, Med. College, u. Woods Hole, Mass.) HENTSCHEL. 4572

H. A. Sloviter, *Erholung von menschlichen roten Blutkörperchen nach längerer Aufbewahrung bei —79°.* Gemische von Blut oder Erythrocytensuspension u. Glycerin werden bei —79° aufbewahrt, bei 37° aufgetaut, durch Dialyse vom Glycerin befreit u. in Plasma suspendiert. In vitro wurden nach 1 Tag 90%, nach 1 Monat 80%, nach 6 Monaten 70%, nach 9 Monaten kaum weniger als 70% der Erythrocyten intakt zurückerhalten. Der Verlust wird auf die Bldg. von Eiskristallen im Gemisch zurückgeführt. (Nature [London] **169.** 1013—14. 14/6. 1952. London, Nat. Inst. for Med. Res.) H.-J. KOCH. 4573

M. Behrens und **M. Taupert**, *Der Nachweis von Heparin in den basophilen Leukocyten.* Nach Hinweisen auf frühere Vermutungen über die mögliche Anwesenheit von gerinnungshemmenden Substanzen in den basophilen Leukocyten beschreiben Vff. eine Meth., mit der es unter Benutzung eines den Gerinnungsablauf graph. registrierenden Gerätes gelang, die stark gerinnungshemmende Wrkg. von Extrakten von basophilen Leukocyten nachzuweisen. Auf Grund der Färbbarkeit dieser Zellen mit Toluidinblau halten es Vff. für erwiesen, daß sie Heparin enthalten. (Klin. Wschr. **30.** 76—78. 15/1. 1952. Gießen, Justus-Liebig-Hochschule, Akad. für Med. Forschung u. Fortbildung, Physiol.-chem. Inst., u. Med. Poliklinik.) KRUSEN. 4573

R. Marx und **Chr. Hiller**, *Blutsalze und Fibrinolyse im menschlichen Serum.* Vff. konnten bei in vitro angestellten Verss. feststellen, daß die Fibrinolyseaktivität menschlichen Serums durch Zusätze von 25 u. 100 mg-% $CaCl_2$ u. von 50—250 mg-% $MgCl_2$ bzw. $MgSO_4$ gesteigert wird. Höhere Mg-Dosen wirken hemmend. Während NaCl ohne deutlichen Einfl. blieb, wirkt KCl von 30—100 mg-% fibrinolysehemmend. Vff. folgern daraus, daß die Blutsalze bei Fibrinolyseunterss. berücksichtigt werden müssen. (Klin. Wschr. **30.** 71—73. 15/1. 1952. München, Univ., I. Med. Klinik.) KRUSEN. 4574

Hiroshi Wako, *Identifizierung von Methylglyoxal in menschlichem Harn.* (Vorl. Mitt.) Durch Ae.-Extraktion von menschlichem Harn, Wasserdampfdest. u. Zugabe von 2.4-Dinitrophenylhydrazin erhielt Vf. nach einigen Tagen einen rötlichen Nd. von *Methylglyoxal-bis-2.4-dinitrophenylhydrazon.* Identifizierung erfolgte papierchromatographisch (Tohoku J. exp. Med. **55.** 124. 25/2. 1952. Sendai, Tohoku Univ., Fac. of Med., Dep. o. Pediatr. [Orig.: engl.]) KRUSEN. 4577

Wolfgang Mond, *Über den Gehalt von Na, K und Ca im normalen und pathologischf veränderten Liquor.* Flammenphotometr. Bestimmungen von *Na, K* u. *Ca* in 31 patholog. Liquores ergaben keine deutlichen Abweichungen von den bei n. Liquores gefundenen Mittelwerten von 337 mg-% Na, 10,7 mg-% K u. 5,0 mg-% Ca. Es wird darauf hingewiesen, daß schon durch geringe Erythrocytenbeimischungen zum Liquor die K-Werte deutlich erhöht werden können. (Klin. Wschr. **30.** 87—88. 15/1. 1952. Hamburg, Univ., Neurolog. Klinik.) KRUSEN. 4578

Charles H. Birnberg, **Daniel A. Sherber** und **Raphael L. Kurzrok**, *Fructose und Fructolyse im menschlichen Samen.* Die von MANN (C. **1948.** II. 412) an Stiersperma gewonnenen Ergebnisse konnten Vff. bei Verss. mit menschlichem Sperma bestätigen. Die Fructolyse, d. h. der Abbau der Fructose, ist direkt proportional der Zahl u. Beweglichkeit der Spermatozoen in der Samenflüssigkeit. (Amer. J. Obstetr. Gynecol. **63.** 877—79. April 1952. Brooklyn, N. Y., Jewish Hosp., Labor. of Female Sex Endocrinol.) R. KÖNIG. 4582

M. Wachstein und **A. Gudaitis**, *Zunahme der Xanthurensäure (4.8-Dioxychinolin-2-carbonsäure)-Ausscheidung bei normaler und anomaler Schwangerschaft.* Patienten wurden 10 g *dl-Tryptophan* verabreicht u. die anschließende Ausscheidung von *Xanthurensäure* (4.8-Dioxychinolin-2-carbonsäure) im Urin gemessen. Die Ausscheidungsmenge innerhalb 24 Std. lag bei gesunden Personen bei 11,3 mg, bei Frauen mit n. Schwangerschaft bei 194 mg u. bei Frauen mit Schwangerschaftstoxikosen bei 295,4 mg. Es wird daraus geschlossen, daß bei schwangeren Frauen ein Vitamin-B_6-Mangel vorliegt, daß jedoch bei Frauen mit Schwangerschaftstoxikosen die Werte des anomalen Stoffwechselprod. bes. hoch liegen. (Bull. New York Acad. Med. **28.** 544. Aug. 1952. Brooklyn, N. Y., St. Catherine Hosp.) REICHLE. 4583

George V. Mann, **Patricia L. Watson** und **Lucilie Adams**, *Primatenernährung.* 1. Mitt. *Der Cebus-Affe, Normalwerte.* Angaben über Laboratoriumshaltung, Nahrungszus. u. biochem. Blutwerte von Cebus-Affen. (J. Nutrit. **47.** 213—24. 10/6. 1952. Boston, Mass., Harvard School of Publ. Health, Dep. of Nutr.) KRUSEN. 4587

George V. Mann, **Patricia L. Watson**, **Anne McNally** und **James Goddard**, *Primatenernährung.* 2. Mitt. *Riboflavinmangel beim Cebus-Affen und seine Diagnose.* (1. vgl. vorst. Ref.) Während vorübergehend herabgesetzte *Riboflavin* (**I**)-Zufuhr bei Cebus-Affen zu deutlichen Gewichtsschwankungen führt, hat fortgesetzter **I**-Mangel nach ca. 120 Tagen den Tod zur Folge. In keinem Fall der 14 Versuchstiere ist Anämie beobachtet worden. Weitere **I**-Mangelerscheinungen sind Seborrhoe u. Haarverlust, sowie Beeinflussung von Drüsen, bes. der Sexualdrüsen u. Nebennieren. Der **I**-Bedarf des Cebus-Affen beträgt täglich 25—35 γ/kg Körpergewicht. (J. Nutrit. **47.** 225—41. 10/6. 1952. Boston, Mass., Harvard School of Publ. Health, Dep. of Nutr.) KRUSEN. 4587

Wilhelm Stepp, *Ernährungsphysiologische und ernährungspathologische Probleme unter besonderer Berücksichtigung der Vitamine.* Es wird eine zusammenfassende Übersicht über die Beziehungen zwischen dem Auftreten von Krankheiten u. der ungenügenden Versorgung mit Vitaminen als Folge der unzureichenden Ernährung, bes. in den ersten

Nachkriegsjahren, gegeben. Daß es in Deutschland in dieser Zeit nur in geringem Umfang zu ausgeprägten Avitaminosen kam, ist vor allem auf den erhöhten Verzehr von Kartoffeln zurückzuführen, der bes. vor dem Auftreten von Skorbut u. Pellagra schützte. Infolge der Änderungen in der Ausmahlung von Getreide u. dem starken Verzehr an Weißbrot an Stelle von Vollkornbrot wird man der Versorgung mit B-Vitaminen in der menschlichen Ernährung erhöhte Aufmerksamkeit schenken müssen. (Pharmazie **7.** 70—75. Febr. 1952. München, Univ., I. Med. Klinik.) Nehring. 4587

Siegfried Niedermeier, *Zur Frage der medikamentösen Beeinflussung der Dunkelanpassung in der Praxis.* Die Frage der Prüfung der Dunkeladaptation mittels Adaptometrie wird kurz gestreift u. anschließend auf Möglichkeiten der therapeut. Behandlung hemeralop. Störungen eingegangen. Die reine *Vitamin-A* (**I**)-Mangelhemeralopie spricht auf Zufuhr **I**-haltiger Nahrung, von *Provitamin A* (*Carotin*) u. Leberpräpp. an. Außer *Vitamin* B_2 spielt beim Vorgang der Dunkeladaptation in der Netzhaut das *Helenien* (**II**), ein *Luteinpalmitinsäureester*, eine Rolle. Es ist jedoch beim Aufbau des Sehpurpurs nur ungenügend wirksam, wenn die **I**-Konz. des Organismus unter eine bestimmte Mindestkonz. absinkt. Vf. sah in zahlreichen Fällen von Retinitis pigmentosa nach **II**-Gaben eine wesentliche Besserung des nächtlichen Sehvermögens. Dessen Steigerung über die Norm hinaus ist möglich. Durch gleichzeitige Zufuhr von **I** (täglich 50000 E.) u. **II** gelingt meist eine Besserung des nächtlichen Sehvermögens schneller als durch **II** allein, wo sie erst ca. 14 Tage nach Therapiebeginn objektiv wahrnehmbar wird (Erfolgssatz mit **I** + **II**, z. B. in Form von *Ultravid*, 70—75%, mit **II** 60%). Beim Aufbau des Sehfarbstoffs sind noch weitere Stoffe, wie z. B. Eiweißkörper u. *Cystein*, beteiligt. (Die Medizinische **1952.** 1162—63. 13/9. Düsseldorf, Med. Akad., Augenklinik.) K. Maier. 4587

A. Scheunert und **K. Zimmermann,** *Bakterielle Synthese im Blinddarm und Koprophagie beim Kaninchen.* Vff. weisen auf den Zusammenhang hin, der bei den Nagern zwischen Fassungsvermögen des Blinddarmes u. Cellulosegeh. der Nahrung besteht. Für den „weichen Kot" des Kaninchens (auch „Nachtkot" genannt) wird die Bezeichnung „Vitaminkot" vorgeschlagen. Er enthält ca. 4mal so viel *Vitamin* B_1 wie der n. Kot. Die Blinddarmflora der Nager hat neben der Cellulosespaltung die Aufgabe, das Wirtstier mit Vitamin B_1 zu versorgen. Der höchste Geh. an Vitamin B_1 fand sich beim Kaninchen im Inhalt des Wurmfortsatzes, dessen Schleim die Bakterienentw. bes. zu begünstigen scheint. (Arch. Tierernähr. **2.** 217—22. Jan./Febr. 1952. Potsdam-Rehbrücke, Anst. für Vitaminforsch. u. Vitaminprüf.) Spitaler. 4587

C. Long, *Der Citrovorumfaktor. Eine aktive Form der Folsäure.* Übersichtsbericht. (Sci. Progr. **40.** 279—87. April 1952. Aberdeen, Univ., Dep. of Biol. Chem.) Reiss. 4587

A. Trautmann und **H. Hill,** *Vitamin* B_{12}, *Animal-Protein-Faktor und Antibiotica als Wachstumsfaktoren, mit Versuchen an Schweinen.* Bei den genannten Wachstumsstimulantien handelt es sich um Substanzen, die vorwiegend *Vitamin* B_{12} enthalten oder seine Bldg. fördern. Sie sind lebensnotwendig u. begünstigen das Zellwachstum durch Wrkg. auf den Eiweiß- u. Nucleinsäurestoffwechsel. Anwendung als Futterbeigabe bei jungen Schweinen führte zu erheblicher Gewichtsverbesserung, bes. ohne Zufuhr von tier. Eiweiß. Inwieweit es sich gegebenenfalls um eine indirekte Wrkg. durch Beeinflussung der Magen–Darm-Flora handelt, soll noch untersucht werden. Schädliche Folgen der Mastkur waren bei den Versuchstieren nicht zu beobachten. (Arch. Tierernähr. **2.** 199—210. Jan./Febr. 1952. Hannover, Tierärztl. Hochsch., Physiol. Inst.) Spitaler. 4587

Shuzo Ogino, *Ascorbinsäurestoffwechsel in der Kristallinse.* Es wurde der *Ascorbinsäure* (**I**)-Geh. bzw. dessen Bldg. in der Linse von Kaninchenaugen in einem Homogenat bestimmt, das durch Zerreiben mit einem Phosphatpuffer von p_H 7,2 erhalten wurde. Je 0,1 cm^3 einer 1 mol. Lsg. einer Hexose bzw. Pentose u. deren Derivv. wurden zu Homogenat entsprechend 4 g Linse gegeben, 6 Std. bei 37,5° bebrütet u. **I** durch die Indophenol- u. die Ascorbinsäureoxydasemeth. bestimmt. Gegenüber Kontrollen ergab Zugabe von d-Mannose 34,2% u. d-Glucose 24,3% Zunahme an **I.** d-Galaktose, d-Ribose, d-Sorbit u. *l*-Sorbose zeigten keine, d-Fructose keine deutliche Zunahme. 2.3-Diketogulonsäure, auch in der ursprünglichen Linse nachgewiesen, u. 2-Ketogulonsäure wurden rasch in Ascorbinsäure umgewandelt. Andre Teile des Auges zeigten keine **I**-Bildung. (Science [Japan] **20.** 520—21. 26/4. 1950/Nov. 1950. Osaka, Univ. [Orig.: japan.]) Schuler. 4587

Harry H. Gordon und **James P. de Metry,** *Hämolyse von Erythrocyten Frühgeborener in Wasserstoffperoxyd. Wirkung von α-Tocopherol.* Im Hinblick auf den Befund von György u. Mitarbeitern (Amer. J. Diseases Children **82.** [1951.] 237), daß die roten Blutzellen von n. geborenen Säuglingen gegen Dialursäure widerstandsfähig sind, aber durch verd. Lsgg. von H_2O_2 hämolysiert werden, jedoch nicht nach Zugabe von *α-Tocopherol* (**I**), wurden gleichartige Unterss. bei 23 Frühgeborenen durchgeführt, die bei der Versuchsdurchführung 1100—3400 g wogen. Das Verf. der Hämolysebest. wird beschrieben. Drei der Kinder erhielten eingedickte Kuhmilch, die übrigen Ansätze mit teilentrahmter Kuhmilch. Es wurde eine Hämolyse in vitro von erheblichem Ausmaß bei den Blutproben von diesen Kindern gefunden, solange diese keine I-Zulagen erhielten. In 9 Verss. bei 8 Kindern wurde die Hämolyse durch I-Zulagen verhindert. Auf die klin. Bedeutung dieser Befunde wird hingewiesen. (Proc. Soc. exp. Biol. Med. **79.** 446—50. März 1952. Univ. of Colorado, School of Med., Dep. of Pediatr.) SCHWAIBOLD. 4587

A. Trautmann und **R. Moch,** *Fütterungsversuche mit „T-Vitamin Goetsch" an Absatz- und Saugferkeln.* Bei Absatz- u. Saugferkeln wurden die Assimilationsorgane nach peroraler Verabreichung von *Vitamin T* („*Tevita*", WIRKSTOFF O. H. G., Ballrechten/Breisgau) untersucht. Die Versuchsabsatzferkel zeigten nach 6 Tagen gesteigerte Freßlust u. größere u. schnellere Nahrungsaufnahme sowie einen pralleren Hautturgor als die Kontrolltiere. Nach 5 Wochen, in denen die Zuwachserhöhung gegenüber den Kontrollen 15 bis 117% betrug, setzte der Ausgleich ein, so daß die Anfangserfolge der Versuchsschweine wieder ausgeglichen wurden. — Bei der 2. Versuchsgruppe wurde der Einfl. des Wirkstoffes T auf Saugferkel untersucht, der ihnen über die Muttermilch der mit „Tevita" gefütterten Muttertiere zugeführt wurde. Das Durchschnittsgewicht der Versuchssaugferkel lag um 0,8—13,5% über dem der Kontrolltiere. (Arch. Tierernähr. **2.** 210—16. Jan./Febr. 1952. Hannover, Tierärztl. Hochsch., Physiol. Inst.) SPITALER. 4587

John M. Lawrence und **James McGinnis,** *Die Wirkung von Terramycin auf das Wachstum von Kaninchen.* Durch Verfütterung einer Grundnahrung unter Zusatz von *Terramycin* in Anteilen von 0, 1, 3, 10 u. 50 pro 10^6 über 6 Wochen konnte an entwöhnten, gesunden Kaninchen kein Einfl. auf das Körpergewicht festgestellt werden. (Arch. Biochem. Biophysics **37.** 164—66. Mai 1952. Pullmann, Wash., State Coll. of Washington, Dep. of Agricult. Chem. and Poultry Husbandry.) DOSSMANN. 4584

C. Serono und **F. Curatolo,** *Vergleichende Untersuchungen über Wachstumsfaktoren verschiedenen Ursprungs.* 5 Tage nach dem Ausschlüpfen wurden Hühner, welche die gleiche Grunddiät erhalten hatten, in 3 Gruppen eingeteilt. b) erhielt zusätzlich 0,5% *Bioplastin* (**I,** Faktor des tier. Eies), c) 5% *Bierhefe* (**II**), a) diente als Kontrolle. Das Durchschnittsgewicht war in der 4. Woche bei a) 135, b) 230, c) 210 g, in der 8. Woche bei a) 256, b) 458, c) 432 g. — 2. Vers. mit Anfangsgewicht 37 g: Gruppe a) diente als Kontrolle, Gruppe b) erhielt zusätzlich 0,5% **I,** c) 50 g **II**/kg Diät, d) Leberfaktor entsprechend 5% Frischleber. Die Durchschnittsgewichte waren nach 4 Wochen 114, 140, 135, 120 g, nach 5½ Monaten 1340, 1450, 1390, 1350 g. Bei Gruppe b) erfolgte die Eiablage 1 Monat früher, die Eier hatten zum Teil höheres Gewicht, in einem Fall 115 g. — Daß der Wachstumsfaktor aus Eigelb weitaus am stärksten wirkt, ist zu erwarten, weil sich im Ei ein Maximum an biol. Aktivität u. Synth. abspielt. Die stark antianäm. Wrkg. der Eiextrakte dürfte deshalb auf der Wachstumswrkg. beruhen, die derjenigen der Leber ähnlich, wenn nicht überlegen ist. (Rass. Clin., Terap. Sci. affini **51.** 63—68. April/Juni 1952. Ist. Serono.) FRÜHWALD. 4589

Alastair N. Worden und **J. Bunyan,** *Die Darreichung einer Procain-Penicillin-Nahrungsbeilage bei „Zwerg"-Schweinen.* Es wurden Fütterungsverss. mit *Procain-Penicillin* u. *Vitamin B_{12}* bei „Zwerg"-Schweinen durchgeführt. Im Vgl. zu einer Gruppe von Tieren, die ohne Zusatz gefüttert wurde, war kein bemerkenswerter Unterschied in Nahrungsaufnahme u. Gewicht festzustellen. (Veterin. Rec. **64.** 647—51. 1/11. 1952.) GOHR. 4589

Reed A. Gray, *Zusammensetzung des durch den Ananasschädling Pseudococcus brevipes ausgeschiedenen Honigtaus.* Durch zweidimensionale Papierchromatographie wurde im Honigtau von „mealybugs" (Pseudococcus brevipes COCKERELL), der nach Fütterung mit Ananasblättern ausgeschieden wurde, relativ große Mengen von mindestens 19 verschied. Aminosäuren (I) u. Amiden festgestellt. Durch ihre R_F-Werte wurden identifiziert: Cystin, Asparaginsäure, Glutathion, Glutaminsäure, Serin, Glycin, Asparagin, Threonin, Alanin, Glutamin, Tryptophan, Valin, Phenylalanin, Tyrosin, Histidin u. Prolin. Drei durch Ninhydrin entwickelte Flecken konnten nicht identifiziert werden. Mindestens 5 der im Honigtau festgestellten I waren in den Futterblättern nicht vorhanden. Folgende Kohlenhydrate wurden durch Papierchromatographie u. Radioautogramme von radioakt. Honigtau festgestellt: Fructose, Glucose, Saccharose, Glucose-1-phosphat u. möglicherweise Maltose. Äpfelsäure, Citronensäure u. citronensaure Salze wurden gleichfalls gefunden. Die Annahme, daß die auf Pflanzen lebenden Insekten große Mengen Blattsaft aufnehmen müssen, um ihren Aminosäurebedarf zu decken u. damit zur Ausscheidung von nichtresorbiertem Material (Honigtau) gezwungen sind, trifft somit für diesen Fall nicht zu. (Science [Washington] **115.** 129—33. 8/2. 1952. Hawaii, Honolulu, Pineapple Res. Inst.) RANG. 4594

Jan Roguski, *Der Stoffwechsel im Lichte der Pawlow'schen Lehre.* Zusammenfassende Darst. (ohne Literaturangaben). (Farmacja polska 8. 187—88. Mai 1952.) R. K. MÜLLER. 7595

Osman Saka und **E. Ismet Par,** *Kohlenhydratstoffwechsel und Glykogennephrose bei alloxandiabetischen Kaninchen.* Glucosebelastungskurven zeigten bei alloxandiabet. Kaninchen die für den Pankreasdiabetes typ. Form. Die Herabsetzung der Alkalireserve trat parallel mit dem Einsetzen der Acetonurie ein. Entsprechend der Abnahme des Leberglykogens, bes. im portalen Gebiet, wurde eine Steigerung des Glykogengeh. der Niere bes. im Epithel der Nierentubuli mit Hilfe der BESTschen Carminfärbung festgestellt. (Istanbul Üniv. Tip Fak. Mecmuasi [Bull. Fac. Méd. Istanbul] **14.** 277—83. 1951. Istanbul, Univ., Physiopathol. Inst.) STARY. 4596

Sydney Weinhouse, *Die Struktur von „aktivem Acetyl" und eine Theorie des Fettsäureabbaues.* Nach den neueren Arbeiten (vgl. z. B. LYNEN, REICHERT u. RUEFF, C. **1952.** 4158) stellt das *Acetyl-Coenzym A* (**I**), das alle Eigg. des „akt. Acetyls" besitzt, einen Ester dar, in dem die Acetylgruppe in Thioesterbindung als Thioäthanolamid der Pantothensäure vorliegt. Es wird abgeleitet, daß **I** bzw. sein Enolatanion Träger der acetylierenden u. kondensierenden Eigg. des „akt. Acetyls" ist; die Struktur wird schemat. wie folgt angegeben: $CH_3{\cdot}\overset{\overset{O}{\|}}{C}{-}SR + B \rightleftarrows [CH_2{=}\overset{\overset{O^-}{|}}{C}{-}SR \rightleftarrows CH_2{-}\overset{\overset{O}{\|}}{C}{-}SR] + BH$ (R= Coenzym A-Teil; B = H-Acceptor; in der Klammer die korrespondierenden Formen des Esteranions). Diese Vorstellungen werden in sinngemäßer Erweiterung zur Erklärung des Chemismus der β-Oxydation der Fettsäuren herangezogen; schemat. Darst.: $CH_3\cdots CH_2\cdot CH_2\cdot COOH + RSH \rightleftharpoons CH_3\cdots CH_2\cdot CH_2COSR + H_2O$; $CH_3\cdots CH_2\cdot CH_2\cdot COSR \rightleftharpoons [CH_3\cdots CH_2\cdot CH{=}COSR]^- + H^+$; $[CH_3\cdots CH_2\cdot CH{=}COSR]^- + O_2 \rightleftharpoons [CH_3\cdots CO\cdot CH{=}COSR]^- + H_2O$; $[CH_3\cdots CO\cdot CH{=}COSR]^- + RSH \rightleftharpoons CH_3\cdots COSR + [CH_2{=}COSR]^-$. Die hypothet. angenommene Reaktionsfolge erklärt sowohl den schrittweisen β-Abbau der Fettsäuren als auch die Fettsäuresynth. aus dem 2-C-Syst. (akt. Acetyl). (Arch. Biochem. Biophysics **37.** 239—41. Mai 1952. Philadelphia, Pa., Lankenau Hosp. Res. Inst., u. Inst. for Cancer Res.) TÄUFEL. 4596

F. V. Gray und **A. F. Pilgrim,** *Ursprung der flüchtigen Fettsäuren im Pansen.* Mit der Zielsetzung, die im Pansen des Schafes neben CO_2 u. CH_4 auftretenden gesätt. Fettsäuren (C_1—C_7) hinsichtlich ihrer Herkunft aufzuklären, werden nach der früher beschriebenen Arbeitsweise (GRAY, PILGRIM u. WELLER, C. **1951.** II. 2210) weitere Verss. angestellt; vergleichende Unterss. über Art u. Menge der Fettsäuren, wie sie in vitro bei der Fermentation von Cellulose u. Hemicellulose, jedes Substrat für sich allein oder beide zusammen, in Ggw. oder in Abwesenheit von Weizenheu, gebildet werden; zusätzlich Verss. in Ggw. von Protein, das aus Weizenheu hergestellt ist, bzw. von Casein. Aus den Ergebnissen (Tabelle) wird abgeleitet, daß Cellulose u. Hemicellulose etwa gleiche Mengen an Essig- u. Propionsäure neben wenig Buttersäure liefern; diese Säure tritt bei Ggw. von Protein vermehrt auf. Es wird offen gelassen, ob sich der Chemismus der Bldg. der Fettsäuren bei dem fermentativen Abbau von Cellulose u. von Hemicellulose in gleicher Weise vollzieht wie im pflanzlichen Gewebe des Heues. Da beim Umsatz von Cellulose u. Hemicellulose — im Gegensatz zum Abbau von Weizenheu — nur wenig Buttersäure entsteht, ist für deren Ursprung ein mehrfacher Mechanismus anzunehmen. Erwiesen ist bisher (C. **1951.** II. 3054), daß diese Säure im Pansen aus Essigsäure synthetisiert wird. Damit ist die Herkunft der in Ggw. von Cellulose u. Hemicellulose auftretenden geringen Mengen von Buttersäure erklärt; die bei der Fermentation von Weizenheu nachgewiesene vermehrte Menge an Buttersäure aber wird im wesentlichen auf Protein als Ausgangsstoff zurückgeführt. (Nature [London] **170.** 375—76. 30/8. 1952. Adelaide, Univ., Commonwealth Sci. and Ind. Res. Organizat., Div. of Biochem. and General Nutr.) TÄUFEL. 4596

Z. Stary und **Sevket Tekman,** *Stoffwechsel von Fettgeweben verschiedener anatomischer Lokalisation.* Der O_2-Verbrauch u. die CO_2-Bldg. bei verschied. Fettgeweben von Katzen wurden untersucht. In Fettgeweben, die (wie Plantar- u. Orbitalfett) im Hunger nur sehr langsam abgebaut werden, sind O_2-Verbrauch u. CO_2-Bldg. nicht verschieden von dem O_2-Verbrauch u. der CO_2-Bldg. leicht mobilisierbarer perirenaler u. mesenterialer Fettgewebe. (Istanbul Üniv. Tip Fak. Mecmuasi [Bull. Fac. Méd. Istanbul] **15.** 257—65. 1952. Istanbul, Univ., Biochem. Inst.) ARNAKI. 4596

Hans Joachim Schmidt, *Der Fluorstoffwechsel.* Allg. Überblick an Hand der Literatur (18 Zitate). (Dtsch. dentist. Z. **6.** 91—94. 6/2. 1952. Stuttgart-Degerloch.) KLESSE. 4596

Thue Poulsen, *Untersuchungen über die Reflexerregbarkeit während intravenöser Infusionen von Salzsäure.* Während kontinuierlicher intravenöser Infusion von 1%ig. HCl (0,50—0,65 ml/kg/Min.) bei Kaninchen wurden die Reizschwelle zur Auslösung des

Cornealreflexes u. des gekreuzten Extensorenreflexes sowie das arterielle Blut-p_H gemessen. Erst bei stärker vermindertem p_H stieg die Reizschwelle an, u. erst kurz vor dem Tode der Tiere waren die Reflexe aufgehoben. Frühere Verss. mit Einatmung steigender Mengen CO_2 hatten eine Herabsetzung der Reflexerregbarkeit schon bei höheren p_H-Werten zur Folge. Demnach beruht die Herabsetzung der Reflexerregbarkeit durch CO_2 im wesentlichen nicht auf der Säuerung des arteriellen Blutes. (Acta pharmacol. toxicol. [København] **8.** 254—62. 1952. Kopenhagen, Univ., Dep. of Pharmacol.) DAUTZENBERG. 4598

E. Coraboeuf und **R. Thieulin,** *Die Empfindlichkeit des markhaltigen Nerven ohne Bindegewebsscheide gegenüber* p_H *und Kohlensäure.* Der Nervus ischiadicus des Frosches wurde von seiner Teilungsstelle aus vorsichtig zentralwärts in der Faserrichtung gespalten u. der so teilweise von der Bindegewebsscheide freie Nerv wechselnden CO_2-Konzz. u. verschied. p_H unterworfen. Während frühere Unterss. (CORABOEUF, C. R. Séances Soc. Biol. Filiales **145.** [1951.] 544) ergeben hatten, daß bei unverletzter Bindegewebsscheide p_H-Änderungen von 1,5 Einheiten ohne Einfl. auf die Reizschwelle waren, wurde jetzt durch Alkalisierung (durch Zugabe von $NaHCO_3$) die Reizschwelle deutlich gesenkt, durch steigende CO_2-Konzz. erheblich erhöht. Dieser Effekt ist offenbar nicht nur auf die durch CO_2 bedingte p_H-Verschiebung zurückzuführen, sondern ist nach Ansicht der Vff. in einer spezif. CO_2-Wrkg. auf den Stoffwechsel des Nerven begründet. (C. R. Séances Soc. Biol. Filiales **146.** 190—94. Febr. 1952. Paris, Sorbonne, Labor. de Physiol. gén.)

DAUTZENBERG. 4598

Jean-Jacques-Henri-Gaston Boutareaud, Contribution à la recherche de l'hormone gonadotrope à l'aide de Rana esculenta. Bordeaux: Impr. de Delmas. 1952. (63 S.)

S. D. Morrison, *Human Milk. Yield, Proximate Principles and Inorganic Constituents.* (Technical Communication No. 18 of the Commonwealth Bureau of Animal Nutrition, Rowett Research Institute Bucksburn, Aberdeenshire, Scotland.) Farnham Royal, Bucks (England): 1952. (VIII + 91 S. m. Abb. u. Tab.) 10 s. 6 d.

Kurz gefaßte Abhandlung über das Vol., den Ertrag u. die Zus. der Brustmilch (Stickstoff, Fett u. Lipoidsubstanzen, Lactose, Mineralsubstanzen, Calcium, Phosphor, Magnesium, Chlor, Natrium usw.). Die Literatur ist bis 1951 berücksichtigt. Dem Fachspezialisten wird dieses Buch gute Dienste leisten. PFLÜCKE. 4555

E_6. Pharmakologie. Therapie. Toxikologie. Hygiene.

Walter M. Dale, *Die indirekte Wirkung ionisierender Strahlen auf wässerige Lösungen und ihre Abhängigkeit von der chemischen Struktur der gelösten Substanz.* Die spezif. Wrkg. ionisierender Strahlen auf biol. Objekte wurde durch Beobachtungen an biol. akt. Substanzen untersucht. Als Beispiel einer hochmol. Verb. (Mol.-Gew. 35000) wurde *Carboxypeptidase* (I) u. als solche mittleren Mol.-Gew. (920) *Alloxazinadenindinucleotid* bestrahlt. Die Rk. von wss. Lsgg. auf Bestrahlungen besteht darin, daß die gelösten Moll. mit den im W. gebildeten sauerstoffreichen Radikalen intermediär Verbb. eingehen, wobei Ionen entstehen. Die Rekombination der prim. gebildeten Radikale wird dadurch verzögert; der Geh. an Ionen ist um so größer, je konzentrierter die Lsg. ist. Anwesenheit eines zweiten gelösten Stoffes ändert die Zahl der gebildeten Ionen insoweit, als dieser mehr oder weniger Affinität zu den durch die Strahlung gebildeten Ionen hat als die bereits gelöste Verbindung. Der zweite gelöste Stoff übt damit eine Art Schutzwrkg. aus. Für eine größere Anzahl von Substanzen (*Formiat, Oxalat, Harnstoff, Thioharnstoff, Alloxan, Mesoxalat*) wird diese tabellar. dargestellt. Im einzelnen wird diskutiert, welche Atomgruppen hier bes. im Sinne einer Verlängerung der Lebensdauer der Radikale wirksam sind. Ein zweiter Weg zum Nachw. der spezif. Wrkg. von Röntgenstrahlen ist die Messung der Desaminierung von Aminosäuren. In einer Tabelle sind Werte für eine größere Anzahl N-haltiger Verbb. (*Aminosäuren, Di-* u. *Tripeptide, Prolin, Harnstoff, Guanidincarbonat, Thioharnstoff* u. I) nach Bestrahlung mit 166000 r zusammengestellt. Der Mechanismus dieses Vorganges u. die Spezifität bestimmter Atomgruppen werden eingehend diskutiert, darüber hinaus bes. die Beziehung zwischen den beiden Strahlenwirkungen untereinander. Vorläufige Unterss. über die Wrkg. von α-Strahlen haben gezeigt, daß diese hinsichtlich der Desaminierung von I etwa doppelt so groß ist wie die der Röntgenstrahlen. (J. cellular comparat. Physiol. **39.** 39—55. März 1952. Manchester, Christie Hosp., u. Holt Radium Inst.) REUSSE. 4601

L. H. Gray, *Die Energieübertragung von ionisierenden Partikeln auf ein wässeriges Medium und ihr Beitrag zur Deutung radiochemischer und radiobiologischer Umwandlungen.* Es ist zwar bekannt, daß Gewebe bei der Absorption ionisierender Strahlen ca. 93 erg/g an Energie aufnimmt, unbekannt ist aber, in welchem quantitativen Verhältnis sich diese Wrkg. aus Ionisation u. Anregung zusammensetzt. In diesem Zusammenhang werden Verss. über die Inaktivierung von Viren diskutiert, bei denen eine Beziehung zwischen dem Durchmesser des Virus u. der Ionendichte wertvolle Aufschlüsse zu geben vermag. Die obere Grenze für ein desaktivierbares Partikel scheint bei ca. 20 mμ zu liegen, wenn man die Desaktivierung durch eine Einzelionisation als den entscheidenden Vorgang voraussetzt. Bei Verss. an Viren u. Bakteriophagen zeigt sich, daß zum Teil weniger Partikel inaktiviert als ionisiert werden. Auch das Einbettungsmedium ist hier nicht ohne Einfluß. Auf Grund der in der Literatur bekannt gewordenen Versuchsergebnisse wird der Mechanismus der ionisierenden Strahlenwrkg. der verschied. Strahlenarten eingehend diskutiert, wobei bes. die α-Strahlen berücksichtigt werden. Die Strahlenwrkg. stellt sich danach als ein komplexer Vorgang dar, da die maßgebende chem.-physikal. Kinetik von zahlreichen Parametern abhängt. (J. cellular comparat. Physiol. **39.** 57—74. März 1952. London, Hammersmith Hosp.) REUSSE. 4601

L. H. Gray, *Bestrahlungswirkungen auf die lebende Zelle auf Grund der Arbeiten seit 1946. Zweite Gedächtnisvorlesung für Douglas Lea.* Zusammenfassende Darst. der Wrkg. ionisierender Strahlen auf die Zelle auf Grund der Arbeiten von DOUGLAS LEA. (Brit. J. Radiol. **25.** 235—44. Mai 1952.) REUSSE. 4601

Stanton H. Cohn, *Der Einfluß von Röntgentotalbestrahlungen auf die Blutkoagulation bei Ratten.* Vf. hat die Koagulationsfähigkeit des Blutes bestrahlter ♀ Ratten untersucht. Bestrahlungsdauer: 400 r Totalbestrahlung, 250 kV, 15 mA, Filter: 0,5 mm Cu + 1 mm Al, Dosisleistung 25 r/Min., FHA: 40 inch. Blutentnahme erfolgte in verschied. Abständen nach Bestrahlung. Die Messungen am entnommenen Blut ergaben: Abnahme der Erythrocyten bis zu 65% (nach 28 Tagen), Abnahme der Lymphocyten auf ca. 3% des n. Wertes (24 Std.), Anstieg auf n. Wert bis zum 28. Tag. Schwankende Zahlen der Heterophilen zwischen 1 u. 100%. Geringe Rk. der Blutplättchen. Die Koagulationszeit ist verlängert u. begleitet von einer vergrößerten Heparinklumpungszeit. In Verbindung mit elektr. Widerstandsmessungen ergaben sich daraus quantitative Grundlagen für die Diskussion der durch Bestrahlungen ausgelösten Variationen der Blutkoagulation. (Blood **7.** 225—34. Febr. 1952. San Francisco, Calif., U. S. Naval Defense Labor., Biol. and Med. Sci. Div.) REUSSE. 4601

Ernest Beutler und **Horace M. Gezon**, *Der Einfluß von Röntgentotalbestrahlungen auf die Empfänglichkeit von Mäusen gegen eine Infektion mit dem Influenza-A-Virus.* An Mäusen wurde untersucht, ob die Empfänglichkeit der Tiere für eine Infektion durch eine vorherige Röntgenbestrahlung beeinflußt wird. Die Tiere wurden mit 50—600 r totalbestrahlt (250 kV, 15 mA, Filter: 0,25 mm Cu + 1,0 mm Al, Dosisleistung 20—25 r/Min.). Das Influenzavirus wurde in geeigneter Suspension nach LOOSLI den Mäusen zugeführt, u. zwar entweder durch Einträufeln in die Nase oder durch Inhalation mittels einer Aerosol-Apparatur. Die Infektion wurde 3 Tage nach der Bestrahlung vorgenommen. Wenn das Virus in einer Suspension von Mäuselungen präpariert war, wurde kein Unterschied bzgl. der Letalität der bestrahlten u. unbestrahlten Tiere gefunden. Jene zeigten jedoch dann erhöhte Letalität, wenn das Virus in einer Suspension mit Hühnerei präpariert u. kultiviert war. Die Bestrahlung behinderte die Entw. von Antikörpern im Organismus. (J. Immunology **68.** 227—42. März 1952. Chicago, Ill., Univ. of Chicago, Dep. of Pediatr.) REUSSE. 4601

Willie W. Smith, Isabelle B. Ackermann und **I. M. Aldermann**, *Die Wirkung von Protein und Methionin in der Nahrung auf röntgenbestrahlte Ratten.* Vff. haben die Sterblichkeit von Ratten nach Röntgenbestrahlungen als Funktion der Ernährung vor u. nach der Bestrahlung untersucht. Die Tiere wurden in Gruppen eingeteilt, deren eine eine Proteinzufuhr erhielt, die nur ein vermindertes Wachstum der Tiere zuließ (4—6% Casein), während die zweite 35—60% Casein erhielt (übernormales Wachstum) u. die dritte bei geringer Proteinzufuhr (4—6% Casein) einen Überschuß an S-haltiger Kost bekam (Cystin, Methionin). Die Letalität der mit 6% Casein gefütterten Tiere lag wenig höher als die der proteinreicher ernährten (Bestrahlungsdosis: 550 r). Bei red. Proteinzufuhr ausschließlich *nach* der Bestrahlung trat keine merkliche Änderung der 40 Tage-Letalität auf. Zufuhr von *Cystin* u. *Methionin* bei geringem Proteingeh. der Nahrung verursachte keine Änderung der Mortalität. Die Nahrung blieb nahezu ohne Einfl. auf die Produktion der Leukocyten u. Erythrocyten, bei 35% *Casein* wurde ein schwacher Einfl. auf die Zahl der Reticulocyten beobachtet. Der mittlere O_2-Verbrauch lag bei 18% Casein n., bei 6% um 12% niedriger, bei 60% um 18% höher. (Amer. J. Physiol. **169.** 491—98. 1/5. 1952. Bethesda, Md., Nat. Inst. of Health, Nat. Inst. of Arthritis and Metabolic Diseases.) REUSSE. 4601

G. Spiegler, *Photographische Messungen zum Schutz gegen Röntgen-, γ- und β-Strahlen.* Zur Best. der Streustrahlung gewinnt die photograph. Meth. als Kontrollmaßnahme beim Umgang mit Röntgen-, γ- u. β-Strahlen immer mehr an Bedeutung. Vf. berichtet über seine Unterss. im Strahlenbereich von 45 kV bis 24 MeV, für die sich ILFORD PM-1-Film bes. eignet. Um auf ihm die Dichte 1,0 zu erzeugen, sind 60 mr für niedere Energiemengen (diagnost. Dosen), 360 mr bei 400 kV u. über 700 mr bei 1 MeV notwendig.

^{32}P als β-Strahler gibt die Dichte 1,0, wenn $1{,}2 \cdot 10^7$ Teilchen auf eine Fläche von 1 cm^2 treffen. An Hand von Kurven wird gezeigt, wie der Energiefaktor von der Direkt- u. der Streustrahlung abhängt u. welche Beziehungen zwischen Schwärzung u. Strahlungsdosis bestehen. (Photographic J., Sect. B **91.** 128—33. Nov./Dez. 1951. London, Royal Cancer Hosp., Phys. Dep.) W. GÜNTHER. 4601

F. Passalacqua, *Einführung in die Therapie mit radioaktiven Isotopen.* Ausführliche Übersicht über theoret. Grundlagen, Anwendungstechnik, Dosimetrie u. Indikationen der therapeut. Verwendung natürlicher Radioelemente u. künstlicher radioakt. Isotopen an Hand von 4 Monographien. (Farmaco [Pavia] **7.** 92—100. Jan./Febr. 1952. Frankfurt/M., Max-Planck-Inst. für Biophysik.) IPPEN. 4601

Samuel P. Martin, Grace P. Kerby und **B. C. Holland,** *Die Wirkung von Thorotrast auf die Eliminierung von Bakterien durch die Eingeweide intakter Tiere.* Mittels eines kontinuierlich arbeitenden Injektionsgerätes wurde bei Kaninchen in eine Marginalvene des Ohres eine Bakteriensuspension von *Micrococcus aureus* eingeführt. Außerdem erhielten die Tiere intravenöse Injektionen von 7 ml *Thorotrast.* Beobachtet wurde laufend der Geh. des Blutes der Oberschenkelarterie, der Milz- u. Lebervene an Bakterien. Im Vgl. zu Kontrolltieren wurden nach Thorotrastinjektion weniger Bakterien aus dem Blut abgefangen, die maximale Wrkg. zeigte sich nach 24 Stunden. Erst nach 7—8 Tagen wurden wieder n. Werte erhalten. Ob durch Thorotrast die Aktivität der Makrophagen eingeschränkt wird, oder mechan. oder physikal. Veränderungen an Bakterien oder Plasmaproteinen hervorgerufen werden, konnte durch diese Unterss. nicht geklärt werden. (J. Immunology **68.** 293—96. März 1952. Durham, N. C., Duke Univ., School of Med., Dep. of Med., Div. of Dermatol. and Syphilology, u. Dep. of Bacteriol.) REUSSE. 4601

Heinz Thoenies, *Klinische Erfahrungen mit der Ultraschalltherapie. Ein Beitrag zum Wirkungsmechanismus.* Vf. erreichte mit Ultraschall (US) 800 kHz, 2—3 Watt/cm^2, Beschallungszeit 10—15 Min. bei 368 Patienten Heilung bzw. Beschwerdefreiheit in 32,3%, wesentliche Besserung in 30,8% der Fälle (Unterschenkelgeschwür, Ischiasneuritis, Plexusneuralgien, Myalgien, Lumbago). Nach Vf. hängt der Erfolg mit US nicht von der Leistung des Gerätes ab; die therapeut. US-Wrkg. scheint sich über das prim. irritierte Nervensyst. zu vollziehen. (Therap. d. Gegenwart **91.** 337—38. Sept. 1952. Dresden-Friedrichstadt, Stadtkrankenhaus.) DOSSMANN. 4601

P. Grognot, *Durch Ultraschallschwingungen in Luft hervorgerufene Reaktionen des Blutes und des Kreislaufs.* Wird das Gesicht 1 Std. lang einer Ultraschall (US)-Schwingung von 25 kHz u. 115 db in Luft ausgesetzt, dann ist bei 86% der Versuchspersonen vorübergehende Eosinophilie um 30—50% verbunden mit leichter Senkung des Blutdrucks zu beobachten. Da im Tiervers. Reizung gewisser Nervenenden Eosinophilie bedingt, wird vermutet, daß die beschriebenen Erscheinungen auf Nervenreize durch die hohen US-Frequenzen zurückzuführen sind. (J. de Physiol. **44.** 255—59. 1952. Paris, Centre d'Études de Biol. Aéronaut.) DOSSMANN. 4601

Ulrich Wistuba, *Mitteilung über vergleichende Versuche mit „Hybro-Scharfsalbe-Asid" und „Rotem Blister".* Verss. mit *Hybro-Scharfsalbe* (**I**; ASID SERUM-Inst., Wien), deren Wirkstoff ein Hg-Halogenid in Zusätzen von 10 u. 15% ist. **I** erzeugt bei Hund u. Pferd keine stärkeren Rkk. an der Hautoberfläche als der Rote Blister (**II**); mit **I** ist ein besserer Haarersatz zu erzielen. Nach ihrer Wrkg. werden **I** u. **II** zu den Eiterung erzeugenden Salben gerechnet. Die Giftigkeit des Hauptwirkstoffes liegt unter der von HgJ_2. (Wiener tierärztl. Mschr. **39.** 92—95. Febr. 1952. Wien, Tierärztl. Hochschule, Pharmakol. Inst.) DOSSMANN. 4606

Celâl Öker, *Über die Beziehungen zwischen Serum-K-Spiegel und Elektrokardiogramm.* Normalen u. niereninsuffizienten Versuchspersonen wurden große Mengen von K-Salzen verabreicht u. die Veränderungen im Elektrokardiogramm u. im Blut-K-Spiegel verfolgt. Wenn auch eine grobe Korrelation zwischen den Veränderungen im Elektrokardiogramm u. dem K-Geh. des Blutes besteht, ist es nicht möglich, den Änderungen im Serum-K-Spiegel eine bestimmte typ. Veränderung des Elektrokardiogramms zuzuschreiben. Die Tatsache, daß die Wrkg. des K auf das Myokard eine reversible ist, ist sowohl in Fällen von K-Vergiftung als auch bei experimentellen K-Belastungen feststellbar. Digitalis u. K-Belastungen haben auf das Elektrokardiogramm eine antagonist. Wirkung. (Istanbul Üniv. Tip Fak. Mecmuasi [Bull. Fac. Méd. Istanbul] **14.** 33—66. 1951. Istanbul, Univ., Pharmakol. Inst.) STARY. 4606

H. van Cauwenberge und **H. Betz,** *Salicylate und neuro-endokrine Stimulation.* Vff. beobachteten an Ratten nach einmaliger intraperitonealer Injektion einer isoton. *Natriumsalicylat*-Lsg. (500 mg/kg) hämolyt., histolog. u. biol. Zeichen einer Adrenalinausschüttung, die mit denen beim SELYEschen Alarmsyndrom ident. u. ähnlich denen nach ACTH-

Injektion waren. Die Zahl der zirkulierenden Eosinophilen fiel ab, der Ascorbinsäure- u. Cholesteringeh. der Nebennieren wurde vermindert u. Kernpyknose trat in Milz, Lymphknoten u. Thymus auf. Bei hypophysektomierten u. adrenalektomierten Tieren fehlen diese Veränderungen. Barbiturate unterdrücken oder setzen die Adrenalinwrkg. nach Salicylatinjektion herab. Demnach wirken die Salicylate bei Ratten über einen neuro-endokrinen Mechanismus mit hypothalam. Zwischenschaltung. Für die Behandlung gewisser endokriner Störungen ist die Hemmung des Hypophysen–Nebennieren-Mechanismus durch Barbiturate wichtig. Bei der Rheumatismusbehandlung erscheint die Kombination von Salicylaten mit großen Dosen Barbituraten unzuträglich. (Lancet **262.** 1083—86. 31/5. 1952. Liége, Belgien, Univ., Dep. of Intern. Med. and Labor. of Chem. Res. and Pathology.) BÖHM. 4607

v. Düring, *Eigene Erfahrungen mit einigen homöopathischen Arzneimitteln.* Besprechung von 3 Präpp. (MADAUS): *Echinacin* aus Echinacea purpurea, das in 5 Formen herausgebracht wird; bes. besprochen wird die Injektionsform bei sept. Prozessen. Ampullen von 1 cm^3 für Human- u. Kleintierpraxis, zu 5 cm^3 für Großtiere, Wrkg. ähnlich der unspezif. Eiweißtherapie. *Plenosol,* Extrakt aus Viscum album, bei Spätfolgen der Leptospirose, Nachbehandlung der Staupe, bei Lähmungen u. zur Verminderung des Juckreizes. *Carbo-Königsfeld,* Kaffeekohle, mit günstigem Einfl. auf das Wachstum n. Colistämme im Darm. (Wiener tierärztl. Mschr. **39.** 95—98. Febr. 1952. Berlin-Lankwitz.) DOSSMANN. 4608

I. T. Beck, *Pharmakologische Wirkungen durch injizierte Cholinesterase.* Die Verabreichung gereinigter „echter" *Cholinesterase* (I; vgl. C. **1951.** II. 1905) von Rindererythrocyten übt keinen mechan. nachweisbaren Effekt auf die neuromuskuläre Übertragung aus, selbst wenn die Tiere vorher mit Anticholinesterasemitteln, wie *Diisopropylfluorphosphat* oder *Neostigminmethylsulfat* vergiftet wuıden. Unters. erfolgte am Hüft–Waden-Muskel von Ratten in vivo u. am Zwerchfell in vitro. (Brit. J. Pharmacol. Chemotherapy **7.** 482—85. Sept. 1952. Montreal, Quebec, Can., McGill Univ., Fac. of Med.) DOSSMANN. 4609

Constantin Levaditi und **Aron Vaisman,** *Experimentelle Untersuchung der Wirkungen des Nicotinsäureamids bei der Tuberkulose.* In Unterss. an Mäusen, die mit Tuberkelbacillen infiziert waren, wurde festgestellt, daß *Nicotinsäureamid* (I), das bis zu 50 mg für Tiere von 20 g Gewicht gut verträglich war, die Mortalität von 94,7% auf 10% herabsetzte, obwohl I in vitro u. in vivo weder bactericide noch bakteriostat. Wirksamkeit aufweist. Histolog. zeigen sich echte Verkapselungen der Lungenherde. Die I-Wrkg. soll im Gegensatz zu echten antibakteriellen Mitteln, wie *Streptomycin* u. a., nicht mikrobicid, sondern vitaminartig sein, was zur Gesamtabwehr des Organismus u. zur Lebensverlängerung führen soll. (C. R. hebd. Séances Acad. Sci. **234.** 1588—90. 7/4. 1952.) ITZEROTT. 4610

J. Supniewski, *Die Malariaheilmittel.* Überblick über den Charakter u. die Entstehungsweise der Malariaerkrankung u. die wichtigsten Heilmittel. (Farmacja polska **8.** 170—75. Mai 1952.) R. K. MÜLLER. 4610

W. Rule, *Chloroquine zur Malariaprophylaxe bei eingeborenen Kindern Zentralafrikas. Aralen* (I; WINTHROP CHEMICAL CO., INC.), ein Chloroquinediphosphat in Tabletten von 0,25 g mit 0,15 g I wurde an 30 Kindern aus einer hyperendem. Gegend mit tertiärer Malaria verabfolgt. Je nach Körpergewicht betrug die Dosis 0,125—0,375 g einmal wöchentlich, Dauer der Behandlung ca. ½—1 Jahr. Von den wöchentlich durchgeführten 847 Blutunterss. waren nur 23 positiv. I ist zur Niederhaltung von Falciparum-Malaria sehr geeignet, es verringert Auftreten u. Menge der Parasiten. Bei der vorliegenden Unters. ist die prophylakt. I-Wrkg. im ersten Halbjahr größer als im zweiten. Um Fieber- u. Parasitenfreiheit zu erzielen, bedürfen Kleinkinder einer relativ höheren Dosis als ältere Kinder. Eine etwas höhere Dosierung als die angewandte scheint nach dem Vf. erfolgreicher zu sein. (Ann. Soc. belge Méd. trop. **31.** 683—92. 31/12. 1951. Bibanga, Belg. Kongo.) DOSSMANN. 4610

J.-J. Mozer, *Auftreten von Substitutionsflora im Verlauf antibiotischer Behandlung.* Es wird die Veränderung der Mikroflora nach Behandlung mit Antibioticis besprochen. Diese Substitutionsflora besteht aus verschied. Hefearten, bes. aus Candida albicans. Angabe eines Beispiels, wo dieser Erreger in Mund u. Rectum zu 80% nachgewiesen wurde, während er n. nur zu 5,5% vorkommt. Ferner Besprechung der Möglichkeit einer *Vitamin-B* (I)-Verarmung durch *Antibiotica,* die sich durch I-Verordnung wieder beheben läßt. Vf. geht auf Soorpilzerkrankungen u. ihre Therapie mit KJ u. die antifungiciden Mittel *Fungicidine* u. *Fracidine* ein, die für klin. Verwendung noch zu tox. sind; zur Vermeidung der Umwandlung der Bakterienflora bei Therapie mit Antibioticis wird gleichzeitige Verabreichung antifungicider Mittel, wie *J, Gentianaviolett* oder *Methylparabène,* diskutiert. (Rev. méd. Suisse romande **72.** 734—39. Okt. 1952. Genève.) DOSSMANN. 4611

Giovanni Donati, *Lokalbehandlung umschriebener Eiterungen mit Antibioticis. Praktische Hinweise.* Bericht über eigene Beobachtungen u. Hinweis auf die Möglichkeiten zur Behandlung von Weichteilabscessen usw. mit *Penicillin* u. *Streptomycin* nach Spaltung des Herdes. (Minerva med. [Torino] **43. I.** 822—24. 19/4. 1952. Torino, Univ., Ist. di Clin. med. generale e Terap. med.) IPPEN. 4611

Siegfried Schleppe, *Penicillin, ein Helfer in der Praxis.* Allg. Überblick über das Indikationsgebiet von *Penicillin* in der dentist. Praxis. (Dtsch. dentist. Z. **6.** 17—20. 9/1. 1952. Heppenheim/Bergstraße.) KLESSE. 4611

S. C. Gupta, *Die Behandlung der Wundinfektion.* In dem Übersichtsbericht wird die Wundphysiologie u. -pathologie ausführlich dargestellt. Die chirurg. Methoden der Wundbehandlung werden beschrieben. Die Bedeutung von *Tetanusserum, Gasbrandserum, Penicillin* u. *Streptomycin* in Prophylaxe u. Therapie bei gleichzeitiger chirurg. Behandlung wird hervorgehoben. Die Ernährung soll leichtverdaulich, calorien- u. eiweißreich sein u. die Vitamine *Ascorbinsäure, Thiamin, Riboflavin* u. *Nicotinsäure* in reichlicher Menge enthalten. (Calcutta med. J. **49.** 189—94. Mai 1952.) WOLFGANG ALBRECHT. 4611

J. P. Uscavage, Milan Novak und **W. I. Taylor**, *Die Verhütung der experimentellen Diphtherie mit Penicillin.* Das Wachstum eines mäusepathogenen Stammes von Corynebacterium diphtheriae wurde in vitro durch Penicillin G-Natrium bei einer Konz. von 50 E./cm^3 gehemmt. Die Mortalität der mit diesem Stamm infizierten Mäuse war red., wenn gleichzeitig Penicillin gegeben wurde, u. erheblich verringert, wenn außerdem Antitoxin verabfolgt wurde. (J. infect. Diseases **89.** 193—98. Sept./Okt. 1951. Chicago, Ill., Univ. of Illinois, Coll. of Med., Dep. of Bacter.) FISCHOEDER. 4611

Hermann Kipping und **Thea Schackow**, *Zum Brenztraubensäurestoffwechsel.* 2. Mitt. *Beeinflussung des Brenztraubensäurespiegels durch Penicillin, Omnadin und Omnadin–Penicillin.* (1. vgl. C. **1952.** 7362.) Best. der *Brenztraubensäure* (I) im Blut von 9 Patienten (6 Hepatitis epidemica, 2 Cirrhosis hepatis, 1 Magencarcinom) nach intramuskulärer Injektion von 400000 E. *Penicillin.* Der I-Geh. sinkt um durchschnittlich 48,4%. Der niedrigste I-Geh. ist nach 30 (6 Fälle) bzw. 60—90 Min. (3 Fälle) erreicht. Bei 3 Patienten mit Hepatitis epidemica bewirkt intramuskuläre Applikation von 4 ml *Omnadin* einen I-Abfall um im Mittel 54,6%. Niedrigster I-Wert nach 90 Minuten. Kombination von 4 ml Omnadin mit 400000 E. Penicillin (*Omnacillin*) bewirkt eine durchschnittliche I-Senkung um 55,2%. Tiefster I-Geh. nach 60 Minuten. Der I-senkende Effekt ist um so größer, je höher der I-Spiegel liegt. (Dtsch. Arch. klin. Med. **199.** 251—55. 1952. Berlin, Rudolf-Virchow-Krankenhaus, Innere Abt.) REISS. 4611

J. H. Bridges, I. A. Dyer und **W. C. Burkhart**, *Wirkungen von Penicillin und Streptomycin auf die Wachstumsrate und die Bakterienzahl in den Fäces von Schweinen.* (J. Animal. Sci. **11.** 474—79. Aug. 1952. Univ. of Georgia.) KRUSEN. 4611

Klaus Wechselberg, *Zur „prophylaktischen" intralumbalen Streptomycinbehandlung der Miliartuberkulose.* Zur Vermeidung der Meningitiskomplikation, die trotz *Streptomycin* (I)-Behandlung der Miliartuberkulose auftritt, wurde eine prophylakt., intralumbale Therapie durchgeführt mit dem Ziel, im Liquorraum ständig einen tuberkulostat. wirksamen I-Spiegel aufrechtzuerhalten. Behandlungsschema für I: a) intramuskulär, 50 mg/kg/Tag im 1. u. 2. Monat, dann 30 mg/kg/Tag im 3.—5. Monat; b) intralumbal 20—50 mg jeden 2. Tag 1.—3. Monat, im 4. u. 5. Monat jeden 3. Tag. Verabreicht wurde a) Dihydro-I; b) I-Ca-Chloridkomplex, -Hydrochlorid oder -Sulfat. Zusätzlich orale Verabreichung von *PAS*, 0,3 g/kg/Tag in 10tägiger Periode mit 3tägiger Pause. *PAS*-Maximaldosis 10 g. Von 20 Kindern wurden 10 nach dem prophylakt. Schema behandelt, keine Meningitiskomplikationen, alle wurden klin. geheilt. Bei den anderen 10 Fällen, 3 Todesfälle, 6 klin. Heilungen u. 1 Fall, der wegen Meningitisrecidiv noch behandelt wird. (Dtsch. med. Wschr. **77.** 276—80. 29/2. 1952. Köln, Univ., Kinderklinik.) DOSSMANN. 4611

G. Schäffer und **I. Borup Svendsen**, *Aureomycin und Chloromycetin zur Behandlung von Herpes zoster.* Bericht über 46 Fälle, 8 wurden mit *Chloromycetin* (I), 16 mit *Aureomycin* (II) behandelt, 22 Kontrollen erhielten Milchzuckerkapseln. Dosierung I: 2 bis 4 g täglich über 3—7 Tage; II: 2 g täglich 4 Tage lang. Im Krankheitsverlauf ergab sich kein Unterschied zwischen Versuchs- u. Kontrollgruppen im Hinblick auf Hauterscheinungen u. Neuralgien. Danach wird der Erreger von Herpes zoster, ein Virus von ca. 200 mμ durch I u. II nicht beeinflußt. (Acta dermato-venereol. [Stockholm] **32.** 184—89. 1952. Copenhagen, Dänemark, Univ., Dep. of Dermatol. and Venereol., u. Rudolph Bergh Hosp.) DOSSMANN. 4611

W. Schulze, *Zur Therapie der Leptospirose des Hundes.* Vf. berichtet über günstige Resultate bei der Behandlung der Leptospirose des Hundes mit *Dihydrostreptomycin-*

sulfat. Es konnte in 90% der Fälle eine klin. Heilung erzielt werden. (Tierärztl. Umschau 7. 330—32. Sept. 1952. Leipzig, Univ., Klinik für kleine Haustiere.) REICHLE. 4611

T. G. Armstrong, A. J. Wilmot und **R. Elsdon-Dew**, *Terramycin zur Behandlung der Amöbenruhr*. Bericht über 51 Bantuneger mit akuter erstmaliger Amöbenruhr, die 250 mg *Terramycin* (I) 6stündlich oral über 15 Tage erhielten. Mit I waren nach 20 Tagen 90% Erfolge u. 2% Versager festzustellen, eine zum Vgl. herangezogene analoge Serie mit *Emetin* (II) ergab dagegen 50 bzw. 28%. Mit *Aureomycin* (III) die gleichen Erfolge wie mit I. Betont wird, daß dieses Ergebnis mit nur einem Mittel zu erzielen ist. Die Anzahl der Rückfälle ist mit I nicht höher als bei anderen Therapien. Zu ihrer Vermeidung wird zusätzliche prophylakt. Behandlung mit II oder *Chloroquine* für angebracht gehalten. Nach Vff. sind I u. III nur indiziert bei der Amöbenruhr mit Ulcerationen. (South African med. J. **26**. 766—68. 20/9. 1952. Durban, Council for Sci. Res., Amoebiasis Res. Unit.) DOSSMANN. 4611

Helen S. Wells, *Untersuchungen über die Wirkung der Antibiotica auf Infektionen mit dem Mäusefadenwurm, Aspiculuris tetraptera*. 1. Mitt. *Die Wirkung von Terramycinhydrochlorid*. Wurde Mäusen täglich 500 mg/kg *Terramycin* 14 Tage lang gegeben, so war der Wurmbefall nach Verabfolgung von 300 Parasiteneiern wesentlich geringer als bei Kontrolltieren ohne Terramycin. Die ausgeschlüpften Würmer waren kürzer, die Eibldg. war bei ihnen gehemmt. (J. infect. Diseases **89**. 190—92. Sept./Okt. 1951. New York, N. Y., Columbia Univ., School of Publ. Health.) FISCHOEDER. 4611

Helen S. Wells, *Untersuchungen über die Wirkung der Antibiotica auf Infektionen mit dem Mäusefadenwurm, Aspiculuris tetraptera*. 2. Mitt. *Die Wirkung von Neomycin, Dihydrostreptomycin und Chloramphenicol*. (2. vgl. vorst. Ref.) Mäusen wurden je 300 Eier von Aspiculuris tetraptera mit der Schlundsonde appliziert. Die tägliche perorale Behandlung mit 50 mg/kg *Neomycin*, 500 mg/kg *Dihydrostreptomycin* oder *Chloramphenicol* war der Entw. förderlich, denn nach 2 Wochen war der Wurmbefall stärker als bei unbehandelten Kontrollen. (J. infect. Diseases **90**. 34—37. Jan./Febr. 1952. New York, Columbia Univ., School of Publ. Health.) FISCHOEDER. 4611

Helen S. Wells, *Untersuchungen über die Wirkung der Antibiotica auf Infektionen mit dem Mäusefadenwurm, Aspiculuris tetraptera*. 3. Mitt. *Die Wirkung von Aureomycin, Bacitracin und Polymyxin B*. (2. vgl. vorst. Ref.) *Aureomycin* u. *Bacitracin* üben bei Mäusen auf Wurmbefall u. -entw. nach künstlicher Infektion mit 300 Wurmeiern eine ähnliche Wrkg. aus wie *Terramycin*. Erst 500 mg/kg Aureomycin pro Tag waren wirkungsvoll, aber bereits etwas toxisch. *Polymyxin B* in der relativ schwachen Dosierung von 500 mg/kg hatte nur Einfl. auf die Wurmlänge. (J. infect. Diseases **90**. 110—15. März/April 1952. New York City, N. Y., Columbia Univ., School of Publ. Health.) FISCHOEDER. 4611

Leon V. McVay jr. und **Thomas N. Stern**, *Eine wirksame und ökonomische Methode zur Behandlung der akuten nichttuberkulösen bakteriellen Pneumonie*. *Aureomycin* (I) wurde in 74 Fällen oral in Dosen von 4mal täglich 250 mg verabreicht. 29 Fälle hatten Pneumokokkenpneumonie, 45 Pneumonien, verursacht durch verschied. Organismen. Sehr gute klin. Ergebnisse, keine Todesfälle. Unterss. der I-Serumkonzz. ergaben, daß durch wiederholte geringe I-Dosen wirksame I-Spiegel erzielt werden. In 2 Fällen traten Komplikationen durch Empyeme auf, die mit *Penicillin* u. *Streptomycin* behoben werden konnten. (Antibiotics and Chemotherapy **2**. 215—20. April 1952. Memphis, Tenn., Univ. of Tennessee, Coll. of Med., Inst. of Pathol., u. John Gaston Hosp.) DOSSMANN. 4611

H. Jezic, *Aureomycin und inguinale subakute Lymphogranulomatose*. Vf. berichtet über 15tägige Behandlung von 15 fortgeschrittenen Fällen mit inguinaler subacuter Lymphogranulomatose (maladie NICOLAS-FAVRE) mit 1,0- u. 2,5%ig. intramuskulärer *Aureomycin* (I)-Lösung. Die täglich verabreichten I-Dosen lagen zwischen 1,5 u. 5 mg/kg bei 2 Injektionen; sie wurden gut vertragen, tox. Nebenwirkungen wurden nicht beobachtet. 6 Heilungen, 5 ausgesprochene, 3 leichte Besserungen, 1 Versager. Die orale Verabreichung war prakt. wertlos. (Ann. Soc. belge Méd. trop. **31**. 653—60. 31/12. 1951. Bokungu, Tshuapa, Belg. Kongo, Serv. Méd. Chirurgical de la Comp. de l'Hévéa.) DOSSMANN. 4611

A. J. Wilmot, T. G. Armstrong und **R. Elsdon-Dew**, *Aureomycin bei Leberabsceß durch Amöben*. An durch Amöben verursachtem Leberabszeß erkrankte 5 ♂ Neger (Alter 18—49 Jahre) wurden über 10 Tage mit *Aureomycin* (I) in 6std. Dosen zu je 500 mg behandelt. In 2 Fällen trat keine, in 2 weiteren eine mögliche Besserung ein. Der 5. Patient wurde geheilt, doch trat nach 6 Wochen ein Rückfall ein. Im Vgl. zu den Behandlungsergebnissen mit *Emetin* u. *Chloroquinediphosphat* ergibt sich, daß I ein viel schwächer wirksames Mittel darstellt. (Amer. J. trop. Med. Hyg. **1**. 429—435. Mai 1952. Durban, South Africa, Council for Sci. and Industr. Res., Amoebiasis Res. Unit.) ERDMANN. 4611

Fordyce R. Heilman, Wallace E. Herrell, William E. Wellman und **Joseph E. Geraci** (unter techn. Mitarbeit von **Dorothy Rose** und **Edward Warren**), *Einige klinische und*

Laboratoriumsbeobachtungen über ein neues Antibioticum Erythromycin (Ilotycin). Bericht über erfolgversprechende erste Verss. mit *Erythromycin* (I; ELI LILLY & COMP., Indianapolis, Ind.). I greift bes. gram-positive Bakterien an u. ähnelt in seinem Wirkungsspektr. dem *Penicillin.* Hervorgehoben wird u. a. die Wirksamkeit gegenüber Haemophilus pertussis, Corynebacterium, Diplococcus pneumoniae, Streptokokken mit Ausnahme von Streptococcus faecalis, Clostridium, wahrscheinlich auch auf große Viren. Resistenzsteigerungen einiger Mikroben gegenüber I wurden beobachtet. Bei klin. Verss. wurde I oral an Erwachsene in Dosen von 0,4—0,5 g alle 6 Std. verabreicht. Mindestdosis zur Erhaltung des benötigten I-Spiegels ist 0,3 g. Höhere Dosen bedingen Nebenwirkungen, wie gastrointestinale Störungen, Übelkeit, Erbrechen u. Diarrhoe. Es wurde festgestellt, daß I nach oraler Verabreichung ziemlich prompt resorbiert wird u. im Gewebe u. fast allen Organen nachgewiesen werden kann. (Proc. Staff. Meetings Mayo Clin. **27.** 285 bis 304. 16/7. 1952.) DOSSMANN. 4611

J. L. Gowans, N. Smith und **H. W. Florey,** *Einige Eigenschaften von Nisin.* Verss. mit *Nisin* (I), einer relativ unlösl. Substanz, die aus einem Streptokokkenstamm isoliert wurde (vgl. MATTICK u. HIRSCH, C. **1947.** 1586). I hemmt in vitro das Wachstum von Streptococcus pyogenes, Staphylococcus aureus u. Mycobacterium tuberculosis; isolierte I-Fraktionen sind gegen letztere nicht wirksamer als das ungereinigte (crude) I. Beim p_H des Blutes ist I schlecht lösl.; die höchste einmalige intravenöse symptomlos vertragene Dosis einer feinen I-Suspension betrug bei Mäusen 8 mg. Intravenöse I-Injektion von 1 mg pro Tag über 8 Tage änderte das Verh. der Tiere nicht, aber histolog. Unterss. ergaben kleine nekrot. Stellen in der Leber u. geringe Änderungen in den Nierenkanälchen. Bei subcutaner Injektion wird I eingekapselt. Intrathekale Injektion von 4,5 u. 9 mg der I-Suspension rief Coma hervor. I wird zum Teil durch die Nieren ausgeschieden u. konnte im Blut einige Std. nach der Injektion nachgewiesen werden. Unter gewissen Bedingungen ist I bei experimenteller Infektion mit Str. pyogenes u. Staph. aureus bei Mäusen wirksam, kein Effekt bei Kaninchen nach Infektion mit einem vom Rind isolierten Stamm von Mycobact. tuberculosis. Nach Vff. liegt der Wert von I in lokaler prophylakt. Anwendung bei Wunden. (Brit. J. Pharmacol. Chemotherapy **7.** 438—49. Sept. 1952. Oxford, Sir William Dunn School of Pathol.) DOSSMANN. 4611

W. Breu, *Hyaluronidase.* Übersicht über allg. Indikation für Hyaluronidaseanwendung. — Keine Literaturangaben. (Wiener med. Wschr. **102.** 435—37. 7/6. 1952. Wien III.) BRATFISCH. 4614

P. Nordqvist, *Die Wirkung der Hyaluronidase auf den N. ischiadicus des Frosches, unter besonderer Berücksichtigung des Eindringens von Procain.* Da die Bindegewebsscheide offenbar das wesentliche Diffusionshindernis für das Eindringen von Substanzen in einen Nerven ist, mechan. Entfernung aber mit Verletzungen des Nerven verbunden ist, versuchte Vf. auf fermentativem Wege die Struktur der Bindegewebsscheide des N. ischiadicus von Rana temporaria mit *Hyaluronidase* (I) zu zerstören. Mit einem Zusatz von ca. 5 γ/ml zur blockierenden 0,3%ig. *Procain*-Lsg. wurde die Zeit bis zum Eintritt der Blockierung deutlich, mit 10 γ/ml signifikant verkürzt. Diese Konz. von I verursacht keine Veränderung des Ruhepotentials des Nerven. Die Blockierung isolierter Nervenfaserbündel wird durch Zusatz von I nicht beeinflußt. Daraus geht hervor, daß I nur auf die Bindegewebsscheide wirkt. Mechan. Unterss. ergaben nach Behandlung mit I eine verminderte Zerreißfestigkeit u. einen erhöhten Elastizitätsmodul des Nerven. (Acta pharmacol. toxicol. [København] **8.** 195—206. 1952. Upsala, Univ., Dep. of Pharmacol.) DAUTZENBERG. 4614

Alfred Schuster, *Behandlung der Adnexitis chronica mit „Echinacin“.* Da bei einer *Adnexitis* infolge der funktionellen Zusammenhänge stets das *vegetative Nervensyst.* in Mitleidenschaft gezogen wird, versagt sehr oft die nur auf Heilung des erkrankten Organkomplexes ausgerichtete Therapie. So führt Behandlung mit Sulfonamiden u. Antibioticis allein leicht zur Ausbldg. hartnäckig chron., nervös gesteuerter Erscheinungsformen. Hier wird eine am vegetativen Nervensyst. angreifende Therapie besprochen, zu welcher „*Echinacin*“ (MADAUS), eine aus *Echinacea purpurea* gewonnene Droge, benutzt wird. Durch intravenöse Gaben, die von 0,2 auf 2,5 cm^3 gesteigert wurden, konnte in einem großen Teil der Fälle in 10—14 Tagen Schmerzfreiheit u. Heilung erzielt werden. Bei den Injektionen traten Temperatursteigerungen u. Anwachsen der Leukocytenzahlen auf. Diese neben der Beeinflussung des vegetativen Nervensyst. auftretende Mobilisierung der Abwehrkräfte bedingt die große Wirkungsbreite des Mittels. (Med. Mschr. **6.** 453—55. Juli 1952. München, I. Univ.-Frauenklinik.) ZOPFF. 4620

Nicolette Corboud, *Die allgemeinen Anästhetica.* Allg. Überblick mit Aufzählung der bekannten anästhesierend wirkenden Mittel. (Schweiz. Mschr. Zahnheilkunde **62.** 979—97. Okt. 1952. Genève, Hôpital cantonal.) KLESSE. 4621

Nicolette Corboud, *Die allgemeine Anästhesie.* Allg. Ausführungen. (Schweiz. Mschr. Zahnheilkunde **62.** 997—1012. Okt. 1952. Genève, Hôpital cantonal.) KLESSE. 4621

Willibald Herod, *Schmerzverhütung und Schmerzbekämpfung in der Tagespraxis. Ein Beitrag zur „kleinen Analgesie“.* Hinweis auf die Analgesie mit *Lachgas* oder *Trichloräthylen* u. prophylakt. Gaben von *Spalttabletten.* (Dtsch. dentist. Z. **5.** 808—10. 5/12. 1951. Berlin.) KLESSE. 4621

Louis R. Orkin und **E. A. Rovenstine,** *Hexylcain (Cyclain): angewandt als allgemeines und örtliches Anästheticum.* (Vorl. Mitt.) *Cyclain, Benzoesäure-1-cyclohexylamino-isopropylester-Hydrochlorid* erwies sich bei über 1000 Fällen als gutes Allgemein-, Infiltrations- u. Lokalanästheticum. Die tox. Wrkg. scheint sehr gering zu sein. Das Anästheticum wird, je nach Anwendungsgebiet, als 1- oder 5%-Lsg. verwandt. (Anesthesiology **13.** 465—73. Sept. 1952. New York, N. Y., New York Univ., Postgraduate Med. School, Dep. of Anesthesiol., u. Bellevue Hosp., Dep. of Anesthesia.) REICHLE. 4621

J. M. López-Porrúa und **P. J. Toni Starling,** *Kopfschmerzen nach Lumbalanästhesie und von den Lenden ausgehende subarachnoidale Tension.* Kopfschmerzen nach Lumbalanästhesie treten selten vor dem 2. Tag auf, am häufigsten bei Einstich zwischen 1. u. 3. Lendenwirbel. Der optimale subarachnoidale Druck beträgt 12—45 cm Wassersäule. Das Alter spielt keine wesentliche Rolle. Hypotension begünstigt die Komplikation. Frauen sind etwas anfälliger, Gefäßverengernde Mittel, *Morphin, Atropin* u. *Veritol* schaden nicht, ein günstiger Einfl. von *Vitamin B_1* wird nicht festgestellt. Dagegen werden gute Erfahrungen mit Entnahme von 5—8 cm^3 Liquor bei Auftreten der Kopfschmerzen, Feststellung der Tension, bei Hypotension Zufuhr von 2—4mal 50 cm^3 dest. W. intravenös, bei Hypertension Entnahme von 10—12 cm^3 Liquor berichtet. (Medicina [Madrid] **20.** I. 166—86. März 1952. Madrid, Cat. de Patol., u. Clín. quirurg.) R. K. MÜLLER. 4621

Finn Sandberg, *Chemie und Pharmakologie neuer N-substituierter und N.N'-zweifach substituierter Barbitursäurederivate.* Insgesamt wurden 77 *Barbitursäure*-Derivv., 6 *Diphenylhydantoin*-Derivv. u. 3 weitere Verbb. dargestellt u. ihre FF. u. UV-Absorptionsspektren bestimmt. In pharmakol. Unterss. wurden ihre narkot., tox., krampferzeugenden, krampfhemmenden, antipyret. u. analget. Wirkungen sowie ihr Synergismus mit A. geprüft. Ferner wurden besondere Effekte einiger amphoterer u. bas. Verbb. (ganglienblockierende, parasympathicolyt., u. Wrkg. auf die Bronchiolenmuskulatur) untersucht. — Folgende *Barbitursäuren* wurden geprüft: *1-Carbomethoxymethyl-* ([F.] 168—169°), *1-Carbäthoxymethyl-* (137—138°), *1-Carbisopropoxymethyl-* (123—124°), *1-Carbäthoxymethyl-5-methyl-* (137—138°), *1-Carbomethoxymethyl-5-äthyl-* (94—95°), *1-Carbäthoxymethyl-5-äthyl-* (97 bis 98°), *1-Carbisopropoxymethyl-5-äthyl-* (95—96°), *1-Carbäthoxymethyl-5-n-propyl-* (138—139°), *1-Carbäthoxymethyl-5-isopropyl-* (80°), *1-Carbäthoxymethyl-5-n-butyl-* (124 bis 125°), *1-Carbäthoxymethyl-5-sek.-butyl-* (107—108°), *1-Carbäthoxymethyl-5-isobutyl-* (100—101°), *1-Carbäthoxymethyl-5-isoamyl-* (119—120°), *1-Carbäthoxymethyl-5-phenyl-* (142°), *1-Carbomethoxymethyl-5-acetyl-* (146—147°), *1-Carbäthoxymethyl-5-acetyl-* (142 bis 143°), *1-Carbisopropoxymethyl-5-acetyl-* (166—168°), *1-Carbäthoxymethyl-5-allyl-* (Öl), *1-Carbäthoxymethyl-3-acetyl-5-äthyl-* (184—187°), *1-Carbäthoxymethyl-3-acetyl-5-n-propyl-* (159—161°), *1-Carbäthoxymethyl-5-methyl-5-allyl-* (47—48°), *1-Carbäthoxymethyl-5-äthyl-5-allyl-* (71—72°), *1-Carbäthoxymethyl-5-n-propyl-5-allyl-* (85°), *1-Carbäthoxymethyl-5-isopropyl-5-allyl-* (75°), *1-Carbäthoxymethyl-5-n-butyl-5-allyl-* (60°), *1-Carbäthoxymethyl-5-sek.-butyl-5-allyl-* (77—78°), *1-Carbäthoxymethyl-5-isobutyl-5-allyl-* (95—96°), *1-Carbäthoxymethyl-5-n-amyl-5-allyl-* (100—102°), *1-Carbäthoxymethyl-5-isoamyl-5-allyl-* (61 bis 62°), *1-Carbomethoxymethyl-5.5-diallyl-* (96—97°), *1-Carbäthoxymethyl-5.5-diallyl-* (67—68°), *1-Carbopropoxymethyl-5.5-diallyl-* (Öl), *1-Carbobutoxymethyl-5.5-diallyl-* (Öl), *1-Carbäthoxymethyl-5.5-dimethyl-* (84—85°), *1-Carbäthoxymethyl-5.5-diäthyl-* (77—78°), *1-Carbäthoxymethyl-5-äthyl-5-isoamyl-* (Öl), *1-Carboxymethyl-5.5-diallyl-* (167—168°), *1-Methyl-5.5-diallyl-* (90—91°), *1.5.5-Triallyl-* (68—69°), *1-n-Heptyl-5.5-diallyl-* (Öl), *1-n-Octadecyl-5.5-diallyl-* (62—63°), *1-Benzyl-5.5-diallyl-* (116—117°), *1-Benzyl-5-allyl-5-isopropyl-* (120—121°), *1-Benzyl-5-allyl-5-phenyl-* (114°), *1-Benzyl-5-äthyl-5-isoamyl-* (89—90°), *1-β-Phenyläthyl-5.5-diallyl-* (76—77°), *1-Carbamylmethyl-5.5-diallyl-* (186 bis 187°), *1-[N.N-Diäthylcarbamylmethyl]-5.5-diallyl-* (101—102°), *1-[N-Phenylcarbamylmethyl]-5.5-diallyl-* (202—203°), *1-[N-p-Äthoxyphenylcarbamylmethyl]-5.5-diallyl-* (139 bis 140°), *1-[N-p-Allyloxyphenylcarbamylmethyl]-5.5-diallyl-* (140—141°), *1-[β-Diäthylaminoäthyl]-5.5-diallyl-* (188—190°), *1-[β-Diäthylaminoäthyl]-5-cyclohexenyl-5-äthyl-* (243 bis 244°), *1-[β-Diäthylaminoäthyl]-5-allyl-5-phenyl-* (226—227°), *1-[β-Dibenzylaminoäthyl]-5.5-diallyl-* (214—215°), *1-[N-Äthyl-N-α-naphthylmethylaminoäthyl]-5.5-diallyl-* (196 bis 197°), *1.3-Dibenzyl-5.5-diallyl-* (89°), *1.3-Dibenzyl-5-allyl-5-isopropyl-* (76,5—77°), *1.3-Dibenzyl-5-allyl-5-phenyl-* (99—100°), *1.3-Dibenzyl-5-äthyl-5-isoamyl-* (Öl), *1.3-Bis-[carbo-*

methoxymethyl]-5.5-diallyl- (113—115°), *1.3-Bis-[carbäthoxymethyl]-5.5-diallyl-* (95—97°), *1.3-Bis-[carboxymethyl]-5.5-diallyl-* (172—173°), *1.3-Bis-[carbamylmethyl]-5.5-diallyl-* (249 bis 251°), *1.3-Bis-[N.N-diäthylcarbamylmethyl]-5.5-diallyl-* (118—119°), *1.3-Bis-[N-phenylcarbamylmethyl]-5.5-diallyl-* (301—302°), *1.3-Bis-[N-p-äthoxyphenylcarbamylmethyl]-5.5-diallyl-* (286—287°), *1.3-Bis-[N-p-allyloxyphenylcarbamylmethyl]-5.5-diallyl-* (259—260°), *1-Methyl-3-[β-diäthylaminoäthyl]-5.5-diallyl-* (Öl), *1-Benzyl-3-[β-diäthylaminoäthyl]-5.5-diallyl-* (150—151°), die Na-Salze der *1-Carbäthoxymethyl-5-äthyl-5-allyl-* (187—188°), *1-Carbäthoxymethyl-5-n-propyl-5-allyl-* (211—212°), *1-Carbäthoxymethyl-5-isobutyl-5-allyl-* (215—216°), u. *1-Carbäthoxymethyl-5.5-diallyl-* (208—209°), die K-Salze der *1-Carbäthoxymethyl-5-äthyl-5-allyl-* (191—192°), *1-Carbäthoxymethyl-5-isopropyl-5-allyl-*(188—189°), u. *1-Carbäthoxymethyl-5.5-diallyl-barbitursäure* (186—187°). Ferner wurden folgende Derivv. des *5.5-Diphenylhydantoins* untersucht: *3-Allyl-* (130—131°), *3-Benzyl-* (149 bis 150°), *3-Carboxymethyl-* (282—284°), *3-Carbäthoxymethyl-* (178—180°), *3-Carbamylmethyl-* (248—249°) u. *3-[N.N-Diäthylcarbamylmethyl]-5.5-diphenylhydantoin* (186°). Außerdem *2-Methylbutyrylhydantoinsäureäthylester* (125—127°), *2-Methylvalerylhydantoinsäure* u. *Caproylcarbaminsäure*. — Aus den Ergebnissen der pharmakol. Verss. zieht Vf. folgende allg. Schlüsse: Nur schwache Säuren mit bestimmten Löslichkeitsverhältnissen hatten ausgesprochen narkot. Wirkung. Die Substitution in 1-Stellung hatte wesentlichen Einfl. auf die pharmakol. Eigg. der Verb., während zwischen den verschied. Alkylradikalen in 5-Stellung u. der narkot. Wrkg. keine erkennbare Beziehung bestand. Zweifache Substitution in 1.3-Stellung ergab Verbb. ohne hypnot. Wirkung. (Acta physiol. scand., Vol. **25**. Suppl. 91. 1—46. 1952. Stockholm, Karolinska Inst., Dep. of Pharmacol.) DAUTZENBERG. 4621

Hansjörg Kolder, *Über die Zusammensetzung und Wirksamkeit des Fibrinleukotaxin.* Das aus pept. Verdauungsprodd. von Fibrin gewonnene *Leukotaxin* (I) ließ sich elektrophoret. in zwei Komponenten zerlegen. I bewirkte in vivo am Mäusemesenterium eine Leukocytenemigration, die bes. stark bei der schnelleren I-Komponente war. Wie am Meerschweinchen dann gezeigt werden konnte, ist die I-Wrkg. kein Histamin-, sondern eher ein Antihistamineffekt. Es wird vorgeschlagen, I zur Beschleunigung chron.-entzündlicher Prozesse anzuwenden. (Wiener tierärztl. Mschr. **39**. 417—22. Juli 1952. Wien, Univ., Physiol. Inst.) KRUSEN. 4625

Rosamond M. Eccles, *Aktionspotentiale isolierter sympathischer Säugetierganglien.* Am isolierten oberen Halsganglion des Kaninchens wurden Aktionspotentiale nach elektr. präganglionärer Reizung gemessen u. der Einfl. des *d-Tubocurarin* (I) u. der tetan. Reizung auf den Aktionsstrom untersucht. I blockiert die Erregungsübertragung in den Synapsen in 10fach geringerer Konz. als es die Erregungsausbreitung in der präganglionären Faser hemmt. (J. Physiology **117**. 181—95. 27/6. 1952. Canberra, Austral., Nat. Univ., Dep. of Physiol.; Dunedin, Univ. of Otago, Dep. of Physiol.) DAUTZENBERG. 4628

Rosamond M. Eccles, *Reaktionen isolierter curarisierter sympathischer Ganglien.* (Vgl. auch vorst. Ref.) Untersucht wurden *d-Tubocurarin*, ein aus der Rinde von Strychnos toxifera extrahiertes Curarin, *c-Dihydrotoxiferin I* u. *c-Toxiferin II*; ferner wurde der Einfl. von *Eserin*, *Adrenalin* u. *Kalium* geprüft. Vf. nimmt auf Grund der Aktionsstromkurven an, daß Curare in hohen Konzz. seine ursprüngliche Wrkg. (Hemmung der durch Acetylcholin bewirkten Depolarisierung) in das Gegenteil umkehre. (J. Physiology **117**. 196—217. 27/6. 1952. Canberra, Austral. Nat. Univ., Dep. of Physiol.; Dunedin, Univ. of Otago, Dep. of Physiol.) DAUTZENBERG. 4628

J. F. O'Leary, D. E. Leary und **I. H. Slater,** *Zentralnervöse Wirksamkeit einiger 2-Pyridylderivate.* An Mäusen wurde für verschied. Verbb. die ED_{50} (Dosis, bei welcher die Hälfte der Tiere Verluste der Stellreflexe zeigen; narkot. Wrkg.), sowie die PD_{50} (Dosis, welche die Hälfte der Tiere gegen die ton. Phase eines Elektrokrampfs — Ohrelektroden, 8 mA, 0,5 Sek. — schützt) u. die LD_{50} bestimmt. Alle geprüften Verbb. zeigten sich gegenüber 2fach letalen Dosen von *Strychnin* oder *Cardiazol* ohne Wrkg.; in vielen Fällen wurde die Überlebenszeit verlängert. Es folgt für die einzelnen Verbb. die LD_{50} u. bei Wirksamkeit das Verhältnis von LD_{50} zu ED_{50} (2. Zahl) bzw. LD_{50} zu PD_{50} (3. Zahl). Alle Angaben in mMol/kg bei intraperitonealer Gabe. *Phenyl-γ-pyridyl-(2)-propylketon* (I): 0,89; 3,3; 10,7. *Methojodid* von I: 0,085; —; —. *Phenyl-γ-pyridyl-(4)-*: 1,37; 2,0; 6,2. *Phenyl-γ-chinolyl-(2)-*: 0,64; —; 3,2. *Phenyl-α-phenyl-γ-pyridyl-(2)-*: 1,27; —; 2,6. *1'-Oxyphenyl-α-methyl-γ-pyridyl-(2)-*: 3,2; 1,7; 6,8. *Methyl-γ-pyridyl-(2)-*: 1,7; 1,2; —. *Methyl-α-phenyl-γ-pyridyl-(2)-propylketon*: 1,88; 3,4; 7,2. *1-Benzyl-3-pyridyl-(2')-buttersäureäthylester*: 2,6; 1,2; 5,9. *α-[2-Ketocyclopentyl]-γ-pyridyl-(2)-propan*: 1,8; 1,2; —. *2-[β-Pyridyl-(2)-äthyl]-3-oxynaphthochinon*: 0,15; —; —. *1-Phenyl-4-pyridyl-(2')-butanol*: 1,88; 3,2; 7,8. *1-Methyl-1-phenyl-4-pyridyl-(2')-butanol*: 2,31; 2,7; 9,2. *α.α-Bis-[oxymethyl]-δ-pyridyl-(2)-butan*: 4,8; —; —. *3-Pyridyl-(2')-propanol*: 6,6; —; —. *2-Pyridyl-(2')-äthanol*: 11,4; —; —. *Methyl-γ-chinolyl-(2)-propylketon*: 2,30; 1,6; 3,6. *2-Chinolyl-(2')-äthylmalonsäure-*

diäthylester: 1,81; —; —. *[2-Chinolyl-(2')]-1-phenyläthanol*: 3,1; —; 6,7. *1-Chinolyl-(2')-2-phenyläthylen*: 2,7; —; —. *2-β-Oxäthylchinolin*: 4,0; 2,0; 3,1. *2-β-Diäthylaminochinolin*: 0,75; —; —. *4-Piperidyl-(2)-1-phenylbutanol*: 0,38; —; —. *4-Piperidyl-(2)-1-methylbutanol*: 0,89; —; —. *3-Piperidyl-(2)-propanol*: 1,5; —; —. *Picolylphenylketon*: 2,2; 1,2; 4,7. *2-[4'-Äthoxy-2'-oxybutyl]-pyridin*: 4,1; 0,8; 2,9. *Pyridyl-(2)-äthylen*: 2,7: —; —. *Pyridyl-(4)-äthanol*: 10,8; —; —. *1-Benzoylisochinolin*: 1,05; —; —. (Proc. Soc. exp. Biol. Med. **76**. 738—41. April 1951. Rochester, N. Y., Univ. School of Med. and Dent., Div. of Orthopaedic Surg., of Surg., of Pharmacol. and Toxicol. and of Radiat. Biol.) JUNG. 4628

J. D. King, *Experimentelle Erzeugung von Zahnfleischhyperplasie bei Frettchen durch Epanutin (Diphenylhydantoin-Natrium)*. Verabreichung des Antiepilepticums *Epanutin* (I; = *Dilantin-Na* = *Na-Salz des 5.5-Diphenylhydantoins*) hatte in 38—57% der Fälle eine schwere Form von Zahnfleischhyperplasie zur Folge. Nach Vf. kann zwecks histopatholog. Unterss. an Labortieren die gleiche Erscheinung durch intramuskuläre Injektion von I (Lsg. von 16 mg in 2 ml W.) bzw. Verfütterung von I (8 mg in 8 ml W., pro die) an Frettchen hervorgerufen werden. Außerdem wurde festgestellt, daß auch große Dosen *Harnstoff* ähnliche Erscheinungen zur Folge haben. (Brit. J. exp. Pathol. **33**. 491—98. Okt. 1952. London, King's Coll. Hosp., Med. School, Med. Res. Council Dental Res. Unit.) KLESSE. 4628

Ernst Scheuble und E. A. Müller, *Der Einfluß von Genußmitteln und Nahrungsaufnahme auf die Pulsfrequenz während der Arbeit.* An einer kreislaufgesunden Person wurden die Differenzen zwischen Ruhe- u. Arbeitspuls nach Aufnahme von *Coffein*, *A.*, Nahrung u. nach Rauchen mit der unbeeinflußten Ruhe–Arbeits-Pulsdifferenz verglichen. Es ergab sich eine Störung durch das Rauchen u. durch Coffeingenuß. (Arbeitsphysiologie **14**. 469—76. 1952. Dortmund, Max-Planck-Inst.) DUCHO. 4630

Wolfgang Schreck, *Hochdruckbehandlung mit Hydergin.* Das aus *Ergocornin*, *Ergocristin* u. *Ergokryptin* in wechselndem Verhältnis zusammengesetzte *Ergotoxin*, ein Wirkstoff des Mutterkorns, besitzt neben der vorherrschenden den Uterus u. die Gefäße kontrahierenden Wrkg. auch schwächere antagonist. sympathico-adrenolyt. Eigenschaften. Bei Hydrierung des Komplexes zu *Dihydroergocornin*, *Dihydroergocristin* u. *Dihydroergokryptin* verschwindet die vasokonstriktor. neben der jetzt ausgeprägten den Gefäßtonus senkenden Wrkg. vollkommen. Mit dem die Dihydroalkaloide zu gleichen Anteilen enthaltenden „*Hydergin*" lassen sich bei subcutaner u. oraler Anwendung Hochdruckerkrankungen günstig beeinflussen. Die Kreislaufanalysen zeigen Senkung des Blutdrucks, der Frequenz, des Schlag- u. Minutenvolumens. Bei der Behandlung, die mit täglich 1 cm^3 subcutan begonnen u. mit 3mal 5—25 Tropfen oral fortgesetzt wird, läßt bei nicht fixiertem Hochdruck u. ausreichender Anwendungszeit (10—12 Wochen) Heilung, bei vorhandenen Gefäßschädigungen Linderung der Beschwerden, erreichen. (Med. Mschr. **6**. 455—60. Juli 1952. Göppingen, Zentralkliniken.) ZOPFF. 4630

W. Staehler und Th. Henftling, *Klinisch-chirurgische Erfahrungen mit DHT (Dihydroxypropyltheophyllin).* Die Anwendung des Theophyllins (I) ist wegen seiner Schwerlöslichkeit u. seiner Nebenwirkungen beschränkt; die als Lösungsvermittler benutzten Amine bzw. Diamine sind stark bas. u. therapeut. nicht indifferent. Einen Fortschritt bedeuten die gut wasserlösl. I-Derivate. *DHT* = *7-[β-Dioxypropyl]-theophyllin* in Verb. mit dem Mg-Salz der α-Oxybenzylphosphinsäure, ist parenteral u. peroral gleich gut wirksam, bes. geeignet, bei dem schwierigen urolog. Krankengut prä- u. postoperativ eine konsequente Herz- u. Kreislauftherapie durchzuführen u. die Nierenfunktion optimal wiederherzustellen. DHT ist absol. gut verträglich u. wirkt peroral auch auf die Cerebralsklerosen, pektanginösen Beschwerden u. gelegentlich stärker erhöhten RR-Werte ein. (Die Medizinische **1952**. 865—67. 21/6. Tübingen, Univ., Chirurg. Klinik, Urolog. Abt.) BÖHM. 4630

W. Bertram, *Diagnose und Therapie der Periarteriitis nodosa.* Bericht über 2 Fälle. Spezif. Therapie ist noch nicht möglich; empfohlen werden: *Antihistaminica*, *Vitamin B*, *Penicillin*, *Sulfonamide*. (Münchener med. Wschr. **94**. 1205—08. 13/6. 1952. Helmstedt, Kreiskrankenhaus.) KRUSEN. 4630

Alâeddin Akcasu, *Die Wirkung verschiedener chemischer Stoffe auf durch elektrischen Strom hervorgerufenes Kammerflimmern.* Die Wrkg. verschied. Verbb. auf das durch Wechselstrom hervorgerufene Flimmern der Herzmuskulatur wurde an LANGENDORFF-Präpp. von Katzen studiert. Während *Acetylcholin*, *Papaverin*, *Chinin*, *Coffein*, *Campher*, *Cedilanid*, *Strophosid*, *Morphin*, *Novocain*, *Antistin* u. *Neptal* eine Rückkehr zum n. Rhythmus bewirken, bleiben *Coramin*, *Niacin* u. *Ronicol* wirkungslos. Die Stoffe, welche eine Rückkehr zum Normalrhythmus verursachen, sind diejenigen, welche direkt auf das Myokard wirken. (Istanbul Üniv. Tip Fak. Mecmuasi [Bull. Fac. Méd. Istanbul] **15**. 230—41. 1952. Istanbul, Univ., Pharmakol. Inst.) STARY. 4630

H. Wefers und **Fr. W. Naegelsbach**, *Ergebnisse der Injektionsbehandlung bei hochgradigen Varizenbildungen.* Bericht über Dauererfolge bei 30 Fällen mit Varizenerkrankungen durch Infusion von 180—220 cm³ einer 66%ig. *Traubenzucker*-Lsg.; die Lsg. wird durch Erwärmen von 66 *Dextropur* u. 34 *Aqua dest.* in 20—30 Min. erhalten. (Zbl. Chirurg. **77.** 1825—28. 1952. Rheydt-Odenkirchen, Städt. Krankenhaus.) DOSSMANN. 4630

Tomris Sidal, *Über die Wirkungsweise der Quecksilberdiuretica.* Um die Frage aufzuklären, ob die *Quecksilberdiuretica* direkt auf die Nierentubuli wirken oder ob ihre Wrkg. durch die Ausschwemmung von Ödem-Fl. ins Blut zustandekommt, wurde bei 5 Fällen, die verschied. Formen von Wasserretention zeigten, das Blut u. Plasmavol. vor, während u. nach der Diurese bestimmt. Bei Fällen kardialer Wasserretention erhöht sich das Blutvol. vor der Diurese. Gleichzeitig sinken die Hämatokrit-Werte ab. Es tritt also eine Mobilisierung von Gewebswasser ein. Bei Fällen von portaler Stauung steigt das Blutvol. ebenfalls, die Hämatokritwerte bleiben aber entweder konstant oder zeigen einen leichten Anstieg. Hier erfolgt also nicht eine Ausscheidung von Gewebswasser, sondern eine Mobilisierung der Blutdepots. Am Ende der Diurese waren in allen Fällen Plasma u. Blutvol. herabgesetzt. Es ergibt sich somit, daß in der ersten Std. nach der Verabreichung die extrarenale Wrkg. im weiteren Verlauf aber die renale Wrkg. überwiegt. (Istanbul Üniv. Tip Fak Mecmuasi [Bull. Fac. Méd. Istanbul] **13.** 338—46. 1950. Istanbul, Univ., Therapeut. Klinik.) STARY. 4634

Ubaldo Arduini, *Experimentelle Untersuchungen zur therapeutischen Wirkung eines neuen antiulcerösen Präparates.* Unterss. der Wrkg. des gegen Magen- u. Duodenalulcera empfohlenen *Pridop* (I; BRAGLIA, Mailand), das aus zwei verschied. Tablettenarten besteht (A = Mucin-Gastroduodenalschleimhaut-Lysat u. B = $BiONO_3$, $NaHCO_3$ u. Na-Phosphat), am Meerschweinchen, bei dem durch Injektion der 100fachen letalen Dosis Histamin bei gleichzeitiger Verabreichung entsprechender Mengen Antihistamin (Neoantergan) Gastroduodenalulcera erzeugt worden waren. Es wurden 25 Tiere der I-Behandlung unterworfen, von denen nach 18—25tägiger Behandlung 18 Tiere geheilt (vollständige Vernarbung) waren. Keins der unbehandelten Kontrolltiere zeigte nach 20 Tagen ein Verschwinden der Ulcera. (Gastroenterologia [Basel] **78.** 283—94. 3/5. 1952. Parma, Univ., Ist. di Patolog. speciale e Metodolog. clin.) IPPEN. 4645

Fikret Biyâl, *Klinische Versuche über die anthelminthische Wirkung von reinem Benzin.* 25—50 cm³ *Bzn.* (Kp. 60—105°) wurden 104 wurminfizierten Patienten (Ascaris, Taenia, Necator, Enterobius vermicularis, Trichocephalus, Hymenolepsis nana) verabreicht. Seine Wrkg. wurde mit der anderer Anthelminthica verglichen. Bei guter anthelminth. Wrkg. erwies sich das Bzn. als ungiftig, es wird daher als polyvalentes Anthelminthicum empfohlen. (Istanbul Üniv. Tip Fak. Mecmuasi [Bull. Fac. Méd. Istanbul] **14.** 306—23. 1951. Istanbul, Univ., Therapeut. Klinik.) STARY. 4649

A. Fain und **E. Lagrange**, *Heilungserfolg der Thioxanthonderivate (Miracil D und Nilodin) in Fällen von starkem Parasitenbefall mit Schistosoma Mansoni.* Anwendung von *Miracil D* (I; BELGO-PHARMA) oder *Nilodin* (II; BURROUGHS WELLCOME, London) in Dosen von 120 mg/kg bei Patienten mit *Schistosoma Mansoni*-Befall. 3 Heilungen. Bei den nicht geheilten Fällen war eine Verminderung der Eier im Stuhl festzustellen. Eine Wiederholung der Kur bei 9 gebesserten Fällen ergab weitere Eierverminderung, aber keinen negativen Stuhl. Bei schweren Fällen ist danach nur für einen geringen %-Satz Heilung durch I- oder II-Therapie zu erwarten. (Ann. Soc. belge Méd. trop. **32.** 221—27. 30/6. 1952. Blukwa, Ituri, Labor. Méd., u. Auderghem.) DOSSMANN. 4649

E. A. Fisch, *Ergebnisse der Behandlung von vitalem Zahngewebe.* Klin.-histolog. Bericht (6 Fälle) über Vitalerhaltung der Pulpa durch Behandlung mit $O_2 + O_3$-Gasgemisch u. anschließende Anwendung von *Calxyl.* (Dtsch. zahnärztl. Z. **7.** 1165—69. 15/10. 1952. Zürich.) KLESSE. 4655

W. Hess, *Zur Prophylaxe der Pulpaerkrankungen.* Als Pulpaschutz unter Silicat- u. Metallfüllungen u. gegebenenfalls auch unter Kunstharzfüllungen werden *Calxyl* bzw. *Phosphatzement* genannt u. zur Lebenderhaltung der Pulpa die Überkappung mit alkalisierend wirkenden Präpp. (Calxyl, *Serocalcium, Dentinigène*), die zur Neubldg. von Odontoblastenzellen u. zur Bldg. einer neuen Dentindecke anregen. (Dtsch. zahnärztl. Z. **7.** 1177—86. 15/10. 1952. Zürich.) KLESSE. 4655

G. N. Davies und **R. M. King**, *Die Wirksamkeit eines ammoniumhaltigen Zahnpulvers bei der Bekämpfung der Zahncaries.* In Anlehnung an die Ergebnisse der Verss. von KERR u. KESEL (J. Amer. Dental Assoc. **42.** [1951.] 180), nach denen ein Zahnpflegemittel, das $(NH_4)_2HPO_4$ (I) u. *Harnstoff* (II) enthält, nach 2 Jahre langer, kontrollierter Anwendung cariesverhütend wirkt, stellten Vff. ähnliche Versuchsreihen an 339 Personen an, bei denen aber die Anwendung nicht direkt beaufsichtigt wurde, um die Untersuchungsmeth. den üblichen Verhältnissen anzugleichen. Verwendet wurde ein 5% I + 3% II enthaltendes Zahnpulver u. in der Kontrollgruppe ein Pulver aus den gleichen Grundbestandteilen ohne I u. II (beide hergestellt von BRISTOL MYERS PTY. LTD.). Bei der nach 9 Monaten erfolgten Nachunters. konnte entgegen den Befunden von KERR u. KESEL (l. c.) kein signifikanter Unterschied zwischen den beiden Gruppen bzgl. der Häufigkeit des Auftretens von Caries festgestellt werden. — Zahlreiche Tabellen. (J. Dental Res. **30.** 645—55. Okt. 1951. Dunedin, New Zealand, Univ. of Otago, Dep. of Preventive Dent.) KLESSE. 4655

Wiepko G. Perdok, *Die Aufnahme von Fluorionen durch Zahnschmelz.* Bei der Behandlung von Zahnschmelz (von menschlichen Zähnen u. Nagetierzähnen) mit 2% ig. *KF*-Lsg. wird *F*, zum Teil als CaF_2, aufgenommen, u. zwar in saurer Lsg. (2 g KF auf 100 ml W.; p_H 5,2, gepuffert mit H_3PO_4) mehr als in neutraler Lsg. (p_H 7,0; Behandlung je 24 Std.). Mit Hilfe von DEBYE-SCHERRER-Aufnahmen (auch von Schmelz fossiler Zähne) u. vergleichenden Unterss. mit *Hydroxylapatit* (I) wird die Bldg. von *Fluorapatit* (II) im Schmelz nachgewiesen, jedoch tritt keine Umwandlung von I in II ein. Die experimentell nachweisbare größere Härte von fluoriertem Schmelz wird von der festeren Bindung II–Protein verursacht, weil das F-Ion stärkere H-Brücken bildet als O- oder OH-Ionen. Damit wird auch die geringere Säurelöslichkeit von fluoriertem Schmelz erklärt. — Abb. u. Tabellen. (Schweiz. Mschr. Zahnheilkunde **62.** 249—69. März 1952. Groningen, Univ. Kristallogr. Inst.) KLESSE. 4655

Kurt Kristen, *Fluorantiseptica in der Therapie marginaler Paradentopathien.* Die zur Behandlung marginaler Paradentopathien im Handel befindlichen organ. Fluoradditionsverbindungen. *Nur 1 Tropfen* (*one Drop Only*; I; J. J. ROVISON, Chicago) u. *Ondroly* (II; O. MÜLLER, Berlin) wurden auf Gewebsverträglichkeit (Quaddelvers. am Meerschweinchen, Schleimhaut-Rk. an Albinoratten) sowie auf ihre Wrkg. bei Zahnfleischerkrankungen an je 50 Patienten untersucht. I ist nach den histolog. Befunden eine stark ätzende Substanz, die eine größere Tiefenwrkg. aufweist als 30% ig. Phenol. II ist wesentlich gewebsfreundlicher. Auch klin. zeigte I neben guter bakterieider Wrkg. oberflächliche Ätzwrkg., durch die auch sensible Nervenendigungen betäubt werden, so daß I auch eine leichte anästhesierende Wrkg. zukommt. II hat sich bei der Behandlung von Gingivitis simplex, zur Nachbehandlung ulceröser Gingivitiden u. zur Tonisierung der Schleimhaut bei Paradentopathien gut bewährt. Auf Grund dieser Befunde ist bes. bei I strenge Medikation erforderlich (als Mundwasser 2—3 Tropfen auf 100 cm^3 W.); Verwendung konz. Präpp. im Hausgebrauch wird wegen möglicher Verätzung der gesamten Mundschleimhaut abgelehnt. (Zahnärztl. Rdsch. **61.** 285—87. 20/5. 1952. Heidelberg, Univ., Klinik u. Poliklinik für Mund-, Zahn- u. Kieferkranke.) KLESSE. 4655

Emanuel B. Schoenbach, Joseph M. Miller und **Perrin H. Long,** *Die Behandlung somatischer Blastomykose mit Stilbamidin.* (Vgl. C. **1952.** 3370.) Nach Literaturübersicht über die Therapie der Blastomykose speziell mit *Stilbamidin* (I) = *4.4'-Stilbendicarboxamidin* Bericht über 4 Fälle. Die optimal zu verabreichende Menge ist noch nicht bekannt, sie dürfte zwischen 4,5 u. 6 g bei 2 oder 3 Kuren liegen. Erfolge in 3 Fällen, die 6, 5,5 u. 4,5 g erhalten hatten. Als Nebenerscheinung trat Trigeminusneuralgie auf. Im Fall 4 konnte die Kur nicht beendet werden, er zeigte nach 2,2 g Ansprechen auf I, wobei noch Blastomyces dermatitides aus einer Wunde isoliert wurden. *Propamidin* = *p.p'-(Trimethylendioxy)-dibenzamidin* ist nur für lokale Behandlung geeignet, es sollte wegen seiner Giftigkeit parenteral nicht verabfolgt werden. — 36 Literaturangaben. (Ann. intern. Med. **37.** 31—47. Juli 1952. New York City, State Univ. of New York, Dep. of Med.; Brooklyn, N. Y., Maimonides Hosp., u. Fort Howard, Md., Veterans Admin.) DOSSMANN. 4661

Luke R. Pascale, Alvin Dubin und **William S. Hoffman,** *Therapeutischer Wert von Probenecid (Benemid) bei Gicht.* An 20 Patienten mit Gicht u. Arthritis wurden täglich 2 g *Probenecid* (I) verabreicht. Bei 17 Fällen fiel der *Harnsäure* (II)-Spiegel des Blutes innerhalb von 72 Std. um durchschnittlich 55%, während die urinale II-Exkretion gleichzeitig um 35—200% anstieg. 3 Fälle, bei denen II ohne Wrkg. blieb, wiesen herabgesetzte Nierenfunktion auf. I bewirkte bei allen Patienten schnelle Besserung der Krankheitssymptome u. Milderung akuter Gichtanfälle. Bei gleichzeitiger Verabreichung von I u. *Acetylsalicylsäure* wird die I-Wrkg. vollständig aufgehoben. In einem Fall trat unter I-Therapie Exkretion von II-Kristallen u. Hämaturie auf, die durch zusätzliche Verabreichung von $NaHCO_3$ u. erhöhte Wasserzufuhr beseitigt werden konnten. (J. Amer. med. Assoc. **149.** 1188—94. 26/7. 1952. Chicago, Univ. of Illinois, Coll. of. Med., Dep. of Physiol.; Loyola Univ., Strich School of Med., Dep. of Med.; Cook County Hosp.) KRUSEN. 4670

Yves Rouleau und **Guy Nadeau,** *Leberdysfunktion bei chronischen Alkoholikern.* Unterss. mit verschied. Leberfunktionstesten an 45 Alkoholikern ergaben, daß sich bei mehrjährigem Alkoholismus in fast allen Fällen Leberdysfunktionen unterschiedlichen Grades entwickelten. Therapie war meist erfolgreich mit lipotropen Substanzen u. einer proteinreichen u. fettarmen Diät. — 38 Literaturangaben. (Canad. med. Assoc. J. **67.** 231—37. Sept. 1952. Mastai, Quebec, Hôp. St. Michel-Archange.) KRUSEN. 4670

Erik Jacobsen, *Todesfälle bei Alkoholikern in Dänemark, die mit Disulfiram (Tetraäthylthiuramdisulfid) behandelt wurden.* Bericht über 7 plötzliche Todesfälle infolge Atmungs- oder Kreislaufkollaps bei mit *Tetraäthylthiuramdisulfid* (I) behandelten Personen nach A.- Genuß, die unter 11000 in Dänemark mit I behandelten Alkoholikern auftraten. Es wird auf eine mögliche tox. Wrkg. des durch I akkumulierten Acetaldehyds, jedoch auch auf gelegentliche Kollapsfälle nach reichlicher Zufuhr von A. hingewiesen, die ohne I-Behandlung auftreten können. (Quart. J. Stud. on Alcohol **13.** 16—26. März 1952. Kopenhagen, Medicinalco.) KRUSEN. 4670

P. Seifert, *Kohlenoxydvergiftung und Schwangerschaft.* Die bisherigen Unterss. zur Problemstellung werden erörtert. In Tierverss. an Kaninchen wurde der Austausch von CO zwischen mütterlichem u. fetalem Blut untersucht. Bei akuter CO-Vergiftung erreicht das fetale Blut prakt. gleichhohe Werte an CO-Hb (I) wie das mütterliche. Die Ausscheidung von CO erfolgt zuerst schnell, niedere CO-Mengen werden allg. langsamer ausgeschieden u. mit noch größerer Verzögerung erfolgt ihre Abgabe aus dem fetalen an das mütterliche Blut. Frucht u. Mutter sind gleichstark gefährdet, wenn man nur die Höhe des I-Spiegels betrachtet. Für die Frucht nimmt man aber größere Giftempfindlichkeit an. Sie steht auch länger unter der Einw. niederer CO-Mengen, wodurch chron. Inhalation kleiner CO-Mengen durch die Mutter (starkes Tabakrauchen) für die Frucht ernster zu beurteilen ist als für die Mutter. (Zbl. Gynäkol. **74.** 895—900. 1952. Heidelberg, Univ., Inst. für gerichtl. Med.) BÖHM. 4675

W. N. Aldridge und **J. M. Barnes,** *Einige Probleme bei der Bestimmung der Toxizität der „Organophosphor-Insekticide" gegenüber Säugetieren.* Es wird angenommen, daß einige organ. *Insekticide* (I) erst dann bei Säugetieren tox. wirken, wenn sie durch Stoffwechselvorgänge beeinflußt werden. Diskutiert werden Literatur u. eigene Verss. mit I sowie cholinesterasehemmenden Substanzen, die als Verunreinigungen von I auftreten können: *Tetraäthylpyrophosphat* (*TEPP*); *p-Nitrophenyldiäthylthiophosphat* (*Parathion, E 605*; II); *Oktamethylpyrophosphoramid* (*OMPA, Schradan*; III); *p-Nitrophenyldiäthylphosphat* (*E 600*; IV); *4-Methyl-7-oxycumaryldiäthylthiophosphat* (*E 838*); *p-Nitrophenyldimethylthiophosphat*; *p-Nitrophenyldiisopropylthiophosphat*; *Diäthoxy-bis-(dimethylamino)-phosphonanhydrid* (V); Gemische des Anhydrides von *Monoäthyldimethylaminophosphonsäure* u. *Bis-(dimethylamino)-phosphonsäure* (V) sowie von *Diäthylorthophosphorsäure* u. V; *Bis-dimethylaminofluorophosphinoxyd.* — Bes. scheint II innerhalb des Organismus zu einem stärker akt. wirkenden Stoff umgewandelt zu werden — oder es liegen in II Verunreinigungen vor, die erst im Körper aktiviert werden (IV?). Unterschiedliche Ergebnisse der Toxizitätsteste können durch Art der Applikation entstehen, bes. ist das verwendete Lösungsm. (W., A., Ae.) von Einfluß. ♂ Tiere (Ratten) sind gegenüber II empfindlicher als ♀ (verschiedenartige Stoffwechselvorgänge?). Bei III u. V sind die ♂ empfindlicher. (Nature [London] **169.** 345—47. 1/3. 1952. Carshalton, Surrey, Med. Res. Council Unit for Res. in Toxicol.) LÜPNITZ. 4675

Konrad Maschke, *Messing als „Zahngold".* (Vgl. auch KLUMBIES, C. **1953.** 1209.) Bericht über einen Fall von ausgedehnter Periodontitis elektrolytica, die durch Verwendung von *Messing* als Brückenmaterial hervorgerufen wurde. (Dtsch. Gesundheitswes. **7.** 1592—93. 11/12. 1952. Rechenberg-Bienenmühle.) KLESSE. 4675

H. Sroka, *Zur Frage der gewerblichen Fluorerkrankungen.* (Dtsch. dentist. Z. **6.** 466—67. 16/9. 1952. Singen/Hohentwiel.) KLESSE. 4681

U. G. Bijlsma, J. Kok und J. B. Stolte, Laxantia. Uitgave Rijksinstituut voor pharmaco-therapeutisch onderzoek. 's-Gravenhage: Staatsdrukkerij- en Uitgeverijbedrijf. (69 S.) fl. 2,40.

Alain Decaudaveine, Le sel calcique de l'acide paraaminosalicylique, quelques observations cliniques en pédiatrie. Paris: Impr. de R. Foulon. 1952. (95 S.)

F. Pharmazie. Desinfektion.

—, *Zum III. Polnischen Arzneibuch.* Gewinnungsvorschriften, Eigg., Dosierung, Best. usw. von Ascorbinsäure, Insulinlsg. zur Injektion u. Schilddrüsenextrakt. (Farmacja polska **8.** 307—15. Aug. 1952.) R. K. MÜLLER. 4750

Romuald Klimek, *Anisöl oder Anethol im III. polnischen Arzneibuch?* Da Anisöl in Polen eingeführt werden muß, schlägt Vf. vor, im poln. Arzneibuch statt dessen Anethol aus Fenchelöl aufzunehmen u. gibt eine Vorschrift für dessen Reinheitsprüfung. (Farmacja polska 8. 181—82. Mai 1952.) R. K. Müller. 4750

J. Supniewski und **T. Bany**, *Arzneibuchnormen für Isonicotinsäurehydrazid.* Vf. gibt in Form der Arzneibuchvorschriften eine Zusammenstellung der Eigg. des Isonicotinsäurehydrazids (I), 12 Verff. der Identitätsprüfung, 7 Verff. zur Reinheitsprüfung u. 3 Verff. zur quantitativen Best. des Geh.: mit As_2O_3, jodometr. u. argentometr.; bei letzterer Meth. werden 0,1 g I (3 Std. bei 100° getrocknet) in 10 cm³ W. gelöst u. mit 50 cm³ ammoniakal. 0,1n $AgNO_3$-Lsg. u. der zur Lsg. des Nd. gerade ausreichenden Menge konz. NH_4OH versetzt, dann 15 Min. auf dem Drahtnetz zum Sieden erhitzt, von dem Nd. von metall. Ag durch Glasfilter abfiltriert, der Nd. mit W. gewaschen, mit 25 cm³ HNO_3 gelöst u. im Erlenmeyer-Kolben mit 0,1n NH_4SCN-Lsg. gegen Fe—NH_4-Alaun titriert. 1 cm³ entspricht 0,0034285 g I. (Farmacja polska 8. 288—90. Aug. 1952. Kraków, Akad. med., Zakł. Farmakol.) R. K. Müller. 4750

L. Rosenthaler, *Über mit Wollfett bereitete Pillen.* Digitalisglykoside werden in Ggw. von W. leicht durch die in den Digitalisblättern enthaltenen Fermente zerstört; Pillen, die Folia digitalis enthalten, verlieren daher mit der Zeit ihre Wirkung. Es ist daher vorgeschlagen worden, Pillen, die Digitalisglykoside oder andere leicht zersetzliche Substanzen enthalten, unter Zugabe von Lanolin herzustellen. Die Verwendung von Lanolin behindert die Resorption der in den Pillen enthaltenen Arzneimittel nicht. In lanolinhaltigen Pillen verabreichte Acetylsalicylsäure wird in n. Ausmaß resorbiert u. ist im Harn nachweisbar. (Folia pharmac. [Istanbul] 1. 117—18. 1951. Bern.) Stary. 4766

Giovanni Baldi, *Über die Herstellung von Suppositorien aus verfestigtem Glycerin.* Zur Herst. von Suppositorien mit hohem Geh. an Glycerin (I) erwies sich dem Vf. folgender Ansatz als bes. günstig: 5 (g) Gelatine (II) werden auf dem Wasserbad in 17 dest. W. gelöst u. dazu ein Gemisch aus 8 Na-Stearat (III) u. einem Teil von 70 I (30° Bé) gegeben. Dann wird der Rest I zugegeben u. bis zur Homogenität der M. auf dem Wasserbad gerührt. Für weichere Suppositorien empfiehlt Vf. folgendes Rezept: 15 II, 60 I, 25 dest. W., 5 III. Beide Sorten schm. in feuchtem Medium bei 36,5° u. sind, in Cellophan eingewickelt, lange haltbar. (Boll. chim. farmac. 91. 111—12. März 1952. Bologna, Farmacia Santa Viola.) Ippen. 4766

Henryk Bukowiecki und **Zofia Michalska**, *Fixierung und Färbung der Schleimzellen.* An Eibisch u. Schwarzwurz werden die optimalen Bedingungen für die Fixierung der Schleimzellen mit 1%ig. CrO_3-Lsg. (24 Std.) untersucht. Nach einigen Min. Waschen mit fließendem W. wird mit wss. Lsg. von $Ru_2(OH)_2Cl_4 \cdot 3\,H_2O$ (1 : 5000) 2 Min. gefärbt. (Farmacja polska 8. 284—87. Aug. 1952. Warschau, Akad. med., Zakł. Bot. farmac.) R. K. Müller. 4782

Suresh Prasad Sen und **Jagat Narayan Tayal**, *Beitrag zur chemischen Analyse der Früchte von Terminalia balerica, Roxb.* Die ind. Combretacee *Terminalia balerica* („Bahera") liefert eine Droge (Frucht), die im Lande vielfache medizin. Verwendung findet. Sie ist adstringierend u. laxierend u. wird gegen Skorpionstiche, Leberbeschwerden u. Störungen im Gastrointestinaltrakt eingesetzt. Die Droge enthält eine ölige Substanz, welche man bei Rheumafällen anwendet. — Ein alkoh. Extrakt (Beschreibung der Aufarbeitung) liefert folgende Substanzen: ein grünes Öl, Harzkörper, Saponin, Tannin u. glucosid. Verbindungen. (J. Amer. pharmac. Assoc., sci. Edit. 40. 475. Sept. 1951. Calcutta, Central Drugs Labor.) J. Keil. 4782

Karl Helbig, *Amalgame mit hohem oder niedrigem Silbergehalt?* Bei sachgemäßer Verarbeitung sind sowohl Amalgame mit hohem (67%) *Ag*-Geh. als auch solche mit niedrigerem (ca. 50%) Ag-Geh. geeignet. (Dtsch. dentist. Z. 5. Nr. 51/52. 832—33. 19/26. 12. 1951. Eisleben.) Klesse. 4798

Karl Helbig, *Nochmals: Amalgame mit hohem oder niedrigem Silbergehalt?* (Vgl. vorst. Ref.) Der gute Randschluß einer Amalgamfüllung ist unabhängig vom *Ag*-Geh. des Amalgams. (Dtsch. dentist. Z. 6. 157—58. 5/3. 1952.) Klesse. 4798

A. M. Berg, *Papierchromatographische Untersuchung von Ergotoxin und Ergotinin.* Ergotoxin läßt sich mit Hilfe der Zirkularchromatographie unter Anwendung von gepuffertem Filterpapier u. einer mit W. gesätt. Lsg. von Bzl. mit 10% A. als Eluierungsmittel in seine Komponenten *Ergocristin*, *Ergocornin* u. *Ergokryptin* trennen. Ergotinin scheint hauptsächlich aus Ergocristin zu bestehen. (Pharmac. Weekbl. 87. 282—83. 26/4. 1952. 's Gravenhage, Gemeenteapotheek.) Wesly. 4806

Jerzy Tułecki, *Probleme der Vitamin-C-Herstellung.* Überblick über die Grundlagen u. die techn. Durchführung der Darst. aus d-Sorbit mit elektrolyt. Reduktion. (Farmacja polska 8. 302—05. Aug. 1952. Gdańsk [Danzig], Akad. med., Zak. Technol. chem. Śr. leczn.) R. K. Müller. 4808

G. B. West, *Die Stabilität der Noradrenalinlösungen.* Lsgg. eines *Noradrenalin* (I)-Präp. („*Levophed*", BAYER PROD. LTD. = *Noradrenalinbitartrat*) in Verdünnungen 1: 1000 (bezogen auf freie Base) zeigten die größte Stabilität, wenn sie anfänglich auf ein p_H von ca. 3,6 eingestellt u. mit einem Zusatz von 0,1% Na-Metabisulfit versehen wurden. Bei guter Füllung der Ampullen konnte die Lsg. 30 Min. lang bei 115° autoklaviert werden ohne merkliche Einbuße an Aktivität. Weitere Verdünnungen von I-Lsgg. (10^{-6} bis 10^{-5}) waren in Ggw. von Na-Metabisulfit in 5%ig. Dextroselsg., Aqua dest. oder Plasma stabiler als in Salzlsg. (unter Zusatz von 10^{-5} Ascorbinsäure) u. Vollblut. (J. Pharmacy Pharmacol. **4.** 650—65. Aug. 1952. Dundee, Univ., Med. School, Dep. of Pharmacol. and Therapeutics.) LIPPOLD. 4808

Thomas C. Grubb und Hoyland A. Wands, *Untersuchung über die Resistenz von Mikrokokken der Haut gegen Hexachlorophen.* 3mal tägliche Anwendung eines Handwaschmittels, das 0,3% *Hexachlorophen* (*G-11*, VICK CHEMICAL CO., New York) enthält, vermindert bei 8 Versuchspersonen die Gesamtzahl der Bakterien um ca. 75% gegenüber 8 Kontrollpersonen, die das gleiche Waschmittel ohne G-11-Zusatz benutzten. Die Mikrokokken, die vor u. nach Benutzung des G-11-haltigen Waschmittels isoliert u. auf Agarplatten gezüchtet wurden, zeigten keine Unterschiede in der Resistenz gegen das Antisepticum. (J. Amer. pharmac. Assoc., sci. Edit. Part I. **41.** 59—60. Febr. 1952. New York, N. Y., Vick Chemical Co.) RUTKOWSKI. 4834

Heinrich Schwarzkopf, *Kritische Bewertung der chemischen Reinigung und Kaltsterilisation der Bohrer und Kleinstinstrumente.* Reinigung u. Sterilisation der zahnärztlichen Bohrer u. Instrumente sollen in zwei getrennten Arbeitsgängen vorgenommen werden. Vf. hält die Kombination *Krusit-Leukit* für das Mittel der Wahl. (Dtsch. dentist. Z. **6.** 131—34. 27/2. 1952. Hannover.) KLESSE. 4834

Fritz Hagelstein, *Eine neue Schnellmethode keimfreier Filtrationen und aseptischer Einzelabfüllung ohne und mit nachträglicher Hitzesterilisation für jeden Apothekenbetrieb.* Inhaltlich ident. mit der C. **1953.** 99 referierten Arbeit. (Pharmaz. Ztg.-Nachr. **88.** 770—73. 15/10. 1952. Hamburg-Altona, Allg. Krankenhaus, Apotheke.) BOYE. 4836

M. McG. Malloch, *Sterilisation und Vorbereitung chirurgischer Instrumente.* Hinsichtlich Korrosionsschutz u. Desinfektion der chirurg. Instrumente haben sich am besten bewährt: 1. Für kalte Sterilisierbäder eine Mischung aus 1,5 (%) Borax, 2,5 Formaldehydlsg., 0,4 Phenol, 1 gm $NaNO_2$ u. dest. W. zu 5 fl. oz. (= 142,05 cm^3; der Referent). 2. Für kochende Sterilisierbäder eine Lsg. von 1% A. C. 10 (5%ig. Lsg. von Na-Salzen von sulfonierten Erdöl-KW-stoffen in Petroleum) u. 2% Na_2CO_3 in Wasser. 3. Für Sterilisation im Autoklaven ein Überzug der Instrumente mit Weichparaffin. (Pharmac. J. **167. 113.** [4] 49—50. 21/7. 1951. Tanganyika, Kongwa Hosp.) v. OSTEN. 4836

Witold Zalewski, *Beitrag zur Aschebestimmung in pharmazeutischen Rohstoffen.* Die Unterschiede bis zu 10% im Aschegeh., die sich bei der Verbrennung von pharmazeut. verwendeten Pflanzenteilen im Muffelofen bei 640 u. 850° u. über dem Brenner ergeben (letzterer Wert meist zwischen den beiden ersten), lassen es notwendig erscheinen, eine Normmeth. festzulegen. (Farmacja polska **8.** 212—15. Juni 1952.) R. K. MÜLLER. 4880

Jesús Cabo Torres, *Neues Verfahren zur Bestimmung der Blausäure in cyanabspaltenden Drogen durch direkte Destillation.* Bei der Macerierung der grob zerkleinerten Droge (Kirschlorbeerblätter) mit W. von Zimmertemp. zeigt sich, daß die fermentative Hydrolyse in ihrer Geschwindigkeit von den Temperaturschwankungen beeinflußt wird u. daß sie erst in 24 Std. vollständig ist, daß Ansäuern mit 0,5%ig. Weinsäure sich nicht als vorteilhaft erweist u. daß Macerierung mit neutralem W. von 50° die Hydrolyse in 10 Min. zu Ende führt. Die Unters. der Destillationsbedingungen macht folgendes Verf. möglich: $1 \pm 0,001$ g Droge wird mit 25 ml W. von 50° in einem Kölbchen luftdicht verschlossen u. 10 Min. bei $50 \pm 2°$ gehalten. Gleich danach wird dest. u. das Kondensat in einen ERLENMEYER-Kolben mit 10 ml 0,1%ig. NaOH eingeleitet, wobei in ca. 20 Min. 20 ml Destillat aufgefangen werden müssen. In diesem bestimmt man die HCN mit n/40 $AgNO_3$-Lsg. in Halbmikrobürette mit KJ als Indicator bis zu bleibender, leichter Trübung. Vgl. der Ergebnisse mit denen des üblichen Verf. (durch Wasserdampfdest.): 0,197% (0,17%) HCN im Mittel, $\pm$0,003% (0,01%) mittlerer Fehler, $\pm$0,0026% (0,009%) wahrscheinlicher Fehler, $\pm$1,32% (5,3%) relativer wahrscheinlicher Fehler. (Inform. Quím. analít. **6.** 145—53. Sept./Okt. 1952. Madrid, Fac. Farm., u. Consejo super. Investig. científ.) METZENER. 4880

A. M. Ribley, E. E. Kennedy, W. W. Hilty und T. V. Parke, *Infrarotanalysen pharmazeutischer Produkte, die Natriumpropylmethylcarbinylallylbarbiturat und Natriumisoamyläthylbarbiturat enthalten.* Beschreibung einer Meth., mit der durch Infrarotabsorption Na-Propylmethylcarbinylallylbarbiturat Na-Isoamyläthylbarbiturat gleichzeitig in pharmazeut. Handelspräpp. mit hinreichender Genauigkeit bestimmt u. die Werte für die einzelnen Komponenten rechner. ermittelt werden können. Dauer einer Analyse: ca. 45 Minuten. (J. Amer. pharmac. Assoc., sci. Edit. **40.** 572—74. Nov. 1951. Indianapolis, Ind., Eli Lilly and Co.) SPITALER. 4880

J. Valentin und **G. Wagner,** *Nachweis- und Bestimmungsmethoden der Flavonole und Flavonolglykoside in Polygonum hydropiper L.* Die Pflanze enthält in der Hauptsache *Rutin* (I) u. sein Aglykon *Quercetin* (II). Nach Hinweisen auf die bis jetzt bekannten qualitativen u. quantitativen Bestimmungsmethoden schlagen Vff. für I eine quantitative Meth. vor, die auf der Bldg. von Anthocyanidin durch Red. mit Mg u. Hg in salzsaurer, alkoh. Lsg. beruht. Es wird mit Konzz. von 5—25 mg-% im Stufenphotometer gearbeitet. Durch zahlreiche Verss. wurden die günstigsten Bedingungen festgelegt u. eine geeignete Extraktionsmeth. aus der Droge ermittelt. Hierbei werden Chlorophyll u. II mit Chlf. u. danach I mit A. ausgezogen. — Als zweckmäßigste galen. Zubereitung empfehlen Vff. die Tinktur. (Pharmaz. Zentralhalle Deutschland **91.** 291—310. Aug. 1952. Greifswald, Univ., Pharmaz. Inst.) HERRMANN. 4880

Dr. A. Wander Akt.-Ges., Bern, Schweiz, *Ester von Aminoalkoholen mit disubstituierten Malonsäuren* der allg. Zus. I [R_1—R_5 = gegebenenfalls substituierte Alkyl-, R_6 = Alkylengruppe] erhält man durch Rk. von Dialkylmalonsäuremonoalkylestern mit Chloralkyldialkylaminen. — Z. B. wird eine Lsg. von 38 (Teilen) Di-n-butylcyanessigsäureäthylester in 12 W. + 98 konz. H_2SO_4 (II) 5 Std. auf 100° erhitzt, in Eis–W. gegossen, harziges Prod. in Ae. aufgenommen, mit W. u. verd. NH_3 gewaschen, getrocknet u. nach Abdest. des Lösungsm. Rückstand aus PAe. umkrist. zu weißen Nadeln von *Di-n-butylmalonsäureäthylesteramid*, F. 76°. — 20 dieser Verb. werden in 180 II gelöst, unter Rühren auf 5—10° gekühlt, 20 $NaNO_2$ in 50 W. innerhalb 2 Std. zugetropft, 1 Std. auf 45° u. ½ Std. auf 95° erhitzt, nach Abkühlen in 300 W. eingerührt, Nd. mit Ae. gewaschen, durch Schütteln mit verd. NH_3 dem Ae. entzogen, angesäuerter Nd. in Ae. aufgenommen, mit W. gewaschen, Ae. abdest., Rückstand im Vakuum am Wasserbad getrocknet u. *Di-n-butylmalonsäuremonoäthylester* (III) als dickes Öl, das erst nach langem Stehen erstarrt, erhalten. — F. der *Di-propyl-Verb.* 45°. — 1,2 Na oder 2 K werden in 50 absol. A. gelöst, mit 12 III gemischt, 10 β-Chloräthyldiäthylamin zugegeben, 1 Std. unter Rückfluß erhitzt, A. im Vakuum entfernt, Rückstand mit W. behandelt u. in Ae. aufgenommen, der Ae.-Lsg. *Di-n-butylmalonsäureäthyldiäthylaminoäthylester* durch Ausschütteln mit verd. CH_3COOH entzogen, aus der wss. Lsg. mit NH_3 gefällt, in Ae. aufgenommen. Kp.$_{0,1}$ 143°; leicht lösl. in verd. Säuren. — Ferner wird beschrieben die Herst. von: *Diäthylmalonsäureäthyldiäthylaminoäthanolester*, Kp.$_{12}$ 155°. — *Di-n-propylmalonsäureäthyldiäthylaminoäthanolester*, Kp.$_{0,5}$ 115°. — *Di-isobutylmalonsäureäthyldiäthylaminoäthanolester*, Kp.$_{0,5}$ 125°. — *Di-n-amylmalonsäureäthyldiäthylaminoäthanolester*, Kp.$_{0,5}$ 140°. — *Di-isoamylmalonsäureäthyldiäthylaminoäthanolester*, Kp.$_{0,5}$ 135°. — *Isopropyläthylmalonsäureäthyldiäthylaminoäthanolester*, Kp.$_{10}$ 145°. — *Isopropylbutylmalonsäureäthyldiäthylaminoäthanolester*, Kp.$_{11}$ 160°. — *Spasmolytica u. Analgetica.* (**E. P. 656 864** vom 5/11. 1948, ausg. 5/9. 1951. Schwz. Prior. 7/11. 1947.) MÜLLER-MEININGEN. 4807

$$R_1OOC—C(R_2)(R_3)—COOR_6\cdot N(R_4)(R_5)$$

I

Novocol Chemical Mfg. Co., Inc., New York, N. Y., V. St. A., *Lokalanästhetikum,* gek. durch einen Geh. an 2-Methylaminoheptan (I) oder einem I-Salz. Es kann noch p-Aminobenzoesäuremonoisobutylaminoäthylesterhydrochlorid (II) sowie $NaHSO_3$ (III) als Antioxydans zugesetzt werden. — Z. B. werden in 1 Liter W. 1—2 (g) I Hydrochlorid, 10—20 II, 0,5—1,5 III u. 2—7 NaCl gelöst. — Protahierte Wrkg. ohne Nebenerscheinung. (**E. P. 668 502** vom 21/4. 1950, ausg. 19/3. 1952. A. Prior. 5/5. 1949.) K. HEINZE. 4807

Nordmark Werke (Erfinder: **Theodor Reetz**), Uetersen, Holst., *Tertiäre und quaternäre Diaminoäther* der Formeln **I** u. **II**, worin R_1 u. R_2 gleiche oder verschied. Alkyl-, Aralkyl- oder Arylreste, x = 1, 2 oder 3 u. Hal Halogen bedeuten, wirken *bakterizid* u., bes. in der quaternären Form, *curareartig.* — *N.N-Dibenzylaminoäthyl-N'.N'-diäthylaminoäthyläther,* Kp.$_{1,5-2}$ 213—216°. — *Bis-(β-diäthylaminoäthyl)-äther,* Kp.$_3$ 78—80°. — *Bis-(β-diäthylaminoäthoxyäthyl)-äther,* Kp.$_4$ 172°. — *Bis-(β-diäthylaminoäthoxyäthyl)-ätherdijodäthylat,* F. 170°. (**D. B. P. 847 900** Kl. 12 q vom 14/12. 1950, ausg. 28/8. 1952.) LANGER. 4807

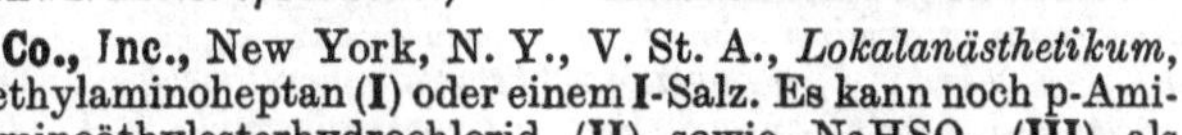

Distillers Co. Ltd., Edinburgh, übert. von: **John Talbot McCombie,** Walton-on-the-Hill, **Paul Frederick Ernest Mann,** London, und **Anthony Musgrave Wild,** Cheam, England, *Gewinnung und Reinigung von Procain* durch Behandeln seiner wss. Lsg. mit A-Kohle bei p_H ca. 8, Abtrennen der Lsg., Auswaschen der A-Kohle mit verd. HCl u. anschließendes

Einstellen der Lsgg. auf p_H ca. 10—12. Der Nd. von Procain hat ca. 99% Reinheit. — Beispiele. (**A. P. 2 573 586** vom 15/6. 1950, ausg. 30/10. 1951. E. Prior. 1/7. 1949.)

SCHINDLER. 4807

General Aniline & Film Corp., New York, N. Y., übert. von: **Joseph M. Wilkinson** und **George W. Pedlow**, Easton, Pa., **Roger F. Kleinschmidt**, Belvidere, N. J., V. St. A., *Herstellung von Äthern* der allg. Zus. I (R = niedermoll. Alkylgruppen, R_1 = H, niedere Alkyl-, Dialkylamino-, Alkoxy-, Halogen-, Cyan- u. Trifluormethylgruppen, R_2 = H, niedere Alkylgruppen oder Halogen, X = Cl oder Br). — Beispiel: Zur Lsg. von 130 (Teilen) CH_3ONa in 1000 CH_3OH (II) gibt man 208 redest. Styrol, kühlt auf 0°, leitet unter Rühren bei +5° bis —5° 153 Cl_2 ein, filtriert anorgan. Salze ab u. dest. 800—900 II ab, löst den Rückstand in W., trennt die Ölschicht ab u. extrahiert die wss. Schicht mit Chlf.; durch Fraktionieren über eine Kolonne erhält man 228 (72%) *α-(Chlormethyl)-benzylmethyläther*. Weiter wird beschrieben die Herst. von: *α-(Chlormethyl)-benzylisopropyläther*; *α-(Chlormethyl)-benzyläthyläther*; *α-(Bromäthyl)-benzylmethyläther*; *α-(Chlormethyl)-3-methylbenzyläthyläther*; *α-(Chlormethyl)-3.5-dichlorbenzyläthyläther*; *α-(Chlormethyl)-3.5-dimethylbenzyläthyläther*; *α-(Chlormethyl)-4-nitrobenzylmethyläther*, F. 55—56,5°; *α-(Chlormethyl)-4-nitrobenzylisopropyläther*; *α-(Chlormethyl)-4-nitro-3-methylbenzyläthyläther*. — Zwischenprodukte, bes. für die Herst. *pharmazeutischer* Produkte. (**A. P. 2 573 080** vom 11/7. 1950, ausg. 30/10. 1951.)

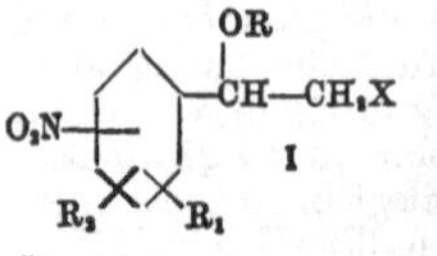
I

MÜLLER-MEININGEN. 4807

Sterling Drug Inc., New York, übert. von: **Arlo Nayne Ruddy**, Albany, N. Y., V. St. A., *Herstellung quaternärer NH_4-Salze von tert.-aminoalkylsubstituierten Phenylacetonitrilen* der allg. Zus. I (R = Alkyl- oder Alkenyl- (C_4—C_6) oder 5—6gliedriger Cycloalkylreste; R' = Alkyl- (C_1—C_6) oder niedermol. Aralkyl-, z. B. Benzylrest, gegebenenfalls substituiert durch Halogen, Alkoxy- oder niedermol. Alkylreste; Y = gegebenenfalls alkylsubstituierte Äthylengruppe; —N=B = Dialkylamin-, Piperidin-, Pyrrolidin- oder Morpholinrest, X = nichttox. Anion). — Beispiel: Man rührt 293 (g) Benzylcyanid bei 40—50° in eine Suspension von 115 $NaNH_2$ (II) in 250 cm^3 Bzl., kühlt nach 1½ Std. auf 25°, gibt 343 Isobutylbromid zu, erhitzt weitere 2 Std. auf 65°, kühlt, zerlegt II mit A. u. W., wäscht die organ. Schicht mit verd. HCl u. W., trocknet über Na_2SO_4 u. erhält durch Dest. *Phenylisobutylacetonitril* (III), $Kp._{0,5}$ 80—90°; n_D^{25} 1,4978—85°. — 18 II u. 26 III in 200 cm^3 Bzl. werden kurz auf 65° erwärmt, auf 30° abgekühlt u. 27,6 N-Piperidyläthylchlorid-Hydrochlorid zugegeben, 2 Std. unter Rückfluß erhitzt, II wie oben zers., organ. Schicht mit W. gewaschen u. dest.; *Phenylisobutyl-(N-piperidyläthyl)-acetonitril* (IV), $Kp._{0,04}$ 136—142°; n_D^{25} 1,5140; *Hydrochlorid*, $C_{19}H_{29}N_2Cl$, F. 193—195° (Zers.). Aus IV durch Kochen mit Überschuß von CH_3J u. Bzl. *N-(3-Cyan-3-phenyl-3-isobutyl)-propylmethylpiperidiniumjodid*, $C_{20}H_{31}N_2J$, F. 171—173°. — Weiter werden hergestellt: *Phenylcyclohexyldiäthylaminoäthylacetonitril*, $Kp._2$ 174—182°; n_D^{20} 1,5187; *Hydrochlorid*, $C_{20}H_{31}N_2Cl$, F. 157—158°. — *(3-Cyan-3-phenyl-3-cyclohexyl)-propyldiäthylmethylammoniumjodid*, $C_{21}H_{33}N_2J$, F. 169—170°. — *Phenylisobutyldiäthylaminoäthylacetonitril*, $Kp._{0,05}$ 114—118°, n_D^{25} 1,4960, *Hydrochlorid*, $C_{18}H_{29}N_2Cl$, F. 133—134°. — *(3-Cyan-3-phenyl-3-isobutyl)-propyldiäthylmethylammoniumjodid*, $C_{19}H_{31}N_2J$, F. 155,5—157°. — *(3-Cyan-3-phenyl-3-isobutyl)-propyldiäthyl-benzylammoniumchlorid*, F. 162—164°. — *(3-Cyan-3-phenyl-3-isobutyl)-propyltriäthylammoniumbromid*, F. 135,5—137°. — *Phenylisobutyldimethylaminoäthylacetonitril*, $Kp._{0,4}$ 112—120°, n_D^{20} 1,5020; *Hydrochlorid*, $C_{16}H_{25}N_2Cl$, F. 242—243°. — *(3-Cyan-3-phenyl-3-isobutyl)-propyltrimethylammoniumjodid*, $C_{17}H_{27}N_2J$, F. 150,5—152,5°. *Phenyl-(2-methyl-1-propenyl)-(N-piperidyläthyl)-acetonitril*, $Kp._{0,05}$ 136 bis 139°; n_D^{25} 1,5260; *Hydrochlorid*, $C_{19}H_{27}N_2Cl$, F. 203—204,5°. — *[3-Cyan-3-phenyl-3-(2'-methyl-1'-propenyl)]-propylmethylpiperidiniumjodid*, $C_{20}H_{29}N_2J$, F. 199,5—201°. — *Antispasmodica*. (**A. P. 2 566 535** vom 27/1. 1949, ausg. 4/9. 1951.)

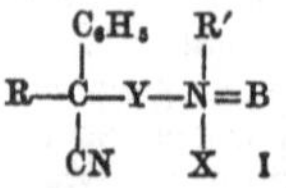
I

MÜLLER-MEININGEN. 4807

Allied Laboratories, Inc., Kansas City, Mo., übert. von: **Herman E. Faith**, New Palestine, Ind., V. St. A., *2.2'-Dioxy-3-oxymethyl-5.5'-dichlordiphenylmethan*, F. 165 bis 167°, unlösl. in kaltem W., lösl. in verd. Alkali, erhält man durch Kondensation von 2.2'-Methylen-bis-(4-chlorphenol) mit CH_2O in alkal. Lsg. (NaOH) bei ca. 25—30°. — *Bactericides u. fungicides Mittel*. (**A. P. 2 590 816** vom 23/6. 1950, ausg. 25/3. 1952.)

KRAUSS. 4807

Ciba Pharmaceutical Products, Inc., Summit, N. J., V. St. A., übert. von: **Karl Miescher**, Riehen, und **Jules Heer**, Basel, Schweiz, *Therapeutisch wirksame 7-Oxy-1.2-dialkylhydrophenanthren-2-carbonsäuren* erhält man durch Erhitzen von therapeut. inakt. Diastereoisomeren der 7-R-2-R'-1.2-Dialkylhydrophenanthrene (R = Oxy, Acyloxy, Alkoxy, R' = Carboxy, Carbalkoxy) mit Alkali- oder Erdalkalihydroxyden auf 200—300°, gegebenenfalls unter Druck u. in Ggw. eines Verdünnungsmittels (W. oder A.). — 7-Oxy-1-äthyl-2-methyl-1.2.3.4-tetrahydrophenanthren-2-carbonsäure, F. 238—240°, wird mit KOH in Ggw. von W. in einem Ni-Tiegel $1^1/_4$ Std. unter N_2 auf 290—300° erhitzt, man erhält therapeut. akt. *7-Oxy-1-äthyl-2-methyl-1.2.3.4-tetrahydrophenanthren-2-carbonsäure*, aus Äthylacetat, F. 204°. — *7-Oxy-1.2-diäthyl-1.2.3.4-tetrahydrophenanthren-2-carbonsäure*, F. 191—193° aus Methanol. (**A. P. 2 570 582** vom 27/1. 1948, ausg. 9/10. 1951.) KRAUSS. 4807

Upjohn Co., übert. von: **William Bradley Reid jr.**, Kalamazoo, Mich., V. St. A., *Lokalanästhetica.* Durch Rk. von p-(Δ^2-Cyclohexenyloxy)-benzoesäure (I) mit 3-[2'-Methylpyrrolidyl-(1')]-propylchloridhydrochlorid in $C_2H_5COCH_3$ (als Lösungsm.) u. in Ggw. von wasserfreiem K_2CO_3 erhält man den *3-[2'-Methylpyrrolidyl-(1')]-propylester* von **I**, $C_{21}H_{29}O_3N$, dessen *Hydrochlorid* bei 132—133° schmilzt. Analog läßt sich der *3-[3'-Methylpyrrolidyl-(1')]-propylester* von **I** darstellen. (**A. P. 2 576 970** vom 12/7. 1950, ausg. 4/12. 1951.) BRÖSAMLE. 4807

Abbott Laboratories, North Chicago, übert. von: **Marvin A. Spielman**, Waukegan, Ill., V. St. A., *Herstellung von N-Methyloxazolidin-2.4-dionen* durch Alkylierung von N-Methyloxazolidin-2.4-dionen mittels Dimethylsulfat. Aus 5.5-Dimethyloxazolidin-2.4-dion wird *3.5.5-Trimethyloxazolidin-2.4-dion*, F. 45—46°, erhalten. Analog: *3.5-Dimethyloxazolidin-2.4-dion*, $Kp._4$ 75—83°, $Kp._{50}$ 138°; *3.5-Dimethyl-5-äthyloxazolidin-2.4-dion*, $Kp._{11}$ 101—102°, n_D^{25} 1,4507; *3-Methyl-5-äthyloxazolidin-2.4-dion*, $Kp._{100}$ 160—165°; n_D^{25} 1,4567; *3-Methyl-5.5-diäthyloxazolidin-2.4-dion*, Kp_{11} 105—109°, n_D^{25} 1,4500; *3-Methyl-5-n-propyloxazolidin-2.4-dion*, $Kp._3$ 99—101°; n_D^{25} 1,4567; *3.5-Dimethyl-5-n-propyloxazolidin-2.4-dion*, $Kp._{35}$ 135—138°, n_D^{25} 1,4498. — *3-Methyl-5.5-di-(n-propyl)-oxazolidin-2.4-dion*, $Kp._4$ 100—105°, F. 46—47°; *3-Methyl-5-isopropyloxazolidin-2.4-dion*, $Kp._{18}$ 118—119°, n_D^{25} 1,4554. — Verwendung als *Arzneimittel.* (**A. PP. 2 575 692** vom 11/10. 1947, **2 575 693** u. **2 575 694** vom 2/3. 1949, alle ausg. 20/11. 1951.) DERSIN. 4807

Clemens Lutter und **Ernst Cauer**, Leverkusen, *Wasserlösliche Salze von Sulfonamiden.* Man läßt ein Dialkylaminoalkanol mit einem Sulfonamid in Ggw. von W. reagieren. Es werden die Salze des *Diäthylaminoäthanols* mit *2-Sulfanilamidothiazol* (**I**), *2-Sulfanilamido-4-methylpyrimidin*, *4-Aminobenzolsulfothiocarbamid* u. das Salz aus *Diäthylaminopentanol* u. **I** hergestellt. (**E. P. 660 833** vom 13/1. 1949, ausg. 14/11. 1951.) BRÖSAMLE. 4807

Michael Erlenbach und **Adolf Sieglitz**, Frankfurt/M.-Höchst, *Herstellung von 1-Phenyl-1-pyridyl-(2')-3-dimethylaminopropan* durch Rk. von Phenylpyridyl-(2)-acetonitril (**I**) mit β-Chloräthyldimethylamin (**II**), anschließende Behandlung mit einem Organo-Mg-Halogenid u. hydrolyt. Zersetzung. — Z. B. werden 58,2 (g) **I** in 300 Toluol (**III**) gelöst, mit 13 $NaNH_2$ versetzt u. 36 **II** in 50 **III** zugegeben u. 2 Std. auf 100—110° erwärmt. Das gewonnene α-Phenyl-α-pyridyl-(2)-γ-dimethylaminobuttersäurenitril wird mit GRIGNARD-Lsg. aus 43,5 Mg, 196 Äthylbromid u. 400 Ae. in Ggw. von 400 Bzl. 1 Std. auf 80° erwärmt. Anschließend wird mit HCl zers. u. alkal. gemacht. **I**, $Kp._{0,3}$ 130—135°. Phosphat, F. 65—68°. — *Antihistaminwirkung.* (**Schwz. P. 278 777** vom 13/4. 1949, ausg. 1/2. 1952. D. Priorr. 9/11., 2/12. u. 24/12. 1948.) K. HEINZE. 4807

Cilag Akt.-Ges. (Erfinder: **Hans Suter**, Dörflingen, und **Hans Zutter**), Schaffhausen, Schweiz, *Herstellung von Triazolopyrimidinderivaten* dad., daß auf eine Verb. der allg. Formel **I**, worin R_1 ein Oxyalkyl-, Carbalkoxyalkyl-, Carboxyalkyl-, Carbamidoalkyl-, Acyl-, Aroyl-, ein durch eine Aminogruppe oder eine in eine Aminogruppe überführbare Gruppe, z. B. eine Nitro-, Acylaminogruppe oder ein durch Halogen substituierbarer Acyl- oder Aroylrest, u. R_2 eine Oxy-, Alkoxy-, eine

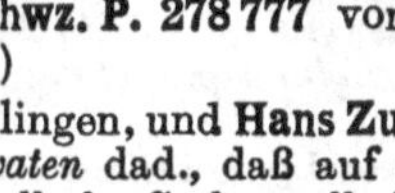
I

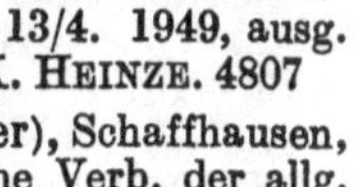
II

Thiol-, Alkylthio-, eine Amino-, Alkylaminogruppe ist, HNO_2 oder solche liefernde Mittel zur Einw. gebracht wird. Dann wird gegebenenfalls in R_1 die in eine NH_2-Gruppe überführbare Gruppe in eine solche übergeführt. Oder man setzt eine Verb. der allg. Formel **II**, in welcher R_2 die oben angegebene Bedeutung hat, mit einer Verb. der Formel R_1—X um, in welcher X einen zur Einführung der mit ihm verbundenen Gruppe befähigten, austauschfähigen Rest bedeutet u. R_1 die oben angegebene Bedeutung hat. Dann wird R_1 gegebenenfalls in eine NH_2-Gruppe übergeführt. Die Rk. kann mit Hilfe eines Kondensationsmittels erfolgen. — Z. B. werden 20 (g) 2-Carboxymethylamino-4.5-diamino-6-oxypyrimidin in 1000 cm³ 6n Essigsäure gelöst u. tropfenweise mit 7,5 $NaNO_2$ in 25 W. versetzt: *2-Carboxymethylamino-6-oxytriazolo-[4'.5' : 4.5]-pyrimidin.* Zersetzungspunkt über 300°. — *2-Oxymethylamino-6-oxytriazolo-[4'.5' : 4.5]-pyrimidin*, Zers. 300°. — *2-(4'-Aminobenzoyl)-amino-6-oxytriazolo-[4'.5' : 4.5]-pyrimidin*, Zers. über 300°. — *2-(Aminoacetyl)-amino-6-oxytriazolo-[4'.5' : 4.5]-pyrimidin*, amorphe M., Zers. über 300°. — Oder 40 (g) 2-Amino-6-oxytriazolo-[4'.5' : 4.5]-pyrimidin u. 4,2 $NaHCO_3$ werden in 225 W. erhitzt u. im Sieden mit einer Lsg. von 100 Chloracetamid u. 26,8 Na-Acetat in 160 W. versetzt. *2-Carbamidomethylamino-6-oxytriazolo-[4'.5' : 4.5]-pyrimidin,* Zersetzungspunkt über 320°. Die Verbb. beeinflussen das Zellwachstum u. den Aufbaumechanismus der Nucleoproteide. (**D. B. P. 836 802** Kl. 12p vom 23/8. 1950, ausg. 17/4. 1952. Schwz. Priorr. 27/8. 1949 u. 24/7. 1950.) K. Heinze. 4807

Imperial Chemical Industries Ltd., London (Erfinder: **Norman Barton,** Blackley, Manchester, **Francis Henry Swinden Curd** † und **Stanley Birtwell,** Leeds), England, *Herstellung von diquartären Salzen von Pyrimidylaminochinolinen.* Man erhitzt z. B. 1 (Teil) 4-Methylamino-6-(2'-methylamino-6'-methylpyrimidyl-4'-amino)-chinaldin (**I**) mit 2,75 CH_3J 12 Std. unter Luftabschluß auf 150—160°, kocht den beim Filtrieren erhaltenen Nd. mit 250 W., behandelt die Lsg. mit Aktivkohle, filtriert heiß, gibt zum Filtrat 4 NaJ, kühlt ab u. erhält durch Filtrieren u. Umkristallisieren aus 50%ig. wss. A. **I**-*1.1'-Dijodmethylat,* F. 308° (Zers.). — *4-Methylamino-6-(2'-amino-6'-methylpyrimidyl-4'-amino)-chinaldin-1.1'-dijodmethylat,* F. 290° (aus W.). — *6'-Pyrimidyl-Deriv.,* F. 295°. — *4-Methylamino-6-(2'-aminopyrimidyl-4'-amino)-chinolin-1.1'-dijodmethylat,* F. 330°. — *4-Äthylamino-6-(2'-isopropylamino-6'-methylpyrimidyl-4'-amino)-chinaldin-1.1'-dijodmethylat,* F. 340°, u. dessen *1.1'-Di-(methyl-p-toluolsulfonat),* F. 199°. — *4-Methylamino-6-(2'.6'-diaminopyrimidyl-4'-amino)-chinaldin-1.3'-dijodmethylat,* F. 277—280°. — *Trypanocide.* (**D. B. PP. 830 511** u. **839 641** Kl. 12p, beide vom 4/11. 1949, ausg. 4/2. u. 23/5. 1952. Beide E. Prior. 5/11. 1948.) Müller-Meiningen. 4807

G. D. Searle & Co., Chicago, übert. von: **Viktor Papesch,** Norton Grove, und **Elmer F. Schroeder,** Chicago, Ill., V. St. A., *1.3-Dialkyl-6-amino-1.2.3.4-tetrahydro-2.4-pyrimidindione* der Formel I, worin R u. R' Alkyl, Cycloalkyl u. Aralkyl bedeuten u. R oder R' mindestens 3 C-Atome enthält, wirken *kardiovaskulär* u. *diuretisch.* — Sie entstehen beim Erhitzen von 1.3-Dialkylderivv. des Harnstoffs mit Acetanhydrid (**II**) u. Cyanessigsäure (**III**) auf 50—100° oder, wenn Verbb. entstehen sollen, bei denen der Substituent in der 3-Stellung größer ist als der in der 1-Stellung, beim Erwärmen von Monoalkylharnstoff mit **II** u. **III** auf 50—100° u. Cyclisieren mit verd. Alkali; anschließend wird alkyliert. — *1-n-Propyl-6-amino-1.2.3.4-tetrahydro-2.4-pyrimidindion* (**IV**). Man setzt Propylharnstoff in **II** mit **III** bei 60° um u. erwärmt den entstandenen N-Propyl-N'-cyanacetylharnstoff mit 10%ig. NaOH auf 85°. F. 273—275°. — (Im folgenden: „atp“ = -6-amino-1.2.3.4-tetrahydro-2.4-pyrimidindion). — *1-n-Propyl-3-methyl-atp.,* aus **IV** u. Dimethylsulfat in NaOH. F. 165—167°. — *1-n-Propyl-3-äthyl-atp.,* F. 170—171°. — *1.3-Dipropyl-atp.,* F. 136—138,5; *Monohydrat,* F. 98—100°. — *1-Isopropyl-3-methyl-atp.,* F. 210—212°. — *1-Isopropyl-3-äthyl-atp.,* F. 200—210°. — *1-n-Butyl-atp.,* F. 266—267°. — *1-n-Butyl-3-methyl-atp.,* F. 136—138°. — *1-n-Butyl-3-äthyl-atp.,* F. 70—72°. — *1.3-Di-n-butyl-atp.,* F. 100—104°. — *1-Isobutyl-atp.,* F. 271 bis 273°. — *1-Isobutyl-3-methyl-atp.,* F. 173—175°. — *1-Hexyl-3-äthyl-atp.,* F. 161—163°. — *1-Cyclohexyl-3-äthyl-atp.* — *1-Benzyl-atp.,* F. 285—286°. — *1.3-Dibenzyl-atp.,* F. 120 bis 125°. — *1-(γ-Phenylpropyl)-3-äthyl-atp.,* F. 141—143°. — *1-Methyl-3-n-propyl-atp.,* F. 160—161°. — *1-Äthyl-3-n-propyl-atp.,* F. 145—147°. (**A. P. 2 567 651** vom 11/1. 1950, ausg. 11/9. 1951.) Langer. 4807

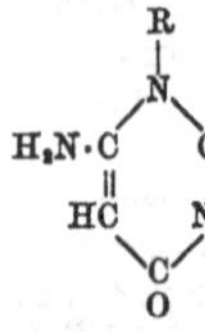
I

Ohio State University Research Foundation, übert. von: **Melvin S. Newman,** Columbus, O., V. St. A., *1-Oxy-6-alkoxy-4-methylhexadien-(2.4)* erhält man nach 2 Methoden, 1. indem man Propargylalkohol mit Alkoxybutanon zu 6-Alkoxy-4-methylhexin-2-diol-(1.4) kondensiert, die OH-Gruppe in 4-Stellung selektiv dehydratisiert u. anschließend die 3fache Bindung in der 2-Stellung hydriert, oder 2. man hydriert zuerst die 3fache Bindung in der 2-Stellung u. dehydratisiert anschließend die OH-Gruppe in der 4-Stellung. — 6-Methoxy-4-methylhexin-2-diol-(1.4) red. man mit H_2 in fl. Phase in Ggw. von Pd auf Kohle zu 6-Methoxy-4-methylhexen-2-diol-(1.4) (Kp.$_1$ 90—92°, n_D^{20} 1,4670). Mit Essigsäureanhydrid erhält man *1-Acetoxy-4-oxy-6-methoxy-4-methylhexen-(2)* u. daraus mittels frisch geschmolzenem $NaHSO_4$ *1-Acetoxy-6-methoxy-4-methylhexadien-(2.4),* Kp.$_1$ 77,8 bis 81°, n_D^{20} 1,4711, viscoses gelbes Öl ($C_{10}H_{16}O_3$). Mit CH_3ONa in absol. A. am Rückflußkühler behandelt, ergibt es *1-Oxy-6-methoxy-4-methylhexadien-(2.4)* (**I**), Kp.$_1$ 72—76°, n_D^{20} 1,4942, ($C_8H_{14}O_2$), F. des p-Nitrophenylurethans 116—118°. — 6-Methoxy-4-methylhexin-2-diol-(1.4) mit Essigsäure behandelt ergibt *1-Acetoxy-4-oxy-6-methoxy-4-methylhexin-(2)* (Kp.$_1$ 110—112°, n_D^{20} 1,4590) ($C_{10}H_{16}O_4$), u. mit $NaHSO_4$ erhält man *1-Acetoxy-6-methoxy-4-methylhexen-4-in-(2)* (Kp.$_4$ 100—106°, n_D^{20} 1,4773) ($C_{10}H_{14}O_3$). Mittels $NaOCH_3$ in absol. A. erhält man *1-Oxy-6-methoxy-4-methylhexen-4-in-(2)* (Kp.$_{0,5}$ 76—78°, n_D^{26} 1,4903) ($C_8H_{12}O_2$), u. mit H_2 ergibt sich **I**. *Zwischenprodd. für die Herst. von Vitamin-A-Äthern.* (**A. P. 2 555 600** vom 10/5. 1947, ausg. 5/6. 1951.) G. König. 4809

American Cyanamid Co., New York, N. Y., V. St. A., *Pteroylglutaminsäureester.* Man kondensiert 2.4.5-Triamino-6-oxypyrimidin (**I**) mit 2.3-Dioxyacrylaldehyd („Redukton" II) u. p-Aminobenzoylglutaminsäurediäthylester (III), zweckmäßig in Ggw. eines Lösungsm. u. bei Tempp. bis zu 140°, zweckmäßig bei p_H 3—5. Man kann zuerst I mit II kondensieren oder zuerst II mit III. — II wird in W. mit III in A. in Ggw. von konz. HCl bei n. Temp. kondensiert, wobei sich N-(2.3-Dioxy-2-propenyliden)-p-aminobenzoylglutaminsäurediäthylester bildet; dieser wird dann mit I in Äthylenglykol 30 Min. auf 135° erhitzt. Nach dem Abkühlen erhält man *Pteroylglutaminsäurediäthylester.* — Analog: *Pteroylglutaminsäurediisopropylester, -dibutylester, -dibenzylester.* Sämtliche Ester haben keinen bestimmten F., sind schwer in W., jedoch in organ. Lösungsmitteln löslich. Zwischenprod. zur Herst. von *Folsäure.* (**Schwz. PP. 279 830** vom 11/6. 1946, ausg. 1/4. 1952, **279 831, 279 832** u. **279 833**, sämtliche vom 11/6. 1946, ausg. 16/4. 1952. Sämtliche A. Prior. 5/2. 1946. **Zusätze zu Schwz. P. 277 306; C. 1952. 7060.**) KRAUSS. 4809

Werner Schwarze, Kiel, *Herstellung von Schimmelpilzprodukten,* bes. *Penicillin.* Die Mikroorganismen werden in Behältern auf Trägern entwickelt, u. die Nähr-Fl. wird über die Kulturen hinweg geleitet oder durch sie hindurchgeführt. Dies kann kontinuierlich oder period. geschehen. Als Träger dienen Füllkörper beliebiger Art. Die Kulturen können mit UV bestrahlt u. die Fl. im Kreislauf geführt werden. — Vorr. u. Abbildung. (**Schwz. P. 279 098** vom 13/12. 1948, ausg. 1/3. 1952.) SCHINDLER. 4811

Josef Keil, Speyer/Rh., *Kontinuierliche Gewinnung von mikrobiellen Stoffwechselprodukten,* dad. gek., daß das Substrat, z. B. Nährlsg. von Penicillinbildnern, direkt nach der Sterilisation, höchstens wenig abgekühlt, mit steriler Luft vermischt, dann abgekühlt u. unmittelbar in den Gärbehälter geleitet wird. Es kann ohne Rührwerk u. ohne Antischaummittel gearbeitet werden. — Beispiel, Abbildung. (**D. B. P. 847 184** Kl. 30h vom 27/8. 1950, ausg. 21/8. 1952.) SCHINDLER. 4811

A. E. Staley Mfg. Co., übert. von: **Glenn W. Parsons**, Decatur, Ill., V. St. A., *Biologische Penicillinsynthese* in einem Maisquellwasser (I) enthaltenden Nährmedium. Dem I werden zuvor Phytinsäure u. Phytate durch Behandeln mit $Al_2(SO_4)_3$, $AlCl_3$ oder $Al(NO_3)_3$ in saurer Lsg. als Ndd. entzogen. Erhöhung der Ausbeute. (**A. P. 2 568 360** vom 4/6.1949, ausg. 18/9. 1951.) SCHINDLER. 4811

Eli Lilly & Co., Indianapolis, Ind., V. St. A., *Herstellung kristalliner Na- oder K-Penicillinsalze.* Ein Amylacetatextrakt der penicillinhaltigen Kultur-Fl. wird mit K- oder Na-Salzen in fester oder gelöster Form, z. B. K-Acetat in W. oder KOH in Isoamylalkohol, bei p_H 6,4—6,6 u. ca. 25° umgesetzt. Die Salze scheiden sich in reiner krist. Form ab. (**E. P. 657 814** vom 30/1. 1948, ausg. 26/9. 1951. A. Prior. 15/8. 1947.) SCHINDLER. 4811

Sharp & Dohme, Inc., Philadelphia, Pa., V. St. A., *Herstellung von Streptomycin- und Dihydrostreptomycinsalzen* durch Rk. der Antibiotica mit Fettsäuren von 5—11 C-Atomen, z. B. Capryl- oder Undecylensäure, bei p_H 6,5—7 in Ggw. von Alkohol. Überwindung der Bakterienresistenz. (**E. P. 667 751** vom 21/4. 1950, ausg. 5/3. 1952. A. Prior. 20/9. 1949.) SCHINDLER. 4811

Eli Lilly & Co., übert. von: **Harley W. Rhodehamel** und **William B. Fortune**, Indianapolis, Ind., V. St. A., *Reinigung von Streptomycin.* Die rohe streptomycinhaltige Kultur-Fl. wird mit einem in W. nicht lösl. Amin, z. B. 2-Aminoheptan, Benzylamin, n-Hexylamin, Octylamin oder 2-Äthylhexylamin, behandelt u. der Aminextrakt konzentriert. Nach Entfernen der unlösl. Verunreinigungen wird dem Extrakt mit einem mit W. nicht mischbaren organ. Lösungsm., z. B. Chlf., u. W. das Antibiotikum entzogen u. dieses aus der wss. Phase isoliert. (**A. P. 2 578 840** vom 14/7. 1950, ausg. 18/12. 1951.) SCHINDLER. 4811

Sharp & Dohme, Inc., übert. von: **Jesse Charney**, Philadelphia, Pa., V. St. A., *Reinigen von Bacitracin* durch Adsorption an Zeolith. Das beladene Adsorbens wird nacheinander mit W., verd. $FeCl_3$-Lsg. u. W. gewaschen u. mit Alkalien [$Ba(OH)_2$, $Ca(OH)_2$, NH_4OH, KOH, NaOH] eluiert. Die Bacitracinlsg. wird entweder mit HCl oder H_2SO_4 neutralisiert, lyophilisiert u. getrocknet oder mit Oxalsäure oder H_2SO_4 zur Fällung der Salze versetzt u. das Filtrat lyophilisiert u. getrocknet. (**A. P. 2 582 921** vom 3/2. 1949, ausg. 15/1. 1952.) SCHINDLER. 4811

Cayo R. Ponga Ajuria, Compendio teórico de Auxiliar del Farmacia. Madrid: Edic. Geos. 1952. (193 S.)

G. Analyse. Laboratorium.

—, *Ein automatischer Verteiler für flüssigen Stickstoff.* Es wird eine einfache Meth. zur automat. Überführung von fl. N_2 in Fallen von Vakuumsystemen oder andere Gefäße beschrieben. (J. Franklin Inst. **253.** 603—04. Juni 1952.) GOTTFRIED. 5026

E. Costa Novella und **J. Moragues Tarrasó**, *Neues Destillationsverfahren von binären flüssigen Mischungen.* 1. Mitt. *Versuche über die Bestimmung des Gleichgewichtes Dampf–*

Flüssigkeit. Es wird ein neuer einfacher App. für die Best. des Gleichgewichts Dampf–Fl. beschrieben. Die Gleichgewichtsdaten der Systeme *Methanol–W.* u. *Äthanol*–W. werden wiedergegeben, wobei gute Übereinstimmung mit Literaturwerten erzielt wird. Thermodynam. passen sich die Werte recht gut den theoret. Kurven an, die mittels der Gleichungen von VAN LAAR erhalten wurden. Mit dem App. können gleichzeitig die Kpp. der Lsgg. mit den Gleichgewichtsdaten ermittelt werden. (An. Real Soc. españ. Física Quím., Ser. B **48.** 397—408. Mai 1952. Valencia, Univ., Fac. de Ciencias, Inst. „Alonso Barba", Labor. de Quím. técn.) PISTOR. 5038

Harry H. Hull, *Das Bandviscosimeter.* Vf. beschreibt ein Bandviscosimeter (bes. für Druckfarben) zur Ermittlung der Konsistenz von nichtnewton'schen Fll. bei hohen Schergeschwindigkeiten, das dem von WACHHOLTZ u. ASBECK (C. **1941.** I. 1796) beschriebenen ähnelt. Vorzüge sind die rasche Messung u. die bequeme Reinigung. (J. Colloid Sci. **7.** 316—22. Juni 1952. Chicago, Ill., R. R. Donnelley & Sons Co.) HENTSCHEL. 5040

G. Deicha, *Experimentelle Anordnung zur direkten Beobachtung des Dekrepitierens von Flüssigkeitseinschlüssen hydrothermalen Ursprungs.* Zur Beobachtung des Entweichens von Gas- u. Flüssigkeitseinschlüssen aus Gesteinen u. Kristallen wurde ein Dekrepitoskop konstruiert, welches die direkte Beobachtung der Sprengung der Einschlußblasen in Abhängigkeit von der Temp. erlaubt. (Bull. Soc. franç. Minéralog. Cristallogr. **75.** 237—45. April/Juni 1952. Paris, Fac. des Sci., Geol. Inst.) ENSSLIN. 5048

V. V. Deshpande und **M. S. Telang,** *Schnelle Sedimentationsanalyse mit dem Kelly-Rohr.* Vff. berichten, daß sie einwandfreie u. schnelle Analysenergebnisse mit dem KELLY-Rohr (Ind. Engng. Chem. **16.** [1924.] 928) bei Benutzung von zwei verschieden langen Manometern erhalten hatten. (Analytic. Chem. **24.** 885—87. Mai 1952. Nagpur, Indien, Univ.) GOTTFRIED. 5048

John I. Stevens, *Reaktionen im kleinen Druckbereich in der Parr-Peroxyd-Bombe.* Verschied. Rkk., an denen wenigstens eine bei Zimmertemp. flüchtige Komponente beteiligt ist, können in der PARR-Peroxydbombe ausgeführt werden, indem die Bombe während des Füllens u. Wiederöffnens so stark gekühlt wird, daß alle Reaktionsteilnehmer fl. sind. Das Verf. ist z. B. brauchbar, um organ. Halogenverbb. in die Aminoderivv. zu überführen, u. für alle Rkk. im fl. NH_3. Reaktionstempp. von $+100-200^0$ können angewandt werden. (Chemist-Analyst **41.** 11. März 1952. Chapel Hill, N. C., Univ., Dep. of Chem.) MOSLÉ. 5052

R. Fischer, *Die Reinigung von Substanzen durch Absaugen der eutektischen Schmelze in Glasfiltercapillaren auf dem Koflerschen Mikroschmelzpunktapparat.* Vf. benutzt zum Absaugen der eutekt. Schmelze auf dem Mikroheiztisch nach KOFLER an Stelle von Filtrierpapier oder Tonplättchen eine Glascapillare mit Glaspulver als Filter. Die Herst. u. Verwendung des Gerätes werden eingehend beschrieben. Die Brauchbarkeit u. Vorteile der Meth. gegenüber den früheren Verff. werden an 15 bin. Gemischen demonstriert. (Mikrochem. verein. Mikrochim. Acta **38.** 342—47. 1951. Graz, Univ., Pharmakognost. Inst.) H. GEHLEN. 5052

S. Miyata, S. Yanagawa und **M. Noma,** *Reflektierende Mikroskopobjektive mit asphärischen Spiegeln.* Das aplanat. Objektiv besteht aus einer Kombination eines großen Konkav- u. eines kleinen Konvexspiegels, die die Sinusbedingung erfüllt. Zur Vermeidung von sphär. Aberration ist die Oberfläche des Konkavspiegels durch Aufdampfen einer ZnS-Schicht asphär. gemacht worden. Zur Erzielung guter Reflexion im UV ist die ZnS-Schicht mit Al überzogen. Durch Zusatz einer plankonvexen Quarzlinse wurden zwei Typen homogener Glycerinimmersionssysteme mit den NA 1,0 u. 0,95 u. den Vergrößerungen 100 bzw. 174 hergestellt. (J. opt. Soc. America **42.** 431—32. Juni 1952. Tokyo, Shibuya-ku, Hatagaya-Haramachi, Olympus Labor.) LINDBERG. 5056

P. Bordet und **G. Nomarski,** *Ein neuer Theodolittisch für das Polarisationsmikroskop.* Bei dem neu konstruierten Tisch werden die verschied. Rotationsbewegungen (um die Achsen N, H u. C des FEDOROW-Tisches) durch Gleiten einer Glaskugel in einer Küvette mit dem gleichen Durchmesser erhalten. Der Teil des Indexellipsoids, den man mit dieser Anordnung untersuchen kann, ist größer als der des n. FEDOROW-Tisches. (Bull. Soc. franç. Minéralog. Cristallogr. **74.** 489—92. Juli/Dez. 1951. Paris, Inst. Catholique, Labor. de Minéral., u. Inst. d'Opt., Labor. de Microsc.) GOTTFRIED. 5056

M. C. Alvarez Querol, *Billiger und brauchbarer Apparat für die Ultramikroanalyse.* Inhaltlich ident. mit der C. **1952.** 7864 referierten Arbeit. (Mikrochem. verein. Mikrochim. Acta **39.** 117—20. 1952. Avila, Inst. Nacional de Enseñanza Media.) FRETZDORFF. 5086

K. D. Larsen und **W. Keck,** *Eine Flamme zur Spektroskopie.* Ein mit der zu untersuchenden Fl. gesätt. getränkter Docht ragt aus einem Cu-Rohr in eine BUNSEN-Flamme.

Das Spektr. 2. Ordnung kann mit einem 14000-Linien/inch-Gitter leicht beobachtet werden. Ausgezeichnete Ergebnisse wurden mit Lsgg. der Chloride von Li, Ca, Sr u. Ba erzielt. (Amer. J. Physics **20.** 309. Mai 1952. Easton, Pa., Lafayette Coll.) LINDBERG. 5063

D. L. Timma, *Absorptionsspektrophotometrie.* Zusammenfassender Bericht über die Entstehung der Absorptionsspektren, über die Instrumentation, qualitative u. quantitative Bestimmungsmethoden von *Xylolisomeren, Butylbenzolen, Diäthylbenzolen, Fe*-Komplex von *8-Oxychinolin-5-sulfonsäure* $[Fe(C_9H_6O_4NS)_3]$, Komplexion $Fe(SCN)^{2+}$, *Vitamin A*-$SbCl_3$-Komplex u. *Ascorbinsäure* + *2.6-Dichlorphenolindophenol.* — 29 Literaturhinweise. (Ohio J. Sci. **52.** 117—23. Mai 1952. Miamisburg, O., Monsanto Chemical Co., Mound Labor.) WEITBRECHT. 5063

Robert A. Oetjen, *Analyse mit infrarotspektroskopischen Methoden.* Zusammenfassender Bericht über die theoret. Grundlagen der Infrarotspektren, der Spektrographen sowie über die Anwendung bei der qualitativen u. quantitativen Analyse von Stoffgemischen, wie *Penicillin, Schmieröl, 1.2.3.4.5.6-Hexachlorcyclohexanisomere, n-Heptan,* C_{10}-*aromat.* Verbindungen. — 15 Literaturhinweise. (Ohio J. Sci. **52.** 124—33. Mai 1952. Columbus, Ohio State Univ., Dep. of Phys.) WEITBRECHT. 5063

S. T. Henderson und **M. B. Halstead,** *Die Spektrophotometrie von Lichtquellen.* Aus einem als Monochromator dienenden HILGER-Spektrometer u. einem Multiplier wird eine einfache Anordnung zur Spektrophotometrie von Lichtquellen gebildet, die mit einer W-Drahtlampe der Farbtemp. 2848° K geeicht ist. Die Genauigkeit ist ebenso groß wie die komplizierterer Methoden. Vf. illustriert die Berechnung der Chromaticität (durch Farbton u. Sättigung bestimmte Ungrauheit) aus der spektralen Energieverteilung u. gibt sie für verschied. Lampen wieder sowie ihre Abhängigkeit von der Lampenbelastung. Auf die Unters. von Phosphoren wird hingewiesen. (Brit. J. appl. Physics **3.** 255—59. Aug. 1952. London, Thorn Electrical Indust. Ltd., Grad. Inst. P.) LINDBERG. 5063

Clément Duval, *Neue Fortschritte in der automatischen Gravimetrie.* (Vgl. C. **1952.** 5465.) Zusammenfassende Diskussion der Bedingungen für zweckmäßige Anwendungen der selbsttätigen thermolyt. Wägemeth. u. ihrer Vorteile. Die vervollkommnete Thermowaage; Eignung verschied. Filtertiegelarten; automat. Analysen; Literaturangaben. (Chim. analytique [4] **34.** 55—63. März 1952. Paris, Sorbonne, Labor. de Chim.) BLUMRICH. 5066

K. B. Jatzimirski, *Thermodynamische Kriterien für die Anwendbarkeit chemischer Reaktionen in der Maßanalyse.* Es wird eine allg. Gleichung zur Berechnung der Konzz. der reagierenden Stoffe im Äquivalenzpunkt entwickelt, welche sodann zu Berechnungen bei den Titrationsverff. der Neutralisation, Fällung, Oxydored. u. Komplexbldg. verwendet wird. Ferner werden 2 allg. Ungleichheiten vorgeschlagen, die bei denselben Titrationsverff. die Möglichkeit der Berechnung einer bestimmten Rk. zu Titrationszwecken mit einer bestimmten Genauigkeit (z. B. auf 0,1%) bieten sollen. Es werden für eine Anzahl Elektrolyte die pK_A, pK_B u. pK_H für 0,1n-Lsgg. berechnet u. die mögliche Titrationsgenauigkeit ermittelt. (Журнал Аналитической Химии [J. analyt. Chem.] **7.** 206—13. Juli/Aug. 1952. Iwanowo, Chem.-Technol. Inst.) v. WILPERT. 5066

H. L. Kies, *Endpunktsbestimmung nach der Methode von Foulk und Bawden bei zwei reversiblen Systemen.* Vf. überprüft die Anwendbarkeit der „Dead-stop"-Meth. nach FOULK u. BAWDEN (J. Amer. chem. Soc. **48.** [1926.] 2045) auf die titrimetr. Best. von J^- neben Br^- an den beiden reversiblen Redoxsystemen $J^- + Br_3^- \rightleftharpoons JBr_2^- + Br^-$ (A) u. $JBr_2^- + 2J^- \rightleftharpoons J_3^- + 2Br^-$ (B) durch Titration von KJ in Ggw. von KBr mit Br_2–W. bzw. in saurer Lsg. (HCl oder H_2SO_4) durch Titration mit $KBrO_3$. Wie die graph. u. tabellar. mitgeteilten Ergebnisse zeigen, erhält man in Ggw. von viel KBr einen genauen Endpunkt von A, in Ggw. sehr geringer Mengen KBr die Endpunkte von A u. B. Doch ist die 2. Umwandlung nicht vollständig u. eignet sich daher nicht zur Analyse. (Analytica chim. Acta [Amsterdam] **6.** 190—93. Febr. 1952. Delft, École des Hautes Études Techn., Labor. de Chim. analyt.) WEITBRECHT. 5066

a) Elemente und anorganische Verbindungen.

J. H. Frisby und **D. Roaf,** *Quantitative Messung von Tritiumproben.* Zur Best. der absol. Konz. von T mit Hilfe seiner β-Aktivität wird ein GEIGER-Zähler aus Cu ($1^7/_{16}$ in. Durchmesser) mit W-Anode (0,006 in.) benutzt, in den die zu messende Probe eingeführt wird. Zur Unterdrückung des Wandeffekts wird Ar von 10 cm Hg beigemischt. Die lineare Abhängigkeit der Anzahl der Zählerausschläge von der T-Konz. wurde an verschied. Proben mit bekanntem T-Geh. geprüft. Die Zählerspannung betrug 1000 V, die Zählgeschwindigkeit 3000 Ausschläge pro Minute. (Proc. physic. Soc., Sect. B. **64.** 169—71. 1/2. 1951. Oxford, Clarendon Labor.) CONRAD. G 238

C. M. Johnson und **Hideo Nishita**, *Mikrobestimmung von Schwefel in pflanzlichem Material, Böden und Abwässern.* Zur Best. des Sulfatgeh. von Pflanzen, Böden u. Abwässern wird das zu untersuchende Material mit einer Reduktionsmischung aus HJ, Ameisensäure u. rotem P bei 115° behandelt. Der entstehende H_2S wird spektrophotometr. als Methylenblau bestimmt. Diese Meth. eignet sich zur Best. von Sulfat-S in Mengen von 1—300 γ mit einer Genauigkeit von ca. 2—5% auch in Ggw. von Cystin, Cystein, Glutathion, Methionin u. Taurin. Nach der Veraschung des organ. Materials kann auch der Gesamt-S nach dieser Meth. bestimmt werden. (Analytic. Chem. **24**. 736—42. April 1952. Berkeley, Calif., Univ. of California.) FRETZDORFF. G 253

Per Olof Bethge, *Bestimmung von Schwefelwasserstoff und löslichen Sulfiden nach der Molybdänblaumethode.* In phosphorsaurer Lsg. ist die Molybdänblaumeth. zur quantitativen colorimetr. Best. von Sulfid geeignet. Die Messung erfolgt mit einem BECKMAN-Spektrophotometer bei 7000 Å. H_2S wird am besten in 10 cm³ einer Lsg. von 50 g $Zn \cdot (CH_3COO)_2 \cdot 2H_2O$ u. 10 g $CH_3COONa \cdot 3H_2O$ in 50 cm³ W. absorbiert. Die Lsg. wird mit 2,5 cm³ einer Lsg. von 100 g $(NH_4)_6Mo_7O_{24} \cdot 4H_2O$ in 1 Liter W. u. 6 cm³ einer Lsg., die man durch Auffüllen von 342 cm³ 85%ig. H_3PO_4 auf 1 Liter erhält, versetzt. Das Gemisch wird auf 50 cm³ aufgefüllt u. in einer Zeit von 20—50 Min. nach Ansetzen colorimetriert. Eichkurven stellt man sich mit einer ca. n/200 Lsg. von Na_2S her, von der man verschied. Mengen der Zn-Lsg. zusetzt. (Svensk kem. Tidskr. **64**. 177—81. 1952. Swedish Forest Products Res. Labor., Wood Chem. Dep.) THEILE. G 253

G. S. Deshmukh und **B. R. Sant**, *Jodometrische Bestimmung von Selen mit Arsentrioxyd.* 5—10 ml CCl_4 bzw. CS_2 u. 10 ml 4n HCl werden zu einer H_2SeO_3-Lsg. gegeben u. dann 10—15 ml einer 20%ig. KJ-Lsg. unter Umschwenken hinzugefügt. Es wird in Eis-Kochsalz-Mischung gekühlt, u. 80—90 ml Borsäure–Borax-Puffer (40 g Borax + 20 g Borsäure auf 500 ml W.) werden hinzugegeben. Titriert wird mit einer 0,1n $NaHCO_3$-haltigen As_2O_3-Lsg. bis zur Entfärbung von Stärkelösung. Die mit As_2O_3 u. $Na_2S_2O_3$ erhaltenen Werte stimmen gut überein. (Analyst **77**. 272—73. Mai 1952. Benares, Indien, Benares Hindu Univ., Dep. of Chem.) MOSLÉ. G 254

Ray U. Brumblay, *Spektralphotometrische Methode für Quecksilber.* Zu der Probe, welche Hg in Form von $Hg(NO_3)_2$ enthält, wird in einem Meßkolben eine konstante Menge KSCN zugesetzt, welche etwas größer als das Äquivalent der höchsten zu bestimmenden Hg-Menge ist. Nach Zugabe einer konstanten Menge $Fe(NO_3)_3$, welche der zu bestimmenden Hg-Menge u. der angestrebten Genauigkeit anzupassen ist, wird die Probelsg. bei konstantem p_H-Wert u. 460 mμ in einem BECKMAN-Spektralphotometer Mod. B gegen eine $Fe(NO_3)_3$-Lsg. mit gleicher Fe-Konz. u. gleichem p_H-Wert (∼2), wie sie in der Probelsg. vorliegen, gemessen. Wenn die Messungen innerhalb von 30 Min. durchgeführt werden, entsteht durch Änderung der Lichtdurchlässigkeit kein Fehler, der die Genauigkeit der Best. von ±1% übersteigt. Die Einflüsse der KSCN- u. $Fe(NO_3)_3$-Konzz. sowie des p_H-Wertes auf den Konzentrationsbereich u. die Genauigkeit der Best. werden untersucht. (Analytic. Chem. **24**. 905—07. Mai 1952. Milwaukee, Wis., Univ. of Wisconsin, Extens. Div.) EICHHOFF. G 290

M. C. Alvarez Querol, *Mikrobestimmung von Aluminium als Oxinat.* Vf. beschreibt eine etwas modifizierte gravimetr. Mikrometh. zur Best. von Al mit Oxin, die bessere Ergebnisse erzielt als das von BENEDETTI-PICHLER beschriebene Verfahren. (Mikrochem. verein. Mikrochim. Acta **39**. 121—25. 1952. Avila, Inst. Nacional de Enseñanza Media.) FRETZDORFF. G 294

Dino Rosi und **Ignazio Mendola**, *Manganbestimmung in Eisenlegierungen und Manganmineralien durch direkte Oxydation mit Silberperoxyd.* Ausarbeitung einer Meth. der Mn-Best. mittels Ag_2O_2, wobei die Nachteile des bisherigen Verf. mit Ammoniumpersulfat u. $AgNO_3$ vermieden werden. Die Wiedergewinnung des Ag ist zu ca. 70% möglich. (Metallurgia ital. **43**. 443—45. Okt. 1951. Terni, Acciaierie di Terni, Labor. Chim. Centrale.) RUMPF. G 350

K. Dixon, *Die Fortschritte der Spektrographie in der englischen Eisenindustrie mit besonderer Berücksichtigung der Arbeiten des Unterausschusses für Spektrographie der British Iron and Steel Research Association.* (Metallurgia ital. **43**. 374—78. Sept. 1951.) RUMPF. G 354

E. R. Vance, *Emissionsspektroskopie in der Stahlindustrie.* Zusammenfassender Bericht über die spektralanalyt. Schnellbest. von *Mn, Cr, Ni, Mo, Cu, V, Sn, W, Al, Zr, Ti, B* u. *Co* in Ferrolegierungen u. Stahl. (Ohio J. Sci. **52**. 114—17. Mai 1952. Canton, O., Timken Roller Bearing Co., Steel and Tube Div.) WEITBRECHT. G 354

A. Gottlieb, *Zur Bestimmung kleinster Eisenverunreinigungen in Reinkupfer.* Zur Best. von Fe-Spuren in Reinkupfer wendet Vf. zur Anreicherung des Fe das Verf. der

$Al(OH)_3$-Fällung an u. bestimmt in der Lsg. der Hydroxyde das Fe mit o-Phenanthrolin colorimetrisch. Die Erfassungsgrenze dieser Meth. ist hoch u. ist eigentlich nur durch die Reinheit der verwandten Reagentien begrenzt. Es werden Unterss. angestellt über die Selektivität u. Anwendbarkeit des o-Phenanthrolins. (Mikrochem. verein. Mikrochim. Acta **39.** 176—86. 1952. Graz, TH, Inst. für anorgan.-chem. Technol. u. analyt. Chem.) FRETZDORFF. G 354

b) Organische Verbindungen.

A. J. Nutten, *Analysen für die Industrie.* (Vgl. WEST, C. **1953.** 1534.) Zur Best. organ. funktioneller Gruppen hat Vf. aus der Literatur (40 Zitate) für techn. Erfordernisse geeignete Analysenmethoden zusammengestellt. Besprochen werden folgende Analysenmethoden: Die Best. der Acetyl-, Alkoxy- u. Aminogruppen, des akt. H u. der OH-Gruppen. Ferner wird auf die Best. der ungesätt. Verbb., der Peroxyde, der Chlorhydrine u. der Oxirane, der Alkylsulfide u. Thiole sowie der Hydrazine u. Sulfonamide eingegangen. (Ind. Chemist **28.** 273—75. Juni. 321—23. Juli 1952.) P. ECKERT. 5356

D. F. Meigh, *Trennung der 3.5-Dinitrobenzoate flüchtiger Alkohole durch Papierchromatographie. 3.5-Dinitrobenzoate* (I) flüchtiger Alkohole, gelöst in Bzl. oder PAe., werden mit wasserfreiem Methanol/Heptan-Gemisch absteigend auf WHATMAN-1-Papier chromatographiert, das vorher mit methanol. Rhodamin-6-GBN. 500-Lsg. getränkt wurde. Im UV-Licht erscheinen die I als dunkle Flecke auf gelb fluorescierendem Grunde. Korrespondierende R_M-Werte (vgl. BATE-SMITH u. WESTALL, C. **1950.** II. 1801) der Derivv. n. Alkohole geben, gegen die Anzahl der CH_2-Gruppen aufgetragen, eine annähernd gerade Linie. R_F-Werte der I folgender Alkohole wurden bei 20° u. 25 cm Laufstrecke erhalten: *Methanol,* 0,24; *Äthanol,* 0,39; *Propanol-(1),* 0,46; *Propanol-(2),* 0,51; *Butanol-(1),* 0,57; *Butanol-(2),* 0,61; *2-Methylpropanol-(1),* 0,55; *Pentanol-(1),* 0,66; *3-Methylbutanol-(1),* 0,65; *Hexanol-(1),* 0,72. (Nature [London] **169.** 706—07. 26/4. 1952. Maidstone, Kent, Ditton Labor.) BRINCKMANN. G 550

Arthur Bevenue und **Kenneth T. Williams,** *Farbreaktionen bestimmter Aldehyde mit Orcin.* Auf Filterpapier aufgetragene Flecke aromat. Aldehyde geben nach Besprühen mit *Orcin*-Reagens (Lsg. von 0,5 g *Orcin* u. 15 g *Trichloressigsäure* in 100 cm³ wassergesätt. *Butanol;* kühl 1 Woche haltbar) bei verschied. Tempp. u. Erhitzungszeiten Farb-Rkk., die selektiv bei *Zimtaldehyd* (orange oder gelb), bei *p-Dimethylaminobenzaldehyd* (blutrot oder violett bis braun), bei *p-Oxybenzaldehyd* (lachsfarben bis orange-braun) sind. Farb-Rkk. geben ferner: *2.3-Dimethoxy-* u. *2-Oxy-3-methoxybenzaldehyd, Anisaldehyd, Protocatechualdehyd, Vanillin, Veratrumaldehyd, Piperonal, 3-Äthoxy-4-oxybenzaldehyd* (*Äthylvanillin*), *2.4-Dioxybenzaldehyd, Formaldehyd, Phenylacetaldehyd* sowie *Ketosen* im Gegensatz zu folgenden Ketonen u. Aldehyden, die keine Farb-Rkk. zeigen: *Acetophenon, Benzaldehyd, Benzophenon, Benzil, Cumarin, Paraldehyd* u. *Salicylaldehyd.* (Chemist-Analyst **41.** 5—7. März 1952. Albany, Calif., West. Reg. Res. Labor.) BRINCKMANN. G 1110

Ivar Werner, *Die Identifizierung kleiner Mengen Zucker mit Hilfe der Röntgenbeugungsdiagramme.* Als eine bes. geeignete Meth. zur Identifizierung kleinerer Mengen verschied., chromatograph. getrennter Zucker schlägt Vf. ihre Best. mit Hilfe ihrer Röntgenpulverdiagramme vor. Es werden Einzelheiten über die Pulverdiagramme folgender Monosaccharide gegeben: α- u. *β-D-Galaktose,* α- u. *β-D-Mannose, D-Fructose, D-Glucuronolacton,* α- u. *β-D-Glucosaminhydrochlorid,* α- u. *β-Galaktosamin-(Chondrosamin)-hydrochlorid, α-L-Fucose, D-Arabinose, D-Lyxose, D-Ribose* u. *D-Xylose.* Dabei zeigt sich, daß die früher der α-Galaktose zugeschriebene Kristallstruktur der β-Form zukommt. Die Unters. eines Einkristalls von α-Glucosaminhydrochlorid nach der WEISSENBERG-Technik führt zu den gleichen Ergebnissen, die von COX u. Mitarbeitern angegeben werden. Die opt. Drehung des Chondrosaminhydrochlorids wird zu $[\alpha]_D^{20} = +135 \rightarrow +93 \leftarrow +39°$ gefunden u. ist damit größer als die von LEVENE angegebene. Beschreibung einer Darstellungsmeth. von α-Mannose. (Mikrochem. verein. Mikrochim. Acta **39.** 133—46. 1952. Upsala, Inst. of Med. Chem.) FRETZDORFF. G 3400

J. K. Bartlett, L. Hough und **J. K. N. Jones,** *Die colorimetrische Bestimmung methylierter Zucker: Eine verbesserte Mikromethode für die Endgruppenbestimmung.* Vff. wenden die Meth. von BLASS, MACHEBOEUF u. NUNEZ (C. **1951.** I. 907) zur Best. reduzierender Zucker auf Methylderivv. der Glucose an, da auch diese mit Anilinphthalat angefärbt werden können. Die Meth. wurde im Mikromaßstab an Spaltprodd. von methyliertem Glykogen erprobt. Als Lösungsm. bei der Papierchromatographie wurde n-Amylalkohol–W. als bewegliche Phase verwendet. Mit weniger als 1 mg Material wurde für die (durchschnittliche) Kettenlänge ein Wert ermittelt, der mit den nach den üblichen Verff. erhaltenen gut übereinstimmt. (Chem. and Ind. **1951.** 76. 27/1. Bristol, Univ., Dep. of Chem.) WALTER. G 3400

H. G. Wiseman, S. S. Stone, H. L. Savage und **L. A. Moore,** *Einwirkung von Celiten auf Carotin und Lutein.* Vff. weisen darauf hin, daß Celite, die bei chromatograph. Analysen von *Carotin* (I) u. *Lutein* (II) benützt werden, bei I zu Isomerisierung u. Oxydation, bei II noch schneller zu Veränderungen führen können. Einflüsse der Oberflächenfeuchtigkeit, der Temp., der Ggw. verschied. Acetonmengen sowie Art der Vorbehandlung der Celite werden besprochen. Als einfache Vorbeugungsmaßnahmen werden namentlich bei Isomerentrennung der I kurze Filterzeit, bei II, das in allen untersuchten Fällen niemals mehr die Originalabsorptionen ergab, eine Vorbehandlung der Celite mit NH_3, Arbeiten bei 0^0 sowie Zusatz von Aceton beim Arbeiten mit Skellysolve B vorgeschlagen. (Analytic. Chem. **24.** 681—83. April 1952. Washington, D. C., Bur. of Dairy Ind.)
BRINCKMANN. G 3550

c) Bestandteile von Pflanzen und Tieren.

Hans Berninger, *Eine verbesserte Methode der Einbettung anatomischer Präparate mit Celodal.* Das zähfl. Celodal (Formaldehyd–Harnstoff-Vorkondensationsprod.), das beim Einrühren des „Härters" (10% ig. Oxalsäurelsg.) eingeschlossene Luftblasen nicht rechtzeitig freigibt, wird vorteilhaft vorher mit ca. 25% eines 30% ig. Formaldehyds verdünnt. (Z. wiss. Mikroskop. mikroskrop. Techn. **61.** 44—47. Juni 1952. Heidelberg, Univ., Anatom. Inst.)
BLUMRICH. 5661

A. K. Sharma und **Dipti Bhattacharjee,** *Dauerpräparate von Chromosomen durch Behandlung mit 8-Oxychinolin und durch leichtes Pressen.* (Stain Technol. **27.** 201—03. Juli 1952. Calcutta, Univ., Dep. of Bot.)
KRUSEN. 5661

C. Krishna Rao, *Mercurochrom als Samenfarbstoff.* Eine 1% ig. wss. Lsg. von *Mercurochrom* (*Na-Salz von Mercuridibromfluorescein*) ergibt bei lufttrockenen Samenausstrichen von Tieren in 5 Sek. ohne Anwendung eines Entfärbungsmittels eine klare rosarote Färbung der Spermatozoen u. Bakterien. (Indian veterin. J. **28.** 423—24. Mai 1952. Madras, Veter. Coll., Dep. of Animal Husbandry.)
FRÜHWALD. 5661

T. Romanowitsch, *Eine abgeänderte Anfärbemethode für Analysen.* Vf. empfiehlt die Anwendung von Kristallviolett u. Eosin bei der GRAM-Färbung, da der Nachw. der Colibakterien in Milchprodd. hierbei eindeutiger wird als bei Verwendung von Kristallviolett u. Fuchsin. (Молочная Промышленность [Milch-Ind.] **13.** Nr. 10. 46—47. Okt. 1952.)
M. GORDIENKO. 5661

Monroe E. Wall, C. Roland Eddy, Marian L. McClennan und **Mary E. Klumpp,** *Nachweis und Bestimmung von Steroidsapogeninen in pflanzlichen Geweben.* In einer Vorprobe werden alkoh. Pflanzenauszüge auf die Anwesenheit von Steroidsapogeninen geprüft, indem die hämolyt. Wrkg. der Saponine auf Menschenblut als Test benutzt wird. Bei positivem Test wird zur Isolierung der Steroidsapogenine der alkoh. Extrakt durch Ausschütteln u. anschließendes Zentrifugieren mit Bzl. entfettet u. mit ca. 4n HCl 2 Std. bei 78—80^0 C hydrolysiert, um ein benzollösl. u. wasserunlösl. Saponin zu erhalten. Die Sapogenine werden nun mittels Bzl. ausgeschüttelt u. durch Zentrifugieren abgetrennt. Zwecks leichterer Lösung der Sapogenine in CS_2 werden sie nach Verdampfen des Bzl. acetyliert. Der Überschuß an Essigsäureanhydrid sowie eine Reihe gefärbter, durch die Säurehydrolyse entstandener phenol. Verbb. werden sodann durch Behandlung mit methanol. KOH u. sofortige mehrmalige Ausschüttelung mit Bzl. entfernt. Das im Bzl. gelöste Sapogeninacetat wird zur Trockene eingedampft u. gewogen. Gewichtsrückstände von $>$10 mg werden unter vorsichtiger Erwärmung in CS_2, bei schwerer Löslichkeit auch in Chlf. gelöst u. mittels des „BECKMANNschen" Infrarotspektrophotometers „IR 3" untersucht. Absorptionsbänder bei 852, 900, 922 u. 987 cm^{-1} zeigen n. Sapogenine an, wobei das Absorptionsband bei 922 stärker ist als bei 900 cm^{-1}. Absorptionsbänder bei 866, 900, 922 u. 982 cm^{-1} zeigen Isosapogenine an, wobei das Absorptionsband bei 900 stärker als bei 922 cm^{-1} ist. Wenn nicht alle vier Absorptionsbänder erscheinen, enthält die Probe keine wesentlichen Mengen an Sapogeninen, sondern Verunreinigungen. Für die quantitative Best. der Sapogenine wird die Stärke der Absorption im 982—987 cm^{-1}-Band benutzt. Die einzelnen *Steroidsapogeninacetate* haben charakterist. Absorptionsbänder u. können daran unterschieden werden: *Chlorogenin* bei 866, 900, 921 u. 983 (cm^{-1}); *Diosgenin* bei 867, 900, 920 u. 983; *Gitogenin* bei 867, 900, 925 u. 982; *Hecogenin* bei 867, 900, 921 u. 982; *Manogenin* bei 867, 901, 921 u. 982; *Sarsasapogenin* bei 852, 897, 922 u. 987; *Smilagenin* bei 866, 900, 922 u. 982; *Tigogenin* bei 865, 900, 924 u. 983; *Samogenin* bei 865, 900, 921 u. 982. Die Genauigkeit der Meth. wird wesentlich gestört, wenn außer Steroidsapogeninen andere Nichtsteroidverbb. anwesend sind. Sie kann deshalb nur als „halbquantitative Meth." angesprochen werden. Die Schnelligkeit für Serienunterss. ist ausreichend. (Analytic. Chem. **24.** 1337—41. Aug. 1952. Philadelphia, Pa., Eastern Regional Res. Labor.)
GRÜTZ. 5666

d) Medizinische und toxikologische Analyse.

Walter Müller, *Grundlagen und praktische Brauchbarkeit der Methylenblauprobe im Urin.* Ein bei der *Methylenblau* (I)-Rk. in Harn auftretender Nd. ist nach chromatograph. Unterss. eine lockere, vermutlich salzartige Verb. zwischen I u. *Bilirubin* (II) im Mol.-Verhältnis von 2:1, die bei der Chromatographie an Papier oder Al_2O_3 ohne Vorbehandlung wieder aufgespalten wird. Auf Grund der an 656 Fällen gemachten Beobachtungen weist Vf. darauf hin, daß die I-Probe nicht streng spezif. u. in Zweifelsfällen die Durchführung einer weiteren Meth. erforderlich ist. Vf. empfiehlt dazu die sogenannte Diazofilterprobe nach Godfried (Biochem. J. **28.** [1934.] 2056), die Trichterprobe nach Ingham (C. **1952.** 7069) u. die Ba-Streifenmeth. nach Harrison (Watson u. Hawkinson, J. Lab. clin. Med. **31.** [1946.] 914). — 38 Literaturangaben. (Dtsch. Arch. klin. Med. **199.** 423—30. 1952. Stuttgart-Bad Cannstatt, Städt. Krankenhaus.) Krusen. 5732

Eberhard Gottwald und **Gerhard E. Voigt,** *Jodfreie Blutalkoholbestimmung.* Es werden 2 Modifikationen der Widmark-Meth. angegeben: 1. Die Titration der Bichromat-H_2SO_4 erfolgt mit 0,01n $FeSO_4$-Lsg. unter Verwendung einiger Tropfen 0,025 mol. wss. o-Phenanthrolinlsg. oder eines Tropfens 1%ig. Ba-Diphenylaminsulfonat (I)-Lsg. als Indicator. 2. Oxydation des A. mit $KMnO_4$. Zu 50 mg Blut werden 2 ml einer $KMnO_4$-Lsg. (400 mg $KMnO_4$ in 40 ml W. u. mit 85%ig. H_3PO_4 auf 100 ml aufgefüllt) gegeben. Es wird 40 Min. auf 60° erwärmt u. nach Verdünnen mit W. mit 0,01n $FeSO_4$-Lsg. unter Verwendung von I-Lsg. titriert. 1 ml $FeSO_4$-Lsg. entspricht 0,0383 mg Alkohol. (Dtsch. Z. ges. gerichtl. Med. **41.** 164—66. 1952. Jena, Univ., Inst. für gerichtl. Med. u. Kriminalistik.) Krusen. 5762

G. Dotzauer, H. Redetzki, K. Johannsmeier und **Th. Bücher,** *Erprobung einer spezifischen Fermentmethode zur Mikrobestimmung von Äthylalkohol.* 0,5 ml Vollblut oder Serum wird zu 2 ml 3,4%ig. $HClO_4$ gegeben u. 5 Min. bei 3000U/Min. zentrifugiert. 0,1 ml der klaren Fl. wird in bei 5 ml markierte, mit eingeschliffenen Glasstopfen versehene Mischzylinder zu 4,5 ml Lsg. I (10 g $Na_4P_2O_7 \cdot 10H_2O$, 2,5 g Semicarbazidhydrochlorid u. 0,5 g Glykokoll in W. gelöst, mit 10 ml 2n NaOH versetzt u. auf 300 ml aufgefüllt) gegeben u. gemischt. Dazu kommt 0,1 ml Lsg. II (Diphosphopydinnucleotid in W., entsprechend 13 mg 100%ig. DPN in 1 ml) u. 0,02 ml Lsg. III (45,5 g $(NH_4)_2SO_4$ u. 3 g $Na_4P_2O_7 \cdot 10H_2O$ in 100 ml wss. Lsg., p_H 7,3, darin suspendiert krist. *Alkoholdehydrase* entsprechend einem Proteingeh. von 25 mg/ml). Ein Reagentienblindwert ohne Serum wird angesetzt. Die Reaktionslsg. läßt man 70 Min. bei 19—26° stehen u. mißt die Extinktion bei der Wellenlänge 366 mμ in 1 cm-Küvetten. Vgl. mit Eichkurve. Der mittlere Fehler beträgt 1,2%. Störend wirken Isopropanol u. höhere geradkettige Alkohole, die A. enthaltenden Desinfektionsmittel Dijozol u. Valvanol. Bei experimentellen A.-Belastungen durchgeführte Vergleichsbestimmungen ergaben gute Übereinstimmung der Ferment- u. der Widmark-Methode. Die Bedeutung der Fermentmeth. angesichts ihrer hohen Spezifität wird ausführlich diskutiert u. Testvorschriften für DPN u. die Alkoholdehydrase angegeben. — 39 Literaturangaben. (Dtsch. Z. ges. gerichtl. Med. **41.** 15—29. 1952. Hamburg, Univ., Inst. für gerichtl. Med. u. Kriminalistik u. Physiol.-Chem. Inst.) Krusen. 5762

A. Brüning, *Die Oxydasenreaktion mit Phenolphthalin — eine Ehrenrettung.* Es wird die *Oxydase*-Rk. mit Phenolphthalin, die in der gerichtlichen Chemie bei der Prüfung auf Blut eine wichtige Rk. darstellt, beschrieben. Es konnte in Verss. mit einer 1%ig. Fischblutlsg. u. dem durch Red. mit Zn in alkal. Lsg. aus Phenolphthalein hergestellten Reagens gezeigt werden, daß von verschieden prozentigen H_2O_2-Lsgg. (0,1, 0,5, 1,0, 2,0 u. 3,0%) die 1%ig. Lsg. für die Rk. am geeignetsten war. Nur sie gab eine dauerhafte Rotfärbung. In weiteren Verss. wurden im Reagensglas 1 cm³ Blutlsg. mit 1 Tropfen 1%ig. H_2O_2 versetzt u. bei stärkeren Blutlsgg. bis ca. 1:1000 zur Verdeckung der gelben Eigenfarbe die gleiche Menge dest. W. zugegeben. Bei Verdünnungen bis 1:100000 trat sofort oder binnen 30 Sek. eine deutliche Rotfärbung ein, bei der Verdünnung 1:1000000 erst nach 1 Min. u. wesentlich schwächer. Bei einer Verdünnung 1:100000000 blieb die Rotfärbung aus. In Verss. mit blutgetränkter Erde, mit blutbespritzten Holzteilen u. blutigen eisernen Nägeln u. gleichzeitigen Kontrollverss. erwies sich die volle Brauchbarkeit der Reaktion. Zum Vgl. wurde die Benzidinoxydasen-Rk. in verschied. Arbeitsweisen herangezogen. Die Empfindlichkeit war aber stets geringer als die der Phenolphthalin-Reaktion. Auch die Malachitgrün–Oxydasen-Rk. war weniger empfindlich. Auf etwaige Störungen der Rk. wird hingewiesen. (Chemiker-Ztg. **76.** 586—88. 20/9. 1952. Münster/Westfalen.) Kathen. 5762

I. M. Kolthoff and **G. B. Sandell,** Textbook of quantitative inorganic analysis. 3rd ed. London: Macmillan. 1953. (XVI + 760 S.) s. 30,—.

Vicente Villar Palasi, Cromatografia sobre papel. Madrid: C. S. I. C., Instituto Español de Fisiología y Bioquímica. 1952. (VII + 201 S.) ptas. 50,—.

H. Angewandte Chemie.

I. Allgemeine chemische Technologie.

T. K. Ross, *Wärmeübergang auf schmelzende feste Stoffe.* Es werden die Bedingungen des Wärmeübergangs auf einen schm. festen Stoff untersucht, wobei zunächst die Methoden des Schmelzens selbst gestreift werden u. ein Überblick über die spärliche Literatur auf diesem Gebiet gegeben wird. Auf der beheizten Oberfläche bildet sich ein Schmelzflüssigkeitsfilm, durch den die Wärme auf den festen Körper übergeht, wobei die Neigung der Unterlage (Platte oder Rohr) eine Rolle spielt. Bei den hier beschriebenen Verss. konnte die Neigung der Unterlage beliebig justiert werden. Vf. kam auf Grund seiner Verss. zu folgender theoret. Gleichung (ebene Platte): $h_m L/k = 0,666 \{L^3 g \varrho (\sigma + \varrho \cos \Theta) \cdot [\lambda + C_p (T_m - T)]\}^{0,25}/k \mu (T_s - T_m)$. Bei Rohren ergibt sich 0,710 statt 0,666, wobei statt $L = D_0$ gesetzt wird. Ferner befriedigt bei Rohren u. körnigen organ. Stoffen folgende kürzere Gleichung: $h_m = 300/\mu^{0,25} (T_s - T_m)^{0,25} D_0^{0,5}$ (Joule/sec m^2 ^0C) (sämtliche Größen im cgs-Syst.). Darin bedeuten: $h L/k = Nu$, ϱ = D. des geschmolzenen Films (kg/m^3), σ = Druckgradient im Film infolge des Gewichts des festen Stoffes (kg/m^3), Θ = Neigung der Heizoberfläche, λ = Schmelzwärme, C_p = spezif. Wärme des festen Stoffes (J/kg ^0C), T_m = Schmelz- u. T = Anfangstemp. des festen Stoffes, k = therm. Leitfähigkeit des Schmelzfilms (J/s m ^0C) μ = Viscosität des Films (kg/m s), h_m = mittlere Wärmeübergangszahl im Film (J/s m^{20} C). (Chem. Engng. Sci. **1.** 212—15. Sept. 1952.)

CRAMER. 5814

Th. E. Schmidt, *Explosionen bei Ammoniakkälteanlagen.* Es gibt zwei verschied. Arten von Explosionen: 1. mit starker Wärmeentwicklung. Unterss. haben gezeigt, daß Mischungen von Luft mit mindestens 16 Vol.-% NH_3 bei Entzündungstempp. zwischen 420 u. 820° brennbar sind. Voraussetzung ist hinreichend starke u. ausgedehnte Wärmequelle. Die Druckwelle ist unbedeutend. 2. Viel schlimmer sind die beobachteten Explosionen mit starker Druckwelle u. nur geringer Wärmeentwicklung. Die Ursachen sind noch nicht restlos geklärt, doch scheinen die in Kältemaschinen häufig festgestellten beträchtlichen Ölmengen der eigentliche Gefahrenherd zu sein, bes. wenn an der Saugseite Unterdruck herrscht. Nach der Statistik ereignen sich Explosionen nur in Betrieben, in denen die Kältemaschinen schlecht gepflegt werden. (Kältetechnik **4.** 303. Nov. 1952. Karlsruhe.)

CRAMER. 5858

Gesellschaft für Linde's Eismaschinen Akt.-Ges., Höllriegelskreuth (Erfinder: **Johannes Wucherer, Ernst Karwat** und **Heinrich Kahle,** Pullach) bei München, *Verhütung der Verunreinigung von Gasen in Gaszerlegungs- bzw. Reinigungsanlagen* infolge undichter Absperrorgane gegen andere, unter höherem Druck stehende Gase, dad. gek., daß auf der gefährdeten Seite ein Teilstrom entnommen wird, dessen Menge mindestens so groß ist, als der Lässigkeit der Ventile entspricht u. der in die Atmosphäre geführt werden kann. Abänderungen des Verf. zur Sicherung der Fraktionen höchster Reinheit. — Beispiel u. Zeichnung für Luftzerlegung. (**D. B. P. 854 048** Kl. 17g vom 29/3. 1951, ausg. 30/10. 1952.)

SCHINDLER. 5857

Gesellschaft für Linde's Eismaschinen Akt.-Ges., Höllriegelskreuth (Erfinder: **Johannes Wucherer,** Pullach) München, *Herstellung eines für die Füllung von Glühlampen geeigneten Argons* durch Rektifikation einer bei der Luftzerlegung gewonnenen O_2-Fraktion, dad. gek., daß man aus der Niederdrucksäule des Lufttrenners ein O_2–Ar–N_2-Gemisch mit dem Verhältnis von Ar : N_2 = 15 : 1 bis 25 : 1 entnimmt u. durch Rektifikation auf 94 ± 1,5% Ar anreichert neben 5 ± 1% N_2 u. 1 ± 0,5% O_2. Die oxydablen Verunreinigungen werden über heiße Oxydationskatalysatoren (I) geleitet u. ebenso wie CO_2 u. Wasserdampf durch Absorptionsmittel entfernt. Als I sind poröse, mit CuO-Pulver bedeckte Massen u. MnO_2 genannt. Verfahrenstechnik ist näher beschrieben. — Zeichnung. (**D. B. P. 844 017** Kl. 17g vom 10/6. 1949, ausg. 14/7. 1952.)

SCHINDLER. 5857

National Aluminate Corp., Chicago, übert. von: **Paul G. Bird** und **Arthur L. Jacoby,** Western Springs, und **Robert W. Kell,** Oak Park, Ill., V. St. A., *Antischaummittel,* bestehend aus Kondensationsprodd. von z. B. Monostearylhydrazin mit symm.-Dichloraceton oder 1.3-Dichlor-2-propanol oder Trioxymethylen, von Dilauryldiäthylentriamin mit Äthylendichlorid oder CH_2O in saurer Lsg., von N-Octadecylchloracetamid mit Diäthylentriamin oder Hydrazinhydrat oder Äthylendiamin oder Piperazinhexahydrat oder m-Phenylendiamin oder Triäthylentetramin, von β-Chlorbuttersäure mit Octadecylamin, von Octadecylamin mit o-Jodbenzoylchlorid. Die wachsartigen Prodd. sind bes. geeignet für Dampferzeuger oder Verdampfer. (**A. PP. 2 580 880** vom 27/3. 1942 u. **2 580922** vom 19/9. 1942, beide ausg. 1/1. 1952.)

SCHINDLER. 5865

Algemeene Kunstzijde Unie N. V. (Erfinder: **Gerrit Holdijk**), Arnheim, Holland, *Entfernung von Kristallkrusten,* welche sich auf Teilen einer Kristallisiervorr. abgelagert haben, bes. bei der Behandlung von Na_2SO_4-haltigen Fll., dad. gek., daß ab u. zu ein Gasstrahl (Luft), bes. durch enge Öffnungen unter erhöhtem Druck, auf diese Teile gerichtet wird. (**D. B. P. 852 837** Kl. 12c vom 17/6. 1951, ausg. 20/10. 1952. Holl. Prior. 3/8. 1950.) NEBELSIEK. 5869

Farbenfabriken Bayer (Erfinder: **Alfred Haltmeier**), Leverkusen, *Trocknung unter Vakuum*, bes. von empfindlichen Stoffen, wie *Farben*, wobei die entweichenden Dämpfe durch Absorption beseitigt werden. Die von der Trocknung kommenden Dämpfe werden zunächst in W. oder W. enthaltenden Fll., dem nichtflüchtige Stoffe beigegeben werden können, die das Gefrieren der Absorptions-Fl. herabsetzen, bzw. die in den Trocknungsgasen enthaltenden Dämpfe, mit Ausnahme von Wasserdampf, chem. binden, absorbiert. Die bei der Absorption frei werdende Wärme wird durch Entspannen der Absorptions-Fl. auf einen tieferen Druck u. Niederschlagung des dabei entstehenden Wasserdampfes in H_2SO_4 entfernt. Die entstandene verd. H_2SO_4 wird durch SO_3 regeneriert. (**D. B. P. 846 247** Kl. 12g vom 7/3. 1950, ausg. 11/8. 1952.) STEIL. 5875

Badische Anilin- & Soda-Fabrik, Ludwigshafen/Rh. (Erfinder: **Hanns Ufer**, Ludwigshafen/Rh., und **Fritz Stastny**, Weinheim/Bergstraße), *Antriebsriemen und Förderbänder* aus gereckten Polyamiden oder Polyurethanen, die geringe Mengen einer aromat. oder hydroaromat. Oxyverb. enthalten. Nach dem Beispiel wird ein in Ggw. von Resorcin hergestelltes Polyamid aus Caprolactam nach der Kondensation aus dem Gefäß gedrückt u. gereckt. Nach 24 Std. Lagerung bei n. Temp. u. ca. 30—40% relativer Feuchtigkeit keine Neigung zum Spleißen. Weitere geeignete Verbb. sind: Dioxydiphenylsulfon, Dibenzylphenol, Diphenylolaceton, Alkylen-bis-(oxyarylsulfone), Alkylcyclohexanole, Oxyphenylalkylpyrrolidone u. andere. (**D. B. P. 858 158** Kl. 47d vom 14/5. 1944, ausg. 4/12. 1952.) SCHINDLER. 5893

Alpina Akt.-Ges. Eisengießerei und Maschinenfabrik (Erfinder: **Hans Rumpf** und **Fritz Kaiser**), Augsburg, *Durchführung chemischer Reaktionen an körnigem Gut* im Drehrohr. Durch eine planetenartige Bewegung des Drehrohrs wird eine intensive Durchmischung u. Zerkleinerung des Gutes erzielt. (**D. B. P. 850 001** Kl. 12g vom 19/4. 1951, ausg. 25/9. 1952.) STEIL. 5897

Herbert Pontzen Schrott-Regenerierungsanlagen (Erfinder: **Hans Eykelen**), Düsseldorf, *Begasen von Schmelzen mit Reaktionsmitteln*, z. B. mit Cl_2. Das Reaktionsmittel wird in fl. Zustand in die in der Schmelze befindlichen Verteilungsvorr. eingeleitet u. zur Kühlung darin verdampft. (**D. B. P. 850 444** Kl. 12g vom 12/3. 1950, ausg. 25/9. 1952.) STEIL. 5897

Baker & Co., Inc., Newark (Erfinder: **Edgar F. Rosenblatt**, Montclair), N. Y., V. St. A., *Herstellung von Kontaktmassen*, z. B. für Hydrierungen, bei denen das Innere der Träger frei von katalyt. Material bleibt. Eine Pt- oder Pd-Verb., in der das Metall zweiwertig ist, wird in wss. Lsg. in Ggw. eines Trägers aus festem, unlösl., dehydratisiertem, bas. Oxyd eines nicht edlen Metalles der III. bis VIII. Gruppe des Period. Syst. (Al_2O_3, aktivierte Tonerde, Kieselgel) z. B. in Ggw. von $NaHCO_3$, hydratisiert u. das an der Oberfläche des Trägers entstehende Oxyd des Katalysatormetalles reduziert. (**D. B. P. 842 040** Kl. 12g vom 28/9. 1949, ausg. 23/6. 1952. A. Priorr. 10/1. 1942 u. 27/12. 1945.) STEIL. 5905

R. E. Kirk and D. Othmer (Eds.), Encyclopedia of chemical technology. Vol. 9. London: Interscience Pubns. 1952. (959 S. m. Abb.) s. 175,—.

IV. Wasser. Abwasser.

Kerry E. Mills, *Gesichtspunkte für die Eindämmung der Verschmutzung in Küstengewässern*. Die durch Ölraffinerieabwässer in den Gezeiten unterliegenden Gewässern hervorgerufenen Wirkungen sind grundsätzlich auf dem gleichen Wege wie alle Abwasserfragen zu behandeln; es wird ein Programm als Anhalt für die Klärung u. Abstellung von Raffinerieabwässerschäden besprochen. (Sewage ind. Wastes **24.** 1150—58. Sept. 1952. Texas City, Tex., Pan American Refining Corp.) MANZ. 6038

Karl Imhoff, *Schäumen in den Lüftungsbecken von Klärwerken*. Das durch die Verwendung synthet. Reinigungsmittel in Haushalt u. Textilindustrie bedingte Schäumen der Lüftungsbecken kann durch Herabsetzung der Preßluftmenge, wenn diese aus anderen Gründen angängig ist, oder durch Aufspritzen von W. aus dem biol. gereinigten Abfluß oder in Form der auf das ganze Becken verteilten Abwasserzuführung nach SCHMITZ-LENDERS bekämpft werden. (Gas- u. Wasserfach, Ausg. Wasser **93.** 512—13. 15/9. 1952. Essen.) MANZ. 6040

—, *Normen für Einrichtungen zur Nachreinigung von Abwasser in Alberta*. Richtlinien des ALBERTA DEPT. OF PUBLIC HEALTH für Entwurf, Bau u. Betrieb von Tropfkörpern,

Belebtschlammanlagen, Sandfiltern u. Chlorungsanlagen, bes. hinsichtlich Belastung, Bemessung der Rücknahme, Größe u. Unterteilung der Lüftungsbecken, Füllmaterial. (Munic. Utilities **90.** 32—34. 44—48. Aug. 1952.) MANZ. 6040

—, *Entgiftung von Abwässern.* Die ersten Spülwässer eines Verchromungsbetriebes für Autoteile werden eingedampft u. in das Bad zurückgegeben. Die dünneren Spülwässer werden unter p_H- u. Redoxpotentialmessung (Pt- u. Kalomelelektrode, günstigste Einstellung 490—500 mV) bei automat. Regelung der Zusätze mittels Verstärker u. Regelventil mit H_2SO_4 erst auf p_H 2—2,3 gestellt, dann mit Beizereiablauge oder 10%ig. $FeSO_4$-Lsg. red., nach Vereinigung mit anderen Abwässern auf p_H 7 gekalkt, der Schlamm in Erdbecken gelagert. (Canad. chem. Processing **36.** Nr. 10. 62—63. Sept. 1952.) MANZ. 6042

Donald Tarvin, *Chlorbindungsvermögen des Abwassers eines chemischen Werkes.* Die Best. des Cl-Bindungsvermögens in einem gemischten, mit CaO u. $CaCO_3$ neutralisierten u. geklärten Abwasser nach der KJ-Stärkemeth. ergab unter bzw. bei p_H 4 u. p_H 7 drei verschied. Werte; mit steigendem p_H bei der Titration steigt die aufgenommene Cl-Menge. Unter p_H 4,0 beeinflußt $Fe^{\cdots}$ das Ergebnis. Vergleichende Bestimmungen mit o-Tolidin ergaben über 4mal so hohe Werte als die KJ-Meth. bei p_H 4,0. (Sewage ind. Wastes **24.** 1130—37. Sept. 1952. Bound Brook, N. J., Calco Chemical Div., American Cyanamid Co.) MANZ. 6042

William Brewster Snow, *Biochemischer Sauerstoffbedarf von gechlortem Abwasser.* Gechlorte Abwasserproben können mit festem krist. Na_2SO_3 so genau entchlort werden, daß bei anschließenden BSB-Verss. keine merkliche Verzögerung infolge tox. Wrkg. auf die Einsaat u. kein zusätzlicher BSB infolge eines Sulfitüberschusses auftritt. Die Chlorung führt nach der Änderung der Geschwindigkeitskonstante u. des Grenzwertes für monomol. Umsatz zu qualitativen u. mengenmäßigen Veränderungen der abbaufähigen Stoffe, die mit der Cl-Konz. bis zu einer Cl-Menge, die zu einem kleinen Rest-Cl-Geh. nach 15 Min. führt, ansteigen. Werden 40% des BSB aerob in Verdünnung abgebaut oder das Abwasser unverd. 30—60 Min. belüftet, so erreicht die durch Chlorung bewirkte Abnahme des BSB einen optimalen Wert; entsprechend müssen anaerob 35% vorher abgebaut sein. Anaerober Abbau bis zu 72 Std. bewirkt eine steigende Verminderung des BSB, aber die Geschwindigkeitskonstante des restlichen BSB steigt über den ursprünglichen Wert an. Infolge der Veränderung der organ. Stoffe im Abwasser steht die durch Chlorung bewirkte Abnahme des BSB nicht in linearem Verhältnis zur verbrauchten Cl-Menge. Einfache Belüftung des Abwassers bis zu 2 Std. bewirkt Minderung des BSB unter gleichzeitiger leichter Abnahme der Geschwindigkeitskonstante der restlichen Stoffe. (Sewage ind. Wastes **24.** 689—704. Juni 1952. Durham, N. C., Duke Univ.) MANZ. 6044

R. Vrijburg, *Versuche zur Reinigung von Abwasser mit Hilfe des Zigerli-Verfahrens.* Die bei der biol. Reinigung städt. Abwässer mittels des ZIGERLI-Verf., bei dem der akt. Schlamm unter Zugabe von Asbest 1 Std. im Belüftungsbehälter verweilt, erhaltenen Ergebnisse werden mitgeteilt. (Ingenieur ['s-Gravenhage] **63.** G 103—07. 26/10. 1951. Rijsk-Inst. voor Zuivering van afvalwater.) WESLY. 6044

Raymond Manganelli, *Reinigungsmittel und Abwasserreinigung.* Die meist verwendeten anion. u. nichtionisierten Reinigungsmittel beeinflussen in Mengen bis 100 mg/Liter die Oxydation von Abwasser allein oder mit Belebtschlamm nicht merklich, dagegen wirken kation. Mittel (Pyridinderivv., quaternäre Ammonverbb.) schon in Mengen von 10 mg/Liter verzögernd. Ersatz der Seife durch Reinigungsmittel vermindert ohne Beeinflussung der Faulung den Faulgasanfall. Anion. u. nichtionisierte Mittel stören die Flockung bes. bei kleinen Flockungsmittelzusätzen durch Minderung des Effektes; dies kann durch höhere Zusätze meist ausgeglichen werden. Kation. Mittel mindern umgekehrt den Flockungsmittelbedarf, erniedrigen die Colizahl nach dem Absetzen u. verstärken die entkeimende Wrkg. des Cl_2. Alle Reinigungsmittel verbessern in Mengen von 100 mg/Liter die Entwässerungsfähigkeit des Klärschlamms. (Sewage ind. Wastes **24.** 1057—68. Sept. 1952. New Brunswick, N. J., Agricult. Exp. Stat., Rutgers Univ.) MANZ. 6048

Ross E. McKinney, *Grundlagenforschung für den Belebtschlammprozeß.* 2. Mitt. *Vorschlag einer Theorie der Flockenbildung.* (1. vgl. C. **1952.** 7073.) Nach dem amphoteren Charakter des in der Schleimhülle der Bakterien enthaltenen Polysaccharids ist durch wechselseitige Abbindung saurer u. bas. Gruppen zwischen den Oberflächen kollidierender Bakterien wie bei koll. Stoffen eine Zusammenballung denkbar, nachdem durch Belüftung eine gleichmäßige Nährstoffverteilung u. rasche Vermehrung der Keime eingeleitet ist. (Sewage ind. Wastes **24.** 280—87. März 1952. Cambridge, Mass., Inst. of Technol., Sedgwick Labors. of Sanit. Sci.) MANZ. 6048

M. Strell und **G. Götz,** *Die Biogaserzeugung aus Abfallstoffen mit natürlichem Feuchtigkeitsgehalt.* Der Hauptnachteil der üblichen Naßverfahrensgasung nach dem Schwimmverf. besteht darin, daß sich eine Schwimmdecke bildet. Beim Trockenverf. sind andere Schwierigkeiten zu überwinden: Zuführung von Wärme, weil die Methanbakterien nur im anaeroben Zustand akt. sind. Deshalb auch die Verwendung von gasfesten Behältern aus Eisen. Im Falle von Pferdemist werden je kg Trockensubstanz 254 Liter Gas mit 64% Methan erzeugt. Der Dungwert des Mistes wird durch den Vergasungsprozeß nicht beeinträchtigt, da nur Cellulose u. Fett an der Biogaserzeugung beteiligt sind. (Gesundheits-Ing. **73.** 229—32. Juli 1952.) J. FISCHER. 6048

V. Anorganische Industrie.

British Oxygen Co. Ltd., London (Erfinder: **Herbert Marcus Powell**, Oxford), England, *Herstellung von Mischkristallen von Hydrochinon mit Krypton, Argon und Xenon.* Eine wss. Lsg. von Hydrochinon wird in Ggw. des betreffenden Edelgases unter Überdruck durch langsame Abkühlung zur Kristallisation gebracht. Die Prodd. sind große rhomboedr. oder prismat. Kristalle, während das gleichzeitig auskristallisierende unveränderte Hydrochinon Nadeln bildet. Eine mechan. Trennung ist deshalb leicht möglich. Wegen des Unterschiedes der D. kann auch durch Flotation getrennt werden. Aus 1 (Vol.) des Ar-Mischkristalls können durch Erhitzen oder Auflösen 70 Ar freigemacht werden. (**D. B. P. 843 252** Kl. 12i vom 31/12. 1950, ausg. 7/7. 1952. E. Prior. 2/1. 1950.) ZÜRN. H 230

Braunkohle-Benzin Akt.-Ges., Berlin (Erfinder: **Paul Dolch**, Essen), *Trennung von Wasserstoff und Kohlensäure* durch Druckwasserwäsche. Die Lsg. wird in einem Zuge auf ca. n. Druck entspannt. Bei der folgenden, geraume Zeit andauernden, freiwilligen Entgasung der entspannten Lsg. werden die zeitlich zuerst freiwerdenden Gasanteile (I) von dem später entweichenden CO_2 getrennt aufgefangen. Die zuerst frei gewordenen I kann man dem zu trennenden Ausgangsgas zufügen. (**D. R. P. 753 754** Kl. 12i vom 4/5. 1937, ausg. 20/10. 1952.) ZÜRN. H 238

Chemical Engineering and Wilton's Patent Furnace Co. Ltd. und **Norman Wilton**, Horsham, Sussex, England, *Neutralisierung und Trocknung von Ammoniumsulfat oder anderen körnigen oder kristallinen Stoffen.* Die körnigen oder kristallinen Stoffe, bes. $(NH_4)_2SO_4$ oder Na_2SO_4, werden in Zentrifugen bis auf einen Wassergeh. von 1—3% entwässert, mit W. von ca. 40° gewaschen, in vertikalen Zylindern, die mit Elevatoren versehen sind, mit NH_3 oder $(NH_4)_2CO_3$ bzw. Na_2CO_3 neutralisiert u. in einem Turm durch entgegenströmende heiße Luft getrocknet. Die Luft aus dem Trockner wird abgesaugt, in W. geleitet, wo der mitgeführte feine Staub gelöst wird, worauf die Lsg. in den Sulfatsättiger zurückgeleitet wird. — Vorrichtung. (**E. P. 668 601** vom 30/6. 1950, ausg. 19/3. 1952.) KARST. H 243

Johnson & Son's Smelting Works Ltd. (Erfinder: **Thomas Critchley**), Creek Works, England, *Beseitigung von Stickoxyde enthaltenden Dämpfen.* Man leitet die N-Oxyde (I) von oben in eine mit beliebigen Füllkörpern gefüllte Kolonne, die mit einer Fl. berieselt wird, die I löst. Gleichzeitig leitet man von oben O_2 in einer Menge ein, die nur wenig die zur Überführung der I in HNO_3 erforderliche Menge übersteigt. (**E. P. 669 503** vom 30/3. 1950, ausg. 2/4. 1952.) ZÜRN. H 243

Air Reduction Co., Inc., New York, N. Y., übert. von: **Claude C. Van Nuys**, Greenwich, Conn., V. St. A., *Gewinnung von Kohlendioxyd aus Abgasen*, z. B. Restgasen der NH_3-Synthese. Die Gase werden auf 70—100 at komprimiert u. gekühlt. Durch Entspannen trennt man in fl. CO_2 u. eine gasförmige Phase, die die Fremdgase enthält. Die letzte Phase läßt man selektiv kondensieren, wodurch sich fl. CO_2 ausscheidet. — Vorrichtung. (**A. P. 2 585 288** vom 2/10. 1947, ausg. 2/12. 1952.) ZÜRN. H 260

West End Chemical Co., übert. von: **Lynn A. Blackmun**, Westend, Calif., V. St. A., *Entschwefelung von „Searles Lake"-Laugen.* Die rohen, Na_2CO_3, $NaHCO_3$, Na_2SO_4, KCl u. Borax enthaltenden Laugen mit einem Geh. an Metallsulfiden von wenigstens 0,02% u. einem p_H-Wert von 10 werden bis zu einem p_H-Wert von ca. 8—9 mit CO_2 behandelt, wodurch der größte Teil der Sulfide unter Bldg. von H_2S zers. wird. Durch weiteres Einleiten von CO_2 u. Luft in die Lauge wird der H_2S ausgetrieben. Die CO_2-Mengen sind derart zu bemessen, daß Carbonate in der Lauge nicht ausgefällt werden. Die Laugen werden dann zur Gewinnung der enthaltenen Salze weiterverarbeitet. (**A. P. 2 567 867** vom 4/10. 1946, ausg. 11/9. 1951.) KARST. H 270

Ethyl Corp., New York, N. Y., übert. von: **Albert P. Giraitis**, Baton Rouge, La., V. St. A., *Granulierung von Natriumsulfat.* Das bei der Rk. von 2 NaCl + H_2SO_4 erhaltene Na_2SO_4 wird feingemahlen, unter Rühren mit 10—14% W. besprüht, gekühlt u. unter weiterem Rühren bis auf 0,5% Wassergeh. getrocknet. Man erhält nicht staubende Massen, die nicht erhärten oder zusammenbacken. — Vorrichtung. (**A. P. 2 587 309** vom 14/6. 1950, ausg. 26/2. 1952.) KARST. H 274

Edigio Cattaneo, Schweiz, *Reaktionen zwischen pulver- und gasförmigen Stoffen.* In einem bes. konstruierten Reaktionsofen werden die pulverförmigen Substanzen in feinster Verteilung eingebracht, so daß sie sich mit dem Reaktionsgas innigst mischen. Durch die hohe im Ofen herrschende Temp. von ca. 1000° erfolgt die Rk. äußerst rasch. Z. B. wird Cr-Mineral, Alkali u. gegebenenfalls ein Katalysator in Pulverform mit Luft oder O_2 bei Tempp. von 600—1200° umgesetzt. Am Boden des Ofens sammelt sich das gebildete *Alkalichromat.* — Abbildung. (**F. P. 990 080** vom 5/7. 1949, ausg. 17/9. 1951. Schwz. Prior. 17/3. 1949.) WITTHOLZ. H 335

Henry L. Crowley & Co., Inc., West Orange, N. J., übert. von: **Marion Ernest Graham**, Parma, und **Edward A. Beidler**, Columbus, O., V. St. A., *Selektive Reduktion von $FeCl_2$.* Man läßt HCl-freien H_2 über ein Gemisch aus festem $FeCl_2$ u. $MnCl_2$ (1 : 5) bei 350—675°, bes. 500—625°, streichen u. erhält $>$99 (%) Fe u. $<$0,1 Mn. (**A. P. 2 596 073** vom 14/6. 1951, ausg. 6/5. 1952.) NEBELSIEK. H 354

VI. Silicatchemie. Baustoffe.

H. Whittaker und **E. Seddon**, *Die Porosität von Wannensteinen. Ihre Messung und Variationsbreite.* Durch Best. der wahren u. scheinbaren D. von mehreren Hundert Wannensteinen, meist vom Sillimannit-Typ, wird die Porosität dieser Steine ermittelt, um einen Hinweis für das voraussichtliche Verh. beim Betrieb der Glaswanne zu erhalten. Auch die einzelnen Blöcke weisen keine gleichmäßige Porosität auf, sondern besitzen in der Mitte eine höhere Porosität als an den Randpartien. Der Mittelwert für die Porosität aller Steine liegt bei 20,5% mit Extremwerten von 16,1 u. 24,2%. Für den Wannenofenbau wird eine Auslese der Steine mit möglichst gleicher Porosität empfohlen. (J. Soc. Glass Technol. **35.** T 193—205. Aug. 1951. United Glass Bottle Manufact. Ltd.) HENTSCHEL. 6172

Wilhelm Miehr, *Feuerfeste Beläge für Tunnelofenbrennwagen.* Bericht über die vorhandene Literatur mit ausführlichem Nachweis. (Sprechsaal Keram., Glas, Email **85.** 273—77. 20/6. 299—301. 5/7. 1952. Berlin.) SCHÜTZ. 6210

Friedrich Zapp, *Über die Beeinflussung der Haltbarkeit von Aufglasurdekoren auf Porzellan.* Die Bleilässigkeit von Aufglasur- u. Druckfarben wird durch 24 Std. Einw. von 4% Essigsäure bei Zimmertemp. in mg pro 100 cm^2 Farbfläche angegeben. Steigende Brenntemp. (750—880°) verringert die Bleiabgabe, desgl. steigender SiO_2-Gehalt. Bei Weichporzellanglasur als Untergrund ist die Pb-Abgabe größer als bei Hartporzellanuntergrund. (Ber. dtsch. keram. Ges. e. V. Ver. dtsch. Emailfachleute e. V. **29.** 297—301. Sept. 1952. Selb/Obfr., Staatl. Höhere Fachschule für Porzellan.) SCHÜTZ. 6212

Corrado Rossi und **Ruffo Baldacci**, *Die Bestimmung der Teilchengröße feiner Pulver unter besonderer Berücksichtigung der Kaoline.* Das von Vff. benutzte Verf. besteht darin, daß man an einer ca. 2%ig. (Vol.) Suspension der durch geringen Zusatz von NaOH oder Na-Pyrophosphat peptisierten Tonteilchen mittels einer WESTPHALschen Waage mit zylindr. Senkkörper die zeitliche Änderung der D. verfolgt. Die mittlere Teilchengröße erhält man, wenn man an die so gewonnenen Kurven eine Tangente für die extrapolierte Zeit → 0 anlegt. Für böhm. u. Zettlitzer Kaolin sowie italien. Bentonit stimmen die so erhaltenen Teilchengrößen mit den mkr. ausgemessenen gut überein. (J. appl. Chem. **1.** 446—52. Okt. 1951. Genua, Univ.) HENTSCHEL. 6216

Th. White, *Die Wirkung von Gerbstoffen auf die physikalischen Eigenschaften von Tonen.* Auf dem Boden unserer heutigen Vorstellungen über das plast. Fließen, die Thixotropie u. die Gelfestigkeit wird die verflüssigende Wrkg. von Gerbstoffen auf Tonschlicker besprochen. Diese Erkenntnisse sind in erster Linie bei Bohrspülungen gewonnen. Doch sind dieselben auch für die allg. Keramik von grundlegender Bedeutung. Bes. untersucht werden Quebrachoextrakt u. Na-Tannat. (Ber. dtsch. keram. Ges. e. V. Ver. dtsch. Emailfachleute e. V. **29.** 302—09. Sept. 1952.) SCHÜTZ. 6216

H. Anders, *Verwendung von siallitischen Braunkohlenkraftwerksaschen zur Herstellung von Tonerde, Bleicherde und Zement.* Beschreibung der Aufschluß- u. Gewinnungsverff. von reiner Tonerde aus siallit. Rohstoffen (Al_2O_3 $<$45%): DYCKERHOFF-Portlandzement-Verf., I.-G.-Verf. u. TH. GOLDSCHMIDT-Verf. Es werden auf Grund von Großverss. die Möglichkeiten gezeigt, wie Braunkohlenflugaschen auf reine Tonerde (u. gleichzeitig Zement), auf Bleicherde u. zur Erzeugung von Leichtbausteinen aufgearbeitet werden können. Präparierter Braunkohlenschwelkoks kann außerdem zu Aktivkohle veredelt werden. (Ber. dtsch. keram. Ges. e. V. Ver. dtsch. Emailfachleute e. V. **29.** 204—08. Juni 1952.) K. SEIDEL. 6216

—, *Neuer hitzebeständiger Werkstoff aus Zirkonoxyd für Temperaturen bis 4600° F.* Formteile aus Zirkonoxyd für Ofenauskleidungen, elektr. Heizelemente u. a. in dichter u. poröser Ausführung. (Materials and Methods **33.** Nr. 3. 81. März 1951.) KATZ. 6218

D. Johnston, *Spektralerregung von gepulvertem feuerfestem Material.* Bei der Herst. feuerfesten Materials ist die Kontrolle des Tonerdegeh. in der Kieselsäure erwünscht. Diese ist auf chem. Wege nur schwer in kurzer Zeit auszuführen. Einen neuen Weg scheint nun eine spektrograph. Meth. zu weisen, u. zwar neben der üblichen u. wenig gut reproduzierbaren Aufnahme von Bogenspektren die neue Meth. eines Funkenspektr. mit Hilfe einer sogenannten „Tropfenden Elektrode". Die mit ihrer Hilfe erhaltenen Aufnahmen lassen Hoffnung auf eine baldige quantitative Auswertung. (Metal Treatment Drop Forging **18.** 270—71. Juni 1951.) HEINRICHS. 6218

E. Schott, *Praktische Versuche an den zur Zeit in der deutschen Zementindustrie üblichen Ofensystemen.* Die Unters. der Wärmewirtschaftlichkeit von den in der Zementindustrie gebräuchlichen Ofensystemen führte zu dem Ergebnis, daß der Drehofen mit dem Schwebegaswärmetauscher als Fortschritt zu bezeichnen ist. Alle anderen Drehofensysteme haben sich in ihrem Wärmebedarf nicht geändert. Die Fortschritte beim Schachtofen sind auf verbesserte Zuteilung von Rohmehl u. Kohle, bessere Verformung des Aufgabegutes u. der Form des Ofens zurückzuführen. (Zement-Kalk-Gips **5.** (**41.**) 269—86. Sept. 1952.) K. SEIDEL. 6222

P. Wahl und **M. Duriez,** *Die verschiedenen Zementarten und ihre Anwendung.* Übersicht über die in Frankreich verwendeten genormten u. nichtgenormten Zemente, ihre Zus., Herst. u. Anwendung. (Ann. Inst. techn. Bâtiment Trav. publ. **5.** 711—26. Juli/Aug. 1952.) K. SEIDEL. 6222

Antonio Rebuffat, *Kritische Betrachtungen über Calciumaluminate und Tonerdezemente.* (Vgl. C. **1951.** II. 884; **1952.** 280. 4832.) Bei der Anwendung der Meth. NHYD bei Tempp. zwischen 15 u. 20° bzw. 80° zeigt sich, daß für die Geschwindigkeit u. den Grad der Hydrolyse unterschiedliche Werte ermittelt werden, die durch das Vorhandensein von 2 CF u. fester Lsgg. von 2 CA–2 CF bedingt sind u. nach Ansicht des Vf. weitgehende Rückschlüsse auf die Eigg. u. chem. Zus. des Zements zulassen. Ergänzende Unterss. mit SiO_2-haltigem W. geben Aufschluß über die Menge des gebundenen CaO. Die Absorption von CaO durch *Tonerdezemente* (I) in Abhängigkeit von der Zeit wird als eine logarithm. Funktion ermittelt, doch wird dieses Verf., da es zu temperaturempfindlich ist, zur Wertbest. nicht empfohlen. Auf Grund der nach diesen Methoden erhaltenen Werte gibt Vf. eine physikal.-chem. Deutung des Abbindechemismus für I, die durch Vgl. der Ergebnisse an Gemischen von I mit Portlandzementen bestätigt wird. Es ist nach Ansicht des Vf. auf Grund der vorgeschlagenen Untersuchungsverff. möglich, eine weitgehende technolog. Begutachtung von I durchzuführen. (Rev. Matér. Construct. Trav. publ., Edit. C. **1951.** 292—300. Okt.) ANIKA. 6222

Antonello Gallo, *Über die hydraulischen Eigenschaften der Kieselsäure im Leucit.* Die Unterss. des Vf. zeigen, daß der bei der Behandlung von Leucit mit H_2SO_4 verbleibende Kieselsäurerückstand (I) hydraul. Eigg. besitzt. Je nach der therm. Vorbehandlung u. der Reaktionszeit nimmt I in Kalkwasser gelagert — auf 100 Teile bezogen — unter sieben- bis achtfacher Volumenzunahme zwischen 30 u. 36% CaO auf. Mit einem auf 900° erhitzten (um die adsorbierte H_2SO_4 zu verflüchtigen) u. über 900 Maschen/cm² abgesiebten Material von I werden in wechselnden Mengen (5—25%) 2 Portlandzemente (**II**) u. 2 hydraul. Kalke (**III**) angemacht u. das Abbinde- u. Erhärtungsvermögen sowie die mechan. Widerstandsfähigkeit in Vgl. zu den Ausgangsproben gesetzt. Es zeigt sich, daß **II** bei Zusatz bis 15% I wenig veränderte Werte für die Biegezug- u. Druckfestigkeiten aufweisen, während **III**, bes. in dem Fall, wo der hydraul. Index nach VICAT niedrig ist, bei Zusatz von ca. 20% I etwa doppelt so hohe Werte liefern. (Cemento [Milano] **49.** 20—22. Jan. 1952. Pisa, Univ., Ist. di Chim. Applicata.) ANIKA. 6224

Elmo C. Higginson, *Die Einflüsse von Rütteln und Weiterbehandlung auf Luftporenbeton.* Es wird an Hand von Verss. festgestellt, daß der Luftporengeh. sich durch Vibration u. in der Zeit zwischen Mischen u. Einbringen des Betons verringert. Die Druckfestigkeit steigt mit fallendem Luftporengeh., während die Widerstandsfähigkeit geringer wird. (J. Amer. Concrete Inst. **24.** 1—12. Sept. 1952.) K. SEIDEL. 6224

Soc. An. des Manufactures des Glaces & Produits Chimiques de Saint-Gobain, Chauny & Cirey, Paris, Frankreich (Erfinder: **E. Ducci**), *Herstellung vom Schaumglas.* Man verwendet eine M., die ein Glas mit einem Ausdehnungskoeff. $<$ ca. $65 \cdot 10^{-7}$ liefert. — Z. B. sind Massen aus 80,5 (%) SiO_2, 12,5 B_2O_3, 4,5 Na_2O, 2,5 Al_2O_3; oder 59 SiO_2, 5 B_2O_3, 1 Na_2O, 18 Al_2O_3, 7 CaO u. 10 MgO geeignet. (**Schwed. P. 132018** vom 5/12. 1947, ausg. 19/6. 1951. F. Prior. 7/12. 1946.) JÜRGEN SCHMIDT. 6201

American Optical Co., übert. von: **Alexis G. Pincus,** Southbridge, Mass., V. St. A., *Gegen Flußsäure und Fluoride beständiges Glas.* Ein Gemenge, welches 72—85 (Gew.-%) P_2O_5, 5—9 Al_2O_3, 1—8 B_2O_3, 1—12 ZnO, MgO, BeO, CaO oder Mischungen hiervon, 0—5 F u. 0—1 Alkalioxyd (Na_2O, Li_2O, K_2O oder Mischungen hiervon) enthält, wird bei ca. 2500° F erschmolzen u. schnell auf 1800—2200° F zwecks Verarbeitung abgekühlt, worauf die weitere Abkühlung auf Raumtemp. allmählich vorgenommen wird. — Beispiel: 77 P_2O_5, 8 Al_2O_3, 5 B_2O_3 u. 10 Metalloxyd (ZnO, MgO, BeO, CaO u. Mischungen hiervon). (**A. P. 2 577 627** vom 1/5. 1947, ausg. 4/12. 1951.) HANS HOFFMANN. 6201

Pittsburgh Plate Glass Co., übert. von: **James Earle Duncan**, Brackenridge, und **John J. Smith**, Tarentum, Pa., V. St. A., *Verschmelzung zwischen Glas und Metall.* Zum Anschmelzen an ein Metall aus 83 (%) Fe u. 17 Cr wird ein Glas von folgender Zus. benutzt: 69,23 SiO_2, 16,68 Na_2O, 7,44 CaO, 2,67 MgO, 3,04 Al_2O_3, 0,14 NaCl, 0,63 Na_2SO_4, 0,05 As_2O_5, 0,10 Fe_2O_3, 0,003 CoO u. 0,018 NiO. (**A. P. 2 581 639** vom 1/12. 1950, ausg. 8/1. 1952.) HANS HOFFMANN. 6201

Kaiser Aluminum & Chemical Corp., Del., übert. von: **James C. Hicks**, Menlo Park, und **Leslie W. Austin**, San José, Calif., V. St. A., *Herstellen von Periklas.* Eine Mg-Verb., z. B. $Mg(OH)_2$ aus Seewasser oder $MgCO_3$, wird mit ca. 10 Gew.-% einer Cr-Verb., z. B. Cr_2O_3, vermischt u. nach dem Pressen bei wenigstens 1600° gebrannt. Es entsteht ein Erzeugnis mit gut ausgebildeten, dichten Periklaskristallen, das als *feuerfester Baustoff* verwendet werden kann. (**A. P. 2 571 134** vom 13/7. 1949, ausg. 16/10. 1951.) REINHART. 6219

Steatite & Porcelain Products Ltd., übert. von: **Jack Woodcock** und **John Kenneth Paridge**, Stourport-on-Severn, England, *Keramische Dielektriken.* Gemische aus TiO_2 u. MgO, gegebenenfalls CaO, SrO u. BaO, werden mit Co_3O_4 nicht über 15% versetzt u. daraus Körper durch Formen u. Brennen hergestellt. Der Zusatz von Co_3O_4 setzt die Sintertemp. der aus den Massen erzeugten Körper um 50—200° herab u. verringert im Vgl. mit den gebräuchlichen Flußmitteln den dielektr. Verlustfaktor der Massen. Ein weiterer Zusatz von ZrO_2 setzt den Temp.-Koeff. des Verlustfaktors herab. (**A. P. 2 576 379** vom 20/7. 1948, ausg. 27/11. 1951. E. Prior. 6/8. 1947.) REINHART. 6221

Gewerkschaft Rosenberg I (Erfinder: **Hans Werner**), Braunlage, Harz, *Verhinderung von Ausblühungen auf Fußböden aus Anhydrit- oder Magnesitzement.* Der Ausgangsmasse wird Zucker, Melasse, Sirup, Pektin oder Glycerin zugesetzt. Beispielsweise werden dem Anmachewasser des Anhydritbinders 1—2% Zucker beigemischt. (**D. B. P. 804 656** Kl. 80b vom 27/1. 1950, ausg. 26/4. 1951.) HANS HOFFMANN. 6223

Universal Atlas Cement Co., übert. von: **Norman C. Ludwig**, Chicago, Ill., V. St. A., *Herstellung von Zementdickschlamm.* Zur Herst. von Zementdickschlamm zum Zementieren von Ölbohrlöchern wird ein Zusatz von 0,025—5,0% (bezogen auf das Zementgewicht) Polyvinylalkohol in Verb. mit 0,02—0,05% eines die Schaumbldg. verhindernden Mittels, wie Tributylphosphat oder Kiefernöl, verwendet. Diese Zusätze setzen den Wasserverlust der Schlämme beim Verarbeiten herab. (**A. P. 2 576 955** vom 18/10. 1946, ausg. 4/12. 1951.) HANS HOFFMANN. 6223

Arthur Schumann, Sudheim, *Kunstholzplatten* aus Holzspänen mit einem Bindemittel, wie Gips, Wasserglas oder Kunstharz, gegebenenfalls unter Verstärkung durch Holzeinlagen. Man preßt unter verhältnismäßig geringem Druck, läßt nach dem Trocknen eine dünne Kunstharzlsg. (I) in die Poren eindringen u. überzieht dann mit einer dickeren I. Es können auch dünne Furniere (0,8 mm) einzeln oder doppelt auf eine Platte aufgeleimt werden. (**D. B. P. 847 496** Kl. 39b vom 6/8. 1948, ausg. 25/8. 1952.) SALZMANN. 6229

Alfred Nowak, Steeg am Hallstättersee, Österreich, *Herstellung von Faserplatten und Formkörpern aus Lignocellulose mit dem vorhandenen Lignin als Bindemittel.* Man imprägniert die Faserstoffmassen mit verd. NaOH, bes. bei Unterdruck, preßt den Überschuß ab, bis 2—7% Alkali zurückbleiben, u. erhitzt mit direktem Dampf, bis das Lignin leichter schmelzbar, aber noch wasserunlösl. ist. Das Prod. wird dann defibriert u. ohne fremdes Bindemittel zu den gewünschten Formkörpern verpreßt. Man kann das Ausgangsmaterial, z. B. Buchenholzschliff, zunächst kurz mit W. aufschließen bis zu einem p_H-Wert 5,6, die M. gründlich auswaschen u. wie oben behandeln. (**N. P. 79 009** vom 2/6. 1949, ausg. 3/9. 1951. Oe. Prior. 8/6. 1948.) JÜRGEN SCHMIDT. 6229

Marc Marchal, Seine, Frankreich, *Wärmeisoliermaterial* aus z. B. Viscose mit zahlreichen Luftporen mit einer gegen Luft dichten Oberfläche, die mit Textilfasern oder Al-Pulver überzogen sein kann. (**F. P. 972 361** vom 14/2. 1941, ausg. 29/1. 1951.) PANKOW. 6229

Karl Löftrjelm, Finnland, *Herstellung von Isolierhüllen aus Isolierbändern, -geweben, -matten, -filzen oder auch aus Wellpappe.* Man rollt unter Bldg. von Rohren mehrere Lagen auf, die sich gegenseitig bedecken u. durch Bindemittel zusammengehalten werden. Die äußeren Hüllen bedecken vollständig die inneren Hüllen längs der Fugen. Eine Lage in der Mitte zwischen mehreren Lagen äußerer u. innerer Hüllen wird nicht mit Bindemittel verbunden u. nur so aneinandergelegt, daß hier beim späteren Aufschlitzen der Länge nach die äußere Isolierhülle aus mehreren Lagen von der inneren Isolierhülle aus mehreren Lagen abgetrennt wird. (**F. P. 974 470** vom 30/10. 1948, ausg. 22/2. 1951.) BEWERSDORF. 6229

VII. Agrikulturchemie. Schädlingsbekämpfung.

J. Geering, *Wie wirkt Urgesteinsmehl? Bericht über 5 Jahre Feldversuche mit Urgesteinsmehl, gemeinsam durchgeführt vom Schweizerischen Verein für Volksgesundheit und der Eidgenössischen Landwirtschaftlichen Versuchsanstalt Zürich-Oerlikon.* Seitens der EIDGENÖSS. LANDWIRTSCHAFTLICHEN VERSUCHSANSTALT wurden aus den Verss. folgende Schlußfolgerungen gezogen: Die während des Wachstums der Versuchskulturen gemachten Beobachtungen zeigen weder im Wachstumsverlauf selbst noch im Gesundheitszustand bzw. Krankheits- oder Schädlingsbefall der Pflanzen einen Unterschied zugunsten des Urgesteinsmehls. In bezug auf Qualität u. Haltbarkeit der Ernteprodd. ergaben die Verss. keine Anhaltspunkte für eine besondere Wrkg. der Urgesteinsmehlanwendung. Diesen Schlußfolgerungen wird vom SCHWEIZER VEREIN FÜR VOLKSGESUNDHEIT nicht zugestimmt. (Landwirtsch. Jb. Schweiz **66.** [N. F.] 1. 715—53. 1952. Zürich-Oerlikon, Eidgenöss. Landwirtschaftl. Versuchsanst.) WINIKER. 6304

L. Gisiger, *Bericht über einen Steinmehldüngungsversuch auf einer Magerwiese.* Den Versuchsergebnissen zufolge blieb das mit der bzw. zur Gülle gegebene Steinmehl (**I**) ohne sicher feststellbaren Einfl. auf Pflanzenbestand, Wachstum, Ertrag u. Mineralstoffgeh. des Futters. In der Nachwrkg. schien sich, aber nur unsicher, die Tendenz für höhere Erträge der **I**-Parzellen (im Vgl. mit nur mit Gülle gedüngten Parzellen) abzuzeichnen. Eine bodenverbessernde Wrkg. von **I** konnte weder in chem. noch in physikal. oder biol. Hinsicht festgestellt werden. (Landwirtsch. Jb. Schweiz **66.** [N. F.] 1. 701—13. 1952. Liebefeld-Bern, Eidgenöss. Agrikulturchem. Anst.) WINIKER. 6304

Leon Havis und Anna L. Gilkeson, *Beziehungen zwischen Stickstoff- und Kalidüngung beim Ausschneiden von tragenden Birnbäumen.* Durch intensives Ausschneiden tragender Birnbäume nimmt deren K_2O-Aufnahme ab, die N-Aufnahme dagegen zu. Hierauf ist bei den Düngermaßnahmen Rücksicht zu nehmen. (Proc. Amer. Soc. horticult. Sci. **57.** 24—30. Juni 1951. Beltsville, Md.) GRIMME. 6304

J. R. Escritt, *Selektive Herbicide.* Bekämpfungsverss. der Rasenunkräuter Plantago lanceolata, Taraxacum officinale (**I**), Bellis perennis u. Trifolium repens (**II**) mit handelsüblichen 2.4-D- u. M.C.P.A.-Präpp. (Na-Salze, Säuren, Äthylester oder Triäthanolsalze) zeigten, daß von beiden zur Erzielung durchschlagender Wirkungen mindestens 2 lbs./acre bei sehr guter Verteilung gespritzt werden müssen. Die Esterformulierungen vermögen in stärkeren Konzz. die Grasnarbe zu schädigen. 2.4-D u. M.C.P.A. zeigten gegen die Unkräuter im allg. gleiche Wirkung. Bei **I** war jedoch das Na-Salz von 2.4-D, bei **II** eine nicht handelsübliche M.C.P.A.-Formulierung wirksamer als M.C.P.A. bzw. 2.4-D. (J. Sports Turf Res. Inst. **8.** 80—83. 1951. Bingley, Yorksh., St. Ives Res. Stat.) RANG. 6312

R. Kindler, *Die Unkrautbekämpfung mit Kalkstickstoff.* Überblick über die Möglichkeiten der Unkrautbekämpfung mit Kalkstickstoff. (Dtsch. Landwirtsch. **3.** 526—31. Okt. 1952. Berlin-Blankenfelde, Agrobiol. Stat.) WINIKER. 6312

Gert Baron de Payrebrune St. Sève, *Die Mineralöle in der Unkrautbekämpfung.* Überblick über bisherige Erfahrungen in der Verwendung von Mineralölen als selektive u. totale Herbicide, unter besonderer Berücksichtigung der selektiven Unkrautbekämpfung in Möhrenfeldern. — 107 Literaturhinweise. (Z. Pflanzenkrankh. [Pflanzenpathol.] Pflanzenschutz **59.** 255—75. Juli/Aug. 1952. Stuttgart-Hohenheim, Landw. Hochsch., Inst. für Pflanzenschutz.) WINIKER. 6312

J. R. Booer, *Die Wirkung des Quecksilbers als Bodenfungicid.* Hg u. Hg-Verbb. im Boden hemmen den Pflanzenwuchs; Moos- u. Flechtenentw. wird verhindert; Pilzwachstum u. Ascomyceten werden gehemmt. In vitro hat Hg keine fungicide Wrkg., aber das Hyphenwachstum wird durch Hg-Dampf verringert. (Ann. appl. Biol. **38.** 334—47. Juni 1951. Crawley, Sussex, Tilgate Hortic. Stat.) LIEBNER. 6312

K. A. Lord und C. Potter, *Studien über den Mechanismus der insekticiden Wirkung organischer Phosphorverbindungen mit besonderer Beziehung zu ihrer Antiesterasewirkung.* Vff. stellen einen *Esterase* enthaltenden Extrakt aus Tenebrio molitor L. her, der Äthylbutyrat u. o-Nitrophenylacetat, nicht aber Acetylcholin hydrolysiert. Diese Esterase wird durch Tetraäthylpyrophosphat (TEPP)-haltiges Material u. Parathion gehemmt. TEPP-haltige Proben wurden in ihrer Wrkg. als Kontaktinsekticide gegen ausgewachsenes Tribolium castaneum HBST. u. als Esterase hemmend verglichen, um die gegenseitige Abhängigkeit festzustellen. In weniger als 24 Std. alten Eiern von Diataraxia oleracea L. u. Ephestia kühniella ZELL war ein Enzym enthalten, das o-Nitrophenylacetat hydrolysierte u. das durch TEPP-Material gehemmt wurde. TEPP erwies sich als tox. gegen diese Eier u. tötete sie in höherer Konz. ab. TEPP-Material erwies sich wirksamer als Enzym hemmend, Parathion wirksamer als Kontaktinsekticid bei fünf Insektenarten. (Ann. appl. Biol. **38.** 495—507. Juni 1951. Harpenden, Herts, Rothamsted Exp. Stat.) LIEBNER. 6312

N. W. Zitzin und **Je. Ss. Tscherkasski**, *Aktiviertes Kreolin.* Alle Steinkohlenteeröle, aus denen Kreolin (I) gewonnen wird, eignen sich ebenso wie I selbst als Lösungsm. für Hexachlorcyclohexan, DDT usw. Die Lsgg. werden als „aktiviertes I" bezeichnet. Man stellt bei 55—65° eine Lsg. mit 25—35% Insekticid u. einem emulgierenden Zusatz (nicht genannt) her, gibt Alkali in der zur Verseifung des Emulgators erforderlichen Menge zu u. kocht in üblicher Weise unter Rühren bis zur Erzielung eines homogenen Produktes. (Доклады Академии Наук СССР [Ber. Akad. Wiss. UdSSR] [N. S.] **84.** 653—54. 21/5. 1952.) R. K. MÜLLER. 6312

H. Böttcher, *Der Getreidelaufkäfer und seine Bekämpfung.* Zur Bekämpfung haben sich *Hexamittel* bestens bewährt. (Dtsch. Landwirtsch. **3.** 537—38. Okt. 1952. Halle/Saale.) WINIKER. 6312

—, *Die gemeine Kornmotte* (*Sitotroga cerealella*). Der Befall der verschied. Getreidearten kann durch Kreosotsäure u. emulgiertes DDT verhindert werden. Saatgut wird am besten mit DDT-, Kupferoxychlorid- oder Hg-Stäuben behandelt. Lagerhäuser u. Silos werden mit CS_2, CCl_4, Äthylendichlorid, Tetrachloräthan oder Methylbromid ausgeräuchert. (Agric. Gaz. New South Wales **62.** 473—75. 1/9. 1951.) W. LORENZ. 6312

J. G. Gellatley, *Bedeutung von DDT bei der Bekämpfung der grünen Gemüsewanze an Bohnen- und Luzernensamen.* Die grüne Gemüsewanze (Nezara viridula) ist mit Insekticiden schwer abzutöten. Nach Beschreibung der Lebensweise dieses Insektes schildert Vf. seine Verss., die er mit *DDT*, organ. P-Verbb. (*HETP, Parathion*), *Toxaphen, Chlordan* u. *Dieldrin* an Bohnen u. Luzerne anstellte. Bei Bohnen war HETP am wirksamsten. Parathion wirkte gleichfalls gut. DDT wirkte befriedigend, aber erst 24 Std. nach der Behandlung, während HETP u. Parathion momentan wirkten. Wegen der geringeren Rückstandswrkg. ist HETP der Vorzug zu geben. Der Befall mit Nezara viridula auf Luzerne ist mit DDT zu bekämpfen. (Agric. Gaz. New South Wales **62.** 487—91. 1/9. 1951.) W. LORENZ. 6312

Otto Schreier, *Über Auftreten und Bekämpfung der Zwiebelfliege* (*Hylemyia antiqua Meigen*). Als beste Art der Bekämpfung erwies sich das Begießen der Jungzwiebelpflanzen mit Brühen von *E 605 forte* oder *Gamma-Spritz-Nexit* bei Auftreten der ersten Befallssymptome. *Gesarol 50* u. *Systox* wirkten unbefriedigend. (Pflanzenschutzberichte [Wien] **10.** 4—13. Jan. 1953.) WINIKER. 6312

B. V. Travis, A. L. Smith und **A. H. Madden**, *Wirksamkeit von Insektenabwehrmitteln gegen Schwarzfliegen.* Als Abwehrmittel bei Mensch u. Vieh gegen beißende u. saugende Insekten erwiesen sich vor allem *Indalon* u. *Dimethylphthalat* sehr wirksam. Die Abwehrzeit betrug bei Verss. am Menschen ca. 6 Std., bei Weidevieh ca. 3—4 Stunden. Zusätze von Pyrethrin erhöhte die Wrkg. nur unbeträchtlich. (J. econ. Entomol. **44.** 813—14. Okt. 1951.) GRIMME. 6312

J. N. Sasser, *Nematodenbekämpfung mit Systox.* Die Verss. ergaben, daß *Systox* zur Nematodenbekämpfung nicht geeignet ist. (Farm Chemicals **115.** Nr. 11. 12—13. 69. Nov. 1952. Beltsville, Md., Div. of Nematol. Investigat., U. S. D. A.) WINIKER. 6312

American Cyanamid Co., New York, N. Y., V. St. A., übert. von: **Albert Edwin Hitchcock** und **Percy White Zimmerman**, *Verhinderung des Keimens von gelagerten Hackfrüchten und dergleichen.* In Lagerräumen, Kellern, Behältern oder dgl. in großen Massen gelagerte Kartoffeln, Rüben, Möhren, Blumenzwiebeln oder Dahlienknollen werden mit Pflanzenhormonen der allg. Formel $R-(CH_2)_n-R_1$ behandelt, in der R eine unsubstituierte Phenyl- oder Phenoxygruppe, die Nitro-, Amino- oder Halogenverbb. enthalten kann, n = 1, 2 oder 3 u. R_1 eine Carbonamido-, Carbomethoxy- oder Carbäthoxygruppe darstellen, im Gemisch mit festen Trägerstoffen. — Beispiele: Methyl- u. Äthylester der Monochlor- u. Monobrom- oder Dichlor- u. Dibromphenoxyessigsäuren u. deren Amide sowie ähnliche Verbb. der Propion- u. Buttersäure u. Methyl- u. Äthylester der Nitrophenoxyessigsäuren. Verwendete Mengen: 10—10000 mg je Scheffel gelagerte Frucht. (**E. P. 661 084** vom 16/7. 1947, ausg. 14/11. 1951. A. Prior. 24/9. 1942.) KARST. 6313

Röhm & Haas Co., übert. von: **Willard I. Croxall**, Bryn Athyn, und **Chien-Pen Lo**, Philadelphia, Pa., V. St. A., *Germicide und fungicide Spritz- oder Stäubemittel für den Gartenbau oder die Landwirtschaft.* Die Mittel enthalten als akt. Verbb. *2-Thionoimidazolidyläthyldithiocarbamate* in Form ihrer Na-, K-, NH_4-, Zn-, Cu-, Fe-, Mn- oder Cd-Salze von der allg. Formel I, in der M einen Salzbildner (Ion oder Gruppe) darstellt. Herst. durch Lösen von *1-(β-Aminoäthyl)-2-imidazolidinthion* oder *N-(β-Aminoäthyl)-N.N'-äthylenthioharnstoff* in W. usw. u. Rk. mit CS_2 in Ggw. von bas. Stoffen, wie NaOH, KOH, $Ca(OH)_2$, bas. Aminen, unter Rühren bei 0—45°. Die lösl. Dithiocarbamate können mit Zn-, Cu-, Cd-, Fe-Sulfaten oder $FeCl_3$ zu unlösl. Salzen

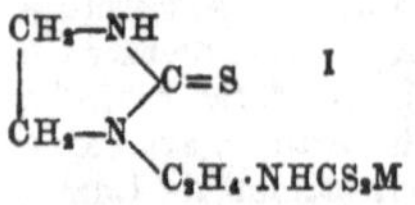

I

umgesetzt werden. In 0,1—0,005% ig. Lsgg. oder Dispersionen dienen sie zur Vernichtung von *Macrosporium sarcinaeforme, Sclerotinia fructicola* u. dergleichen. (**A. P. 2 577 700** vom 26/10. 1950, ausg. 4/12. 1951.) KARST. 6313

Standard Oil Development Co., Elizabeth, N. J., übert. von: **Albert J. Schmidl**, Houston, Tex., V. St. A., *Fungicide Emulsion.* Das *Cu-Salz* einer *alkylierten Phenoxyessigsäure* mit wenigstens 1 Alkylradikal im aromat. Kern, das 1—4 C-Atomen besitzt u. wobei der Kern frei von sonstigen substituierten Gruppen ist, wird in Mengen von 0,001 bis 1 (%) mit 0,01—1 eines Na-Sulfonats, 0,1—1,5 Schweröl u. W. innig vermischt u. zu einer Emulsion verarbeitet. Sie dient zur Bekämpfung von *Sclerotinia fructiola* u. *Alternaria solani* an Obstbäumen, Kartoffeln u. Tomaten, sowie zum Schutz von Leder, Schuhwerk, Kleidung u. Cellulosematerial gegen Befall durch Fungi. (**A. P. 2 580 048** vom 12/4. 1948, ausg. 25/12. 1951.) KARST. 6313

B. F. Goodrich Co., New York, übert. von: **Luther L. Baumgartner**, Hastings on Hudson, N. Y., V. St. A., *Unkrautvertilgungsmittel.* Das Mittel enthält 0,01—15% Na-Isopropylxanthat als akt. Bestandteil u. 0,01—1,0% eines Dispersions- u. Emulgierungsmittels. Der Rest besteht aus W. oder einem pulverförmigen, inerten Trägerstoff. Auch Na-Allylxanthat kann verwendet werden. K- u. Li-Isopropyl- u. -Allylxanthate sind ebenfalls geeignet. Neben der Bekämpfung von Unkräutern, bes. in Getreidefeldern, kann auch eine Entblätterung von Kulturpflanzen erreicht werden. (**A. P. 2 562 011** vom 10/12. 1948, ausg. 24/7. 1951.) KARST. 6313

Pest Control Ltd., Bourn, übert. von: **Gilbert Spencer Hartley**, Fulbourne, England, *Geruchlose Chlorphenoxyessigsäuren* erhält man durch Behandeln z. B. der 2-Methyl-4-chlor-; 2.4-Dichlor- u. 2.4.5-Trichlorphenoxyessigsäuren in alkal., neutraler oder schwach saurer Lsg. mit $KMnO_4$. — Mittel gegen Unkraut. (**A. P. 2 594 556** vom 15/9. 1950, ausg. 29/4. 1952. E. Prior. 19/9. 1949.) KRAUSS. 6313

Phillips Petroleum Co., Del., übert. von: **John C. Hillger** und **Charles W. Moberly**, Bartlesville, Okla., V. St. A., *Stabilisierungsmittel für DDT-Lösungen.* Einer nichtwss. Lsg. von 25—30% DDT in einer zwischen 190 u. 290° sd. Petroleumgasölfraktion wird 0,5—1% eines Stabilisators, z. B. Sorbitmonolaurat, Sorbitmonopalmitat, Sorbitmonostearat oder eines Polyoxyalkylderiv. eines solchen Sorbitesters, zugesetzt. Die Lsg. wird vor dem Verbrauch verd., bleibt klar u. zeigt keine Ausscheidung von DDT. (**A. P. 2 543 723** vom 7/3. 1947, ausg. 27/2. 1951.) KARST. 6313

Standard Oil Development Co., Del., übert. von: **Carl S. Carlson**, Elizabeth, und **Miller W. Swaney**, Westfield, N. J., V. St. A., *Emulsionskonzentrat zur Parasitenbekämpfung.* DDT, Pyrethrum, Rotenon, Nicotin, Bleiarseniat, S, Bordeauxbrühen u. dgl. werden im Gemisch mit hocharomat., synthet., bei 595—815° dampfgecrackten Petroleumgasölfraktionen (vom spezif. Gewicht 1,00—1,125, Kp. 330—410°, Kauri–Butanol-Wert von 80—104 u. Dimethylsulfatwert von 14—100) u. einem wasserlösl. Emulgator verwendet. Geeignete Emulgatoren: Seifen, Na-Resinat, Na-Oleat, Triäthanolaminseifen, Casein, Eialbumin, Fettsäureester u. dergleichen. Die Gemische greifen das Blattwerk der behandelten Pflanzen nicht an u. sind bes. zur *Vernichtung* von *Obstbaumschädlingen* u. Aphiden, Termiten, Holzschädlingen, Nematoden u. anderen Bodenorganismen geeignet. (**A. P. 2 570 023** vom 13/3. 1948, ausg. 2/10. 1951.) KARST. 6313

Dow Chemical Co., Midland, übert. von: **Oscar H. Hammer**, South Haven, Mich., V. St. A., *Parasitenbekämpfungsmittel.* Zur Bekämpfung von Milben, bes. *Paratetranychus pilosus, Tetranychus bimaculatus* u. *Bryobia praetiosa*, werden Spritzmittel verwendet, die 1—12 (Teile) *saures Bleiarseniat* auf 4 des *4-Chlorphenylesters der 4-Chlorbenzolsulfosäure* in einem inerten fl. Trägerstoff dispergiert enthalten. Netz- u. Dispergiermittel, z. B. Nekol A, Triton B 1956 u. Tween 85, können zugesetzt werden. Die tox. Stoffe können auch mit Bentonit, Kieselgur oder dgl. vermischt u. die Gemische in W. dispergiert werden. — Synergist. Wirkungen. (**A. P. 2 579 431** vom 9/3. 1950, ausg. 18/12. 1951.) KARST. 6313

American Cyanamid Co., New York, N. Y. (Erfinder: **Jack Tarkington Cassaday**, **Erick Ingvar Hoegberg**, Stamford, und **Bruce Dewar Gleissner**, Riverside, Conn.), V. St. A., *Phosphor- oder Thiophosphorsäureester* der allg. Formel **I** (R_1, R_2 = Alkyl, Cycloalkyl, Aralkyl oder Aryl, R_3 u. R_4 = H, Alkyl, Oxyalkyl, Aryl oder Nitroaryl, X_1, X_2 u. X_3 = S oder O, m = kleine ganze Zahl). Im Falle X_3 = O wird ein halogensubstituiertes Amid der allg. Formel **II** (Z = Cl oder Br) mit einem Phosphat oder Thiophosphat der allg. Formel **III** (X_1, X_2, R_{11} u. R_2 wie oben, Y = Alkali, Erdalkali oder NH_4) umgesetzt, im Falle X_3 = S eine Verb. der Formel $R_3R_4 \cdot S$ (R_3 u. R_4 wie oben) mit einem Cyanalkylphosphat der allg. Formel **IV** (X_1, X_2, R_1, R_2 wie oben), gegebenenfalls unter Druck. — Beispiele: Aus Na-O.O-Diäthyldithiophosphat + Chloracetamid in Aceton erhält man bei 20° *S-Carbaminylmethyl-O.O-diäthyldithiophosphat* in 95%ig. Ausbeute, F. 57—58°. — *O.O-Diäthyl-S-(N-phenylcarbaminyl)-methyldithiophosphat*, F. 85—87°. —

O.O-Diäthyl-S-(N-p-nitrophenylcarbaminyl)-methyldithiophosphat, F. 109—110°. — *S-2-Carbaminyläthyl-O.O-diäthyldithiophosphat*, hellbraune Fl., n_D^{25} 1,5230. — *O.O-Diäthyl-*

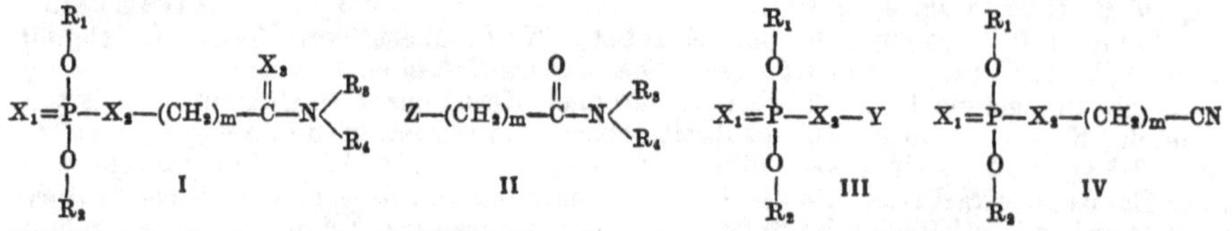

I II III IV

S-(2-N-phenylcarbaminyl)-äthyldithiophosphat, bernsteinfarbenes Öl, n_D^{25} 1,5468. — *O.O-Diäthyl-S-(N-oxymethyl)-carbaminylmethyldithiophosphat*, strohfarbene Fl., n_D^{25}1,5372. — *S-Carbaminylmethyl-O.O-dimethyldithiophosphat*, F. 60—62°. — *S-Carbaminylmethyl-O.O-diäthyldithiophosphat*, F. 57°. — *O.O-Di-n-butyl-S-carbaminylmethyldithiophosphat*, n_D^{25} 1,5111. — *S-Carbaminylmethyl-O.O-diphenyldithiophosphat*, rotes, viscoses Öl, n_D^{25} 1,5988. — *S-(N-Butylcarbaminyl)-methyl-O.O-diäthyldithiophosphat*, n_D^{25} 1,5057. — *Carbaminylmethyl-O.O-diäthylphosphat*, n_D^{25} 1,4280. — *Carbaminylmethyl-O.O-diäthylthiophosphat*, n_D^{25} 1,4883. — *O.O-Diäthyl-S-thiocarbaminylmethyldithiophosphat*, F. 46—47°. *Schädlingsbekämpfungsmittel*. (**D. B. P. 819 998** Kl. 12o vom 1/2. 1949, ausg. 8/11. 1951. A. Prior. 4/2. 1948.) KRAUSS. 6313

Arthur Reiß, Pockau, Flöhatal/Sa., *Insektenvertilgungsmittel*, bes. zur Bekämpfung des *Kartoffelkäfers*. Es besteht aus einem pulverförmigen Gemisch von Naphthalin, mit Nicotin u. einem Streckungs- und Lockerungsmittel, z. B. gemahlenem Kalk oder gemahlener Kreide. (**D. B. P. 850 534** Kl. 451 vom 8/8. 1950, ausg. 25/9. 1952.) DUTTENHÖFER. 6313

Monsanto Chemical Co., übert. von: **Franklin D. Smith**, St. Louis, Mo., V. St. A., *Nagetierbekämpfungsmittel*. Getreidemehle, Fleischabfälle, Luzernemehl u. ähnliche Futterstoffe werden, gegebenenfalls unter Zusatz eines Öles, mit 0,5—20% eines Hexaesters der Tetrapolyphosphorsäure der allg. Formel $R_6P_4O_{13}$, in der R ein Radikal mit 1—4 C-Atomen bedeutet, z. B. Hexaäthyltetrapolyphosphat, Hexabutyltetrapolyphosphat u. dgl., innig vermischt. Das Gemisch ist als Rodeticid u. Insektivoricid sehr geeignet. (**A. P. 2 554 756** vom 29/7. 1946, ausg. 29/5. 1951.) KARST. 6313

Monsanto Chemical Co., St. Louis, übert. von: **Franklin D. Smith, Webster Groves**, und **John S. Harris**, Richmond Heights, Mo., V. St. A., *Nagetierbekämpfungsmittel*. Feste Futterstoffe werden als Köder mit 0,5—20% eines Tetraesters der Pyrophosphorsäure, z. B. Tetraäthylpyrophosphat, Tetrachloräthylpyrophosphat, Tetrabutylpyrophosphat u. dgl., innig vermischt. Als Futtermittel dienende Öle können der M. noch zugesetzt werden. Die Gemische sind außer als Rodenticide auch als Insektivoricide geeignet. (**A. P. 2 554 757** vom 8/1. 1947, ausg. 29/5. 1951.) KARST. 6313

Farbenfabriken Bayer, Leverkusen, *Bekämpfung von Nagetieren*. Als wirksame Substanz wird ein Kondensationsprod. aus CH_2O u. Sulfurylamid der Zus. $(C_2H_4O_2N_2S)_2$, Zers. bei 255—260°, verwendet. Der Giftstoff wird in Mengen von ca. 0,05—0,01% mit Talkum, Mehl, feiner Kleie, Fischmehl, Methylcellulose, Farbstoffen u. W. vermischt bzw. zu einer Paste verarbeitet u. den üblichen Ködern, z. B. Kartoffelbrei, Weißbrotscheiben, Fischköpfen oder Weizenkörnern, zugefügt. (**Schwz. P. 271 574** vom 22/12. 1948, ausg. 1/2. 1951.) KARST. 6313

Eduard Gerlach G. m. b. H. (Erfinder: **Ernst-Rolf Detert** u. **Robert Schwarz**), Lübbecke, *Ratten- und Mäusegift*. Man verwendet den symm. oder asymm. *Acetylphenylthioharnstoff* u. den *Diacetylphenylthioharnstoff*. (**D. B. P. 850 535** Kl. 451 vom 2/10. 1948, ausg. 25/9. 1952.) DUTTENHÖFER. 6313

Antonio Bertrán, Tratamientos contra las plagas de los cultivos (Empleo de los arsenicales y productos de síntesis). Folleto divulgador. Lérida: Jafatura Agronómica, Gráf. Academia Mariana. 1951. (35 S. m. Abb.)

VIII. Metallurgie. Metallographie. Metallverarbeitung.

H. B. Emerick, *Metallurgie des Bessemer-Verfahrens*. Überblick. — Schrifttumsangaben. (Blast Furnace Steel Plant **40**. 1177—83. 1206. 1212—13. 1218. Okt. 1952.) HOCHSTEIN. 6408

Herbert Müller und Harry Stollberg, *Einfluß der Flammenführung auf die Schmelzleistung des Siemens-Martin-Ofens*. (Metallurgie u. Gießereitechn. **1**. 248—52. Aug. 1951.) PAHL. 6408

Taraji Kinukawa, *Rostfreier Stahl*. Geschichte des rostfreien Stahls in Japan, seine Verwendung u. Sondereigg., Oberflächenbehandlung, Herst. u. Wärmebehandlung. (Chem. and chem. Ind. [Kagaku to Kogyo] **5**. 275—78. Juni 1952. [Orig.: japan.]) SCHULER. 6408

Adolf Lincke, *Qualitätsstahlguß aus dem Kleinkonverter.* Der fl. Einsatz für den sauren Konverter wird im bas. zugestellten Kupolofen mit entsprechenden Zuschlägen erschmolzen. Hierdurch wird die Aufnahme von Koksschwefel im Rinneneisen verhindert u. Entschwefelung des Konvertereinsatzes (Rinneisen) erreicht, im Durchschnitt bis auf höchstens 0,01—0,03% herunter. (Metallurgie u. Gießereitechn. **1.** 91. März 1951. Magdeburg.) PAHL. 6408

W. I. Baptismanski, *Zerstörung von Gußstücken durch Temperaturspannungen.* Die Zerstörung von Gußstücken u. sonstigen Werkstücken, bes. von *Stahl,* infolge von Wärmespannungen erfolgt durch Trennbruch, ausgehend von der Mitte des Stückes. Die Größe der axialen Spannungen, die zum Trennbruch führen, lassen sich in guter Annäherung nach den für elast. Verformung gültigen Formeln berechnen. Die vom Vf. vorgeschlagene Berechnungsmeth. gestattet es, die in zylindr., bzw. ähnlich geformten Körpern entstehenden Wärmespannungen zu errechnen u. so die zulässige Geschwindigkeit beim Erwärmen u. Abkühlen festzusetzen. (Журнал Технической Физики [J. techn. Physik] **21.** 822—31. Juli 1951.) EHMCKE. 6408

Erich Theis, *Dauerstandversuche mit Molybdän-, Chrom-Molybdän- und Chrom-Molybdän-Vanadin-Stählen.* Es wird die Kriechgrenze der Stähle bei 500° sowie die 10000-Std.- u. 100000-Std.-Zeitstandfestigkeit bei 500° bestimmt. Die Erhöhung der Zugfestigkeit bei Raumtemp. durch eine Vergütung ergibt eine gleichlaufende Erhöhung der Kriechgrenze, während die Zeitstandfestigkeit kaum beeinflußt wird. Diese wird im wesentlichen nur durch den Legierungsgeh. beeinflußt. Die übliche Vergütungsbehandlung zur Erhöhung der Kaltfestigkeit u. der Kriechgrenze ist nicht nur unwirksam bzgl. der Zeitstandfestigkeitserhöhung, sondern verstärkt die Versprödungsneigung bei Langzeitversuchen. Eine Vergütung zur Erhöhung der Zugfestigkeit ist nur zweckmäßig, wenn für kürzere Belastungszeiten höhere Festigkeitseigg. verlangt werden. (Stahl u. Eisen **71.** 619—24. 7/6. 1951. Witten.) HOCHSTEIN. 6410

Franz Nehl, *Die Bedeutung submikroskopischer Einlagerungen für die Entwicklung hochfester Großbaustähle.* Die Forderung nach schweißbaren hochfesten Baustählen mit erhöhter Streckgrenze auf der Mn-Si-Grundlage führte zu Unterss. über die Höhe des Mn-Geh. in bezug auf ein möglichst hohes Streckgrenzenverhältnis. Diese Unterss. an Mn-Si-Baustählen, die von 870° in Salzbädern von verschied. Temp. abgeschreckt wurden, ergaben, daß ein Zwischenstufengefüge ohne Martensiteinlagerungen die stärkste Erhöhung der Streckgrenze u. des Streckgrenzenverhältnisses bedingt. Hierbei sind wahrscheinlich submkr. Einlagerungen in krit. Teilchengröße von Einfluß. Durch Anlassen auf 600° wird durch den Zerfall des Zwischenstufengefüges die Wrkg. noch verstärkt. Bei schweißbaren Al-beruhigten Mn-Si-Stählen mit Gehh. bis 1,2% Mn sind bes. Aluminiumnitrideinlagerungen in krit. Teilchengröße die Ursache des hohen Streckgrenzenverhältnisses. Diese scheiden sich unter ganz bestimmten Bedingungen aus. Verss. zur Verbesserung der Warmfestigkeitseigg. von Cu-Ni-Stahl durch Carbideinlagerungen von krit. Teilchengröße ergaben, daß ein Zusatz von 0,2—0,3 (%) Mo oder V u. unter 0,03 (Ta + Nb) oder Ti gerührt, um das Verhältnis von Warmstreckgrenze bei 350° zur Zugfestigkeit bei Raumtemp. zu verbessern, wenn diese Stähle nach dem Normalglühen unterhalb von 650° angelassen werden. (Stahl u. Eisen **72.** 1261—67. 9/10. 1952. Mühlheim/Ruhr.) HOCHSTEIN. 6410

J. H. van Swaal, *Korrosionsbeständige Stähle und ihre Anwendung zum Apparatebau in der chemischen, insbesondere in der Erdölindustrie.* Vf. gibt eine zusammenfassende Darst. der wichtigsten Sorten rostfreien Stahls gemäß dem American Iron and Steel Institute. Bes. kommen von ferrit. Chromstahlsorten die mit niedrigem Cr- u. C-Geh.: A. I. S. I. 405, 405 spezial; 410 u. 410 spezial, in Betracht. Austenit. rostfreie Chromnickelstähle sind A. I. S. I. 304, 321 u. 347. Diese sind korrosionsbeständiger als die ferritischen. Zusatz von Mo (A. I. S. I. 316) erhöht die Beständigkeit gegen S-Verbb. (H_2S, SO_2). Eingehend besprochen werden die Carbidabscheidungen längs der Korngrenzen bei austenit. Stählen, die zu interkristalliner Korrosion führen können, die Sprödigkeit bei 475° u. die Sigmaphase. Anschließend kurze Beschreibung der Herst. von Verbundstählen. (Metalen **7.** 137—43. 30/4. 173—77. 31/5. 1952. Amsterdam, Koninkl./Shell-Labor.) FREYTAG. 6410

M. E. Holmberg, *Erfahrungen mit austenitischen Stählen bei hohen Temperaturen in der Ölindustrie.* Stabilisierte Stähle sollten nur verwendet werden, wenn mit Korrosionsangriff gerechnet werden muß, weil bei rein mechan. Beanspruchung Risse durch die mit dem Zusatz von Ti oder Nb verbundenen Einschlüsse verursacht werden können. Auch bei schwächerem Korrosionsangriff genügt oft sphäroidisierendes Glühen bei 1525—1650° F (830—900° C). Beschreibung eines Verf. nach dem austenit. Stähle auf ihre Empfindlichkeit gegen Temperaturwechselbeanspruchung geprüft werden können. (Trans. Amer. Soc. mechan. Engr. **73.** 733—42. Aug. 1951.) KREITZ. 6410

K. Löhberg, *Neuere Arbeiten über Zinkdruckgußlegierungen.* Verunreinigungen der Legierung nach *DIN E 1724* durch *Pb, Sn* oder *Cd* erhöhen deren Anfälligkeit gegen Wasserdampfkorrosion. Durch eine Schmelzreinigung mittels Salzen können diese Beimengungen nicht entfernt werden. Vielmehr wird hierdurch Mg entfernt, so daß der durch die eingeschleppten Verunreinigungen entstandene Schaden noch vergrößert wird. Die schädlichen Folgen einer starken Überhitzung der Schmelzbäder liegt in einer stärkeren Oxydation u. einem erhöhten *Fe*-Geh. infolge Angriffs auf die mit dem Schmelzbad in Berührung stehenden Maschinenteile. Die hierbei in das Gußstück gelangenden Kristalle einer Fe-haltigen intermetall. Verb. sowie durch unsauberes Arbeiten eingeschleppte nichtmetall., z. B. oxyd. Verunreinigungen beeinträchtigen die spanabhebende Bearbeitbarkeit. Der Einfl. von *Cu* auf die Alterungsbeständigkeit wird dargelegt u. nachgewiesen, daß Cu-Gehh. bis 0,6% die Alterungsbeständigkeit nicht beeinträchtigen. (Metall **5.** 282—88. Juli 1951. Frankfurt/M.) HOCHSTEIN. 6426

Edmund R. Thews, *Zur Verarbeitung von Altzink und Zinkabfällen.* 1. Mitt. Vorbereitende Arbeiten zur Verhüttung von altem u. neuem Zinkblechmaterial u. anderem Zn-Schrott, darunter der Reinigung, u. der Entlötung. Anschließend werden die wichtigsten Umschmelzöfen, wie Kessel- u. Flammöfen beschrieben. (Metallurgie u. Gießereitechn. **2.** 39—45. Febr. 1952. Berlin.) WERNER. 6426

Pierre Seyer, *Natur und Konzentrierung von Wolfrâmmineralien.* Bericht über Vork., Bldg., Abbau u. Verarbeitung der W-Erze auf der Grube „*Des Montmins*" im Zentralbecken 35 km von Vichy u. Beschreibung der Anlagen, bes. einer 1951 in Betrieb genommenen Neuanlage. (Annales Mines **140.** Nr. 5. 3—19. 1951.) GEITZ. 6440

Gordon H. Guest, *Radioisotope als Hilfsmittel der Metallurgie.* 1. Mitt. Nach kurzer Übersicht werden folgende Anwendungsmöglichkeiten aufgezählt: ^{35}S u. ^{32}P zur Unters. der Rolle beider Elemente bei der Stahlerzeugung u. zur Best. ihrer Aufnahme in die Schlacke; ^{14}C zur Unters. des Alterungsmechanismus bei Eisen u. Stahl u. der Diffusion der Kohle; ^{36}Cl zur Korrosionsunters. an rostfreien Stählen, speziell der Cl-Absorption aus Salzwasser; ^{51}Ti zur Entw. einer genauen Schnellmeth. der Ti-Best. in Stählen; ^{60}Co, ^{55}Fe u. ^{59}Fe zur Unters. der Elementverteilung bei der Legierungsbldg. beim Schweißen; ^{55}Fe u. ^{59}Fe sowie andere radioakt. Metalle zur Unters. von Schmierungs- u. Reibungsfragen, z. B. des Metallübergangs in Lagerflächen; ^{55}Fe, ^{59}Fe, ^{60}Co, ^{59}Ni zur näheren Unters. von Alnicomagneten; schließlich die Fe-Isotope zum Studium des Korrosionsmechanismus u. der Benetzbarkeit des Eisens durch organ. Säuren. (Canad. Metals **15.** Nr. 2. 16—17. Febr. 1952.) RUMPF. 6484

—, *Anwendung von Radioisotopen.* Schwerer Wasserstoff als Tracer zeigt, daß die Hauptursache für die durch H_2 an Emaillierungen an Stahl hervorgerufenen Fehler das in der Ausgangsfritte gelöste W. ist. (Canad. Metals **15.** Nr. 2. 36—39. Febr. 1952.) RUMPF. 6484

H. Lüling, *Über warmfesten Stahlguß.* Diskussion der Literatur über die Beziehungen zwischen Struktur u. Festigkeitseigg. von Stählen, der Bedeutung der chem. Zus., der Wärmebehandlung u. anderen, die Warmfestigkeit beeinflussenden Faktoren, sowie über die Anwendung des warmfesten Stahlgusses im Kraftmaschinenbau. (Schweiz. Arch. angew. Wiss. Techn. **18.** 22—32. Jan. 1952. Schaffhausen, Georg Fischer A. G.) RUMPF. 6492

Edwin Davis und S. G. Temple, *Diskontinuierliches und kontinuierliches Tempern von Kupfer.* Das Tempern von Cu u. Cu-Legierungen wird zur Vereinheitlichung der Kristallstruktur u. -eigg. u. als Oberflächenbehandlung zur Anwendung gebracht. Kurze Beschreibung der Arbeitsweisen. (Machinery Market **22.** Nr. 2. 682. 11/4. 1952. I. C. I., Metal Div.) ROTTER. 6492

H. J. Hartley und E. J. Bradbury, *Hochglanztempern (bright annealing) von Nickel.* Kurze Beschreibung des Verf. zur Erzeugung glänzender Oberflächen auf Ni u. Ni-Legierungen. (Machinery Market **22.** Nr. 2. 682. 11/4. 1952. Henry Wiggins and Co., Ltd.; Mond Nickel Co., Ltd.) ROTTER. 6492

Weineck, *Beizenregenerierung.* Aus der Beizlauge wird das gelöste Fe-Salz durch Vakuumkühlung auskrist. u. von der Mutterlauge durch Zentrifugieren getrennt. Die Mutterlauge wird nach Zusatz von Beizsäure wieder der Beizanlage zugeführt. — Abbildung. (Metall **5.** 154—55. April 1951. Köln-Bayenthal, Bamag.) MARKHOFF. 6512

Krämer, *Neuzeitliches Entfetten und Trocknen von Metallteilen.* Beschrieben wird die Verwendung von *Trichloräthylen* u. *Perchloräthylen* zum Entfetten u. Trocknen. Die Fleckenbldg. durch anhaftendes W. läßt sich durch Zusatz eines geeigneten Mittels zu dem organ. Lösungsm. vermeiden. (Metall **5.** 203. Mai 1951.) MARKHOFF. 6512

R. Sadagopachari, N. B. Shivaraman und **T. L. Rama Char,** *Elektrische Abscheidung von Silber-Blei- und Kupfer-Zink-Legierungen aus cyanidfreien Bädern.* Ag–Pb-Legierungen werden aus einem Bad, das *AgJ*, $Pb(CH_3COO)_2$ u. *KJ* enthält, unter Verwendung von Ag- u. Pb-Anoden auf Cu niedergeschlagen. Die Abscheidungen sind glatt u. anhaftend u. von grauer bis silberweißer Farbe. Die Zus. der Legierungen kann durch Variation der Ag-Konz. der Lsg. von 12% Ag u. 88% Pb bis zu 99,5% Ag u. 0,5% Pb variiert werden. — Zur Abscheidung von Zn–Cu-Legierungen werden Lsgg. von $ZnSO_4$, $CuSO_4$, *Triäthanolamin*, NH_3 u. Messinganoden verwendet. Der Nd. ist je nach dem Cu-Geh. weißlich oder gelb bis rot. (Current Sci. **20.** 154. Juni 1951. Bangalore, Indian Inst. of Sci., Gen. Chem. Sect., Electrochem. Labor.) LEVI. 6516

J. A. Williams, *Hartverchromung.* Anwendung des Verf. zur Wiederinstandsetzung von verbrauchten Werkzeugen u. Maschinenteilen. (Metal Finishing **49.** 100—02. Juli 1951. United Chromium Inc.) J. FISCHER. 6518

Joh. Elze, *Die Bedeutung der „sekundären" Inhibition für die elektrolytische Abscheidung des Nickels.* Auf Grund der von FISCHER entwickelten Inhibitionstheorie ergibt sich, daß beim elektrolyt. Kristallwachstum eine Temperaturerhöhung des Elektrolyten im Sinne verminderter, eine Steigerung der kathod. Stromdichte im Sinne verstärkter Inhibition wirken sollen. Bei *Cu*-Ndd. wird diese Theorie bestätigt. Hingegen zeigt sich bei der elektrolyt. Abscheidung von *Ni*, daß die Einflüsse jener beiden Faktoren entgegengesetzt den von der Theorie geforderten sind. Die unterschiedliche Wrkg. beruht auf „sek." Inhibition, die bei der kathod. Abscheidung eines unedlen Metalls durch die Mitabscheidung von H_2 u. Bldg. bas. Hydrolyseprodd. in unmittelbarer Nähe der Kathode verursacht wird. — Abbildungen. Literaturübersicht. (Metall **6.** 500—04. Sept. 1952. Berlin.) MARKHOFF. 6520

Max Schenk, *Die Patentliteratur auf dem Gebiet der anodischen Oxydation des Aluminiums.* Tabellar. Übersicht. (Metalloberfläche **6.** Nr. 3. Ausg. B **4.** 43—46. März. Nr. 4. Ausg. B **4.** 59—61. April. Nr. 6. Ausg. B **4.** 91—92. Juni 1952. Basel.) MARKHOFF. 6530

Jean Bary und **Jacques Bourgarel,** *Die Phosphatierung von Metallen.* Überblick über Theorie u. Praxis. (Revêtement et Protection **5.** 25—33. März/April 1952.) J. FISCHER. 6532

G. Bianchi und **A. Mora,** *Untersuchung über die Korrosionsprüfung im Salznebel. Charakterisierung des Nebels.* Die Vorgänge im Nebelkasten bei Korrosionsversuchen werden mittels Unters. des Absitzens der Nebel u. einer neu entwickelten Meth., die sich solarisierter photograph. Platten bedient, unter gleichzeitiger Best. der Größe der Nebelteilchen zu klären versucht. (Metallurgia ital. **44.** 9—13. Jan. 1952. Mailand, Labor. di Elettrochim., Chim. Fis. e Metallurgia del Politecn.) RUMPF. 6540

Standard Oil Development Co., übert. von: **Edwin R. Gilliland,** Arlington, Mass., V. St. A., *Reduktion von metallhaltigen Mineralien.* Das Schmelzverf. gemäß A. P. 2 526 472 (C. **1952.** 1238) wird zur Red. von oxyd. metallhaltigen Mineralien, bes. Fe-Erzen, angewendet, indem die Erze zusammen mit dem Reduktionsmittel in die geschmolzene Schlackenschicht des Herdofens eingetragen wird, in der die Red. stattfindet. Das geschmolzene Metall durchdringt die Schlackenschicht infolge seiner Schwere u. tritt in die unter der Schlacke befindliche Metallschicht ein. — Abbildungen. (**A. P. 2 557 650** vom 30/7. 1948, ausg. 19/6. 1951, und **F. P. 981 778** vom 25/2. 1949, ausg. 30/5. 1951. A. Prior. 30/7. 1948.) HANS HOFFMANN. 6381

Didier-Werke Akt.-Ges., Wiesbaden (Erfinder: **Hans Biebesheimer,** Berlin-Wilmersdorf), *Erzreduktion.* Die zu reduzierenden Erze werden zusammen mit Reduktionsmitteln zu Preßlingen geformt, die vor dem Eintragen in Öfen aus keram. Baustoffen einen Überzug aus keram. Stoffen, wie Ton, Kalk, Quarz, Schamotte oder dgl., erhalten, welche den Baustoff der Reduktionsräume in der Hitze nicht angreifen. Dieser Überzug kann gleichzeitig mit der Formung der Preßlinge aufgetragen werden. (**D. B. P. 848 707** Kl. 40a vom 27/7. 1943, ausg. 8/9. 1952.) HANS HOFFMANN. 6381

Weyerhaeuser Timber Co., Longview, übert. von: **Clark C. Heritage,** Cloquet, und **William G. Van Beckum,** Longview, Wash., V. St. A., *Metallgewinnung.* Entfaserte Lignocellulose wird zwecks Ligningewinnung mit einer verd. bas. Alkalilsg., z. B. NaOH, behandelt. Die gewonnene Ligninlsg. wird auf einen p_H-Wert von 1,5 angesäuert, wobei Ligninsäure ausfällt, die nach Abtrennung in wss. Lsg. gebracht wird. Mit dieser Lsg. können Metalle die unlösl. Lignate bilden, z. B. *Be, Mg, Al, Ca, Sr, Ba, Cu, Ag, Au, Zn, Cd, Sn, Pb, Cr, Mn, Fe, Co, Ni*, aus ihren Lsgg. ausgefällt werden. (**A. P. 2 589 252** vom 7/12. 1946, ausg. 18/3. 1952.) HANS HOFFMANN. 6381

Oel- & Chemie-Werk Akt.-Ges., Hausen, Schweiz, *Gießkernöl.* Binderöle für Sandkerne in der Gießerei bestehen aus Tallöl, welches mit einem mehrwertigen Alkohol verestert ist, u. Fettsäuredestillationsrückständen, sowie einer geringen Menge eines Lösungsm. (fette Öle, wie Leinöl, Sojabohnenöl, Baumwollsamenöl, Rapsöl). Mehrwertiger Alkohol: Rohglycerin. (**E. P. 660 158** vom 25/2. 1949, ausg. 31/10. 1951. Schwz. Prior. 23/12. 1948.) UNGER. 6383

Dr. F. Raschig G. m. b. H. (Erfinder: **Carl Thönnessen**), Ludwigshafen/Rh., *Bindemittel für Kern- und Formsand* besteht aus einem Gemisch eingedickter Sulfitzellstoffablauge u. eingedickter, aus dem alkal. Zellstoffaufschluß stammender Zellstoffablauge. (**D. B. P. 853 941** Kl. 31c vom 30/11. 1943, ausg. 30/10. 1952.) BÜLTMANN. 6383

A. M. Byers Co., Pittsburgh, Pa., V. St. A. (Erfinder: **Edward B. Story**, Library), *Herstellung von Schweißstahl nach dem Aston-Prozeß.* Als geschmolzenes raffiniertes Eisen wird ein Eisen mit einem C-Geh. von mindestens 0,03% u. unter 0,06% verwendet. Bei einem derartigen C-Geh. weist das Fertigprod. bessere Eigg. hinsichtlich der Zurückdrängung u. Übersteigerung des Alterns auf. (**D. B. P. 843 096** Kl. 18b vom 11/7. 1950, ausg. 3/7. 1952. A. Prior. 20/9. 1941.) HOCHSTEIN. 6409

Eisenwerk-Gesellschaft Maximilianshütte m. b. H. (Erfinder: **Bruno Richthof**), Sulzbach-Rosenberg, *Herstellen von hochwertigem Stahl durch Windfrischen.* Das durch eine niedrige Blastemp. verhältnismäßig zähfl. Bad wird beim Eingießen in die Pfanne mit Soda derart versetzt, daß der Stahl von Schlackeneinschlüssen gereinigt u. für den Kokillenguß flüssiger gemacht wird. An Stelle von Soda können auch ähnlich wirkende Alkalien verwendet werden. Die Legierungszusätze werden in die durch Soda gereinigte Schmelze gegeben, vorzugsweise in einer besonderen Pfanne, in welche die Schmelze nach der Sodareinigung eingegossen war oder gleichzeitig eingegossen wird. (**D. B. P. 843 260** Kl. 18b vom 30/10. 1949, ausg. 7/7. 1952.) HOCHSTEIN. 6409

Westfalenhütte Dortmund Akt.-Ges., Dortmund (Erfinder: **Erwin Eickworth** und **Wilhelm vor dem Esche**, Dortmund), *Herstellung eines phosphorarmen Windfrischstahles.* Das im Konverter verbleibende Stahlbad wird nach Beendigung der n. Entphosphorung, d. h. sobald der P-Geh. auf ca. 0,08—0,06% abgesunken ist, abgeschlackt u. mit einem O_2-haltigen Gas nachgeblasen, bis der Fe-Geh. der Restschlacke auf wenigstens 14% angestiegen ist. Das Nachblasen kann mit n. Gebläsewind, vorzugsweise durch mit O_2 angereicherter Luft, erfolgen. Auch kann das Nachblasen mit einem N_2-freien Gas, z. B. O_2 in Mischung mit CO_2 oder Wasserdampf, erfolgen. Durch das Nachblasen wird ein Stahl mit unter 0,04% P erzeugt. (**D. B. P. 843 259** Kl. 18b vom 8/12. 1950, ausg. 7/7. 1952.) HOCHSTEIN. 6409

Vanadium Corp. of America, New York, N. Y., übert. von: **Charles N. Dawe**, Detroit, Mich., V. St. A., *Zusatzlegierung für die Stahlherstellung.* Zur Erzielung eines Feinkorns u. zur Erhöhung der Härtbarkeit von unlegierten u. niedriglegierten Stählen wird bei der Stahlerzeugung eine Zusatzlegierung verwendet, die aus ca. 35—65% *Al*, 0,02—5% *B*, ca. 5—35% von wenigstens einem Element der aus *Ti* u. *Zr* bestehenden Gruppe u./oder 2—35% *V*, sowie aus einem nicht unter 15% liegenden *Fe*-Geh. besteht. (**A. P. 2 579 369** vom 13/9. 1948, ausg. 18/12. 1951.) HOCHSTEIN. 6409

Inland Steel Co., Chicago, Ill., V. St. A., *Automatenstahl.* Der Stahl mit nicht über 1,7 (%) *C* enthält 0,03—0,478 *Pb*, das durch die ganze Legierung gleichförmig u. sehr fein verteilt ist. Ferner kann 0,05—0,5 *S* vorhanden sein. — Gefügebilder. (**Oe. P. 172 617** vom 28/7. 1949, ausg. 25/9. 1952. A. Priorr. 14/5. 1938 u. 30/11. 1937.) HABBEL. 6411

Fried. Krupp Akt.-Ges. (Erfinder: **Hans Heinz Meyer, Heinz Schlechtweg** und **Hermann Fahlenbrach**), Essen, *Verwendung von Eisen-Chrom-Legierungen als Werkstoff für magnetisch beanspruchte Gegenstände.* Die Fe–Cr-Legierungen mit mehr als 10% bis 40% *Cr* enthalten außerdem 2—10% *Mn* u. 0,1—5% *Sn* einzeln oder zusammen u. werden für solche magnet. beanspruchten Gegenstände verwendet, die eine hohe Permeabilität u. gegebenenfalls geringe Wirbelstromverluste aufweisen müssen, bes. der Hochfrequenztechnik. (**D. R. P. 764 286** Kl. 18d vom 25/4. 1940, ausg. 24/11. 1952. **Zusatz zu D. R. P. 731 409; C. 1943. I. 2759.**) HABBEL. 6411

Bergische Stahl-, Walz- & Hammerwerke Julius Lindenberg (Erfinder: **Paul Pütz**), Remscheid-Hasten, *Schnellarbeitsstahl* besteht aus 0,7—1,5 (%) *C*, 3—6 *Cr*, 20—6 *V*, 0,1—1 *W* u./oder *Mo* u. Rest *Fe* u. die für Schnelldrehstähle üblichen Mengen *Si*, *Mn* u. Verunreinigungen. Die Schnelldrehwerkzeuge werden bei ca. 1200—1300° abgeschreckt u. bei 560—600° angelassen. Der Stahl kann auch noch 1—2 *Si*, 0,1—2 *Ti*, *Ta*, *Zr*, *U* u./oder *Be* u./oder noch bis zu 20 *Co* enthalten. (**D. B. P. 857 063** Kl. 18d vom 21/3. 1944, ausg. 27/11. 1952.) HABBEL. 6411

Inventa Akt.-Ges. für Forschung und Patentverwertung Luzern, Luzern, Schweiz, *Aluminiumgewinnung.* Zwecks Abscheidung von Al aus seiner Lsg. in heißem Hg wird die Lsg. in einem horizontalen Rohr abgekühlt, wobei Al auskristallisiert. Die Kristalle werden durch ein Schneidorgan, welches zugleich als Förderer dienen kann, von der Innenwand des Rohres abgelöst. Die Kühlung des Rohres erfolgt durch ein in einem konzentr. Kühlmantel geführtes Kühlmittel, z. B. durch Hg. (**Schwz. P. 279 969** vom 31/10. 1949, ausg. 1/4. 1952.) HANS HOFFMANN. 6443

Inventa Akt.-Ges. für Forschung und Patentverwertung Luzern, Luzern, Schweiz, *Aluminiumerzeugung.* Bei der Erzeugung von Al durch therm. Red. von Al_2O_3-haltigen Stoffen mit C in Ggw. von Si mit anschließender Extraktion der erhaltenen Al–Si-Legierung mit Hg wird der aus Si u. metall. Beimengungen bestehende Extraktionsrückstand, der gegebenenfalls auch noch Al enthalten kann, nach Entfernung des anhaftenden Hg wieder in den Reduktionsprozeß zurückgeführt. (**Schwz. P. 279 970** vom 13/12. 1949, ausg. 1/4. 1952.) HANS HOFFMANN. 6443

Indiana Steel Products Co., Chicago, Ill., übert. von: **Hugh A. Howell**, Valparaiso, Ind., V. St. A., *Herstellung von Permanentmagneten.* Eine feinzerteilte Al–Fe-Legierung mit 45—75% Al wird in eine 25—35%ig. heiße Ätznatronlsg. gegeben, die so lange am Sieden gehalten wird, bis das gesamte Al gelöst ist. Der Rückstand wird durch Auswaschen vom lösl. Aluminat befreit u. darauf nach unvollständigem Trocknen u. bei möglichster Fernhaltung von Luft verpreßt. Hierbei entsteht ein magnet. Körper, der Fe in Form von Oxyferrit enthält u. mit Fe_3O_4 in feinverteilter submkr. Form durchsetzt ist. — Schaubild. (**A. P. 2 553 768** vom 28/2. 1947, ausg. 22/5. 1951.) GÖTZE. 6475

Mannesmannröhren-Werke, Düsseldorf (Erfinder: **Gerhard Naeser** und **Werner Scholz**, Duisburg-Huckingen), *Eisenpulver für Magnetspulen* gewinnt man durch Zerstäuben einer an Beimengungen armen Fe-Schmelze, die mit 0,1—5% P oder As oder einem Gemisch aus beiden legiert ist. Zur Herst. dient zweckmäßig eine THOMAS-Schmelze mit einem durch vorzeitiges Abbrechen des Frischvorganges erhöhten P- u. As-Gehalt. (**D. B. P. 842 818** Kl. 21g vom 10/1. 1951, ausg. 3/7. 1952.) KESSEL. 6475

Jean Plauchu, Frankreich, *Herstellung von Sonderstählen und ähnlichen Legierungen.* Als Ausgangswerkstoffe dienen gepulverte Carbide u. reine Metalle; diese werden im Vakuum gesintert. (**F. P. 979 038** vom 1/4. 1942, ausg. 20/4. 1951.) HABBEL. 6475

Neri Corsini, Firenze, Italien, *Elektrolytische Erzeugung von Kupferpulver.* Als Elektrolyt wird eine schwefelsaure $CuSO_4$-Lsg. verwendet. Bei der Elektrolyse werden zwischen einer lösl. Cu-Anode u. Kathode perforierte Pb-Platten angeordnet, die ebenfalls anod. geschaltet werden. Man arbeitet mit Stromdichten von 600—800 A/m^2 u. mit 2—2,5 V. Die Lsg. soll 120 g/Liter H_2SO_4 u. 15 Cu enthalten. Das abgeschiedene Cu-Pulver wird zur Erzeugung von $CuSO_4$ verwendet. Hierzu wird das Pulver bei 500—600° oxydiert u. dann in H_2SO_4 aufgelöst. — Abbildung. (**A. P. 2 579 551** vom 28/7. 1947, ausg. 25/12. 1951. It. Prior. 8/6. 1945.) MARKHOFF. 6475

Sparex Chemical Co., übert. von: **Marion D. Barnes**, New York, N. Y., V. St. A., *Beizen von Eisen.* Als Beizlsg. wird eine Lsg. aus $NaHSO_4$ verwendet, der so viel Oxalsäure zugesetzt ist, daß ein Bodenkörper vorhanden ist. Der Lsg. kann ein Benetzungsmittel u. ein Sparbeizzusatz zugefügt werden. Das gelöste Fe wird als Fe-Oxalat ausgefällt, aus dem die Oxalsäure frei gemacht wird, so daß sie dem Prozeß wieder zugeführt werden kann. (**A. P. 2 585 616** vom 9/8. 1946, ausg. 12/2. 1952.) MARKHOFF. 6513

Union Switch & Signal Co., Swissvale, übert. von: **John A. Lotz**, Allison Park, Pa., V. St. A., *Entfernen von Zunder von Stählen mit niedrigem Siliciumgehalt.* Man verwendet eine Beizlsg. mit 10 (Vol.-%) HCl-Lsg. von 36% u. 5 H_3PO_4 von 85% u. Rest Wasser. Die Lsg. entfernt die Zunderschicht, ohne die Stahloberfläche punktförmig anzugreifen. (**A. P. 2 559 445** vom 12/12. 1946, ausg. 3/7. 1951.) MARKHOFF. 6513

Henry A. Snyder, Kansas City, Mo., V. St. A., *Reinigen von Backpfannen aus Aluminium.* Mit einem Siliconharzüberzug versehene Pfannen aus Al werden in einer 5—20%ig. $NaHSO_4$-Lsg. bei Tempp. von 150° F bis zum Kp. behandelt. Auch nicht überzogene Al-Pfannen werden zweckmäßig vor dem Aufbringen des Harzüberzuges mit der Bisulfatlsg. behandelt. Die Lsg. entfernt Verunreinigungen leicht u. greift die Al-Oberfläche nur unwesentlich an. (**A. P. 2 553 064** vom 19/5. 1949, ausg. 15/5. 1951.) MARKHOFF. 6513

Bolidens Gruvaktiebolag, Stockholm, übert. von: **Bo Michael Sture Kalling**, Domnarvet, **Ruth Saga Mariana Sundgren-Walldén** und **Sven Johan Walldén**, Stockholm, und **Karl Arne Sivander**, Perstorp, Schweden, *Elektrolytische Wiedergewinnung von Nickel.* Das metall. Ni enthaltende Material wird mittels einer H_2SO_4 u. SO_3 enthaltenden Lsg. ausgelaugt u. diese dann in einer mit einem Diaphragma versehenen Zelle elektrolysiert. Der Elektrolyt in der Zelle soll nicht mehr als 1,5 g/Liter H_2SO_4 enthalten. Es werden unlösl. Anoden verwendet. Der Elektrolyt soll vom Kathoden- zum Anodenraum fließen. Der Anolyt reichert sich mit H_2SO_4 an u. wird wieder zum Auslaugen verwendet. —

Verfahrensschaubild. (**A. P. 2 595 387** vom 21/2. 1946, ausg. 6/5. 1952. Schwed. Prior. 5/12. 1942.) MARKHOFF. 6535

William R. Schneider, Berkeley, Calif., V. St. A., *Schutz von im Erdboden befindlichen Rohrleitungen oder anderen stromleitenden Bauteilen gegen Korrosion durch elektrische Ströme.* Zwei voneinander entfernte Punkte der Rohrleitung oder dgl. werden mit dem positiven bzw. dem negativen Pol einer Gleichstromquelle verbunden unter Erdung des positiven Pols. Die Rohrleitung erhält hierdurch zwischen diesen beiden Punkten ein gegenüber dem umgebenden Erdboden negatives Potential. — Abbildung. (**A. P. 2 584 623** vom 6/5. 1947, ausg. 5/2. 1952.) MARKHOFF. 6539

Hercules Powder Co., übert. von: **Homer H. Haggard**, Wilmington, Del., V. St. A., *Antikorrosionsmittel.* Um beim Reinigen von Metalloberflächen mittels verd. Mineralsäuren eine Korrosion zu verhindern, setzt man den Säurelsgg. ein Präp. zu, das aus einem prim. Abietylamin u. einer Polyäthylenverb. der allg. Formel $H(OCH_2CH_2)_mNR(CH_2 \cdot CH_2O)_nH$ besteht, in der R die Abietyl-, Hydroabietyl- oder Dehydroabietylgruppe bedeutet u. m u. n ganze Zahlen von einer Größe sind, die einem Mol.-Gew. der Verb. von ca. 500—2000 entsprechen. Geeignet sind z. B. die Polyäthylenglykoläther des N-Diäthanolabietylamins, -hydro- oder -dehydroabietylamins. Man stellt derartige Verbb. durch Kondensation von Äthylenoxyd mit einem Abietylamin her, das seinerseits durch Rk. von natürlichem oder modifiziertem Kolophonium mit NH_3 u. Hydrierung des entstandenen Nitrils erhalten wurde. Das Präp. soll bei sehr verd. Säuren (z. B. 1—2%ig. HCl) 5—50 (%), bei stärkeren Konzz. 5—25 prim. Abietylamin enthalten; es soll der Säurelsg. in Mengen von 0,01—5 zugesetzt werden. (**A. P. 2 564 758** vom 3/6. 1950, ausg. 21/8. 1951.) BEIERSDORF. 6539

—, Technologie der Metalle. Unter der Redaktion von N. P. Dubinin. Moskau: Maschgis. 1952. (710 S. m. Abb.) 24 Rbl. 10 Kop. [russ.]

IX. Organische Industrie.

Socony-Vacuum Oil Co., New York, N. Y., übert. von: **Carleton H. Schlesman**, Camden, N. J., V. St. A., *Elektrochemische Umwandlung von Kohlenwasserstoffen.* Um CH_4 umzuwandeln (z. B. in C_2H_2 oder in H_2 oder in C_2H_6 oder in C_2H_4), wird es einer Folge von Stromstößen kurzer Dauer (0,1—2500 Mikrosek.), gefolgt von einer Periode etwas längerer Dauer, in Gefäßen ausgesetzt, die mit der nötigen elektr. Ausstattung versehen sind. — Zeichnung. (**A. P. 2 550 089** vom 31/8. 1946, ausg. 24/4. 1951.) UNGER. H 500

Badische Anilin- & Soda-Fabrik, Ludwigshafen/Rh. (Erfinder: **Hans Sachsse**, Kehlheim, **Thomas Kosbahn**, Heidelberg-Rohrbach, und **Wilhelm Chorbacher**, Neustadt/Haardt), *Umwandlung von Kohlenwasserstoffen*, bes. *Dehydrierung* u./oder *Spaltung* in Ggw. fest angeordneter Katalysatoren oberhalb von 400° in Gas- bzw. Dampfform, dad. gek., daß man den gas- bzw. dampfförmigen KW-stoffen vor der Berührung mit den Katalysatoren Verbb. der Elemente der 1. oder 2. Gruppe des Period. Syst. oder des Mn, gegebenenfalls zusammen mit Verbb. der Eisengruppe, in Nebel- oder Dampfform in geringer Menge (bes. weniger als 100 mg pro m^3 KW-stoffgas oder -dampf) einverleibt. Auf diese Weise werden Verunreinigungen der Reaktionsprodd. sowie Verstopfungen der Leitungen durch Ruß- u. Teerbldg. vollständig oder weitgehend verhindert. — Beispiel für Herst. von *Olefinen* aus Propan u. von $CO-H_2-N_2$-Gemischen aus Kokereigasen. (**D. B. P. 854 512** Kl. 12o vom 23/9. 1944, ausg. 4/11. 1952.) GANZLIN. H 520

Rudolf Decker und Hellmuth Holz, München (Erfinder: **Walter Fritz**, Burghausen, und **Erich Schaeffer**, Compiègne, Frankreich), *Abspalten von Chlorwasserstoff* aus gechlorten, dampfförmigen Äthanen bei erhöhter Temp. in Ggw. von Katalysatoren, dad. gek., daß als Katalysator (I) mit HCl abspaltenden Metallsalzen versehene Aktivkohle verwendet u. die Rk. in einem mit Innenheizung u. gegebenenfalls auch mit Außenheizung versehenen Gefäß durchgeführt wird, wobei die in diesem Gefäß vorhandenen Heizungsrohre derart angeordnet sind, daß prakt. alle Teile des Reaktionsraumes auf gleicher Temp. gehalten werden. Als I kommen bes. $BaCl_2$ u./oder $CuCl_2$ in Betracht. — Pentachloräthan ergibt bei 300° Perchloräthylen. (**D. B. P. 846 847** Kl. 12o vom 31/12. 1942, ausg. 18/8. 1952.) G. KÖNIG. H 520

Phillips Petroleum Co., Del., übert. von: **Russel K. Simms**, Bartlesville, Okla., V. St. A., *Entfernen von Diolefinen mit konjugierten Doppelbindungen oder von Styrolen aus vorwiegend Monoolefine enthaltenden Kohlenwasserstoffgemischen.* 1.3-Butadien, Piperylen, Isopren, Cyclopentadien, Hexadien oder Styrole in Mengen von 0,1—5% enthaltende KW-stoffgemische werden bei 100—700° F u. mindestens n. Druck über in mehreren Schichten angeordnete sogenannte *Sproßpolymere* geleitet, die aus monomeren Stoffen, wie 1.3-Butadien, Styrolen oder Verbb., wie Methylmethacrylat, durch Polymerisation als harte, poröse, opake, in n. Lösungsmitteln, wie Bzl. oder CCl_4, unlösl. Prodd. erhältlich sind u. die Eig. haben, bei Berührung mit den oben genannten monomeren Diolefinen oder mit Styrolen (in gasförmigem oder fl. Zustand) ohne weiteres Zutun zu sprossen. — Vorr., Zeichnung. (**A. P. 2 555 940** vom 26/8. 1948, ausg. 5/6. 1951.) GANZLIN. H 520

Pure Oil Co., übert. von: **Michael Savoy**, Chicago, Ill., V. St. A., *Absorption von Olefinen aus Gasgemischen mit Kupfersalzlösungen.* Das Cu-Salz ($CuCl_2$) wird in einem wasserfreien, angesäuerten Gemisch aus einem Alkanolamin u. einem einwertigen Alkohol gelöst. Durch das Ansäuern wird die Löslichkeit des Cu-Salzes wesentlich gesteigert. Zahlreiche anorgan. u. organ. Säuren sind hierfür geeignet. — Eine Lsg. aus z. B. 20 (cm^3) Methanol, 20 Monoäthanolamin, 35 (g) $CuCl_2$ u. 1,8 HCl ist befähigt, pro cm^3 Lsg. 19 cm^3 C_2H_4 zu absorbieren. Weitere Mischungs- u. Absorptionsangaben bei Zusatz verschied. Säuren. — Tabellen. (**A. P. 2 561 822** vom 28/12. 1946, ausg. 24/7. 1951.) GANZLIN. H 520

Hooker Electrochemical Co., übert. von: **Carl J. Gochenour**, Niagara Falls, N. Y., V. St. A., *Fluorchlorbutene* gewinnt man durch Einw. a) von HF in Ggw. von Cl_2 u. $SbCl_5$ u. b) von SbF_5, auf Hexachlorbutadien (I). Aus den Fluorchlorbutenen erhält man mit CoF_3 die Fluorchlorbutane. — I wird mit HF in Ggw. von Cl_2 u. $SbCl_5$ bei 40—60° behandelt, u. man erhält *Hexafluordichlorbuten* u. *Heptafluormonochlorbuten*, Kp. 33,5°. — I u. SbF_5 ergeben bei 70° unter Rückfluß *1.1.1.4.4.4-Hexafluor-2.3-dichlorbuten* u. *1.1.1.2.4.4.4-Heptafluor-3-monochlorbuten.* Mit CoF_3 erhält man bei 165—216° daraus *1.1.1.2.3.4.4.4-Oktafluor-2.3-dichlorbutan* u. *1.1.1.2.2.3.4.4.4-Nonafluor-3-monochlorbutan.* Die Reaktionsprodd. sind Lösungsmittel u. Zwischenprodd. für organ. Synthesen. (**A. P. 2 554 857** vom 2/8. 1947, ausg. 29/5. 1951.) G. KÖNIG. H 520

Standard Oil Development Co., Del., übert. von: **Edwin R. Gilliland**, Arlington, Mass., **Charles E. Morrell**, Westfield, **Carl S. Carlson** und **Nat C. Robertson**, Elizabeth, N. J., V. St. A., *Trennung von Gemischen von Alkoholen,* deren Kpp. um mehr als 5° divergieren, gek. durch eine kontinuierliche azeotrope Dest., bei der in der Kolonne eine Konz. an W. von mindestens 65, zweckmäßig 90—99 Mol-% aufrechterhalten wird. Es läßt sich so z. B. in A. der Geh. an Isopropylalkohol von 4,6 auf 0,1% herabsetzen. Auch aus dem wss. Kondensat der FISCHER-TROPSCH-Synth. läßt sich unter Abtrennung von Acetal, Aldehyden u. Methyläthylketon reiner A. gewinnen. — Reaktionsschema. (**A. P. 2 551 593** vom 28/1. 1947, ausg. 8/5. 1951.) MÖLLERING. H 550

Standard Oil Development Co., Del., übert. von: **Charles E. Morrell**, Westfield, **Carl S. Carlson**, Elizabeth, und **Paul V. Smith jr.**, Westfield, N. J., V. St. A., *Aufarbeitung von Alkoholgemischen aus der Fischer-Tropsch-Synthese.* Am Kopf einer Destillationskolonne werden bei der azeotropen Dest. die sek., tert. u. verzweigtkettigen prim. Alkohole abgezogen u. am Boden der Destillationskolonne die wss. Lsg. von n-Alkoholen gewonnen, während in die Mitte der Destillationskolonne W. zugespeist wird, so daß dort eine Alkohollsg. mit 83—93,5 Mol-% Wassergeh. vorliegt. — Reaktionsschema u. Diagramm der Destillationsverhältnisse. (**A. P. 2 551 626** vom 24/6. 1948, ausg. 8/5. 1951.) MÖLLERING. H 550

Standard Oil Development Co., Del., übert. von: **Paul T. Parker** und **George O. Hillard jr.**, Baton Rouge, La., V. St. A., *Alkohole* erhält man aus Olefinen, CO u. H_2 in Ggw. von Katalysatoren (I) bei höheren Tempp. (250—400° F) u. höheren Drucken (100—300 lbs./sq.in.) mit anschließender Hydrierung der erhaltenen Aldehyde in Ggw. der bei der Oxosynth. angewandten I oder anders zusammengesetzter I bei 150—450° F u. 100—300 lbs./sq.in. Bes. geeignet sind Co enthaltende I. Vorteilhaft arbeitet man mit 2 Reaktionsgefäßen, wobei das 1. Gefäß der Oxosynth. dient u. im 2. Gefäß die Ablagerung der von den fl. Reaktionsprodd. mitgeführten Co-Carbonylverbb. erfolgt, unter gleichzeitiger Hydrierung der Aldehyde zu Alkoholen mittels in das 2. Gefäß eingeleiteter H_2-haltiger Gase u. Red. der Co-Carbonylverbb. zu Metall. Sobald die Oxo-Rk. im 1. Gefäß spürbar nachläßt, wird der Reaktionsstrom umgeleitet, wobei das bisherige 2. Gefäß nunmehr der Oxosynth. dient u. das bisherige 1. Synthesegefäß Hydriergefäß wird. Dieser Vorgang wird nach Maßgabe wiederholt. Man kann jedoch auch in einem Gefäß arbeiten, hierbei wird die Oxo-Rk. jeweils unterbrochen. Die aus dem Hydriergefäß entweichenden Prodd. können noch einer Nachhydrierung unterworfen werden. An Stelle von Co können auch Ni, Cu, MgO, ThO_2 als I Anwendung finden. — Zeichnungen. (**A. P. 2 571 160** vom 25/10. 1946, ausg. 16/10. 1951.) G. KÖNIG. H 550

Cassella Farbwerke Mainkur (Erfinder: **Werner Zerweck, Heinrich Ritter** und **Wilhelm Weber**), Frankfurt/M.-Fechenheim, *Herstellung höhermolekularer Alkohole,* dad. gek., daß man Alkohole mit Alkalimetallen bzw. den entsprechenden Alkoholaten in Ggw. von ZnO, das gegebenenfalls teilweise bis vollständig durch ein Zn-Salz der Titansäure oder Phosphormolybdänsäure ersetzt sein kann, als Katalysator auf ca. 150—200° bei

Drücken von ca. 50 atü erhitzt. — n-Butanol ergibt, mit Na u. $ZnCl_2$ 1 Std. auf 195° im Autoklaven erhitzt, zur Hälfte 2-Äthylhexanol, Buttersäure, Äthylcapronsäure, höhere Säuren u. Alkohole. (**D. B. P. 855 107** Kl. 12o vom 23/12. 1950, ausg. 10/11. 1952.)
G. KÖNIG. H 550

Chemische Werke Albert (Erfinder: **Hans Beuker**), Wiesbaden-Biebrich, *Höhermolekulare OH- und/oder CO-Gruppen enthaltende Kondensationsprodukte aus Alkoholen und Ketonen.* Gemische aus aliphat. oder cycloaliphat., ein- oder mehrwertigen Alkoholen u. aliphat. oder cycloaliphat. Ketonen werden in Ggw. von geringen Mengen (ca. 1 Gew.-%) von Alkalimetallen u./oder -hydroxyden erhitzt, wobei das Reaktionswasser fortlaufend abdest., die gleichzeitig übergehenden Alkohole u./oder Ketone im Kreislauf zurückgeführt werden u. die Erhitzungsdauer mehrere Std. über die zur Alkoholatbldg. benötigte Zeit hinaus ausgedehnt wird. — Hexylalkohol wird mit Cyclohexanon in Ggw. von Na-Äthylat unter Rückfluß mit Wasserabscheidung erhitzt. Das erhaltene Mischkondensat hat $Kp._{0,6}$ 140—222° u. 227—343°. — Cyclohexanon + Cyclohexanol → *α-Cyclohexylcyclohexanol*, $Kp._{14}$ 139—142°. — 2-Methyl-2-heptenon-(6) + Caprylalkohol → Prod. mit $Kp._{1,2}$ 125—130° (40%) u. 194—197° (60%). — 1.3-Butylenglykol + Cyclohexanon → *Öle* oder Harze je nach der Erhitzungsdauer. Verwendung als Weichmachungs- u. Textilhilfsmittel, in sulfonierter Form als Schaum- u. Netzmittel u. als Zwischenprod. für Harze u. Lacke. (**D. B. P. 851 191** Kl. 12o vom 11/3. 1942, ausg. 2/10. 1952.)
KRAUSS. H 550

E. I. du Pont de Nemours & Co., übert. von: **Benjamin W. Howk**, Wilmington, und **Glenn F. Hager**, New Castle, Del., V. St. A., *Geradkettige primäre Alkohole* bis 50 u. mehr C-Atomen ergibt die CO-Hydrierung in Ggw. einer OH-enthaltenden Fl. (I) u. von Ru, Ru-Oxyden, wie RuO_2, Ru_3O_6, RuO_4, oder Ru-Carbonylen, wie $Ru_2(CO)_9$, $Ru(CO)_xH$, bei 100—250° u. 200—1000 at. Als I sind W. oder prim. Alkohole bis 10 C-Atomen brauchbar, z. B. n-Propylalkohol, Hexamethylenglykol. Die Ausgangsgase können, wenn notwendig, von O_2 vermittels 20%ig. wss. Na(OH) u. gesätt. wss. Hydrochinonlsg., ferner von S mit akt. C befreit werden. Vorteilhaft ist die Ggw. eines Dispergiermittels, z. B. Na-Laurylsulfat (II). Der Katalysator kann auf Träger angewendet werden. — CO u. H_2-Gemisch (2 : 1) mit n-Propylalkohol u. **II** auf 200° bei 700—1000 at im geschlossenen Gefäß erhitzt, ergibt eine Mischung folgender Alkohole: Methanol, A., n-Propanol, n-Butanol, n-Pentanol, n-Hexanol, n-Heptanol, n-Octanol, n-Nonanol, n-Decanol, n-Undecanol, n-Dodecanol bis n-Hexadecanol. Die wachsartigen Bestandteile enthalten prim. Alkohole mit über 40 C-Atomen. Wird als Reaktionsmedium eine Carbonsäure oder deren Anhydrid angewandt, so erhält man vorwiegend Alkylester der angewandten Carbonsäuren, z. B. Acetate, neben den freien Alkoholen. Die Alkohole mit mehr als 10 C-Atomen im Mol. sind bes. zur Herst. von *Netz-* u. *Dispergiermitteln* geeignet. (**A. P. 2549470** vom 12/4. 1949, ausg. 17/4. 1951.)
G. KÖNIG. H 560

Badische Anilin- & Soda-Fabrik, Ludwigshafen/Rh. (Erfinder: **Johann Giesen**, Mailand, Italien), *Herstellung einwertiger Alkohole*, dad. gek., daß man auf Aldole oder 1.3-Ketole, die durch Red. in 1.3-Glykole mit einer prim. u. einer sek. gebundenen OH-Gruppe übergeführt werden können, bei n. oder erhöhtem Druck in Ggw. von Hydrierkatalysatoren, die neben einem hydrierend wirkenden Metall oder Metalloxyd noch O-Verbb. von Elementen der 4. oder/u. 6. Gruppe enthalten, H_2 bei höherern Tempp., als sie zur Überführung in die entsprechenden Glykole erforderlich sind, einwirken läßt. Man kann auch 1.3-Glykole mit einer prim. u. sek. OH-Gruppe anwenden. Man erhält Alkohole mit niedrigerer C-Anzahl. — Aus 2.2.4-Trimethylpentanol-(1)-on-(3) erhält man *Isobutanol*, Kp. 107—108°; die gleiche Verb. aus 2.2-Dimethylbutanol-(1)-on-(3) u. 2.2.4-Trimethylpentandiol-(1.3). — 2-Methylbutandiol-(1.3) ergibt *n-Propanol*, Kp. 96°, neben *Äthanol*. (**D. B. P. 857 800** Kl. 12o vom 4/3. 1944, ausg. 1/12. 1952.)
G. KÖNIG. H 560

Polymerisable Products Ltd., London, England (Erfinder: **C. Weizmann**), *Kondensieren von Acetylenkohlenwasserstoffen mit Aldehyden oder Ketonen.* Man führt die Kondensation bei < 0° u. in Ggw. von Komplexverbb. aus Ätzalkali u. einem Lösungsm. der allg. Formel $R_3—C(R_4)(OR_1)—C(OR_2)(R_5)—R_6$, in der R_1 u. R_2 Alkylreste u. R_3, R_4, R_5 u. R_6 H oder Alkylgruppen bedeuten, durch. Die Lösungsmittel sollen einen Kp. > 100° aufweisen; es sind geeignet: *Äthylenglykoläthylbutyläther*, *Äthylenglykoldibutyläther*, *Propylenglykoldiäthyläther*. — Man erhält aus Phenylacetylen u. Aceton *1-Phenyl-3-methylbutinol-(3)*, $Kp._{Vac.}$ 136°, u. aus Aceton u. C_2H_2 *3-Methylbutinol-(3)*. (**Schwed. P. 132 435** vom 18/4. 1942, ausg. 31/7. 1951. E. Priorr. 18/4. 1941 u. 16/4. 1942.)
JÜRGEN SCHMIDT. H 560

British Oxygen Co. Ltd. (Erfinder: **Leo Philipp Ellinger**), London, England, *Aufarbeitung von Gemischen, die in der Hauptsache aus einem Alkylvinyläther mit 4—8 C-Atomen im Alkylrest und dem entsprechenden Alkohol bestehen*, dad. gek., daß mit der wss. Lsg. eines Alkaliphenolates, -kresolates oder -dimethylphenolates, die zum mindesten 20 Gew.-%

dieser Alkalisalze enthält, behandelt u. anschließend die so gebildete alkoholhaltige Lsg. abgetrennt wird. Die wss. Lsg. kann bis zu 20% mehr Alkalihydroxyd enthalten, als dem Phenol stöchiometr. entspricht. Dem Lösungsm. kann bis 2% eines oberflächenakt. Stoffes, z. B. ein Alkylarylsulfat, beigegeben werden. (**D. B. P. 841457** Kl. 12o vom 7/9. 1950, ausg. 15/6. 1952.) G. König. H 570

General Mills Inc., übert. von: **Owen Arnold Moe** und **Donald Theodore Warner**, Minneapolis, Minn., V. St. A., *Aldehyde* der allg. Formel $RR_1R_2C{-}CHR_3{\cdot}CH_2{\cdot}CHO$ (I) erhält man bei der Kondensation von α.β-ungesätt. Aldehyden der allg. Formel $R_3CH{=}CH{\cdot}CHO$ (II) mit Verbb. der allg. Formel RR_1R_2CH (III) in Ggw. von nicht mehr als 0,05 Mol eines alkal. wirkenden Katalysators u. eines organ. Verdünnungsmittels. In I, II u. III bedeuten R u. R_1 = (substituierte) Carbonsäureester-, Carbonsäureamid- oder Nitrilgruppen. Die Substituenten können gleich oder ungleich sein. R_2 u. R_3 = H oder Alkylgruppe. — Eine Lsg. von Na-Alkoholat u. Malonsäurediäthylester (IV) wird auf 0° gekühlt, Acrolein (enthaltend 1% Hydrochinon) tropfenweise zugesetzt u. 5 Std. bei 0—5° gerührt. Mit Eisessig wird neutralisiert u. im Vakuum die Mischung zu einer viscosen M. konzentriert. Daraus gewinnt man durch Extraktion mit Bzl. u. folgende Dest. *γ.γ-Dicarbäthoxybutyraldehyd*, $Kp._{0,07}$ 75—76°, n_D^{25} 1,4345, F. des *2.4-Dinitrophenylhydrazons* 75—76°. — Aus Äthylmalonsäurediäthylester u. Acrolein erhält man *γ.γ-Dicarbäthoxycapronaldehyd*, $Kp._{0,07}$ 70—77°, n_D^{25} 1,4372—1,4394, F. des *2.4-Dinitrophenylhydrazons* 100,5—101,5°. — Mit Crotonaldehyd u. IV erhält man ein Prod. (*γ.γ-Dicarbäthoxyvaleraldehyd?*), $Kp._{0,3-0,5}$ 90—105°, F. des *Phenylhydrazons* 89,5—90°. — Acrolein u. Cyanessigsäureäthylester ergeben *γ-Carbäthoxy-γ-cyanobutyraldehyd*, $Kp._{0,08}$ 82—87°, n_D^{25} 1,4430 bis 1,4482, F. des *2.4-Dinitrophenylhydrazons* 111,5—112°. Zwischenprodd. für organ. Synthesen. (**E. P. 658414** vom 31/12. 1947, ausg. 10/10. 1951. A. Prior. 6/12. 1946.) G. König. H 670

Minnesota Mining & Manufacturing Co., übert. von: **Donald R. Husted**, St. Paul, und **Arthur H. Ahlbrecht**, White Bear Township, Minn., V. St. A., *Perfluorierte aliphatische Aldehyde* (I) u. Hydrate (II) mit 2—18 C-Atomen im Mol. erhält man durch Red. von perfluorierten Carbonsäuren (III) der allg. Formel $C_nF_{2n+1}CO_2H$ mittels $LiAlH_4$, wobei zuerst die Hydrate erhalten werden, die anschließend zu I, z. B. mittels H_2SO_4, P_2O_5, dehydratisiert werden. III erhält man aus den entsprechenden Säurefluoriden durch Hydrolyse. I u. II sind neue Verbb.; I sind gegen Alkalien u. Feuchtigkeit sehr empfindlich, sie polymerisieren sich leicht bei n. Temp., langsamer bei tiefen Tempp.; II sind beständiger. I u. II finden als Zwischenprodd. zum Einführen von Fluor-KW-stoffradikalen in andere organ. Verbb. Verwendung. Ferner eignen sie sich zur Herst. von synthet. Harzen, Polymerisationsprodd., Farbstoffen, Insekticiden u. Arzneimitteln. Die Löslichkeit in W. nimmt mit der Mol.-Größe ab. Die ersten zwei Glieder der Reihe sind bei n. Temp. fl., die höheren Glieder fest. Acetale mit mehr als 10 C-Atomen sind wachsartig u. mit steigender C-Zahl wasserabstoßend. Die Herst. von I u. II erfolgt in einer CO_2- u. wasserfreien Atmosphäre. *Trifluoracetaldehyd* (CF_3CHO), $Kp._{740}$ —150°, kann als „*Fluoral*" bezeichnet werden. Das *Fluoralhydrat*, $CF_3CH(OH)_2$, besitzt Kp. 105°. *Pentafluorpropionaldehyd*, $Kp._{740}$ 2°, Kp. des Hydrats [$C_2F_5CH(OH)_2$] 93°. *n-Heptafluorbutyraldehyd*, $Kp._{740}$ 28°, n_D^4 1,273, $D.^{20}$ 1,505; das Hydrat besitzt Kp. 93° u. F. 61°. *n-Nonafluorvaleraldehyd*, $Kp._{740}$ 48°, $Kp._{740}$ des Hydrats 100°. Das Hydrat: $C_9F_{19}CH(OH)_2$ ist bei n. Temp. fest, F. 114°, $Kp._{740}$ 148°. II ergeben bei der Behandlung mit organ. Säuren die Diester, z. B. $CF_3CH(OOCCH_3)_2$, $Kp._{740}$ 149°, n_D^{20} 1,354, $D.^{20}$ 1,291; $C_3F_7CH(OOCCH_3)_2$, $Kp._{740}$ 164°, n_D^{20} 1,338, $D.^{20}$ 1,431. Weitere Derivv. von I oder II sind die Semicarbazone, Hydrazone u. Hydrazine, z. B. $CF_3CH{:}NNHC_6H_3(NO_2)_2$, F. 136°; $C_9F_{19}CH{:}NNHC_6H_3(NO_2)_2$, F. 128°; $C_3F_7C{:}NNHCONH_2$, F. 52°; $C_3F_7CH[NHNHC_6H_3(NO_2)_2]_2$, F. 99°. (**A. P. 2568500** vom 6/10. 1949, ausg. 18/9. 1951.) G. König. H 670

Celanese Corp. of America, New York, N. Y., übert. von: **Alfred L. Miller**, Summit, N. J., und **Bernard H. Kress**, Toledo, O., V. St. A., *Aliphatische, alicyclische oder aromatische Dialdehyde* erhält man aus den entsprechenden Bis-Diacetalen durch milde Hydrolyse im sauren Medium (p_H ca. 6). Die Diacetale entstehen aus den entsprechenden aliphat. α.ω-Dihalogeniden oder dihalogenierten alicycl. oder aromat. Verbb. durch Rk. mit Grignard-Verbb. im wasserfreien Medium (Ae.) bei 80—100° u. anschließende Rk. mit einem Alkylester der Orthoameisensäure, wie Methyl-, Äthyl- (I), Isoamylformiat, u. Zers. der Grignard-Komplexverb. durch Gießen auf Eisstücke. — Man versetzt z. B. 1.4-Dichlorbutan mit einer aus Äthylbromid u. Mg in Ae. gebildeten Grignard-Verb., gibt zu der Reaktionsmischung I u. wasserfreies Bzl. u. dest. den Ae. ab. Nach 4std. Erhitzen unter Rückfluß bei 65—70° schüttet man auf Eis, extrahiert die wss. Schicht mit Äthyläther. Man trocknet die Bzl.- u. Ae.-Extrakte, dest. Bzl. u. Ae. ab u. fraktioniert den Rückstand. Man erhält *Adipin-bis-diäthylacetal*, $Kp._{63}$ 186°, n_D^{25} 1,4215, u. durch Hydrolyse *Adipinaldehyd*. Geringe Mengen *Sebacin-bis-diäthylacetal*, $Kp._{53}$ 190—193°, n_D^{25} 1,4320, die durch Hydrolyse *Sebacindialdehyd* ergeben, werden gleichfalls gebildet. — Aus 1.5-Pentamethylendibromid erhält man in analoger Weise *Pimelinaldehyd-bis-diäthylacetal*, Kp.$_{0,3}$ 100—110°, u. daraus *Pimelindialdehyd*. (**A. P. 2 572 943** vom 29/4. 1949, ausg. 30/10. 1951.) G. KÖNIG. H 680

Röhm & Haas Co., übert. von: **Warren D. Niederhauser**, Philadelphia, Pa., V. St. A., *α.α'-Dithiodialdehyde* der allg. Formel I erhält man bei der Rk. von 2 (Moll.) eines Aldehyds mit 1 S_2Cl_2 oder SCl_2 bei —30 bis 100° u. n., vermindertem oder erhöhtem Druck, bes. in Ggw. eines inerten organ. Lösungsmittels. — Isobutyraldehyd in CCl_4 ergibt bei 40—50° mit S_2Cl_2 *α.α'-Dithiodi-(isobutyraldehyd)*, Kp.$_1$ 100—110°, schwach gelbliches Öl. Mit 2-Äthylhexaldehyd erhält man *α.α'-Dithio-di-(2-äthylhexaldehyd)*, Zwischenprodukte. Mit Cl_2 erhält man *Sulfenylchloride*, die Red. ergibt *Mercaptoaldehyde*. In der Formel I stellen R gleiche Alkylgruppen mit 1—18 C-Atomen u. R' gleiche Alkylgruppen mit 1—18 C-Atomen oder aromat. KW-stoffgruppen dar. (**A. P. 2 580 695** vom 1/12. 1950, ausg. 1/1. 1952.) G. KÖNIG. H 680

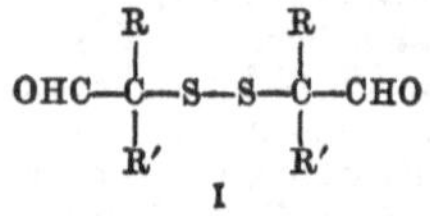

I

Farbenfabriken Bayer, Leverkusen (Erfinder: **Robert Schneck**, Dormagen), *Gewinnung konzentrierter Buttersäure* (I) aus verd. wss. Mischungen mit ca. 10 (%) I u. 10 $CH_3 \cdot COOH$ (II). Man extrahiert mit so viel Bzl., daß die aus der Extraktion ablaufende Säure frei von I ist u. das Bzl. nur so viel II aufnimmt, daß das Verhältnis Bzl.: II dem azeotropen Verhältnis entspricht u. daß der Extrakt in das azeotrope Bzl.-II-Gemisch zerlegt wird. (**D. B. P. 844 894** Kl. 12o vom 2/3. 1944, ausg. 24/7. 1952.) MÜLLER-MEININGEN. H 810

Union Carbide and Carbon Corp., New York, N. Y. (Erfinder: **Benjamin Phillips** und **Paul Spencer Starcher**, Charleston, W. Va.), V. St. A., *Acrylamide* der allg. Formel $CH_2{=}CR_1CONH_2$ (R_1 = H oder gesätt. KW-stoffrest mit höchstens 8 C-Atomen) erhält man durch Überleiten eines niedrigmol. Alkoxyamids der allg. Formel $ROCH_2{-}CHR_1{-}CONH_2$ (R = gesätt. KW-stoffrest mit höchstens 8 C-Atomen) über Li-Phosphat oder TiO_2 bei 225—500°. — *β*-Methoxypropionamid wird in Ggw. von Methanol u. N-Phenyl-*β*-naphthylamin als Polymerisationsverzögerer über gekörntes Li-Phosphat (4—6 mm) bei 365° geleitet, durch Dest. erhält man *Acrylamid*, Kp.$_3$ 93—112°, F. 83°, in 69%ig. Ausbeute. — *β*-Methoxyisobutyramid → *Methacrylamid*, F. 109°. (**D. B. P. 851 186** vom 23/9. 1950, ausg. 2/10. 1952. A. Prior. 1/8. 1949. **A. PP. 2 587 209** u. **2 587 210** vom 1/8. 1949, ausg. 26/2. 1952.) KRAUSS. H 810

B. F. Goodrich Co., New York, N. Y. (Erfinder: **Frederick Edwin Kung**, Akron, O.), V. St. A., *α.β-Ungesättigte Monocarbonsäuren* (I). Das *β*-Lacton einer Monocarbonsäure der allg. Formel Z (R = gleiche oder verschied. Reste, u. zwar H-Atome oder KW-stoffreste ohne Äthylen- oder Acetylenbindungen) wird zweckmäßig in Ggw. eines Kondensationskatalysators bei 50—150° polymerisiert, u. die Polymerisate werden durch Erhitzen auf ihre Zersetzungstemp., jedoch unterhalb der Zersetzungstemp. der entstehenden ungesätt. Monocarbonsäure, bes. bei 150—300°, im Vakuum in die entsprechenden I übergeführt. — Hydracrylsäurelacton wird in Ggw. einer Spur K_2CO_3 auf ca. 100—130° erhitzt, wobei infolge der exothermen Rk. gekühlt werden muß, nach ca. ½ Std. wird die viscose halbfeste M. bei 8—10 mm auf 150—175° erhitzt, wodurch man Acrylsäure in 95%ig. Ausbeute erhält. — *β*-Oxybuttersäurelacton → Crotonsäure, F. 70°. (**D. B. P. 847 149** Kl. 12o vom 30/9. 1950, ausg. 21/8. 1952. A. Prior. 31/7. 1941.) KRAUSS. H 810

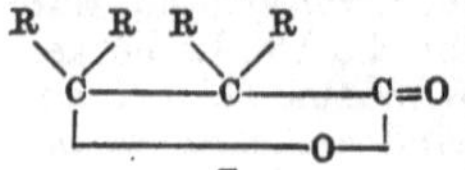

Z

Farbenfabriken Bayer (Erfinder: **Peter Kurtz** und **Otto Bayer**), Leverkusen, *Ungesättigte S-haltige Nitrile* erhält man durch Anlagern von H_2S, Wasserstoffpolysulfiden oder Mercaptanen an 4-Cyanbutadien-(1.3) (I). Zu I gibt man bei 60—70° Na_2S u. leitet H_2S ein. Nach dem Aufarbeiten über Bzl. erhält man ein dickes, bräunliches, sich bei der Dest. zers. Öl, $C_{10}H_{12}N_2S$, in über 90%ig. Ausbeute, aus dem man durch Verseifung mit HCl *4-Mercaptodipentensäure*, $S(CH_2{-}CH{=}CH{-}CH_2{-}COOH)_2$, F. 153—155°, erhält. — Mercaptoessigsäureäthylester u. I → $NC{-}CH_2{-}CH{=}CH{-}CH_2{-}S{-}CH_2{-}COOC_2H_5$, Kp.$_{0,3}$ 136—146°, gibt beim Verseifen eine ölige Säure. (**D. B. P. 850 890** Kl. 12o vom 25/6. 1944, ausg. 29/9. 1952.) KRAUSS. H 850

Badische Anilin- & Soda-Fabrik (Erfinder: **Ernst Plötz**), Ludwigshafen/Rh., *N-Oxyalkyl-N.N'-1.2-alkylenharnstoffe* erhält man durch Erhitzen von prim. 1.2-Oxyalkylaminen mit Harnstoff (I) im Verhältnis 1,2—2:1 auf 165—175°. Nach dem Beispiel wird aus Monoäthanolamin u. I der N-Oxyäthyl-N.N'-äthylenharnstoff, Kp.$_{10}$ 220—240°, erhalten. Analog der Propylenharnstoff mit 1.2-Propanolamin. Ausgangsstoffe für Textilhilfsmittel u. Pharmaceutika. (**D. B. P. 855 849** Kl. 12o vom 1/1. 1951, ausg. 17/11. 1952.) SCHINDLER. H 880

I. G. Farbenindustrie Akt.-Ges. (Erfinder: **Herbert Bestian**), Frankfurt/M., *Diharnstoffe* erhält man durch Rk. von aliphat. oder araliphat. Diisocyanaten mit Äthylenimin oder dessen Homologen in Ggw. von Verdünnungs- oder Lösungsmitteln, z. B. Ae. oder Aceton. Nach den Beispielen erhält man: *1.8-Oktamethylendiäthylenharnstoff*, weißes Kristallpulver, F. 101°; *1.6-Hexamethylendiäthylenharnstoff*, weißes Kristallpulver, F. 106°; *1.4-Tetramethylendiäthylenharnstoff*, weißes Kristallpulver, F. 121°; *1.6-Hexamethylendipropylenharnstoff*, farbloses Öl; *p-Xylylendiäthylenharnstoff*, krist., F. 144,5—146°. Geeignet für Zwecke der *Textil-*, *Papier-* u. *Lederindustrie*. (**D. R. P. 753 128** Kl. 12o vom 18/2. 1939, ausg. 24/11. 1952.) SCHINDLER. H 880

I. G. Farbenindustrie Akt.-Ges. (Erfinder: **Kurt Billig** und **Helmut Krauß**), Frankfurt/M., *Carbaminsäureester aliphatischer Dialkohole* erhält man durch Rk. dieser Alkohole mit der äquimol. Menge oder mit einem Überschuß von Harnstoff (I) in Ggw. eines höhersd. indifferenten Verdünnungsmittels, gegebenenfalls in Ggw. von Metallen oder deren Verbb. als Katalysatoren. Nach den Beispielen wird aus 1.4-Butylenglykol u. **I** in Xylol mit $SnCl_4$ oder ZnO der *1.4-Butylenglykoldicarbaminsäureester*, F. 195—198°, entsprechend der *1.3-Butylenglykoldicarbaminsäureester*, F. 145—148°, u. der *2-Äthylhexandiol-1.3-dicarbaminsäureester*, F. 106—109°, erhalten. Zwischenprodd. für *Lösungsmittel*, *Weichmacher*, *Kunststoffe*. (**D. R. P. 754 369** Kl. 12o vom 23/2. 1941, ausg. 1/12. 1952.) SCHINDLER. H 880

Badische Anilin- & Soda-Fabrik, Ludwigshafen/Rh. (Erfinder: **Curt Schuster**, Ludwigshafen/Rh., und **Adolf Hartmann**, Gessertshausen), *Primäre und sekundäre Amine* entstehen, wenn man Verbb. mit olefin. Doppelbindung mit Gemischen aus CO u. H_2 unter Druck in Ggw. von Katalysatoren umsetzt, die carbonylbildende Metalle der 8. Gruppe enthalten, u. die Reaktionsprodd. in Ggw. von NH_3 oder Aminen, gegebenenfalls auch in Ggw. von Hydrierungskatalysatoren hydriert. — *Amylamin*. Man setzt Butylen mit Wasserglas in Ggw. eines Katalysators aus CO, Mn-Oxyd u. Fe bei 115° u. 120 at um u. leitet das Reaktionsprod. mit NH_3, Methanol u. H_2 über Ni bei 166—170° u. 200 at. — Analog liefert n-Octylen *Nonylamin*, Oktahydronaphthalin *Dekahydroaminomethylnaphthalin* ($Kp._1$ 72°). (**D. B. P. 848 653** Kl. 12q vom 20/10. 1940, ausg. 8/9. 1952.) LANGER. H 910

Beecham Research Laboratories Ltd. (Erfinder: **Jan Heilbron, Arthur Herbert Cook** und **Anthony Lewis Levy**), London, England, *Amide* der Formel I entstehen durch Rk. einer Verb. der Formel II mit einer Verb. der Formel $R_4 \cdot NH \cdot Y$. Hierin bedeuten R_1, R_2, R_3, R_4 = H oder einen KW-stoffrest oder einen heterocycl. N-haltigen Rest u. Y einen gegebenenfalls substituierten KW-stoffrest. — *Glycylglycinäthylesterhydrochlorid*. Aus 2-Thiothiazolon, Glycinäthylester u. Triäthylamin in Chlf. unter Kühlung u. nachfolgendem Ansäuern mit HCl, F. 181—182°. — Analog werden hergestellt: *Diglycylglycinäthylesterhydrochlorid*, F. 217°. — *Triglycylglycinäthylesterhydrochlorid*, F. 216 bis 217°. — *Phenylglycylglycylglycinäthylesterhydrochlorid*, F. 240°. — *Tetraglycylglycinäthylesterhydrochlorid*, F. 233—234°. — *Glycinmorpholidhydrochlorid*, F. 236°. — *Glycyl-dl-phenylalaninmethylesterhydrochlorid*, F. 166°. — *dl-Alaninamidhydrochlorid*, F. 167°.— *p-Tolylthiocarbonyl-dl-alanyl-l-glutaminsäurediäthylester*. Aus 4-Methyl-2-thiothiazolon l-Glutaminsäurediäthylester u. Triäthylamin in Chlf. bei nachfolgender Einw. von p-Tolylthiocarbonylchlorid, F. 94°. — *Glycyl-l-tyrosinmethylesterhydrochlorid*, F. 217°. — *dl-Alanylglycin*. (**D. B. P. 831 101** Kl. 12q vom 26/1. 1949, ausg. 11/2. 1952. E. Prior. 26/1. 1948.) LANGER. H 950

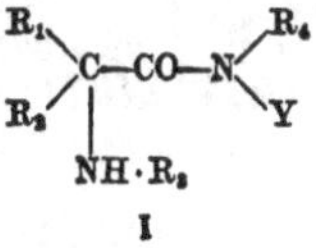

I

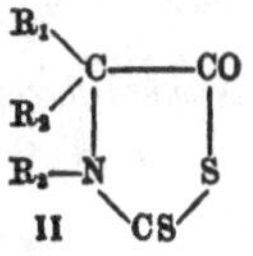

II

California Research Corp., San Francisco, übert. von: **Allen H. Lewis**, Berkeley, und **Richard D. Stayner**, Albany, Calif., V. St. A., *Phosphonsäureester* der allg. Formel I erhält man durch Rk. von langkettigen Alkylphosphonyldichloriden mit Alkylenoxyden oder Polyoxyalkylenverbb. mit einer endständigen OH-Gruppe bei 20—200°, wobei entstehender HCl entweder durch bas. wirkende Stoffe, mittels Vakuum oder Durchleiten eines inerten Gasstromes entfernt wird. — Octadecanphosphonyldichlorid wird in Pyridin mit Äthylenglykolmonomethyläther erhitzt, gekühlt, mit verd. wss. HCl versetzt, die ölige obere Schicht mit Ae. extrahiert u. mit einer halbgesätt. Na_2SO_4-Lsg. gewaschen. Der äther. Extrakt wird getrocknet, das Lösungsm. verdampft, u. man erhält ein leicht gefärbtes Öl, leichtlösl. in W., $Kp._3$ 220—225° (Zers.), das den *Di-(äthylenglykolmonomethyläthererester) der Octadecanphosphonsäure* darstellt. Es werden ferner hergestellt: *Di-(äthylenglykolmonobutyläthererester) der Tetradecanphosphonsäure*, viscose, leicht gefärbte Fl., $Kp._3$ 230—234° (Zers.); *Di-(triäthylenglykolester) der Octadecanphosphonsäure*, dicke sirupähnliche Fl.; *Di-(äthylenglykolester) der n-Hexadecanphosphonsäure*; *Di-(pentaäthylenglykolester) der n-Octadecanphosphonsäure*, gefärbte Flüssigkeit. In der allg. Formel I bedeuten R_1 eine langkettige Alkylgruppe mit 10—18 C-Atomen, R_2

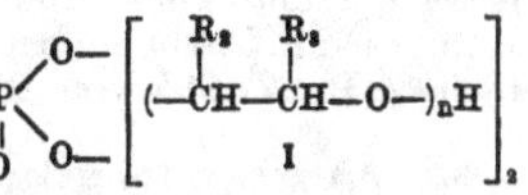

u. R_3 H oder kurze Alkylgruppen, u. n eine ganze Zahl zwischen 1 u. 10. Die Rk. kann bei n. Druck ausgeführt werden. Oberflächenakt. Katalysatoren oder auch andere Beschleuniger, wie H_2SO_4, H_3PO_4, $NiSO_4$, BF_3, Alkylsulfate, ter. Amine, können angewendet werden. Saure Ester können durch Neutralisation in die entsprechenden Salze übergeführt werden. Die neuen Verbb. besitzen emulgierende, netzende, dispergierende Eigg. u. finden bes. als *Zusatzmittel für Öle, Textilbehandlungsmittel, Plastifizierungsmittel* Verwendung. (**A. P. 2 587 340** vom 4/2. 1948, ausg. 26/2. 1952.) G. König. H 980

Petrocarbon Ltd., London, England, *Thermische Umwandlung von nichtaromatischen Kohlenwasserstoffen*, entweder für sich oder in Mischung mit anderen KW-stoffen, in *aromat. KW-stoffe* u. *olefinhaltige Gase* erfolgt in zwei aufeinanderfolgenden Reaktionsstufen, wobei die 1. Stufe endotherm. u. die 2. prakt. therm. neutral oder leicht endotherm. ist. Die Ausgangsstoffe werden dampfförmig durch eine Anzahl parallel geschalteter Reaktionsgefäße geleitet, deren Anfangsteile ein großes Verhältnis von Oberfläche zu Vol. für die endotherm. Reaktionsstufe u. ein kleines Verhältnis von Oberfläche zu Vol. in der 2. Stufe aufweisen. Die Reaktionsgefäße werden in einem gemeinsamen Ofen erhitzt, die Reaktionsprodd. an der Austrittsstelle sofort gekühlt. Die Heizgase erhalten an der Stelle des Überganges der 1. zu der 2. Stufe die Zufuhr von Kühlgasen. — Zeichnungen. (**Schwz. P. 277 656** vom 9/4. 1949, ausg. 17/12. 1951. F. Prior. 12/4. 1948.) G. König. H 1010

Upjohn Co., übert. von: **Richard V. Heinzelmann**, Kalamazoo, Mich., V. St. A., *Aralkylketone* der allg. Formel Aryl—CH_2—CO—Alkyl, wobei Aryl eine substituierte Phenyl- oder Naphthylgruppe u. Alkyl eine Gruppe mit 1—8 C-Atomen darstellt, erhält man in 3 Stufen. Man kondensiert einen aromat. Aldehyd (I) mit einem prim. Nitroparaffin (II) unter stetigem Entfernen des Reaktionswassers. Anschließend red. u. hydrolysiert man das Kondensationsprod. in Ggw. von Fe, einer Mineralsäure u. W. unter Erwärmen u. Abscheiden von Aralkylketon. Die Rk. kann in Ggw. von in W. unlösl. Lösungsmitteln, Kp. 70—150°, ausgeführt werden. Als I kommen substituierte oder nicht substituierte Benzaldehyde, bes. Alkoxybenzaldehyde, u. Naphthaldehyd, in Betracht. Als II eignen sich bes. Nitroäthan (III) u. 1-Nitro-2-methylpropan, als Kondensationskatalysatoren bes. die prim. aliphat. Amine. — o-Methoxybenzaldehyd u. III ergeben in Ggw. von n-Butylamin u. Toluol als Lösungsm. beim Erhitzen unter Rückfluß u. nachfolgender Red. des Kondensationsprod. mittels Fe-Pulver, konz. HCl in Ggw. von $FeCl_3$ *o-Methoxyphenylaceton*, $Kp._{14}$ 126—132°, n_D^{20} 1,5277. — Mit Benzaldehyd erhält man *Phenylaceton*. Mit Nitropropan u. Benzaldehyd *Benzyläthylketon*. Naphthaldehyd u. Nitroäthan → *Naphthylaceton*. (**A. P. 2 557 051** vom 30/4. 1948, ausg. 12/6. 1951.) G. König. H 1160

J. R. Geigy Akt.-Ges., Basel, Schweiz, *1.2-Iminocyclohexane* (I) erhält man durch

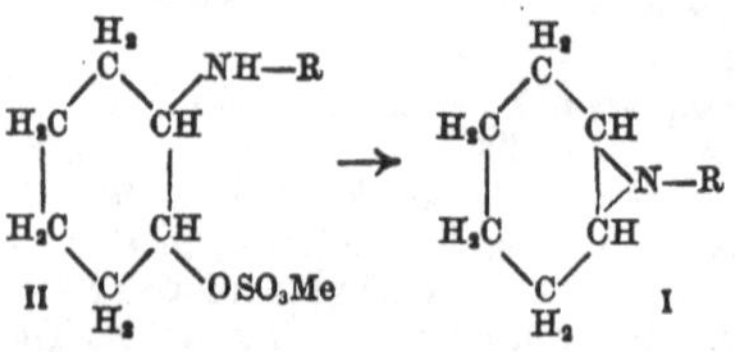

Behandeln der H_2SO_4-Ester von prim. oder sek. Amino-2-oxycyclohexanen der allg. Formel II (R = H, Alkyl, Cycloalkyl, Aralkyl, Aryl; Me = Kation einer starken Base) bei erhöhter Temp. mit starken Alkalien. — Beispiel: 195 (Teile) 2-Aminocyclohexanolschwefelsäureester werden unter Rühren in 560 30%ig. NaOH eingetragen u. erhitzt, wobei das Imin mit W. abdest., aus dem es sich unter Kühlung u. nach Zusatz von NaOH ölig abscheidet; durch Fraktionierung erhält man 80 *1.2-Iminocyclohexan*, $Kp._{60}$ 74—76°, F. 21,5—22°. *Zwischenprodd.* zur Herst. von Textilhilfsmitteln, Farbstoffen u. Heilmitteln. (**Schwz. P. 270 826** vom 3/12. 1948, ausg. 3/1. 1951.) Krauss. H 3030

Imperial Chemical Industries Ltd., London, England, *2.5-Dimethoxytetrahydrofuran* entsteht beim Hydrieren von 2.5-Dimethoxydihydrofuran mit H_2 in Ggw. von Raney-Ni in Methanol bei 20—30° unter n. oder Überdruck, Kp. 146—148°; n_D^{20} 1,4206. (**Schwz. P. 277 984** vom 21/2. 1949, ausg. 17/12. 1951.) Langer. H 3061

J. B. S. Braverman, Los agrios y sus derivados. Composición y tecnología química. Versión y notas de José Royo Iranzo. Madrid: Aguilar. 1952. (XV + 450 S. m. Abb.) ptas. 180,—.

X. Färberei. Organische Farbstoffe.

Jacques Wegmann, *Fortschritte in der Erforschung und Anwendung der direkten Farbstoffe*. Vf. gibt einen allg. Überblick über das substantive Verh. direkt ziehender Farbstoffe, wobei auch auf die sich bei dem Färbevorgang abspielenden physikal. Vorgänge hingewiesen wird. Ferner geht er ausführlich auf die Nachbehandlung der substantiven Farbstoffe mit $CuSO_4$, $Cr_2O_7K_2$, H·CHO usw. ein. Bes. besprochen werden die *Coprantine* (Ciba) u. andere Farbstoffe, die Cu im Mol. enthalten. Eine Verbesserung der Echtheiten können Farbstoffe auch erfahren, wenn die Faser mit einer Schicht von Kunstharz umgeben oder mit Prodd. von der Art des *Lyofix SB* behandelt wird. (Teintex **17.** 275—87. 15/5. 1952.) FRIEDEMANN. 7020

E. H. Daruwalla und **G. M. Nabar**, *Eine neue Methode für das Färben von Mineralkhaki.* Ein neues kontinuierliches Einbadverf. zum Färben von Mineralkhaki auf Cellulosetextilien wird beschrieben. Man mischt hierzu die Cr- u. Fe-Salze mit NaOH in Ggw. eines Inhibitors, wie Glycerin, u. erhält eine klare Lösung. Das Textilmaterial wird hierauf mit der klaren Lsg. imprägniert u. ein Fällmittel zugesetzt, welches in der Kälte unwirksam ist. Die Koagulation des Koll., welches in der Ausfällung der Hydroxyde besteht, wird durch Dämpfen des getrockneten imprägnierten Gewebes erreicht. Auf diese Weise wurden sehr echte Färbungen erzielt. (J. Soc. Dyers Colourists **68.** 168—70. Mai 1952. Bombay, Univ., Dep. chem. Technol.) ZAHN. 7020

C. S. Groves und **C. F. Ward**, *Das Färben in der Mischfaserstrumpfindustrie und einige Beobachtungen über die Ausrüstung.* Es werden Vorschriften für die Ausrüstung von Mischgeweben angegeben: Waschen, Bleichen (Wrkg. auf die Fluiditäten von Baumwolle, Viscose- u. Cuprammoniumreyon), Färben, Schrumpfechtmachen, Walken, Rauhen. (J. Textile Inst. **43.** P626—47. Aug. 1952.) ZAHN. 7020

—, *Probleme über das Färben und Ausrüsten von Acetattrikot.* Behandelt wird die Stabilisierung der Trikotstruktur. Diese besteht darin, daß das Gewirke in kochendes W. u. anschließend in kaltes W. getaucht wird. Eine für diese Zwecke geeignete App. wird beschrieben u. eine verbesserte Färbemeth. besprochen. Abschließend finden sich noch Hinweise, kontinuierliche Färbemethoden betreffend. (Textile Recorder **70.** Nr. 832. 81—82. Juli 1952.) P. ECKERT. 7020

—, *Das Färben von Ardil und Terylene.* Gebleicht wird *Ardil* (**I**) mit H_2O_2 bei einem p_H-Wert von 9—9,4 unter Verwendung von Na-Pyrophosphat, 3 Std. bei 50°. Bleicht man über Nacht, so soll die Temp. 20—30° nicht überschreiten. Verwendet man NH_3 zum Einstellen des p_H-Wertes, dann muß mit dem Anfall streifiger Ware gerechnet werden. Besprochen wird das färber. Verh. des **I.** Auf Grund dieser Betrachtungen werden geeignete Farbstofftypen angeführt. Ferner werden Angaben über den Färbeprozeß gemacht. Bes. hingewiesen wird auf das Verh. des **I** gegenüber Säuren u. Alkalien, dem beim Färben bzw. bei der Auswahl der Farbstoffe Rechnung zu tragen ist. — *Terylene* (**II**) läßt sich auf Grund seiner strukturellen chem. Eig. nur mit Dispersionsacetatfarbstoffen färben. Um eine möglichst tiefe Anfärbung zu erzielen, wird unter Verwendung von Quellungsmitteln zur Steigerung der Diffusion des Farbstoffes in die Faser, bei möglichst hohen Tempp., gefärbt. Entsprechende Angaben werden gemacht u. geeignete Farbstoffe angeführt. Die Waschechtheit von **II** ist besser als die bei *Nylon* u. *Acetatseide.* (Textile Recorder **70.** Nr. 832. 78. Juli 1952.) P. ECKERT. 7020

Joseph A. Casnocha, *Klassifizierung und Bewertung von Farbstoffen.* Für die Unters. u. Bewertung von Lederfarbstoffen werden folgende Prüfungen vorgeschlagen: Unterscheidung anion. u. kation. Farbstoffe, Homogenität, Löslichkeit, Eindringungsvermögen, Stabilität gegen Säuren u. Basen, Farbstärke, Farbnuance. Die einzelnen Prüfungen werden kurz beschrieben. (Leather Manufacturer **63.** Nr. **4.** 7—8. 17—25. April 1952. Sandoz Chem. Works.) O. ENGEL. 7086

Badische Anilin- & Soda-Fabrik, Ludwigshafen/Rh., *Färben von Leder mit basischen Farbstoffen.* Man dispergiert die Farbstoffe in einer Lsg., die einen großen Überschuß an anionenakt. Verbb. im Verhältnis von mindestens 1:10 enthält, u. bringt die Dispersion auf das Leder auf. Man verhindert hierdurch eine störende Einw. von Gerbmittelresten auf den Farbstoff. (**N. P. 78 779** vom 24/11. 1950, ausg. 16/7. 1951. D. Prior. 5/1. 1950.) JÜRGEN SCHMIDT. 7025

General Aniline & Film Corp., New York, N. Y., übert. von: **Albert F. Strobel**, Phillipsburg, und **William W. Williams**, Easton, Pa., V. St. A., *Verhinderung von Gasschwund* von gefärbten Cellulosederivv. erfolgt durch Behandeln der Fasern mit einer wss. Dispersion einer Verb. der Formel $Ar{-}CH_2{\cdot}\underset{\mathrm{R}}{\underset{|}{N}}{-}CH_2{\cdot}CH_2{\cdot}\underset{\mathrm{R}}{\underset{|}{N}}{-}CH_2{-}Ar$, in welcher Ar einen Phenylrest u. R einen aliphat. KW-stoffrest bedeuten, z. B. N.N'-Dibenzyl-N.N'-dimethyläthylendiamin. (**A. P. 2 539 212** vom 5/11. 1948, ausg. 23/1. 1951.) v. SCHILLER. 7029

Dan River Mills, Inc., übert. von: **Myrtle Joanne Spangler**, Danville, Va., V. St. A., *Fixieren von substantiven Farbstoffen auf Textilien.* Man behandelt mit der wss. Lsg. eines Kondensationsprod., das durch Kondensation eines aus Dicyandiamid u. einem Cu-Salz erhaltenen Cu-Komplexes mit CH_2O in saurer Lsg. hergestellt wird. (**A. P. 2 576 241** vom 3/4. 1950, ausg. 27/11. 1951.) v. SCHILLER. 7029

Sandoz Akt.-Ges., Basel, Schweiz, *Kondensationsprodukte der Naphthochinoniminreihe*, erhalten durch Kondensation von 5-Amino-8-oxy-1.4-naphthochinonimin-(1) in Ggw.

eines Lösungsm. mit 4-Amino-3.2'-dimethylazobenzol bzw. 4-Amino-4'-(N-äthyloxyäthylamino)-azobenzol, werden als Zwischenprodd. oder Farbstoffe verwendet. In Alkohol mit gelbgrüner bzw. gelboranger, in konz. H_2SO_4 mit gelber u. auf Zusatz von Formaldehyd mit brauner bzw. gelbgrüner Farbe löslich. Acetatseide u. Superpolyamidfasern werden braungelb bzw. rein gelbgrün gefärbt. (**Schwz. PP. 276 605** u. **276 606** vom 24/2. 1949, ausg. 16/10. 1951. **Zusätze zu Schwz. P. 272 831; C. 1952. 5012.**) Harder. 7059

Sandoz Akt.-Ges., Basel, Schweiz, *Kondensationsprodukte der Naphthochinoniminreihe*, erhalten durch Kondensation von 3.7-Dibrom-5.8-dioxy-1.4-naphthochinonimin-(1) in Ggw. eines Lösungsm., z. B. Eisessig, mit p-Aminoazobenzol bzw. 4-Amino-4'-nitroazobenzol bzw. 4-Amino-4'-(N-äthyloxy-äthylamino)-azobenzol, färben Acetatseide (**A**) in oliven Tönen bzw. **A** u. Superpolyamidfasern rotbraun bis bordeauxrot. In Alkohol rotbraun bzw. braunstichig grün, in konz. H_2SO_4 olivfarben bzw. rotbraun u. auf Zusatz von Formaldehyd gelboliv bis braun löslich. (**Schwz. PP. 276 611, 276 612** u. **276 613** vom 24/2. 1949, ausg. 16/10. 1951. **Zusätze zu Schwz. P. 272 831; C. 1952. 5012.**) Harder. 7059

Allied Chemical & Dye Corp., New York, übert. von: **James Ogilvie**, Buffalo, N. Y., V. St. A., *2.3.5.6-Tetramethylanilinoanthrachinone* erhält man durch Umsetzen von in 6-Stellung halogeniertem 1.2.4.5-Tetramethylbenzol mit einem Anthrachinon der allg. Zus. I, worin A Amino- oder Alkylamino u. B u. C H, Amino oder Alkylamino bedeuten. Die erhaltenen Farbstoffe sind zum Färben von Lösungsmitteln, plast. Massen u. Lacken geeignet u. stellen sulfoniert wasserlösl. Farbstoffe dar, die Wolle, Seide oder Polyamidfasern aus saurem oder neutralem Bade in klaren blauen Tönen färben. Die Herst. von Farbstoffen wird beschrieben, in denen der Anthrachinonkern in 1- u. 4- u. in 1-, 4-, 5-, 8-Stellung den Rest. der Zus. **II** sowie in 1-Stellung $-NHCH_3$ u. in 4-Stellung **II** trägt. (**A. P. 2 596 820** vom 13/4. 1949, ausg. 13/5. 1952.) Roick. 7059

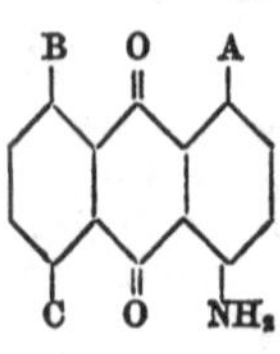

I

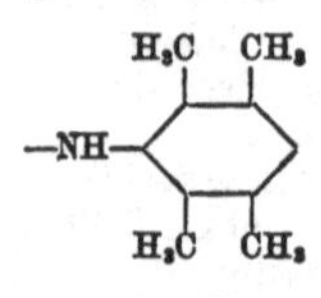

II

Ciba Akt.-Ges., Basel, Schweiz, *Küpenfarbstoff*. Man setzt ein Dichinazolin der Zus. I im mol. Verhältnis 1:2 mit 4-Aminoanthrachinon-2.1(N)-benzolacridon (**II**) um. — 0,5 (Gewichtsteile) **I** (erhältlich durch Erhitzen des aus 1 Mol Fluoranthendicarbonsäuredichlorid u. 2 Mol 2-Amino-3-cyananthrachinon erhältlichen Säureamids mit PCl_5 in Nitrobenzol) erhitzt man mit 0,4 **II** in 15 Phenol 1/4 Std. zum Sieden, gibt 15 Pyridin hinzu, läßt auf ca. 60° erkalten, saugt ab, wäscht mit A. u. trocknet. Zur Reinigung löst man das Prod. in ca. 100 95%ig. H_2SO_4, versetzt allmählich mit 35 50%ig. H_2SO_4, saugt das braune, kristalline, schwefelsaure Salz des Farbstoffs ab, zers. mit W., filtriert den Farbstoff, wäscht mit viel W. u. trocknet. Der erhaltene Farbstoff, ein grünes Pulver, färbt Baumwolle aus braunvioletter Küpe in echten, gelbgrünen Tönen. (**Schwz. P. 274 436** vom 3/5. 1949, ausg. 2/7. 1951. **Zusatz zu Schwz. P. 272 252; C. 1952. 5490.**) Roick. 7069

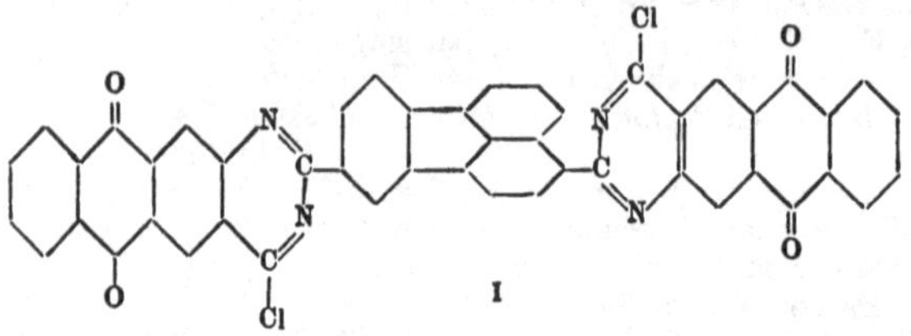

I

Ciba Soc. An., Schweiz, *Schwefelfarbstoffe*. Die aus prakt. reinem *1.5-Dinitronaphthalin* (**I**) mit Alkalipolysulfiden in Ggw. von Cu-Salzen bei Tempp. über 200° erhaltenen Prodd. werden mindestens 5 Std. mit heißen Ätzalkalilaugen behandelt. — Man trägt z. B. in 400 (Teile) einer Polysulfidlsg. aus 100 S u. 80 Na_2S nach Zusatz von 16 $CuSO_4$ bei 120° möglichst rasch 46 **I** ein, erhitzt ½ Std. auf 170—180°, dann 5 Std. auf Blechen auf 290—310°, löst in W., fällt mit H_2SO_4, kocht den Nd. mit 400 NaOH (30%ig.) 30 Std. unter Rückfluß, verd. mit W. u. fällt mit HCl. Der Farbstoff ist lösl. in konz. H_2SO_4 mit rotbrauner Farbe u. färbt Baumwolle aus der Na_2S-Küpe in echten rotbraunen Tönen. (**F. P. 978 885** vom 12/1. 1949, ausg. 19/4. 1951. Schwz. Priorr. 15/1. u. 19/11. 1948.) Hoppe. 7071

Ciba Ltd., Basel, Schweiz, *Schwefelfarbstoffe*. Ein Sulfurierungsprod. (**I**), das man dadurch erhält, daß man höchstens 5% 1,8-Dinitronaphthalin enthaltendes 1.5-Dinitronaphthalin in Ggw. eines Cu-Salzes unter solchen Bedingungen mit einer Alkalipolysulfidlsg. bei $>200°$ behandelt, daß das erhaltene **I** eisenfrei ist, erhitzt man mindestens 5 Std. mit einer Ätzalkalilösung. — Die neuen Farbstoffe färben Baumwolle aus der Na-Sulfidküpe in sehr reinen licht- u. waschechten Tönen. (**E. P. 656 441** vom 12/1. 1949, ausg. 22/8. 1951. Schwz. Priorr. 15/1. u. 19/11. 1948.) Roick. 7071

Badische Anilin- & Soda-Fabrik, Ludwigshafen/Rh. (Erfinder: **Alfred Simon †,** Ziegelhausen/Neckar), *Herstellung eines grünen Farbstoffs* durch Nitrosierung von 2-Oxynaphthalin-6-sulfonsäure (I) u. Behandeln der entstandenen Nitrosoverb. mit Fe-Salzen, dad. gek., daß man auf die neutrale Lsg. oder Aufschlämmung eines Alkalisalzes der I gleichzeitig ein Fe-Salz u. Alkalinitrit einwirken läßt, die erhaltene Lsg. schwach alkal. macht u. den gebildeten Farbstoff aussalzt. (**D. B. P. 859 344** Kl. 22e vom 4/5. 1943, ausg. 15/12. 1952.) GRÄGER. 7077

XIa. Farben. Anstriche. Lacke. Naturharze.

C. C. DeWitt, M. D. Livingood und **K. G. Miller,** *Eisenoxydpigmente — ihre Gewinnung aus eisenhaltigen Abfall-Laugen.* Es werden 2 Fabrikanlagen zur Herst. von Eisenoxydfarben aus Beizlaugen beschrieben. In der einen satzweise arbeitenden Anlage werden bei verschied. p_H, Druck u. Temp. vorwiegend hell- bis dunkelbraune Eisenoxyde u. techn. Spezialprodd., in der anderen, kontinuierlich arbeitenden Anlage unter ebenfalls veränderlichen Bedingungen vorzugsweise gelbe u. rote Eisenoxyde hergestellt. (Ind. Engng. Chem. **44.** 673—78. März 1952. East Lansing, Michigan State Coll.) STEINER. 7092

C.-F. Weider, *Die Titanpigmente.* Überblick über Herst. u. Eigenschaften. (Chim. Peintures **15.** 438—47. Dez. 1952.) WINIKER. 7092

W. v. Prooijen, *Oiticicaöl.* Präpariertes, fl. bleibendes Oiticicaöl (Cicoil) hat folgende Kennzahlen: Viscosität (GARDNER-HOLDT) bei 25° C 10,5—17,5 Poise; Helligkeit (GARDNER) 9—11; Erhitzungstest (ASTM) maximal 17 Min.; Gelierungszeit (BROWNsche Erhitzungsprobe) maximal 15 Min.; $D.^{20}$ 0,9770—0,9880; n^{25} 1,5090—1,5130; SZ. maximal 8; VZ. 186—193; Unverseifbares 1,5%. (Verfkroniek **25.** 162—64. Juni 1952.) SCHEIFELE. 7096

J. D. von Mikusch und **Karlheinz Mebes,** *Die Pigmentabhängigkeit der Trockenzeiten konjugiert-ungesättigter Öle.* Es wurde festgestellt, daß die Trockengeschwindigkeiten der konjugierten Öle in Ölfarben durch die verschied. Pigmente weit stärker beeinflußt werden, als dies beim Leinöl der Fall ist. Diese Pigmentempfindlichkeit nimmt mit der Größe des Konjuenanteils, d. h. in der Reihenfolge Leinöl, Ricinenöl, isomerisiertes Leinöl, Holzöl, zu. Pigmente, welche als Metallkomponenten die Trockenstoffmetalle Zn, Mn u. Fe enthalten, wirken bes. stark trocknungsverzögernd. Durch geeignete Sikkativierung lassen sich die Pigmenteinflüsse weitgehend ausgleichen. (Dtsch. Farben-Z. **7.** 1—6. Jan. 1953. Hamburg-Harburg, F. Thörl's Verein. Harburger Ölfabriken, Akt.-Ges.) WINIKER. 7096

Freddy Kamp, *Zwei Vinylcopolymere für sehr widerstandsfähige Lacke. Vinnol H 40 und Vinnol HH 40.* Überblick über die Eigg. von *Vinnol H 40* u. *HH 40* (Copolymere aus Vinylchlorid u. Vinylacetat) u. ihre Verwendungsmöglichkeiten, bes. zur Herst. von Lacken. (Chem. Peintures **15.** 451—52. Dez. 1952.) WINIKER. 7096

A. Poggi Pollini, *Die Klärung der Lacke.* Klärung der Lacke durch Dekantieren, Zentrifugieren, Druckfiltration mittels Anschwemm- u. Schichtfiltern. Beschreibung verschied. Filtriergeräte u. deren Leistungsfähigkeit (Klärungsgrad, Durchsatz). (Pitture e Vernici **8.** 311—16. Juni 1952.) SCHEIFELE. 7107

Robert B. Stanton, *Lacke für Metallisierung.* Nichtmetall. Stoffe werden durch Bronze- oder Metallpigmentlacke elektr. leitend gemacht, worauf sie wie Metalle galvanisiert werden. Geeignet hierfür ist z. B. ein auf Spritzkonsistenz verd. Lack aus 25 (Teilen) klarem Nitrolack u. 100 Cu-Bronze. Galvan. Metallüberzüge werden durch Klar- (Zapon)-lacke vor Oxydation u. mechan. Verletzung geschützt. Bei Spiegelerzeugung durch Red. werden die Ag-Schichten durch Decklacke auf Basis von Schellack, Kunstharz usw. abgeschützt. Bei Spritzaluminisierung dünner Fe-Bleche, die eine Aufrauhung nicht gestatten, wird ein Haftgrund aus thermoplast. Polyvinylchlorid, Polyäthylen u. dgl. aufgebracht, der einen Verankerungsgrund für die aufgesprühten Al-Partikeln abgibt. Wärmehärtbare Phenol-, Harnstoff- oder Polyesterharzlacke dienen zum Abdichten von gespritzten Metallüberzügen, um deren Aussehen zu verbessern u. ein Abplatzen der Metallisierung bei mechan. Bearbeitung zu verhindern. Die bei Trommelmetallisierung kleiner Teile in Metallpulvern resultierenden Überzüge sind relativ matt u. wenig reibecht u. werden durch Klarlacküberzüge geschützt u. glänzend gemacht. Ferner dienen Klarlacke zum Schutz von aufgedampften Metallniederschlägen. Leitende Abziehlacke (strip coatings) werden bei Erzeugung von Kunstharzpreßformen auf galvan. Wege verwendet. (Org. Finishing **13.** Nr. 5. 18—19. Mai 1952.) SCHEIFELE. 7107

Edward Engel, *Überblick über die Celluloselacke.* Besprochen werden: Collodiumwollen verschied. Viscosität, Plastifizierungs-, Lösungs- u. Verdünnungsmittel für Nitrolacke; Lackaufbau (Rezepturen); Perlessenzlacke. (Org. Finishing **13.** Nr. 5. 10—12. 21. Mai 1952. Colonial Alloys Co.) SCHEIFELE. 7107

National Titanium Pigments, Ltd. (Erfinder: **James Thomson Richmond, George Geoffrey Durrant und Raymond James Wigginton**), Luton, England, *Herstellung von Titanpigmenten* mit Rutilstruktur. Eine Keime enthaltende Ti-Salzlsg., z. B. $Ti(SO_4)_2$, wird mit einem heißen, wss. Medium, z. B. W. oder einer verd. $Al_2(SO_4)_3$-Lsg. von 70°, versetzt, um eine Ti-Konz., die 40—140 g/Liter TiO_2 enthält, zu erzeugen. Man erhitzt, bis die Hydrolyse beendet ist, filtriert, trocknet u. calciniert bei ca. 900—950°. (**D. B. P. 841 781** Kl. 22f vom 13/2. 1949, ausg. 19/6. 1952. E. Priorr. 13/2. u. 15/12. 1948.) NEBELSIEK. 7093

New Jersey Zinc Co., New York, N. Y., V. St. A., *Gewinnung von TiO_2-Pigmenten.* Ti–Fe-haltiges Material wird mit konz. H_2SO_4 in der Hitze behandelt. Dabei setzt sich als Reaktionsprod. eine poröse M. ab. Durch diese M., in der das Ti als Ti^{III} vorliegt, leitet man bei ca. 150—200° ein Gemisch aus überhitztem Dampf u. O_2-haltigem Gas bzw. nur mit O angereicherte Luft ohne Dampfzusatz. Durch diese oxydierende Behandlung erreicht man, daß das Ti^{III} in Ti^{IV} übergeht. (**E. PP. 671 728** u. **671 729** vom 20/2. 1950, ausg. 7/5. 1952. Beide A. Prior. 24/3. 1949.) NEBELSIEK. 7093

Pittsburgh Plate Glass Co., übert. von: **Irving E. Muskat**, Pittsburgh, Pa., V. St. A., *Herstellung eines feinen Metalloxyd-, besonders TiO_2-Pigments* durck Rk. eines Metallchlorids bzw. eines Metallhalogenids in Dampfform mit O_2, wobei die Halogenide durch ein nichtoxydierendes Gas in die Reaktionszone eingeleitet werden, um eine vorzeitige Zers. der Halogenide beim Einleiten zu vermeiden. — Zeichnung. (**Can. PP. 479 130** vom 8/1. 1942, ausg. 4/12. 1951. A. Prior. 25/4. 1941, u. **479 131** vom 8/1. 1942, ausg. 4/12. 1951. A. Prior. 4/8. 1941.) M. F. MÜLLER. 7093

Aluminum Co. of America, Pittsburgh, übert. von: **Robert I. Wray**, New Kensington, und **Wayne B. Roberts**, Mount Lebanon, Pa., V. St. A., *Mit Wasser emulgierbare Al-Pasten.* Man stellt sich ein Gemisch her aus: 40—78 (%) Al-Plättchen oder -Flocken, 5—20 fl. KW-stoff, 0,25—3,0 Stearinsäure, 15,0—45,0 Tallöl u. 3,0—25,0 Triäthanolamin. (**A. P. 2 587 267** vom 19/11. 1948, ausg. 26/2. 1952.) NEBELSIEK. 7093

Aluminum Co. of America, Pittsburgh, übert. von: **Wayne B. Roberts**, Mount Lebanon, Pa., V. St. A., *Mit Wasser emulgierbare Al-Pasten.* Man stellt sich ein Gemisch her aus: 23—45 (%) Al-Plättchen oder -Flocken, 3—12 fl. KW-stoff, 0,15—2,0 Stearin- oder Palmitinsäure, 9—26 Tallöl, 2—10 Na_2CO_3, $Na_2B_4O_7$ oder Äthanolamin, 45—85 Casein u. 15—50 Stärke, Dextrose oder Maltose. (**A. P. 2 587 268** vom 29/11. 1949, ausg. 26/2. 1952.) NEBELSIEK.7093

R. T. Vanderbilt Co., Inc., New York, N. Y., übert. von: **Gordon K. Wheeler**, Norwalk, Conn., V. St. A., *Trocknungsstoffe* für Lacke, Lackfarben, Druckfarben usw., wie Mn-Oleat, -Linoleat, -Naphthenat, -Resinat, werden verbessert, wenn man ihnen 0,5—10%, bes. 2—5%, o-Phenanthrolin (-monohydrat) oder α.α'-Dipyridyl zusetzt. — Beispiele. (**A. P. 2 565 897** vom 20/8. 1948, ausg. 28/8. 1951.) BEIERSDORF. 7097

British Resin Products Ltd., London (Erfinder: **Stanley Erwin Bradshaw**, Tunbridge Wells, und **Edward Michael Evans**, Penarth), England, *Mit Ölen verträgliche und nicht gelierende Mischpolymerisate* erhält man aus *Styrol* (I) oder dessen Verbb. im Gemisch mit einem trocknenden Öl in Ggw. eines Mercaptans (zweckmäßig mit 3—20 C-Atomen) u. gegebenenfalls eines Polymerisationskatalysators u. bzw. oder Lösungsmittels. — 3 (Teile) I u. 1 verdicktes Tungöl werden mit 3 Gew.-% n-Butylmercaptan unter Rückfluß erhitzt. Das noch nach 5 Std. fl. Prod. wird von nicht umgesetztem I befreit u. mit Xylol u. gegebenenfalls Sikkativen auf einen verstreichbaren *Firnis* eingestellt. (**D. B. P. 838 829** Kl. 39c vom 14/6. 1950, ausg. 12/5. 1952. E. Prior. 18/6. 1949.) MÖLLERING. 7107

Soc. Générale de Constructions Électriques et Mécaniques (Alsthom), Seine, Frankreich, *Lacke zum Emaillieren elektrischer Drähte.* Man verwendet Mischungen, die ein *Polyvinylharz* aus ganz oder teilweise verseiftem Polyvinylester u. einem Aldehyd u. ein *Kondensationsprod.* (I) aus CH_2O u. einem *Naphthol*, bes. β-Naphthol oder einem Gemisch aus β-Naphthol u. Xylenol, enthalten. Die damit erzeugten Überzüge übertreffen Polyvinylharzlacke hinsichtlich Haft- u. Abriebfestigkeit, dielektr. Eigg. u. Widerstandsfähigkeit gegen W. u. Lösungsmittel. Zur Herst. eines Lackes löst man das Kondensationsprod. I in der Wärme in techn. Kresol (Gemisch aus m- u. p-Kresol) oder Xylenol, verd. mit einem Schwerbenzin u. vermischt die Lsg. mit dem Polyvinylharz. — Zur Gewinnung von I trägt man z. B. in 81 g geschmolzenes β-Naphthol unter Rühren 30 g Trioxymethylen derart ein, daß immer nur 1 g in Abständen von 10 Min. zugesetzt u. die zu Beginn der Umsetzung 130° im Reaktionsgefäß betragende Temp. allmählich bis auf 220° gesteigert wird. — Ähnliche Lacke erhält man bei Verwendung von *Superpolyamiden* an Stelle von Polyvinylharz. (**F. PP. 982 676** u. **982 677** vom 21/1. 1949, ausg. 13/6. 1951.) ASMUS. 7107

Soc. An.: Vernis Duroux, Seine, Frankreich, *Herstellung von Phenol-Formaldehydharzlacken zur Erzeugung biegsamer, festhaftender Überzüge auf Metallen*, die gegen mechan. u. chem. Einww. beständig sind. Man kondensiert 1 (Mol.) eines Phenoles bzw. Phenolderiv. mit 2 CH_2O in bekannter Weise im alkal. Medium u. fällt das gebildete Harz aus dem Reaktionsgemisch durch Zugabe von Säure. Nach dem Waschen mit W. u. Lösen in einem organ. Lösungsm., bes. einem Alkohol, beendet man die Kondensation, gegebenenfalls nach Zugabe einer weiteren geringen Menge CH_2O, bei einem p_H der Reaktionsmischung zwischen 2—6 (je nach Art des angewandten Phenoles) u. dest. schließlich das W. aus dem Kondensat mit Hilfe der aus dem Lösungsm. entwickelten Dämpfe im Vakuum unter Aufrechterhaltung des p_H-Wertes der Lsg. bei einer Temp. zwischen 105 u. 120° ab. Dem Kondensationsprod. wird noch während der Entwässerung ein im Hinblick auf den späteren Verwendungszweck des Lackes geeignetes Lösungsm., bes. ein aromat. KW-stoff, wie z. B. Bzl., Toluol oder Xylol, zugesetzt. Die einige Min. an der freien Luft auf 105 bis 120° erhitzte Lsg. wird mit einem nichttrocknenden bzw. einer Mischung aus einem nichttrocknenden u. einem trocknenden vegetabil. Öl sowie gegebenenfalls einem Plastifizierungsmittel vermischt. Die mit dem erhaltenen Überzugsmittel erzeugten Überzüge werden bei 150—400° je nach der Dicke der Lackschicht, Größe des behandelten Objekts u. Höhe der angewandten Temp. im Laufe einiger Min. bis Std. gehärtet. Sie werden zum Lackieren von Flächen aus Fe, Al, Mg oder Mg-Legierungen sowie als Innen- u. Außenlack für *Konservendosen* angewandt. — Man erhitzt eine Mischung aus 125 (g) Trikresol, 217 CH_2O-Lsg. (40% ig.), 30 Na_2CO_3-Lsg. (28° Bé) u. 100 Butanol ca. 15 Min. unter Rückfluß u. fällt das entstandene Harz durch Zugabe von H_2SO_4. Eine Lsg. des mit W. gewaschenen Prod. in Butanol wird nach Zusatz von 1% Paraformaldehyd bei einem p_H der Lsg. von 3—4 im Vakuum eingedampft. Die klar gewaschene Lsg. versetzt man mit 250 Solventnaphtha, engt ein bis zu einem Feststoffgeh. von 40—45% u. erwärmt noch an der Luft auf 110—115°. Die Lsg. kann direkt oder nach Zugabe von 15—45% Ricinusöl als Lack verwendet werden. (**F. P. 972 460** vom 26/3. 1941, ausg. 30/1. 1951.)
ASMUS. 7107

E. I. du Pont de Nemours & Co., Wilmington, Del., übert. von: **Arthur Raymond Bird**, Denville, N. J., V. St. A., *Lack* mit diskretem Glanz, bes. für Möbel, bestehend aus einer Mischung eines Alkydharzes (I) (7,6%), eines gelösten, mit Ricinusöl modifizierten I (17,9), Mineralöl (Kp. 130—190°) (7,0), einer Lsg. eines mit Butanol modifizierten Harnstoffharzes (23,4), Butylalkohol (7,0), geblasenem Ricinusöl (1,5), einem methoxymethylsubstituierten Adipinpolyamid als 10% ig. alkoh. Lsg. (0,8) u. einer 10% ig. Silicaaerogeldispersion (23,0). H_3PO_4 oder ihre Ester können Spritzlacken als Beschleuniger zugegeben werden. (**A. P. 2 541 975** vom 30/7. 1948, ausg. 20/2. 1951.) SALZMANN. 7107

François-Paul Piccapane und **Jean-François-Germain Herenguel**, Frankreich, *Rostschutzfarbe*, bestehend aus Bitumen oder Petrolpech von hohem Erweichungspunkt, Polyisobutylen oder Polystyrol von hohem Mol.-Gew. als Stabilisator, Al-Pulver mit guter Schwimmfähigkeit u. Naphthalösungsm. von neutraler Reaktion. — 50 (Gewichtsteile) Bitumen (Erweichungspunkt 80/90), 0,5 Polyisobutylen (Mol.-Gew. 40000), 49,5 Solventnaphtha (90/180), 19,5 Al-Pigment geben eine streichfertige Rostschutzfarbe. (**F. P. 983 495** vom 31/1. 1949, ausg. 25/6. 1951.) HEYNE. 7107

Chemische Werke Albert (Erfinder: **Arthur Greth**), Wiesbaden-Kastel, *Herstellung säurehärtender Kunstharzmassen*, die hochelast. u. lichtbeständig sind, gek. durch die Verwendung solcher Phenol- u. Harnstofformaldehydharze als Bindemittel, die durch Behandeln ihrer noch lösl. Anfangskondensationsprodd. mit $>80°$ sd. Monoalkoholen (I) bei $>70°$ unter gleichzeitigem oder nachträglichem Abdestillieren von I erhalten worden sind, für sich oder in Lsg., gegebenenfalls in Mischung oder Mischkondensation miteinander. — *Überzüge* auf Holz, Metall, Putz, Zement oder Stein, Spachtelmassen, Sperrholz u. Lack für Holzfaserplatten. (**D. R. P. 752 898** Kl. 39b vom 3/9. 1939, ausg. 7/7. 1952.)
SALZMANN. 7107

Pierre-Gabriel Bourcier, Frankreich, *Feuerfeste Überzüge*. Die aus *Ginster* durch Behandlung mit Lauge u. gegebenenfalls Weichmachern unter Kochen erhaltenen Lsgg. werden durch Bleicherde oder Aktivkohle entfärbt, gegebenenfalls eingedickt u. dienen als feuerfeste Überzüge für Holz, Gewebe, Papier u. organ. Stoffe jeder Art. (**F. P. 993 405** vom 18/6. 1949, ausg. 31/10. 1951.) WITTHOLZ. 7107

Emile Le Pionfle, Côtes-du-Nord, Frankreich, *Spirituslacke zur Erzeugung biegsamer und elastischer Überzüge* auf Flächen, die gebogen werden sollen, werden unter Verwendung von Brennspiritus (I) hergestellt. — Man verwendet z. B. eine Lsg. von 125 (g) Gummi, 100 Harz, wie z. B. Kopal, Sandarak, Mastix, Kolophonium usw., u. 5—10 Öl in 1 Liter I. Die Lsgg. können mit Drachenblut, Blauholz, Krapp, Anilinfarbstoffen usw. gefärbt werden. (**F. P. 976 156** vom 29/9. 1948, ausg. 14/3. 1951.) ASMUS. 7107

New Wrinkle, Inc., Wilmington, Del., V. St. A. (Erfinder: **N. T. Beynon**), *Herstellung von Überzügen mit Runzelstruktur, besonders auf biegsamen Unterlagen, wie Papier, Stoff, Leder, Kord usw.* Man mischt bei Raumtemp. ein fettes Öl, das konjugierte Doppelbindungen enthält, mit Firnislösungsm. u. einem Latex aus Kunstkautschuk (Neopren, Mischpolymerisate von Butadien mit Styrol oder Acrylnitril), bringt die Mischung auf die Unterlage auf, erwärmt dann 30 Min. auf 54° u. anschließend 30—60 Min. auf ca. 82°. Man kann auch mehrere Überzüge aufbringen. (**Schwed. P. 131 821** vom 25/2. 1947, ausg. 29/5. 1951. A. Prior. 7/3. 1946.) Jürgen Schmidt. 7107

Hercules Powder Co., übert. von: **Reginald W. Ivett**, Wilmington, Del., V. St. A., *Erhöhung des Schmelzpunktes von Fichtenharz* durch Behandeln mit NH_3-Gas bei 215 bis 350°, bis ca. 1% N aufgenommen ist, in Ggw. von Al-, Ca- oder Zn-Salzen, bes. ZnO oder $Zn(OH)_2$. Der F. steigt von 112 bzw. 114° auf 162 bzw. 185°. Bes. geeignet für Verwendung bei Fußbodenbelag, Akkumulatorenwänden oder -gehäuse. (**A. P. 2 580 098** vom 19/7. 1950, ausg. 25/12. 1951.) Schindler. 7141

XIb. Plaste (Kunstharze. Plastische Massen).

Peter Hoppe, *Leichtstoffe und Leichtstoffanwendung.* Überblick über den Stand der Technik auf dem Gebiet der Schaumstoffe auf Kunststoffbasis nebst Beispielen für ihre Verwendung in reiner Form u. in Verbindung mit anderen Werkstoffen. — 22 Literaturhinweise. (Kunststoffe **42.** 450—59. Dez. 1952. Leverkusen.) Winiker. 7170

Franz Würstlin und **Hermann Klein**, *Die Weichmachung von Makromolekularen.* An Hand der Literatur (23 Hinweise) u. auf Grund eigener Arbeiten geben Vff. einen Überblick über das Problem der äußeren Weichmachung der Kunststoffe u. zeigen, daß die Weichmacherwirksamkeit u. die Wechselwrkg. Weichmacher–Kunststoff in entgegengesetzter Richtung von der chem. Konst. der Weichmacher abhängig sind. Die entsprechenden Meßmethoden wurden krit. untersucht. (Kunststoffe **42.** 445—49. Dez. 1952. Ludwigshafen/Rh., BASF, Meß- u. Prüfabt.) Winiker. 7170

Mario Pagani, *Polyesterharze und verstärkte Kunststoffe in der amerikanischen Industrie.* (Vgl. C. **1952.** 7265.) Übersicht über die verschied. Methoden der Herst. von Preßmassen mit Beschreibung der Apparaturen. (Materie plast. **18.** 79—83. März/April 1952.) K. Faber. 7204

Rudolf Nitsche, *Einige aktuelle Fragen zur Kunststoffprüfung.* Vortrag, in welchem die bisherige Entw. der Kunststoffprüfung, die Kritik der mechan. Prüfung, die Voraussetzungen für die Ermittlung von Materialkonstanten sowie die Bedeutung des Ordnungs- u. Spannungszustandes behandelt werden. — 22 Literaturhinweise. (Kunststoffe **42.** 427—33. Dez. 1952. Berlin-Dahlem, Materialprüf.-Amt.) Winiker. 7210

Gerhard Beck und **Albrecht Rosenberg**, *Weichmacherwanderung, Schäden in der Praxis und Abhilfe.* Vff. besprechen das Wesen der Weichmacherwanderung u. die Verwendung polymerer Gelatiniermittel u. Schutzschichten, diskutieren die bisherigen Prüfmethoden u. schlagen ein neues Verf. zur Best. der Wanderungsgeschwindigkeit der Weichmacher vor. Dieses Verf. besteht darin, eine Nitrocellulosefolie bestimmter Dicke mit einer weichgemachten PVC-Folie bestimmter Dicke in Kontakt zu bringen. Die Proben werden unter Einhaltung gewisser Bedingungen gewogen u. unter Belastung einer Alterung bis 70° ausgesetzt. (Kunststoffe **42.** P 101—03. Dez. 1952. Wuppertal-Elberfeld und Marl, Kr. Recklingshausen.) Winiker. 7210

Gg. Plato, *Zur gravimetrischen Bestimmung thermischer Kenngrößen bei Kunststoffen.* Die spezif. Wärme u. die Wärmeleitzahl von Kunststoffen lassen sich durch eine registrierende Wägung des Kondensatgewichtes auf einem Probekörper im Dampfcalorimeter ermitteln. Ein einfaches techn. Meßgerät für diese nichtstationäre Schnellmeth. wurde entwickelt u. der Anwendungsbereich des Verf. bestimmt. Es eignet sich nur für Wärmeisolatoren (Kunststoffe), nicht aber für gute Wärmeleiter. (Z. angew. Physik **3.** 263—67. Juli 1951. Darmstadt, TH, Inst. für techn. Phys.) Schäff. 7210

Badische Anilin- & Soda-Fabrik (Erfinder: **Karl Eichstädt**, Bietigheim, und **Werner Trimborn**), Ludwigshafen/Rh., *Lösungen aus festem Polyäthylen* (**I**) *und Polyisobutylen* (**II**). **I** u. **II** werden homogen miteinander vermischt, zu einem Fell ausgezogen, geschnitzelt u. in Lösungsbenzin, CCl_4 oder ihren Gemischen in 24 Std. gelöst. — Folien, Tauchkörper, Überzüge, Imprägnierungen u. Streichstoffe. (**D. B. P. 854 845** Kl. 39b vom 29/10. 1941, ausg. 6/11. 1952.) Salzmann. 7173

Standard Oil Development Co., übert. von: **Anthony H. Gleason**, Westfield, N. J., V. St. A., *Herstellung von öligen bis harzigen Polymerisationsprodukten aus Diolefinen.*

Butadien-(1.3) oder Piperylen werden in Mischung mit 20—50% ihres Gewichtes eines Verdünnungsmittels, als welches zweckmäßig jeweils ihre dimeren Prodd., also 1-Vinylcyclohexen-(3) bzw. das Dimerisationsprod. von Piperylen, verwendet werden, auf 130 bis 200°, zweckmäßig 130—160°, erhitzt, bis im wesentlichen die Dimerisation erfolgt ist, was gewöhnlich 10—15 Std. dauert; darauf wird die Temp. auf 250—400°, zweckmäßig 280—330°, erhöht u. dabei belassen, bis ein öliges bis harziges Prod. bzw. ein thermoplast. Harz gebildet ist. (**A. P. 2 582 693** vom 2/1. 1947, ausg. 15/1. 1952.) HERBST. 7173

Badische Anilin- & Soda-Fabrik (Erfinder: **Theodor Daur** und **Walter Daniel**), Ludwigshafen/Rh., *Wässerige Polyisobutylendispersionen* erhält man durch Vermischen des Polyisobutylens mit einem großen Überschuß an Emulgator u. Schutzkolloid gegenüber den in wss. Dispersionen sonst verwendeten Mengen in Knetern, auf Walzen oder ähnlich wirkenden Maschinen, Dispergieren in W. u. Verdünnen. Durch Zentrifugieren trennt man eine hochkonz. Dispersion ab u. gewinnt aus der verbleibenden Fl. die darin enthaltene Hauptmenge des Emulgators u. Schutzkolloids zu erneuter Verwendung zurück. Filme, Überzüge (zum Wasser- u. Gasdichtmachen von Textilien), Faserleder. (**D. B. P. 854 573** Kl. 39b vom 12/1. 1943, ausg. 6/11. 1952.) SALZMANN. 7173

Röhm & Haas G. m. b. H. (Erfinder: **Josef Nettersheim**, Witten, und **Otto Grimm**), Darmstadt, *Kunststoffmischung*, enthaltend ein mindestens 5% freie Carboxylgruppen aufweisendes Polymerisat oder Mischpolymerisat polymerisierbarer Äthylenverbb. in Mischung mit polymerem Methyl-, Äthyl- oder Propylvinyläther. Herst. von Filmen, Schuhausputz- u. Lederzurichtmittel, Mehrschichtglas, Klarscheiben, Verwendung als Klebstoff, Lack, Gewebeappretur u. Schellackersatz für Hutsteife, Haarlack u. dergleichen. (**D. B. P. 854 262** Kl. 39b vom 15/8. 1941, ausg. 4/11. 1952.) SALZMANN. 7173

Badische Anilin- & Soda-Fabrik (Erfinder: **Julius Thewalt**), Ludwigshafen/Rh., *Gummiartige elastische Massen aus Polyvinylchlorid* von guter Kälte- u. Wärmebeständigkeit sowie Rückprallelastizität enthalten 30% Weichmacher u. Hydroxyde oder Oxydhydrate von Metallen mit den Koordinationszahlen 4, 6 oder 8 ($FeCl_3$, $Co(NO_3)_2$, $Fe(SO_4)_2$, $Ni(SO_4)_2$ u. dgl.) in hochdisperser Form. (**D. B. P. 831 771** Kl. 39b vom 5/5. 1949, ausg. 18/2. 1952.) SALZMANN. 7173

General Aniline & Film Corp., New York, N. Y. (Erfinder: **Calvin E. Schildknecht**, Montclair, N. J.), V. St. A., *Herstellung von körnigen kautschukartigen Polyvinyläthern*, die in einem nichtpolaren Lösungsm. (verflüssigtes Propan) gelöst u. bei tiefer Temp. unter der Wrkg. eines sauer reagierenden Katalysators polymerisiert worden sind, dad. gek., daß das sich noch in Suspension befindliche oder noch benetzte Polymere (**I**) bei einer Temp., unterhalb der **I** in dem nichtpolaren Lösungsm. lösl. ist, mit einer oder mehreren polaren, auf **I** quellend wirkenden Fll. (CH_3OH, Aceton) versetzt wird u. das nichtpolare Lösungsm. bei Tempp. unter 0° abgetrennt wird. Der polaren Fl. wird zwecks Neutralisierung des Katalysators eine kleine Menge eines alkal. Stoffes zugemischt. (**D. B. P. 835 808** Kl. 39b vom 1/1. 1949, ausg. 3/4. 1952. A. Prior. 18/5. 1945.) SALZMANN. 7173

Badische Anilin- & Soda-Fabrik, Ludwigshafen/Rh. (Erfinder: **Lothar Jakob**, Viernheim), *Veredlung öliger Polyvinyläther* durch Behandlung mit H_2 in Ggw. von Hydrierungskatalysatoren bei erhöhter Temperatur. Die Verbesserung wirkt sich bes. bei der Verwendung als Schmieröle, Weichmacher, Druck-Fll., Hautpflegemittel aus. — Beispiele für die Behandlung von Polyvinylmethyläthern in Ggw. von RANEY-Ni; Angaben über physikal. Eigenschaften. (**D. B. P. 854 705** Kl. 39c vom 10/8. 1950, ausg. 6/11. 1952.) DONLE. 7173

Badische Anilin- & Soda-Fabrik (Erfinder: **Emil Kern**), Ludwigshafen/Rh., *Lumineszierende Kunststoffe*. Kunststoffe, bes. Polymethacrylsäuremethylester, erhitzt man in zerkleinerter Form gleichzeitig oder nacheinander mit wss. Lsgg. von Terephthalsäureestern u. Rhodulinorange. (**D. B. P. 854 091** Kl. 39b vom 5/11. 1944, ausg. 30/10. 1952.) SALZMANN. 7173

U. S. Atomic Energy Commission, übert. von: **James S. Church**, Los Alamos, und **Herman R. Tyler**, St. Louis, Mo., V. St. A., *Gießen von Acrylharzen*. Polymethylmethacrylat wird in Ggw. von $CHCl_3$ (bzw. CH_2Cl_2, CH_3OOCH) im monomeren Methylmethacrylat gelöst, das $CHCl_3$ bei 35° im Vakuum (200 mm) entfernt u. das Harz sogleich bei $<50°$ vergossen. Aufbewahrung ist nur in gefrorenem Zustand möglich. Zusatz von Beschleunigern, Weichmachern u. dgl. ist möglich, doch kann dadurch die Blasenfreiheit des Gußkörpers leiden. (**A. P. 2 559 345** vom 1/2. 1950, ausg. 3/7. 1951.) SALZMANN. 7173

United States Rubber Co., New York, N. Y., übert. von: **Pliny O. Tawney**, Passaic, N. J., V. St. A., *Lösliche, thermoplastische Harze*. Olefin. Äther der Formel $CH_2{=}CR'{-}CH_2{-}O{-}R$ (R' = H, Cl oder Alkylrest; R = Alkyl-, Cycloalkyl-, Aryl- oder Aralkylrest) u. olefin. aliphat. Carbonsäureester der Formel $R''{-}CH{=}C(R'){-}COOR$ (R'' = H oder

—COOR) werden in einem Mol.-Verhältnis von 0,25—6 : 1 in Ggw. von z. B. Benzoylperoxyd u. gegebenenfalls einem Lösungsm. polymerisiert. Tabelle über Eigg. der Prodd., die aus wechselnden Mengen Methyl-(meth-) acrylat oder Diäthylfumarat oder Dimethylitaconat einerseits u. Methallyläthyläther andererseits polymerisiert worden sind. (**A. P. 2 579 079** vom 12/11. 1948, ausg. 18/12. 1951.) MÖLLERING. 7173

Celanese Corp. of America, Del., übert. von: **Ernest P. Irany,** Cranford, und **Edward F. Landau,** Newark, N. J., V. St. A., *Mischpolymerisate* mit einem 2—37° höheren Erweichungspunkt als Polystyrol erhält man aus 1—40% Phenylvinylsulfon (n-Propyl-, Benzyl- oder Naphthylvinylsulfon) u. Styrol. (**A. P. 2 538 100** vom 13/8. 1946, ausg. 16/1. 1951.) SALZMANN. 7173

Monsanto Chemical Co., St. Louis, Mo., übert. von: **Raymond B. Seymour,** Dayton, O., V. St. A., *Plastifizierte Polystyrolharze für Filme, Fäden und Preßmassen.* 40—60 Teile eines Zwischenpolymerisates aus 75—60 (%) Styrol u. 25—40 Butadien oder Isopren werden mit 50—60 Teilen festem Polystyrol kombiniert. Zweckmäßig mischt man die bei der Polymerisation der Komponenten erhaltenen Emulsionen. (**A. P. 2 574 439** vom 11/6. 1945, ausg. 6/11. 1951.) MÖLLERING. 7173

N. V. Philips' Gloeilampenfabrieken, Eindhoven, Holland (Erfinder: **H. Bloem** und **M. Stel**), *Herstellung von Novolaken.* Die Komponenten, Phenol u. CH_2O, werden gemeinsam mit Säure als Katalysator kontinuierlich der Reaktionszone zugeführt; das Reaktionsprod. wird kontinuierlich abgezogen. Hierbei arbeitet man in mehreren hintereinandergeschalteten Kesseln, wobei die Zuführung des CH_2O auf die einzelnen Kessel verteilt wird, bes. derart, daß in jedem Kessel jeweils die Hauptmenge des vorhandenen CH_2O verbraucht wird. — Zeichnung. (**Schwed. P. 132 513** vom 11/3. 1950, ausg. 31/7. 1951. Holl. Prior. 14/3. 1949.) JÜRGEN SCHMIDT. 7177

American Cyanamid Co., New York, N. Y. (Erfinder: **Edwin Fiske Morfit,** New Brunswick, N. J.), V. St. A., *Schnell härtende harzartige Aminoplastmassen,* bes. für Formgußzwecke, hergestellt mit einem latenten Beschleuniger (0,05—0,5% Tetrachlorphthalsäure) u. einem Verzögerer, wie Hexamethylentetramin. (**D. B. P. 849 754** Kl. 39b vom 26/5. 1949, ausg. 18/9. 1952. A. Prior. 14/6. 1948.) SALZMANN. 7181

Soc. An. des Manufactures des Glaces et Produits Chimiques de Saint-Gobain, Chauny & Cirey, Seine, Frankreich (Erfinder: **Jean Delorme** und **René Bluma**), *Stabilisierungsmittel für Aldehydharze, wie Amino- oder Phenoplaste.* Man vermischt sie mit geringeren Mengen eines Vinylharzes (Polyvinylchlorid, -ester, Polystyrol, Polyacryl-, -methacrylsäureester), das in einem Aldehyd mit 4 u. mehr C-Atomen gelöst ist. Solche Harze sind gegen rasche Temperatur- u. Feuchtigkeitsschwankungen unempfindlich. Man gibt z. B. in eine Lsg. von 760 g Thioharnstoff in 5 Liter Wasser u. 1600 cm^3 30%ig. Formol nebst 30 g Alkalikatalysator, die auf 10 Liter aufgefüllt ist, eine Lsg. von 50 g Vinylchlorid–Vinylacetat (90 : 10)-Mischpolymerisat in 1 Liter einer Mischung aus 170 cm^3 Butyraldehyd u. 830 cm^3 Benzaldehyd, die noch Emulgiermittel wie 2% Polyvinylalkohol enthält, u. rührt stark durch, wobei eine Emulsion entsteht, die sich für *Gewebeimprägnierung* eignet u. danach gehärtet wird. (**F. P. 989 676** vom 26/2. 1944, ausg. 12/9. 1951.) PANKOW. 7181

American Cyanamid Co., New York, N. Y., übert. von: **John Davis Pollard,** Baltimore, Md., V. St. A., *Stabilisieren von kolloidalen Melaminharzlösungen* zwecks Verhinderung einer schnellen Gelierung, dad. gek., daß die 12—40%ig. wss., mit Milchsäure angesäuerte Harzlsg. mit 5—50% Harnstoff oder seinen Derivv. u. gegebenenfalls 10—40% eines mehrwertigen Alkohols (Glykole, Glycerin, Äthan, Propan-, Butandiol) versetzt wird. Überzüge für Cellulosehydratfilme, Papier u. Textilien. (**A. P. 2 564 925** vom 25/1. 1949, ausg. 21/8. 1951.) SALZMANN. 7181

Vereinigte Glanzstoff-Fabriken Akt.-Ges., Wuppertal-Elberfeld (Erfinder: **Theo Lieser,** Darmstadt, und **Heinz Gehlen,** Niederramstadt bei Darmstadt), *Herstellung von Polykondensationsprodukten.* Dihydrazide von aliphat. Dicarbonsäuren mit wenigstens 6 C-Atomen oder ihre Derivv. werden mit wasserfreiem Hydrazin (-hydrat) im geschlossenen Gefäß unter Luftausschluß auf 200—300° erhitzt. — 3 (Teile) Sebacinsäuredihydrazid werden mit 1 Hydrazin 11 Std. auf 200° erhitzt. Das Prod. kann aus der Schmelze auf Platten, Filme, Fäden verarbeitet werden u. hat vermutlich die Struktur eines Poly-(octamethylen)-dihydrotetrazins bzw. Poly-(octamethylen)-aminotriazols. (**D. B. P. 854 576** Kl. 39c vom 5/8. 1942, ausg. 6/11. 1952.) DONLE. 7181

Svenska Oljeslageriaktiebolaget, Göteborg, Schweden (Erfinder: **P. Bane, W. Bronvall** und **H. Wideström**), *Herstellung von Polyamiden von polymerisierten Polyenfettsäuren.* Nichtpolymerisierte Polyenfettsäuren oder ihre Glyceride, Ester oder Anhydride werden mit Polyaminen umgesetzt u. anschließend polymerisiert. Gegebenenfalls wird das hierbei frei werdende Glycerin vor oder nach der Polymerisation entfernt, bes. durch Dest. im Vakuum oder im Wasserdampf. Z. B. erwärmt man dehydratisiertes Ricinusöl mit Äthylendiamin. Das gebildete Amid wird dann mittels Anthrachinon zu einem harten Harz polymerisiert. Die Harze sind aus der Schmelze verarbeitbar. (**Schwed. P. 131 950** vom 28/6. 1949, ausg. 5/6. 1951.) JÜRGEN SCHMIDT. 7181

British Glues & Chemicals Ltd., Welwyn Garden City, und **Charles Horner Ltd.**, Halifax (Erfinder: **Harold Jacob Stern** und **Lawrence Edward Shadbolt**, London), England, *Formlinge aus Casein.* Casein u. Melamin (I) (2,5—25%) oder ein Gemisch aus I, Melon u. Melam (erhalten durch Erhitzen von I), W. u./oder einem mit diesem mischbaren Alkohol werden zu einer M. oder, durch entsprechende Öffnungen, zu einem Gebilde geformt, dieses mit CH_2O behandelt, getrocknet u. erwärmt. Herst. von Stäben, Folien, Knöpfen. (**D. B. P. 853 517** Kl. 39b vom 13/10. 1950, ausg. 27/10. 1952. E. Prior. 24/10. 1949.) SALZMANN. 7181

Dow Corning Corp., V. St. A., übert. von: **James George Fife**, *Organosiliciumpolymere.* Man läßt in fl. Phase $(CH_3)_nSiCl_{4-n}$ (n = 1—3) mit einem Al-CH_2Cl_2-Reaktionsprod. reagieren. Man erwärmt unter Rückfluß 60 g Al-Cu-Legierungsspäne mit 8% Cu, 127,5 g CH_2Cl_2 u. einige J-Kristalle, bis alles Al verschwunden ist. Zu der viscosen M. gibt man allmählich 193,5 g $(CH_3)_2SiCl_2$ (I) u. rührt 2 Wochen, filtriert u. wäscht mit 100 g I nach. Man dest. u. erhält einen Rückstand mit Kp. $>150^0$, in dem die Si-Atome durch CH_2-Gruppen verbunden u. die restlichen Si-Valenzen durch CH_3-Gruppen besetzt sind. (**F. P. 994 753** vom 8/9. 1949, ausg. 22/11. 1951. E. Prior. 21/12. 1948.) PANKOW. 7189

Clifford Shaw, William Edwin Smith und **Harold Harton Emblem**, London, England, *Herstellung von Alkylsiliconpolymeren.* Man behandelt ein Dialkylsilandichlorid unter wasserfreien Bedingungen am Rückfluß mit CuO u. trennt das Polymerisat von den entstehenden Metallsalzen ab. Ein inertes Lösungsm., wie PAe., kann zugegen sein. Anstatt CuO lassen sich auch Oxyde von Ag, Be, Mg, Zn verwenden. — Beispiele für die Polymerisatbldg. aus Diäthylsilandichlorid. (**A. P. 2 580 852** vom 7/1. 1947, ausg. 1/1. 1952. E. Prior. 11/1. 1946.) DONLE. 7189

Hercules Powder Co., Wilmington, Del., übert. von: **George H. Pyle**, Hopewell, und **David R. Wiggam**, West Grove, Pa., V. St. A., *Celluloseäthermassen.* Um Verfärbungen beim Pressen von Celluloseäthern bei 200° u. darüber zu verhindern, fügt man 0,005—0,5% einer SO_2-liefernden Verb., z. B. Diäthylsulfit, Alkyldiensulfone (Butadiensulfon) oder Na-Sulfodioctylsuccinat, u. 0,5—5% „p-Phenol-p-menthan“ (Kondensationsprod. aus 1-p-Menthen u. Phenol) zu. (**A. P. 2 564 581** vom 30/7. 1946, ausg. 14/8. 1951.) SALZMANN. 7199

B. F. Goodrich Co., New York, N. Y., übert. von: **Frank B. Pope**, Cuyahoga Falls, O., V. St. A., *Herstellung von schlieren-, riß- und blasenfreien Formkörpern* aus ungesätt. Polyestern, wie Äthylenglykol-bis-allylcarbonat, 1.4-Di-(allylcarbonat)-2.3-dichlorbenzol, 2.2-Bis-(3.5-dibrom-4-allylcarbonat-phenyl)-propan, Äthylenglykoldiacrylat, Diallylsebacat oder Triallylcitrat. — 9,6 (g) mit Aceton extrahiertes polymeres 2.2-Bis-(3-chlor-4-allylcarbonat-phenyl)-propan werden in 20 der entsprechenden monomeren Verb., die 2% Benzoylperoxyd enthält, dispergiert, in einer Form (in N_2) bei 70° geliert u. bei 85° gehärtet; das Gußstück zeichnet sich durch hohe Festigkeit aus. (**A. P. 2 568 658** vom 12/3. 1947, ausg. 18/9. 1951.) SALZMANN. 7205

Alfred Fischer, Oeslau bei Coburg, *Hartguß- und Knetmassen* aus Füllstoffen, wie Kaolin, Ton, Papier, Holzmehl, Kieselgur u. dgl., die mit Leim, Latex, Polyvinylacetatharz oder ähnlichen Bindern gebunden sind, gek. durch einen zusätzlichen Geh. an *Phenolharz* oder ähnlichen Harzen mit Hexamethylentetramin oder ähnlichen Kunstharzhärtemitteln. (**D. B. P. 843 014** Kl. 39b vom 8/11. 1949, ausg. 3/7. 1952.) SALZMANN. 7205

XII. Kautschuk. Guttapercha. Balata.

Emmanuel Valtier, *Xetal 50 und dessen industrielle Verwendung.* Vf. erörtert die techn. Verwendung des Kautschuklatex Xetal 50 zur Behandlung von synthet. u. natürlichen Fasern u. in der Papier-, Asbest- u. Lederindustrie. (Rev. gén. Caoutchouc **29.** 398—405. Juni 1952. Soc. Franterre.) SCHÄFF. 7222.

H. C. Jones und **C. A. Klaman**, *Zinkoxyd im Kautschuklatex.* 1. Mitt. *Herstellung wässeriger Suspensionen für die Beimischung zu Latexmischungen.* Vff. beschreiben u. erörtern die Technik der Herst. wss. ZnO-Suspensionen, die Latexvulkanisationsmischungen beigemischt werden sollen. Es wird gezeigt, daß die Viscosität u. Stabilität dieser wss. ZnO-Aufschlämmungen mit der Pigmentoberfläche u. der Art u. Menge des Netzmittels eng zusammenhängen. Die Folgerungen für die Praxis werden diskutiert. (Rubber Age [New York] **70.** 325—32. Dez. 1951. Palmerton, Pa., New Jersey Zinc Co.) SCHÄFF. 7226

B. L. Johnson, *Neuere Entwicklung auf dem Gebiet der Kautschukchemie.* Kurzer Überblick über die Entw. auf dem Gebiet der Kautschukchemie (Polymerisatstruktur, Vulkanisation, Verstärkung) in den Jahren 1950—1951. — 15 Literaturangaben. (India Rubber Wld. **126.** 224—25. Mai 1952. Akron, O., Firestone Tire & Rubber Co.)
SCHÄFF. 7228

N. V. Chalapathi Rao, Hugh Winn und **J. Reid Shelton,** *Oxydation von Heveakautschuk und GR–S-Polymerisaten und deren Vulkanisaten. Einfluß verschiedener Fällmittel.* Vff. untersuchten den Einfl. von Metallseifen u. Metallsalzen als Fällmittel auf die Oxydationsgeschwindigkeit (O_2-Aufnahme) bzw. Alterungsbeständigkeit von Naturkautschuk (I) u. GR–S-Polymerisaten sowie deren Vulkanisaten. Im Gegensatz zum Befund bei Rohkautschuken wurde bei Vulkanisationsmischungen u. Vulkanisaten ein geringerer oder manchmal auch umgekehrter Effekt gefunden. Seifen von Al, Na, Mg, Zn, Pb u. Ca wirken bei GR–S-Typen teilweise stabilisierend. GR–S-Vulkanisate (aus mit Al- u. Zn-Salzen gefällten Polymeren) sind am widerstandsfähigsten; weniger beständig sind GR–S-Vulkanisate mit Na-, Ca- u. Mg-Seifen. Co, Cu u. Fe beschleunigen die Oxydation von GR–S. Von den Metallseifen, die einen gewissen Alterungsschutz auf GR–S-Polymere während der Trocknung u. Lagerung ausüben, scheinen nur Al- u. Zn-Seifen ohne schädigenden Einfl. auf die Oxydation der GR–S-Vulkanisate zu sein. Die Koagulation des I-Latex mit H_2SO_4 u. $ZnSO_4$-Lsgg. ergibt die stabilsten Polymerisate; bei $Al_2(SO_4)_3$-, $MgSO_4$- u. CH_3COOH-Fällung entstehen mittelmäßig beständige Prodd.; $CoSO_4$- u. $CuSO_4$-Lsgg. ergeben schneller oxydierende Koagulate. Die Art des Elektrolyten hat nur geringen Einfl. auf die Oxydationsbeständigkeit von I-Vulkanisaten (ausgenommen bei $CoSO_4$ u. $CuSO_4$, die akt. Oxydationskatalysatoren darstellen). I-Vulkanisate nehmen O_2 sehr viel schneller auf als GR–S-Vulkanisate (sie benötigen nur $^1/_4$ des O_2, um die Zugfestigkeit um 50% herabzusetzen). Außer dem Einfl. von Cu-Seife bei GR–S u. des Co bei I, ist die Geschwindigkeit der Abnahme einer physikal. Eig. von GR–S- u. I-Vulkanisaten nur eine Funktion der absorbierten O_2-Menge, aber unabhängig von der für diese O_2-Aufnahme erforderlichen Zeit u. von der Art des Fällmittels. (Ind. Engng. Chem. **44.** 576—80. März 1952. Cleveland, O., Case Inst. of Technol.) SCHÄFF. 7228

K. V. Weinstock, L. M. Baker und **D. H. Jones,** *Neuere Entwicklung auf dem Gebiet der mit Ölen versetzten Kautschuke.* Ein Überblick über die Geschichte der mit gewissen Petroleumfraktionen weichgemachten Kautschuke u. deren Einsatzmöglichkeiten wird gegeben. Kautschuke mit hoher MOONEY-Viscosität können vorteilhaft für die Reifenherst. eingesetzt werden u. ersetzen so GR–S oder Kaltkautschuk. Die Abriebfestigkeit dieses weichgemachten Kautschuks in Personenwagenreifen ist besser als die von synthet. u. natürlichem Kautschuk. Sein Einsatz auf dem Lastwagenreifensektor erscheint aussichtsreich. Auch in Karkassenmischungen hat sich seine Verwendung als vorteilhaft erwiesen. Die Auswahl des geeigneten Weichmachers u. die Einarbeitungstechnik in die Mischung werden kurz erörtert. (Rubber Age [New York] **70.** 333—38. Dez. 1951. Akron, O., Gen. Tire & Rubber Co.) SCHÄFF. 7230

G. M. Sheehan, Gerard Kraus und **A. B. Conciatori,** *Flockenbildung von Ruß in Klebemitteln für Kautschuk auf Metall.* Vff. untersuchten die Rolle des Rußes (bes. im Hinblick auf die chem. Aktivität der Rußoberfläche) in Klebemitteln für das Verkleben von Naturkautschuk auf Metalle (Messing) bzw. auf Chlorkautschuk, chloriertes Polyisopren oder ein Butadien–Methacrylsäure-Mischpolymerisat. Die durch die Flockenbldg. des Rußes hervorgerufene Zunahme der Haftfestigkeit läßt vermuten, daß die Wrkg. dieser Klebemittel zum Teil auf die Adhäsion der eigentlichen Rußoberfläche an das Substrat u. an den Kautschuk zurückzuführen ist, wofür die funktionellen Gruppen an der Rußoberfläche verantwortlich gemacht werden. Die größte Haftung wurde mit ausgeflockten Klebemitteln erreicht, die 100 Teile Flammruß auf 100 Teile Kautschuk (GR–S) enthalten. (Ind. Engng. Chem. **44.** 580—82. März 1952. Cincinnati, O., Univ., Appl. Sci. Res. Labor.) SCHÄFF. 7230

B. F. Goodrich Co., New York, N. Y., übert. von: **Jeston H. Powell,** Akron, O., V. St. A., *Thermoplastische, kautschukähnliche Mischpolymerisate.* In wss. Dispersion wird ein Gemisch aus 80—95 (%) Alkylacrylat, 2—20 einer Halogenalkylvinylverb. u. 0,1—5 Divinylarylverb., bes. p-Divinylbenzol (I) in Ggw. von Emulgiermitteln u. Peroxyden polymerisiert. — 2 Beispiele haben folgende Ansätze: 93 (Teile) Äthylacrylat (II), 5 2-Chloräthylvinyläther u. 2 I; oder 93 **II**, 5 2-Chloräthylacrylat u. 2 I unter Mitverwendung von Laurylsulfat-Na u. $K_2S_2O_8$. — Die koagulierten u. getrockneten Harze sind mit S vulkanisierbar. (**A. P. 2 568 659** vom 8/12. 1949, ausg. 18/9. 1951.) MÖLLERING. 7225

Mishawaka Rubber and Woollen Mfg., übert. von: **Lucian P. Dosmann,** South Bend, Ind., V. St. A., *Herstellen von büschel- oder teppichartigen Platten.* Man bedeckt ein waagerecht angeordnetes Förderband aus Kautschuk u. Gewebe mit einer biegsamen Werkstoffbahn u. errichtet darüber ein elektrostat. Feld. In Laufrichtung des Förderbandes u. im Bereich des elektrostat. Feldes wird dann Latex u. ein Koaguliermittel unter einem Winkel von 15—30° aufgesprüht. — 7 Abbildungen. (**A. P. 2 595 342** vom 30/7. 1948, ausg. 6/5. 1952.) SCHLITT. 7231

XV. Gärungsindustrie.

I. A. Preece, *Hefeamylasebeziehungen.* Zusammenfassende Darst. der Produktion von amylolyt. u. dextrinolyt. Enzymen durch einige Hefen u. die sich daraus ergebenden Folgerungen für die Brauerei u. die weitere Forschung. (Brewers' Guild J. **38.** 320—33. Aug. 1952.) HAEVECKER. 7508

A. Schmal, *Über die Verwendung von Ultraschall in der Brauerei.* Unterss. an beschalltem u. unbeschalltem Bier (I) zeigten, daß bei beschalltem I bis zu 30% Hopfen eingespart werden können, ohne die Haltbarkeit zu beeinflussen. Ebenso verlief die Vergärung im Gär- u. Lagerkeller normal. Auch die chem. Analyse wies keine wesentlichen Unterschiede auf. Die Schaumhaltigkeit war bei n. I besser als bei beschalltem, jedoch ist auch die Schaumhaltigkeit von beschalltem I als sehr gut zu bezeichnen. Die Kostprobe spricht für eine 30%ig. Hopfeneinsparung. (Schweiz. Brauerei-Rdsch. **64.** 1—4. Jan. 1953.) WINIKER. 7550

R. Barrington Brock, *Wissenschaftliche Gesichtspunkte der Weingewinnung.* Sammelbericht über rationelle Traubenernte, Regeln für eine gut geleitete Gärung im offenen oder geschlossenen Bottich, sowie Analysen typ. Weine. (Chem. and Ind. **1951.** 1098—1103. 15/12.) GRIMME. 7554

O. Verona, *Nutzen einer Hefeassoziation bei der Weinbereitung.* Durch die Verwendung einer Mischung von Saccharomyces ellipsoideus (I) u. Zygosaccharomyces (Stamm Saccharomyces veronae), wobei I 4 Tage später zugesetzt wird, gelingt es, den Gärungsverlauf zu verlangsamen u. damit die Temperaturzunahme u. die Bldg. von flüchtiger Säure zu verringern. (Ann. Inst. Pasteur **82.** 245—47. Febr. 1952. Pisa, Univ., Inst. de Microbiol. agric.) KIELHÖFER. 7554

H. P. Olmo, *Drucktankvergärung von Wein.* Bericht über eine Studienreise nach Deutschland u. der Schweiz u. die dabei hinsichtlich der Weingärung unter Kohlensäuredruck gewonnenen Eindrücke. (Wines and Vines **33.** Nr. 2. Techn. Sect. 25—27. Febr. 1952. Davis, Calif., Univ. of California.) KIELHÖFER. 7554

Julius Fessler, *Die Weinklärung mit der Zentrifuge.* Verss. mit einer Zentrifuge der WESTFALIA SEPARATOR A. G., bes. zur Klärung von hefetrübem Jungwein. Eine Qualitätsbeeinträchtigung des Weines konnte nicht festgestellt werden. (Wines and Vines **33.** Nr. 3. Techn. Sect. 23. März 1952. Berkeley, Calif., Yeart Labor.) KIELHÖFER. 7554

Enrico Romano, *Über den Gehalt einiger italienischer Weine an 2.3-Butylenglykol.* 2.3-Butylenglykol (I) bildet sich durch Red. aus dem durch Kondensation von Gärungsacetaldehyd entstandenen Acetylmethylcarbinol (II). Es wurden 14 italien. Weine der Jahrgänge 1942—46 auf ihren Geh. an A., Gesamtsäure, flüchtiger Säure, reduzierenden Zuckern u. (nach der Meth. von KNIPHORST u. KRUISHEER) von I (80—980 mg/Liter) untersucht. Eine Beziehung zwischen dem Geh. an I u. den übrigen Bestandteilen konnte nicht festgestellt werden. II wurde lediglich bei einem Wein (mit erhöhter flüchtiger Säure) gefunden (112 mg/Liter). (Ann. Sperimentaz. agrar. [N. S.] **5.** 779—82. 1951. Rom, Stazione chimico-agraria sperimentale.) KIELHÖFER. 7554

C. Mensio, *Eigenschaften und Wirkung des Schwefeldioxydes.* Anwendung von SO_2 in der Weinbehandlung; SO_2 hat antisept., lösende, ansäuernde u. antioxydierende Wirkungen. (Coltivaltore Giorn. vinicolo ital. **98.** 311—12. Aug. 1952.) SCHEIFELE. 7554

Mario Venezia, *Versuche über die Wirkung von Lat-San (elektrolytisches Wasserstoffsuperoxyd von 130 Volumen) auf alkoholische Getränke. Lat-San* (MONTECATINI), verwendet zur Entkeimung der Milch, wurde in einer Konz. von 0,2°/₀₀ hinsichtlich seiner Wrkg. auf die Alterung von Wein, Marsala, Wermut u. Branntwein (Grappa), auf die Essigbldg. aus Wein u. auf das Auftreten des Eisenbruches im Wein geprüft. Die Alterung wird vorteilhaft beeinflußt, die Essigbldg. dagegen bleibt unbeeinflußt. Bei Eisenbruch wird die Eisenausscheidung begünstigt. (Ann. Sperimentaz. agrar. [N. S.] **5.** 859—64. 1951. Conegliano, Staz. sperim. di Vitic. e di Enol.) KIELHÖFER. 7554

Edouard Negre y Paul Françot, Manual práctico de vinificación y conservación de los vinos. Barcelona: José Montesó. 1952. (XVI + 360 S.) ptas. 115,—.

XVI. Nahrungs-, Genuß- und Futtermittel.

W. Otschkin, *Ursachen des Ausschusses bei Konserven und seine Behebung.* Allg. Ausführungen. (Мясная Индустрия СССР [Fleisch-Ind. UdSSR] **23.** Nr. 2. 14—18. März/April 1952. Verwaltung Konserven der Hauptverw. Fleisch.) ECKE. 7634

R. R. Baldwin, J. R. Lowry und **Reinhardt Thiessen jr.**, *Einige Auswirkungen der Verarbeitung auf den Nährwert der Proteine.* Der Nährwert des Proteins leidet bei der Autoklavenbehandlung von Casein + Dextrose (bes. bei 121° während ca. 80 Min.) infolge der Zerstörung wichtiger Aminosäuren, bes. Lysin u. Arginin. (Food Res. **16.** 107—17. März/April 1951. Hoboken, N. J., Central Res. Labors., General Foods Corp.) LIEBNER. 7646

Frances E. Volz und **P. E. Ramstad**, *Einfluß von Emulgatoren auf die Enzymempfindlichkeit von Stärke während des Altbackenwerdens von Brot.* Vff. untersuchten den Einfl. von Polyoxyäthylenmonostearat (**I**) u. Baumwollsaatölfettsäure-Glyceriden (**II**) auf den Verlauf der Enzymwrkg. beim Altbackenwerden des Brotes. **I** verringert stark die Festigkeit der Brotkrume, **II** weniger. Die Enzymwrkg. wurde durch Ferricyanidred. in Filtraten von Gemischen mit Amylase (Takadiastase) ermittelt. Dabei ergaben sich nach 1 Std. u. länger keine Unterschiede gegenüber dem Blindversuch. Innerhalb kürzerer Zeit am noch warmen Brot durchgeführte Prüfungen ließen aber eine Verringerung der Reduktionswrkg. bei den emulgatorhaltigen Proben deutlich erkennen. — 8 Literaturhinweise. (Cereal Chem. **28.** 118—24. März 1951. Ithaca, N. Y., Cornell Univ., School of Nutrit.) F. HEINRICH. 7674

K. Kappeller, *Wärmebeständige Schokoladenerzeugnisse.* Vf. gibt an Hand der Literatur (7 Hinweise) einen Überblick über die Herst. wärmebeständiger Schokoladenerzeugnisse. (Zucker- u. Süßwaren-Wirtsch. **6.** 25—28. 5/1. 1953. Villa Maria/Cdb. Argentinien.) WINIKER. 7726

C. W. Bacon, Raymond Wenger und **James F. Bullock**, *Chemische Veränderungen im Tabak während der Trocknung durch künstliche Hitze (flue-curing).* Durch ein Spezialtrocknungsverf. mittels künstlicher Hitze (flue-curing, 90—180° F) werden grüne Tabakblätter in ca. 5 Tagen gelb. Chem. Veränderungen: Umwandlung von Stärke in Zucker, geringe Verluste an Gesamt-N u. Nicotin, höhere an Protein-N, geringe an Harzen, Oxalsäure u. Pektinsäure; keine wesentlichen Veränderungen der Gehh. an Rohfaser, Asche, Äpfelsäure, Citronensäure u. des p_H. Während der Lagerung in Ballen nach der Trocknung weitgehender Abbau von Saccharose zu reduzierenden Zuckern. — 27 Literaturangaben. (Ind. Engng. Chem. **44.** 292—96. Febr. 1952. Beltsville, Md., U. S. Dep. of Agric., Bur. of Plant Ind.) RANG. 7734

F. R. Darkis, L. A. Baisden, P. M. Gross und **F. A. Wolf**, *Durch künstliche Hitze getrockneter (flue-cured) Tabak. Chemische Zusammensetzung von Rippen- und Blattgeweben.* (Vgl. vorst. Ref.) Die verschied. Blatteile von flue-cured Tabak wurden nach Zerlegung in Mittelrippen-, sek. Ader-, Äderchen- u. Blattgewebe analysiert. Best. der Gehh. an Gesamt- u. Protein-N, α-Amino-N, Nicotin, Gesamtzucker u. reduzierenden Zuckern, Gesamtsäuren (p_H-Wert), PAe.-lösl. Extraktstoffen, lösl. Asche, K, Ca, Mg, P, S, Fe, Al, Cl u. Si; Wiedergabe in Tabellen u. Histogrammen. Die Ergebnisse wurden mit den Resultaten anderer Vff. verglichen u. diskutiert. Die Analysen bestätigen die Richtigkeit der üblichen Entfernung von Mittelrippengewebe aus Zigarettentabaken. — 19 Literaturangaben. (Ind. Engng. Chem. **44.** 297—301. Febr. 1952. Durham, N. C., Duke Univ.) RANG. 7734

Walter Kundrat, *Die Desinfektion in der Camembertkäserei.* Zur Vermeidung von Kontaktinfektionen in der Camembert-Käserei muß außer den Gerätschaften auch die Luft desinfiziert werden. Ein Gemisch von SO_2 u. Ameisensäure (0,33 kg/m³ Rauminhalt) bewirken eine Keimabtötung von 99,91%. Eine äquivalente Menge Schwefelblüte wird verbrannt u. mit viel Wasserdampf verteilt, worauf die Ameisensäure versprüht wird. (Dtsch. Molkerei-Ztg. **72.** 1305—06. 19/10. 1335—37. 26/10. 1951. Freising-Weihenstephan, Südd. Vers.-u. Forschungs-Anst. für Milchwirtschaft, Bakteriol. Inst.) HÜCKSTÄDT. 7760

B. Rogina und **I. Markovčić**, *Vergleich dreier Schnellmethoden zur Bestimmung des Calorienwertes der Nahrung mit der Verbrennung in der calorimetrischen Bombe.* Bei 30 zusammengesetzten Mahlzeiten wurde der Calorienwert nach 3 in Jugoslawien gebräuchlichen Schnellmethoden u. zum Vgl. mit der calorimetr. Bombe bestimmt. — Die Meth. von LIFŠIĆ, die auf einer Oxydation des Materials mit KJO_3 u. Rücktitration des unverbrauchten Oxydationsmittels beruht, erwies sich als ungenau, kostspielig u. umständlich. Die Fehler lagen zwischen —36 u. +20%. — Die sogenannte verkürzte klass. Meth., bei der Fett u. Trockensubstanz bestimmt, Eiweiß u. Kohlenhydrate errechnet werden u. eine Korrektur von 2% für nichtcalor. Bestandteile abgezogen wird, sowie die ähnliche, aber

noch einfachere Meth. von GRLIĆ erwiesen sich als hinreichend genau u. praktisch. Die Abweichungen betrugen —10 bis +6% bzw. —24 bis +7%. Die größeren Abweichungen der letztgenannten Meth. traten nur ein, wenn die Speisen reichlich Eier oder Brot enthielten. (Farmac. Glasnik **8.** 191—94. Mai 1952. Zagreb, Hygien. Zentralanst.)
BECKMANN. 7788

Marjorie Howe, *Schnellmethode zur Bestimmung von Kaliumbromat in Mehl.* Die Meth. beruht auf der Oxydation von J' zu J durch das Bromat u. Titration des Jods mit $Na_2S_2O_3$. Störende organ. Bestandteile des Mehls werden in der Bromatlsg. durch $ZnSO_4$ + NaOH bei p_H 6,85—6,90 abgetrennt. Nicht anwendbar ist die Meth. in Ggw. von K-Jodat oder -Persulfat. Benzoylperoxyd, Cl u. Chlordioxyd stören nicht. (Cereal Chem. **28.** 132—35. März 1951. Minneapolis, Minn., Russell-Miller Milling Co.) F. HEINRICH. 7798

Carl M. Lyman, Robert Ory, Mary Trant und **Gene Rich,** *Bestimmung von Thiamin in Reis und Reisprodukten. Einfache und schnelle Methode.* Es wird eine einfache Schnellmeth. zur Best. von Thiamin (I) in Reis für den industriellen Bedarf entwickelt. In phosphorylierter Form vorliegendes I wird dabei nicht erfaßt, doch ist dies für Zwecke der Betriebsüberwachung zu vernachlässigen, da über 80% in der freien Form vorliegen. Zur Ausführung werden aus einem mit 0,2n H_2SO_4 hergestellten Reisextrakt Verunreinigungen durch Zusatz von $Ba(OH)_2$ u. Fällung von $BaSO_4$ in der Lsg. beseitigt. Die Lsg. wird durch Zusatz von NaOH gegen Bromkresolgrün auf p_H 5,0—5,4 gebracht, filtriert u. nach Zugabe von phenolhaltigem A. mit einer gepufferten Lsg. von diazotiertem p-Aminoacetophenon versetzt. Der entstehende Farbstoff wird durch Schütteln mit Xylol-Isooctan extrahiert u. visuell durch Vgl. mit Standardlsgg. bestimmt. Es können ohne weiteres Mengen von 1 γ I/g bestimmt werden. (Analytic. Chem. **24.** 1020—21. Juni 1952. College Station, Texas Agric. Exp. Station, Texas Agric. and Mechanical Coll. Syst.)
H.-J. KOCH. 7806

Gustav Soltan, Bad Salzuflen (Erfinder: **Gustav Soltan** und **Hans Schmalfuss,** Hannover), *Trennmittel für Backzwecke.* 15—40(%) anorgan., nicht quellbare Feststoffe in Pulverform, wie Talkum, Kreide oder $CaSO_4$, werden in einer Suspension emulgiert, die aus ca. 25—60 W., 10—25 Fettsäureester u. 3—10 Emulgator hergestellt ist. (**D. B. P. 854 933** Kl. 2c vom 9/2. 1951, ausg. 10/11. 1952.) KRANZ. 7675

C. S. I. Grolander, Lidingö, Schweden, *Behandlung von Wurzelfrüchten oder Kartoffeln zwecks Konservierung und Schimmelverhütung.* Die geschälten Wurzelfrüchte oder Kartoffeln werden in eine Fl. getaucht, die auf 1 Liter W. 0,02 (g) $NaHSO_3$, 0,02 NaCl u. 0,02 Na_2CO_3 enthält. Die Früchte werden 20—30 Min. darin liegengelassen u. können dann auf übliche Weise gekocht werden, ohne sich zu verfärben. (**Schwed. P. 132 747** vom 3/6. 1948, ausg. 21/8. 1951.) JÜRGEN SCHMIDT. 7679

S. A. Castelver Akt. Ges., Veyrier, Schweiz (Erfinder: **E. Poutermann**), *Herstellung von pulverförmigem, löslichem coffeinfreiem Kaffee-Extrakt.* Der geröstete Kaffee wird in üblicher Weise extrahiert u. der Extrakt auf Pulver verarbeitet. Aus diesem Pulver wird das Coffein durch Lösungsmittel, bes. Bzl., Chlf. oder Trichloräthylen, ausgezogen. Das Pulver kann vor oder nach der Extraktion mit Kohlenhydraten vermischt werden. (**Schwed. P. 133 739** vom 19/7. 1950, ausg. 27/11. 1951. Schwz. Prior. 18/11. 1949.)
JÜRGEN SCHMIDT. 7721

Borden Co., New York, N. Y., übert. von: **Herbert E. Swall** und **Raymond P. Schaeffer,** Elgin, Ill., V. St. A., *Eiaustauschmittel,* bes. geeignet für Schlagmassen. Sojaeiweiß wird in wss. Lsg. mit einem Phosphat (Na-Hexametaphosphat), einem Ca-Salz (Ca-Lactat), einem Bindemittel (Alginat) u. einer Säure (Citronensäure) vermischt u. sprühgetrocknet. (**A. P. 2 588 419** vom 6/10. 1949, ausg. 11/3. 1952.) KRANZ. 7755

Nederlandsche Centrale Organisatie voor Toegepast-Natuurwetenschappelijk Onderzoek, Den Haag, Holland, *Kindernährmittel.* Molke, deren Ascheg eh. z. B. durch Elektrodialyse auf einen <4% liegenden Wert (berechnet auf Trockensubstanz) erniedrigt ist, wird zusammen mit Casein (I) oder einem I-haltigen Prod. u. Fett, wie Rahm, dispergiert u. dann getrocknet. (**E. P. 652 485** vom 29/6. 1948, ausg. 25/4. 1951. Holl. Prior. 26/4. 1948.) KRANZ. 7757

N. V. W. A. Scholten's Chemische Fabrieken, Groningen, Holland, *Kindernährmittel.* Milchpulver wird mit einer festen organ. Säure, wie Citronensäure, die zweckmäßig mit einem Zuckerstoff, wie Glucose, Fructose, Saccharose u. dgl., vorgemischt ist, u. einem kaltquellenden Stärkemehl gemischt. (**E. P. 653 119** vom 14/7. 1948, ausg. 9/5. 1951. Holl. Prior. 15/7. 1947.) KRANZ. 7757

Cassella Farbwerke Mainkur (Erfinder: **Walther Loewe**), Frankfurt/M., *Futtermittel für Hühner.* Dem üblichen Hühnerfutter wird α-Naphthylthioharnstoff (I) in solchen Mengen zugesetzt, daß das einzelne Huhn täglich nicht >5 mg I zu sich nimmt. (**D. B. P. 856 258** Kl. 53g vom 2/12. 1950, ausg. 20/11. 1952.) KRANZ. 7787

XVII. Fette. Seifen. Wasch- u. Reinigungsmittel. Wachse. Bohnermassen usw.

J. Stawitz, *„Tylose" bei der Herstellung von Seife.* Allg. Darst. des Einsatzes der verschied. *Tylose*-Sorten bei Herst. der Seifen. (Seifen-Oele-Fette-Wachse **78.** 367—69. 16/7. 390—92. 30/7. 1952. Wiesbaden.) FREYTAG. 7910

S. F. Birch, *Reinigungsmittel aus Erdöl.* Nach Beschreibung der Wirkungsweise der verschied. Reinigungsmittel beschreibt Vf. im einzelnen die techn. Gewinnung von Seifen, sek. Alkylsulfaten, Alkansulfonaten, Alkylarylsulfonaten u. nichtionisierten Reinigungsmitteln auf Äthylenoxydbasis unter Berücksichtigung der Erdölparaffine als Rohstoff. (J. Inst. Petroleum **38.** 69—87. Febr. 1952. Sunbury-on-Thames, England, Anglo-Iranian Oil Co., Ltd., Res. Station.) KRUSEN. 7912

H. B. Klevens, *Löslichkeitsbeeinflussung und Ordnungs-Unordnungs-Zustände in Waschmittellösungen.* Lsgg. von kation. Waschmittel, wie *Dodecylammoniumchlorid* u. solche von anion. Waschmitteln, wie *K-Laurat* (KC_{12}; im Orig.: Kaliumdodecancarbonat; die Redaktion) zeigen ausgeprägte Unterschiede hinsichtlich ihrer Fähigkeit, KW-stoffe zu lösen. Diese Unterschiedlichkeit ist auf einen höheren Grad von Unordnung in den kation. Micellen gegenüber den anion. Micellen zurückzuführen. Dieser Faktor ist auch wichtig zur Erklärung der bei der Leitfähigkeit u. den Micellengewichten dieser beiden typ. oberflächenakt. Stoffe beobachteten Differenzen. Die Tatsache, daß das kation. Waschmittel 8—9mal so viel KW-stoff lösen kann wie das anion., kann nicht allein auf Grund des Vorliegens größerer Micellen in den Lsgg. des kation. Stoffes gedeutet werden, sondern erfordert noch die Auffassung, daß die Ordnungszustände in den Lsgg. verschieden sind. Die Versuchsergebnisse werden an Hand von Tabellen u. Abbildungen ausführlich diskutiert. (Kolloid-Z. **128.** 61—67. Sept. 1952. Paris, Pasteur Inst., Labor. de Chem.-Physique.) H. G. FRÖHLICH. 7912

R. E. Wagg, *Schmutzablagerung aus einigen Waschmittelsystemen.* 1. Mitt. *Wässerige Systeme.* Gemessen wurde das Schmutztragevermögen von Waschmitteln (Alkylarylsulfonat, Äthylenoxydkondensationsprod., sek. Alkylsulfat, Na-Oleat, sulfoniertes KW-stofföl mit u. ohne Zusätze von Na_2CO_3, NaCl, Na-Metasilicat, Na-Carboxymethylcellulose (**I**). Hierzu wurde die Schmutzablagerung aus Waschmittellsgg. auf gebleichtem Baumwollgewebe durch Reflexionsmessungen bestimmt. Keines der synthet. Waschmittel war allein so gut wie Seife. Durch Zusatz von **I** ließ sich das Schmutztragevermögen jedoch stark erhöhen. (J. Textile Inst., Trans. **43.** T325—30. Juli 1952. London, Handon, Brit. Launderer's Res. Assoc.) ZAHN. 7912

R. E. Wagg, *Schmutzablagerung aus einigen Waschmittelsystemen.* 2. Mitt. *Nichtwässerige Systeme.* (1. Mitt. vgl. vorst. Ref.) Die Schmutzablagerung aus organ. Lösungsm. (Trichloräthylen, Bzn.) mit Zusätzen (Na-Diamylsulfosuccinat, Na-Dioctylsulfosuccinat, Äthylcellulose, Äthylenoxydkondensationsprod., sek. Alkylalkohole, überfettete Seife, Triäthanolaminoleat, Türkischrotöl, W.) auf vorkonditionierte Wolle (0,70, 100% relative Feuchte) wurde untersucht. (J. Textile Inst., Trans. **43.** T331—37. Juli 1952. London, Hendon, Brit. Launderer's Res. Assoc.) ZAHN. 7912

C. S. Barnes, R. G. Curtis und **H. H. Hatt**, *Die Verseifung von Wollwachs und die Gewinnung der Wachsalkohole. Untersuchung von Wachsen.* 4. Mitt. Es wird gezeigt, daß Wollwachs schnell u. vollständig durch alkoh. NaOH oder KOH-Lsg. verseift wird u. daß kräftigere Verseifungsmethoden unnötig sind. Die Prodd. werden leicht durch Extraktion der Wachsalkohole aus den Wachsseifen u. den alkoh. Lsgg. durch ein unmischbares Lösungsm. (Bzn., PAe., $CHCl_3$) abgetrennt. Diese Operation muß unter sehr sorgfältig kontrollierten Bedingungen geschehen, sonst bilden sich unerwünschte Phasenverteilungen u. lästige Emulsionen. Die Grenzen, bis zu denen die Extraktion durchgeführt werden kann, sind aus Kurven ersichtlich. Die beschriebenen Verseifungs- u. Trennungsmethoden arbeiten in weitem Bereich zufriedenstellend u. ergeben gute Ausbeuten an Wachsalkoholen u. Wachssäuren. (Austral. J. appl. Sci. **3.** 88—99. März 1952. Melbourne, C. S. I. R. O., Div. of Ind. Chem.) KLEFFNER. 7924

F. Wittka, *Fremdölanzeiger in Fetten.* Vf. schlägt vor, zur Kennzeichnung von Margarine statt Sesamöl oder Stärke Phenolphthalein zu nehmen. Zur Auslösung der Rotfärbung durch Alkali genügt schon ein Zusatz von 0,001% Phenolphthalein. Gleichzeitig wirkt es in empfindlichen Gelen als Antioxydans. Die n. chem. Unters. der Fette wird nicht gestört. (Olii minerali, Grassi Saponi, Colori Vernici **29.** 53—55. Mai 1952. Gardone/Riviera.) GRIMME. 7934

E. Albinson, Introduction to cleaning technology. London: Iliffe. 1952. (110 S. m. Abb.) 10 s. 6 d.

R. T. Holman, W. O. Lundberg and **T. Malkin** (Eds.), Progress in the chemistry of fats and other lipids. Vol. II. London: Pergamon Pr. 1952. (VIII + 186 S. m. Abb.) 8°. s. 42,—.

XVIIIa. Holz. Cellulose. Zellstoff. Papier. Papierdruck. Celluloid. Linoleum.

Günter Zweiling, *Vorsichtsmaßnahmen bei der Lagerung und Verwendung von flüssigem Chlor.* Prakt. Hinweise bes. für die Zellstoff- u. Papierindustrie. Besprochen werden: die Lagerstätte, der ortsfeste Chlorkessel, die ortsbeweglichen Chlorbehälter, die Prüfung der Behälter sowie die laufende Überwachung. (Papier **6.** 466—67. Nov. 1952.)
P. ECKERT. 7950

F. A. Simmonds und **R. M. Kingsbury**, *Viscose-Reyonzellstoffe aus den chilenischen Laubhölzern Coigue, Tepa und Ulmo.* Berichtet wird über Verss., aus drei chilen. Laubhölzern Coigue (*Nothofagus dembeyi*), Tepa (*Laurelia serrata* u. Ulmo (*Eucryphia cordifolia*) für ein kontinuierliches Spinnverf. geeigneten Reyonzellstoff herzustellen. Der Aufschluß erfolgte nach dem Neutralsulfit-Halbzellstoffverf. mit u. ohne Vorhydrolyse, nach dem Vorhydrolyse-Sulfatverf. u. nach dem Sulfitverfahren. Nur Ulmo ließ sich nach dem Ca-Bisulfitverf. befriedigend aufschließen; für die beiden anderen Holzsorten wurde das Ammoniumbisulfitverf. angewandt. Das Halbzellstoffverf. griff die Cellulose am wenigsten an, das Vorhydrolyse-Sulfitverf. am meisten. Die ungebleichten Stoffe wurden einer vierstufigen Bleiche mit gleichzeitiger Veredlung unterworfen, u. zwar in der Reihenfolge: Chlorierung, Alkaliextraktion, Hypochlorit u. Absäuern zur Herabsetzung des Fe-Gehaltes. Der hohe Hemicellulosegeh. in den nicht vorhydrolysierten Halbzellstoffen erforderte eine Kaltveredelung als zweite Stufe, sonst genügte dort eine Extraktion mit Alkali bei erhöhter Temperatur. Die Endausbeuten betrugen 47—45%, auf Holz bezogen, dessen Holocellulosegeh. zwischen 70—u. 75% lag. Die chem. Analysendaten der Stoffe entsprachen den für Reyonzellstoff üblichen, jedoch lag der Pentosangeh. mit 2—9% höher als gebräuchlich. In Laubholzzellstoffen liegen 75—100% des Pentosans in Mischketten mit Cellulose vor. Reyon aus Coigue-Halbzellstoff wies einen Pentosangeh. von 6,6% auf. Filterverss. mit zwei Zellstoffen verliefen günstig, ebenso Spinnverss. mit vier Zellstoffen. Die Fasereigg. waren befriedigend, was zeigt, daß die mit der Cellulose fest verbundenen Laubholzpentosane der Fasergüte weniger schädigen als die Nadelholzpentosane. Zusammenfassend kann gesagt werden, daß aus den drei angeführten Hölzern Zellstoffe hergestellt werden können, die beim Viscose-Continueverf. verwendbar sind. (Tappi **35.** Nr. **4.** 166. 1952; referiert nach Papier **6.** L 102. Nov. 1952.) P. ECKERT. 7956

R. O. H. Runkel, *Entwicklung chemischer und halbchemischer Aufschlußverfahren für Laubhölzer, im besonderen für tropische Hölzer aus West-Afrika.* Nach Ansicht des Vf. ist das Sulfitverf. zum Aufschluß von Tropenhölzern ungeeignet, das Natronverf. kann nur für noch zu bleichende Stoffe verwendet werden. Das Sulfatverf. u. die halbchem. Prozesse eignen sich nicht nur zur Herst. nicht zu bleichender Stoffe. Aus Mischkochungen aus Tropenhölzern mit dünnen u. dicken Zellwänden lassen sich Zellstoffe gewinnen, die denen aus unseren Nadelhölzern entsprechen. (Tappi **35.** Nr. **4.** 174. 1952; referiert nach Papier **6.** L 102. Nov. 1952.) P. ECKERT. 7956

Albert Buhs, *Beitrag zum Problem der Cellulose aus Zuckerrohrbagasse.* Vf. erörtert die Aussichten u. Möglichkeiten der Verwendung der Bagasse als Rohstoff für die Celluloseherstellung. Die dazu verwendeten Apparate müßten auch eine Verarbeitung anderer Gramineen ermöglichen. (Rev. Quím. ind. **21.** 82—85. April 1952. Belo Horizonte, I.T.I.)
R. K. MÜLLER. 7956

W. E. Cohen und **A. W. Mackney**, *Einfluß der Extraktstoffe von Eucalyptusholz bei der Herstellung von Natron- und Sulfatzellstoffen.* Die vorliegende Arbeit beschäftigt sich mit den zahlenmäßigen Beziehungen zwischen den chem. Daten verschied. Eucalyptushölzer u. den chem. Daten der unter willkürlichen Bedingungen daraus hergestellten Sulfat- u. Natronzellstoffe. Als chem. Kennzahlen der verschied. Hölzer wurden die mit heißem W. entziehbaren Extraktstoffe, sowie der bei der Extraktion mit 0,1 bzw. 1,0n·NaOH auftretende Alkaliverbrauch ermittelt. An Zellstoffdaten wurden Lignin (KLASSON), Permanganatzahl (EDWARDS u. MACKNEY) u. die in 0,125n NaOH lösl. Zellstoffanteile bestimmt. Die genauen Kochbedingungen sowie die Versuchsergebnisse werden besprochen. (APPITA Proceedings **5.** 315. 1951; referiert nach Papier **6.** L 102. Nov. 1952.)
P. ECKERT. 7958

K. G. Trobeck, *Einige Angaben über die Oxydation der Schwarzlauge.* (Vgl. C. **1952.** 3752.) Beim Konzentrieren der Schwarzlauge betragen die Verluste an S 24,6—31 lbs/short ton Zellstoff. Wird die Lauge vorher mit Luft oxydiert, so treten keine Eindampfverluste in Form flüchtiger Verbb. auf u. das Kondenswasser ist frei von H_2S. Die Sulfidität $Na_2S \cdot 100/Na_2S + NaOH$ steigt; Rohrleitungen werden weniger korrodiert. Der Harzanteil der oxydierten Lauge ist weder in Menge noch Güte verändert. Zu techn. Berechnungen genügt für die Oxydation die allg. Formel: $2 Na_2S + 2 O_2 + H_2O = Na_2S_2O_3 + NaOH + 215{,}3$ kcal. Die techn. Ausführung der Oxydation erfolgt in Türmen mit besonderen Schaumbrechern. Die Konz. der Lauge soll nicht über 30% betragen, da sonst die Rk. zu lange dauern würde. (Paper Trade J. **135.** Nr. 1. 27—31. 4/7. 1952. Stockholm.) H. BECKER. 7960

Otto Wurz, *Moderne Arbeitsmethoden skandinavischer Sulfitzellstoffwerke.* Im Rahmen der Ausführungen werden behandelt: Das Holz u. seine Aufbereitung, die Kochsäureherst., die Kocherei, die Stoffaufbereitung, die Bleicherei u. die Entwässerungsmaschinen. Abschließend werden allg. Fragen behandelt. Die Beschreibungen erfolgen an Hand zahlreicher schemat. Darstellungen. (Papier **6.** 457—64. Nov. 1952.) P. ECKERT. 7962

E. Kesting, *Herstellung und Eigenschaften von Chlordioxyd.* Nach einem Überblick über die bekannten Herstellungsmethoden (HOLST-Prozeß, PERSSON-Prozeß) u. Anwendungsgebiete von ClO_2 schildert Vf. die von den ELEKTROCHEM. WERKEN MÜNCHEN entwickelte elektrolyt. Meth. zur Herst. eines Gemisches von ClO_2 u. Cl nach der Formel: $NaClO_3 + 2\,HCl \rightarrow ClO_2 + Cl + H_2O + NaCl$, bei der das bei der Umsetzung gebildete NaCl u. das unverbrauchte $NaClO_3$ durch kontinuierliche Elektrolyse wieder dem Prozeß zugeführt wird. Voraussetzung des Verf. ist, daß unmittelbar am Ort des Verbrauchs produziert wird. ClO_2 wird auf Grund seiner gegenüber Cl_2 erheblich größeren Löslichkeit in W. angereichert u. findet als wss. Lsg. z. B. in der Stoffbleicherei von Papier- u. Zellstoffabriken direkte Verwendung. Das abgeblasene Cl_2 kann zur HCl- oder NaClO-Gewinnung herangezogen werden. (Pulp Paper Mag. Canada **53.** Nr. 8. 99—104. Juli 1952. München, Elektrochem. Werke.) ROSSOW. 7978

Helmut Doering, *Eine neue Methode zur Bestimmung der Kohlensäure in Kalksteinen.* Beschrieben wird eine einfache Meth. zur Best. von CO_2 in Kalksteinen für die Sulfitzellstoffindustrie. Der Kalkstein wird im Vakuum in Ggw. von NaOH mit Säure zers. u. die dabei freiwerdende CO_2 nach völliger Absorption durch die Lauge u. nach Überführung in Bicarbonat bestimmt. (Papier **6.** 464—65. Nov. 1952. Aschaffenburg, Zellstoffwerke, Zentrallabor.) P. ECKERT. 8006

Chadeloid Co., übert. von: **John R. Fisher jr.** und **James E. Price,** Dayton, O., V. St. A., *Holzschutzmittel,* dessen Überschuß sich auch nach dem Trocknen des imprägnierten Holzes noch gut abwischen läßt, bestehend aus einer wss. Emulsion, die harzartige Bindemittel, z. B. Cellulosederivv., Füllstoffe, z. B. Bentonite, Pigmente, z. B. rotes Eisenoxyd, saure organ. Farbstoffe, u. als Lösungsm. für die Bindemittel u. Farbstoffe Tetrahydrofurfurylalkohol, oder ein Gemisch von z. B. Diäthylenglykolmonoäthyläther, als Lösungsm. für das Harz, u. von aromat. KW-stoffen für die Farbstoffe enthält. (**A. P. 2 565 602** vom 24/2. 1947, ausg. 28/8. 1951.) PETERSEN. 7953

C. G. S. Ahlson, Stockholm, Schweden, *Kohle- oder Ölpapier.* Auf der Rückseite der Kohle- oder Ölpapiere ist ein Überzug oder Belag aus *Polyacrylaten* angebracht, die durch Mischpolymerisation aus Acrylsäure- u. Methacrylsäureestern in einem organ. Lösungsm., bes. Aceton, hergestellt wurden. Dieser Überzug soll das Einrollen verhindern. (**Schwed. P. 133 571** vom 22/5. 1948, ausg. 6/11. 1951.) JÜRGEN SCHMIDT. 7987

Continental Gummi-Werke Akt.-Ges., Hannover, und **Fa. Georg Streb,** Neu-Isenburg (Erfinder: **Erich Donath,** Hannover, und **Georg Streb,** Neu-Isenburg), *Herstellung von Gummidrucktüchern.* In die Oberfläche der Tücher wird eine Schicht von kleinen, kugelähnlich abgerundeten Körpern, wie Metalle, Mineralien, Kunststoffe u. dgl., die keine faserige Struktur besitzen, eingebettet. (**D. B. P. 848 833** Kl. 151 vom 22/11. 1950, ausg. 8/9. 1952. **Zusatz zu D. B. P. 831 845; C. 1952. 6628.**) LAASS. 7989

Perma-Flex Industries Ltd., übert. von: **James Spencer,** Toronto, Ontario, Can., *Verfahren und Vorrichtung zum Herstellen von Druckwalzen sowie zum Ausgleichen der Oberfläche von Druckwalzen aus thermoplastischer Masse.* Auf eine in horizontaler Ebene rotierende Metallstange läßt man von einem Ende zum anderen fortschreitend geschmolzene thermoplast. M. fließen u. erzeugt so eine Schicht auf dem metall. Kern. Mittels einer erhitzten Vorr., die gleichzeitig mit dem Auftragen der M. in der Längsrichtung des metall. Kernes u. in Kontakt mit der erzeugten Schicht an derselben entlang geführt wird, erhält diese eine Oberfläche, die nach dem Abkühlen glatt u. von genau zylindr. Form ist. Zum Ausgleichen der Oberfläche von Druckwalzen aus thermoplast. M. wird dieselbe Vorr. verwendet, ohne daß geschmolzene M. zusätzlich zugeführt wird. — Abbildungen. (**Can. P. 474 435** vom 23/8. 1948, ausg. 12/6. 1951.) ASMUS. 7989

E. J. Labarre, Dictionary and encyclopaedia of paper and paper making. London: Oxford U. Pr. 1952. (XXIV + 488 S.) s. 70,—.

Louis Ellsberg Wise and **Edwin C. John,** Wood chemistry. 2nd. ed. V. 2. New York: Reinhold. 1952. 662 S. m. Diagr.) $ 15,—.

XVIIIb. Textilfasern.

T. Earl Jordan, George Volz, Jack Gelb und **Cyril Romanovsky,** *Die Wirkungen von Magnesiumionen auf die Wollwäsche bei Verwendung von Dodecyltoluolsulfonat.* Mg-Ionen erhöhen die Waschkraft von Dodecyltoluolsulfonat (I) im Gemisch mit Na_2SO_4 (II) bzgl. Wolle auf ein Vielfaches. Optimal erwies sich eine Mischung aus 40% **I,** 45% **II** u. 15% $MgSO_4$ Kombinationen anderer Sulfonate, z. B. Nonylnaphthalinsulfonat u. Ionen, wie $AlCl_3$, $ZnCl_2$, $CaSO_4$, $CdSO_4$, LiCl, $Na_2B_4O_7$, gaben weniger gute Resultate. (Amer. Dyestuff Reporter **41.** 413—14. 7/7. 1952. Publicker Ind. Inc.) ZAHN. 8060

—, *Die Behandlung der Wolle mit Wasserstoffsuperoxyd.* Berichtet wird über das Verh. der Wolle in H_2O_2 u. dessen Verwendung zur Erzielung schrumpfbeständiger Wolle-Baumwoll-Mischgewebe. (Textile Recorder **70.** Nr. 833. 75—76. Aug. 1952.) P. ECKERT. 8060

L. Maaskant, *Einheit und Verschiedenheit auf dem Gebiete der Kunstfasern.* Allg. gehaltene Ausführungen. (Chem. Weekbl. **48.** 421—30. 14/6. 1952.) WESLY. 8070

E. Bradbury und **A. Reicher,** *Hohe Reibung extrahierter Garne aus kontinuierlichen Fäden an reinen Glasoberflächen.* Die stat. Reibung zwischen Garnen aus kontinuierlichen nicht verzwirnten Fäden [Terylene, Nylon (I), Viscose, Acetat (II) u. Seide] u. sauberen Glasoberflächen kann ungewöhnlich hohe, sonst nur bei Weichmetallen beobachtete Werte erreichen. Die Fasern wurden zuvor 4 Std. in Methanol u. 6 Std. in PAe. extrahiert: **I** u. **II** wurden in 0,2n HCl eingelegt, gewaschen, getrocknet u. 6 Std. mit PAe. extrahiert. Ein Garnfaden gleitet trotz einer Belastung von 50 g nicht ab. Beim Abziehen von **II** von Glas werden Fetzen von der Faseroberfläche abgerissen. (J. Textile Inst., Trans. **43.** T 350—53. Juli 1952. Brit. Cotton Ind. Res. Assoc.) ZAHN. 8070

Henry Eyring, Marilyn G. Alder, Stephen A. Rossmassler und **Carl J. Christensen,** *Erzwungene Schwingungen von Polyamidfäden.* Mit Hilfe einer App. zur sinusförmigen Dehnungsschwingung von Fäden (variabel; Frequenz, Schwingung, Anfangsdehnung, Temp. zwischen 0 u. 65°) wurden drei verschied. Polyamid-Monofils [*Nylon 66, Nylon 610, Nylon 2-Methyl-66* (Poly-2-methylhexamethylenadipinamid)] auf Energieaufnahme eingehend, unter Variation aller Parameter geprüft. Die Versuchsdaten werden mit theoret. Berechnungen auf der Grundlage neuer Modelle für viscoelast. Körper diskutiert. Bzgl. des sehr umfangreichen Zahlenmaterials wird auf das Original verwiesen. (Textile Res. J. **22.** 223—46. April 1952. Salt Lake City, Ut., Univ., Dep. Chem., u. School Mines Mineral Ind.) ZAHN. 8080

—, *Die Fixierung und die Ausrüstung von Nylongeweben.* Kurzer Überblick über die verschied. Fixierungsverfahren. Besprochen werden die Stabilisierung mit Dampf von 120—140°, mit hoch temperierter trockener Hitze, mit heißem Gas u. mittels Strahlung. Die Vorteile der einzelnen Verff. werden behandelt. (Textile Recorder **70.** Nr. 833. 72. Aug. 1952.) P. ECKERT. 8080

Friedrich Reinhart, *Glasfäden und Glasfasern.* Vf. gibt an Hand der Nachkriegs-Patentliteratur einen Überblick über die Entw. auf dem Gebiet der Herst. von Glasfäden u. Glasfasern. Die beschriebenen Verbesserungen behandeln die Art des Aufspinnens der Fäden u. die hierfür verwendeten Spulen sowie andere Vorrichtungen u. Verff. der Fadenaufnahme. Ferner werden Verbesserungen an Speisern u. Düsen u. Verff. zum Behandeln der erzeugten Fasern auf chem. u. physikal. Wege zur Beeinflussung ihrer Eigg. beschrieben. (Glas-Email-Keramo-Techn. **3.** 373—75. 15/10. 411—14. 15/11. 1952.) P. ECKERT. 8082

E. Marianne Kärrholm, *Bestimmung der wasserabstoßenden Ausrüstung. Eine Beschreibung des schwedischen Regenprüfers und ein Vergleich einiger Prüfmethoden für die wasserabstoßende Ausrüstung.* Die Konstruktion des Regenprüfers u. der Einfl. verschied. Faktoren (Intensität, Temp., Härte u. p_H des Regens, Unterlage, Versuchsdauer, Fallhöhe der Tropfen) auf die Prüfungsergebnisse werden eingehend beschrieben. Ferner wurden Vergleichsverss. mit dem Regenprüfer nach SLOWINSKE (DU PONT) durchgeführt. (J. Textile Inst. **43.** P 263. Juni 1952. Gothenburg, Schweden, Inst. für Textilforschung.) ZAHN. 8096

A. G. Hamlin, *Die Extraktion und colorimetrische Bestimmung von Eisen mit Hilfe von 7-Oxychinolin.* Um $Fe^{\cdots}$ in kleinen Mengen in Textilien zu bestimmen, extrahiert man das Fe-Oxinat aus wss. Lsgg. (p_H 3,0:4 Mol NH_4-Chloracetat als Puffer) mit Chlf. u. colorimetriert dieses bei 470 mμ. Andere organ. Ionen außer Cu stören nicht. Dieses wird aus dem Extrakt zuvor mit KCN-Lsg. ausgewaschen. Die wichtgste Fehlerquelle ist eine gewisse Red. von $Fe^{\cdots}$. Bzgl. des ausführlichen experimentellen Teils wird auf das Original verwiesen. (J. Textile Inst., Trans. **43.** T 234—46. Mai 1952. Manchester, British Cotton Ind. Res. Assoc.) ZAHN. 8096

William R. Wilson, *Die Verwendung von Lösungsmitteln zur Faseridentifizierung.* Vf. beschreibt ein einfaches Verf. zur Erkennung der gebräuchlichsten Faserarten unter Verwendung von verschied. Lösungsmitteln. Die Ausführung sowie die Handhabung beim Vorliegen von Fasermischungen wird beschrieben. (Canad. Textile J. **69.** Nr. 22. 75—77. 24/10. 1952. Marcus Hook, Pa., American Viscose Corp.) H. G. FRÖHLICH. 8100

R. S. Hartley, F. F. Elsworth, P. G. Midgley und **J. Barritt,** *Quantitative Bestimmung von Eulan CN, Mitin FF und Lanoc CN in Wolle.* Zur Best. von *Eulan CN* (**I**), *Mitin FF* (**II**) u. *Lanoc CN* (**III**) in Wolle (**IV**) eignen sich 2 Methoden. **I** u. **III** bilden in spezif. Rk. gelbbraun gefärbte, bei 495 mμ colorimetrierbare gefärbte, in Chlf. lösl. Komplexe in Ggw. von $CuSO_4$ u. Pyridin. **II**, **I** u. **III** lassen sich in Ggw. von Methylenblau in einen in Chlf. lösl. gefärbten u. bei 652 mμ colorimetrierbaren Komplex überführen. Bei beiden Methoden wird **IV** mit sd. wss. Pyridinlsg. (5 W. + 7 Pyridin) extrahiert. (J. Soc. Dyers Colourists **68.** 171—75. Mai 1952. Torridon, Wool Ind. Res. Assoc.) ZAHN. 8108

Deutsche Solvay-Werke Akt.-Ges. (Erfinder: **Otto Heuse**), Solingen, *Herstellung von Alkalidicklaugen,* die beim Verdünnen wasserhell bleiben, für die Herst. von *Alkalicellulose.* Man setzt geringe Mengen Weinsäure, deren Salze, Glycerin, Mannit oder Gluconsäure zu. (**D. B. P. 852 083** Kl. 12o vom 23/9. 1942, ausg. 13/10. 1952.) FABEL. 8075

Mo och Domsjö Aktiebolag, Ornskoldsvik, übert. von: **Hans Olaf Samuelson,** Gothenburg, Schweden, *Herstellung von Alkalicellulose im Zweistufenverfahren.* Man behandelt Zellstoff mit Mercerisierlauge (**I**), preßt ab, läßt reifen u. entfernt die hierbei entstehenden alkalilösl. niedermol. Abbauprodd. durch erneute Behandlung mit Lauge (**II**), worauf wieder abgepreßt wird. Die Temp. von **I** soll möglichst unter 12° liegen, die Temp. von **II** wenigstens 10° höher. Die Konz. von **I** soll ca. 180 g/Liter NaOH nicht überschreiten, die Konz. von **II** hingegen mindestens 230 g/Liter NaOH betragen. (**A. P. 2 592 746** vom 8/11. 1949, ausg. 15/4. 1952. Schwed. Prior. 11/11. 1948.) FABEL. 8075

Vereinigte Glanzstoff-Fabriken Akt.-Ges., Wuppertal-Elberfeld (Erfinder: **Wilhelm Martin,** Oberbruch), *Entgasung eines frisch gesponnenen Viscosefadenkabels,* das für die Erzeugung von Zellwolle bestimmt ist. Das aus dem Spinnbad tretende Kabel wird unter mehrfachen Hinundhergängen durch eine mit heißer Bad-Fl. gefüllte u. geschlossene Barke unter Verstreckung entgast. Die Streckung erfolgt nur beim 1. Durchlauf auf dem Wege bis zur 1. Umlenkung, dann läuft das Kabel spannungslos. — Zeichnungen. (**D. B. P. 846 147** Kl. 29b vom 21/1. 1943, ausg. 11/8. 1952.) SALZMANN. 8075

Courtaulds Ltd., London, übert. von: **Horace J. Hegan,** Coventry, England, *Kontinuierliche Herstellung von anhydrischem Glaubersalz.* In der heißen Zone eines horizontalen Behälters wird $Na_2SO_4 \cdot 10\,H_2O$ (**I**) auf über 32,5° erhitzt u. eine gesätt. Lsg. von Na_2SO_4 (**II**) u. anhydr. Na_2SO_4 (**III**) gebildet. Nach Abtrennung von **III** gelangt **II** unter Kühlung in die kalte Zone des Behälters mit Tempp. von 12—20°, wo kontinuierlich **I** zugesetzt, ausgeschieden, der heißen Zone zugeführt u. dort zu **II** u. **III** umgewandelt wird. Bes. geeignet zur Verarbeitung von Ablaugen aus der Spinnstoffindustrie nach dem Viscoseverfahren. — Vorrichtung. (**A. P. 2 592 139** vom 6/6. 1949, ausg. 8/4. 1952. E. Prior. 2/7. 1948.) KARST. 8075

Vereinigte Glanzstoff-Fabriken Akt.-Ges., Wuppertal-Elberfeld (Erfinder: **Kurt Richter,** Erlenbach/M.), *Künstliche Fäden mit herabgesetzter Quellfähigkeit aus Hydratcellulose.* Man erhitzt die Fäden mit 30—50% Wassergeh. ca. 12—15 Std. bei 100° in einem mit der Atmosphäre in Verbindung stehenden Raum ohne Luftwechsel u. bringt sie anschließend unter Einschaltung von Luftwechsel auf den handelsüblichen Wassergehalt. Der Behandlungsraum muß so bemessen sein, daß die vorhandene Feuchtigkeit ausreicht, bei den angewandten Tempp. Luftsättigung herbeizuführen. (**D. B. P. 850 056** Kl. 29b vom 22/12. 1943, ausg. 22/9. 1952.) SALZMANN. 8077

Imperial Chemical Industries Ltd. (Erfinder: **William E. Tetlow** und **Robin H. K. Thomson**), England, *Unlöslichmachen von Kunstfäden.* Die durch Verspinnen von wss. alkal. Pflanzeneiweißlsgg., z. B. Erdnußprotein, oder Phosphorprotein, z. B. Casein, in saurem, salzhaltigen Fällbad erhaltenen Fäden werden nacheinander in 3 verschied. Lsgg. behandelt. Lsg. 1 enthält 240—320 (g) NaCl, 60 Na_2SO_4, 3 H_2SO_4 u. keine wesentlichen Mengen CH_2O. Temp. 15—25°. Lsg. 2 enthält 10—20 CH_2O, Temp. 80°. Lsg. 3 enthält 30—130 NaCl, 370—480 Na_2SO_4, 250—325 H_2SO_4 u. 10—20 CH_2O, Temp. 70—98°. (**F. P. 987 356** vom 27/5. 1949, ausg. 13/8. 1951. E. Prior. 28/5. 1948.) WITTHOLZ. 8079

Shell Development Co., San Francisco, Calif., V. St. A., übert. von: **Philip James Garner,** Hooten, und **Ralph Edward Bowman,** Little Chalfont, England, *Glasklare Harnstoffharze* erhält man durch alkal. Kondensation von Harnstoff, gegebenenfalls im Gemisch mit Thioharnstoff, einem Aldehyd u. einem polyfunktionellen Harnstoffderiv.,

z. B. 1.4-Butylen-, 1.3-Pentylen, 1.2-Phenylendiharnstoff, 1.5.7-Triureidodecan, 1.3-Naphthylenthioharnstoff u. dgl., bei 50—80°, wobei das Verhältnis der 3 Komponenten vorzugsweise bei 27—34 (Mol-%), 60—67 u. 1—6 liegt. Herst. von *Fäden*, Filmen, Rohren, Scheiben (für Flugzeuge) u. dergleichen. (**A. P. 2 572 256** vom 17/5. 1948, ausg. 23/10. 1951. E. Prior. 4/6. 1947.) SALZMANN. 8081

Badische Anilin- & Soda-Fabrik, Ludwigshafen/Rh. (Erfinder: **Herbert Rein**, Frankfurt/M.), *Fäden hoher Festigkeit aus Polyäthylenhalogeniden*, bes. (nachchloriertem) Polyvinylchlorid oder Dichloräthylen. Die unter Streckung in W. gesponnenen Fäden werden einer Nachverstreckung, gegebenenfalls von über 500% in einem 100—140° heißen Bad (Glycerin) unterworfen. (**D. B. P. 856 498** Kl. 29b vom 8/8. 1942, ausg. 20/11. 1952.) SALZMANN. 8081

E. I. du Pont de Nemours & Co., Wilmington, übert. von: **Boynton Graham**, Claymont, und **Arion Edwin Schupp**, Wilmington, Del., V. St. A., *Knitterfreie Nylontextilien*, welche auch weicher, elastischer u. leichter auffärbbar sind, erhält man durch Imprägnieren mit einer 10%ig. wss. Lsg. von NH_4Cl bei p_H 3, Erhitzen auf 100—250° u. Behandeln mit CH_2O-Dampf, bis das Material 1,5 Gew.-% CH_2O aufgenommen hat. (**A. P. 2 540 726** vom 3/12. 1946, ausg. 6/2. 1951.) v. SCHILLER. 8081

Adams-Millis Corp., übert. von: **Henry G. Bell**, High Point, N. C., V. St. A., *Ausrüstung von Nylonware (Strümpfe)*. Das zum Wirken verwendete Nylongarn enthält eine Polyvinylalkohol-Avivage (PM-90 Avivage der NEMOURS DU PONT & CO). Nach dem Wirken werden die Strümpfe zur Fixierung des Maschenbildes in einem zum Kochen gebrachten Bad behandelt, das einen Zusatz einer Lsg. von 10(%) Celluloseglykolat, 12 hydriertes Wachs u. 15 Polyvinylacetat in 63% W. enthält. Von dieser Lsg. setzt man ca. 3%, bezogen auf die eingebrachte Ware, zu. (**A. P. 2 549 564** vom 27/10. 1948, ausg. 17/4. 1951.) MÖLLERING. 8081

XIX. Brennstoffe. Erdöl. Mineralöle.

W. Ss. Wesselowski und **G. L. Orleanskaja**, *Feststellung des Anfangsstadiums der Oxydation von Steinkohlen*. Es wird versucht, das Anfangsstadium der Oxydation von Steinkohle festzustellen, eine Frage, die auf Grund der Elementaranalyse nicht beantwortet werden kann. Es wird daher eine neue Meth., die auf der recht empfindlichen Selbstentzündungstemp. beruht, vorgeschlagen. Das Verf. besteht darin, daß die zu prüfende Kohle mit *$NaNO_2$* in Reagensgläser gebracht wird, die mit Wassermanometern verbunden werden. Beim Erhitzen erfolgt explosionsartige Ausscheidung von Gasen, wodurch der Wasserspiegel erniedrigt wird. Die Reproduzierbarkeit der Ergebnisse ist besser als nach der früheren Methode. (Известия Академии Наук СССР, Отделение Технических Наук [Nachr. Akad. Wiss. UdSSR, Abt. techn. Wiss.] **1951**. 1041—45. Juli.) HUENE. 8126

W. F. Oreschko, *Über die Oxydation von Kohlen von verschiedenem Metamorphosegrad*. Die zur Unters. gelangten Kohlen zeigen bei der Tieftemperaturoxydation, gek. durch den Zerfall der Peroxyde u. der Bldg. stabiler Komplexe, die gleiche Gesetzmäßigkeit. Die Kohlen werden in zwei Klassen unterteilt. Beträgt der Anteil an leicht flüchtigen Stoffen mehr als 26%, so nimmt die Minimumtemp. bei der Oxydation mit O_2 linear mit der Abnahme der leicht flüchtigen Anteile zu. Ist dagegen der Geh. an leicht flüchtigen Anteilen geringer als 26%, besteht keine Abhängigkeit der Temperatur. Bei der Oxydation an der Luft erfolgte bei beiden Arten ein linearer Anstieg der Temp. in Abhängigkeit vom Verkohlungsgrad. Im Bereich erhöhter Tempp. zeigen die untersuchten Kohlen sowohl bei der Oxydation mit O_2 als auch Luft eine lineare Zunahme der Entflammungstemp. (t_{max}), bei gleichzeitiger Abnahme der leicht flüchtigen Anteile. Kohlen höheren Verkohlungsgrades zeigen relativ höhere Entflammungstempp. als jüngere Kohlen. Hinsichtlich der Gasbldg. zeigen die beiden Klassen unterschiedliches Verhalten. Kohle mit einem Geh. von 26—27% an leicht flüchtigen Anteilen adsorbiert weniger O_2 als Kohle eines niedrigeren Verkohlungsgrades. Bei diesen ist im Falle einer Tieftemperaturoxydation eine beachtliche Sorption von O_2 u. Bldg. von Peroxydkomplexen zu erwarten. Bei älteren Kohlen mit einem Geh. an leicht flüchtigen Anteilen unter 26% erfolgt vermutlich die Bindung des O_2 auf Grund der erhöhten inneren Oberfläche. (Известия Академии Наук СССР, Отделение Технических Наук [Nachr. Akad. Wiss. UdSSR, Abt. techn. Wiss.] **1951**. 1031—40. Juli.) HUENE. 8126

L. J. Edgcombe und **A. B. Manning**, *Eine besondere Untersuchung über Asche und Schlacke in der Industrie. Herkunft und Art der Asche; Probenahme und Analyse*. Die Mineralbestandteile der Kohle sind zu einem Anteil an die organ. Substanz chem. gebunden, während die größere Menge bei der Kohlebldg. mit ihr gemischt wurde u. in örtlich angereicherter Form zu finden ist. Infolge der Unzulänglichkeit jeder Probenahme kann nur mit angenäherten Analysenwerten gerechnet werden, deren Genauigkeit von der Wahrscheinlichkeit der richtigen Probenahme abhängt. Bei der Unters. der Beziehung zwischen Zus. u. Schmelztemp. der Asche wurde gefunden, daß die Unterschiede zwischen der Best. der Schmelztemp. im Labor. u. der Schlackenbildungstemp. bei bewegtem Brennstoffbett infolge des besseren Mischungsgrades kleiner sind als bei ruhendem Bett. (J. Inst. Fuel **25**. 166—70. Juli 1952.) SCHÖBERL. 8126

Guillamon Reyes, *Neuzeitlicher Bau von Koksöfen*. 1. Mitt. Geschichtlicher Überblick. — Hitzebeständige Baustoffe. — Silumin u. seine Eigenschaften. — Kieselsäure, Eigg. u. Umwandlung bei verschied. Temperaturen. — Auswahl geeigneter Baustoffe. Wärmeleitfähigkeit u. -übertragung durch die Baustoffe. (Metalurgia y Electr. **15**. 36—42. Ende Juli 1951.) ALTPETER. 8142

Bruno Riediger, *Neues Verfahren zur Berechnung von Fraktionierkolonnen für Vielstoffgemische*. Zur Berechnung der zur Trennung von Vielstoffgemischen, wie z. B. des Erdöls, erforderlichen Trennstufenzahl geht Vf. von der von HOFFMANN (Z. Ver. dtsch. Ing., Beih. Verfahrenstechn. **1944**. Nr. 4. 81/90) angegebenen Darst. der Gleichgewichte von Vielstoffgemischen aus, die letzten Endes eine geschickte Umformung des RAOULTschen Gesetzes u. die Anwendung der von HOFFMANN u. FLORIN (C. **1944**. II. 930) gegebenen einfachen Beziehung für die Dampfdruckkurve homologer Komponenten darstellt. Die Gleichgewichtsberechnung wird an Hand eines Rechenbeispiels ausführlich erläutert. Die auf der gekrümmten Gleichgewichtskurve eines Zweistoffgemisches liegenden Punkte, die auch bei endlichem Rücklaufverhältnis die gleiche Bedeutung haben, lassen sich bei Vielstoffgemischen durch die Darst. nach HOFFMANN ersetzen. Dabei zeigte es sich, daß es notwendig ist, die gewünschte Zus. des Kopf- u. Sumpfprod. sowie des Rücklaufverhältnisses anzunehmen. Durch Kombination der Gleichgewichtsberechnung u. der Mengenbilanz kann man dann schrittweise von Boden zu Boden rechnen. Der von HOFFMANN vorgeschlagene Frakturdruck steht für die Verstärkungssäule in einem sehr einfachen Verhältnis zum Betriebsdruck u. zum Rücklaufverhältnis u. für die Abtriebssäule zum Druck, Zulauf- u. Rücklaufverhältnis. An Hand eines Beispieles wird das Verf. ausführlich erläutert. Durch die gleichzeitige Rechnung mit Hilfe von Tabellen u. mit Übertragung der Ergebnisse in graph. Darstellungen sind Rechenfehler sofort durch Abweichungen in den Kurvenzügen bemerkbar. Das Verf. bietet die Möglichkeit, sowohl Seitenströme als auch Veränderungen der Verdampfungswärme zu berücksichtigen. (Erdöl u. Kohle **4**. 326—32. Juni 1951. Berlin-Hermsdorf.) STAGE. 8192

—, *Das „Autofining"-Verfahren in Llandarcy. Einige Einzelheiten über Arbeitsweise und Ergebnisse*. Das von der ANGLO-IRANIAN OIL COMP. entwickelte katalyt. Entschwefelungsverf. arbeitet bei 3,5—14 atü u. 370—427° mit einem sehr S-beständigen Katalysator, der period. regeneriert wird. Nach dem Verf. können *Benzine* (I) bis leichte *Dieselöle* (III) mit nur geringen H_2-Verlusten u. 99—100% Flüssigkeitsausbeuten behandelt werden. Straight run-I u. *Kerosine* (II) können vollständig, III z. B. zu 60—70% entschwefelt werden. — Wiedergabe vollständiger Analysen von Erdölprodd. aus dem mittleren Osten (S vor u. nach Behandlung): I (S) 0,081 → 0,0007%, *Naphtha* 0,116 → 0,0019%, II 0,180 → 0,004%, III 1,00 → 0,30%; Destillate aus dem Mittelosten (0,387 → 0,06%), aus Westtexas (1,15 → 0,174%). — Aus aromat. SO_2-Extrakten (Analysen) wird der S zu 98,6% bei Bzn. bzw. zu 92,5% bei Kerosin entfernt. (Petroleum Times **56**. 300—01. 18/4. 1952.) ROTTER. 8194

S. G. Gallo, C. S. Carlson und **F. A. Biribauer**, *Zusammensetzung von Erdöl-Kresylsäuren aus Erdölbenzinen. Probeweise Gewinnung und Charakterisierung*. Steigende Nachfrage nach C_6—C_8-Phenolen führte zu deren probeweisen Gewinnung aus Benzinfraktionen (C_5 bis 230°). Aus 7 katalyt. in fl. Phase gespaltenen Benzinfraktionen wurden durch Extraktion mit 10%ig. NaOH die Säuren extrahiert, die Kresol, Xylenol u. Phenol in absteigender Menge enthielten. Versuchsdurchführung u. Diagramm neben 17 Literaturhinweisen im Original. Von den mitextrahierten Verunreinigungen, S, Neutralöl u. Fettsäuren, ist nur der S schwer zu entfernen, der in Form von Thiophenolen vorliegt. Eine Entschwefelung wird erreicht 1. durch Luftblasen der verbrauchten Lauge oder durch Waschen mit Bzn. vor der Freisetzung der Kresylsäure, 2. durch begrenzte Neutralisation der verbrauchten Lauge bis zu einem p_H-Wert von 9,7—10 u. 3. durch Dest. einer Harzfraktion, 4. durch Kombination der Verfahrensschritte 1—3. Die auf diese Weise erhaltenen Säuren unterscheiden sich nicht von den aus Steinkohlenteeren erhaltenen. (Ind. Engng. Chem. **44**. 2610—15. Nov. 1952. Linden, N. J., Esso Labors., Standard Oil Development Co.) K. O. MÜLLER. 8194

Tsutomu Kuwata, *Untersuchungsmethoden für adsorbierende Reinigungsfiltermassen auf der Basis von Tonerde, Kieselsäure und Al-Silicaten*. Behandelt werden einige für die Ölreinigung wichtige Adsorptionsmassen, wie Al_2O_3-, SiO_2- u. Al-Silicatgel, sowie Methoden zur Messung der Adsorptionskraft u. die Frage der gebleichten Standardvergleichsöle u. der Reinigung saurer Öle. (Chem. and chem. Ind. [Kagaku to Kogyo] **4.** 126—30. April 1951. [Orig.: japan.]) SCHULER. 8194

D. J. W. Kreulen, *Über den Einfluß von Metall, besonders Kupfer, auf die Oxydation von Weißöl.* Bei der Oxydation von Weißöl zeigt sich eine Induktionsperiode, die um so kürzer wird, je mehr Cu anwesend ist, bis sie schließlich ganz verschwindet. Vermutlich werden dabei die Antioxydantien, welche die Induktionsperiode bewirken, an der Cu-Oberfläche adsorbiert. Sn ist weniger wirksam. Beim Zusatz von bis zu 500 cm^2 Cu-Oberfläche zu 250 ml Öl zeigt sich keine Wrkg. auf die Reaktionsgeschwindigkeit, darüber hinaus zeigt sich ein katalyt. Effekt. Diese Wrkg. geht sowohl von festem Cu als auch von gelöstem Cu aus; Cu_2O ist ungefähr gleich wirksam. Eine Meth. zur Best. von gelösten Cu-Spuren wird angegeben. (J. Inst. Petroleum **38.** 449—57. Juni 1952.) SCHMELING. 8212

D. J. W. Kreulen, *Einige Versuche über den Einfluß einer festen Phase auf die Oxydation von niederviscosem Mineralöl.* Die Oxydationsgeschwindigkeit (I) u. Induktionsperiode (II) eines Transformatorenöls wurde in Ggw. von Glas, Sand, Anthrazit, Retortenkohle u. SiC beobachtet. Es zeigte sich keine Beziehung zwischen der Länge der **II** u. der **I** bei der nachfolgenden Reaktion. Aus den Verss. mit Glas, Quarz u. Sand läßt sich ein abnehmender katalyt. Effekt bei wachsender chem. Widerstandsfähigkeit ablesen. Die Ergebnisse sind noch unklar u. bedürfen weiterer Versuchsarbeit. (J. Inst. Petroleum **38.** 445—48. Juni 1952.) SCHMELING. 8218

M. F. Schosstakowski, B. W. Derjagin, I. F. Bogdanow und **N. N. Sachawajewa,** *Über Viscositätseigenschaften von Polymeren der Vinylalkyläther.* Es werden die Viscositätseigg. von polymeren Vinyläthern in Mineralölen untersucht. Der für die Unterss. benutzte polymere n. *Vinylbutyläther* wurde durch Polymerisation mit $FeCl_3 \cdot 6\,H_2O$ als Katalysator aus deren Monomeren (Kp. 93—94°; $D.^{20}{}_4$ 0,7795; $n_D{}^{20}$ 1,4010; η_{20^0} 0,4326 P.) hergestellt. Das Polymerisat ist in Bzl. u. Schmierölen gut lösl. (Viscosität der 0,1 mol. Benzollsg. = 0,8722 cPoise). Das kryoskop. in Bzl. bestimmte Mol.-Gew. ergab einen Polymerisationsgrad von 30—40. Entflammungspunkt nach BRENNEKEN 208—210°. Ein Zusatz des Polymerisats zu Mineralöl erhöht die Viscosität u. verbessert deren Temperaturabhängigkeit. Ein 5%ig. Zusatz zu einem Maschinenmineralöl ergibt ein Flugzeugöl der Winterklasse mit einem guten Viscositätsverhältnis bei 50 u. 100° u. ist wirksamer als „Paraton". Ein Vinylbutyläther geringeren Polymerisationsgrades erfordert einen höheren Zusatz. Es wird weiter der Einfl. eines Zusatzes von Vinylbutyläther auf die „Öligkeit" eines Schmiermittels bestimmt. Diese Eig. tritt dann zutage, wenn der Schmierfilm so dünn ist, daß die Viscosität in den Hintergrund tritt. Die „Öligkeit" wird durch zwei Konstanten bestimmt: 1. die „Lebensdauer", d. h. die Zeit, während der ein Schmierfilm von 0,1 bis 1,0 μ Dicke eine Schmierwrkg. ausübt; 2. die Höhe der Abnutzung einer der Reibungsflächen unter festgelegten Reibungsbedingungen in Ggw. des zu prüfenden Öles. Untersucht wurden drei Proben von Vinylbutyläther, die zur Entfernung des Monomeren mit Ae. behandelt u. ein- oder zweimal mit A. gefällt oder im Vakuum bei 100—120° erhitzt wurden, sowie eine Probe von *Polyvinylisobutyläther,* der durch Polymerisation mit festem $SnCl_2$ hergestellt wurde (nach Umfällen mit A. aus Ae., $n_D{}^{20}$ 1,4518, Mol.-Gew. 2250). Es wurde der Einfl. eines 2%ig. Polymerisationszusatzes zu Turbinen- u. Gewehröl untersucht. Der Polyvinylisobutyläther, der eine verzweigte Struktur besitzt, hatte größeren Einfl. auf die „Öligkeit" als Vinylbutyläther, bei dem die höhermol. Proben wirksamer waren als die niedrigmolekularen. Noch bessere Eigg. hat *Polyvinyloctyläther,* mit dem nur Vorverss. durchgeführt wurden. (Журнал Прикладной Химии [J. angew. Chem.] **24.** 1063—70. Okt. 1951. Inst. für organ. Chem. u. Inst. für physikal. Chem. der Akad. der Wiss. der UdSSR.) ZELLENTIN. 8220

—, *Nachweis und Bestimmung von Kohlenoxyd.* Weiterentw. des CO-Gerätes der COMBUSTION INSTRUMENTS LTD. Die neue Ausführungsform erlaubt beträchtliche Abkürzung der Dauer der CO-Best. (2 Min.) u. ist einfacher ausführbar als die J_2O_5-Methode. Hauptteil des Geräts ist das „CO-Rohr", dessen mittlere (gelbe) Füllung eine Pd-Verb. enthält, die durch CO geschwärzt wird. Die beiden Rohrenden sind mit Silicagel gefüllt, das als Filterschicht wirkt u. eine zweimalige Benutzung der Pd-Schicht (von beiden Seiten aus) ermöglicht. Die CO-Best. wird nur durch H_2S, der ebenfalls Schwärzung hervorruft, beeinträchtigt. Sollen CO u. H_2S getrennt bestimmt werden, kann ein „Duo-Rohr" Verwendung finden. Die CO-Mengen, die mit der App. genau bestimmbar sind, liegen zwischen Spuren u. 0,2%. Für die Best. von CO-Mengen bis zu 0,5% ist eine „HJ-CO-Best." entwickelt worden. Weiterhin wird ein doppelt wirkender Aspirator in handlicher Form empfohlen, der eine genaue Dosierung der Gasproben für die Unters. ermöglicht. (Gas Wld. **134.** 60. 21/7. 1951.) FREE. 8250

Antonio Preckler Ferrer und **Fernando Carús Moré,** *Untersuchung der wichtigsten Unterscheidungsmerkmale von für die Schmierung bestimmten Ölen.* Die wichtigsten Analysenverff. für Schmieröle, im wesentlichen nach den ASTM-Vorschriften, auch motor. Prüfungen nach C.R.C. werden beschrieben. Ausführlich wird die Viscositätsbest. behandelt. (Ion [Madrid] **12**. 187—95. April. 238—44. Mai. 302—09. Juni 1952.) Schmeling. 8258

Badische Anilin- & Soda-Fabrik, Ludwigshafen/Rh. (Erfinder: **Lisa Rössig**, Krefeld-Uerdingen, und **Hermann Zorn**, Chur, Schweiz), *Ester* der Formel $R'.SO_2\cdot N(R)-CH_2\cdot CO\cdot O\cdot R''$, worin R' einen beliebigen KW-stoffrest, bes. einen aliphat. Rest mit 12—18 C-Atomen, R = H, Alkyl, Aryl oder Acyl, R'' einen aliphat. Rest mit 6—14 C-Atomen bedeuten, dienen zur Herst. von *Bohr- u. Schneideölen*. — Eine Alkoholfraktion (Kp. 180—250°) der CO-Hydrierung wird in Ggw. von Benzolsulfonsäure mit einer Alkylsulfamidoessigsäure verestert, deren Alkylgruppe im Durchschnitt ca. 15 C-Atome enthält. (**D. B. P. 848 956** Kl. 12 q vom 19/2. 1944, ausg. 11/9. 1952.) Langer. 8191

E. I. du Pont de Nemours & Co., übert. von: **Donald J. Loder**, Wilmington, Del., V. St. A., *Extraktion von Kohlenwasserstoffölen mit Dimethylammonium-dimethylcarbamat.* Man extrahiert in einer oder mehreren Stufen, wobei sich eine Extraktschicht (die die Verunreinigungen enthält) u. eine Raffinatschicht (gereinigtes Öl) bildet, die man trennt. Man verwendet 0,1—4 Voll. Extraktionsmittel pro Vol. Öl. Arbeitstemp.: ca. 32—140° F. (**A. P. 2 594 044** vom 14/2. 1950, ausg. 22/4. 1952.) Unger. 8195

California Research Corp., San Francisco, übert. von: **Arthur B. Johnson**, Orinda, und **Daniel H. Condit**, Lafayette, Calif., V. St. A., *Entfernung von Carbonylsulfid aus verflüssigtem Erdgas.* Man entfernt COS aus Erdgasen, die von anderen S-Verbb. frei sind, indem man diese verflüssigten KW-stoffgase in einer wss. Lsg. von Äthanolamin u. Alkalihydroxyd (NaOH, KOH) fein verteilt (Konz.: 3—6 Mol Hydroxyd pro Mol Äthanolamin). Es bildet sich eine instabile Emulsion, die man in ein Absitzegefäß bringt, wo sie eine obere Schicht (gereinigte fl. KW-stoffe) u. eine untere Schicht (wss. Behandlungsmittel, COS u. geringe Mengen der verflüssigten KW-stoffe) bildet. Von der oberen Schicht zieht man die gereinigten KW-stoffe laufend ab, die untere Schicht leitet man in die Waschzone zurück. — Zeichnung. (**A. P. 2 594 311** vom 23/4. 1949, ausg. 29/4. 1952.) Unger. 8195

California Research Corp., San Francisco, übert. von: **Richard H. Felter, Oakland**, Calif., V. St. A., *Rückgewinnung von Schwefelsäure aus Säureschlamm.* Säureschlämme aus der Behandlung von Erdöl-KW-stoffen mit konz. H_2SO_4 (Weißöle) mit einem Geh. von über 80% u. einem Gewichtsverhältnis von H_2SO_4 : W. wie 93 : 7, werden auf 0—30° F abgekühlt. Es bildet sich eine feste Phase, die aus konz. H_2SO_4 (höher als 93%) besteht u. eine fl. Phase, die man durch Filtrieren trennt. (**A. P. 2 593 128** vom 6/5. 1948, ausg. 15/4. 1952.) Unger. 8195

Standard Oil Development Co., Del., übert. von: **John W. Packie**, Maplewood, N. J., V. St. A., *Handhabung von Wirbelstromkontakten.* Bei der Behandlung, Gewinnung oder Umwandlung von KW-stoffen in Ggw. von Wirbelstromkontakten, z. B. beim Spalten, kann man Systeme anwenden, bei denen ein Fluidkatalysator fortlaufend zwischen einer Reaktionszone u. einer Regenerationszone im Kreise geführt wird, wobei ein Vermischen der beiden verschied., in den Gefäßen anwesenden Dämpfe u. Gase auf jeden Fall vermieden werden muß. In dem Reaktions- u. dem Regenerationsgefäß, die durch U-förmige Röhren verbunden sind, durch die die feinverteilten Katalysatoren von einem Gefäß ins andere gelangen, werden die Kontakte im Wirbelstrom erhalten. Die Bewegung im Reaktor geschieht durch KW-Dämpfe, im Regenerator durch Luft. Tempp.: Reaktor 700 bis 1100° F, Regenerator 900—1200° F. — Zeichnung. (**A. P. 2 589 124** vom 1/5. 1950, ausg. 11/3. 1952.) Unger. 8197

Shell Development Co., San Francisco, Calif., übert. von: **Richard P. Prainer**, Amityville, N. Y., und **Lawson E. Border**, Westwood, N. J., V. St. A., *Spalten von Kohlenwasserstoffölen.* Man düst das fl. Behandlungsgut unter Spaltbedingungen in den unteren Teil eines Wirbelstromkontaktbetts ein, das unter einem mittleren Druck (a) steht, zieht verbrauchten Katalysator aus dem Bett von einem über der Einführungsstelle liegenden Punkt ab u. entspannt zu einem niedrigeren Druck (b). Den abgezogenen Kontakt bringt man als verd. Suspension mit gleicher Strömungsrichtung in den Strom eines abstreifenden Gases in einer langgestreckten, vertikalen Abstreifzone zu einem höhergelegenen Abscheider. Man trennt den Katalysator von dem Abstreifgas u. bringt ihn als dichten Strom durch Schwerkraft in den unteren Teil eines Wirbelstrombetts in einer getrennten Regenerierzone, die unter höherem Druck (c) steht. Man zieht von einem höhergelegenen Punkt der Regenerierzone den Katalysator ab, vermindert den Druck u. bringt durch Schwerkraft den Katalysator in dichtem Strom in die Reaktionszone, die unter einem mittleren Druck (a) steht. — Zeichnung. (**A. P. 2 595 909** vom 5/12. 1949, ausg. 6/5. 1952.) Unger. 8197

Pure Oil Co., Chicago, Ill., übert. von: **Richmond T. Bell**, Highland Park, Ill., V. St. A., *Zusatz organischer Peroxyde bei Spaltreaktionen von Kohlenwasserstoffen.* Beim Spalten von KW-stoffölen zu niedrigersd. Motortreibstoffen unter Spaltbedingungen (Zeit, Temp., Druck) setzt man geringe Mengen (0,05—3 Mol-%) eines nicht explosiblen organ. Peroxyds (Alkyl-, Naphthen-, Terpen-, Alkylen-, aromat. Peroxyde, Perester, Persäuren) zu, um die Menge der Spaltprodd. zu vermehren. (**A. P. 2 581 163** vom 28/5. 1948, ausg. 1/1. 1952.) UNGER. 8197

Standard Oil Development Co, übert. von: **William C. Howell jr.**, Union, N. J., V. St. A., *Motortreibmittel.* Man setzt gebleitem Bzn. zwecks Verhinderung der Abscheidung von festen Pb-Rückständen im Motor geringe Mengen eines Reinigungsmittels zu, das aus halogenierten KW-stoffen, wie $C_2H_2Cl_2$ oder $C_2H_2Br_2$, u. Sn-Tetraalkylverbb., z. B. Tetraäthyl-, -butyl-, -propyl- oder Dimethyldipropyl-Sn, besteht, so daß 0,5—1,5 Atome Sn je Atom Pb im Bzn. vorhanden sind. (**A. P. 2 586 660** vom 1/3. 1950, ausg. 19/2. 1952.) DERSIN. 8205

Constantin Schmidt, Stuttgart, *Betrieb von gemischverdichtenden Brennkraftmaschinen* mit einem Kraftstoff von geringer Klopffestigkeit u. mit einem im Hinblick darauf zu hohen Verdichtungsverhältnis, dad. gek., daß der Kraftstoff mittels ungiftiger, bei den in der Maschine vorkommenden Tempp. prakt. inerter Gase, wie CO_2, N_2 oder deren Gemisch, z. B. mittels gekühlter Abgase der Maschine nach Abscheidung des Wassergeh., vorzerstäubt bzw. verschäumt wird, wobei diese Gase in kaltem Zustande, bei der Verwendung von Abgasen also nach vorheriger Kühlung, benutzt werden. (**D. B. P. 849 030** Kl. 46a[6] vom 9/1. 1941, ausg. 11/9. 1952.) DERSIN. 8205

Steinkohlenbergwerk Rheinpreussen (Erfinder: **Herbert Kölbel**), Homberg/Ndrh., *Herstellung von Dieselkraftstoffen* durch Behandlung von Gemischen aus zwischen 180 u. 360° sd. Teerölfraktionen u. vorwiegend aliphat. KW-stoffölen mit Salzen des Sn, Zn, Fe oder Al (ausgenommen $AlCl_3$), z. B. $SnCl_2$, dad. gek., daß die Behandlung des Ölgemisches (I) mit den Salzen ohne Erhitzen vorgenommen u. I gegebenenfalls mit Bleicherde nachgereinigt wird. (**D. R. P. 767 582** Kl. 12r vom 14/5. 1937, ausg. 6/10. 1952.) DERSIN. 8213

Standard Oil Development Co., Del., übert. von: **Erving Arundale**, Westfield, und **John P. Thorn**, Cranford, N. J., V. St. A., *Synthetisches Schmieröl* mit hoher Viscosität, hohem Viscositätsindex u. niedrigem Stockpunkt, bestehend aus einem Buttersäure-Adipinsäure-Mischester des

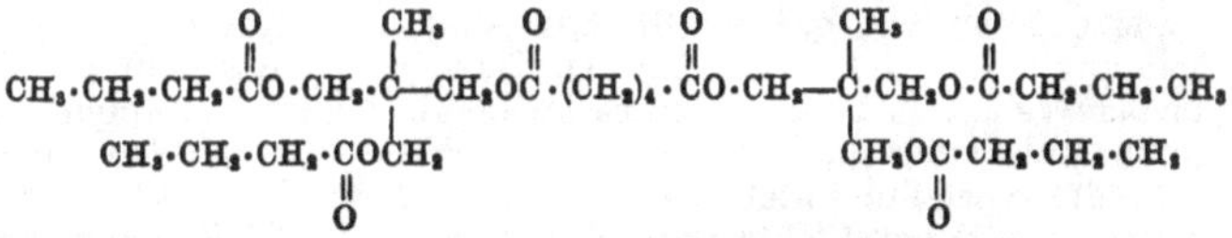

Pentaglycerins der vorst. Formel. Man läßt CH_2O auf Propionaldehyd in Ggw. von NaOH einwirken u. erhält Pentaglycerin der Formel $CH_3 \cdot C(CH_2OH)_3$. Dieses wird zuerst partiell mit 2 (Mol) n-Buttersäure u. darauf 1 Adipinsäure mit 2 des Partialesters verestert. (**A. P. 2 588 194** vom 22/12. 1950, ausg. 4/3. 1952.) DERSIN. 8221

Standard Oil Development Co., Elizabeth, N. J., V. St. A., *Zusatz für Schmieröle,* bestehend aus einem polymerisierten Ester einer ungesätt. Tricarbonsäure, wobei mindestens 1 Estergruppe aus einem gesätt. Alkohol mit 8—22 C-Atomen bestehen soll. — Geeignet ist z. B. die mit „Lorol B" 3fach veresterte Aconitsäure, die in Ggw. von 1% Benzoylperoxyd bei 80° in 46 Std. polymerisiert wird. — Auch Aconitsäureester von Octyl-, Decyl-, Hexadecyl- u. Octadecylalkohol sind für die Polymerisation geeignet. — In 3 Tabellen ist die Erniedrigung des Erweichungspunktes bes. wachsartiger Schmiermittel durch Zusätze von 0,2% Polymerisat aufgezeigt. (**E. P. 664 715** vom 13/6. 1949, ausg. 9/1. 1952. A. Prior. 30/9. 1948.) MÖLLERING. 8221

Standard Oil Co., übert. von: **Everett C. Hughes** und **John D. Bartleson**, Cleveland, O., V. St. A., *Herstellung korrosionsschützender Zusatzmittel für Schmieröle.* Man erhitzt P_2S_5 mit Olefinen oder anderen, ungesätt. Bindungen enthaltenden Stoffen, z. B. „motor polymer" (C_3—C_4-Olefinpolymerisate) oder Degras, u. extrahiert aus dem Rohprod. mit leicht sd. KW-stoffen, z. B. fl. C_3H_7 oder n-Pentan, einen Extrakt, der nach dem Verdampfen des Lösungsm. ein öllösl. Zusatzmittel von hoher Wirksamkeit darstellt. (**A. P. 2 587 621** vom 31/3. 1948, ausg. 4/3. 1952.) DERSIN. 8221

Standard Oil Development Co., übert. von: **John C. Zimmer**, Union, und **Gordon W. Duncan**, Westfield, N. J., V. St. A., *Korrosionsverhinderndes Überzugsöl für Metalle,* bes. Fe, bestehend aus 90—99 (%) Mineralschmieröl u. 1—10 eines Aminsalzes von Petroleumsulfonsäuren mit Mol.-Gew. 350—500. Als Amine können prim. aliphat. Amine, wie Methyl-, Äthyl-, Propyl-, Lauryl- oder Octadecylamin, oder sek., tert. oder Polyamine verwendet werden. Auch können noch andere rostverhindernde Stoffe, wie Seifen,

P-Verbb., Ca-Salze von „Mahogany"-Sulfonsäuren, Metallphenolsulfide, natürliche Fette u. Öle u. Verdickungsmittel, wie Polyisobutylen oder Polyacrylsäureester, zugesetzt werden. (**A. P. 2 582 733** vom 5/11. 1949, ausg. 15/1. 1952.) DERSIN. 8221

Standard Oil Development Co., übert. von: **Arnold J. Morway**, Rahway, und **Louis A. Mikeska**, Westfield, N. J., V. St. A., *Fettschmiere*. Mineralöl wird verdickt, indem man ihm Na- oder Li-Seifen eines Gemisches verschied. Fettsäuren in solcher Menge zusetzt, daß im Gesamtgemisch 10 (%) hydrierte Fischölsäuren, 3,5 Essigsäure u. 10 Xylylstearinsäure in Form der Alkaliseifen enthalten sind. (**A. P. 2 586 693** vom 1/11. 1949, ausg. 19/2. 1952.) DERSIN. 8223

Standard Oil Development Co., Del., übert. von: **Arnold J. Morway**, Rahway, und **Paul V. Smith jr.**, Westfield, N. J., V. St. A., *Schmierfett*, bestehend aus einem synthet. Schmieröl (I), das durch Zusatz von Li-Salzen von gesätt. Fettsäuren verdickt ist. I entspricht der allg. Formel R—Z—C(O)—Y—C(O)—Z—R, in der Y einen zweiwertigen aliphat. KW-stoffrest mit 2—8 C-Atomen, gegebenenfalls mit einer Thioätherbindung, Z = O oder S, u. R einen einwertigen KW-stoffrest mit 14—40 C-Atomen bedeutet, z. B. Di-tert.-octylthioadipinat, Di-iso-octylthiodipropionat oder Di-2-äthylhexylsebacat. (**A. P. 2 588 273** vom 2/8. 1950, ausg. 4/3. 1952.) DERSIN. 8223

Standard Oil Development Co., Elizabeth, N. J., V. St. A., *Walzenfettbrikett*, bestehend aus 1—9 (Teilen) Schmieröl (I) mit einer Viscosität (II) von 80—250 S.S.U. bei 100° F u. 1—9 I mit II von 1000—5000 S.S.U., verdickt mit 10—40, bes. 10—25% Seife. (**E. P. 666 992** vom 30/9. 1948, ausg. 20/8. 1952.) LÜTTGEN. 8223

M. B. Standing, Volumetric and phase behaviour of oil field hydrocarbon systems. London: Chapman & Hall. 1952. (123 S. m. Abb.) s. 80,—.

XX. Schieß- und Sprengstoffe. Zündmittel.

Eugen Saenger, *Detonation bei flüssigen und festen Sprengstoffen*. Vf. führt die Detonationswelle in kondensierten Systemen durch folgende Auffassung auf eine solche in einer Gasphase zurück: Unter der Voraussetzung, daß auf die überadiabat. Kompression in der Detonationswelle zunächst nur die translator. Freiheitsgrade ansprechen, ergibt sich eine Temp. von größenordnungsmäßig 10^5 ° K u. eine Intensität der Luminescenzstrahlung von $5{,}5 \cdot 10^6$ kcal/cm² sec. Diese reicht aus, um die nächstfolgende Schicht vor der Welle mit Detonationsgeschwindigkeit zu verdampfen. Die hohen Translationstempp. aktivieren auch die hinter der Welle einsetzenden chem. Reaktionen. In der MAXWELL-Verteilung stellt sich eine Ionenkonz. von 10^{20} cm^{-3} ein, was einem elektr. Plasma sehr hoher Elektronendichte entspricht. (C. R. hebd. Séances Acad. Sci. **235**. 461—63. 18/8. 1952.) AHRENS. 8292

H. Muraour und **G. Aunis**, *Über die Beziehung zwischen der Explosionstemperatur eines Pulvers und seiner Verbrennungstemperatur. Experimentelle Bestätigungen an französischen und ausländischen Pulvern.* Die früher an verschied. französ. Pulvertypen mit Explosionstempp. zwischen 1400 u. 4000° K für die lineare Verbrennungsgeschwindigkeit V bei 1000 kg/cm² Druck bestätigte Beziehung $\log V = 1{,}37 + 0{,}27$ (T/1000) wird auch durch die Meßwerte verschied. engl. Pulver erfüllt, welche von der engl. Regierung in dem Buch „Internal Ballistics" veröffentlicht worden sind. Diese Pulver, teils mit, teils ohne Nitroglycerin, enthalten u. a. Vaseline, Centralit (symm. Diphenyldiäthylharnstoff), Dinitrotoluol, Dibutylphthalat, Nitroguanidin, einzeln oder bis zu drei zugleich. Gewisse Abweichungen von der Gleichung lassen sich durch die allg. Annahme erklären, daß die Gesamtverbrennungs-Rk. in drei zeitlich u. wegen des Abströmens der Schwaden auch örtlich aufeinanderfolgenden Phasen verläuft, deren erste eine sehr unvollständige Rk. unter Bldg. von NO_2 u. freiem C bei ziemlich niedriger Temp., deren zweite eine Umsetzung des NO_2 mit CO bei sehr hoher Temp. u. deren dritte eine Umsetzung des freien C mit H_2O u. CO_2 bei fallender Temp. unter Einstellung des thermodynam. Gleichgewichts ist. Die für V maßgebliche Temp., nämlich die in unmittelbarer Nähe der Pulveroberfläche herrschende, stimmt daher nicht mit der auf Grund der Gesamt-Rk. ermittelten überein, sondern kann nach beiden Seiten abweichen, wie kurvenmäßig gezeigt wird. Große Temperaturgradienten (bei „heißen" Pulvern) erzwingen eine Annäherung an die Endphase. — Erklärungen zu einigen experimentell bei besonderen Pulverarten gefundenen Abweichungen von der früher aufgestellten Beziehung $V = a + b\,P$ mit $a \cong 8$ mm/sec; bes. zu Messungen von BASSET bei Drucken von 10000 kg/cm². (Chim. et Ind. **67**. 920—26. Juni 1952.) AHRENS. 8300

R. Wilkinson, *Behandlung und Beseitigung von Pikrinsäure und Dinitrophenol enthaltenden Abwässern.* (Vgl. auch C. **1952**. 1552.) Bericht über Maßnahmen zur Minderung der Verluste an Sprengstoff im Abwasser bzw. weitgehende Wiedergewinnung in festem Zustand durch Ansäuerung zwecks Herabsetzung des Geh. im Ablauf unter 20 mg/Liter u. die Aufbereitung des Abwassers nach Mischung mit häuslichem Abwasser auf einer wechselweise betriebenen zweistufigen Tropfkörperanlage. (Ind. Chemist **27.** 59—64. Febr. 1951. Watford, Herts, Water Pollut. Res. Labor.) MANZ. 8304

Albert Schmidt, *Die Konstitution der einheitlichen explosiven Verbindungen. Bemerkungen zu einer Mitteilung von W. C. Lothrop und C. R. Handrick.* Zur Abhandlung von LOTHROP u. HANDRICK (Chem. Reviews **44.** [1949.] 419) über die Beziehung zwischen chem. Konst. u. Sprengwrkg. (Bleiblockausbauchung) explosiver Verbb. trifft Vf. folgende Feststellungen: Der auf die Wiedervereinigung der Atomarten C, H u. O entfallende Anteil der Explosionswärme ist keine einfache Funktion der Sauerstoffbilanz, sondern hängt auch wesentlich von dem Verhältnis C zu H ab. Ferner wirkt sich der im Mol. enthaltene Sauerstoff verschieden auf die thermochem. Bilanz aus, je nach der Festigkeit seiner Bindung. Die durch genannte Autoren unberücksichtigt gebliebene Bildungswärme der explosiven Stoffe ist die grundlegende Größe für die Beziehungen zwischen chem. Konst. u. Explosionswärme bzw. Sprengwirkung. Die von ihnen außerhalb dieser Grundlagen erfolgte Herausstellung sogenannter explosophorer u. auto-explosiver Gruppen wird als willkürlich u. unzweckmäßig abgelehnt. (Chim. et Ind. **67.** 253—56. Febr. 1952.) AHRENS. 8304

Cardox Ltd., London, England, *Sprengpatronen und deren Ladung.* Eine auf Druck ansprechende, nicht explosive Verbrennungseinheit zur Energisierung der Ladung einer Sprengpatrone, die aus einem unter Druck eingeschlossenen verdichteten Gas besteht, wird dadurch gewonnen, daß die Verbrennungseinheit aus einem brennbaren Behälter besteht, der eine unter n. Druck nicht brennbare gaserzeugende Ladung enthält, u. einem Zünder mit einer unter n. Druck brennbaren Mischung in solcher Menge, daß beim Zünden kein Zerreißen des Behälters verursacht wird. Der Zünder besteht aus einem Oxydationsmittel ($KClO_3$, $K_2Cr_2O_7$, $KMnO_4$) u. einem Brennstoff (Holzkohle, feingepulvertes Metall). (**D. B. P. 836 764** Kl. 78e vom 30/11. 1948, ausg. 17/4. 1952. E. Priorr. 20/9. 1946 u. 20/8. 1947.) STEIL. 8305

Imperial Chemical Industries Ltd., London, England (Erfinder: **Henryk Zenftman,** Saltcoats, Schottland), *Zündmischung.* Das Gemisch besteht aus 10—40 (%) Si, 30 bis 60 Pb_3O_4 u. 5—15 KNO_3. Es wird gekörnt, u. die Körner werden durch ein thermoplast. Bindemittel zusammengehalten, z. B. durch Nitrocellulose oder ein Kunstharz. Die Mischung ist detonationssicher. (**D. B. P. 852 360** Kl. 78e vom 25/11. 1948, ausg. 13/10. 1952. E. Prior. 6/10. 1943.) KALIX. 8309

Imperial Chemical Industries Ltd., London, England (Erfinder: **Idwal Owen Lewis,** Ardrossan, und **Robert David John Owens,** Saltcoats, Schottland), *Verzögerungszünder.* Das Verzögerungselement (I) besteht aus einer thermoplast. M. mit geringer Entflammbarkeit, z. B. aus Polyvinylharz, u. enthält geringe Mengen anorgan. Oxydations- u. Reduktonsmittel, z. B. Mennige u. Si, wobei Si mindestens in stöchiometr. Menge vorhanden ist. I wird in Strangform mit einer elast. Hülle hergestellt u. aus dem Strang abgeteilt; es enthält zentral eingelagert Metallgaze u. gibt bei der Zündung nur sehr wenig flüchtige Stoffe. — Zeichnung. (**D. B. P. 842 313** Kl. 78e vom 12/11. 1948, ausg. 26/6. 1952. E. Prior. 31/12. 1947.) KALIX. 8309

Siemens-Schuckertwerke Akt.-Ges., Berlin und Erlangen (Erfinder: **Walter Hyprath,** Neustadt bei Coburg), *Elektrische Schießleitung.* Die Adern desjenigen Teils der elektr. Schießleitungen, der bei Bergwerks-Sprengungen zerstört wird, werden aus natürlichem oder synthet. Kautschuk oder aus Kunststoffmischungen höchster Leitfähigkeit hergestellt. — Zeichnung. (**D. B. P. 845 467** Kl. 78e vom 23/6. 1950, ausg. 31/7. 1952.) KALIX. 8309

Pechiney Co. de Produits Chimiques et Électrométallurgiques, übert. von: **Jean Leon Maurice Frejacques,** Paris, Frankreich, *Herstellung von Kaliumchloratkristallen.* Den Lsgg. von $KClO_3$ in warmem W. werden 0,1—1% eines sulfonierten Paraffin-KW-stoffes oder dessen Amide, Na- oder K-Salze, z. B. Paraffinsulfamid, Na-Heptylnaphthalinsulfonat, Na-Butylnaphthalinsulfonat u. dgl., zugesetzt. Nach Kühlung der Lsg. werden die ausgeschiedenen Kristalle von der Mutterlauge abgetrennt. Farblose Kristalle in Form feiner Nadeln, die für *pyrotechn.* Zwecke geeignet sind. (**A. P. 2 595 238** vom 16/5. 1947, ausg. 6/5. 1952. F. Prior. 6/9. 1946.) KARST. 8313

Rudolf Hanslian, Vom Gaskampf zum Atomkrieg. Die Entwicklung der wissenschaftlichen Waffen. Stuttgart, Berlin: Verl. Chemiker-Zeitung. 1951. (138 S.) 8°. DM 2,80.

XXI. Leder. Gerbstoffe.

Oskar A. Müller, *Vergleichende Bestimmung von Gerb- und Bindungswerten von pflanzlichen und synthetischen Gerbstoffen und Celluloseextrakten.* (Vgl. C. **1952.** 8073.) Vf. konnte durch Erweiterung u. Variation der Best. von Gerb- (Gw) u. Bindewerten (Bw) charakterist. Unterschiede zwischen vegetabil. Gerbstoffen (I), synthet. Gerbstoffen (II) u. Celluloseextrakten (III) feststellen. Allg. sind bei **I** die Gw am höchsten, bei **III** am niedrigsten. Bzgl. des Zerkleinerungsgrades der Blößen sind bei Hautpulver die Gw am größten u. bei Hautstücken am kleinsten. Auf die Bw wirkt sich die Zerkleinerung des Blößenmaterials ebenfalls aus. Bei **I** sind die Bw um so größer, je weniger die Blöße zerkleinert wird. Bei **II** u. **III** erfahren die Bw die gleiche Veränderung wie die Gw. Eine Erhöhung des Gerbstoffangebots von 200% auf 300% hat nur bei **I** einen merklichen zusätzlichen Gerbeffekt. Bei **II** ist derselbe gering u. bei **III** prakt. nicht vorhanden. Bei **III** scheint ein Gerbstoffangebot von 100% zur erschöpfenden Gerbung ausreichend zu sein. Der Auswaschverlust $A\,V_{absol} = (Gw - Bw)\cdot 100/(Gw + 100)$ ist bei Hautpulver größer als bei Hautstücken. Bei Gerbungen mit **I** sinkt er mit zunehmender Gerbdauer nur wenig. Bei **II** ist AV wesentlich kleiner als bei **I** u. bei **III** außerordentlich klein. (Leder **3.** 174—77. Aug. 1952. Zürich.) WINIKER. 8336

P. K. Sarkar, *Chemie der Chromgerbung.* Die für die Chromgerbung wichtigsten Chromkomplexsalze werden kurz besprochen. (Leather Manufacturer **63.** Nr. 10. 7—8. Okt. 1952. Calcutta, Bengal Tanning Inst.) O. ENGEL. 8336

S. G. Shuttleworth und **G. E. Cunningham**, *Bemerkungen über den isoelektrischen Punkt von chromgegerbtem Kollagen.* Es wird eine allg. Gleichung angegeben, die den Einfl. der Chromgerbung auf den isoelektr. Punkt (I.P.) des Kollagens wiedergibt. So wurde gefunden, daß die Erhöhung bzw. Erniedrigung des I.P. von der Ladung der Chromkomplexe, die sich mit den COOH-Gruppen des Kollagens verbinden, abhängt. Der Einfl. des Waschens, Trocknens usw. kann hiernach ohne weiteres erklärt werden. Weiterhin konnte die Auffassung von GUSTAVSON, daß unter den p_H-Bedingungen der Chromgerbung die NH_2-Gruppen der Seitenketten nicht mit dem Cr reagieren, bestätigt werden; dagegen wird die Auffassung GUSTAVSONs, wonach die OH-Gruppen des Lysins u. des Oxyprolins unter den p_H-Bedingungen der Chromgerbung mit dem Cr in Rk. treten sollen, als nicht zutreffend abgelehnt. Die Ableitung der Gleichung wird ausführlich wiedergegeben. (J. Amer. Leather Chemists Assoc. **47.** 660—63. Okt. 1952.) H. G. FRÖHLICH. 8336

Robert M. Lollar, *Qualitätskontrolle in der Lederindustrie.* An zwei Beispielen werden die Möglichkeiten der statist. Betriebskontrolle erläutert. — 2 Abbildungen. (Leather Manufacturer **63.** Nr. 10. 9—14. Okt. 1952. Cincinnati, Univ., Tanners' Council Labor.) O. ENGEL. 8368

Farbwerke Hoechst, vormals Meister Lucius & Brüning, Frankfurt/M. (Erfinder: **Gerhard Balle**, Neu-Isenburg, **Walter Pense** und **Werner Asch**, Frankfurt/M.), *Fettungsmittel für Materialien faseriger Struktur,* wie *Leder.* Man verwendet Verbb. der Formel $R_1\cdot SO_2\cdot N(R_2)R_3\cdot x$, worin $R_1\cdot SO_2$ den aus einem Sulfohalogenid, das durch gleichzeitige Behandlung von gesätt. aliphat. KW-stoffen mit SO_2 u. Halogen hergestellt wurde, erhaltenen Rest bedeutet u. worin R_2 u. R_3 aliphat., cycloaliphat., aromat. oder araliphat. Reste, R_2 auch H bedeuten, jedoch mindestens einer der Reste R_1 u. R_2 einen aliphat., mindestens 8 C-Atome enthaltenden Rest darstellt u. x für eine Carboxyl-, Sulfonsäure- oder H_2SO_4-Estergruppe steht oder deren Salze. — Beispiele. (**D. B. P. 844 784** Kl. 28a vom 26/6. 1941, ausg. 24/7. 1952.) V. SCHILLER. 8341

Nopco Chemical Co., Harrison, übert. von: **Arthur De Castor**, Irvington, und **Clinton Edward Retzsch**, Bloomfield, N. J., V. St. A., *Fettungsmittel für Leder und Textilien.* Es besteht aus: 20—240 (Gewichtsteilen) eines öligen Weichmachungsmittels, z. B. Mineralöl, 100 einer Mischung aus 20—80 eines sulfonierten Alkylolmonoamids einer Fettsäure, z. B. dem Monoäthanolamid der Cocosnußfettsäure u. 80—20 eines sulfonierten Alkohols, z. B. sulfoniertem Oleylalkohol, u. 50 Wasser. (**A. P. 2 555 684** vom 26/3. 1949, ausg. 5/6. 1951.) V. SCHILLER. 8341

Herausgeber u. verantwortlich für den Inhalt: Prof. Dr. Maximilian Pflücke, Berlin W 8, Jägerstraße 22/23, Fernsprecher: 200481, 201464. Redaktion: Chefredakteure Dr. Eugen Klever und Prof. Dr. Maximilian Pflücke. Verlag: Akademie-Verlag GmbH, Berlin NW 7, Schiffbauerdamm 19 (Fernsprecher 425571, Postscheckkonto Berlin 35021) u. Verlag Chemie, GmbH, Weinheim/Bergstraße (Postscheckkonto Frankfurt/M. 145314 u. Berlin [West] 7430, Fernsprecher: Weinheim 2017). Bestell- u. Verlags-Nr. dieses Heftes: 1007/124/15. Das Chemische Zentralblatt erscheint wöchentlich.
Satz u. Druck: VEB Leipziger Druckhaus, Leipzig, III/18/203. IV. 53.
Veröffentlicht unter der Lizenznummer 1212 des Amtes für Literatur und Verlagswesen der Deutschen Demokratischen Republik.
Printed in Germany.

Die Aufgabe von Anzeigen kann sowohl beim Akademie-Verlag, Berlin, als auch beim Verlag Chemie, GmbH, Weinheim/Bergstraße, erfolgen

FSC
www.fsc.org
MIX
Papier | Fördert
gute Waldnutzung
FSC® C083411

Kolibri 360 GmbH
Ferdinand-Jühlke-Straße 7
99095 Erfurt, Deutschland
produktsicherheit@kolibri360.de